Illisibilité partielle

RELIURE SERREE
Absence de marges
intérieures

**VALABLE POUR TOUT OU PARTIE
DU DOCUMENT REPRODUIT**

Couvertures supérieure et inférieure
manquantes

GLOSSAIRE
DE BOTANIQUE.

GLOSSAIRE

DE BOTANIQUE,

ou

DICTIONNAIRE ÉTYMOLOGIQUE

DE TOUS LES NOMS ET TERMES RELATIFS A CETTE
SCIENCE.

PAR ALEXANDRE DE THÉIS.

PARIS,

CHEZ GABRIEL DUFOUR ET COMPAGNIE,

RUE DES MATHURINS-ST.-JACQUES, N.° 7.

1810.

DE L'IMPRIMERIE DE LEVRAULT, RUE MÉZIÈRES.

À Monsieur

A.-L. de Jussieu,

Membre de la Légion d'honneur et
de l'Institut, Professeur de Botanique
au Muséum d'histoire naturelle.

Monsieur,

L'intérêt que vous avez bien voulu prendre à
mon ouvrage m'autorise à le publier sous vos aus-
pices. Celui qui a donné à la Botanique des loix
généralement respectées, devient l'appui naturel de
ceux qui travaillent aux progrès de cette science. Vous
êtes leur guide à tous, tous ont reçu de vous des
conseils et des encouragemens; ils se plaisent à
publier ce qu'ils vous doivent, vous êtes le seul
auquel ils n'osent en parler qu'avec réserve.

Me bornant à ce qui m'est personnel, permettez
que je rappelle ces entretiens où vous vous plaisiez

de répandre les lumières héréditaires et acquises, qu'un siècle d'heureux travaux a réunies en vous, et que je fisse connoître la noble facilité avec laquelle vous avez mis à ma disposition les richesses que renferme votre cabinet.

Pour ajouter à tant d'obligations, permettez encore que ce livre soit honoré de votre nom. Ce qui seroit un hommage de la part de tout autre, n'est qu'un devoir de la mienne.

Je suis, Monsieur, avec une haute considération,

Votre très-humble et très-obéissant serviteur,

Alex. de Théis.

EXTRAIT

Du registre des délibérations de l'Assemblée des Professeurs du Muséum d'histoire naturelle.

SÉANCE DU 17 PLUVIÔSE AN XIII.

Les Commissaires nommés dans la séance du 5 nivôse an XIII, pour rendre compte de l'ouvrage présenté par M. de Théis, font le rapport suivant:

RAPPORT.

M. DE THÉIS, auteur du *Glossaire* que l'Assemblée nous a chargés d'examiner, MM. de Jussieu, Haüy et moi, s'est proposé de donner dans cet ouvrage, l'explication des noms employés dans la langue de la Botanique, afin de les rendre plus aisés à retenir. En effet, la mémoire oublie et repousse même, les choses que l'esprit ne conçoit pas, et elle conserve, au contraire, avec facilité celles qui présentent un sens clair et précis. Plusieurs botanistes avoient déjà senti l'importance de cette vérité; mais, en donnant l'étymologie des noms dont la science a fait usage, ils se sont bornés à expliquer ceux qui viennent des langues grecque et latine, tandis qu'il en est un grand nombre dérivés de l'ancien celtique, et des langues orientales, qu'ils ont entièrement négligés. M. de Théis a puisé dans ces sources, et c'est ce qui distingue particulièrement l'ouvrage dont nous rendons compte.

Les noms des plantes peuvent se diviser en quatre classes, savoir : 1.° les noms anciens; 2.° les noms modernes imités des anciens; 3.° les noms patronimiques; 4.° enfin, les noms étrangers.

Les noms anciens, pris dans les auteurs grecs et latins, se sont conservés d'âge en âge; et, dans les diverses révolutions que la Botanique a éprouvées, on ne les a jamais changés, parce qu'ils sont précis, élégans, sonores, et qu'ils offrent presque toujours à l'esprit un sens bien déterminé; et lors même que les botanistes modernes n'ont pu reconnoître exactement certaines plantes désignées dans les ouvrages de Théophraste, Dioscorides et Pline, ils ont encore souvent conservé ces noms, en les donnant à d'autres espèces qui justifient du moins, par quelque analogie, l'application qu'ils en ont faite.

Les noms modernes, imités des anciens, et tirés des langues grecque et latine, ont une origine certaine, mais il est rare qu'ils soient aussi harmonieux que les anciens.

Les noms patronimiques remontent jusqu'à la plus haute antiquité. Hercule, Chiron, Achille, découvrirent aux hommes les vertus médicinales de plusieurs végétaux, et, en mémoire d'un tel bienfait, on donna leurs noms à des plantes; mais cet honneur ne fut jamais prodigué, et les Romains ne l'accordèrent à personne. Matthiole renouvela cet ancien usage en faveur de Cortusus, son ami, et, depuis, ceux qui contribuèrent aux progrès de la Botanique, en furent récompensés de la même manière. Mais, dans ces temps modernes, on a trop abusé de cette distinction flatteuse; elle doit être réservée à ceux qui ont reculé les limites de la science, par leurs travaux, ou à quelques hommes puissans qui l'ont encouragée et favorisée par leur crédit. Les noms d'hommes donnés à des plantes, sont aujourd'hui si multipliés, et ces noms sont quelquefois si peu connus, qu'il est souvent très-difficile d'en retrouver l'origine.

Parmi les noms étrangers que les plantes ont reçus, il faut distinguer ceux qui viennent des langues orientales. Les sciences, et la Botanique en particulier, en ont emprunté un si grand nombre de l'arabe, qu'ils méritent une attention particulière; mais, comme les divers peuples de l'Europe les ont exprimés par des signes différens, suivant leur propre prononciation, ces noms ont beaucoup varié. L'auteur a jugé convenable d'y joindre le texte en caractères originaux, afin qu'on puisse reconnaître la vraie source d'où ils sont sortis, et toutes les modifications qu'ils ont éprouvées.

Les autres noms étrangers, introduits par les voyageurs, et souvent dénaturés par des terminaisons latines, ont imprimé à la science un aspect rude et sauvage, en même temps qu'ils sont devenus étrangers à leur propre pays. M. de Théis les a ramenés à leur origine primitive, et il s'est aussi appliqué à donner l'explication des noms spécifiques, toutes les fois qu'ils présentent un sens obscur

et difficile. Enfin, il a recherché l'étymologie des noms vulgaires, soit en français, soit en d'autres langues modernes,
parce qu'ils mènent souvent à la connoissance du nom
technique. Dans les divers changemens que les langues
de l'Europe ont éprouvés, on retrouve, presque toujours,
des élémens qui les ramènent à leur origine.

L'ouvrage de M. de Théis, n'étant pas susceptible
d'analyse, nous nous bornerons a en citer quelques exemples; ils serviront à faire connoître la marche qu'il a
suivie, et le mérite de son travail.

Quercus, dit M. de Théis, vient du mot celtique *ques*,
beau; *cuez*, arbre; c'est-à-dire, le bel arbre, l'arbre par
excellence. Ce mot n'étoit qu'une simple épithète que les
Celtes donnoient à cet arbre, parce qu'il produisoit le gui
sacré, objet de leur vénération; il avoit d'ailleurs son
nom particulier. En leur langue, ils l'appeloient *derw*.
Du mot *derw*, les Celtes ont fait *druïdes*, prêtres du
chêne. La ville de Dreux en tire aussi son nom. César
dit, en propres termes, que le grand collège des Druïdes
étoit vers les confins du pays Chartrain, précisément où
est Dreux. C'est de ce même mot *derw*, que les Grecs
ont fait δρυς, chêne, et par suite δρυαδις et αμαδρυαδις,
Divinités du chêne. Il paroît même, que l'idée d'attacher
des Divinités aux chênes, étoit, parmi les Grecs, un reste
de la religion des Celtes, leurs ancêtres. C'est encore par
une suite naturelle de cette idée, qu'en mythologie le
chêne étoit consacré à Jupiter, comme au premier des
Dieux. Il en est de même des célèbres oracles rendus par
les chênes de Dodone. Dans la langue d'Ossian, le chêne
est encore nommé *darach*, toujours dérivé de *derw*.

Isatis vient du grec ισαζω, je rends uni, je rends égal.
Cette plante passoit pour détruire, par la simple appli-

cation, toutes les irrégularités de la peau. Anciennement on la nommoit *glastum*, du celtique *glas*, bleu. Elle donne une belle couleur bleu dont les Celtes se servoient pour se peindre le corps, comme le font encore aujourd'hui plusieurs insulaires des mers du sud et habitans d'autres pays. C'est de cet usage que les peuples de la Grande-Bretagne ont tiré leur nom, *britho*, peindre, en langue celtique.

L'auteur a aussi relevé quelques erreurs échappées à Linnæus et autres, dans l'étymologie de mots tirés du grec. Linnæus fait dériver, par exemple, le mot *eranthemum* de γα, terre, et ανθος, fleur. Pline dit positivement, lib. 22, cap. 21 : l'*anthemis* est aussi appelée *eranthemum*, parce qu'elle fleurit au printemps. Ce mot vient de ιαρ, printemps, et de ανθος, fleur.

Canna, a peu changé dans la plupart des langues de l'Europe; il vient du celtique *can* ou *cana*, roseau, nommé ainsi de *cana*, lac, lieu aquatique. De là, *canal*, *canot*, *canneberge*, qui, tous distinguent des choses ayant rapport à l'eau. L'ancien nom de *cana*, pour distinguer un roseau, a été donné au balisier; ce dernier nom vient de l'espagnol, *balija*, enveloppe, à cause de l'usage auquel on emploie ses feuilles en Amérique. *Cannabis* vient encore du même mot celtique *can*, et de *dab*, qui signifie petit.

Chironia vient de Chiron, l'un des premiers inventeurs de la médecine, de la Botanique, et surtout de la chirurgie. Il étoit fils de Saturne, c'est-à-dire, fils du Temps et de l'Expérience, Il naquit en Thessalie, parmi les hommes appelés *Centaures*. Plusieurs plantes dont il apprit l'usage aux hommes, furent appelées *chironia* ou *centaurea* en son souvenir; et pour exprimer son habileté, les Grecs nommoient *ulcères chironiens*, ceux qui, par leur ténacité, demandoient un médecin aussi habile que Chiron. Son nom vient de χειρ, la main ; et il exprime son adresse en chirurgie dont l'étymologie est précisément la même.

Ces exemples, auxquels nous pourrions en ajouter plusieurs autres non moins intéressans, suffisent pour donner une idée de l'ouvrage de M. de Théis. La plupart des articles sont accompagnés de notes historiques et piquantes qui, en instruisant, contribuent à fixer les noms dans la mémoire. Les étymologies grecques et latines sont très-exactes, et, d'après cela, nous avons tout lieu de croire que celles que l'auteur a prises dans les autres langues qui nous sont étrangères, le sont également.

Nous pensons que cet ouvrage, très-digne d'éloges, sera utile à ceux qui se livrent à l'étude de la Botanique, nous désirons que M. de Théis le livre promptement au public, et nous ne doutons pas qu'il n'en soit très-favorablement accueilli.

Et ont signé, MM. Jussieu, Haüy et Desfontaines.

L'assemblée en adopte les conclusions.

Pour copie conforme,

Signé, Thouin, *secrétaire*.

Enregistré le 27 pluviôse an 13, page 191.

AVANT-PROPOS.

Origine de la Botanique.

Le premier mouvement de l'homme qui voit une fleur est de la cueillir; sa première idée est de chercher à la connoître. A l'origine de la Botanique, il ne falloit pas de longs efforts pour y parvenir. Du tact pour saisir les ressemblances, quelque disposition à retenir de légères descriptions, suffisoient à l'étudiant pour embrasser promptement tout le système végétal connu. Un petit nombre de noms désignoient les plantes les plus remarquables dont ils exprimoient en même temps les qualités extérieures et les vertus, soit réelles, soit imaginaires. Transmis de race en race par la seule tradition, ils s'accrurent peu à peu de tout ce que l'expérience ou le hasard firent découvrir; enfin des catalogues commencèrent à se former, et l'on écrivit pour l'usage de quelques-uns ce que la mémoire de tous ne pouvoit plus retenir.

Ce qu'elle étoit chez les Grecs.

C'est au plus beau moment de la Grèce que remontent les véritables annales de la Botanique. Hippocrate composa le premier un traité des plantes employées en médecine; mais comme il ne donna jamais rien au hasard, et qu'il n'avança rien dont il n'eût la preuve par lui-même, la liste des plantes qu'il indique dût nécessairement être bornée. (1) Aristote et Théophraste, son disciple, le suivirent bientôt; donnant une base plus étendue à leur travail, ils mirent de la méthode dans les définitions, de la clarté dans les idées, et joignant leur propre instruction aux lumières de ceux qui les avoient précédés, leurs ouvrages devinrent la source où durent puiser leurs successeurs.

Disons-le cependant, ces brillans essais n'amenèrent pas d'abord les progrès qu'on en devoit attendre, et loin de les surpasser, on ne fit de long-temps rien qui les égalât.

Chez les Romains.

Les Romains ne connurent les plantes que sous le rapport de l'agriculture; ce qu'en ont écrit Varron, Caton, Columelle, porte un caractère de simplicité plus touchant qu'instructif, et Pline, tout à la fois orateur, moraliste et philosophe, donne

______

(1) Environ 230.

plutôt de sublimes notions de la Nature, qu'une connoissance exacte de ses productions.

La science sembloit fixée, parce que ce n'étoit pas la science même que l'on cherchoit. Les anciens ne voyoient dans les plantes que ce qui se rapportoit à eux-mêmes. Tout ce qui n'offroit pas un remède, tout ce qui ne soulageoit pas un besoin, ou ne procuroit pas une jouissance, ne sembloit pas digne d'être cité. L'histoire des plantes n'étoit qu'un supplément de celle de l'homme; de là le petit nombre de celles que l'on connut dans ces premiers temps : Théophraste n'en décrit que cinq cents, parmi lesquelles il en est beaucoup d'étrangères à la Grèce. Dioscorides, après un long intervalle, en compte à peine davantage, et Pline écrivant trois siècles après Théophraste, et parlant de tout ce qui existoit dans le monde connu, ne va pas au-delà de huit cents.

Lorsque les Barbares du nord chassèrent les sciences de la Grèce et de l'Italie, leur ancienne patrie, elles fleurirent parmi les Arabes ; mais attachés de temps immémorial aux sciences occultes, ils augmentèrent encore la longue liste des vertus des plantes en diminuant celle des plantes mêmes; les

Chez les Arabes.

recettes l'emportèrent sur les descriptions, et l'empirisme oriental détruisit la science à force de vouloir la rendre merveilleuse.

Elle renaît en Europe. Enfin, l'Europe après avoir langui dans la barbarie et l'ignorance, s'efforçoit d'en sortir pour la seconde fois. La Botanique replacée à son rang fut étudiée avec application. Les anciens ouvrages furent consultés et traduits. Passant de l'oubli à l'enthousiasme, on ne voulut connoître que les Grecs et les Latins, et l'on auroit nié jusqu'à l'existence d'une plante qu'ils n'auroient pas connue. Ce temps fut celui des commentateurs. Peut-être eussent-ils mieux fait de consulter la Nature que les livres; mais la Botanique moderne est tellement liée à l'ancienne par la nomenclature, que l'on doit de la reconnoissance aux hommes savans et laborieux dont elle fut l'unique étude. Après les commentateurs, vinrent les véritables auteurs. En convenant de toutes les vertus que possèdent les plantes, en convenant même que nous n'en connoissons qu'une très-petite partie, on sentit que l'on pouvoit y voir autre chose que des remèdes. On voulut connoître l'histoire naturelle pour l'amour d'elle-même; c'est alors qu'elle fit de véritables progrès, Le nombre des plantes s'augmente. et que le règne végétal parut dans tout son éclat. On découvrit des plantes où l'on n'en soupçonnoit même pas. Le rocher se couvrit de *lichens* imperceptibles, et le vieux tronc d'arbre chargé de mousses de toute espèce, offrit en raccourci la forêt dont il sembloit n'être plus qu'un débris.

Vers la même époque un événement inattendu causa dans toutes les sciences une révolution subite : l'Amérique fut découverte. Un monde nouveau communiqua ses productions à l'ancien, et la Botanique accrue successivement ne pouvoit plus distinguer ses richesses. Tant d'objets nouveaux amenèrent nécessairement de nouvelles manières de les exprimer. La nomenclature prit un accroissement rapide, et par son étendue elle commençoit à nuire à la science, lorsque l'on conçut l'heureuse idée de grouper toutes les plantes dont les caractères essentiels sont semblables, et de leur donner un nom commun. Ce plan tracé d'abord par Gesner, imparfaitement suivi par Morison, Ray, etc., reçut de Tournefort son entière exécution. D'après des principes qu'il établit, il divisa toutes les plantes connues, en six cent soixante-treize genres, subdivisés en un certain nombre d'espèces dont une phrase descriptive marqua les différences. C'étoit gagner beaucoup que d'avoir aussi peu de noms principaux à retenir; mais la difficulté restoit entière, elle étoit même augmentée pour les espèces. Le simple catalogue d'un jardin ou d'un herbier devenoit un livre de Botanique, et la science simplifiée dans ses principes, devenoit diffuse dans ses développemens.

Linné parut alors : doué d'un génie étendu et d'un esprit concis, il entreprit la réforme de la Botanique. Refondant la plupart des genres, en ajoutant un grand nombre, il éleva, selon sa propre expréssion (1), un nouvel édifice ; et réduisant les phrases dénominatives à de simples épithètes, le nom d'une plante ne fut plus composé que de deux mots. La Botanique acquit alors une simplicité qu'elle n'avoit pas encore eue, et des plantes de toutes les parties du globe vinrent se ranger dans les cadres qui leur étoient préparés.

Tel étoit l'état de la Botanique quand, vers la fin du XVIII.ᵉ siècle, un nouvel abus vint s'y introduire, et ce furent principalement les voyageurs botanistes qui le causèrent. Moins attentifs à bien connoître les anciens genres qu'empressés d'en créer eux-mêmes, on vit paroître des Flores de tous les pays, où sous des noms nouveaux, figurèrent des plantes déjà connues. Ce que

----

(1) Phil. bot.

l'un donnoit comme un genre, l'autre le classoit comme espèce. Beaucoup de plantes reçurent des noms différens dans plusieurs pays, et quelquefois chez la même nation. Une grande autorité pouvoit seule ramener la science à l'identité. Un homme d'un nom cher à la Botanique, A. L. de Jussieu, l'entreprit. Par un travail prodigieux, il examina tous les genres : dédoublant les uns, réunissant les autres, n'en créant lui-même qu'avec circonspection, il établit des lois qui ne sauroient être méconnues que par les jalousies nationales.

C'est par ces gradations que la Botanique est enfin arrivée au point où nous la voyons maintenant. A peine un art en son enfance, elle est devenue, avec le temps, une science importante et que la vie d'un homme n'embrasse qu'avec difficulté. En effet, outre l'esprit d'ordre et d'observation qui la caractérise, elle exige un effort de mémoire qui rebute ceux qu'une passion décidée n'entraîne pas. Effrayés à la vue de tant de noms compliqués qu'ils désespèrent de retenir, de tant de locutions étrangères qui ne leur présentent aucun sens, ils abandonnent une étude qui ne leur offre que des épines, au lieu des fleurs qu'elle leur promettoit.

Il est dans la nature de l'homme de repousser ce qu'il ne comprend pas, et de se rendre à l'explication. Les mots n'étant faits que pour rendre les idées, dès l'instant qu'ils cessent d'en présenter, ils ne sont plus qu'un vain son qui frappe l'oreille sans aller au-delà; au contraire, la mémoire s'en charge avec facilité, lorsqu'ils renferment un sens qui plaît à l'esprit. Un traité de l'origine des noms est donc devenu nécessaire à la Botanique, et puisque l'étendue de sa nomenclature en a fait une langue, il lui faut son dictionnaire.

On le présente au public. Examinant dans le plus grand détail toutes les parties du système végétal, demandant à chaque plante ses titres, pour ainsi dire, on est parvenu, par un travail long et pénible, à donner à la science des archives authentiques.

Ce dictionnaire diffère essentiellement des autres ouvrages de ce genre, par la méthode que l'on a suivie. La plupart des étymologistes se sont contentés de puiser dans les langues grecque et latine, et d'ordinaire quelque ressemblance accidentelle dans les mots, leur a suffi pour faire des rapprochemens souvent démentis par l'histoire. La marche des langues ne peut s'expliquer que par celle des peuples. Le grec s'étant formé principalement des langues celtique et orientales, c'est dans ces sources qu'il faut chercher l'origine des noms primitifs dont le grec ne sauroit donner l'explication légitime.

Ainsi les noms de beaucoup de plantes d'Europe, s'expliquent facilement par la connoissance des différens dialectes de la langue celtique, et c'est dans les langues orientales qu'il faut chercher le nom des productions de l'Asie transmises aux Grecs par les Orientaux.

En suivant constamment ce principe, on a donné le plus grand développement à tout ce qui tient aux Celtes, ces premiers habitans de l'Europe. On a suivi leur langue dans ses différentes ramifications, et souvent on verra qu'une plante est aussi bien désignée par son nom seul que par sa description. On a de même reporté aux langues orientales tout ce qui en est dérivé, et l'on n'a rien écrit sans indiquer d'une manière précise les autorités dont on s'est appuyé. Mais sans parler davantage des élémens et du but de cet ouvrage, il convient d'en développer le plan.

Tous les noms donnés aux plantes peuvent être divisés en *noms anciens, noms moderne* imités des anciens, *noms patronimiques* et *noms étrangers*.

Les noms anciens sont tirés des princi-

Division des noms.

Noms anciens.

paux auteurs de la Grèce et de Rome. Transmis d'âge en âge, ils sont devenus la base de la Botanique, et dans les divers changemens qu'elle a subis, on n'a jamais tenté de les changer. Ils ont une précision, une élégance qui les distinguent, et tous renferment un sens; mais pour le découvrir il a fallu souvent revenir aux premières époques des langues, et quelquefois même remonter jusqu'aux principes qui les composent.

Lorsque les botanistes modernes n'ont pas pu constater les plantes décrites par Théophraste, Dioscorides, Pline, etc., ils en ont du moins conservé les noms en les donnant à des plantes nouvelles qui justifient par quelqu'analogie l'application qu'ils en ont faite. Par une suite du même principe, on a tiré parti des synonymes qu'offre la richesse des langues grecque et latine ; enfin on a consacré tout ce qui tient à l'antiquité.

Noms modernes. La seconde série comprend les noms modernes imités d'après les anciens. Ils ont sur ces modèles l'avantage d'une origine certaine et d'une expression plus savante; mais ils en ont rarement l'harmonie, et l'on peut douter que les herbières d'Athènes, si sévères envers Théophraste, eussent reconnu le droit de bourgeoisie de la plupart de ceux qui les ont composés.

Les noms patronimiques remontent à la
plus haute antiquité; Hercule, Chiron,
Achilles, apprirent aux hommes l'usage
de plusieurs plantes médicinales que l'on
appela de leurs noms, pour conserver la
mémoire d'un si grand bienfait; mais cet
honneur ne fut jamais prodigué, et l'on
doit remarquer que les Romains ne l'accordèrent à personne. Matthiole fut le premier qui renouvella cet usage en faveur
de son ami Cortusus; on l'a depuis généralement adopté, et ceux qui contribuèrent
aux progrès de la science, en ont été récompensés par la science même. Remontant à l'origine de la Botanique, on n'en
a pas oublié les fondateurs; ils ont reçu
de nous ce que leurs contemporains leur
avoient refusé.

On doit dire à l'honneur de la Botanique, qu'elle ne s'est pas souvent dégradée
par la flatterie; si des noms de rois et de
princes figurent dans ses annales, c'est que
par une protection toujours efficace de la
part des hommes puissans, ils en ont favorisé les succès. Il appartient aux souverains d'aimer les sciences et de les encou-
rager; c'est à d'autres de les cultiver.

La liste des plantes qui portent des noms
d'hommes est aujourd'hui considérable, et
souvent il a fallu beaucoup de recherches

pour constater leur existence. On indiquera leur patrie, la date de leur naissance et de celle de leur mort, et l'on donnera le titre de leurs principaux ouvrages. Quant au petit nombre de ceux qui sont échappés à l'histoire, on s'est contenté de rapporter l'époque de la publication de leurs écrits.

Noms étrangers.

Parmi les noms étrangers, on doit distinguer d'abord ceux qui tiennent aux langues orientales proprement dites. Le vocabulaire de toutes les sciences se ressent encore de l'influence qu'ont eue les Arabes, et la Botanique ancienne et moderne en a emprunté tant de noms, qu'ils méritent une attention particulière. Comme il arrive souvent que dans le pays même, ils varient d'un canton à l'autre, et qu'en outre, les divers peuples d'Europe les rendent par des signes différens, selon leur propre prononciation, on a pris le parti d'y joindre le texte en se servant de l'alphabet harmonique inventé par le savant Langlès. Le lecteur n'aura qu'à se rappeler la patrie de l'auteur cité, et le lieu où il a voyagé, pour distinguer les changemens qu'il a pu faire, des variations qui viennent de son sujet.

Commentaires sur Norden, 1795.

Les autres noms étrangers appartiennent à tous les siècles, comme à toutes les langues. Introduits successivement par les voyageurs, ils ont imprimé à la Botanique un aspect rude et sauvage; et par la désinence latine qu'on leur a donnée, ils sont en même temps devenu étrangers à leur propre pays. Sans doute ils ont une signification; mais comme elle est rarement arrivée jusqu'à nous, on s'est contenté de les ramener à leur origine exacte, en indiquant d'une manière détaillée les auteurs qui nous les ont transmis.

Après chaque genre on est descendu aux noms spécifiques, et l'on en a de même donné l'explication. Ceux qui tiennent à la simple latinité n'ont été relevés que lorsqu'ils présentent un sens obscur ou trompeur.

On n'a pas cru déroger à la dignité de la Botanique en donnant l'étymologie des noms vulgaires, soit en françois, soit en d'autres langues modernes. On doit d'autant moins les rejeter, que souvent ils aident à la connoissance du nom technique. Dans les différentes décompositions et recompositions qu'ont éprouvées toutes les langues d'Europe, il est des élémens qui se retrouvent toujours, et qui suivis avec méthode, les ramènent à une origine commune.

On ne suivra pas plus loin l'analyse de ce dictionnaire; par la nature même du sujet, il ne sauroit être entièrement ter-miné. Le passé ne sera jamais suffisamment connu et l'avenir n'a pas de bornes. C'est principalement à cet ouvrage que l'on peut appliquer ces paroles de l'Ecriture : *Lors-que l'homme croit avoir fini, il s'aper-çoit qu'il n'a fait que commencer.*

Ecclésiastiq. 18, 6.

LISTE

DES PRINCIPAUX OUVRAGES CITÉS

OU CONSULTÉS.

Est enim benignum, ut arbitrior, et plenum ingenui pudoris, fateri per quos profeceris (Pline, préface).

Langues Celtique, Gothique, Anglo-Saxon.

Histoire des Celtes, par Pelloutier, 1770.
Antiquités de la nation Gauloise, par Pezron, 1704.
Dictionnaire celtique, par Bullet, 1754.
Dictionnaire breton, par D. Lepelletier, 1752.
Dictionnaire latin et gallois, par Davies.
Dictionnaire françois et breton, par Quiquer, 1640.
Dictionnaire anglo-saxon et mœso-goth. par Edward Lye, 1740.
Dictionnaire des langues basque, latine et castillane, 1745.
Dictionnaire angl. etc, par Samüel Johnson, 1765.
Universal etymological dictionnary, par Bailey, 1764.
Guide into the tongues, par Minshew, 1617.
Glossarium suio-gothicum, par Ihre, 1769.
Elémens de la langue des Celtes gomériques, par Lebrigand,
    1779.
Observations fondamentales sur les langues anciennes et moder-
    nes, par le même, 1786.
Nouvel avis sur la langue primitive, par le même, 1788.
Les Origines gauloises, par Latour-d'Auvergne, an v.
Le Monde primitif par Court-de-Gébelin, 1773.
Flora Scotica, par Light-Foot (pour les noms erses), 1777.

Ossian et les poésies erses, trad. par Macpherson.
Les Mémoires de l'Académie des Inscriptions et Belles-lettres.

Langue Grecque.

Homère, *Illiade et Odyssée*, grec et latin, 1747.
Hippocrate, grec et latin, 1665.
Aristote, deux livres de plantes, grec et latin, avec les commentaires de Scaliger, 1619, et ceux de Casaubon, 1590.
Théophraste, avec les commentaires de Bodée, 1644.
Nicandre, *Theriaca et Alexipharmaca*, avec commentaires de divers auteurs, 1530.
Dioscorides, avec les commentaires de Matthiole, 1598.
Galien, grec et latin, 1659.
Athénée, avec les commentaires de Casaubon, 1621.
Plutarque, *Vies des hommes illustres.*
Pline, pour quantité de noms grecs omis par les auteurs grecs, commenté par Dalechamp, 1631.
Hesychius, *Dictionnaire grec*, 1746.
M. Martin, *Etymologicon lexicon.*
Vossius, *Etymolog. linguæ latinæ*, pour un grand nombre de noms grecs, 1662.
Schneider, *Lexique*, grec et allemand, 1797.

Langue latine.

Caton (Marcus-Porcius), Varron (Marcus-Terentius), Columelle (L.-Junius-Moderatus), réunis sous le titre de *Auctores rei rusticæ*
Palladius.
Virgile, *Georgiques et Bucoliques*, 1751.
Pline, 1631.
G. J. Vossius, *Etymol. latin.*, 1662.
Et la plupart des auteurs classiques; l'énumération en seroit inutile.

Langues d'Asie.

Hortus malabaricus, Rheede von Draakenstein, 1678, et successivement pour les autres volumes.
Herbarium amboinense, Rumphius, 1750.
Musæum Zeylanicum, Hermann, 1717.
Thesaurus Zeylanicus, Burmann, 1737.
Bontius, inséré dans les Œuvres de Pison, 1658.
Almagest, Plukenet, 1696.
Amalthée, par le même, 1705.
Amœnitates exoticæ, Kæmpfer, 1712.
Macartney, Voyage en Chine.
Relations de divers missionnaires.

Langues Orientales, proprement dites.

Golius, Lexicon arabicum, 1653.
Meninski, Lexicon Arabico-Turcico-Persicum, 1580.
Richardson, English, persian and arab dictionnary, 1780.
Bochart, Hierozoïcon, 1675.
Alpini (Prosper). De Plant. ægypt. 1640.
Vesling, à la suite de Prosper Alpin, même édition.
Olaus Celsius, Hierobotanicon, 1748.
Rauwolf, Voyage en Orient, 1693.
Russel, History natural of Aleppo, 17.
Shaw (Thomas), Travels or observations, etc. 1738.
Forskahl, Flora Ægypt. Arabica, 1775.
——— Materia medica Arab. Supplément, idem.
Nieburh, Voyage en Arabie, traduct. de 1779.
Norden, Voyage d'Egypte et de Nubie, commenté par Langlès, 1795.
Hornmann, Voyage à l'intérieur de l'Afrique, commenté par Langlès, 1803.
Bibliothèque orientale d'Herbelot, 1697.
Mémoires de l'Académie des Inscriptions et Belles-Lettres.
Castel, Lexicon heptaglotton, 1669.
Joseph, Gazophyllum linguæ persarum, 1684.

Chardin, *Voyage en Perse*, 1711.
Souza (Jean de), *Vestiges de la langue arabe, en Portugal*, 1789.

Langues d'Amérique.

Eusèbe Nieremberg, *Histoire naturelle*, 1635.
Hernandez (François), *Hist. nov. plant. Mexican*, 1651.
Pison, Marcgrave, *Hist. natur. Brasil*, 1648, Elzevier.
Plumier, *Nov. genera plant. Amer.* 1703.
Feuillée, *Histoire des plantes médicinales du Pérou, Chili*, 1714.
Dombey.
Fresier, *Relation d'un voyage à la mer du Sud*, 1716.
Molina, *Essai sur l'histoire naturelle du Chili*, traduit par Gravel, 1789.
Fusée Aublet, *Histoire des plantes de la Guyane françoise*, 1775.
Thevet, *Singularités de la France antarctique*, 1558.
Laet, *Novus orbis*, 1633, Elzevier.
Barrère, *Essai sur l'histoire naturelle de la France équinoxiale*, 1741.
Catesby, *The natural history of Carolina*, 1743.

Ouvrages généraux, dont les auteurs ont créé des noms, ou qui les ont expliqués.

Acharius, *Lichenograph. Suecicæ, Prodromus*, 1798.
Adanson, *Familles des plantes*, 1763.
Aiton, *Hortus Kewensis*, 1789.
Ambrosinus (Hyac.), *Phytologia*, 1666.
Ammann, *Quinque nova gene. a plantarum*, 1739.
Bauhin (Gaspard), *Pinax*, 1671.
Beckmann, *Lexicon botanicum*, 1801.
Boerhaave, *Index plantarum, Lug. Batav.* 1720.
Bohemer, *Lexicon rei herbariæ*, 1802.
Brown, *The civil and natural hist. of Jamaica*, 1789.
Buxbaum, *Nova gener. plantarum, Act. Petrop.*, vol. 1.
Cavanilles, *Icones, descriptiones plantarum*, etc. 1791.

Idem, *Monadelph. dissertat.* 1790.

Clusius, *Rariorum plantarum historia*, 1607.

Dalechamp, *Hist. general. plant.* 1587.

Dillen, *Historia muscorum*, 1741.

————— *Hortus Elthamensis*, 1732.

Desfontaines, *Flora Atlantica*, an VI.

Dodonée, *Stirpium historiæ pemptades*, 1583.

Du Petit Thouars, *Plantes des îles de l'Afrique australe*, 1804.

Flacourt, *Relation de l'île de Madagascar*, 1661.

Forster (J. R.), *Characteres gener. pl. maris. aust.* 1776.

Fuchs, *Historia plantarum*, 1546.

Gærtner (Joseph), *De fructibus et seminibus plantarum*, 1788.

Gesner (Conrad), *Hist. plantar. etc.* 1541.

Gronove, *Flora virginica*, 1739.

Hedwig, *Species muscor. frond. Freder. Schwægrichen*, 1801.

Houston, *Act. Societ. anglicanæ.*

Humboldt et Bonplaud, *Plantes équinoxiales*, première livraison, etc, 1805.

Jacquin, *Hist. stirpium select. Amer.* 1763.

Jussieu (Ant. Laur. de), *Genera plantarum*, 1789.

Labillardière, *Novæ Hollandiæ plantarum specimen*, 1804.

—————————— *Relation du voyage à la recherche de la Peyrouse*,
an VIII.

La Marck (Monet de), *Encyclopédie méthodique.*

L'Héritier, *Sertum Anglicum*, 1788.

L'Héritier, *Stirpes novæ*, 1784, etc.

Linné, *Philosop. botanica*, 1770.

Linné fils, *Supplément*, 1781.

Loeffling, *Voyage d'Espagne et d'Amérique*, 1760.

Loureiro, *Flora Cochinchinensis*, 1793.

Micheli, *Nova genera plantarum*, 1729.

Mitchell, *Summa genera plant. Virgin.*

Miller (Philip.) *The gardner's dictionary.*

Michaux, *Flora Boreali-Americana*, 1803.

Morison, *Plantarum historia*, — *Umbelliferarum distributio.*

Murray, *Linnæi syst. vegetab.* 1798.

Mutis.

Palisot de Beauvois, *Flore d'Oware et de Benin*, 1805.

——————————— *Prodrome de l'æthéogamie*, 1805.

Persoon, *Synopsis methodica fungorum*, 1801.

Petit, *Lettres botaniques*, 1710.

Petiver, *Pterigraphie*, 1712; *Gazophyllum*.

Ray, *Catalog. plantarum circa Canta.* etc. 1660.

Retzius, *Observations botaniques*, 1791 et 1779.

Royen (David van), *Prodrom. floræ Leydensis*, 1739.

Ruyz et Pavon, *Peruvi. et Chilensis flor. Prodromus*, 1797.

Ruppius, *Flora Jenensis*, 1726, collaborateur de Dillen.

Schreber, *Genera plantarum*, 1789.

Smith, *Icones plantarum*, etc. 1789.

Smith (J. Ed.), *Mémoire de l'Académie de Turin*, vol. 5.

——————— *Transactions of the Linnean Society*, 1791, etc.

Sonnerat, *Voyage à la Nouvelle Guinée*.

Sparmann, *Act. Stock.* 1779.

Swarts, *Fougères insérées dans le Journal de bot.* 2 part. 1800.

——————— *Nova genera et species plantarum Prodromus*, 1788.

Thunberg, *Flora Japonica*, 1784.

——————— *Dissert. Nov. pl. gener.* de 1781 à 1792.

Tournefort, *Hist. rei herbariæ*, 1700.

Vahl, *Eglogæ Americanæ*, 1790.

Vahl, *Symbol. botan.* 1790.

Vandelli, *Floræ Lusitanniæ et Brasil. specimen*, 1788.

Ventenat, *Hortus Celsianus*, an VIII; *Jardin de la Malmaison*, 1803, etc.

——————— *Tableau du règne végétal*, an VII.

Willdenow, *Species plantarum*, 1797, etc.

Antoine de Jussieu, Bernard de Jussieu, Nissole, Vuillant (Sébastien), Marchant (Jean), *Mémoires de l'Académie des sciences de Paris*.

Annales du Musée national d'histoire naturelle, premier volume, 1802.

Mémoires des principales Sociétés savantes de l'Europe.

ALPHABET HARMONIQUE,

ARABE FRANÇAIS, INVENTÉ PAR LANGLÈS

Et publié dans l'édition que ce sçavant a donnée du VOYAGE de
Norden, *Vol. 1. Pag. XV. Année* 1795.

	Nom			Nom	
	Êlif	(ʼ)	ض	Dhâd	Dh
	Bâ	B	ط	Thâ	Th
	Tâ	T	ظ	Tdâ	Td
	Tçâ	Tç	ع خ ح	A'yn	(ʼ)
	Djym	Dj		Ghâyn	Gh
	Hhâ	Hh	ف	Fâ	F
	Khâ	Kh	ق	Qâf	Q
	Dâl	D	ك	Kêf	K
	Dzâl	Dz	ل	Lâm	L
	Râ	R	م ن	Mym	M
	Zâ	Z	ن	Noûn	N
	Syn	S *dure* ou ç	و	Oûâoû	Où
	Chyn	Ch	ҕ	Hâ	H
	Szâd	Sz	ي	Yâ	Y. Ï

LETTRES PARTICULIÈRES AUX TURCS ET AUX PERSANS.

	Nom			Nom	
	Pâ	P	ڳ	Jâ	J
	Tchym	Tch	ڭ	Guêf	G

Au moyen de cet Alphabet, on peut rétablir avec exactitude, en caracteres originaux, tous les noms Arabes employés dans
le cours de cet ouvrage.

ALPHABET ANGLO-SAXON

Grandes Lettres.		Petites Lettres.	
A	A	a	a
B	B	b	b
C	C	c	c
D	D	d	d
E	E	e	e
F	F	f	f
G	G	ᵹ	g
H	H	h	h
I	I	i	i
K	K	k	k
L	L	l	l
M	M	m	m
N	N	n	n
O	O	o	o
P	P	p	p
R	R	r	r
S	S	ſ	s
T	T	t	t
Ðþ	TH	ðþ	th
U	U	u	u
Ƿ	W	ƿ	w
X	X	x	x
Y	Y	y	y
Z	Z	z	z
Æ	Æ	þ	qui
		⁊	et.

GLOSSAIRE
DE BOTANIQUE.

A

ABATIA. Les auteurs de la *Flore du Pérou*, pag. 68, ont ainsi nommé ce genre en l'honneur de Pierre Abat, professeur de botanique à Séville.

ABIES. Voyez *Pinus*. Ces deux noms ont une origine celtique qui empêche de les séparer.

ABLANIA. Abrégé de *goulougou-ablani*, nom que les Galibis, peuples de la Guyane, donnent à cet arbre. AUBLET, pag. 586.

ABROMA (α privatif, βρωμα, nourriture; c'est-à-dire, arbre dont le fruit n'est pas alimentaire, quoiqu'il soit analogue ou *theobroma*, qui en produit d'exquis). Voy. *Theobroma* et *Bubroma*. LINNÉ fils, Suppl. pag. 54, écrit *ambroma*.

A. AUGUSTA. Nom métaphorique donné à cet arbre, pour exprimer la beauté de sa fleur.

ABRONIA. Dérivé d'αβρος, élégant, délicat. Cette petite plante produit des fleurs garnies d'un involucre dont le limbe est d'une belle couleur de rose. JUSSIEU, pag. 449.

ABRUS (αβρος, même sens que ci-dessus). Le feuillage de cet arbre est d'une grande délicatesse.

A. PRECATORIUS. Mot latin qui signifie *relatif aux prières*. Il est dérivé de *precari*, prier. On fait des chapelets de ses jolies semences écarlates et tachées de noir.

ABUTA. *Abutua*, nom que les Garipons, peuples de la Guyane, donnent à cet arbuste. AUBLET, pag. 621.

ACACIA. Genre extrait des *mimosa* de Linné, par Willdenow, tome 4, page 1049. L'ancien nom ακακια, qui désignoit en grec des arbres de cette série, n'étant pas employé, on s'en est servi, avec raison, pour dédoubler un genre trop étendu.

Ce mot a pour radical *ac*, pointe, en celtique. La plupart des arbres généralement connus sous le nom d'*Acacia* sont épineux.

A. STROMBULIFERA. *Strombulus*, diminutif de *strombus*, vis. Ce mot vient du grec στρομϐος, qui signifie la même chose, et qui est dérivé de στροϐω, je tourne, je tords.

Cet arbre porte des fruits contournés en spirale.

ACÆNA (ακαινα, épine). Sa baie est garnie d'épines. *Acæna* a pour primitif *ac*, pointe, en celtique. Voy. *Aiguillon* à la Table des termes de Botan.

ACALYPHA. Nom grec de l'ortie. Il est composé de *a* privatif, καλος, beau ; αφη, tact : c'est-à-dire, plante dont le toucher est désagréable. C'est la juste définition de l'ortie. L'*acalypha virgata* y ressemble très-bien par le port et par l'effet.

ACANTHUS (ακανθα, épine). Plusieurs espèces de ce genre sont très-épineuses. *Acantha* est dérivé de ακη, et tous deux ont pour radical *ac*, pointe, en celtique. Il en est de même de ακαρια, ακμη, etc. Voy. *Aiguillon*.

ACARNA. Nom sous lequel Théophraste, liv. 6, chap. 4, décrit une plante épineuse analogue aux chardons. Willdenow s'en est servi, vol. 3, pag. 1699, pour désigner des plantes de la série des chardons.

    Acarna a pour radical *ac*, pointe, en celtique. C'est par cette raison que Pline l'emploie, liv. 32, chap. 11, pour distinguer un poisson épineux.

ACER. Mot latin qui signifie dur, piquant, en ce sens ; il est dérivé d'*ac*, pointe, en celtique. On l'a appliqué à cet arbre, à cause de l'extrême dureté de son bois, qui étoit recherché pour la fabrication des piques, lances, etc.

    Les Grecs l'appeloient σφενδαμνον de σφενδαμνος qui signifie dur, ferme, exactement dans le même sens qu'*acer*.

ACHANIA (*a* privatif χαος, ouverture ; d'où αχανης fermé). Fleur dont la corolle est close. SWARZ, 102.

ACHARIA. Acharius, naturaliste suédois, a donné en 1798 un Essai sur les lichens de la Suède. THUNBERG, *Prodr.* 14.

ACHILLÆA. Pline rapporte (liv. 25, chap. 5) que cette plante fut nommée ainsi, parce qu'Achille, disciple de

Chiron, s'en servit le premier pour guérir les blessures. Voy. *Chironia* et *Centaurea*.

A. CLAVENNÆ. En mémoire d'un botaniste italien nommé Nicolas Clavenna, qui le premier décrivit, en 1610, cette plante sous le nom d'*Absinthe corymbifère*.

A. PTARMICA. Qui passe pour exciter l'éternuement, appelé en grec πταρμος. Voy. *Plante ptarmique*.

ACHRAS. Nom grec du poirier sauvage. Il a pour radical *ac*, pointe, en celtique; des fortes épines de cet arbre. L'arbre d'Amérique, auquel Linné a donné ce nom, a quelque ressemblance avec le poirier par le fruit.

Plumier, dans ses Genres d'Amérique, n.º 43, ayant le premier institué celui-ci sous le nom de *sapota*, A. L. de Jussieu l'a classé sous ce titre changé sans nécessité. Voy. plus bas.

A. SAPOTA. Abrégé de son nom mexicain *cochit-zapotl*. (EUS. NIEREMBERG, liv. 15, chap. 74.)

ACHYRANTHES (αχυρον, paille; ανθος, fleur). Les folioles de son calice, fermes et persistantes, lui donnent l'aspect d'une fleur de paille colorée.

ACICARPHA (ακις, pointe; καρφος, paille). A paillettes épineuses. JUSSIEU, *Annales du Muséum*, vol. 2, pag. 347.

ACIOA. *Acioua*, nom que les Galibis donnent à cet arbre. AUBLET, pag. 700. Schreber, g. 1119, l'a changé en *acia*.

ACISANTHERA (ακις, pointe). Dont les anthères sont en pointe. C'est la même plante que le *rhexia acisanthera* de Linné. Elle diffère des *rhexia* par tous les caractères essentiels.

ACLADODEA (*a* privatif, κλαδος, rameau). De son tronc sans rameaux comme celui des palmiers. *Flor. du Pérou*, pag. 122.

ACNIDA. (*a* privatif, κνιδη, l'un des noms grecs de l'ortie). C'est-à-dire plante semblable à l'ortie, mais qui ne pique pas. MITCHEL, g. 28.

Κνιδη est dérivé de κναω, je pique.

ACONITUM. Qui passoit pour croître vers le territoire de la ville d'*Acone*, en Bithynie. THEOPHRASTE, liv. 9.

A. LYCOCTONUM (λυκος, loup; κτεινω, je tue). Avant que l'on connût des moyens plus efficaces pour se défaire des loups, on s'en servoit pour les empoisonner. De là le nom *Wolfs-*

banc, tue-loup, que les Anglais donnent à ce genre en gé·
néral.

A. ANTHORA. Syncopé de *anti-thora*; c'est-à-dire, contre-
poison du *thora*. Voy. *Ranunculus thora*. Loin de croire
que cette plante soit un antidote, Haller la regarde comme
très-dangereuse.

A. CAMMARUM (crabe, écrevisse). La partie supérieure de
sa fleur ressemble très-bien à la queue recourbée d'une
écrevisse.

A. NAPELLUS. Diminutif de *napus*, navet; ses racines sont en
forme de petits navets noirâtres à l'extérieur. En françois
napel, abrégé de *napellus*.

ACORUS (*a* privatif, κορη, prunelle; c'est-à-dire plante qui
guérit des maux d'yeux). DIOSCORIDE, liv. 1. chap. 2.

Les Français lui ont conservé son nom latin *calamus*, et
ils y ont ajouté l'épithète *aromatique*. Sa racine est d'une
odeur forte et agréable. Voy. *Calamus*.

ACOSTA. En mémoire du père Joseph d'Acosta, jésuite espagnol, mort en 1600. On a eu de lui en 1590, une *Histoire
naturelle des Indes. Flore du Pérou*, pag. 1.

ACOUROA. Nom sous lequel Aublet, pag. 754, désigne cet
arbre de la Guyane; en français *dartrier*. Sa semence est en
usage contre les maladies de la peau.

ACROSTICHUM. Linné, *Philos. bot.*, range ce nom parmi
ceux qui tirent leur origine de la structure de la plante. Il
signifie littéralement *commencement de vers*, ακρος στιχος; on
l'a appliqué à ces plantes, parce que plusieurs d'entre elles
présentent au revers de leurs feuilles des linéamens qui ressemblent à des commencemens de mots.

A. TRIFRONS. Dont la frondescence, ou le feuillage est de
trois espèces. De ses folioles, les unes sont simples, les
autres dentées, et d'autres encore découpées. COMMERSON.

A. CALOMELANOS (καλος, beau; μελας, μελανος, noir). Dont le pétiole est d'un beau noir luisant.

A. BARBARUM. Qui croît en Barbarie, partie d'Afrique ainsi
nommée des Berbers qui l'habitoient avant que les Arabes
en fissent la conquête.

A. PLATINEURON. (πλατυς, large; νευρον, nerf). Dont les feuilles
sont remarquables par leurs larges nervures.

ACTÆA (ακτη , nom grec du sureau). Il vient de α privatif,
κτα je fais mourir; c'est-à-dire plante qui rend la santé.
Dioscoride, liv. 4, chap. 168, s'étend au long sur ses vertus.
Il passoit, surtout, pour guérir de la morsure de la vipère.

La plante à laquelle Linné a donné ce nom ressemble
très-bien au sureau, *sambucus*, par le fruit. On la nommoit
anciennement *christophoriana*, herbe de St.-Christophe. *La
botanique, dit Linné (Philosophie botanique), ne doit pas distinguer ses genres par des noms de saints ou d'hommes qui
se sont illustrés dans un autre art.*

ACTINEA (ακτη, rayon). De ses demi-fleurons disposés en
rayons. JUSSIEU, *Annales du Muséum*, vol. 2.

ACTINOPHYLLUM (ακτη, ακτινος, rayon; φυλλον, feuille : dont
les feuilles disposées circulairement imitent des rayons).
Flore du Pérou, pag. 41.

ACUNNA. D. Pèdre d'Acunna, ministre d'état sous le roi
d'Espagne Charles IV, promoteur de la botanique. *Flore
du Pérou.*

ADANSONIA. En l'honneur de Michel Adanson, botaniste
français, né en 1727. On a de lui : *Voyage au Sénégal, Familles des plantes, des Mémoires académiques,* etc. C'est lui
qui le premier donna de justes notions de cet arbre prodigieux dont on n'avoit eu jusque là que des idées imparfaites. Voy. *Les Mémoires acad. des sciences*, année 1761.

L'*Adansonia* est vulgairement connu sous le nom de *ba-
hobab* que lui donnent les naturels d'Egypte. PROSP. ALPIN,
66, t. 67. On le nomme aussi *pain-de-singe*, parce que sa
capsule est remplie d'une substance aigre et farineuse qui
passe pour être recherchée des singes.

ADELIA (α privatif, δηλος, visible; invisible). Ses fleurs mâles et
femelles dépourvues de corolles sont très-peu apparentes.

A. ACIDOTON (ακιδωτος, pointu; dont le primitif est *ac*, pointe,
en celtique). Ses rameaux sont épineux.

A. BERNARDIA. En l'honneur de Bernard de Jussieu. Voy.
Jussiæa. Houston en avoit fait un genre réduit depuis en
espèce.

A. RICCINELLA. Dérivé de *riccinus* (Voy. ce genre), qui ressemble au *riccinus* par sa capsule à trois coques.

ADENANTHERA (αδην, αδινος, glande; ανθηρα, anthère). Dont l'anthère est garni d'une petite glande à son sommet.

ADENANTHOS (αδην, glande; ανθος, fleur). Fleur garnie de glandes à son intérieur. LA BILLARDIÈRE, 29.

ADENIA. De son nom Arabe *aden* (1) (prononcez a'dzen). FORSKAL. p. 77.

ADENODUS. Dérivé d'αδην, glande. Sa fleur et son fruit sont glanduleux. LOUREIRO, pag. 360. Ce genre se rapproche des *elæocarpus*.

ADENOSTEMA (αδην, αδινος, glande; στημμα, couronne). La semence est couronnée à son sommet par trois appendices en forme de glande.

ADIANTUM (αδιαντος, qui est sec; qui n'est pas mouillé). Ce mot vient de α privatif, διαινω, je mouille, j'humecte. *Vainement on plonge l'adiantum dans l'eau, il est toujours sec, dit* PLINE, *liv. 22, chap. 21, et c'est de là que les Grecs l'ont appelé ainsi.* Il en est de même de plusieurs plantes aquatiques, l'eau coule sur leurs feuilles sans les pénétrer.

A. CAUDATUM. A queue. La partie supérieure de sa frondescence est allongée et recourbée en forme de queue, qui prend souvent racine quand elle touche terre.

A. CAPILLUS VENERIS. *Cheveux de Vénus,* par allusion à ses tiges luisantes et fines. Ce nom exprime en latin la même chose que les noms grecs *callitriche, polytriche, trichomanes,* qui tous ont pour primitif θριξ, τριχος, cheveux, et qui désignoient autrefois des plantes analogues entre elles. Voy. chacun de ces noms.

A. FLABELLATUM (*flabellum,* éventail; de *flabro,* je souffle). Ses feuilles recomposées (*decompositis*) avec beaucoup d'élégance, imitent un petit éventail.

---

(1) Lorsque les auteurs que l'on cite dans le cours de cet ouvrage ont joint aux noms arabes, persans, etc. les mêmes noms en caractères latins, on les rapporte scrupuleusement avec leur orthographe, quelle qu'elle soit; on y ajoute pour correctif le texte original transcrit avec les caractères harmoniques de Langlès, toutes les fois que leur manière de les rendre n'est pas précise. Par ce moyen, les lecteurs sauront les prononcer d'une manière exacte et ceux qui sont versés dans l'étude des langues orientales, pourront les rétablir sur-le-champ en caractères primitifs.

ADONIS. Nom poétique. Jeune homme aimé de Vénus et tué à la chasse par un sanglier. La fleur de cette plante est du rouge le plus vif, par allusion au sang d'Adonis (1).

A. FLAMMEA. Flamboyant, de la belle couleur de feu de sa fleur.

A. VESICATORIA. Cette plante est extrêmement âcre, comme la plupart des *ranunculacées*, et l'on s'en sert en Afrique pour remplacer les cantharides dans les emplâtres *vésicatoires*.

ADOXA (*a* privatif, δοξα, gloire; sans gloire, sans éclat). Cette jolie plante croît dans les lieux couverts, et il faut regarder de près pour en apercevoir la fleur, qui est de même couleur que le feuillage.

A. MOSCHATELLINA. Dérivé de μοσχος, le musc. Ses feuilles répandent une légère odeur de musc, surtout après la pluie.

ÆCHMEA (αιχμη, pointe, toujours dérivé d'*ac*, pointe, en celtique). L'une des découpures du calice extérieur de la fleur se termine en pointe. *Flore du Pérou*, p. 38.

ÆGICERAS. (αιξ, αιγος, chèvre; κερας, corne). Dont la capsule est recourbée comme une corne. GÆRTNER, vol. 1, p. 216.

ÆGILOPS (αιξ, αιγος, chèvre; οψ, œil : œil de chèvre). Les Grecs donnoient ce nom à un petit ulcère qui vient au grand angle de l'œil, et auquel les chèvres sont sujettes. Selon DIOSCORIDE, liv. 4, chap. 134, cette plante passoit pour en guérir.

Presque tous les voyageurs se sont plus à répéter que le blé, proprement dit, croît spontanément en Sicile. C'est à l'*ægilops ovata* qu'il faut rapporter ce qu'ils en ont dit. Cette plante croît en abondance dans toute la Sicile, et sa graine

---

(1) Ce que l'on vient de lire est la partie poétique; elle a une base historique qui est plus sûre. Adonis avoit en Phénicie un culte très-étendu, et l'Adonis des Grecs n'avoit conservé qu'une foible partie des attributs de celui des Phéniciens. Ce nom signifie *seigneur* en langue phénicienne. C'étoit un roi guerrier qui fut blessé à la chasse par un sanglier. Il n'en mourut pas, comme les poëtes l'ont feint. Il fut tiré des enfers par les heures, c'est-à-dire, en style oriental, guéri par le temps, et l'on institua le *Phallus* en mémoire de sa blessure (*voy.* PHALLUS). Il fut ensuite adoré des Assyriens et des Phéniciens comme dieu de la guerre (*Mémoire de l'acad. des Inscript.*, vol. 31, pag 137).

ressemble assez au blé pour que Cæsalpin l'ait appelée *triticum sylvestre*. A l'époque de sa maturité on en fait des
bouquets, on met le feu aux barbes, qui brûlent rapidement
avec les bales, et le grain légérement roti est un mets très-
agréable aux Siciliens. Voy. le *Voyage de* Sestini.

ÆGINETIA. En mémoire de Paul Æginette, nommé ainsi
d'Ægine sa patrie. Il étoit médecin et vivoit au 7.ᵉ siècle.
On a de lui un *Traité de la médecine*, et un *Abrégé des œuvres
de Galien.*

ÆGIPHILA (αιξ, αιγος, chèvre; φιλος, ami : aimé des chèvres).
De là vient qu'à la Martinique cet arbuste est nommé *bois
de cabri.*

ÆGLÉ (Αιγλη, Eglé, l'une des Hespérides). On connoit la fable
des pommes d'or du jardin des Hésperides. L'*æglé* porte
des fruits analogues à l'orange; quant à ce mot, il signifie
proprement éclat, brillant. Corrêa de Serra, *Act. sociét.*
Linn. vol. 5.

ÆGOPODIUM (αιξ, αιγος, chèvre; πους, ποδος, pied). Chacune
des parties qui composent sa feuille est souvent refendue
en deux, ce qui lui donne quelque ressemblance avec le
pied fourchu de la chèvre.

A. podagraria. Bonne contre la goutte, appelée en grec *po-
dagria*, de πους, ποδος, pied; αγρα, prise, proie; pieds pris.
La goutte aux poignets étoit nommée, dans le même sens,
chiragre, χειρ, main; αγρα.

Cette plante est appelée de même en françois et en anglois
herbe aux-goutteux, *gout-weed*. Il est douteux qu'elle en ait
jamais guéri.

ÆGOPOGON (αιξ, αιγος, chèvre; πωγων, barbe). Gramen à
épi hérissé, comparé à la barbe d'un bouc. Humboldt et
Bonpland.

ÆRIDES (αιρ, air; c'est-à-dire qui vit de l'air). Cette plante
parasite croît dans les forêts de la Cochinchine; et si on la
suspend dans un lieu quelconque, elle vit long-temps sans
autre nourriture que celle qu'elle tire de l'air. Loureiro,
p. 642. Ce genre rentre dans les *épidendrum*, et son nom
exprime la même chose que *epidendrum flos-æris*, qui le
désignoit anciennement.

ÆRUA. De son nom arabe *erua* (éroûâ) Forskahl, p. 171.

L'errua a été séparé du genre *illecebrum* de Linné, pour en faire un particulier.

ÆSCHYNOMÈNE. Nom que donne Pline, d'après les Grecs, à une plante qui, dit-il, liv. 24, chap. 17, retire ses feuilles quand on en approche la main; c'est évidemment une sensitive. Ce nom vient de αισχος, pudeur, honte; d'où αισχυνομαι, je suis honteux, par allusion à ce mouvement de se retirer quand on y touche.

Une espèce d'æschynomène (1) meut ses feuilles d'une manière très-sensible. Ce genre, en général, est analogue aux sensitives proprement dites Voy. *Mimosa*.

ÆSCULUS ou *esculus*, comme l'écrit Pline, nom que donnoient les Latins à une espèce de *chêne* dont le gland est assez doux pour être mangé, et c'est de là qu'il tire son nom, *esculentus*, bon à manger, dérivé d'*esca*, nourriture. Cet arbre étant entré dans la série des chênes, voy. *Quercus esculus*. Le nom esculus a été donné au marronnier d'inde, arbre inconnu aux anciens, puisqu'il fut apporté d'Orient pour la première fois en 1587. CLUSIUS, 1—5.

Ce fruit n'étant pas alimentaire, malgré les essais multipliés que l'on en a faits, c'est à tort qu'on lui a donné un nom qui suppose une qualité édule.

A. HIPPOCASTANUM (ιππος, cheval; châtaigne de cheval). Nom grec donné à ce fruit, d'après celui qu'il porte en Turquie, d'où on l'a apporté; on l'y appelle *at castanesi*, châtaigne de cheval.

On a supposé légèrement qu'il guérit les chevaux de la pousse. CLUSIUS, 1—5.

A. PAVIA. Boerhaave lui donna ce nom en l'honneur de Pierre Paw, hollandois, professeur de botanique à Leyde, dont on a eu des opuscules en 1601.

ÆTHUSA (αιθουσα, dérivé de αιθω, je brûle). De son âcreté dangereuse.

Æ. CYNAPION (κυων, κυνος, chien; απιον, ache). Ache de chien, pour en exprimer les mauvaises qualités.

---

(1) On remarque qu'en général, dans les mots que les Latins, et par suite les autres peuples, ont empruntés des Grecs, on a rendu *ai* par *ae*, et *oi* par *oe*.

ÆXTOXICUM (αἴξ, chèvre; τοξικόν, poison). Nuisible aux chèvres. *Flore du Pérou*, pag. 120.

AFZELIA. Adam Afzel, démonstrateur de botanique en l'Université d'Upsal. J. E. SMITH, *Act. Soc.* LINN, vol. 5.

AGAPANTHUS (ἀγαπάω, j'aime; ἄνθος, fleur : fleur aimable). Elle est d'une belle couleur bleue. *Hort.* KEW. 1 — 414. Ce genre rentre dans les *Crinum*.

AGARICUS. *Originaire d'Agarie, région de Sarmatie.* DIOSCORIDE (1), liv. 3, chap. 1. Le genre trop étendu des *agarics* a été subdivisé en *amanita, merulius, cantharellus*, etc. Voy. ces noms. Quant aux espèces, on a mieux aimé les réunir ici sour leur ancienne dénomination, pour présenter à l'œil les plantes de la même série.

A. MUSCARIUS. Dérivé de *musca*, mouche. On se sert en Russie de ce champignon pour *se défaire des mouches* : on le fait infuser dans du lait, et il lui communique une âcreté qui leur est mortelle.

A. QUINQUE-PARTIBUS. A cinq parties; son chapeau se déchire en cinq parties, pour l'ordinaire.

A. CINNAMOMEUS. Dont le chapeau est d'une couleur roussâtre comme celle de la canelle ou *cinnamomo*, κινναμωμον.

A. EQUESTRIS (*equus*, cheval, d'où *equestris*, chevalier). C'est-à-dire agaric dont le chapeau, s'ouvrant en forme d'étoile, présente quelque ressemblance avec la décoration d'un ordre de chevalerie.

A. DELICIOSUS. Il ressemble tellement à l'*agaricus perniciosus*, que malgré ce nom de délicieux, on doit le regarder au moins comme suspect.

A. GEORGII. Nom populaire conservé par Bauhin. Il l'appelle *fungus divi Georgii*. Champignon de St.-George. *Hist.* 3, pag. 824.

A. CLYPEATUS. Dérivé de *clypeum*, bouclier. Son chapeau pré-

---

(1) Comme la plupart de ces plantes croissent en Grèce, il est à croire que le nom d'*agaric* n'exprime pas le lieu où on les trouvoit, mais l'usage habituel qu'en faisoient les habitans de l'Agarie. Les Sarmates ont de tout temps mangé un grand nombre d'espèces de champignons, même de celles qui parmi nous sont réputées vénéneuses.

sente en son milieu une bosse, comme le bouclier des anciens.

A. AURANTIACUS. Dérivé d'*aurum*, or, d'où *aurantium*, orange. Le chapeau de ce champignon est d'une belle couleur dorée ; c'est de-là qu'on le nomme en françois oronge. Voy. *Citrus aurantium.*)

A. NYCHTEMERUS (*νυχθημερον*, l'espace d'un jour entier). Ce mot est composé de *νυξ*, nuit ; *ημερα*, jour, qui dure seulement un jour et une nuit.

Cet agaric disparoît promptement. PALLAS. Voy. de Sibér.

A. VIRGINEUS. Virginal, par allusion à son chapeau d'un blanc de neige.

A. UMBELLIFERUS. Portant ombelle, c'est-à-dire un parasol. Ce petit champignon en a parfaitement la forme. Voy. *Ombelle* à la Table des Termes.

A. EXTINCTORIUS (*extinctor*, éteignoir). Dont le chapeau conique ressemble à un éteignoir.

A. OSTREATUS. Dérivé de *οστρεον*, huître, écaille. Ces champignons naissent plusieurs ensemble ; ils sont presque sans stipe, et par leur agglomération, ils ressemblent à des écailles réunies et imbriquées.

A. OCHRACEUS (*οχρος*, jaune). Sa surface inférieure (1) est comme poudrée de jaune.

A. QUERCINUS, A. BETULINUS et A. ALNEUS. Ils croissent également sur la plupart des bois morts, et non exclusivement sur le chêne, l'aulne et le bouleau, comme l'indiquent ces noms.

AGATHOPHYLLUM (*αγαθος*, bon ; *φυλλον*, feuille). Elle a une agréable odeur de girofle. C'est le même arbre que Sonnerat nomme *ravensara*. Flacourt l'écrit *ravendsara*, et il en appelle le fruit *voa ravend sara* d'après les naturels de Madagascar. Voy. sa *Relation*, ch. 56, p. 125.

Le nom madecasse *ravensara*, vient du malais *raven*, feuille ; *sara*, bon. Bonne feuille, et il signifie précisément

---

(1) Le terme de *surface inférieure* présentant deux idées contraires, devroit sans doute être rejeté ; mais comme il est employé habituellement dans plusieurs ouvrages de Botanique, on a cru devoir s'en servir.

la même chose qu'*agathophyllum*, employé par Jussieu, pag. 451. On peut conclure de pareils rapprochemens que la plupart des noms de plante se ressembleroient dans toutes les langues, s'ils n'étoient appliqués que d'après les caractères essentiels.

AGAVE. Altéré de *αγαυος*, admirable. Cette plante l'est en effet par sa forme, sa grandeur et la beauté de ses fleurs. En mythologie Agave est le nom d'une des Néréides.

AGERATUM (*α* privatif, *γηρας*, vieillesse, c'est-à-dire qui ne vieillit pas). DIOSCORIDE donne ce nom à une plante qui, dit-il, (liv. 4, chap. 54.) est appelée ainsi, parce qu'elle conserve toujours sa couleur ; la description qu'il en donne convient à la plante à laquelle les modernes l'ont appliqué.

AGLAIA. Nom de femme qui exprime la beauté, *αγλαια*, éclat. Loureiro, pag. 215, l'a donné à une plante remarquable par son odeur et sa beauté.

AGRIMONIA. Corrompu d'*argemone* ; nom que donnoient les Grecs à une plante qui passoit pour guérir de la taie de l'œil, appelée en grec *argema*. Ce nom est dérivé d'*αργος*, blanc ; la taie forme sur l'œil une tache blanchâtre. Voy. DIOSCORIDE, liv. 2, chap. 173.

AGRIPHYLLUM. *Αγρια*, nom grec du houx, dont il exprime la rudesse ; *αγρός*, sauvage, rude ; *φυλλον*, feuille : feuilles à dentelures épineuses comme celles du houx. Voy. *Ilex.* JUSSIEU, pag. 190.

AGROSTEMMA (*αγρος*, champ ; *στεμμα*, couronne : couronne champêtre). De la beauté des fleurs de ce genre, qui font l'ornement des guérets, et de l'usage d'en faire des couronnes, guirlandes, etc. (1).

---

(1) Les anciens appeloient *coronariæ*, *στεφανιτης*, les plantes dont ils faisoient ces couronnes, dont se paroit chaque convive dans les banquets, où qu'ils offroient, soit aux dieux, soit aux héros dans certaines circonstances. Les unes, composées de plantes qui ne nous semblent guère propres à cet usage, étoient des symboles dont nous ne pouvons pas pénétrer le mystère ; les autres étoient faites des plus belles fleurs d'ornement. De là le nom de *coronariæ* que l'on donna en général aux fleurs les plus éclatantes, et que la Botanique moderne a conservé dans le même sens.

A. coronaria. Même sens en latin que le nom générique en grec.

A. githago. *Git* ou *gith*, graine noire et aromatique qui étoit employée comme épicerie dans la cuisine des Latins. Plin. liv. 19, ch. 8. C'est la *nigella sativa*. Voy. ce genre. Le *githago* y ressemble par ses semences de la même couleur. On lui donne même en françois le nom impropre de *nielle*.

La désinence *ago*, fréquente en botanique, exprime en latin la ressemblance avec le nom qui la précède, comme l'*oïdes* des Grecs. *Fabago*, *liliago*, *erucago*, etc.

A. flos Jovis. Fleur de Jupiter; nom métaphorique donné à cette fleur pour en exprimer la beauté. *Flos Jovis* signifie en latin la même chose que *dianthus* en grec. Ces deux noms désignent des plantes différentes quoique analogues. Voyez *Dianthus*.

A. cœli rosa. Même sens que ci-dessus exprimé en style mystique.

AGROSTIS. Dérivé d'αγρος, champ. Les Grecs donnoient ce nom aux *gramen* en général, à cause de leur extrême abondance dans les champs.

En anglois *bent-grass*, gramen penché; des épillets retombant dans plusieurs espèces de ce genre.

A. spica venti. Epi du vent; de sa légéreté vraiment aérienne.

A. canina. Dérivé de *canis*, chien, c'est-à-dire analogue au *chiendent* par sa racine traçante. Voy. *Triticum repens*.

AGYNEIA. (*a* privatif; γυνη, femme, femelle). Les fleurs femelles n'ont qu'un germe percé par le sommet; et comme elles ne présentent ni stigmate, ni style, on les a regardées comme privées de l'organe sexuel.

AIDIA (αιδιος, éternel, dérivé de αει, toujours). Nom donné à cet arbre pour exprimer la longue durée de son bois. Loureiro, pag. 177.

AILANTUS et non *Ailanthus*, comme l'ont écrit plusieurs auteurs; ce qui donne à ce nom une tournure grecque qu'il ne doit point avoir. Il vient de *ailanto*, nom par lequel les habitans des Moluques désignent cet arbre. Rumph, 3, p. 205. Desfontaines, *Act. Gall.* 1786, p. 265.

AJOVEA. Latinisé de *aïouvé*, nom que donnent les Galibis à cet arbre. Aublet, pag. 312.

AIRA. Nom que donnoient les Grecs à l'ivraie. Dioscoride liv. 2, chap. 93. Cette plante, conservant en botanique son nom latin *lolium*, le synonime grec a été appliqué à ce genre, qui n'a cependant que de foibles rapports avec l'ivraie.

Aira vient de αιρω, je fais mourir. On connoît les funestes effets de cette plante. Voy. *Lolium.*

AITONIA. Williams Aiton, jardinier en chef au jardin royal de Kew, en Angleterre. Il a donné en 1789, le *jardin de Kew*, ou catalogue descriptif des plantes que l'on y cultive,

AJUGA. Altéré d'*abigo* je chasse, j'expulse (le fœtus.) Les Latins donnoient ce nom à une plante emmenagogue, qui n'est pas bien constatée. Selon Pline, liv. 24, chap. 6, l'*abiga* des Latins est le *chamæpitys* des Grecs. Voy. *Teucrium chamæpitys.*

L'*ajuga* des modernes n'a rien d'emmenagogue, elle a seulement une légère qualité béchique analogue à celle de la *buglosse*, et c'est ce qui la fait appeler avec plus de précision, par A. L. de Jussieu, *bugula*, petite buglosse, d'où *bugle* en françois.

A. genevensis. De Genève, nom impropre. Cette plante croît en abondance aux environs de Paris.

AIZOON (αι, toujours ; ζωον, vif : toujours vif, toujours verd). Nom que donnoient les Grecs au *sempervivum* et qui signifie exactement la même chose. L'*aizoon* est analogue au *sempervivum* par ses feuilles épaisses et toujours vertes.

ALBUCA. Dérivé d'*albus*, blanc ; de la couleur des fleurs de ce genre.

Les Latins connoissoient le mot d'*albuca* ; mais ils s'en servoient spécialement pour désigner la tige de l'asphodèle. Pline, liv. 21, chap. 17.

ALCEA (αλκη, remède, secours). L'*alcée* des anciens étoit une sorte de guimauve. Celle des modernes en est l'analogue par le port, le goût, et l'effet émollient.

ALCHEMILLA. De quelques prétendues vertus alchimiques. Linné, *Phil. bot.*

Ce nom est purement arabe (âlkêmelyeh). J. de Souza, pag. 52.

En françois cette plante est appelée *pied-de-lion*. On a comparé, sans raison, sa feuille à l'empreinte du pied du lion. Les Anglois l'ont nommée, avec plus de justesse, *ladies-mantle*, mantelet de dames; de ses feuilles plissées avec beaucoup d'élégance et de régularité.

ALCHORNEA. Alchorn, botaniste anglois. SWARZ, 98.

ALCINA. En mémoire d'un jésuite espagnol, nommé François-Ignace Alcine, voyageur vers le 17.° siècle. CAVANILLES, 1 p. 10.

ALDEA. Francisco de la Alde, chef du collége des apothicaires de Madrid. *Flore du Perou*, 16.

ALDROVANDA. Ulysses Aldrovanda, naturaliste italien, mort en 1705. On a eu de lui, en 1668, une *Dendrologie ou Histoire des arbres*.

ALECTRA (αλικτωρ, coq). Ses fleurs rayées de rouge ont été comparées à une crête de coq. THUNBERG, *Nouv. gen.* 81.

ALETRIS. Mot grec qui signifie *meunière*; d'αλιωρ, farine; αλιω, je mouds. Cette plante est couverte d'une poussière blanchâtre qu'on prendroit pour de la farine.

ALEURITES. Même sens que ci-dessus. *Aleurites* est dérivé d'αλιωρον synonyme d'αλιιαρ.

Les diverses parties de cet arbre semblent couvertes de farine.

ALISMA. Dérivé d'*alis*, eau, en langue celtique. Cette plante croît aux lieux inondés : vulgairement *plantain d'eau*; sa feuille ressemble très-bien à celle du *plantain*.

ALLAMANDA. En l'honneur du docteur Fr. Allamand, professeur d'histoire naturelle en l'Université de Leyde : il voyagea en Amérique et fit connoître plusieurs plantes nouvelles.

ALLASIA (αλλας, littéralement *saucisse*). De la forme de son fruit qui est gros, charnu et allongé. LOUREIRO, pag. 107.

ALLIONIA. Charles Allioni, botaniste piémontois. On a eu de lui, en 1755, un recueil intitulé : *Plantes rares du Piémont*, et en 1762, le *Tableau du jardin de Turin*.

ALLIUM. Du celtique *all*, qui signifie chaud, âcre, brûlant. On connoit le goût et l'effet de l'ail.

Ce mot *all*, est le radical de plusieurs noms qui tous se rapportent au même sens, c'est-à-dire, qui expriment l'âcreté ou l'amertume, αλς, sel et mer; αλοη, etc.

En anglois, l'ail est appelé *garlic*; de *garleac*, en anglo-saxon, dont le primitif est *leac*, porreau en la même langue

A. AMPELOPRASUM (αμπελος, vigne; πρασον, porreau c'est-à-dire porreau qui croît parmi les vignes). Πρασον vient de πραω, j'échauffe.

A. PORRUM. *Pour, pouren* ou *poaren*, nom de cette plante en celtique, dont *porrua*, en cantabre; *por* en anglo-saxon; *porrum*, en latin; *porreau*, en françois, etc. Tous ces noms ont pour radical *pori*, manger, en celtique. C'est de ce même mot *pori*, que les Anglois ont fait *poridge*, soupe, en leur langue.

A. SCORODOPRASUM (σκορδον, ail; πρασον, porreau : qui tient de l'ail et du porreau).

Les Grecs avoient appelé l'ail, *scorodon*, de σκωρ, excrément, matière fétide, à cause de sa mauvaise odeur. C'est de ce même mot σκωρ, que les latins ont fait *scoria*, et nous *scories* pour exprimer l'écume, la crasse qu'on trouve sur les métaux ou minéraux en fusion.

A. ASCALONICUM. Originaire du territoire d'Ascalon en Palestine. PLINE, liv. 19, chap. 6. D'*ascalon*, on a fait, par corruption *échalotte* en françois, et *shallot* en anglois.

A. CEPA. De *cep*, synonyme de *cap*, tête, en celtique; de la forme de sa racine. Ce mot *cep* ou *cap*, est en grec, latin et françois, le radical de quantité de noms qui tous expriment la tête au propre ou au figuré : comme κφαλη, tête; κεφαλαιον, chapitre d'un livre; c'est-à-dire, chose qui est en tête, etc.; en latin, *caput, capillus, capistrum*, etc.; en françois, *cap, capitaine, capuce*, etc. (Voy. *capillaire*.)

A. SCHOENOPRASUM (σχοινος, jonc; πρασον, porreau : porreau à feuilles cylindriques, comme celles du jonc).

C'est la *ciboule* de nos cuisiniers. Ce nom paroît francisé de *cepula*, petit oignon, diminutif de *cepa*. On remarquera toutefois que ces plantes s'appelant en arabe *sumboloun*, le nom de *ciboule* pourroit en être altéré.

De *ciboule* viennent *cive, civette*. La transmutation du B en V est une des plus fréquentes.

A. MOLY, plante très-célèbre dans l'antiquité; ce nom remonte aux temps les plus reculés. C'étoit une racine de *moly* que Mercure donna à Ulysses pour le préserver des enchantemens de Circé. HOMÈRE, *Odys*, liv. 10. *Les Dieux mêmes lui donnèrent ce nom*, dit Pline, liv. 25 chap. 3., d'après

Homère. C'est un usage fort ancien, à ce qu'il paroît, que de faire émaner de la divinité, ce dont on ne sauroit trouver d'explication parmi les hommes.

A. MAGICUM. Magique. On soupçonne que cette plante est le moly d'Homère, et on lui a donné le nom de *magique*, à cause des vertus qu'on lui attribuoit.

Rien n'est si difficile, au surplus, que de constater les plantes dont parlent les anciens : ils ne sont pas souvent d'accord entr'eux et quelque fois ils ne le sont pas avec eux-mêmes. Dans le même chapitre, Pline parle du moly comme d'une plante bulbeuse, et il ajoute qu'il en a vu une racine de trente pieds de long.

A. CHAMÆ-MOLY (χαμαι, qui touche terre, petit). Petit moly.

ALLOPHYLUS (αλλοφολος, étranger, qui vient du dehors). Ce mot est composé de αλλος, autre, différent ; φολοι, nation. Cet arbre croît en l'île de Ceylan.

ALOES. Plusieurs étymologistes ont fait dériver ce mot de αλς, αλος, sel : on connoît l'amertume de l'aloës. Voy. *Allium*.

Mais comme cette plante s'appelle en arabe, *alluve* (àllbeh) (OLAUS CELSIUS, tom. 1, pag. 136), et que c'est ce peuple qui la fit connoître d'abord ; il est à croire que les Grecs en auront emprunté et le nom et la chose. Le nom *d'aloës succotrin*, que l'on donne à l'espèce la plus fine, signifie originaire de l'île de Socotora où l'on recueille le meilleur. De *Socotora* on a fait *socotorin*, et par suite *succotrin*. L'espèce la plus grossière se nomme *aloës caballin*, de l'usage que l'on en fait dans la médecine vétérinaire.

ALOEXYLUM (αλοηξυλον, bois d'aloës). Qui produit le véritable bois d'aloës des Orientaux, selon Loureiro, pag. 527. Il s'appelle en arabe, *kalenbak* (FORSKAHL, *Mat. med. supp.*), et selon plusieurs botanistes il est produit par l'*agallochum*. Voy. ce genre.

ALOPECURUS (αλωπηξ, renard ; ουρα, queue). Son épi touffu et pyramidal ressemble assez bien à une queue de renard.

ALPINIA. En mémoire de Prosper Alpini, vénitien, né en 1553, mort en 1616, professeur de botanique en l'université de Bologne, voyageur en Egypte. Syrie, etc. On a de lui l'*Histoire naturelle d'Egypte*, un *Dialogue sur les baumes*, etc.

Alpin Alpini, son fils, a publié un ouvrage de son père sur les plantes exotiques.

Alpini, étant plus connu en France sous le nom d'Alpin, Plumier, qui institua ce genre, le nomma *alpina* (Gen. 26.) au lieu d'*alpinia*. Linné corrigea cette erreur, qui semble indiquer une autre origine, surtout en botanique.

ALSINE. Dérivé de αλσος, bois sacré, bois sombre. L'alsine croît de préférence aux lieux couverts.

L'alsine croît près des bois et il en porte le nom (PLINE, 27 — 4). Vulgairement *morgeline*, syncopé de *morsus-gallinæ*, morsure des poules ; toute la volaille est avide de cette plante. En anglais de même *chick-weed*, herbe des poulets.

ALSTONIA. Charles Alston, écossois, professeur de médecine et de botanique en l'université d'Edimbourg. Il a donné, en 1753, un ouvrage sur les plantes d'Ecosse, et un autre sur le sexe des plantes, en 1754.

ALSTRŒMERIA. Claude Alstrœmer, naturaliste suédois, procura cette plante à Linné, qui lui donna son nom.

A. LIGTU. Nom péruvien. FEUILLÉE, *Per.* pag. 710. Selon Frézier, pag. 71, le vrai nom est *liuto*.

ALTHÆA (αλθω, je soulage, je guéris). On connoît les salutaires effets de la guimauve. *Guimauve, mauve-gui*, c'est-à-dire *mauve visqueuse ;* viscum, *gui*, en latin, et par suite matière visqueuse. Cette plante étoit même nommée en ancienne botanique *malva-visca*. Sa racine donne un mucilage très-abondant. Voy. *Viscum.*

ALYSSUM (*a* privatif, λυσσα, rage). L'alyssum passoit pour guérir de la rage (PLINE, liv. 24 chap. 11); de là le nom de *passe-rage*, que l'on donne en françois à plusieurs plantes de cette série.

A. HYPERBOREUM. *Hyperboré*, mot tiré du grec qui signifie *habitant du Nord*. Il vient de υπερ, par delà; Εορεας, le vent du Nord, et dans ce sens les régions du Nord. Cette plante croît dans l'Amérique septentrionale.

Boreas, dont nous avons fait *borée, boréal*, etc., tire ce nom du mont Boras situé en Macédoine, et par conséquent au nord de la Grèce proprement dite. Les Grecs qui connoissoient fort imparfaitement les régions du Nord, parloient des pays situés au-delà de cette montagne, comme nous parlons de la Sibérie. A mesure que les peuples septentrionaux furent mieux connus, on recula sans cesse les Hyperboréens, et l'on finit par ne savoir où les placer.

ALZATEA. Joseph-Antoine de Alzate y Ramirez, naturaliste espagnol. *Flore du Pérou*, pag. 52. Il a écrit sur l'histoire naturelle des environs de Mexico, en 1772.

AMANITA. Αμανιτης, nom que donnoient les Grecs à une sorte de champignon qui croissoit sur le mont Amanus, situé entre la Cilicie et la Syrie. Haller s'en est servi pour subdiviser le genre trop étendu des agarics. Voy. *Agaricus*, pour les espèces.

AMANOA. *Amanoua*, nom que donnent les Galibis à cet arbre. Aublet, pag. 257.

AMARANTHUS (α privatif, μαραινω, je flétris ; ανθος, fleur). C'est-à-dire, fleur qui ne se flétrit pas : la plupart des *amaranthes* et de leurs analogues, conservent leur éclat étant sèches.

A. MÉLANCHOLICUS. Mélancolique, nom métaphorique donné à cette plante par allusion à la couleur obscure de ses fleurs et à l'aspect sombre de son feuillage. Murray remarque toutefois que ses feuilles mises à l'eau chaude, deviennent du rouge le plus gai.

Quant à ce mot de *mélancolique*, il vient de μελας, noir ; χολη, bile, bile noire. Comme les gens bilieux sont ordinairement tristes, on a donné un sens moral à ce mot, et *mélancolie* est devenue synonyme de tristesse ; mais c'est l'avoir doublement éloigné de sa signification, que de l'avoir appliqué à une plante.

A. HYPOCHONDRIACUS. Même sens que ci-dessus.

Encore un terme de médecine passé dans le langage ordinaire et mal-à-propos appliqué à la botanique. On appelle *hypocondriaques*, ceux dont les hypocondres sont affectés. Ce mot vient de υπο, sous ; χονδρος, cartilage ; parce que ces viscères sont situés sous les cartilages des fausses-côtes. La tristesse est le premier effet de l'affection hypocondriaque.

AMARYLLIS. Nom de nymphe célébrée par les poëtes, et principalement par Virgile. Cette magnifique fleur est le plus parfait emblême de la beauté. *Amaryllis* vient de αμαρυσσω, je brille.

A. REGINÆ, A. FORMOSISSIMA et A. BELLA DONNA. Tous noms faisant allusion à la rare beauté de ces fleurs.

A. SARNIENSIS. De l'île de Garnesey appelée en latin *Sarnia*. Cette plante est originaire du Japon; mais elle s'est tellement naturalisée en l'île de Garnesey, qu'on l'a regardée comme sa patrie.

A. ATAMASCO. D'un lieu de ce nom en Virginie. Voy. la *Flora de la Caroline*, de Thomas WALTHER.

A. EQUESTRIS. Chevalière. L'ensemble de cette belle fleur ressemble très-bien à la décoration d'un ordre de chevalerie.

AMASONIA. Thomas Amason, voyageur en Amérique. LINNÉ fils, *Supp.* Ce genre rentre dans le *taligalea* d'Aublet.

AMBELANIA. *Ambelani*, nom que lui donnent les Galibis. AUBLET, pag. 267.

AMBLYODUM (αμβλυς, obtus; οδους, dent). Mousse dont le péristome est garni de dents obtuses. PALISOT BEAUVOIS, *Æthéogam*, 33.

AMBORA. Nom que donnent à cet arbre les naturels de Madagascar. C'est dans ce genre que rentre le *mithridatea*.

AMBROSIA. Nom poétique. L'*ambroisie* est la nourriture des Dieux de la fable, comme le *nectar* est leur breuvage. Ce mot vient de α privatif, βροτος, mortel; c'est-à-dire, qui donne l'immortalité. Ceux qui goûtoient de l'ambroisie devenoient immortels. L'odeur en étoit exquise, et l'on en a appliqué le nom à une plante dont les feuilles répandent, quand on les froisse, une odeur forte et agréable.

AMBROSINIA. Bartholomé Ambrosinus, intendant du Jardin Botanique de Bologne, mort en 1657. On a de lui une *Histoire des capsiques*, des *Thèses jatro-botaniques*, ou sur la *Botanique médicale*, ιατρος, médical; βοτανη, plante.

Hyacinthe Ambrosinus, son frère, professeur de Botanique en l'université de Bologne, a publié, en 1657, le *Catalogue des plantes, du Jardin de Bologne*. On a eu de lui aussi une *phytologie*, en 1666.

AMELLUS. Nom employé par Virgile (*Georg.* 4) pour désigner une belle fleur qui croît sur les bords du fleuve *Mella*, d'où se forma le mot *amellus*. C'est notre *aster amellus*.

Ce genre donne des fleurs analogues à celles du véritable *amellus*, par leur disque jaune et leurs rayons violets.

AMERIMNON. L'un des noms que donnoient les Grecs à la grande joubarbe (*sempervivum*). PLINE, liv. 25, chap. 13. Il signifie qui vient sans soin, sans culture (α privatif, μεριμνα, soin). On ne voit pas quelle analogie Brown (JAM. 288) a pu trouver entre cet arbuste et le *sempervivum*, pour lui en donner le nom grec.

AMETHYSTEA (αμιθυστος, pierre précieuse d'un violet foncé). Cette plante produit une fleur de cette couleur.

Le nom d'*amethyste* est composé de α privatif, μεθυ, vin; c'est-à-dire, qui empêche l'ivresse. *Les magiciens*, dit Pline, liv. 37, chap. 9, *prétendent qu'elle préserve de l'ivresse, et c'est de là qu'elle tire son nom*. Plutarque ajoute à ce que dit Pline, que c'est de ce mot μεθυ, vin, que Bacchus étoit aussi nommé *methymneus*. Propos de table, question 2.

AMMANNIA. Paul Ammann, silésien, mort en 1690. Il a publié le catalogue du jardin de Leipsic, et un ouvrage intitulé : *Caractères des plantes*.

Jean Ammann, son fils, médecin et professeur de Botanique à Petersbourg, a donné, en 1739, un ouvrage sur les plantes les plus rares de la Finlande, et des mémoires à l'Académie de Pétersbourg.

AMMI (αμμος, sable). L'*ammi* croît aux lieux sablonneux.

AMOMUM (α privatif, μωμος, impureté). C'est-à-dire, qui purifie, qui nettoie. Il a toujours passé pour un puissant contre-poison. Le mot *amomon* étoit même devenu une épithète qui exprimoit une chose non adultérée. Les Grecs disoient αμωμον λιβανον, de l'encens pur.

On remarquera toutefois que les Arabes qui ont fait connoître cette plante aux Grecs, l'appelant en leur langue *hhamâmâ*. Il seroit possible que le mot grec *amomon* n'en fût que le dérivé. GOLIUS, pag. 649.

A. ZINGIBER. De l'arabe *zenjebil*, *zendjebyl* (FORSKAHL, m. m.), dont les Grecs ont fait ζιγγιβερι; les Latins, *gingiber*; les François, *gingembre*; les Anglois, *ginger*, etc. Comme cette plante croit spontanément dans les montagnes du pays de Gingi, à l'ouest de Pondichéri, on a supposé que c'est de là que s'est formé le nom arabe. Voy. La Marck, *Encyclop. méthod.*

A. CARDAMOMUM. Le *cardamomum* ressemble à l'*amomum* de

nom et de fait, dit Pline, liv. 12 chap. 13. Son nom vient de καρδια, cœur; amomon : qui fortifie le cœur. C'est un puissant stimulant.

A. zerumbet. Altéré de zerunbâd, nom que les Persans donnent à cette plante. Voy. Golius, pag. 1096.

A. granum paradisi. *Graine de Paradis.* Nom donné à cette plante par allusion au goût aromatique de ses semences. Aux Indes toutes les femmes en portent dans des bombonières, et elles en mâchent fréquemment pour se procurer une haleine agréable.

A. mioga ou dijooka. Nom de cette plante en langue japonaise. Kaempfer, *Am. ex.* 5 — 826. On appelle le gingembre, *sioga* au Japon, et il y a entre ces noms la même analogie qu'entre les plantes. Voy. le *Vocabulaire Japonois* de Thunberg.

AMORPHA (α privatif, μορφη, forme). Informe parce que sa fleur n'a ni ailes ni carêne.

AMPELOPSIS (αμπελος, vigne; οψις, figure). Qui ressemble à la vigne, par le port et la fructification. Michaux, *Flore Bor. Amer.* 1 — 160.

AMYGDALUS. Du grec αμυγδαλον, amande; αμυγδαλια, amandier : de là par corruption *mandel,* en allemand; *almond,* en anglois; *amande,* en françois, etc.

Amygdalon est dérivé de αμυχη, gersure; de son fruit strié ou gersé.

A. persica. Originaire de la Perse. *Par le nom seul de persica, on voit qu'il vient de la Perse, et qu'il n'appartient ni à la Grèce ni à l'Asie mineure,* dit Pline, liv. 15, chap. 15.

De ce mot on a fait en l'altérant, *pfersich,* en allemand; *peach,* en anglois; *pêche,* en françois, etc.

AMYRIS. Dérivé de μυρρα, la *myrrhe.* Suc gommo-résineux d'une odeur exquise, et célèbre dans l'antiquité profane et sacrée.

Amyris et *myrrha* ont pour primitif μυρω, je coule. La *myrrhe* et les substances qui y sont analogues découlent de l'écorce des arbres qui les produisent.

Le genre *amyris,* comprend des arbres qui produisent les baumes les plus précieux de l'Orient.

On remarquera que le mot de *myrrhe* est le radical de
quantité de noms d'arbres qui tous exhâlent du plus au
moins une odeur aromatique que l'on a comparée à celle
de la *myrrhe*. Tels sont *myrthus*, *myrsine*, *myristica*, etc.
Les Arabes appelant d'un nom semblable cette production
de l'Orient (*mourr*), (FORSKAHL, *Mat. med. supp.*), il est à croire
que c'est de là que les Grecs ont fait μυρρα, malgré l'opinion
des auteurs grecs.

A. GILEADENSIS. Qui produit le baume de Gilead, Galaad ou
Galead, région de Judée, dont il est fait mention dans l'Écriture sainte. ROIS, 1 — 11 —. C'est une chaîne de montagnes qui s'étend du Liban jusqu'au Jaër, et la région de
Galaad est située entre cette chaîne et le Jourdain.

A. OPOBALSAMUM (οπος, suc; βαλσαμον, baume; *baume de Judée*,
proprement dit). L'arbre en étoit inconnu; il fut constaté
par Forskahl, près de Médine, et il en envoya, en 1763, un
rameau à Linné. Voy. la signification de *baume*, au mot
Plante balsamique.

A. AMBROSIACA. Nom poétique; plante qui, par son goût et
son odeur de baume, est comparée à l'ambroisie des Dieux
de la fable. Voy. *Ambrosia.*

A. KATAF. De son nom arabe *qathaf* (1) FORSKAHL, 80.

A. KAFAL. De *qafal*, son nom en arabe. FORSKAHL, 80.

A. ELEMIFERA. Qui porte la gomme, ou plutôt résine *élémi*
d'Amérique du nom *lâmy* que donnent les Arabes à la vraie
résine *élémi*. Elle est produite par un arbre qui croît en
Éthiopie et qui diffère de celui-ci. FORSKAHL, *Mat. med.
supp.*

A. BALSAMIFERA. *Balsamifère.* Arbre d'Amérique qui produit
un baume analogue à celui que donne l'*amyris opobalsamum.*

A. TOXIFERA (τοξικον, poison; *fero*, je porte). Qui porte un
suc dangereux. L'orthographe de ce nom est vicieuse; on
devroit écrire *toxiphère*, de φερω, je porte. C'est toujours
le même sens et le même effet à l'oreille; mais on ne ver-

---

(1) Ce mot *qathaf* ou *qathab* signifie une *goutte* en arabe, et il exprime
en cette langue la manière dont la myrrhe transsude de l'écorce de ces
arbres, précisément comme le mot *résine* exprime en grec la façon
dont est produite cette substance. Voy. RESINE, au genre *pinus.*

roit pas un nom composé de grec et de latin, mélange réputé barbare par les grammairiens, et rejeté par Linné lui-même. *Phil. Bot.* La Botanique en offre plusieurs exemples que l'on relèvera dans le cours de cet ouvrage.

ANABASIS. *L'un des noms que donnoient les Grecs à la presle. L'equisetum, dit Pline, liv. 26, chap. 13, que les uns nomment ephedra, d'autres hippuris, d'autres anabasis.* On doit croire que Pline réunit ce que les grecs séparoient, et que chacun de ces noms désignoit des plantes différentes quoiqu'analogues. *L'ephedra* ressemble très-bien à *l'equisetum;* et la plante que nous avons appelée *anabasis,* ressemble à *l'ephedra,* par ses rameaux nuds et ses baies rouges.

Anabasis signifie élevé; il vient du verbe αναϐαινω, je remonte, je m'élève : on l'avoit sans doute appliqué à celle de ces plantes qui s'élève le plus. Pline, trompé par la signification de ce mot, dit même que *l'anabasis* monte aux arbres.

ANACARDIUM (ανα, préposition grecque, qui dans ce sens exprime la ressemblance, καρδια, cœur). Son fruit est une noix comprimée et en forme de cœur; il renferme une semence que l'on mange sous le nom de *noix d'acajou. Acajou* est un nom brasilien. PISON, *brasil.* 68.

C'est dans ce genre que rentre le *semecarpus* de Linné fils (*Supp.* 25.), nommé ainsi de σημειον, marque; καρπος, fruit, parce qu'on tire de son fruit un suc avec lequel on marque la soie, le coton et le fil de caractères que le savon ni la lessive ne peuvent effacer.

ANACYCLUS. Abrégé de *ananthocyclus,* nom sous lequel Vaillant institua ce genre. *Mémoires acad. ann.* 1719. Il vient de α privatif, αν, devant une voyelle; ανθος, fleur; κυκλος, cercle; c'est-à-dire fleur bordée de plusieurs rangs circulaires d'ovaires sans fleurons.

ANAGALLIS. Dérivé de αναγελαω, je ris. Ce nom exprimé l'effet médicinal de cette plante; elle passoit pour exciter la gaîté, en détruisant les obstructions de foie qui causent la tristesse. *L'anagallis excite l'enjouement,* dit Pline, liv. 26, chap. 7. Dioscoride dit aussi qu'il est bon contre les maladies du foie, liv. 2, chap. 174.

A. MONELLI. D'un botaniste italien nommé Monello, qui envoya cette plante à de l'Ecluse en 1562.

ANAMENIA. De Anahamen'(àl n'amên)(Golius, pag. 1190), nom employé par les Arabes pour désigner une plante du genre des renoncules. Ventenat, *Jardin de Malmaison.* Celle-ci en est l'analogue.

ANAGYRIS (ανα, semblable; γυρος, cercle). Sa gousse est recourbée à son extrémité.

ANARRHINUM (α privatif, ριν, nez, muffle). C'est-à-dire fleur ou plante analogue à l'*antirrhinum*; mais dont la corolle, à lèvre plane, ne présente pas la *gueule* qui distingue ce genre. Voy. *Antirrhinum.* Desfontaines, *Flor. allant.* 2, pag. 51.

ANASSER. Arbuste de l'île de Bourbon constaté par Commerson. Il ressemble assez à la plante des Moluques, appelée *anasser*, et décrite par Rumphius (7 — T. 7.), pour qu'Ant. L. de Jussieu lui en ait donné le nom, pag. 150.

ANASTATICA. Dérivé de αναστασις, résurrection. Ce mot est composé de ανα, préposition grecque, qui exprime la répétition de l'acte exprimé par le verbe, et σταω, je suis debout. Cette plante a été appelée ainsi, parce qu'elle a la singulière propriété de reprendre son éclat, quelque sèche qu'elle soit, quand on la met dans l'eau. C'est un préjugé singulièrement répandu parmi le peuple, que si l'on met cette plante dans l'eau, lorsqu'une femme éprouve les douleurs de l'enfantement, elle s'épanouira au moment de la naissance de l'enfant (1).

Vulgairement rose de *Jéricho.* Elle croît dans les lieux arides de l'Arabie et de la Palestine. En arabe *kaf maryam.* C'est-à-dire *main-de-marie.* Forskahl, pag. 117.

ANAVINGA. *Anavinga,* nom que donnent à cet arbuste les naturels du Malabar. Rheedy. 4—49.

C'est à ce genre que ce rapporte le *Casearia* de Jacquin, nommé ainsi en mémoire de Jean Casearius, botaniste alle-

---

(1) Comme il faut à cette fleur, pour se développer dans l'eau, le même temps que la nature emploie dans un accouchement ordinaire, ces deux circonstances ont dû souvent arriver ensemble; mais comme la plante croît en la *Terre-Sainte,* on a mieux aimé recourir à la superstition qu'à la physique pour en expliquer les effets.

mand, qui a travaillé à la première partie du *Jardin de Malabar*, publiée en 1678.

ANCHUSA (*αγχουσα*, fard). *L'anchusa tinctoria* produit une racine rouge, dont le suc a servi à colorer le visage, avant que l'on connût de plus belles couleurs. Le nom vulgaire *orcanette* exprime la même chose; il est dérivé d'*orca*, boîte à mettre le fard, en latin.

L'anchusa officinalis est appelée *buglosse*, de *ϐουϛ*, bœuf; *γλωσσα*, langue. Sa feuille large et rude a justement été comparée à une langue de bœuf.

ANCISTRUM (*αγχιϛρον*, hameçon, crochet). Son calice a quatre dents terminées en fer-de-flèche. FORSTRA, gen. 2. *Αγχιϛρ.ν* a pour primitif *ac*, pointe, en celtique. Voy. *Aiguillon*.

ANDIRA. Nom que donnent à cet arbre les naturels du Brésil. MARGRAV. 110.

ANDRACHNE. *Nom grec du pourpier* (*portulaca*). Comme il a conservé son nom latin en botanique, le synonyme grec a été appliqué à une plante qui a quelque analogie avec le *pourpier*, par sa feuille épaisse et charnue.

ANDRÆA. *Genre extrait des jungermann par Hedwig.* 47, et dédié à J. G. R. André, allemand, auteur de lettres sur la Suisse.

Un portugais de même nom, Andreas (A. DE CASTRO), a donné en 1636, un ouvrage sur la *Médecine des simples* : il étoit médecin du duc de Bragance.

L'antiquité a produit aussi un médecin célèbre nommé *Andreas*, et cité honorablement par Pline.

ANDROMEDA. Nom poétique. On connoît l'histoire d'Andromède exposée sur un rocher, et dont les astronomes ont fait une constellation voisine du pôle Arctique. On a donné son nom à ce genre, parce que la plupart des plantes qui le composent, croissent dans les régions glacées de la Laponie et de la Sibérie.

Linné, dans sa *Flore de Laponie*, s'amuse à décrire poétiquement une espèce d'*andromède*, et à en comparer les parties et la position avec celles de l'Andromède de la Fable.

A. ANASTOMOSANS. Anastomose; nom que l'on donne en anatomie à la jonction des vaisseaux. De *ανα*, entre; *ϛομα*,

bouche. *L'andromède anastomosante* porte des feuilles au-
dessous desquelles on remarque des veines qui se réunissent
ou *s'anastomosent* par un point saillant.

A. BRYANTHA (βρυον, bryum, la mousse de ce nom ; ανθος, fleur,
plante en ce sens). Elle couvre les rochers du Kamschatka de
gazons épais et serrés comme ceux que forment le *bryum*.
Voy. ce genre.

ANDROPOGON (ανηρ, ανδρος, homme ; πωγων, barbe). Sa balle
calicinale est garnie à sa base de poils, que par hyperbole
on a comparés à la barbe de l'homme.

A. MACROUBON (μακρος, grand ; ουρα, queue). Ses panicules sont
allongés. MICHAUX. *Fl. bor. Am.* 1—56.

A. CYMBARIA. Dérivé de κυμβος, chose creuse. Ses bractées
sont creuses.

A. GRYLLUS. Grillon. On a voulu trouver à son épi, composé
de trois fleurs, quelque ressemblance avec la forme de l'insecte appelé *grillon*.

A. SCHŒNANTHUS (σχοινος, jonc ; ανθος, fleur). Dont la fleur
ressemble à celle des joncs. Morison le nomme même gramen jonc. (*Hist.* 3, pag. 229.)

A. INSULARE. Insulaire, c'est-à-dire qui croît à la Jamaïque.

A. POLYDACTYLON (πολυ, beaucoup ; δακτυλος, doigt ; à plusieurs
doigts. Ses épis sont fasciculés.

ANDROSACE(ανηρ, ανδρος, homme ; σακος, bouclier). On a comparé la feuille large, arrondie et creuse de l'*androsace* vulgaire, au bouclier des anciens.

On remarquera que l'androsace des Grecs et des Latins
n'avoit pas de feuilles, mais seulement des follicules, d'après
lesquels on l'avoit appelé ainsi. Voy. DIOSCORIDE, liv. 3,
chap. 133, et PLINE, liv. 27, chap. 4.

ANDRIALA. Linné fait venir ce nom de ανηρ, ανδρος, homme ;
αλη, erreur, égarement. *Philos. bot.* Il ne dit pas quel rapport il trouve entre le nom et la plante, et il n'est pas facile
de le deviner.

ANEMONE. Dérivé de ανεμος, vent. De ce que sa fleur ne
s'ouvre que par le vent, selon Pline (liv. 21, chap. 23.), ou
plutôt de ce que la plupart des plantes de ce genre croissent
aux lieux élevés et battus des vents.

A. HEPATICA (ηπατικος, qui a rapport au foie ; dérivé de ηπαρ, foie). On a comparé les trois lobes de sa feuille aux trois lobes du foie ; et par une analogie en grande vogue autrefois, on en a conclu que cette plante étoit bonne contre les maladies de ce viscère.

Pline dit dans le même sens, que la *quinte-feuille* est bonne contre les maux de doigts, parce que sa feuille est divisée en cinq parties, comme la main en cinq doigts ; et même, jusqu'à nos jours, on a vu donner de l'eau de lentilles aux malades attaqués de la *petite-vérole*, à cause de la ressemblance que l'on a trouvée entre les pustules varioliques et la forme des lentilles. Voyez *Euphrasia*, *Scrophularia*, *Lichen*, on trouvera à ces articles de singulières raisons des vertus attribuées aux plantes.

A. PULSATILLA. Dérivé de *pulsare*, pousser ; poussée, battue par *les vents*. Elle croît sur les sommets nuds et élevés des montagnes. Ce nom rentre en latin dans le même sens exprimé par le nom grec *anemone*.

ANETHUM. Ἄνηθον, mot grec composé de αἴθω, je brûle. Cette plante est très-échauffante.

En anglais *dill*, de l'anglo-saxon *dil.*

A. FŒNICULUM. Dérivé de *fœnum*, foin ; de son odeur aromatique comparée à celle qu'exhale le foin. Voyez *Foin* à la Table des termes de botanique.

Fenouil en françois, *fennel* en anglais, tous altérés de *fœniculum*.

ANGELICA. Angélique, par allusion à son odeur très-agréable et à ses qualités médicinales, on la nommoit aussi dans le même sens, *herbe-du-Saint-Esprit*. FUCHS., chap. 43.

A. ARCHANGELICA (αρχη, supérieur, nom augmentatif). C'est-à-dire la meilleure espèce d'angélique.

ANGOPHORA (αγγος, vase ; φερω, je porte). Dont le fruit est en forme de vase. CAVANILLES. 4—21.

ANGUILLARA. En mémoire d'Aloyse Anguillara, naturaliste italien, mort en 1570. Un autre Anguillara (Louis), professeur de botanique à Padoue, a donné, en 1561, un ouvrage sur les simples.

ANGUILLARIA (*anguilla*, anguille, dérivé d'*anguis*, serpent). De ses embryons tortueux comme de petits serpens. GÆRTNER—1—373.

ANGUOLA. François de Angulo, naturaliste espagnol, mentionné par les auteurs de la *Flore du Pérou*, pag. 108.

ANGURIA (*αγγουριον*). L'un des noms que donnoient les Grecs au *cucumis*. Il vient de *αγγος*, vase, chose creuse, de même que le nom latin *cucumis* vient de *cucc*, qui a une semblable origine. Voy. *Coque* aux termes de botanique, et les genres *Cucumis* et *Cucurbita*.

Les plantes d'Amérique auxquelles on a appliqué ce synonyme, sont analogues au *concombre*.

ANIBA. Nom sous lequel Aublet désigne cet arbre de la Guyane, pag. 327.

ANIGOZANTHUS (*ανιχω*, je m'élève, *ανθος*, fleur). De ses fleurs apparentes et portées sur une tige élevée. LABILLARDIÈRE. —1—, pag. 411).

ANICTANGIUM (*ανιχτος*, écarté, ouvert; de *αναιγω*, j'ouvre, j'écarte ; *αγγιον*, vase). Mousse dont l'urne est écartée. HEDWIG. 40.

ANNONA. Selon Eusèbe Nieremberg, liv. 15, chap. 73, ce nom est celui que donnoient à cette plante les naturels de l'île d'Haïti, aujourd'hui St.-Domingue. Comme il n'en existoit plus un seul en 1520, vingt-sept ans après la découverte de l'Amérique, et que Nieremberg naquit en 1590, il n'a pu savoir ce qu'il a avancé sur la langue de ce peuple, que par une tradition douteuse. Il est plus naturel de croire avec Rumphius qu'*annona* vient du Malais *manoa* : à Banda on dit *menona*.

Comme le mot *annona* signifie en latin aliment, vivres, c'est sous ce rapport que Linné le saisit, à cause de l'usage habituel que les Américains font de ce fruit. HORT. CLIFFORT, page 222.

A. AMBOTAY. Nom de cet arbre à la Guyane. AUBLET. 1, p. 616.

ANODA (*a* privatif en grec ; *nodus*, nœud en latin ; sans nœuds). Nom donné par Cavanilles (*Dissert.* pag. 38.) à cette plante, parce que ses pédicules n'offrent pas les articulations que l'on remarque dans les *sida* dont ce genre est extrait.

On remarquera que ce nom est composé de grec et de latin, mélange que l'on doit toujours éviter. Voy. *Amyris toxifera*.

ANOMA (ανομος, sans ordre, sans loi; composé de α privatif, νομος, loi, ordre). Sa fleur et sa fructification sont irrégulières. LOUREIRO, page 341.

ANTENNARIA. Dont les aigrettes ressemblent aux *antennes* d'un insecte. GÆRTNER, 2 —, p. 410.

ANTHEMIS (ανθεμον, fleur). De la quantité de fleurs dont ces plantes se couvrent pendant toute la belle saison. Quand au nom vulgaire *camomille*, voyez-en l'explication à l'article *Matricaria chamomilla*.

A. NOBILIS. Noble, par allusion à son odeur agréable et à ses salutaires effets en médecine.

A. PYRETHRUM. Dérivé de πυρ, feu; du goût brûlant que sa racine mâchée laisse dans la bouche.

ANTHERICUM (ανθερικον, nom que donnoient les Grecs à la tige de l'*asphodelle*; il est dérivé de ανθερος, fleuri, qui a pour primitif ανθος, fleur). La tige de l'*asphodelle* se charge d'un grand nombre de fleurs. L'*anthericum* des modernes donne de très-belles fleurs, et le nom grec d'un rameau chargé de belles fleurs lui est justement appliqué.

    On remarquera que les Latins nommoient *albuca* ce que les Grecs appeloient *anthericon*. Voy. le genre *Albuca*.

A. OSSIFRAGUM (*os, ossis*, os; *frango*, je brise). Il passe pour ramollir les os au point qu'ils se brisent facilement; cette idée est exagérée, il produit seulement des squires considérables qui finissent par empêcher de marcher.

ANTHERURA (ουρα, queue). Dont les anthéres sont garnies à leur sommet d'une espéce de queue recourbée. LOUREIRO, pag. 177. Ce genre se rapproche du *psychotria*.

ANTHISTIRIA. Dérivé de ανθιστημι, je résiste, je suis ferme; de la rudesse de ses chaumes. LINN. fils. *Supp.*

ANTHOCEROS (ανθος, fleur; κερας, corne.) La fructification de cette plante est par filets fourchus, qui ressemblent à des cornes.

ANTHOLOMA (ανθος, fleur; λωμα, frange). La corolle est crenelée en son limbe. LABILLARDIÈRE, 2, p. 235.

ANTHOLYZA (ανθος, fleur; λυσσα, rage). Nom métaphorique. Cette fleur ressemble un peu à une gueule, et par extension on l'a comparée à une gueule prête à mordre.

A. MERIANA. En l'honneur de Marie Sibile Mérian, née en

Allemagne en 1647, morte en Hollande en 1717. On a d'elle de magnifiques dessins des insectes d'Europe et de la Guyane, et par suite, des plantes qui les nourrissent.

Son père, Mathieu Mérian, a publié en 1641, un *Florilège*. Voy. ce mot à la *Table des termes*.

A. MERIANELLA. Diminutif de *Meriana*.

ANTHONOTHA (ανθος, fleur; νοθος, batard). Nom donné à cet arbuste, parce qu'il semble tenir de plusieurs genres déjà connus. Voy. dans la *Flore d'Oware*, 7.ᵉ *fasc.* les rapprochemens qui prouvent cette analogie.

ANTHOSPERMUM (ανθος, fleur; σπερμα, graine, semence). Sa fleur femelle n'a ni pétales, ni organes sexuels; elle n'est apparente que par un germe ovale. C'est véritablement une *fleur-semence*.

ANTHOXANTHUM (ανθος, fleur; ξανθος, jaune). Son épi est jaunâtre. Tournefort, Morison, Monti, l'ont même nommé *gramen à épi jaune*.

ANTHYLLIS (ανθος, fleur; ιουλος, barbe, duvet). De ses calices couverts d'un coton très-fin.

A. CORNICINA (*cornix, cornicis*, corneille). On a comparé les lobes de ses feuilles aux digitations de la pate de la corneille.

A. BARBA JOVIS. *Barbe-de-Jupiter*; par allusion à ses feuilles très-fines et d'un blanc argenté.

Les Grecs n'avoient pas manqué de figurer leurs Dieux avec leurs propres attributs, et ils avoient décoré Jupiter d'une grande et belle barbe. En tout pays, et en tout temps, les hommes ont fait les Dieux à leur image et ressemblance.

ANTICHORUS (αντι, préposition grecque, qui souvent signifie *semblable*, en composition; *chorus*, abrégé de *corchorus*, la plante de ce nom). C'est-à-dire qui ressemble au *corchorus*; leur affinité est très-grande. Voy. *Corchorus*.

ANTIDESMA (αντι, semblable; δεσμα, lien). On fait aux Indes des cordages avec son écorce.

ANTIRHEA (αντι, contre; ρεω, je coule). Bon contre les écoulemens de sang; de l'usage que l'on en fait en l'île de Bourbon. JUSSIEU, pag. 204, d'après COMMERSON.

ANTIRRHINUM (αντι, semblable, en ce sens; ριν, nez, muffle). Toutes les fleurs de ce genre imitent parfaitement une gueule ou un muffle. De-là les noms vulgaires *mufflande*, *gueule de lion*, *de loup*, etc.

A. CYMBALARIA. Dérivé de κυμβαλον, instrument creux, dont le primitif est κυμβος, chose creuse. Sa feuille est enfoncée en son milieu.

A. TRIORNITHOPHORUM (τρεις, trois; ορνις, ορνιθος, oiseau; φερω, je porte). Plante dont les fleurs, par leur disposition et leur forme, semblent représenter trois oiseaux les ailes étendues.

A. TRISTE. Nom métaphorique; sa fleur est d'une couleur obscure.

A. LINARIA. Dérivé de *linum*, lin, dont la feuille est semblable à celle du lin. Voy. *Linum*.

A. PELORIA. Monstrueuse; de πελωρ, monstre. On croit cette espèce produite par l'union irrégulière de deux plantes différentes. Voyez, sur tout ce qui concerne cette bizarre production de la nature, les *Amœnit. Academ.* de LINNÉ, vol. 1, *Dissert.* 3.

C'est en 1743, que ce phénomène de botanique fut observé pour la première fois.

A. PAPILIONACEUM. A fleurs papillonacées. Ce terme ne doit pas être pris ici à la lettre, une fleur monopétale ne pouvant être comprise dans la classe des légumineuses; celle-ci ne ressemble aux papillonacées, que parce qu'elle est privée de l'éperon qu'on remarque dans les autres fleurs du même genre.

A. ELATINE. Nom purement arabe d'une plante qui n'est pas constatée; *elatina* (élàtyny). CASTEL, 1, 123.

Il ne faut pas confondre l'*antirrhinum elatine* avec le genre *elatine*, dont l'origine est tout-à-fait différente. Voy. *Elatine*.

ANYCHIA. Analogue au *paronychia*. Voy. ce genre pour l'origine de ce nom. MICHAUX. *Fl. Bor. Amer.* 1—103.

APACTIS (απακτης, piquant, qui est désagréable). Ses branches sont couvertes de petites protubérances ponctuées, qui les rendent rudes et désagréables au toucher. THUNBERG, *jap.* 191.

Ac, pointe en celtique, se retrouve encore dans ce mot grec.

APALATOA. *Apalatoua* des Galibis. AUBLET, pag. 384.

APARGIA (απαργια, nom grec d'une plante qui nous est inconnue). Il a été employé par Dalechamp, pour désigner une espèce d'*hieracium*, ainsi que par Scopoli. *Hist. nat.* 363.

APEIBA. Nom que donnent à cet arbre les naturels du Brésil. Margrav. 125.

A. tinourbou. Son nom à la Guyane. Aublet, pag. 538.

APHANES (*a* priv., φαιω, je parois). C'est-à-dire plante peu apparente : elle est basse et serrée contre la terre.

APHYLLANTHES (*a* privatif, φυλλον, feuille ; ανθος, fleur ; fleurs sans feuilles). De ses tiges nues comme le jonc ; elles sont cependant garnies à leur base d'appendices qui sont de vraies feuilles.

APHYTEIA (*a* privatif, τυτον, plante). C'est-à-dire plante qui semble à peine en être une ; elle n'a ni feuille, ni tige.

A. hydnora. Dérivé de υδνον, nom de la truffe en grec. Cette plante est aux Hottentots ce que la truffe est à nous, pour l'usage alimentaire.

APIUM. De *apon*, eau, en celtique. Buller. Du lieu où cette plante croit. *Ache* (1) en françois, d'*Aches*, ruisseau, en langue celtique (même sens que ci-dessus).

A. petroselinum (πιτρα, pierre ; selinon des pierres). Il croit aux lieux secs en Sardaigne. Vulgairement *persil*, syncopé de *petroselinum* ; en anglais, *parsley*, corrompu de *persil*.

APLUDA. Nom employé par Pline, liv. 18, chap. 10, pour exprimer la menue paille des graminées. Les modernes s'en sont servis pour désigner une plante graminée.

A. zeugites. Nom grec sous lequel Pline, liv. 16, chap. 36, décrit les plus grands roseaux qui croissent au lac Orchomène en Béotie. Selon Dalechamp, dans ses *Commentaires sur Pline*, ce nom vient de ce qu'on les accouploit pour en faire des flûtes. ζυγος, couple, paire ; ζευγιτης, par paire. Ces

---

(1) On donnoit aux vainqueurs une couronne d'ache sec aux jeux isthmiques, et une d'ache vert aux jeux néméens. Il n'est pas facile de deviner quelle raison avoit dirigé les Grecs dans ce choix. On remarquera seulement que le nom grec est *selinon*, que les traducteurs ont rendu par celui d'*ache*, sans être bien assurés que le *selinon* soit notre *apium*. Les ombellifères ne différant entre elles que par des caractères que les anciens n'avoient pas saisis, il est impossible d'établir une concordance précise entre les noms qu'ils leur donnoient et ceux qu'elles portent aujourd'hui. *Voyez*, sur les couronnes d'ache, Plutarque, *Propos de table*, quest. 3.

roseaux du lac Orchomène étoient renommés, et Plutarque en parle en plusieurs endroits de ses hommes illustres.

APOCYNUM (απο, loin ; κυων, κυνος, chien). C'est-à-dire, plante dont il faut éloigner les chiens. Pline, liv. 24, chap. 11, prétend qu'elle leur est mortelle. En anglais, même sens, *dog's bane*, tue chien.

L'apocynum androsæmi folium, est appelé en françois *apocin-gobe-mouche*, parce que différentes espèces de mouches s'insinuent dans sa fleur pour en sucer le nectaire, et elles y enfoncent leur trompe au point de ne pouvoir plus la dégager.

APONOGETON. (απο, proche, en ce sens ; γειτον, voisin, sous entendu, ποταμος, rivière, c'est-à-dire, plante qui croît proche des eaux). Ce nom étoit synonyme de *potamogeton*; il en a été séparé pour désigner une plante qui croît également aux lieux inondés; celle-ci vient surtout dans les rivières.

APORETICA (απορητικος, douteux). Dont les caractères ne sont pas précis. FORSTER.

AQUARTIA. Jacquin nomma ainsi cet arbuste en l'honneur de Benoît Acquart, compagnon de ses excursions de botanique, dans son voyage d'Amérique. JACQUIN, *Amér.* 16.

AQUILARIA. Latinisé du nom de *bois d'aigle* (*aquila*), sous lequel on le connoît dans le commerce. Il croît en Amérique.

AQUILEGIA. Altéré d'*aquilina*, son nom en ancienne botanique. C'est ainsi que l'appelle Clusius, liv. 6, chap. 27. Il est dérivé d'*aquila*, aigle, de ses nectaires contournés et crochus comme la serre d'un oiseau de proie.

On remarquera que αραξ en grec; *aquila*, en latin; *açor*, en espagnol ; *hawk*, en anglois (prononcez haak), tous noms d'oiseaux de proie, ont pour racine *ac* pointe, en celtique, de leurs serres aiguës. Voy. *Aiguillon*, à la *Table des termes de botanique*. D'*aquilegia*, les François ont fait par corruption *ancholie*.

En anglois, *colombine*, c'est-à-dire, imitant par la forme de ses nectaires une pate de colombe.

AQUILICIA. Dérivé d'*aqua*, eau. Cet arbuste croît aux lieux humides dans les Indes. C'est delà que les habitans de l'île de France le nomment *bois de source.* Rumphius, 6 — 51, l'appelle *frutex aquosus,* et il ajoute que la moëlle en est aqueuse.

ARABIS. Originaire de l'Arabie. On sent assez que ce nom n'est pas précis. Ces plantes croissent dans tous les lieux arides et pierreux, et c'est de là qu'on les a particulièrement attribuées au territoire de l'Arabie, plus sec qu'aucun autre.

De là vient le nom anglois *wall-cress,* cresson de muraille.

ARACHIS. *Aracos* ou *aracidna,* nom sous lequel Pline, liv. 21, chap. 15, décrit une plante qui n'a, dit-il, ni feuilles, ni tige, et qui est tout en racine. C'est en ce sens que les modernes l'ont appliqué à une plante dont les fruits sont dans la terre même. Voyez plus bas.

A. HYPOGEA. (ὑπο, sous; γη, la terre). Dès que la fleur de cette plante est passée, le germe s'enfonce en terre où la gousse se développe et murit à-peu-près comme on le voit dans le *treffle* semeur. Voy, *Trifolium subterraneum.*

C'est par cette raison que le fruit de l'*arachis hypogea* est nommé en françois et en anglois, *noix de terre, earth nut.*

ARALIA. Sarrazin, françois, médecin à Quebec, envoya en 1704, cette plante à Fagon, sous le nom d'*aralia;* ce qui donne à croire qu'il est canadien. Voy. les mémoires *Acad. des sciences,* année 1718.

A. SCIADOPHYLLUM. (σκιαδης, qui donne de l'ombre, dérivé de σκια, ombre; φυλλον, feuille). Feuille en forme d'ombelle ou de parasol.

ARAUCARIA. D'*araucanos,* nom que donnent à cet arbre conifère les habitans du Chili. MOLINA, pag. 155. Il signifie qui croit dans une province d'Amérique, appelée *Araucanos,* mot qui veut dire *sec, brûlant,* en espagnol.

ARBUTUS. En françois, *arbouse* ou *arboise,* mot purement celtique; ar, rude, âpre; boise, buisson; de l'âpreté de son fruit. *Arbutus;* n'est que le même mot avec une désinence latine.

A. UNEDO. Selon Pline, liv. 15, chap. 24, ce nom est syncopé de *unum-edo,* je mange un; parce que ce fruit étant malsain, on n'en peut manger qu'une petite quantité.

A. UVA-URSI. *Raisin d'ours;* même sens en latin qu'*arctosta-*

phylos, en grec. Voy. ce mot à la suite du genre *vaccinium*. La raison de ces deux noms est la même.

ARCTIUM. Dérivé d'*αρκτος*, ours; de ses fruits hérissés et couverts de barbes rudes que l'on a comparées au poil grossier de l'ours.

On remarquera qu'*arctos* est d'origine celtique, *arth*, ours en cette langue.

A. LAPPA. De *llap*, main, en celtique. De ce que son fruit hérissé s'accroche à tout ce qu'il touche.

De llap vient le mot grec *λαϭειν*, prendre.

Cette plante est appelée vulgairement *bardane*, du mot italien *barda*, couverture de cheval, pour exprimer l'extrême largeur de sa feuille; en anglois, *burdock*, dérivé de *burden*, charge de cheval, même sens que *bardane*.

A. PERSONATA (*persona*, masque). De sa large feuille qui peut aisément couvrir toute la figure, et dont on se servoit autrefois pour se masquer.

ARCTOPUS (*αρκτος*, ours; *πους*, pied; pied ou patte d'ours). Cette plante singulière est hérissée d'épines aigües que l'on a comparées aux griffes de l'ours.

ARCTOTIS. Vaillant qui institua ce genre (*Mém. acad. des sciences*, année 1720), le nomma *arctotheca*, *αρκτος*, ours; *θηκη*, boëte, capsule; par allusion à ses semences *velues comme un ours*. Le nom d'*arctotheca* étant dur à l'oreille, Linné, par respect pour l'euphonie, le transforma en *arctotis*. Le nom d'*arctotheca* a cependant été conservé par Wendland, pour désigner un genre voisin de celui-ci. Plusieurs des noms créés par Vaillant ont eu besoin de ces retranchemens.

ARDISIA (*αρδις*, pointe). Des découpures aiguës de sa corolle.

Ard, signifie piquant, en celtique, et il est radical de beaucoup de noms qui expriment des choses pointues. *Αρδις, arduus, ardillon, ardu* en vieux français, *écharde*, etc. Voy. *Carduus*.

ARDUINA. Pierre Arduini, italien, a donné, en 1759, des *Observations sur la botanique*.

ARECA. *Areec*, nom que l'on donne au Malabar à cet arbre quand il est âgé; jeune, on le nomme *paynga*. RUMPH. *Amb.* liv. 1, chap. 5.

Gærtner l'appelle *euterpe* (vol. 1, pag. 58), par allusion à l'élégance de sa tige et à la beauté de son feuillage. Euterpe est l'une des muses, et son nom exprime le plaisir, la satisfaction. Ευ, bon, bien; τεπω, je réjouis.

A. CATHECU. Nom indien, que nous avons altéré en *cachou.* Mémoire de JUSSIEU, *Académ. des scien.* année 1780. Voy. aussi *mimosa cathecu.*

A. OLERACEA. Dérivé d'*olus, oleris,* légume, plante potagère. On mange les feuilles de cet arbre, avant qu'elles soit développés, sous le nom de *choux palmiste.* Il en est de même de plusieurs espèces de palmiers.

ARENARIA (*arena,* sable). La plupart des espèces de ce genre, croissent aux lieux sablonneux. De même en françois et en anglois, *sablonnière, sand-wort.*

A. TETRAQUETRA (τετρας, par quatre). De ses feuilles imbriquées sur quatre rangs.

ARETHUSA. Nom poétique. Aréthuse, nymphe de Diane, poursuivie par Alphée. Elle implora le secours de Diane qui la métamorphosa en fontaine. On a appliqué son nom à une plante qui croit aux lieux humides.

A. BIPLUMATA. A deux plumes, ou plutôt à deux barbes. Les deux pétales inférieurs de sa fleur, sont en alêne, très-longs, relevés et barbus.

ARETIA. Benoit Aretius, suisse, professeur en l'université de Berne, mort en 1574. On a eu de lui, en 1561, un ouvrage sur les plantes *alpines.*

ARGEMONE. Dérivé d'*argema,* la taie de l'œil, dont le nom vient d'αργος, blanc. Nom que donnoient les Grecs à une plante qui passoit pour guérir de ce mal. Voy. *Agrimonia.*

ARGOLASIA (αργος, blanc; λασιος, velu). De son calice velu et blanc à l'extérieur. JUSSIEU, pag. 60.

ARGOPHYLLUM (αργος, blanc; φυλλον, feuille). Sa feuille est verte en dessus, et du blanc le plus éclatant par dessous. FORSTER, g. 15.

ARGIREIA (αργυρος, argent, toujours dérivé d'αργος, blanc). Les feuilles de cet arbuste sont d'un beau blanc argenté. LOUREIRO, pag. 166. Ce genre se rapproche des *convolvulus.*

ARGYROCHÆTA (αργυρος, argent; χαιτη, chevelure). Dont

les fleurs sont couvertes de poils blancs. CAVANILLES, t. 4. pag. 54.

ARGYROCOMA (αργυρος, argent; κομη, chevelure). Des écailles argentées du *placenta*. GÆRTNER, 2, pag. 400.

ARGYTHAMNIA (αργος, blanc; θαμνος, arbuste). Arbuste dont le feuillage semble argenté, par les poils blancs dont il est garni. BROWN, Jam. 338.

ARJONA. François Arjona, botaniste espagnol, mentionné par Cavanilles, tom. 4, pag. 57.

ARISTEA. Dérivé d'*arista* pointe. La feuille en est aigüe. Hort. Kew, 1 — 67.

ARISTIDA. Dérivé d'*arista*, la barbe de l'épi de blé. Sa bale floréale en porte de remarquables.

Ce mot *arista* a pour radical *ar*, synonyme d'*ard*, pointe, en celtique, d'où αρης, arme, et le nom grec du dieu Mars; αρπη, faulx; αρωνα, arbre épineux, en grec; *argutus*, *arma*, *arduus*, en latin. Voy. *Ardisia*.

ARISTOLOCHIA (αριστος, très-bon; λοχος, femme en couche; d'où λοχια, les *lochies*; écoulement qui suit l'accouchement). Cette plante passoit pour faciliter la sortie de l'arrière-faix, et exciter les lochies. Voy. DIOSCORIDE, liv. 3, chap. 4.

A. ANGUICIDA (*anguis*, serpent; *cide*, abbréviation d'*occidere*, tuer; qui tue les serpens). Le suc de sa racine mêlé avec la salive et introduit dans la gueule d'un serpent, l'étourdit tellement qu'on peut le manier sans danger. L'odeur de sa racine, qui est très-forte, suffit pour le faire fuir.

Il est très-probable que cet effet anciennement connu, est la cause du préjugé si répandu, que la salive de l'homme est mortelle aux serpens.

A. SERPENTARIA (serpentaire). Les naturels de la Virginie se servent de cette plante contre les morsures du serpent à sonnette ou *boiciningua*.

A. PISTOLOCHIA (πιστος, sûr, fidèle; λοχος, accouchée). C'est-à-dire remède sûr pour les femmes en couche. Même sens qu'*aristolochia*.

A. CLEMATITIS (κλημα, rameau de vigne, petite vigne). C'est-à-dire, plante qui a quelque analogie avec la vigne par ses rameaux garnis d'un beau feuillage, et parce qu'elle croît principalement dans les vignobles.

ARISTOTELEA. Aristotelès, plus connu sous le nom d'Aristote, surnommé *le prince des philosophes*. Il naquit à Stagyre, en Macédoine, l'an 384 avant J. C., et mourut l'an 322. Il cultiva avec le même succès la morale, la politique, la rhétorique et l'histoire naturelle. On le regarde même comme le fondateur de cette dernière science. Les botanistes distinguent entre ses ouvrages deux livres sur les plantes. La plupart des savans les regardent comme apocryphes, parce qu'ils n'offrent ni la précision ni le style d'Aristote.

A. MACQUI. Nom de cet arbuste au Chili, d'où il est originaire. MOLINA, pag. 144.

ARNICA. Corrompu de *ptarmica*, éternuement; qui vient de πταιρω, j'éternue. Voy. *Plante ptarmique*, à la Table des termes.

L'*arnica* est un puissant sternutatoire, il est même appelé *tabac* dans les Vosges, où l'on en fait un fréquent usage dans les chûtes, contusions, vertiges, etc.

A. GERBERA. T. Gerber, naturaliste allemand, voyageur en Russie.

ARNOPOGON (αρς, αρνος, agneau; πωγων, barbe). Les aigrettes de sa semence ont été comparées à la barbe de l'agneau. WILDEN, 3, pag. 1496.

Arnopogon, *geropogon*, *tragopogon*, sont toutes plantes analogues entre elles, et qui ne justifient qu'imparfaitement leurs noms.

ARNOSERIS (αρς, αρνος, agneau; σερις, chicorée ou plante analogue). Chicorée de brebis. GÆRTNER, 2, 355.

AROUNA. Nom que donnent à cet arbre les Garipons et les Galibis, peuples de la Guyane. AUBLET, pag. 17. Willdenow l'a changé en *aruna*, plus conforme à l'orthographe latine.

ARRENOPTERUM (αρρην, αρρενος, mâle, πτερον, aile). Mousse dont l'organe mâle est ailé. HEDWIG, pag. 198.

ARSIS (αρσις, élévation). Son fruit est porté sur un réceptacle allongé, et sur lequel il semble élevé. LOUREIRO, pag. 409.

ARTEDIA. Pierre Artedi, naturaliste suédois, né en 1705, compagnon d'étude et ami de Linné, qui en fait un brillant éloge. *Hort. Cliffort*, pag. 90. Il mourut d'accident à Amsterdam, en 1735. On a de lui une méthode sur les plantes ombellifères. Sa mort laissa imparfaite une *ichthyologie* à laquelle il travailloit et que Linné a publiée.

ARTEMISIA. Dérivé d'*Artemis*, nom que donnoient les Grecs à la Diane des Latins; elle étoit la patrone des vierges, et l'on appliqua son nom, par allusion, à une plante dont on fait usage pour provoquer l'éruption des règles chez les jeunes filles.

On l'appeloit aussi *parthenis* de παρθενος, jeune fille, dans le même sens qu'*artemisia*. La conformité de noms a fait attribuer celui de cette plante à la célèbre *Artemise*. Pline, dit, liv. 25 chap. 7, *les femmes aussi ont eu la gloire de donner leur nom à des plantes, la reine Artémise, femme de Mausole, a donné le sien à la plante appelée auparavant parthenis ; d'autres l'attribuent à la déesse Artemis.*

D'*artemisia* nous avons fait, par corruption, armoise.

A. CONTRA, sous-entendu *vermes*. La plupart des plantes de ce genre ont une qualité chaude et amère propre à détruire les vers qui tourmentent les enfans.

A. ABROTANUM (α privatif, ὄροτος, mortel). Contre la mort, qui empêche de mourir. Voy. dans Pline, liv. 21. chap. 21, les grandes vertus qui lui étoient attribuées.

Cette plante est souvent nommée *garde-robe*, parce que l'on en met des faisceaux parmi les vêtemens pour en chasser les mittes et autres insectes destructeurs, vulgairement *auronne*, altéré d'*abrotanum* (1).

A. GLACIALIS (glaciale). C'est-à-dire qui croît sur les Alpes au pied des glaciers.

A. PONTICA (ποντος, mer). Qui croît sur les plages maritimes en Italie, Turquie, etc.

A. ABSINTHIUM. Selon Vaillant, *Mém. académ. des sciences,* 1719, ce nom vient de α privatif, ψινθος, plaisir, c'est-à-dire, plante dont le goût déplait. On en connoît l'excessive amertume qui est passée en proverbe.

---

(1) *Abrotonon* étoit un nom fréquent parmi les femmes grecques. La plupart d'entre elles portoient des noms qui exprimoient la beauté en tout ou en partie : *Abrotonon*, immortelle; *Rhodope*, mine de rose; *Leucipe*, pieds blancs; *Erigone*, genou d'amour; *Epicharis*, gracieuse; *Amaranthe*, toujours fraîche, etc.

La plupart des savans, au surplus, ont saisi ce nom sous ses différentes faces et lui ont attribué l'origine qui leur a plu davantage. On a cru ne devoir rapporter ici que l'opinion de Vaillant, qui constata le premier les caractères de cette plante.

A. DRACUNCULUS. Dérivé de *draco*, dragon, serpent ailé. On a comparé poétiquement sa racine, qui fait plusieurs tours, au corps replié que l'imagination a prêté au dragon. Cette plante est aussi nommée dans le même sens *serpentine*. De *dracunculus* nous avons fait, par corruption, *estragon* ou *tragon*. Voy. *Tarchonanthus*.

ARTOCARPUS (*αρτος*, pain; *καρπος*, fruit). Tous les voyageurs européens ont appelé *arbre-à-pain* cette admirable production de la nature. Les habitans des îles de la mer du Sud le nomment *rimu*. On l'appelle souvent *jacquier*, francisé du nom malabare *tsjaca-maram*. Rheed. 3, t. 26. Cet arbre croît, comme on le voit, dans les Indes; et par suite il est plus anciennement connu qu'on ne le croit d'ordinaire; mais comme ces contrées abondent en fruits exquis, il n'y fait pas la base de la nourriture des peuples, comme dans l'Archipel de la mer du Sud. Gærtner, vol. 1, pag. 345, le nomme *sitodium*, dérivé de *σιτος*, pain, même signification qu'*artocarpus*.

ARUBA. Nom sous lequel Aublet, pag. 294, désigne cet arbuste de la Guyane.

ARUM. Anciennement *aron*. La plupart des étymologistes, et Linné lui-même, ont cherché à ce nom une origine grecque et ils lui ont donné différentes significations en cette langue.

Tous les auteurs parlent de l'*aron* comme d'une plante alimentaire. Voy. DIOSCORIDE, liv. 2, chap. 162, GALIEN, liv. 2, *de Alim.* Ce dernier indique même la façon d'en préparer les racines. Pline, liv. 19. chap. 5, dit : *il est une bulbe que les Egyptiens nomment aron et qui est bonne à manger.* Cela se rapporte à l'*arum colocasia*, dont la racine est encore un des alimens habituels des Egyptiens. Quoique cette plante croisse en Chypre, Syrie, etc, on la trouve principalement dans les marais de l'Egypte et cela rend probable l'opinion de Pline, qu'*aron* est un ancien nom égyptien.

A. DRACUNCULUS. Dérivé de *draco*, serpent, dragon. La tige de cette plante est tachetée et bigarrée de diverses couleurs, comme la peau de plusieurs serpens.

A. DRACONTIUM. Même sens que ci-dessus, avec une désinence différente.

A. COLOCASIA. Altéré de son nom arabe *culcas* (qolqâs) FORSKAHL, 80.

Ce nom de *culcas* a servi à Palisot-Beauvois à désigner un genre très-rapproché des *arum* et appelé *caladium*, par Ventenat. Il l'a nommé *culcasia*, qui se rapproche de son origine plus que *colocasia*.

A. PROBOSCIDEUM (προβοσκις, la trompe de l'éléphant). Ce mot vient de βοσκω, je pais, c'est-à-dire, qui sert à l'animal pour paître.

Le spathe allongé de *l'arum proboscideum* ressemble assez bien à une trompe d'éléphant.

A. PICTUM (peint). Ses feuilles sont marquées de veines laiteuses qui semblent peintes.

Cet *arum* ainsi que le *commum*, sont appelés en français *pied-de-veau*, parce que leur feuille ressemble par sa forme à l'empreinte du pied d'un veau.

A. MUSCIVORUM. (*musca*, mouche; *voro*, je mange; qui mange les mouches, ou plutôt qui les attrape). Cette plante est très-singulière; l'orifice du spathe est garni de poils renversés en arrière comme l'entrée des souricières de fil d'archal. Les mouches attirées par l'odeur cadavéreuse de la fleur, s'insinuent par cette ouverture, et retenues par les poils qui la ferment quand elles veulent reculer, elles meurent prisonnières.

ARUNDINARIA. Analogue aux *arundo* proprement dits. MICHAUX, *Flor. bor. Am.* 1 — 73.

ARUNDO. Dérivé d'*aru*, eau; aquatique, en langue celtique. Ces plantes croissent dans les marais.

Roseau, du theuton *rhoz*, qui vient de l'anglo-saxon *ereod*, dont les Anglois ont fait *reed*.

A. PHRAGMITES (φραγμος, haie, séparation). Dérivé de φρασσω, enclore. De l'usage qu'en faisoient les Grecs dans l'économie rurale. Voy. DIOSCORIDES, liv. 1, chap. 97.

A. BAMBOS. **De son nom indien** *mambu* **ou** *bambu.* (*Pluk. Almagest*) **prononcez** *bambou;* **en Malabar,** *ilj.* RHEED, 1 **pag. 25.**

A. EPIGEOS (επι, **sur;** γη, **la terre). C'est-à-dire, qui croit sur la terre et non dans l'eau, comme la plupart des plantes de ce genre.**

A. DONAX. **Dérivé de** δονεω, **je remue, je balance (au vent).**

A. CALAMAGROSTIS (καλαμος, **roseau;** *agrostis,* **gramen en général). Voy.** *Agrostis.* **Cette plante, par le port, semble tenir le milieu entre les** *gramen* **proprement dits, et les roseaux.**

ASARUM (α **privatif,** σαρα, **lien, cordage). Il est nommé ainsi, selon Pline, liv. 21, chap. 6, parce qu'il étoit rejeté des couronnes d'herbe si célèbres chez les anciens.**

En françois *cabaret.* Selon plusieurs naturalistes, ce nom vient de l'usage qu'on en faisoit autrefois pour faire rejeter le vin pris avec excès. En anglois *asarabacca,* nom purement latin : *baie d'Asarum.*

ASCARINA (ασκαρις, **ascarides, petits vers qui tourmentent les enfans, ainsi nommés de** σκαριζω, **je sautille; à cause de leur mouvement perpétuel). On a appliqué ce nom à une plante dont les anthères sont en forme de petits vers.** FORSTER, **gen. 59.**

ASCIUM. **Voy. le** *Norantea* **d'Aublet. Schreber, gen. 903, l'a nommé ainsi à cause de ses bractées en forme de hache,** *ascia.*

ASCLEPIAS. **Plusieurs grands médecins de l'antiquité ont porté ce nom. Le plus célèbre d'entre eux fut Asclepias ou Asclepiades, médecin grec, qui vivoit environ un siècle avant J. C. Il passe pour être le fondateur de la secte des Empiriques** (1). **Pline parle de lui avec peu d'estime.**

Asclepias est le nom grec de l'Esculape des Latins. On l'appliqua par honneur à tous ceux qmi se distinguèrent dans l'art de guérir; de là vient qu'il y a tant d'*Asclepias* dans l'histoire.

---

(1) Empirique se prend assez souvent, dans le monde, dans un sens tout à côté de celui de charlatan ; ce n'est cependant pas sa signification. Empirique vient de εμπειρια, *expérience*, et il exprime celui qui traite les maladies sans instruction, sans raisonnement, par la seule expérience de l'efficacité d'un remède quelconque.

A. ASTHMATICA. C'est-à-dire, dont la racine est bonne contre l'asthme aéreux.

Asthme vient de αω, je respire, d'où ασθμα, à cause des efforts continuels que font pour respirer ceux qui sont atteints de ce mal. Ce mot αω semble peindre l'action de respirer avec effort.

A. VINCE-TOXICUM (*vincere*, vaincre; τοξικον, poison). On lui attribuoit la vertu de détruire l'effet du poison. Haller, avec plus de raison, le regarde, au contraire, comme une plante dangereuse.

On remarquera que *vince-toxicum* est encore un de ces noms composés de grec et de latin que l'on devroit rejeter de la Botanique.

L'*asclepias syriaca* est appelé vulgairement *herbe à la ouatte*, de l'espèce de coton que renferme son fruit. Le nom *ouatte* est oriental. Les Japonnois nomment la ouatte de coton *watta*, la ouatte de soie *ma-watta*, et le coton *ki-watta*. THUNBERG, *Vocabulaire japonnois.*

ASCYRUM (α privatif, σκυρος, dureté, âpreté). C'est-à-dire, plante douce au toucher. LINNÉ, *Phil. bot.*

A. CRUX-ANDREÆ (croix de Saint-André). Ses branches sont disposées sur quatre rangs, et elles forment ainsi une croix régulière.

ASPALATHUS. Originaire de l'île d'Aspalathe, sur la côte de Lycie. Les Grecs donnoient souvent aux plantes le nom des lieux où ils les avoient observées pour la première fois. Voy. *Citisus*, *Lycium*. Il est difficile de dire avec certitude à quel arbre les anciens donnoient le nom d'*aspalathos*, on sait seulement qu'il étoit épineux. Les modernes l'ont justement appliqué à un genre d'arbustes dont les feuilles sont très-épineuses.

A. HYSTRIX (υστριξ, porc-épic). Par allusion à ses feuilles épineuses, dures, et en forme d'épingles.

A. CALLOSA (calleux). Ses rameaux sont couverts de callosités velues et arrondies, situées aux endroits qu'ont occupés les feuilles.

A. ARANEOSA. Dérivé d'*aranea*, araignée. Ses fleurs sont environnées d'une collerette ciliée assez semblable à une toile d'araignée.

Selon Bochard (*hierozoïcon*) αραχνη, dont les Latins ont
fait *aranea*; françois, *araignée*, vient de *arag*, qui signifie
ourdir, en hébreu.

A. ebenus. Dont le bois d'un rouge noirâtre a été comparé
au véritable bois d'*ébène*. Voy. *Diospyros ebenus.*

ASPARAGUS (ασπαραγος en grec, qui vient de σπαρασσω, je
déchire). L'un et l'autre ont pour primitif, *sper*, épine en
langue celtique. Pline (1) met l'asperge en tête de la liste
qu'il donne des plantes épineuses, liv. 21, chap. 15. La
plupart des plantes de ce genre sont garnies de fortes épines.
L'*asparagus horridus* en porte même de terribles.

Ce mot *sper* est radical de quantité de noms grecs, latins, etc., qui tous expriment des choses piquantes. Σπαρος,
poisson épineux, σπειχω, je pique. *Sparus*, *asper*, en latin;
sporn, éperon, *sperber*, épervier, en allemand, etc. Voyez
Eperon à la liste des termes de Botanique.

ASPERUGO. Dérivé d'*asper*, âpre. De l'extrême rudesse de
ses feuilles.

En français *rapette*, *petite rape*, dans le même sens que
le nom générique.

ASPERULA. Dérivé d'*asper*, âpre. De la rudesse des feuilles
dans quelques espèces.

Les Anglois nomment ce genre *wood-roof*, forestier. L'as-
perula odorata, qui en est l'espèce la plus remarquable, fait
l'ornement des forêts.

A. cynanchica (κυναγχη, étrangler, d'où s'est formé le mot
esquinancie, maladie qui étrangle). Cette plante passe pour
en guérir : on la nomme même vulgairement *herbe-à-l'esquinancie.*

Κυναγχη est composé de κυων, κυνος, chien; αγχη, étrangler, suffoquer; parce qu'alors on tire la langue comme font
les chiens.

ASPHODELUS (α privatif, σφαλλω, je supplante). Linné,
Phil. bot. C'est-à-dire, fleur qu'on ne peut pas remplacer,

---

(1) Tous les jardiniers savent que les cornes des animaux, leurs ongles,
sabots, etc. sont un excellent engrais pour les asperges; et c'est sans doute
ce que Pline veut exprimer quand il dit, liv. 19, chap. 8, que les cornes
du bélier concassées et mises en terre engendrent des asperges.

qui n'a pas sa pareille. Ce nom est très-hyperbolique appliqué à une plante qui ne tient pas le premier rang parmi les Liliacées.

L'asphodèle étoit consacré à Proserpine et par suite employé dans les cérémonies funèbres.

ASPIDIUM (ασπις, ασπιδος, petit bouclier). Les involucres de cette fougère recouvrent les capsules comme un petit bouclier. Swarz, *Journal de Bot.* 1800, part. 2, pag. 29.

ASPLENIUM (α privatif, σπλην, rate). C'est-à-dire qui détruit les obstructions de ce viscère. Dioscoride, liv. 3, chap. 134, dit qu'il guérit la jaunisse. Il va même plus loin, car il ajoute, qu'en en buvant la décoction pendant quarante jours, il détruit tout-à-fait la rate. Voy. aussi Pline, liv. 27, chap. 5. Il est à croire que les anciens appeloient du nom même de la rate, les maladies dont elle est le siège, de même que les Anglois ont nommé *spleen* l'affection vaporeuse qui résulte des engorgemens de cette partie.

A. rhizophyllum (ριζα, racine; φυλλον, feuille). Ses feuilles sont terminées par une longue pointe qui se penche vers la terre, y prend racine et forme ainsi une nouvelle plante.

A. rhizophorum (ριζα, racine; φιρω, je porte). Même sens que ci-dessus.

A. nidus (nid). Cette plante croît eu l'île de Java, sur les sommets des arbres les plus élévés, et elle y forme des touffes de feuilles, au milieu desquelles les oiseaux font souvent leurs nid.

A. ceterach. *Chetherak*, nom employé par les médecins arabes et persans pour désigner cette plante. Gazoph, *Ling. pers.* pag. 377.

En françois, *doradille*, de ses feuilles d'un beau vert doré.

A. scolopendrium. On voit au revers de ses feuilles des lignes brunes qui ressemblent très-bien à l'insecte appelé *scolopendre*.

Vulgairement *langue-de-cerf*. On a comparé à une langue de cerf, sa feuilles étroite et allongée.

Smith a fait de cette espèce un genre particulier. *Mém. de l'académ. de Turin*, vol. 5, pag. 410.

A. monanthemum (μονος, seul, unique; ανθιμον, fleur). Dont la ligne de fructification est unique.

A. ʀᴜᴛᴀ-ᴍᴜʀᴀʀɪᴀ (rue des murs). Cette plante qui croît dans les murailles, porte un feuillage divisé par lobes, à peu près comme la feuille de la *rue*.

Vulgairement *sauve-vie* : la tradition lui attribuoit de grandes vertus que l'expérience a démenties.

ASSONIA. Cavanilles institua ce genre en l'honneur de son compatriote Ignace de Asso, botaniste distingué, dont on a eu, en 1779, *les Plantes du royaume d'Arragon. Dissert. mon.* pag. 117.

ASTER (astre). Toutes les fleurs de ce genre ressemblent à des *astres* par leurs fleurs élégamment radiées.

A. ᴀᴍᴇʟʟᴜs. Voy. le genre *Amellus*.

A. ᴍɪsᴇʀ. (chétif, pauvre). Par allusion à la petitesse des feuilles et des fleurs de cette plante.

A. ᴘʜʟᴏɢᴏᴘᴀᴘᴘᴜs (φλοξ, φλογος, feu, flamme; ταππος, aigrette). Dont les aigrettes sont d'une légère couleur de feu.

ASTEROPEIA. Dérivé d'αστηρ, étoile. De son calice divisé en étoile. Aᴜʙᴇʀᴛ ᴅᴜ ᴘᴇᴛɪᴛ Tʜᴏᴜᴀʀs, *Plant. des îles d'Afriq.* fasci. 3.

ASTRAGALUS (αστραγαλος, nom que donnoient les Grecs à une plante légumineuse, analogue au *cicer*). Ce mot signifie *vertèbre*, et il étoit relatif à la racine noueuse de la plante. V. Dɪᴏsᴄᴏʀɪᴅᴇ, liv. 4, chap. 57.

Le genre auquel les modernes l'ont appliqué a beaucoup de rapport avec l'*astragale* des anciens, par le feuillage, le port et les lieux montagneux où croissent la plupart de ces plantes.

A. ᴀʟᴏᴘᴇᴄᴜʀᴏɪᴅᴇs (αλωπηξ, renard; ουρα, queue; υδος, forme; ressemblance). Qui ressemble à une queue de renard par ses épis ovales et très-velus.

A. ᴄᴏᴍᴘᴀᴄᴛᴜs (compact). C'est-à-dire, dont les fleurs semblent entassées dans un paquet de duvet.

A. ʜᴀᴍᴏsᴜs. Dérivé de *hamus*, hameçon. Sa gousse est recourbée et crochue comme un hameçon.

A. ᴄʜʀɪsᴛɪᴀɴᴜs (chrétien). Nom métaphorique donné à cette plante pour exprimer qu'elle croît en *Terre sainte*. On la trouve de même dans tout le Levant.

A. sᴛᴇʟʟᴀ (étoile). Ses gousses sont disposées en étoile sur un même pédicule.

A. GLYCYPHILLOS (γλυκυς, abrégé de γλυκυριζα, la réglisse; φυλλον, feuille). *Astragale*, dont la feuille ressemble à celle de la réglisse. Voy. *Glycyrhiza*.

A. CONTORTU-PLICATUS (*contortus*, tordu ensemble; *plicatus*, même signification). Ses gousses sont tortillées.

A. CAPRINUS. Dérivé de *capra*, chèvre. Ses feuilles glabres en dessus, sont couvertes à leur revers de longs poils que l'on a comparés à la barbe d'une chèvre.

A. EPIGLOTTIS. Dont la gousse offre quelque ressemblance par sa forme, à *l'épiglotte*, l'un des cartilages qui composent le larinx. Ce nom vient d'επι, sur; γλωττα, langue, qui tient à la langue.

A. PENTAGLOTTIS (πεντε, cinq; *glottis*, abrégé *d'épiglottis*). Même signification que ci-dessus. Son pédicule porte cinq gousses, dont chacune est comparée à l'épiglotte.

A. HYPOGLOTTIS. Même sens que plus haut. Cette plante est même regardée par plusieurs botanistes, comme une simple variété de *l'astragalus pentaglottis*.

Quant à la signification précise du mot *hypoglotte* ou *hypoglosse*, il vient de υπο, sous, inférieur; γλωσσα, synonyme de γλωττα, et l'on s'en sert pour désigner un muscle situé à la base de la langue.

A. ALOPECIAS (αλωπηξ, renard). Par allusion à ses feuilles et à son calice chargés de poils. Même sens en grec que *astragalus vulpinus*, en latin.

A. AMMODYTES. Dérivé d'αμμος, sable. Plante qui croît sur les collines sablonneuses de la Sibérie méridionale.

A. PHYSODES. A. VESICARIUS. Deux noms qui en grec et en latin, ont la même signication (φυσα, enflure; *vesica*, vessie). Les légumes de ces plantes sont renflés.

A. TRAGACANTHA (τραγος, bouc; ακανθα, épine; épine de bouc). Cet arbuste distille à travers son écorce un suc gommeux qui se séche en petits filets semblables à des vermisseaux ou à la *barbe d'un bouc*. De *tragacantha*, on a fait par corruption *adragant*, nom sous lequel cette substance est connue dans le commerce.

ASTRANTHUS (αστρον, astre; ανθος, fleur). Des découpures de sa fleur disposées en étoile. LOUREIRO, pag. 273.

ASTRANTIA (αστρον, astre; αντι, semblable, en ce sens). Cette plante porte une belle fleur qui ressemble très-bien à une étoile par ses involucres lancéolés et colorés qui imitent des rayons.

A. EPIPACTIS. Qui ressemble par le feuillage à une sorte d'hellébore que les Grecs nommoient *epipactis*. Voy. DIOSCORIDE, liv. 4, chap. 104.

Ce nom vient de επισπαω, j'attire, à cause de l'usage que l'on en faisoit pour les sétons, cautères, etc. Le terme épispastique est même resté en médecine pour désigner les médicamens qui attirent les humeurs au-dehors par leur acrimonie, comme ceux que l'on prépare avec le garou, la clématite, les cantharides, etc.

ASTRONIUM. Dérivé de αστρον, astre. La semence est renfermée dans le calice, qui lors de la maturité, s'épanouit en forme d'étoile et la laisse tomber.

ATHAMANTA. Qui croît principalement sur le mont *Athamas*, en Thessalie, ou qui fut mis en usage pour la première fois par *Athamas*, roi de Thèbes. Voy. pour l'une et l'autre de ces versions, PLINE, liv. 20, chap. 13.

A. LIBANOTIS. De λιβανος, encens, et non du mont *Liban*, comme ce nomme l'exprime ailleurs. Cette plante froissée, exhale une forte odeur d'encens.

A. MEUM (μειων, plus petit). De l'extrême délicatesse de son feuillage : ses folioles sont aussi fines que des cheveux.

A. CERVARIA. Recherchée des cerfs. Gærtner en a fait un genre particulier, vol. 1, pag. 90.

ATHANASIA (α privatif, θανατος, mort). Qui ne meurt pas, c'est-à-dire, qui ne se flétrit pas. *Tanacetum* est le même nom altéré. Voy. REMB. DODONÆUS, *pempt.* 1, liv. 2, chap. 16.

ATHENÆA. Nom donné à l'ironcana d'Aublet, par Schreber, gen. 661, en mémoire d'Athenée, grammairien grec, né en Egypte. Il vivoit sous Marc Aurèle. Il reste de lui un ouvrage intitulé *Dipnosophistes* ou *Les Sages à table;* δειπνον, repas; σοφος, sage. Il est rempli de citations curieuses, et il y est fait mention d'un grand nombre de plantes.

ATHEROPOGON (αθηρ, αθερος, arête, pointe; πωγων, barbe.) Les trois pointes qui terminent la valve extérieure des fleurs hermaphrodites, donnent à l'épi de ce gramen un aspect hérissé. WILDENOW, tom. 4.

ATHEROSPERMA (αθηρ, αθερος, pointe; σπερμα, semence). De ses semences garnies d'une barbe plumeuse. LA BILLARDIÈRE. *Plant. Nouv. Holl. fasc.* 23.

ATHRODACTYLIS (αθροος, ramassé, entassé; δακτυλος, le fruit ou régime du palmier). C'est-à-dire, dont le fruit est en forme de grappe ou de régime entassé. FORSTER, g. 75.

Ce genre tient au *pandanus.*

ATHRUPHYLLUM (αθροος, rassemblé; φυλλον, feuille). De ses feuilles ramassées au sommet des rameaux. LOUREIRO, pag. 148. Ce genre rentre dans les *ardisia.*

ATRACTYLIS. Dérivé de ατρακτος, quenouille. Sa tige légère servoit à faire des fuseaux. VAILLANT, *Mém. académ. des sciences*, année 1718.

A. CANCELLATA (*cancellatus*, grillé). De la singulière forme de son calice: il est fait comme un filet, et il semble renfermer les fleurs. De là vient que cette plante est souvent nommée en françois, *chardon prisonnier.*

ATRAGENE. Nom sous lequel Théophraste, liv. 9, chap. dernier, parle d'une plante sarmenteuse qui paroît ressembler à la *clematis.* Les modernes l'ont justement appliqué à un genre très-rapproché des *clematis.*

L'*atragene vesicatoria* y ressemble même parfaitement par ses effets caustiques; appliquée sur la peau, elle y fait lever promptement de fortes ampoules. Ce remède est en usage au cap de Bonne-Espérance. THUNBERG, *Voyages.*

ATRAPHAXIS. Nom que donnoient les Grecs à l'*atriplex* des Latins. Il vient de α privatif, τραφειν, nourrir; qui n'est pas nourrissant: c'est un aliment insipide et relàchant.

ATRICHIUM (α privatif, θριξ, τριχος, cheveux). Mousse dont la coiffe est garnie de peu de poils. PALISOT BEAUVOIS, *Ætheog.* 32.

ATRIPLEX. Même nom et même origine qu'*atraphaxis*, avec une désinence latine (1).

---

(1) La langue latine, dit Plutarque (Numa) avoit dans le principe beaucoup plus de mots grecs qu'elle n'en a conservé depuis.

Il est reconnu que l'ancienne langue latine étoit formée en grande

A. HALIMUS (*αλιμυς*, maritime, qui est dérivé de *αλς*, mer).
Voy. *Allium*. Cet arbuste croit sur les plages maritimes en
Espagne, Portugal, etc.

ATROPA. Nom mythologique. *Atropos*, l'une des trois Par-
ques : c'est elle qui tranchoit le fil de la vie des hommes.
L'*atropa* porte un fruit qui leur est mortel.

 Atropos signifie *inflexible*, qu'on ne sauroit changer (*α* privatif, *τρεπω*, je tourne, je change). Cet emblème exprime la
nécessité absolue de quitter la vie quand le destin en a marqué le moment.

A. BELLA-DONA. *Belle-dame*, en italien. On en tire par la distillation, une eau qui passe, en Italie, pour ôter les taches
de la peau.

A. MANDRAGORA (*μανδρα*, étable; *αγαυρος*, nuisible). Dangereux pour les bestiaux. C'est une plante vénéneuse, comme
la plupart des *solanées*.

AUBLETIA. Voy. *Apeiba*. Schreber, g. 889, l'a nommée ainsi
en l'honneur de Fusée Aublet, dont on a eu, en 1775, l'*Histoire des plantes de la Guyane*.

AUCUBA ou AUKUBA. Son nom en langue japonnoise.
KÆMPFER, *Amœn. exot.* p. 775.

AUGIA (*αυγη*, éclat). Du vernis brillant qui sort de cet arbre.
LOUREIRO, pag. 411.

AVENA. Altéré de son nom, en langue celtique, *aten*, qui vient
de *etan*, manger, dont les Anglois ont fait *to eat*, manger.
Dans le Nord l'avoine sert d'aliment à l'homme. De *aten*,
les Anglois ont fait par corruption *oat*, nom de l'avoine, en
leur langue.

A. LUPULINA. De *lupulus*, nom spécifique du houblon. Voy.
Humulus lupulus. Son panicule serré et conique présente
quelque ressemblance avec le fruit du *houblon*.

A. PENSYLVANICA. Loin de croître exclusivement en Pensylvanie, cette plante se trouve en telle abondance en Egypte,
Arabie, etc., qu'on l'y nomme par excellence *nourriture*

___

partie de la langue éolique, dialecte grec ; elle s'est épurée peu à peu,
et l'on ne doit pas être surpris d'y trouver des traces grecques primitives, outre les mots savans que, dans des siècles postérieurs, l'étude des
lettres y a introduits.

ou *arbuste du chameau* (*chadjaret el djemel*). FORSKHAL, pag. 61.

A. SESQUITERTIA (*Sesquitertius*, littéralement troisième et demi). Nom impropre donné à cette plante, parce que son calice contient trois fleurs dont la troisième est imparfaite; ainsi, il n'y a véritablement que deux et demi au lieu de trois et demi que semble annoncer ce nom,

AVERRHOA. Averrhoës, médecin arabe, né en Espagne pendant la domination des Maures, vivoit vers le milieu du onzième siècle. Il traduisit Aristote en arabe et il le commenta.

A. BILIMBI. Nom malabare (RHEED, *Mal.* 3, p. 55); en Java, *bilimbing*. RUMPH, *Amb.* 1, p. 11 — 8.

A. CARAMBOLA. *Carambolas* ou *tamara tonga*, son nom en malabar. RHEED, *mal.* 3, pag. 51. *Carambola*, en macassar. RUMPH.

AVICENNIA. Avicennes, dont le vrai nom est Abu Vali, *Ibn Tsin*, médecin persan, né en 980, mort en 1036. On a de lui, *Canon de la médecine* ou *règles de cette science* (κανων, règle). Cet ouvrage a été traduit et commenté par beaucoup de savans.

AULACIA (αυλαξ, sillon, raie). Ses pétales sont marqués de quatre raies à leur intérieur. LOUREIRO, pag. 354. Ce genre rentre dans les *cookia*.

AURICULARIA. Dérivé d'*auricula*, oreille. Ce *fungus*, attaché aux troncs d'arbres par le côté, ressemble très bien à une oreille, par sa forme circulaire et sa substance coriace.

AXIMEA (αξινη, doloire). De la forme en doloire de ses pétales. *Flore du Pérou*, p. 58.

AXYRIS.

AYENIA. En l'honneur du duc d'Ayen, de la maison de Noailles. Il a contribué aux progrès de la Botanique par son zèle à rassembler de magnifiques collections.

AZALEA (αζαλεος, sec, aride). Du lieu où croît cet arbuste. *Azaleos* vient de αζω, je brûle, qui lui-même est composé de α privatif, ζαω, je vis; c'est-à-dire, qui dessèche, qui tue.

AZARA. Joseph-Nicolas, chevalier Azara, espagnol, promoteur des sciences en général et de la botanique en particulier, *Flore du Pérou*, p. 69.

AZEROE. Dérivé d'ασηρος, astre. Ce fungus présente à sa partie supérieure une étoile exacte.

La disposition de ses rayons me l'a fait nommer ainsi, dit la Billardière, t. 1, p. 145.

AZIMA. Abrégé d'*azimena*, nom que donnent les naturels de Madagascar à un arbuste assez semblable à celui-ci pour que Lamarck le lui ait appliqué. C'est le *monetia* de l'Héritier (*Stirp. nov. 1*), nommé ainsi en l'honneur de Monet de Lamarck, botaniste françois, dont on a eu la *Flore françoise* en 1778, et les premiers volumes de la partie de Botanique de l'*Encyclopédie méthodique.*

B

BACASIA. En l'honneur de George Bacas, professeur de Botanique à Carthagène. *Flore du Pérou*, p. 93.

BACCAUREA. (*Bacca aurea*, baie dorée). De la belle couleur jaune de son fruit. LOUREIRO, p. 813. Ce genre se rapproche des *menispermes*.

BACCHARIS. Nom que donnoient les Grecs à une plante aromatique qui n'est pas bien constatée, et que l'on avoit consacrée à *Bacchus* à cause de son odeur agréable. Æschyle, Aristophane, Athenée, etc. en font mention.

B. DIOSCORIDIS. On présume que cette espèce est le *baccharis* des Grecs. Voyez la description qu'en donne Dioscoride, liv. 3, chap. 44.

BACONIA. François Bacon, né en Angleterre en 1560, mort en 1626, un des plus beaux génies que l'Europe ait produits. Il fut célèbre surtout par ses découvertes en physique, et il pressentit celles qui ne devoient être faites que long-temps après lui. L'universalité de ses connoissances justifie l'emploi que Decandolle a fait de son nom. *Annales du musée*, tom. 9, p. 219.

BACOPA. Nom de cette plante à la Guyane. AUBLET, p. 128.

BACTRIS (βακτρον, baguette, canne). Nom donné par Jacquin à cette sorte de petit palmier, parce que l'on fait des cannes recherchées avec sa tige. JACQ. *Am.* 279.

BADULA. *Badulam*, nom que donnent à cet arbuste, les habitans de l'île de Ceylan. BURMANN, *Zeylan*, t. 103.

BACA (βαιος, petit). Cette plante des Indes est fort basse. COMMERSON.

BÆCKEA. Abr. Baeck, médecin ordinaire du roi de Suède, a communiqué des plantes à Linné, qui lui dédia ce genre. *Syst. vég.* ed. 14, p. 375.

BACOMYCES (βαιος, petit; μυκης, fungus). Lichen, dont la fructification ressemble à un petit champignon. ACHAR. 2.

BAGASSA. Nom que donnent les Galibis, à cet arbre de la Guyane. AUBLET, p. 16, suppl.

BAILLERIA. Aublet, pag. 805, donne ce nom, sans l'expliquer, à cette plante de la Guyane.

BAITARIA. En mémoire d'Aben Bitar, arabe, né en Espagne pendant la domination des Maures, mort en 1216. Il a laissé un dictionnaire. *Flore du Pérou*, pag. 53.

BALANOPHORA (βαλανος, gland; φερω; je porte). Cette plante analogue au *cynomorion*, porte ses fleurs ramassées en une tête que Forster a comparée à un gland.

BALBISIA. J. B. Balbis, professeur de botanique à Turin. WILLD. 5, p. 2214.

BALLOTA. En grec βαλλωτη, dérivé de βαλλω, je rejette, à cause de son odeur détestable dont Pline et Dioscoride font mention.

Vulgairement *marrube-noir*. Son feuillage ressemble à celui du marrube; mais il est plus sombre. Les Grecs le nommoient aussi dans le même sens μελανοπρασιον, marrube-noir. Voyez *Prasium*.

BALSAMARIA. Qui produit l'espèce de baume appelé souvent aux Indes *baume de marie*, *balsamum mariæ*. LOUREIRO, p. 574. Ce genre se rapproche des *calophyllus*.

BALSAMITA. Dérivé de βαλσαμον, baume; de son odeur forte et aromatique. DESFONT. *Act. hist. nat. par.* 1 p. 1.

C'est le *tanacetum balsamita* de Linné.

BALTIMORA. Cette plante croît en Mary-Land, dans le voisinage de la ville de Baltimore.

BAMBUSA. Latinisé du nom indien *bambos*. SCHREBER, gen. 607.

B. GUADUA. Nom que donnent à cette plante les habitans de l'Amérique méridionale. *Plantes équinoxiales*, *fasc.* 4.

BANARA. Nom de cet arbre à la Guyane. AUBLET, pag. 548.

BANCKSIA. Joseph Baucks, anglois, né en 1740, compagnon du capitaine Cook, à son voyage autour du monde de 1768 à 1771, président de la Société royale de Londres. Ses herbiers forment une des plus précieuses collections.

C'est lui qui découvrit la première espèce de ce genre, que l'on ait connue.

BANISTERIA. Jean-Baptiste Banister, anglois, voyageur en

Virginie au 17.ᵉ siècle. Il reste de lui un *Catalogue des plantes de la Virginie*, inséré dans l'*Histoire des plantes*, de Ray. Des lettres botaniques au D. Lister (*Transact. philos.* n.° 198), un *Mémoire sur la serpentaire de Virginie*; même recueil, n.° 247.

B. leona. Dérivé de *Leo*, lion; c'est-à-dire, qui croît dans cette partie de la Guinée, appelée en espagno' *Sierra-leona*, ou montagne des lions. Ce mot de *sierra* signifie proprement une scie; et on le donne en espagnol, à toutes les grandes chaînes de montagnes; parce que, vues de loin, les sommets dont elles sont hérissées, semblent représenter une scie.

BARBACENIA. Vandelli, p. 21, a ainsi nommé ce genre en l'honneur de M. de Barbacèna, gouverneur de Minas-Geraes au Brésil.

BARBULA. Diminutif de *barba*, barbe. De sa lèvre supérieure frangée et comme barbue. Loureiro, p. 445.

Barbula est aussi employé par Hedwig (115) pour désigner un genre de mousses dont les dents du péristome sont capillaires ou comme des poils de *barbe*.

BARBYLUS (ϐαρϐυλος). Nom grec d'un arbre qui nous est inconnu. Brown (*Jam.* p. 216), s'en est servi pour désigner un arbre de la Jamaïque, appelé par Adanson, *barola* (1). *Famille des plantes*, p. 344.

BARLERIA. Jacques Barrelier, botaniste françois, dominicain, né en 1606, mort en 1673. Il parcourut la France, l'Espagne, l'Italie, dont il a publié les plantes. Antoine de Jussieu fut le rédacteur de cet ouvrage.

Il eût mieux valu dire *barreliera* que de dénaturer ce nom en le transformant en *barleria*; il en est de même de quantité de noms propres qui sont devenus méconnoissables parce qu'on a voulu leur donner une tournure latine. Voy. *Fontanesia*, *Clusia*, *Tragia*, etc.

BARNADESIA. Michel Barnadez, botaniste espagnol. Linné, fils. *Suppl.* p. 55.

---

(1) Adanson ayant avancé (*Famille des plantes*, préface, pag. 130) que les noms ne doivent pas être significatifs, ce seroit à tort que l'on chercheroit un sens à ceux qu'il a introduits dans la botanique.

BARRERIA. Pierre Barrère, voyageur françois, dont on a eu, en 1751, un *Essai sur l'histoire naturelle de la France équinoxiale.* C'est la Guyane qu'il appelle ainsi.

BARRINGTONIA. Daniel Barrington, anglois, a donné plusieurs mémoires académiques sur l'*Histoire naturelle; des Mélanges,* en 1781. FORSTER, g. 58. Il a depuis voyagé à la Nouvelle-Hollande. Voy. *Butonica.*

BARTRAMMIA. Jean Bartramm, anglo-américain, a donné la *Flore de l'Amérique septentrionale* et des observations générales sur l'histoire naturelle de ce pays, en 1751. On a encore eu de lui des *Lettres de Botanique,* en 1769. Un second Bartramm (Williams) a donné, en 1773, un *Voyage dans l'intérieur de l'Amérique septentrionale.*

BARTSIA. Jean Bartsch, jeune botaniste prussien, dont Linné fait un brillant éloge. Il voyagea à la Guyane hollandoise, où il mourut à 29 ans. *Jard. de Cliffort,* 325.

B. GYMNANDRA (γυμνος, nud; ανηρ, ανδρος, mâle; organe mâle ou étamine). A étamines nues.

BARYXYLUM (βαρυς, pesant; βαρος, pesanteur; ξυλον, bois). De l'extrême pesanteur de son bois, qui le fait souvent appeler *bois de fer.* LOUREIRO, p. 306.

BASELLA. *Basella,* nom malabare. RHEED. mal. 7, p. 45, *Flore Zeyl.* 119.

BASSIA. Ferdinand Bassus, Italien, de l'université de Bologne.

L'Allemagne a produit un botaniste d'un nom à peu près semblable, Nicolas Bassæus, de Francfort, dont on a eu, en 1590, le *Tableau des plantes d'Allemagne.*

BASSOVIA. Nom de cette plante à la Guyane. AUBLET, pag. 217.

BATIS. Nom grec d'une plante marine, PLINE, liv. 21. chap. 15. C'étoit aussi celui d'un poisson de mer : le nom seul est ce qui nous en reste. Comme βατια ou βατος signifient en même temps une *ronce,* les modernes s'en sont servis pour désigner un arbuste qui porte des baies réunies en pelotte, comme le fruit de la ronce (*rubus*).

BATSCHIA. En l'honneur de Jo. Geo. Batsch, allemand, professeur en l'université de Jena. VAHL, *Symbol. Bot.* p. 49. Il a donné une *Table des fungus,* en 1783.

BATRACHOSPERMUM. (βατραχος, grenouille ; σπερμα, graine,
semence). La plante entière ressemble au *frai de grenouille*.
Roth, *Catal. bot.*

BAUHINIA. En mémoire des illustres frères Bauhin, nés en
Suisse d'une famille originaire d'Amiens. On les cite comme
les restaurateurs de la Botanique.

Jean, né en 1540, mort en 1613, auteur de l'*Histoire
universelle des plantes*.

Gaspard, né en 1560, mort en 1624, a donné un *Théâtre
de botanique*, et le célèbre *Pinax* (1). Il comprend six mille
plantes ; et c'est beaucoup pour le temps où vivoit Gaspard.
Il a laissé un fils, Jean Gaspard, qui a publié le *Théâtre
de botanique* de son père.

Linné a donné le nom de *bauhinia* à ce genre, parce que
les arbres qui le composent portent des feuilles à deux lobes
dont il a fait une allusion aux deux frères Bauhin. Voy. *Commelina*.

BEFARIA. Nom altéré de Bejar, botaniste espagnol, professeur à Cadix. Linné prit mal-à-propos le *j* pour *f*, lorsque
ce genre lui fut communiqué. Ventenat, *Jardin de Cels*.

BEGONIA. Michel Bégon, né en 1638, intendant de la marine, promoteur de la Botanique.

B. isoptera (ισος, égal ; πτερυξ, aile). Dont la capsule a des
ailes égales et parallèles.

BELLARDIA. Louis Bellardi, botaniste italien. Schreber
g. 1723, a nommé ainsi le *tontanea* d'Aublet.

BELLIS. Dérivé de *bellus*, joli, mignon. Vaillant, *Mém.
Acad. des sciences*, année 1719. On connoit l'élégance de
cette fleur. Delà son nom vulgaire *marguerite*, nom de femme
qui exprime la beauté, et qui vient de *margarita*, perle.

On la nomme aussi *paquerette*, parce qu'elle fleurit au
printemps, vers Pâques.

BELLIUM. Composé de *bellis*. Cette plante y ressemble beaucoup ; mais elle en diffère par les aigrettes de ses semences.

---

(1) *Pinax* est un nom grec qui signifie une table, une liste ; il vient
de πιναξ, pin, parce qu'avant l'invention du papier, c'étoit ordinairement
sur des tablettes *de bois* de pin que ces listes étoient dressées.

BELLONIA. Pierre Bellon ou Belon, voyageur françois, né en 1499, mort en 1564. On a de lui *Voyage au Levant; Dissertation sur les arbres conifères*, etc.

BEMBIX (βέμβιξ, toupie). De la forme de son stile. Loubsino, pag. 547.

BERBERIS. *Berbérys.* Golius, p. 246. Nom arabe de ce fruit. βέμβιξ, signifiant en grec une coquille, plusieurs auteurs en ont tiré l'origine du nom de cet arbuste, parce que la feuille en est arrondie et creuse comme une coquille. Bochart, dans son *Hierozoïcon*, fait dériver ce mot βέμβιξ, du phénicien *Barar*, qui exprime le brillant d'une coquille.

BERCKEIA. Jean Lefranc de Berckey, botaniste hollandois. Schreber, g. 1329.

BERGIA. Pierre Jean Bergius, suédois, professeur d'histoire naturelle à Stockholm, a donné, en 1760, un ouvrage sur les *mousses*; il a aussi travaillé sur les plantes du Cap, en 1767.

BERTHOLLETIA. Genre dédié par Humboldt et Bonpland, *fasc.* 5, au célèbre Berthollet, auquel on doit de belles découvertes sur la physiologie végétale.

BERTIERA. Aublet dédia ce genre, par reconnoissance, à une dame Berthier, qui lui fut utile pour la recherche des plantes de la Guyane.

BESLERIA. Basile Besler, allemand, né en 1561, mort en 1613. Il a donné le *Catalogue des plantes du jardin d'Eichstett*. Un autre Besler (Michel) a publié, en 1716, un ouvrage intitulé *Musée de Besler*.

BETA. De *bett*, rouge, en langue celtique : On connoît l'espèce à racine rouge. De ce mot les François ont fait *bete* et les Anglais *beet*.

B. CICLA. Altéré de *sicula*, nom sous lequel elle est désignée par Catulle. Cette plante croît spontanément en Sicile et en Portugal.

BETONICA. Pline rapporte, liv. 25 chap. 8, que le nom de *betonica* ou *vetonica*, vient des *Vétons*, peuples qui habitent au pied des Pyrénées, et qui les premiers la mirent en usage. C'est une erreur; *bentonic* est le vrai nom de la bétoine, en langue celtique; il vient de *ben*, tête; *ton*, bon, bonne (*bullet*). On connoît ses qualités céphaliques et sternutatoires. Par la suite ce nom s'est altéré en s'étendant à une autre plante à laquelle on attribuoit les mêmes vertus : c'est la véronique. Voy. *Veronica*

BETULA. Dérivé de *betu*, bouleau, en celtique; d'où *beatha*, en langue erse, et *bouleau*, en françois.

En anglois *birch*, de *birce* ou *bearce*, son nom en anglo-saxon; de là *birchen*, en teuton; *birke*, en allemand; *biorken*, en suédois, etc.

B. ALNUS. (*al*, près; *lan*, (1) bord de rivière, en celtique, et par erse, *aln*). Cet arbre croît dans les vallons, au bord des eaux.

Aulne, en françois, formé, d'*alaus*; en anglois *alder*, de l'anglo-saxon *ellarn*; d'où *aller*, en teuton; *erle*, en allemand, etc.

BIASLIA. Genre dédié par Vandelli, pag. 4, à M. Biasley, négociant anglois, établi à Opporto.

BIDENS (*bis dens*, double dent). Sa semence est surmontée de deux dents très-apparentes : vulgairement *chanvre aquatique*. Cette plante croît au bord des eaux, et sa feuille divisée lui donne le port du *chanvre* (*cannabis*); de même en anglois *water-hemp*, chanvre d'eau.

BIGNONIA. En mémoire de l'abbé Jean-Paul Bignon, bibliothécaire du roi, né en 1662, mort en 1743. Il fut l'ami et l'appui de tous les savans de son temps, et particulièrement de Tournefort, qui lui dédia ce genre par reconnoissance.

Il est assez singulier qu'un bibliothécaire de France, membre des académies françoise, des inscriptions et belles-lettres, et des sciences, ait été appelé par Boëhmer, dans son lexicon de botanique, un *Français ignoré. Gallus ignotus*.

B. CATALPA. Nom que donnent à cet arbre les naturels de la Caroline. WALTHER.

B. CHICA. Nom que lui donnent les habitans des rives de l'Orénoque. HUMBOLDT et BONPLAND.

B. LEUCOXYLON (λευχος ξυλον, bois blanc). De la couleur de son bois : il n'est même connu à la Barbade que sous le nom de *bois blanc*.

---

(1) De ce mot celtique *lan*, viennent *lane*, petit vallon, défilé, en anglois, et *llanos*, vallons, en espagnol.

B. UNGUIS CATI. Ongle de chat. Ses vrilles se terminent en trois parties, recourbées comme une griffe de chat.

B. CRUCIGERA. (*Crux, crucis*, croix; *gero*, je porte). Ses branches ont quatre bordures, ou ailes longitudinales qui leur donnent un aspect carré ou une forme de croix, et de plus sa tige coupée en travers représente une croix.

B. STANS. Qui est debout, qui est droit, par opposition aux espèces sarmenteuses. Voy. le genre *tecoma*.

DILLARDIERA. Jacques-Julien Labillardière, naturaliste françois, membre de l'Institut, voyageur à la suite de M. d'Entrecasteaux de 1791 à 1794. On a de lui la relation de son voyage, et un essai sur les plantes de la Nouvelle-Hollande, en 1804. SMITH. *New.-Holl.* p. 1. Il a publié aussi un ouvrage sur les plantes rares de la Syrie en 1791.

BIPINNULA (*bis pinna*, double plume). Deux des découpures de son calice sont pinnées. Ce genre rentre dans les *aréthuses*.

BISCUTELLA (*bis*, double; *scutella*, écuelle, coupe). De ses cupules à deux lobes et à deux cellules, que l'on a comparées à deux petites écuelles.

BISSERRULA (*bis*, double, *serrula*, diminutif de *serra*, une scie, petite scie). De ses légumes dentelés des deux côtés. C'est par la même raison que cette plante est appelée en françois *le rateau*.

B. PELECINUS. *Pelecinon*, nom que donnoient les Grecs à la plante appelée par les Latins *securidaca*. PLINE, liv. 18, chap. 6). L'un et l'autre signifie une hache; πέλεκυς, hache. On l'avoit appliqué à cette plante à cause de la ressemblance que l'on trouvoit entre la forme de son fruit et celle de la hache antique. Voy. *Securidaca*.

Tournefort s'en est servi pour désigner le *rateau*, à cause de son double rang de dents qui lui a paru analogue au double tranchant du *pelecys* des Grecs.

IXA. Nom américain. OVIEDO.

B. ORELLANA. Qui croît principalement vers les bords de l'Orellana, dans l'Amérique méridionale. Plukenet l'écrit *orleana*, *Almag.* 272, t. 209. Vulgairement *roucou*, abrégé d'*urucu*, prononcez *ouroucou*, son nom en Brasilien. MARGRAV, 61,

BLACKBURNIA. Jean Blackburn, naturaliste anglois. Fors-ter, *Prod.* 63.

BLADHIA. Bladh, négociant à Canton, en Chine, botaniste amateur. Thunberg.

BLÆRIA. Patrick Blair, médecin anglois, membre de la Société royale de Londres. On a eu de lui des *Essais sur la Botanique*, en 1728.

BLAKEA. Etienne Blakee, anglois, a donné, en 1664, un ouvrage intitulé : *Pratique du jardinier.*

BLAKWELLIA. Elisabeth Blakwell, angloise, dont on a eu, en 1735, une collection de plantes dessinées et gravées par elle-même, sous le titre d'*herbier curieux* (*curious herbal*); elles sont au nombre de 252. Cet ouvrage a été traduit en latin par C. J. Trew, en 1750.

BLASIA. Blasius, moine italien, botaniste; mentionné par Micheli, g. 14.

BLECHNUM. *Blechnon*, l'un des noms grecs de la fougère. Athénée l'écrit *blachnon*, dérivé de βλάξ, sans vertu, sans effet, c'est-à-dire, plante insipide. Voy. Pline, liv. 27, chap. 9.

BLECHUM. (βληκον ou βληχων, nom grec d'une plante analogue à l'origan). Celle-ci a de même les fleurs ramassées en épi renflé. Jussieu, *Annales du musée*, tom. 9, p. 264.

BLEPHARIS (βλιφαρις, poil, cil; de ses bractées ciliées). Ce genre rentre dans les Acanthes de Linné.

BLETIA. Louis Blet, apothicaire espagnol, botaniste. *Flore du Pérou*, p. 108.

BLITUM. Du celtique *blith*, doux, fade; c'est un aliment insipide. *Bliton* étoit même en grec, une épithéte qui exprimoit une chose ou une personne insipide. Selon Pline, liv. 20, chap. 22, Ménandre, dans une de ses comédies, fait donner par un mari ce nom à sa femme, en signe de mépris, βλιταδις. Aristophane emploie βλιτομαμις à peu près dans le même sens; et Plaute se sert du mot *bliteus*, pour exprimer ce que nous appelons un *bélitre*, expression familiére dont l'étymologie est précisément la même, selon Dalechamp. *Commentaires sur Pline.*

BOBARTIA. Jacques Bobart, anglois, intendant du jardin des plantes d'Oxford. Il a donné, en 1685, une dissertation sur

les effets de la gelée sur les végétaux. Il a aussi publié la
3.ᵉ partie de l'*Histoire des plantes d'Oxford.* Voy. les *Œuvres*
de Morison.

BOCCONIA. Paul Bocconi, botaniste sicilien, né en 1633,
mort en 1704. On a de lui un *Muséum des plantes ;* l'*His-*
toire naturelle de l'île de Corse ; des Observations naturel-
les, etc.

Bocconi s'étant fait moine sous le nom de *Silvio,* une partie
de ses ouvrages a été publiée sous ce nom.

BOEBERA. Boeber, savant botaniste russe. WILLD., 3,
p. 2126.

BOEHMERIA. Georges Rudolphe Böhmer, allemand, membre de l'académie de Vittemberg. On a eu de lui, en 1750,
une *Flore de Leipsick,* une *Dissertation académique sur le tissu*
cellulaire des végétaux, en 1752; et en 1802, un *Lexicon de*
botanique.

BOERHAAVIA. Herman Boerhaave, médecin hollandois, né
en 1668, mort en 1738. Il fut l'ami et le premier protecteur de Linné. Les botanistes distinguent entre ses nombreux
ouvrages l'*Index du jardin de Leyde.* Il a publié en 1727, le
Botanicon parisiense de Vaillant.

BOISSIÆA. Boissieu de la Martinière, botaniste françois,
compagnon de Lapeyrouse. Voy. la relation de ce voyage,
au v. Ventenat (*Jardins de Cels,* p. 7), lui a dédié ce genre.

BOLAX (βῶλαξ, synonyme de βῶλος, motte, boule). Cette
plante forme sur la terre des touffes épaisses et hémisphériques ; coupées par le milieu, elles rendent un suc gommeux qui a fait nommer la plante *gommier-des-malouines.*
Voy. sur tout ce qui concerne le *bolax,* la *Relation du voyage*
de Bougainville. Jussieu institua ce genre d'après Commerson, p. 227.

BOLETUS (βῶλος, motte, boule). Le chapeau de la plupart
de ces plantes est globuleux ; delà vient que les italiens les
nomment en général *ovoli,* dérivé d'*uovo,* œuf.

βῶλος a pour radical, *bol,* tout corps rond, en celtique,
d'où une foule de dérivés en grec, latin, françois, etc.
βῶλβος, bulbe ; βῶλαξ, synonyme de βῶλος ; en latin *bolus,*
bolenia ; en françois, *bol, boule, bale, bulle, bille ;* anglois
bowl, bell, etc.

B. **favus** (rayon de miel). Ce *bolet* présente à sa surface inférieures des pores très-larges, semblables à des alvéoles de ruche d'abeilles.

B. **suberosus**. Dérivé de *suber*, le liége. On s'en sert en Suède pour remplacer le liége dans la fabrication des bouchons. Voy. *Quercus suber*.

B. **fomentarius**. Dérivé de *fomes*, tout ce qui prend feu. On s'en sert en Suède pour faire de l'amadou.

Fomes, *fomentarius*, d'où *fomenter* en françois, ont pour primitif *fo*, feu, en celtique; d'où une quantité de dérivés en toutes les langues d'Europe. φως, φωστηρ, φαω, φλοξ, etc. en grec; *focus*, *follis*, *foveo*, *fomes*, en latin; *four*, *faulde*, *foudre*, *fouace*, *foude*, *affouage*, etc. en françois. Voy. Foin, à la liste des termes.

B. **igniarius**. Dérivé de *ignis*, feu. Même sens que *boletus fomentarius*. Voy. plus haut.

B. **cinnabarinus** (*cinnabaris*, cinnabre, vermillon). En grec κινναβαρι, de *qinabâr* son nom en arabe et persan. *Gazophy*, *Lin*. p. 67. Il est rouge en dehors comme en dedans.

B. **medulla-panis** (moelle ou mie de pain). Il forme une masse blanchâtre et poreuse que l'on a justement comparée à la mie de pain.

B. **leptocephalus** (λεπτος, petit; κεφαλη, tête). Dont le chapeau est petit.

B. **bovinus**. Dérivé de *bos*, *bovis*, bœuf. Les bœufs le mangent avec avidité : il est de même recherché des cerfs, porcs, etc. Les Latins avoient remarqué le goût des porcs pour ce champignon, et ils l'avoient appelé pour cette raison *suillus*, dérivé de *sus*, *suis*, porc, de même, en grec, συς. Les modernes se sont servis de ce nom pour subdiviser le genre trop étendu des bolets. Voy. *Suillus*.

Dans la ci-devant Lorraine on mange ce *fungus* sous le nom de *champignon polonois*, parce que ce sont des Polonois de la suite de Stanislas Lekzinski, qui montrèrent qu'on en pouvoit manger sans danger.

BOLTONIA. J. B. Bolton, botaniste anglois, a travaillé sur les *fougères* de la Grande-Bretagne, en 1785. L'Héritier, *Sert. angl.* 27.

BOMBAX. De βομβυξ, l'un des noms grecs du coton. Les

Grecs appeloient χαρτας Βομβυκινες, le papier de coton, et même aujourd'hui *bombaccio*, est l'un des noms du coton, en Italien.

Le fruit de cet arbre renferme plusieurs semences enveloppées dans un fin duvet semblable au coton.

B. CEIBA. Nom américain transmis par Plumier, g. 32.

Vulgairement *fromager*, parce que son bois blanchâtre et assez mou, a été comparé au fromage pour la consistance.

BONAMIA. En l'honneur du docteur Bonami, médecin françois, auteur d'une *Flore des environs de Nantes*, qui a paru en 1782. AUBERT DU PETIT THOUARS, 2.ᵉ livraison.

BONATEA. Bonato, botaniste italien, professeur à Padoue. Genre extrait des *Orchis de Linné*, par Willdenow, 4, pag. 43.

BONNETIA. Voy. *Mahurea*. Schréber, g. 915, lui a donné ce nouveau nom en l'honneur de Charles Bonnet, naturaliste françois, des sociétés de Londres, Bologne, Montpellier, etc. On a eu de lui, en 1754, des Recherches pour servir à l'histoire de la végétation.

BONPLANDIA. Genre dédié par Cavanilles, t. 6, pag. 21, à Aimé Bonpland, botaniste françois ; il a accompagné Humboldt à son voyage en Amérique. Voy. *Humboldtia*.

BONTIA. Jacques Bontius, médecin hollandois, né à Batavia, a donné, en 1658, une *Histoire naturelle des Indes orientales*, fondue dans les *Œuvres de Pison*. ELZEVIRA, 1658.

Un autre Bontius (Gaspard) aussi hollandois, mort en 1599, à 63 ans, est l'inventeur des pilules qui portent son nom.

BOOPIS (βους, βοος, bœuf : ωψ, œil). Plante dont la fleur a quelque ressemblance avec un œil de bœuf. Même sens que *buphthalmum*. *Annales du musée*, fasc. 11.

BORASSUS (Βορασσος, l'un des noms que donnoient les Grecs à la membrane qui enveloppe les fruits du *palmier-dattier*). DIOSCORIDE, liv. 1, chap. 125. Linné manquant de termes pour désigner plusieurs espèces de palmiers inconnus aux anciens, il étoit naturel qu'il se servit, soit des différens noms qu'ils donnoient au palmier proprement dit (*phœnix*), soit de ceux qu'ils appliquoient à ses différentes parties. Voy. *Elate*.

C'est à ce genre que se rapporte le *cocotier de mer*, décrit par Sonnerat, *Voyage à la nouvelle Guinée*, pag. 5, et que Clusius appelle *nux medica*, noix médicinale, à cause de la vertu de chasser le poison que lui supposent les Indiens.

Les habitans des Maldives l'appellent *travarcarné*, c'est à-dire, en leur langue *trésor*. Il est rare et cher aux Indes. Voy. *Jontarus*.

BORBONIA. Le père Plumier institua ce genre en l'honneur de Jean-Baptiste Gaston de Bourbon, fils de Henri IV, grand amateur de Botanique, dit-il.

Gaston après avoir soulevé plusieurs fois la France, sans motifs et sans succès, fut enfin forcé de se retirer à Blois. Il y attira le célèbre Morison, qui lui donna le goût de la Botanique. Il y mourut en 1660, à l'âge de 52 ans.

C'est là qu'il fit peindre sur vélin une magnifique collection *in-folio* de cinq mille plantes, sous la direction de Robert.

BORRAGO. Apulée (*de Herb. med.*) dit que ce nom est altéré de *corago*, à cause de ses effets cordiaux (cor, cœur, *ago*, je donne). Pline dit aussi, liv. 25, chap. 8, que cette plante prise dans du vin, ranime le cœur. De *corago* on a fait *borrago*, et par suite *bourrache*, en françois; *bourage*, en anglois; *borragine*, en italien, etc.

BORYA. Genre dédié par Willdenow, tom. 4, pag. 712, à M. Bory de Saint-Vincent, voyageur aux îles de France et de Bourbon.

BOSEA. Ernest Gottlob Bose, de Leipsic, a donné, en 1775, un ouvrage sur la sécrétion des plantes.

Un autre Bose (Gaspard), professeur de botanique à Leipsic, a donné, en 1728, une dissertation sur le mouvement des plantes.

B. YERVA-MORA. *Yerva*, herbe, en espagnol; *mora*, maure, herbe de Mauritanie, ou plutôt des îles Canaries.

BOTRYA (βότρυς, grappe). De son fruit semblable à une grappe de raisin. LOUREIRO, pag. 190.

BOTRYCHIUM. Dérivé de βότρυς, grappe, de sa fructification en grappe. SWARZ, *Journal de Botanique* 1800, 2 partie, p. 109. Ce genre est extrait des *osmunda*. C'est le même appelé dans un pareil sens *botrypus*, par Richard. *Catalogue du jardin de médecine*.

DOWLESIA. Guillaume Bowles, irlandois, a travaillé, en 1775, sur l'histoire naturelle d'Espagne. *Flor. du Pérou*, pag. 55.

BRABEIUM (βραβεῖον, sceptre). On a comparé à un sceptre ses tiges garnies de feuilles par anneaux, et disposées d'une manière très-élégante.

BRACHYGLOTTIS (βραχυς, court; γλωττα, langue; languette.) Ses fleurs portent des demi-fleurons courts, comparés à des languettes. Forster.

BRACHYSTEMUM (βραχυς, court; στημων, étamine). De la brièveté de ses étamines. Michx., *Flore bor. Am.* 2—75.

BRAGANTIA. En l'honneur de D. Jean de Bragance, président de l'Académie des sciences de Lisbonne. Loureiro, p. 645.

BRASSICA. La plupart des savans ont attribué à ce mot des étymologies qui y sont tout-à-fait étrangères. Voy. Vossius, Rai, Dalechamp, etc. Il vient de *bresic*, qui signifie proprement un *chou*, en langue celtique. Voy. les *Origines gauloises*.

Chou du celtique *chaulz*, *cawl* ou *caul*, qui tous signifient légume, en celtique. Voy *Pezron* et *Bullet*. De *cawl*, les italiens ont fait *cavolo*; espagnols, *colhes*; allemand, *koel*; belges, *koole*, etc. C'est encore de ce mot que vient le nom de *colza*, que nous donnons au chou à huile.

En anglois *cabbage*, c'est-à-dire, à grosse tête; nous disons de même en françois *chou-cabus*. Ces noms ont pour primitif *cap*, tête, en celtique.

B. NAPUS. Du celtique *nap* ou *nav*, dont les anglo-saxons ont fait *næpe*; anglois, *navew*; françois, *navet*, etc. Une sorte de gros navet à racine ronde est nommée, en anglois, *turnep* de *turn*, rond, et *næp*, navet, en anglo-saxon.

B. ERUCA. Selon Dalechamp, cette plante est nommée ainsi parce qu'elle brûle et ronge la bouche comme une chenille appelée en latin *eruca*. Cette étymologie très-peu sûre prouve seulement la difficulté de lui attribuer une origine plausible. Selon Isidore de Séville, savant espagnol, mort en 636, et qui a laissé un livre d'étymologies, *eruca* est altéré d'*urica*, dérivé d'*uro*, je brûle. Quoiqu'il en soit de ces différentes opinions, on remarquera seulement qu'elles se rapportent à l'effet très-échauffant de cette plante. Elle étoit renommée chez les Latins pour exciter à l'amour. Voy. Pline, liv. 19, chap. 8. Columelle, Martial, Ovide, etc., en parlent dans le même sens.

D'*eruca* les Italiens ont fait *ruchetta*, et par suite les François *roquette*.

B. RAPA. *Rab*, en celtique, dont nous avons fait *rave*, *rabette*, *rabioule*.

BRATHYS. Nom grec de la sabine (*juniperus sabina*), de Βραζω, j'échauffe. Toutes les parties de cet arbuste sont très-échauffantes. Celui auquel on a appliqué ce synonyme, ressemble très-bien à la sabine par le feuillage.

BRAUNEA. Genre dédié par Willdenow, tom. 4, pag. 798, à M. de Braune, botaniste allemand, qui a travaillé sur les plantes du pays de Saltzbourg. WILLDENOW, *Act. nov. soc. nat. Berl.* 3 — 412.

BREDMEYERA. François Bredmeyer, jardinier en chef du jardin de Schœnbrünn, maison royale près de Vienne en Autriche.

BRIZA. Dérivé de Βριθω, je pends, je balance. Les épillets de ce gramen sont inclinés et ils balancent toujours au vent. Les Anglois le nomment même *quaking-grass*, gramen-tremblant. En françois, *amourettes*, de ses épillets en forme de cœur et d'une figure très élégante. Ce nom est ancien, et Clusius l'emploie, liv. 6, chap. 38.

B. ERAGROSTIS (ερος, amour, de φαω, j'aime, αγρωστις, gramen en général). Même sens qu'*amourettes* en françois. Voy. plus haut. En tous pays, les enfans aiment à jouer avec ces jolies plantes.

BROMELIA. Olaus Bromel, botaniste suédois, a donné, en 1694, une *Chloris* (1) gothique, c'est-à-dire, catalogue des plantes qui croissent vers Gothenbourg ou la ville des Goths.

B. ANANAS. Altéré de *nanas*, nom que donnent à cette plante les naturels de la Guyane. THEVET. Margrave l'écrit *nana*.

---

(1) Ce nom de *Chloris* exprime, en grec, à peu près la même chose que celui de *Flore*, qui est plus usité en botanique pour les catalogues de plantes; il vient de χλωρος, vert, verdure, et en ce sens, plante. Voy. LAURUS pour son origine.

Les françois lui ont conservé son nom de Botanique. En anglois *pomme de pin, pine apple.* Son fruit ressemble très-bien à la pomme du pin domestique. *Pinus pinea.*

B. KARATAS. Abrégé de son nom en brasilien *karaguata-acanga.* Voy. Pison, Brasil, 190.

B. ACANGA. Voy. ci-dessus *karaguata-acanga.* Ce nom en est dédoublé pour désigner deux espèces analogues entre elles.

BROMUS (βρωμος). Nom que donnoient les Grecs à une sorte d'avoine sauvage. Voy. DIOSCORIDE, liv. 4, chap. 135, et Pline, liv. 22, chap. 25. Il signifie nourriture (des chevaux).

Plusieurs espèces de *bromus* ressemblent très-bien aux *avena* par le port.

B. STERILIS. Stérile, terme impropre. Cette plante n'est stérile qu'en apparence; mais la graine en est si fine qu'on l'a regardée comme nulle.

B. TECTORUM (des toits). Croît sur les toits et dans tous les lieux arides (1).

BROSIMUM (βρωσιμος, bon à manger; de βρωμα, aliment, nourriture). On en mange le fruit en Amérique. SWARZ. 12.

BROSSÆA. Gui de la Brosse, médecin de Louis XIII, obtint en 1626, des lettres-patentes pour l'établissement du jardin royal des plantes, dont il fut le premier intendant. Il en a donné la description en 1636, sous le titre de *Description du jardin royal,* etc. On a eu aussi de lui, en 1628, un *Traité de la nature, de l'utilité et des vertus des plantes.*

BROTERA. Félix Avellar Brotero, professeur de botanique en l'université de Coïmbre. CAVANILLES, 5, p. 19.

BROUSSONETIA. Cet arbre a été extrait par l'Héritier, du genre *morus* pour en faire un particulier. Il l'a nommé ainsi en l'honneur de P. N. V. Broussonet, naturaliste fran-

---

(1) Il seroit à souhaiter que, dans la nomenclature des plantes, on n'eût jamais employé ces termes si fréquens, *des toits, des murailles, des villes,* etc. La Botanique, qui est une science purement naturelle, devroit toujours reporter les plantes en leurs places primitives, quand elle les désigne par les lieux où elles croissent, et les rochers ont existé avant les murs.

çois, membre de l'Institut, voyageur en Barbarie. Il a publié une *Ichthyologie* en 1782. C'est lui qui le premier apporta d'Angleterre en France l'individu *femelle*. Voy. *Morus papyrifera*.

BROWALLIA. Jean Browall, suédois, évêque d'Abo, a publiée, en 1743, un ouvrage contre les détracteurs de Linné. Il est intitulé *Epiarisis*, c'est-à-dire, contre-critique. Il n'existoit d'abord qu'une plante de ce genre *browallia americana*. Par la suite Linné ayant rompu avec Browall, il établit trois espèces de ce genre, et par les épithètes singulières qu'il leur choisit, il fit allusion à ses différens rapports avec lui. *Browallia elata*, exprime le dégré de leur union ; *browallia demissa*, en exprime l'abaissement ; et le nom ambigu de la troisième espèce, *browallia alienata*, exprime les caractères incertains de la plante, en même temps qu'il devient une épigramme contre Browall.

BROWNÆA. Patrice Brown, médecin anglois, a donné, en 1756, une *Histoire civile et naturelle de la Jamaïque*.

L'Angleterre a produit plusieurs naturalistes de ce nom : Samuel Brown, médecin au fort Saint-Georges dans l'Inde, a donné quelques opuscules insérés dans les *Transact. philos.* n.° 264, 267, 274, etc.

Jean Brown, membre de la Société royale, a donné une dissertation sur le camphre. *Transact philos.* 2, 390.

Enfin, W. G. Brown, auteur d'un *Nouveau voyage dans la haute et Basse-Egypte, la Syrie et le Darfour* : il a eu lieu de 1792 à 1798.

BRUCEA. Jacques Bruce, écossois, voyageur en Abyssinie, de 1768 à 1772. Il en a rapporté cet arbuste. Son voyage a été traduit en françois, par Castera, en 1790. L'Héritier lui a dédié ce genre. *Stirp. nov.* p. 19, d'après Bancks.

BRUNELLA. Latinisé de l'allemand *braüne*, qui signifie esquinancie. Cette plante passe en Allemagne pour en être le remède. *Braüne* vient de l'anglo-saxon *brunethan*, qui signifie la même chose.

Plusieurs auteurs écrivent *prunella*, parce que les Allemands prononcent la labiale douce B, presque comme la labiale forte P.

BRUNELLIA. Gabriel Brunelli, italien, professeur de

botanique en l'université de Bologne. *Flore du Pérou*, pag. 62.

BRUNIA. Corneille de Bruin, plus connu sous le nom de *Lebrun*, Hollandois. Il voyagea en Perse et aux Indes par la Russie, de 1701 à 1708, et en Asie mineure, Egypte, etc. de 1675 à 1674.

BRUNNICHIA. M. T. Brunnich, naturaliste danois, à donné un catalogue de bibliothèque d'histoire naturelle, en 1793. Schreber, g. 777.

BRUNSFELSIA. Othon Brunsfels, botaniste allemand, mort en 1534. On a de lui un ouvrage sur l'usage des simples et la manière de les administrer. Il a donné aussi des collections de figures de plantes.

BRYONIA. Dérivé de ϐρυω, je crois, je pousse. De sa prodigieuse végétation. Sa tige s'étend à une distance singulière, et elle peut, en une année, couvrir une portion de terre considérable.

En françois, *couleuvrée*, c'est-à-dire, plante qui rampe comme une *couleuvre*.

John Berkenhout, anglois, dans une ouvrage sur la botanique, imprimé à Londres en 1770, dit : que cette plante est constamment dioïque (*bryonia alba*), d'autres pensent qu'elle ne l'est qu'accidentellement.

BRYUM. (ϐρυον, σφαγνον, μνιον, υπνον, φασκον, σπλαγχνον, tous noms synonymes de *mousse* en grec). Il est à croire que chacun d'eux exprimoit une sorte de mousse différente; mais les auteurs grecs ne nous ayant laissé aucun détail sur ces plantes, les noms seuls nous sont parvenus, et les botanistes modernes les ont appliqués à différens genres de mousses, consacrant en cela le grand principe de Linné (*Philosop. Bot.*), de ne jamais créer de nouveaux noms, tant qu'il reste des synonymes anciens à employer.

Quant au nom de *bryum*, il vient de ϐρυω, je germe, je pousse. Ces plantes germent sur tous les corps, bois, pierre, terre nue, etc.

B. apocarpum (1) (απο, proche, en ce sens; καρπος, fruit).

---

(1) Quoique plusieurs plantes de cette série aient reçu d'Hedwig et de Palissot-Beauvois de nouveaux noms sous lesquels on les a placées dans

C'est-à-dire, dont l'anthère sessile touche à la plante même, et est recouvert par ses feuilles.

B. PYRIFORME. En forme de poire; c'est-à-dire, dont l'anthère est ovale.

B. POMI-FORME. En forme de pomme; dont l'anthère est sphérique.

B. EXTINCTORIUM. (*extincto um*, éteignoir). Dont la coiffe ressemble à un éteignoir par sa forme conique.

B. RURALE (*rural*, champêtre). C'est-à-dire, qui croît sur les toits de chaume des maisons de village.

B. TRICODES (θριξ, τριχος, cheveux; ιδος, forme). Dont les capsules sont surmontées de poils déliés.

B. CARNEUM (*Caro, carnis*, chair). Dont les pédoncules sont de couleur de chair.

B. DENDROIDES (δενδρον, arbre; ιδος, ressemblance). Qui ressemble à un petit arbre par ses tiges ramifiées.

B. ACICULARE (*aciculus*, épingle, diminutif d'*acus*, qui signifie la même chose). Tous deux viennent d'*ac*, pointe, en celtique. Voy. *Aiguillon*.

L'opercule de cette mousse est terminé en pointe.

B. HETEROMALUM (ετε,ομαλλος, mot grec qui signifie *velu d'un seul côté*. Il vient de ετερος, différent; μαλλος, laine, toison). C'est-à-dire, dont les côtés diffèrent par le poil.

Cette plante porte des feuilles velues et tournées d'un seul côté.

BUBON *Bubonion*, nom sous lequel Pline, liv. 27, chap. 5, décrit une plante bonne contre les tumeurs de l'aine d'où elle tire son nom βουβον, aîne. La plante décrite par Pline, n'a de commun avec celle-ci que le nom.

B. GALBANUM. Dérivé de *galb* ou *galban*, gras, onctueux, en celtique; tout ce dont on fait des onguens ou des parfums. Ce mot *galb* est le radical de plusieurs noms qui tous expriment des choses grasses ou d'une odeur forte. *Galipot, gale* (Voy. *myrica*), *galloc*, camphre en anglo-saxon; *galiot*, ancien nom de la bénoîte, *geum urbanum*, dont la racine est très-odorante; γαλη, belette puante, etc.

cet ouvrage, on les a cependant réunies ici sous leur ancienne dénomination, pour l'usage des personnes qui ne les connoissent que sous leur ancien titre.

La gomme résine produite par cette plante et connue sous le nom de *galbanon*, est d'une odeur très-forte, puante même; elle entroit cependant dans la composition des parfums qui devoient être brûlés sur l'autel d'or. Voy. l'*Exode*.

BUBROMA (βους, bœuf; βρωμα, nourriture). C'est-à-dire, cacao dont le goût est grossier et qui n'est bon que pour des bœufs. Voy. *Theobroma*.

BUCHNERA. Jean Godefroi Buchner, allemand, a donné en 1745, des observations sur plusieurs plantes du Voigt-Land, en Saxe.

BUCIDA. Qui a rapport au bœuf, appelé *bos* en latin. *Bucida, buccina, bucarda*, etc., ont pour primitif *bu*, bœuf, en celtique. Voy. *Botanique* à la *Table des termes*.

Quant à *bucida*, voy. plus bas *Buceras*, pour sa signification.

B. BUCERAS (βους, bœuf; κερας, corne; corne de bœuf). Le stile s'accroît après la fécondation, et il prend, le plus souvent, la forme d'une corne de bœuf.

BUDLEJA. Houston a nommé ainsi ce genre, en l'honneur d'Adam Buddle, anglois, amateur de botanique.

BUENA. Cosimi Bueno, médecin espagnol; il a écrit sur l'histoire naturelle du Pérou. CAVANILLES, 6, pag. 49.

C'est le même nom que les auteurs de la *Flore du Pérou* ont syncopé en en faisant *cosmibuena*.

BUFONIA. Dérivé de *bufo*, crapaud, nommé ainsi de *bu*, bœuf, en celtique, parce que son croassement en imite le cri. Le *bufonia* croît dans les eaux stagnantes, séjour des crapauds.

On assure que par ce nom, qui présente une idée désagréable, Linné a voulu faire une sorte d'épigramme contre Buffon, son antagoniste et son détracteur.

BUGINVILLÆA. Commerson institua ce genre en l'honneur de M. de Bougainville, voyageur autour du monde, de 1766 à 1769. Naturaliste par lui-même, il favorisa les recherches de Commerson, et par un retour singulier, il lui rendit l'honneur qu'il en avoit reçu en Botanique. Voy. *Commersonia*.

BULBOCODIUM (βολβός, bulbe; κωδια, laine, poil). Sa bulbe est recouverte d'une enveloppe rude et velue.

BULLIARDIA. En l'honneur de Bulliard, botaniste françois. On a eu de lui, en 1791, une *Histoire des champignons*. DECANDOLLE, plantes grasses, n.° 74. Ce genre est extrait des *tillœa*.

BUMALDA. Ovide Montalban, plus connu sous le nom de Jean Antoine de Bumalda, né à Bologne. Il a donné, en 1657, une *Bibliothèque botanique*, qui a servi de base à l'ouvrage de Séguier. On a eu aussi de lui une *Dendrologie*, en 1668. THUNBERG, *Jap.* 114.

BUMELIA. Nom que donnoient les grecs à notre *fraxinus excelsior*. Voy. la dissertation de Dureau de la Malle, sur le *fraxinus* et l'*ornus* des anciens.

Swarz, *Prodome*, 49, s'en est servi uniquement pour employer un nom ancien.

BUNIAS (βουνός, colline) De ce que cette plante croit aux lieux secs et élevés. LINNÉ, *Philos. botan.*

BUNIUM. Même sens que ci-dessus, avec une désinence différente. LINNÉ, *Phil. botan.*

B. BULBO-CASTANUM (bulbe-châtaigne). Sa racine est bulbeuse, et elle a un goût approchant de celui de la châtaigne. On le nomme en françois, *terre-noix*; en angluis, de même *earth-nut*, noix de terre.

BUPHTHALMUM (βοῦς, bœuf; οφθαλμος, œil). De sa grande fleur orbiculaire avec un large disque, ce qui lui donne une grossière ressemblance avec un œil.

On remarquera que le *buphthalmum*, mentionné par Pline, liv. 25, chap. 8, est une autre plante. Sa feuille est semblable, à celle du *fenouil*, dit-il, et il croit auprès des lieux habités. Cette description convient à l'*anthemis*.

BUPLEURUM (βοῦς bœuf; πλευρον, la plèvre, membrane qui enveloppe le poumon). On en a donné le nom à cette plante, à cause de sa feuille, d'un tissu ferme et serré, comme celui d'une membrane.

Vulgairement *perce-feuille*. La tige semble percer la feuille.

BURCKARDIA. Voy. *Piriqueta*. Schreber, g. 530, lui a donné

ce nouveau nom en l'honneur de Jean Jacques Burckard, allemand, dont on a eu, en 1750, une dissertation sur la racine de *seneka*.

BURMANNIA. En l'honneur des deux Burmann, botanistes hollandais. Jean Burmann, professeur de botanique à Amsterdam, donna, en 1737, *Le Trésor de Ceylan*, ou *Histoire des plantes de cette île*; en 1738 et 1739, dix décades de plantes rares d'Afrique.

Il a traduit en latin, l'*Herbier d'Amboine de Rumphius*, publié en hollandais, et il l'a enrichi de savantes dissertations en 1740. Il a donné dix fascicules sur les plantes de l'Innier, de 1755 à 1759.

Nicolas-Laurent Burmann, son fils, a publié, en 1759, un *Essai sur les geranium*, etc.

Linné donna le nom de Burmannia à une plante qui porte deux épis, pour exprimer la jonction du travail de Burmann à celui d'Hermann, sur les plantes de l'île de Ceylan.

BURSERA. Joachim Burser, disciple et ami de Gaspard Bauhin, professeur de médecine à Sara, en Naples. Il a laissé un magnifique herbier en 25 volumes.

BUTOMUS (βοῦς, bœuf; τέμνω, je coupe). Tous les villageois savent que cette plante, dont la feuille est tranchante, fait saigner la bouche des bœufs qui en mangent.

Vulgairement *jonc fleuri*: de sa belle fleur portée sur une tige longue et nue, semblable au jong de rivière. *Scirpus lacustris*.

BUTONICA. Altéré de *huttum*, nom de cet arbre aux moluques; *bœton*, en malais. RUMPH, 5-29.

C'est dans ce genre que rentre le *barringtonia*, de Forster. Voy. *Barringtonia*. Linné le place dans les *mammea*, et Sonnerat l'appelle *commersona*, d'après Bougainville. Voy. *Commersonia*.

BUTTNERIA. David-Sigismond-Auguste Buttner, né à Chemnitz, professeur en l'université de Gottingue, a donné, en 1750, un *Catalogue méthodique des plantes de cunon*. Voy. *Cunonia*.

BUXBAUMIA. Jean-Chrétien Buxbaum, botaniste allemand, de l'académie de Pétersbourg, a donné, en 1721, le *Catalogue des plantes des environs de Hall*; et en 1728, cinq centuries des plantes de l'Asie mineure.

Le nom de *buxbaum* exprime en allemand l'arbre *buis* (*buxus*), et cette circonstance accidentelle, le rend moins propre pour désigner une plante, qu'un nom insignifiant.

BUXUS. Altéré de πυξος, son nom en grec. Comme ce nom signifie en même temps *vase, gobelet,* il est à croire que l'on s'en est servi pour désigner un arbre dont le bois compact est très-propre à faire toutes sortes de petits meubles.

Les anglois le nomment *box-tree,* arbre à boite, dans le même sens que πυξος, en grec : en françois *buis,* francisé de *buxus.*

BYSSUS (βύσσος, fin lin). Ces plantes ne consistent presque qu'en filamens très-délicats qui tapissent d'un fin duvet, les pierres et autres corps sur lesquels elles s'attachent.

Selon Mignot, *Mémoire de l'acad. des inscr.,* vol. 40, βύσσος, vient de *butz,* sorte de coton ou de lin très-fin, en hébreu.

Il est à remarquer que *bys* signifie, en arabe, *toile fine,* précisément dans le même sens MENINSKI, 1, p. 806.

Voy. sur-tout ce qui concerne le *butz* de l'*Ecriture sainte,* et le βύσσος, des Grecs, *Olaus Celsius, Hierobotanicon,* vol. 2, pag. 169.

B. SEPTICA (*septicus,* pourrissant, dérivé de σηπω, je pourris). Il croît dans les caves, sur les chantiers qui se pourrissent.

B. FLOS-AQUÆ (fleur d'eau). Ses filets fort courts, forment à fleur d'eau une croûte mince et verte.

B. PHOSPHOREA (phosphorique). Dans certains cas, cette plante jette de la lumière pendant la nuit.

Phosphore est composé de φως, lumière ; φερω, je porte, et il a pour primitif *fo,* feu, en celtique. Voy. *Foin,* à la table des termes de Botanique, et *Boletus fomentarius,* dans le cours de l'ouvrage.

B. CRYPTARUM (*crypta,* cave, lieu obscur). Qui croît dans les caves ou les grottes. *Crypta,* vient du grec κρυπτος, caché.

B. ANTIQUITATIS (d'antiquité, de vieillesse). C'est cette plante qui donne une teinte sombre aux vieux mouvemens.

B. IOLITHUS (ιον, violette ; λιθος, pierre). Ce *byssus* croît dans le nord de l'Europe sur la pierre nue, et il lui communique une odeur de violette très-sensible.

B. CANDELARIS. Qui forme sur les rochers une croûte jaunâtre semblable au *lichen candelaris. Voy. Lichen candelaris.*

B. CANCELLATA (*cancellatus*, grillé). Ce *byssus* est composé de filets croisés et grillés qui flottent sur l'eau douce et stagnante.

DYSTROPOGON. De δύω, je ferme; j'obstrue, futur, δύσω; πώγων, barbe. C'est-à-dire, fleur dont l'entrée de la corolle est obstruée par des poils. L'HÉRITIER, *Sert. angl.* n.° 1.

Ce genre se rapproche des *nepeta.*

C

CABOMBA. Nom sous lequel Aublet désigne cette plante de la Guyane, pag. 321.

CABALLERIA. Jos. Perès Caballero, ancien inspecteur du Jardin botanique de Madrid. *Flor du Pérou*, pag. 151.

CACALIA. Nom employé par Dioscorides, liv. 4, chap. 113, pour désigner une plante de montagnes, à feuilles grandes et blanchâtres. Les commentateurs n'ont pas décidé quelle est cette plante; mais la description qu'en donne Dioscorides, convient très-bien à la plante que les modernes ont appelée *cacalia alpina*.

C. ΠΟΡΟΦΥΛΛΟΜ (πορος, porc; φυλλον, feuille). Ses feuilles sont parsemées de points noirs et transparens, à peu près comme celles de plusieurs espèces de *millepertuis*. *Hypericum.*

CACHRYS. *Cachrys*, l'un des noms que donnoient les anciens au *romarin*. PLINE, liv. 24, chap. 11. Il est dérivé, selon Morison, de καιω, j'échauffe, à cause de son effet à l'intérieur. La plante à laquelle les botanistes modernes ont appliqué ce synonyme, répand, quand on la froisse, une odeur aromatique assez semblable à celle du *romarin*.

Selon Linné, *Philos. bot.*, *cachrys*, vient d'un mot grec qui signifie orge roti, καχρος ou καγχρυς. Cette origine est trop obscure pour qu'on puisse l'admettre.

C. ODONTALGICA. Cette plante, quand on la mâche, procure par son âcreté une salivation qui soulage dans le mal de dents. Ce remède est usité parmi les cosaques du Jaïk. PALLAS. Voy. *Plante odontalgique.*

CACOUCIA. Nom que donnent à cet arbuste les naturels de la Guyane. AUBLET, p. 450.

CACTUS (κακτος). Nom sous lequel Théophraste, liv. 6, ch. 4, décrit une plante épineuse et alimentaire qui croît, dit-il, spécialement en Sicile. Mathiole présume que c'est *l'artichaut, cynara*, quoique le texte porte que la tige en est rampante.

Quoiqu'il en soit, les modernes l'ont justement appliqué à un genre de plantes très-épineuses et dont plusieurs sont édules.

cactus a pour primitif *ac*, pointe, en celtique, des fortes épines dont ces plantes sont armées. Les Anglois leur donnent même le nom général de chardons, *thistle*; en français *cierges*. Plusieurs espèces de ce genre sont droites et cylindriques comme un cierge.

C. MAMILLARIS. Dérivé de *mamma*, mamelle. De ses tubercules mamellonés.

C. MELOCACTUS (cierge-melon). Il est gros comme la tête d'un homme, et il est garni de côtes comme un melon.

C. CORONATUS. Il ressemble au *cactus melo-cactus*; mais il est couronné à son sommet d'une manière de crête charnue et rouge.

C. NOBILIS. Il est semblable au précédent; mais ses épines sont d'un beau blanc, et c'est en raison de cette blancheur que l'épithète de *noble* lui a été donnée.

C. PITAJAYA. Nom mexicain. JACQUIN. Eus. Nieremberg l'écrit *pythahaya*, liv. 14, chap. 80.

C. MENSARUM (des tables), est le même que le *cactus pitajaya*. Thierry lui a donné ce nouveau nom à cause de la bonté de son fruit.

C. MONILIFORMIS (*monile*, collier). De ses articulations prolifères qui donnent à la plante entière, l'aspect d'une guirlande, ou d'un collier.

C. OPUNTIA. Originaire du pays des *Opuntiens*, dont le chef-lieu étoit *Opus*, proche de la Phocide. Cette plante croit en divers endroits de l'Europe méridionale; on la trouve même dans le Valais.

C. FICUS INDICA (figuier d'Inde). Son fruit ressemble tellement à la figue, que la plupart des voyageurs ont appelé ce cierge *figuier d'Inde*.

C. TUNA. Même sens que ci-dessus. *Tyn*, figuier, en arabe. Son fruit ressemble à la figue autant que celui du précédent. En arabe il est appelé *tyn-fyl*, figuier d'éléphant. *Fyl* est le nom de l'éléphant dans l'Orient, il est le radical de *mòrfyl*, nom de l'ivoire dans le commerce.

C. COCHENILLIFER (qui porte la cochenille). Ce n'est pas

exclusivement sur cette espèce de *cactus* que se nourrit la cochenille, comme on le croyoit (1). Cet insecte tire son nom de *coc*, rouge, en celtique; chenille rouge. Ce mot *coc* est radical de plusieurs noms qui tous désignent des choses rouges: *κοκκος*, graine d'écarlate; *κοκκινος*, rouge; coquelicot, coccinelle, etc. (2)

C. PEREGKIA. En l'honneur de Nicolas Fabrice Peireskius, conseiller au parlement d'Aix en Provence. *Son nom seul fait son éloge, dit Tournefort (Isagoge).*

Le cactus pereskia, est le même que Thierry appelle *testudini-crus*, cuisse ou pate de tortue, à cause de la disposition perpendiculaire de ses articulations, comparées aux pates de la tortue.

C. NOPAL. *Abrégé de nopalnocheztli, son nom en langue mexicaine, selon Euseb. Nieremberg, liv. 14, chap. 36.*

C. PHYLLANTHUS (φυλλον, feuille; ανθος, fleur). C'est-à-dire qui porte des feuilles à la place même des fleurs; lorsque celles-ci sont passées, il naît en leur lieu de jeunes feuilles qui ne sont autre chose que de petites plantes.

C. SPLENDIDUS (splendide). Thierry lui donne ce nom par allusion à sa grandeur, à son éclat, et au bon goût de son fruit.

---

(1) La cochenille et la plante dont elle se nourrit n'étoient qu'imparfaitement connues à St.-Domingue, lorsque Nicolas Thierry de Ménonville, lorrain, alla à travers mille périls au Mexique, exprès pour y constater et en enlever la cochenille. Il eut le bonheur de réussir, et il arriva à Port-au-Prince en 1777, avec la cochenille fine, la cochenille sylvestre, et plusieurs espèces de cactus, le *splendide*, le *nopal*, etc.

On a eu la relation de son voyage en 1787.

(2) Sans doute cet insecte ne ressemble pas beaucoup à une chenille; mais on l'a si mal connu pendant long-temps, que l'on ne savoit dans quel genre, ni même dans quel règne le placer. On en a fait une galle, une graine, un ver, une araignée, une punaise; etc. On en ignoroit tellement la nature, quoique dès-lors elle fût l'objet d'un riche commerce, qu'elle devint l'occasion d'un procès entre deux Espagnols habitans du Mexique. L'un paria que la cochenille étoit un fruit, l'autre qu'elle étoit un animal. La question, long temps débattue fut portée devant le corrégidor d'Antiquera, dans la vallée d'Oaxaca. Après avoir entendu les dépositions d'une foule de témoins, on déclara juridiquement que la cochenille étoit un insecte. C'est la première fois, dit à ce sujet M. de Réaumur, qu'une question d'histoire naturelle a été décidée par un tribunal judiciaire.

CADABA. De son nom arabe *kadhab* (*qathah*) Forskahl, pag. 69.

CADIA. De son nom arabe *qadhy*. Forskahl, 90.

CÆNOPTERIS (*kænos*, nouveau; *pteris*, fougère. Voy. le genre *pteris*.
　Nouvelle fougère. Cette plante, ainsi nommée par Bergius, est le *darea* de Jussieu.

CÆSALPINIA. André Cœsalpini, connu en France sous le nom de *Cæsalpin*, né en Italie, en 1519, mort en 1603, professeur de médecine à Pise. On a de lui un ouvrage en seize livres, intitulé *Des plantes*. Il tenta, un des premiers, le classement des plantes par *genres*.

CALADIUM. Nom employé par Rumphius, liv. 8, chap. 85, pour désigner des espèces d'*arum*. Ventenat, *Jardin de Cels*, pag. 30.
　Cette plante en est l'analogue.

CALAMUS. De *qalem*, roseau, en arabe; d'où *kalamos*, en grec (1); *calam*, en esclavon; *calamus*, en latin; par syncope *culmus*; en françois, *chaume*, *chalumeau*, etc.

C. ROTANG. *Rotang*, nom malais. Rumphius, liv. 7, chap. 59. Nous en avons fait par corruption *rottin*.

C. ZALACCA. *Nom de cet arbuste aux Moluques.* Rumph, 5, p. 115.

CALBOA. Jean Calbo, médecin espagnol, vivoit au seizième siècle. Cavanilles, tom. 5, p. 51.

CALCEOLARIA (*calceolus*, diminutif de *calceus*, soulier; qui vient de *calx*, talon, pied). La lèvre inférieure de sa corolle, creuse et renflée, ressemble très-bien à un petit sabot.
　Ce nom n'a point de rapport, comme on le pourroit croire, avec un botaniste italien nommé François Calceolari, dont on a eu, en 1566, un *Voyage botanique au mont Baldus*, et un *Muséum d'histoire naturelle*, publié en 1622.

CALEA. Dérivé de *kalos*, beau. Ce genre produit de très-belles fleurs.

---

(1) Les Orientaux se servent du roseau pour tracer leurs caractères, comme nous employons la plume. Les Grecs ayant emprunté d'eux l'art de l'écriture, il est naturel que, par suite, ils en aient pris aussi le nom de l'instrument.

CALENDULA. Dérivé de *calendæ*, les calendes; le premier jour de chaque mois, chez les Latins: c'est-à-dire, plante qui fleurit tous les mois. Elle reste très-long-temps en fleur.

En françois *souci*, altéré de *solæquium*, je suis le soleil, on disoit même *solsi* en vieux françois. RABELAIS, liv. 3, chap. 48. C'est-à dire, fleur qui se ferme quand le soleil se cache. Voy. plus bas *Calendula pluvialis*.

C. PLUVIALIS. Qui annonce la pluie. Sa fleur se ferme dans les temps couverts; mais cet effet n'est pas assez précis pour que l'on y puisse compter. Au surplus, il lui est commun avec beaucoup de fleurs syngénésiques, même avec le *souci* ordinaire, comme l'annonce son ancien nom latin *solæ-quium*.

C. SANCTA (sainte). C'est-à-dire qui croît en Palestine ou Terre-Sainte.

CALICERA (κυλιξ, calice; κερας, corne). Dont le calice a cinq divisions en forme de cornes. CAVANILLES, tom. 4, pag. 54.

CALICIUM. Dérivé de κυλιξ, d'où *calix*, en latin. De la fructification en vases ou *calices* de ces lichen. ACHAR. 2.

CALINEA. Nom sous lequel Aublet, pag. 557, désigne cet arbuste de la Guyane.

CALLA. De καλλαιον, barbe de coq. Sa fleur ressemble, en grand, à ces appendices charnus qui garnissent le cou du coq.

Le *calla* ressemble à l'*arum*, dit Pline, liv. 27, chap. 8. Sans doute notre *calla*, n'est pas celui dont parle Pline; mais il est de la même série, et l'on ne sauroit en exiger davantage dans l'application des noms anciens à nos plantes.

C. ÆTHIOPICA. D'Éthiopie. Ce nom n'est pas exact; elle croît en abondance au cap de Bonne-Espérance, et non exclusivement dans cette partie d'Afrique que les Grecs nommèrent, en leur langue *Æthiopie*, à cause de la chaleur du pays, et de la couleur de ses habitans. Αιθω, je brûle; ωψ, visage: visage brûlé (1).

---

(1) Il est à remarquer que les modernes ont appelé ce pays *Nigritie*, dérivé de *Niger*, noir, dans le même sens qu'Æthiopie en grec, et les Arabes l'appellent *Soudan* (*Soûdân*), qui exprime précisément la même chose, en leur langue.

CALLICARPA (*καλος*, beau ; *καλλος*, beauté ; *καρπος*, fruit). Ses baies sont d'une belle couleur de pourpre.

CALLIGONUM (*καλλος*, beauté ; *γονυ*, genou, articulation). Cet arbuste produit, au lieu de feuilles, des espèces d'excroissances verdâtres, disposées par articulations ou genoux, ce qui lui donne un aspect fort remarquable.

CALLISIA (*καλος* beau ; *καλλιστη*, très-belle). Cette plante est très-agréable par ses feuilles brillantes et pourprées en leurs bords.

CALLISTA (*καλος*, beau ; *καλλιστη*, très-belle). Sa fleur est d'une beauté remarquable. LOUREIRO, pag. 634. Ce genre rentre dans les *épidendrum*.

CALLITRICHE. Nom que Pline donne, d'après les Grecs, à une plante qui, dit-il, liv. 22, chap. 21, *sert à donner une belle couleur aux cheveux, en même temps qu'elle les rend épais et frisés*. C'est de cette propriété qu'elle tire son nom : *καλος*, beau ; *θριξ*, cheveux. Les modernes se sont servis de ce nom, pour désigner un genre de plantes qui n'ont aucun rapport avec celle-là, mais dont les feuilles très-délicates sont disposées par belles touffes, à la surface des eaux, comme une chevelure verte.

CALLIXENE (*καλλος* ; beauté ; *καλος*, beau ; *ξενος*, étranger). *La belle étrangère*, nom usité parmi les Grecs. Commerson l'a appliqué à un arbuste des terres Magellaniques, d'un aspect extrêmement élégant (JUSSIEU, pag. 41).

CALODENDRUM (*καλος*, beau ; *δενδρον*, arbre ; bel arbre). Par sa feuille persistante, et sa fleur incarnate.

CALODIUM (*καλωδιον*, diminutif de *καλως*, cordage). De sa tige longue et mince comme une petite corde. LOUREIRO, pag. 303. Ce genre se rapproche des *cassytha*.

CALOMERIS (*καλος*, beau, bon ; *μερις*, partie, *bonne partie*). Nom donné à cette belle plante, en l'honneur de S. M. Bonaparte, Empereur des François, dont le nom exprime, en italien, la même chose que *calomeris*, en grec. VENTENAT, *Jard. de Malmaison*, n.° 73.

CALOPHYLLUM (*καλος*, beau ; *φυλλον*, feuille). De ses feuilles grandes, vertes, et agréablement veinées.

C. INOPHYLLUM (*ις*, *ινος*, fibre ; *φυλλον*, feuille). Dans le mi-

6*

lieu de sa feuille est une côte saillante qui se ramifie en une infinité de petites fibres.

C. CALABA. Nom américain transmis par Plumier, gen. 18.

CALOROPHUS (καλωστρωφος, cordage, lien). Même sens en grec que *restio* en latin ; ces deux genres se ressemblent. LABILLARDIÈRE, *Nov. Holl. fasc.* 23).

CALPIDIA. Dérivé de καλπις, urne. De la forme du calice de sa fleur. AUBERT DU PETIT-THOUARS, *Plantes de Bourbon, île de France*, etc. deuxième livraison.

CALTHA, syncopé de καλαθις, corbeille. De la forme de sa corolle qui ressemble à une corbeille d'or.

Ce qui prouve que *caltha*, vient de καλαθος, contre l'opinion de Bœhmer, c'est que Pline, liv. 24, chap. 6, parle en même temps du *caltha* et du *calathiana*, comme de deux choses analogues. Voy. les remarques de Dalechamp sur Pline, ed. de 1631.

Vulgairement *populage* ou *populago*, dérivé de *populus*, peuplier, c'est-à-dire qui croît aux lieux humides, parmi les peupliers.

En anglois *mary-gold*, or de Marie, parce que sa fleur paroît au printemps, vers la fête de la Vierge.

CALYCANTHUS (κυλιξ, d'où *calix* ; ανθος, fleur ; fleur calycinale). Les divisions de son calice sont nombreuses, colorées, caduques et tellement semblables à des pétales, que plusieurs botanistes leur en ont donné le nom.

La flatterie donna pendant quelque temps au *calycanthus floridus*, le nom de *pompadoura*, en l'honneur de la trop célèbre madame de *Pompadour*.

En anglois *all-spice*, tout-épice ; de son écorce aromatique et d'un goût de poivre. Miller l'appelle *basteria*, en mémoire du docteur Job. Baster, de Zirk-Zee, en Hollande, auteur d'un ouvrage sur les plantes marines.

CALYPECTUS (κυλιξ, d'où *calix* ; πλικτος, plissé). Des plis que forme son calice. *Flore du Pérou*, pag. 64.

CALYPSO. Nom de Nymphe donné à cet arbuste, pour en exprimer l'éclatante verdure.

Le lieu où vivoit la nymphe Calypso étoit caché aux mortels, delà son nom καλυπτω, je cache.

M. Aubert du Petit-Thouars, qui établit ce genre dans ses

fascicules des plantes des îles Australes d'Afrique, indique par ce nom, pris dans son sens littéral, que l'organe féminin est caché, dans cette fleur.

CALYTRIPLEX (*calix*, calice; *triplex*, triple, qui a trois calices). *Flore du Pérou*, pag. 85.

CAMAX (καμαξ, baguette, tige droite). Nom donné par Schreber, gen. 365, au *Rapourea* d'Aublet.

CAMBOGIA. Originaire du pays de *Camboge*, en l'Inde, au-delà du Gange.

C. GUTTA. Qui produit la gomme *gutte*. Ce nom exprime, selon Rumph, liv 3, chap. 41, une matière gommeuse] que l'on obtient par *goutte*, en latin *gutta*.

CAMELLIA. Georges Camellus, jésuite morave, voyageur en Asie. On a eu de lui une *Histoire des plantes de l'île de Luçon*, insérée dans le troisième tome de l'*Histoire des plantes*, de Jean Ray, 1704.

On a encore de lui des mémoires académiques sur la *Fève de Saint-Ignace*, l'*Amomon*, etc.

C. SASSANQUA. Nom japonois. THUNBERG, *Flor. Jap.* 273.

Cet arbre est cultivé en grand à la Chine, sous le nom de *cha-ouaw* ou fleur de thé. Huttner l'écrit *tcha-chwa*. *Voyage de Macartney*.

Cet arbre ressemble beaucoup au thé, et il n'en diffère guère que par la réunion des étamines à leur base.

CAMERARIA. Joachim Camerarius, médecin allemand, né en 1534, mort en 1598. On a de lui : *Jardin médicinal*, *Opuscules sur l'agriculture*, et un traité intitulé : *Des plantes*.

Un autre Camerarius (Rudolphe), aussi allemand, a donné en 1695, un ouvrage sur le sexe des plantes.

CAMPANULA. Diminutif de *campana*, cloche. De la forme de sa corolle; de même en françois *clochette*, petite cloche.

Par une comparaison populaire, les anglois lui donnent un nom qui exprime la même chose. *Canterbury's bell*, cloche de Cantorbéry.

C. RAPUNCULUS. Diminutif de *rapa*, rave; sa racine est blanche et longuette comme une petite rave. On se rappellera que les diminutifs en *unculus* sont fréquens en latin : *pedunculus*, *ranunculus*, *centunculus*, etc.

C. SPECULUM (*speculum*, miroir, sous-entendu *Veneris*; miroir de Vénus). De sa corolle arrondie et très-élégante que l'on a comparée poétiquement au *miroir de Vénus*.

Les miroirs anciens avoient une forme orbiculaire, de à vient que les astronomes ont désigné la planette *Vénus* par ce signe ♀ qui représente le miroir antique avec son manche.

C. PRISMATOCARPUS (πριομα, πριοματος, prisme ; καρπος, fruit). De la forme prismatique de sa longue capsule.

Le mot de πριομα, vient de πριω, je scie, je divise, je coupe. Le prisme est un verre coupé triangulairement.

CAMPHOROSMA (οσμη, odeur, parfum). *Camphora*, nom latin du camphre. Voy. *Laurus camphora*. Cette plante exhale une forte odeur de camphre.

C. MONSPELIACA. De Montpellier. Elle a d'abord été observée près de Montpellier ; mais on l'a trouvée depuis dans toute l'Europe méridionale.

CAMPOMANESIA. Pierre Rodrigue C. de Campomanés, naturaliste espagnol. *Flore du Pérou*, pag. 63.

CAMPSIS (καμπτω, je courbe, je fléchis, futur καμψω). De ses étamines recourbées. LOUREIRO, pag. 458. Ce genre rentre dans l'*incarvillea* de Jussieu.

CAMPYLUS (καμπυλος, fléchi, courbé; dérivé de καμπτω). Ses fleurs sont disposées en grappe tortueuse. LOUREIRO, page 139.

CANANGA. Nom malais transmis par Rumphius, liv. 3, chap. 19, et employé par Aublet.

CANARINA. Originaire des îles Canaries.

CANARIUM. De *canari*, son nom en malais. RUMPHIUS, liv. 3, chap. 1.

CANDOLEA. August. Pyram. Decandolle, botaniste françois. On a de lui *Histoire des plantes grasses*, an 7 ; *Astragalogie*, an 11 ; *Mémoires académiques*, etc. Ce genre se rapproche des *pteris* et des *acrostiches*.

CANELLA. Nom donné par Murray, *Syst. vég.* 443, au *Winterania*, en raison de son goût aromatique approchant de celui de la *canelle*, *Laurus cinnamomum*. Voy. *Winterania* et *L. cinnamomum*.

CANEPHORA (κανης, corbeille ; φερω, je porte). Ses péduncules s'évasent à leur partie supérieure et prennent la

forme d'une coupe ou d'une corbeille. Jussieu, pag. 208.
D'après Commerson, *κανα* est dérivé de *κανη*, jonc, roseau, dont on fit les premières corbeilles. Voyez plus bas
Canna.

CANNA. Ce mot change peu ou point dans la plupart des langues anciennes et modernes. Il vient du celtique *can* ou *cana*, roseau, nommé ainsi de *cana*, lac, lieu aquatique, dans la même langue. De là *canal*, *canot*, *canneberge*, *canelle*, etc. qui tous désignent des choses qui ont rapport à l'eau.

On lit dans Ossian : *Sa gorge est plus blanche que le duvet de la cana*, sorte de roseau dont on parlera au genre Eriophorum.

La Botanique moderne ayant désigné par des noms particuliers toutes les espèces de roseaux, l'ancien nom *canna* a été donné à un genre de plantes qui en ont le port et le feuillage.

Le nom vulgaire *balisier* vient de l'espagnol *balija*, enveloppe, à cause de l'usage économique que l'on en fait dans l'Amérique méridionale.

Ses larges feuilles y servent d'enveloppe à une multitude d'objets de commerce.

CANNABIS. Selon Bullet, du celtique *can*, roseau ; *ab*, petit, petit roseau. Sa tige est droite et légère comme une petite canne. On la nommoit même *canapus*, selon Fuchs, chap. 148. Voy. le genre *Canna.*

De *cannabis*, les François ont fait *canevas*, *chenevis* et *chanvre.*

Il est bon de remarquer, toutefois, que les Arabes qui connoissent cette plante de temps immémorial, l'appellent en leur langue *qaneb*. Golius, pag. 1969.

CANJERA. Abrégé de son nom en malabar *tsierou-cansjeram.* Rheed. 7, tome 2.

CANTHARELLUS. Dérivé de *κανθαρος*, vase, coupe. Son chapiteau ressemble très-bien à un petit vase. Voy. *Agaricus.*

CANTHIUM. Dérivé de *canti*, l'un des noms de cet arbuste en malabare. Rheed., 5, t. 37. Ce genre rentre dans les *Gardenia* de Linné fils.

CANTUA. De *cantu*, nom que les naturels du Pérou donnent à cet arbuste. *Annales du musée, fasc.* 14.

CAPNIA. De καπνος, fumée. Lichen, dont la couleur est enfumée. VENTENAT, *Regn. végét.* 2, 56.

CAPPARIS. De son nom arabe *kabar.* FORSKAHL, pag. 67, dont les Grecs ont fait καππαρις; les latins, *capparis*; les françois, *capre*, etc.

C. HORRIDA. Horrible, expression très-hyperbolique appliquée à cet arbuste pour exprimer l'effet de ses épines.

C. BADUCCA. Son nom en malabar. RHEED. 6, pag. 105.

C. CYNOPHALLOPHORA (κυων, κυνος, chien; φαλλος, pénis; φρω, je porte; qui porte un pénis de chien). Son fruit est une espèce de gousse longue de six pouces, grosse comme le doigt, et la chair en est d'un rouge vif, ce qui l'a fait comparer à un membre de chien.

C. BREYNIA. Jacques Breyn, botaniste allemand, né en 1637, mort en 1697. Il a donné des *Centuries de plantes rares*, des *Essais sur les plantes rares*, un grand nombre de mémoires académiques, etc.

C. SEPIARIA. Des hayes; c'est-à-dire qui sert à faire des clôtures, aux Indes.

CAPRARIA. Dérivé de *capra*, chèvre. Les chèvres sont très-avides des feuilles du *capraria bifolia*. Les habitans des Iles-sous-le-Vent nomment cet arbuste *cabritta*, dérivé de même de *cabra*, chèvre, en espagnol.

CAPSICUM. Dérivé de καπτω, je mords; futur, καψω. De son goût brûlant, qui semble mordre les lèvres.

Vulgairement *corail-des-jardins*. Son fruit est du plus bel écarlate.

CAPURA. De *capur*, son nom en malais. RUMPHIUS.

CARAIPA. *Caraipé*, nom que donnent les Garipons à cet arbre de la Guyane. AUBLET, pag. 562.

CARDAMINE (καρδια, cœur; δαμαω, je dompte). De sa qualité fortifiante et stomachique.

C. IMPATIENS (impatiente). Nom métaphorique donné à cette plante, parce qu'à l'époque de sa maturité, sa silique s'ouvre comme par un ressort pour peu que l'on y touche, et elle lance ses semences avec élasticité.

CARDIOSPERMUM (καρδια, cœur; σπερμα, graine). De ses

semences arrondies et marquées d'une tache en forme de cœur.

C. CORINDUM. Syncopé de car-indicum, cœur de l'Inde. Même sens, en latin, que le nom générique, en grec.

CARDUUS. Ce mot a pour primitif ard, pointe, en celtique; d'où *ardu*, pointe d'une flèche; arduus, épineux; cardo, pointe, pivot sur lequel roule une porte, d'où cardinal (1); ardillon, écharde, dard, etc. en français. Voy. *Ardisia* et *Aristida*.

Vulgairement chardon, francisé de carduus; en anglois, thistle, de l'anglo-saxon *thystel*.

C. LEUCOGRAPHUS (λευκος, blanc; γραφω, j'écris, je trace). Ses feuilles sont marquées de linéamens blancs qui ressemblent à de l'écriture.

C. POLYANTHEMOS (πολυ, beaucoup; ανθεμον, dérivé d'ανθος, fleur). Dont les fleurs sont agglomérées.

C. PYCNOCEPHALUS (πυκνος, abondant, entassé; κεφαλη, tête). Qui porte des fleurs réunies en tête. Même sens que ci-dessus.

C. CASABONÆ. Isaac Casaubon, génevois, né en 1559, mort en 1614, bibliothécaire de Henri IV. On a de lui de savans commentaires sur Théophraste, Athénée, etc.

C. MARIANUS. De Marie, la mère de Jesus-Christ. On a dit qu'une goutte de son lait, tombée sur cette plante, y fit les marques blanches que l'on voit sur ses feuilles. Les Grecs disoient, de même, qu'une goutte du lait de Junon, fit la voie lactée. L'une de ces images est noble et poétique; l'autre est foible et triviale.

C. ERIOPHORUS (εριον, laine, poil; φερω, je porte). Son calice globuleux ressemble à une pelotte de poils fins, avant l'épanouissement de la fleur.

CAREX. Du latin *carere*, manquer. Les épis supérieurs de ces plantes manquent constamment de graines, parce qu'ils ne sont composés que de fleurs mâles; les anciens qui ne connoissoient pas les parties sexuelles des plantes, ont cru et ont dû croire que ces épis étoient manqués ou avortés.

C. PULICARIS (*pulex*, *pulicis*, puce). Ses semences, au nombre

---

(1) De *cardo* vient cardinal, par allusion à la porte de l'église dont les cardinaux sont regardés comme le *pivot*.

de six ou huit, ressemblent par leur forme et leur couleur à de petites puces pendantes.

Linné fils l'a nommé dans son supplément, pag. 413, *carex psyllophore*, qui signifie, en grec, la même chose que *pulicaris* en latin, ψυλλος, puce; φορω, je porte.

C. LEPORINA (*lepus*, *leporis*, lièvre). Nom métaphorique; tremblant comme un lièvre.

C. VULPINA (*vulpes*, renard). Dont l'épi est touffu comme la queue d'un renard.

C. TRISTACHYA (τρις, trois; σταχυς, épi). A trois épis femelles.

C. REMOTA et DISTANS. Deux noms qui signifient la même chose, et qui expriment l'éloignement qui se trouve entre les épis de ces plantes.

C. LEUCOGLOCHIN (λευκος, blanc; γλοχις, pointe). *Carex*, dont les barbes des épillets sont blanches.

C. LITHOSPERMA (λιθος, pierre; σπερμα, graine). Dont les semences sont globulaires et brillantes comme de petits cailloux. Voy. *Soleria*.

C. TENTACULATA. Ses fruits renflés et munis d'un bec très-allongé, ressemblent à l'organe appelé *tentacule* ou *barbillon*, dans les insectes.

C. TRICHOCARPA (θριξ. τριχος, cheveux; καρπος, fruit). Dont les fruits sont hérissés.

C. AMBLEOCARPA (αμβλοω, j'avorte; καρπος, fruit). Qui produit peu de semences.

C. STENOPHYLLA (στενος, pointu, piquant; φυλλον, feuille). Dont la feuille est ferme et aiguë.

C. CHORDORHIZA (χορδη, intestin, corps mince et allongé; ριζα, racine). Plante dont la racine est filiforme.

C. AMMOPHILA (αμμος, sable; φιλος, ami). Qui croît aux lieux sablonneux.

C. GEBHARDII. Gebhard, naturaliste allemand, mentionné par Schkuhr, f. 192.

C. CLADOSTACHYA (κλαδος, rameau; σταχυς, épi). Dont les rameaux rapprochés ont la forme d'un épi.

C. SCHKUHRII. Espèce constatée par Chrétien Schkuhr, botaniste allemand, auteur d'une *Monographie des Carex*, dont la traduction en françois a paru en 1802, et d'un *Enchiridion*, publié en 1805.

C. BRACHYSTACHYA (βραχυς, court; σταχυς, épi). Dont les épis
sont minces et courts.

C. OLIGOCARPA (ολιγος, peu; καρπος, fruit). Dont l'épi ne produit qu'un petit nombre de graines.

C. PSILOSTACHYA (ψιλος, petit; σταχυς, épi). Dont les épis sont
très-petits.

C. DRYMEIA (δριμυς, piquant). Les capsules sont en forme de
hre et piquantes.

CARICA. Originaire de la Carie, selon Linné, *Philos. bot.* Ce
nom peut être appliqué avec justesse, comme nom spécifique, au *ficus carica*; mais on l'a donné trop légèrement
à des plantes qui n'ont jamais appartenu à la Carie. C'est ce
qui a déterminé A. L. de Jussieu à lui restituer, comme
nom de genre, celui de *papaia*, adopté par Plumier et Tournefort, et changé sans nécessité. Voy. *Ficus carica*.

C. PAPAIA. Abrégé de *papaia-maram*, son nom en malabar.
RHEED. *Mal.* 1, pag. 33.

C. POSOPOSA. *Posoposo*, nom de cet arbre aux îles Philippines.
PLUKER, *Gaz.* 68, 43. Feuillée l'a trouvé sous le même nom
dans un jardin de Lima.

CARISSA.

C. CARANDAS. Nom de cet arbre aux îles Molluques. RUMPH,
Supp. 74.

C. SPINARUM (des épines). Ses rameaux sont armés de deux épines opposées, recourbées l'une en dessus, et l'autre en dessous. Elles sont grandes, fortes, et l'on en fait des hameçons,
en l'île de Java. THUNBERG, *Voyage*.

CARLINA. Selon les uns, de Charlemagne, dont l'armée fut
guérie de la peste par le secours de cette plante. OLIVIER
DE SERRES, liv. 6. Selon Linné, de l'empereur Charles-Quint.
On prétend que son armée frappée de la peste en Barbarie,
en éprouva du soulagement.

On remarquera que ce nom *Charles* vient du celtique
carl, qui signifie *mâle* au propre, et *vaillant* au figuré (1).

---

(1) Les noms propres parmi les Celtes, ou les peuples d'origine celtique, sont tous significatifs. Ceux en *olph*, si communs dans le nord, viennent
de l'anglo-saxon *ulph*, secours; tels que *Adolph*, *Ead ulph*, heureux
secours; Arnolph, *Arn ulph*, secours de l'honneur; *Ludolph Leod* ou

CARLUDOVICA. Charles IV, roi d'Espagne et la reine Louise son épouse, protecteurs de la botanique. *Flora du Pérou*, pag. 136.

CARMONA. Bruno Salvator Carmona, dessinateur espagnol, compagnon de Loeffling à son voyage en Amérique. CAVANILLES, tom. 6, pag. 21.

CAROLINEA. En l'honneur de la princesse Sophie-Caroline de Bade, dont le nom et le savoir seront toujours chers aux botanistes, dit Linné fils. *Supp.* 51.

C. PRINCEPS. Par allusion à la beauté de la fleur et au rang de sa patrone. C'est dans ce genre que rentre le *pachira* d'Aublet. Voy. *Pachira.*

CAROXYLUM. Thunberg qui institua ce genre, ne donne pas la signification de son nom. Il paroît qu'il vient de ξυλον, bois; et caro, nom que les Hollandois donnent à de vastes plaines brûlées que l'on rencontre au cap de Bonne-Espérance. *Cet arbuste, dit-il, croît dans tout le Caro.*

Ce nom est d'autant moins précis qu'il présente un autre sens en grec : καρος, sommeil, assoupissement; ξυλον, bois. Bois qui provoque le sommeil.

CARPESIUM (καρπησιον, brin de paille, dérivé de καρφος, paille). Les écailles extérieures de son calice imbriqué sont lon-

---

Lud ulph, secours du peuple; Rardulph, *beorth ulph*, brillant secours; Ulric, *Ulph ric*, riche secours; Alphonse, nom espagnol d'origine vandale, *Ulph ons*, notre secours, etc.

Tous ceux qui se terminent en *bert*, et qui sont si fréquens en France et en Allemagne, viennent de l'anglo-saxon *beorth*, brillant.

La terminaison en *ric* signifie *riche*; Frédéric, *Frid rich*, riche en foi; Roderic ou Roderigue *raed-rich*, riche en savoir; Henri, anciennement *Henric*, *Ehr-rich*, riche en honneur, etc.

Artur, si célèbre dans les romans de chevalerie, signifie en celtique un *marteau*, c'est-à-dire le marteau des ennemis, par allusion aux rudes coups qu'il leur portoit. Notre Charles-Martel reçut ce surnom de *Martel*, par la même raison. En l'an 732, il extermina les Sarrasins, qui d'Espagne s'étoient avancés jusqu'en Tourraine, et depuis il fut regardé comme le *marteau* qui les avoit écrasés.

Dans l'orient, où les mœurs sont immuables, il est très-ordinaire qu'un grand homme ne soit désigné que par un sobriquet. Dans le principe de leur civilisation, il en étoit de même des Grecs (voy. *Lysimachis*) et des Latins (*Voy.* PISON).

gues, écartées, et d'une consistance sèche et aride, comme
celle de la paille.

CARPHALEA (καρφαλεος, sec, aride comme la paille, appelé
καρφος en grec). Cet arbuste semble desséché. Jussieu, p. 198,
d'après Commerson.

CARPINUS (car, bois ; pin, tête, en langue celtique). C'est-
à-dire bois propre à faire des jougs pour les bœufs. Chez
un peuple pasteur, comme les Celtes, tout ce qui avoit
rapport aux bestiaux, étoit particulièrement désigné. Il est
très-remarquable que le nom grec de cet arbre exprime la
même chose : ζυγια, dérivé de ζυγος, joug, bois de joug.
Le nom anglois exprime précisément le même usage : horn-
beam-tree, arbre à trait pour les cornes. Toujours dans le
même sens que bois de joug (1). Le bois de cet arbre est
blanc, et d'un grain fin et serré qui le rend très-propre à
faire les diverses sculptures dont les conducteurs de bœufs
se plaisent, en tout pays, à orner leur joug.

Vulgairement charme, francisé de carpinus.

C. ostrya. Dérivé de οστρυς, écaille. Ses fruits sont formés de
capsules aggrégées et aplaties qui ressemblent à de petites
écailles.

CARPODETUS (καρπος, fruit ; δετος, lié ; de δεω, je lie). Sa baie
est ceinte en son milieu d'un anneau qui semble la lier.
Forster, gen. pag. 33.

CARPODONTOS (καρπος, fruit ; οδους, οδοντος, dent). De ses
capsules dont les valves sont marquées de deux dents à leur
extrémité supérieure. Labillardière, 2, 16.

CARTHAMUS. De son nom arabe qortom (qorthom). Forskaul.
Ce mot exprime l'action de teindre. Voy. Bochart, *Hierozoïcon*, 1, pag. 111. On en tire une belle couleur ponceau.
Tournefort, *Instit. rei. herb.* et Linné, d'après lui, ont
fait venir ce nom du grec καταρω, purger, à cause de la
qualité purgative attribuée à sa semence ; mais on ne doit
pas croire que les Arabes aient été chercher en Grèce, le
nom d'une plante naturelle à leur pays. Voy. *Jasminum.*

---

(1) Des rapprochemens aussi singuliers sont une preuve de plus de
l'identité primitive des anciens peuples de l'Europe (*Voy.* Pelloutier,
Pezron, Le Brigant, etc.).

Cette plante appelée improprement *saffran*, est aussi nommée *graine de perroquet*, parce que sa semence leur fournit un bon aliment, tandis qu'elle purge l'homme.

Quant au nom de *saffran*, voy. *Crocus*.

CARUM. Originaire de la Carie, selon Pline, liv. 19, chap. 8, C. carvi. Altéré du nom générique *carum*.

CARYOCAR. Dérivé de καρυον, noix. Cet arbre porte un gros fruit dans lequel sont quatre amandes d'un goût agréable et approchant de celui de la noix commune.

CARYOPHYLLUS. Selon Linné, *Philos. bot.*, ce nom vient du grec καρυον, noix, φυλλον, feuille. Æginet dit aussi, liv. 7, *caryophyllus* signifie *feuille de noyer*, cependant *il en diffère totalement*. Paul Æginet a raison, il n'y a nul rapport entre le giroflier et la feuille du noyer, et c'est une erreur de chercher dans la langue des grecs l'origine du nom des choses qui leur ont été transmises par les orientaux. Les Arabes, qui connoissent de toute antiquité le girofle et les autres épiceries, le nomment en leur langue *qarunfel*. Golius, pag. 1898. Ils le communiquèrent aux Grecs, qui en ont altéré le nom en lui donnant une désinence de leur langue (1) et de *qarunfel* ils ont fait *caryophyllon*. On remarquera toute fois que Pline est le premier des anciens auteurs qui parle de cette production de l'Orient, liv. 12, chap. 7.

CARYOTA. Les Grecs appeloient de ce nom, une sorte de datte cultivée. *On en fait*, dit Pline; liv. 13, chap. 4, *un vin qui porte à la tête, et c'est de là qu'elle tire son nom :* καρα, tête.

Les modernes ont appliqué ce nom à un palmier dont le fruit est d'une âcreté brûlante. Il est appelé au Malabar *schunda-panna*. Rheed, *Mal.* 1, pag. 15.

CASEARIA. J. Casearius, a coopéré à la rédaction du *Jardin de Malabar* de Rheed. Schreber, n.° 756, d'après Jacquin, *Amér.* 132.

CASSIA. Selon Olaus Celsius, *Hierobot.* vol. 2, pag. 361. Ce

---

(1) Les Grecs regardoient comme des barbares tous les peuples qui ne parloient pas la langue grecque, et ils n'hésitoient pas à dénaturer tous les noms que leur avoient transmis leurs voisins, pour les identifier à leur propre langage.

nom vient de l'hébreu *ketcioth*, rendu par ϰασίαν, dans la traduction des Septante, d'où *cassia* en latin. Voy. sa dissertation sur cet arbre; voy. aussi Dodonée, *Pempt.* 6, liv. 2, chap. 3o.

C. ABSUS. Nom sous lequel Prosper Alpini, pag. 97, désigne cette plante d'Egypte. *Absus*, étant le nom d'un fleuve de Palestine, il se peut qu'on l'ait donné à une plante observée pour la première fois sur ses bords.

C. BACILLARIS. Dérivé de *bacillus*, baguette. De sa gousse longue et mince comme une petite baguette.

C. TAGERA. Nom de cette plante au Malabar d'où elle est originaire. RHEED. *Mal.* 2, pag. 1o3.

C. SOPHERA. Nom égyptien. Voy. le genre *Sophora*.

C. ATOMARIA (*atomus*, petit corps, corpuscule). Ses rameaux et ses pétioles sont parsemés d'atomes ferrugineux.

Le mot *atomus*, dont nous avons fait *atome*, vient du grec α privatif, τέμνω; je coupe, je partage; c'est-à-dire, corps si menu, qu'il ne sauroit être divisé.

C. SENNA. De son nom arabe *sænna* et *sænna mecki* (sené mekky). FORSKAHL., pag. 66; c'est-à-dire *séné de la Mecke*.

Le nom de *follicule*, sous lequel la *gousse du séné* est connue dans les boutiques, vient du latin *folliculus*, diminutif de *follis*, sac, bourse, petite enveloppe. Sa gousse a la forme d'un petit sac.

C. NICTITANS (*nictare*, clignotter; *nictitans*, clignottant). Nom donné à cette plante, parce que les quatre pétales supérieurs de sa corolle sont très-courts et fermés, tandis que l'inférieur est très-grand et ouvert; ce qui a fait comparer la totalité de la fleur à un œil clignottant.

Le mot *nictare* vient de νύξ, νυκτος, nuit, parce que les gens qui *clignottent* voient mieux pendant la nuit que pendant le jour.

CASSINE. Nom américain. Elle est appelée au Pérou *maté*. Voy. sur cette plante et l'usage qu'on en fait en Amérique, Frezier, *Voyage de la Mer du Sud.*

C. PERAGUA. Originaire du Paraguay. On la nomme même vulgairement *herbe* ou *thé du Paraguay*.

C. MAUROCENIA. J. F. Mauroceni, sénateur vénitien, promoteur de la botanique.

CASSIPOUREA. Nom sous lequel Aublet, pag. 529, désigne cet arbre de la Guyane.

CASSUPA. Appelé *cassupa* par les naturels des bords de Rio-Negro, dans l'Amérique méridionale. HUMBOLDT et BONPLAND, *faso*. 3.

CASSUVIUM. Nom employé par Rumph. *Herb. d'Amboine*, liv. 1, chap. 59, et maintenu par Lamarck, pour désigner un arbre réuni par Linné au genre *Anacardium*. Celui-ci est vulgairement connu sous le nom de *pomme d'acajou*, à cause de son péduncule gros et charnu que l'on mange comme une pomme, tandis que dans l'*anacardium*, c'est la noix même que l'on mange.

CASSYTHA. Nom grec de la *cuscute*. Cette plante des Indes en est l'analogue par ses branches entrelacées, et ses tiges sans feuilles et filiformes. Elle est appelée au Malabar *acatsia-valli*, RHEED. *Mal.* 7, pag. 83, et *rombut* aux îles Moluques, RUMPH. 5, t. 184. Voy. *Cuscuta* pour l'origine de *cassytha*.

CASTELA. Genre dédié par M. Turpin, voyageur aussi éclairé qu'artiste habile, à M. Castel, auteur du poëme sur les plantes. *Annales du Musée d'hist. nat.* tom. 7, pag. 78.

CASTELIA. Jean Castel, dessinateur, compagnon de Loëffling, à son voyage en Amérique. CAVANILLES, tom. 6, pag. 60.

CASTIGLIONA. En l'honneur du comte de Castiglionio, botaniste espagnol, cultivateur. *Flore du Pérou*, pag. 128.

CASTILLEJA. Castillejo, botaniste espagnol, mentionné d'après Mutis, par Linné, *Supp.* pag. 47.

CASUARINA. Nom sous lequel cet arbre est décrit par RUMPH, 4—5. Comme son feuillage est tout-à-fait semblable au plumage du *casoar*, oiseau des mêmes contrées, il est à croire que *casuarina* en est le dérivé. C'est le *filao* des madecasses et le *bois de massue* des insulaires de la mer du Sud, nommé ainsi à cause de l'usage qu'ils en font pour la fabrication de leurs instrumens de guerre.

CATANANCE (*κατα*, préposition grecque qui exprime, en ce sens, l'achèvement, la consommation ; *αναγκη*, nécessité). C'est-à-dire plante qui met dans la nécessité d'aimer. VAILLANT, *Mém. acad. des sciences*, an. 1721.

Dioscorides désigne, sous le nom de *catanance*, une plante

dont les femmes de Thessalie (1) faisoient un grand usage pour se faire aimer. Nous l'avons appliqué à une plante qui n'offre que peu de rapports avec la *catanance* des Grecs, et qui n'a certainement aucune qualité aphrodisiaque. Voyez Dioscorides, liv. 4, chap. 129.

Vulgairement *cupidone*, dans le même sens que le nom grec, c'est-à-dire *herbe d'amour*.

CATESBÆA. Marc Catesby, naturaliste anglois, dont on a eu, en 1731, l'*Histoire naturelle de la Caroline*; la seconde partie n'a paru qu'en 1743. C'est lui qui découvrit le premier l'arbuste qui porte son nom, près de Nassaw-Town, en l'île de la Providence.

CATHA Dérivé de son nom arabe *qat* (qât). Fonskahl, pag. 64.

CATHETUS (καθετος, perpendiculaire). Dont l'anthère forme un angle droit avec le filet. Loureiro pag. 745.

CATIMBIUM. Nom sous lequel Jussieu, p. 62, d'après Rumph, décrit cet arbre. Ce genre rentre dans le *renealmia* de Linné fils. Voy. *Renealmia*.

CATINGA. Abrégé de *iva-catinga*, nom que donnent à cet arbre les Garipons, peuple de la Guyane. Aublet, pag. 512.

CATONIA. En mémoire de Marcus Porcius Cato, né deux cent trente-quatre ans avant Jésus-Christ, mort en 148. Il reste de lui un ouvrage très-curieux sur l'agriculture des anciens, intitulé *De la chose rustique*. Brown, *Jam.* pag. 148.

CATURUS (καττα, l'un des noms du chat en grec; ουρα, queue). Cet arbuste porte ses fleurs disposées en un long épi pendant, que l'on a justement comparé à une queue de chat.

CAUCALIS. Selon Linné, *Philos. bot.*, ce nom vient de καω, je traine; καυλος, tige : plante à tige traînante. Plusieurs plantes de ce genre sont très-basses, et la description que

---

(1) La Thessalie passoit parmi les Grecs pour le pays des sorciers, des enchanteurs, etc. (voy. Pline, liv. 30, chap. 1; voy. aussi Apulée, Lucius). Elle étoit célèbre aussi par les habiles médecins auxquels elle avoit donné naissance. Comme ce pays est très-fertile, et qu'il produit une multitude de plantes bonnes et mauvaises, c'est une suite naturelle que ses habitans soient devenus habiles à les employer, soit en bien, et voilà les médecins! soit en mal, et voilà les sorciers!

donne Pline du *caucalis*, liv. 22, chap. 22, convient assez bien à notre *caucalis grandi-flora*.

CAUCANTHUS. Dérivé de *cauca* (qoùq'a), son nom en arabe. FORSKAHL, pag. 64.

CAULOPHYLLUM (καυλος, tige; φυλλον, feuille). Ses feuilles se terminent par le pétiole, de sorte que la feuille entière semble être une continuation de la tige. MICHAUX, *Flor. bor. Am.* 1 — 284.

CAVANILLEA. Antoine-Joseph Cavanilles, botaniste espagnol.

On a eu de lui, de 1791 à 1794, l'*Histoire des plantes qui sont en Espagne*; *Des figures et description des plant.* 1791; *Des dissertations*, etc. *Flore du Pérou*, p. 97, Madrid.

CEANOTHUS (κεανωθος, nom employé par Théophraste pour désigner une plante épineuse qui n'est pas constatée par les modernes; il est dérivé de κεω, je pique). On ne l'a appliqué à ce genre que pour employer un nom ancien.

CECALYPHEUM. De κικαλυφα, dérivé de καλυπτω, je couvre. Mousse dont la semence est enveloppée. PALISOT BEAUVOIS, *Æthéogamie*, 18.

CECROPIA. De κεκραγω, je crie, j'appelle. Nom donné à cet arbre, parce que le tronc et les branches en sont creux par intervalles, ce qui l'a fait nommer vulgairement *bois trompette*, dans le même sens que le nom grec. C'est le même arbre appelé *ambaïba* et *urakusiba* par les Brasiliens (MARGRAVE, 71), et *yaruma* par Oviedo.

CELASTRUS. Dérivé de κηλες, l'arrière saison. Les anciens désignoient le houx, le geniévrier et le *celastros*, comme les arbres dont le fruit murit le plus tard. On ne connoît pas précisément le *celastros* des Grecs; on soupçonne seulement que c'est notre *evonymus*, et l'on en a appliqué le nom à un genre qui y tient de très-près.

Le *celastrus scandens* est vulgairement nommé *bourreau des arbres*, parce qu'il les entortille et les serre au point de les faire périr en peu de temps.

CELOSIA. Dérivé de κηλεος, brûlé; de καιω, je brûle. Ses fleurs scarieuses semblent desséchées.

Vulgairement *amaranthe*. Voy. le genre *Amaranthus*.

Boëhmer, d'après H. Ambrosinus, attribue à ce nom une origine latine qui lui est tout-à-fait étrangère.

CELSIA. Olaus Celsius, naturaliste suédois, surnommé le *Pline du nord*, professeur de langues orientales en l'université d'Upsal.

On a eu de lui, en 1745, un ouvrage très-savant sur les plantes de l'Ecriture sainte; il est intitulé : *Hierobotanicon*, *upos*, sacré; *Coran*, plante.

Un autre Suédois du même nom, Magnus Nicolaus Celsius, a donné quelques opuscule de botanique; il mourut en 1679, à 58 ans.

L'antiquité a produit un illustre médecin du même nom, *Aurelius Cornelius Celsius*; il vivoit sous les premiers Empereurs. Il a écrit sur la médecine et sur l'agriculture. La pureté de son style l'a fait nommer le *Cicéron de la médecine*.

C. ARCTURUS (*aqxtos*, ours; *ovqa*, queue). De sa fleur disposée en une grappe allongée que l'on a comparée à la queue de l'ours. Cette comparaison n'est pas juste, car la queue de l'ours est très-courte.

Les astronomes donnent avec plus de raison le nom d'*arcturus* à une étoile fixe de première grandeur, qui est située justement dans la direction de la *queue de la grande ourse*.

CELTIS. L'un des noms que donnoient les anciens au célèbre *lotus*, selon Pline, liv. 13, chap. 17. Tournefort s'en est servi le premier, pour désigner un arbre qui a quelques légers rapports avec le *celtis* de Pline, et dont le fruit assez doux pour être mangé, le rapproche du *lotos*.

C. LIMA (lime). Ses feuilles sont garnies de petits tubercules qui leur donnent la rudesse d'une *lime*.

CENCHRUS (*xiyxios*, nom grec du millet). Cette plante graminée y ressemble par son panicule resserré en épi.

Il a existé plusieurs villes appelées *Cenchrée* en Italie, dans la Troade, le Péloponèse, etc. et il se peut que *cenchrus* ne soit qu'un nom de lieu.

CENIA. Dérivé de *xtvos*, vuide. De son calice renflé. JUSSIEU, d'après Commerson, page 183.

Ce genre rentre dans les *cotula* de Linné.

CENTAUREA. Nom poétique donné à cette plante parce que le centaure Chiron s'en servit pour se guérir d'une blessure qu'il s'étoit faite au pied avec une flèche d'Hercule. Voy. Pline, liv. 25, chap. 6.

Il n'est pas hors de propos de donner ici l'explication de
ce mot *centaure*. Les poëtes ont feint que c'étoit un être
moitié homme et moitié cheval. C'étoient simplement des
bouviers à cheval qui gardoient des troupeaux de bœufs dans
les belles prairies de la Thessalie (1) et qui *les* conduisoient
en les piquant devant eux; c'est ce qu'exprime leur nom en
grec, *κιω*, je pique; *ταυρος*, taureau, bœuf. Aujourd'hui même,
dans la Camargue, les gardiens de bœufs sont toujours à cheval, et ils sont armés d'un aiguillon à trois pointes.

C. CRUPINA. Latinisé de *kruipen*, mot belge qui signifie *ramper*.
On l'a appliqué à cette plante parce que sa semence est garnie d'une aigrette noire semblable à des pates d'insecte; au
moindre mouvement qu'on lui communique, on la prendroit
pour une arraignée qui court.

C. PHRYGIA (*Φρυγιος*, sec, aride). De son calice scarieux et
comme desséché.

C. CYANUS (*κυανος*, bleue). Tout le monde connoît sa superbe
fleur bleue qui fait le plus bel ornement des guérets; de là
son nom vulgaire *bleuet*. On l'appelle souvent *aubifoin*, de
album-fœnum, foin blanc; sa tige est blanchâtre.

C. JACEA. Selon Vaillant, qui a établi les caractères de cette
plante; elle tire son nom de *jacere*, être couché, parce que
plusieurs espèces de cette série sont rampantes. Voy. les *Mém.
acad. des sciences*, année 1718.

C. BENEDICTA (bénite). Par allusion à ses salutaires effets en
médecine; cette plante est fortifiante, fébrifuge, anthelmintique, etc.

C. CALCITRAPPA (*calx, calcis*, talon, pied; *trappa*, latinisé de
trapp, piége, en celtique. Voy. *Trapa*. Le calice épineux de
cette plante ressemble parfaitement à une *chausse-trappe*,

---

(1) En tout pays les pasteurs, par leur vie oisive et spéculative, ont
eu, les premiers, la connoissance des plantes et de la médecine. A force
d'en voir les bons ou mauvais effets sur leurs bestiaux, ils ont fini par
s'appliquer leurs observations.

Toujours en plein air, ils ont eu de même les premières notions de
l'astronomie; et par une suite naturelle de leur état habituel, ils se sont
efforcés de retrouver dans les constellations la figure de leurs taureaux,
béliers, etc., de là sont venus dans le zodiaque les noms d'animaux que
l'on y remarque, et dont lui-même tire le sien; *ζοδιον*, animal.

machine de guerre à plusieurs pointes qui servoit à arrêter
la marche de la cavalerie.

C. ERIOPHORA. Voy. *Carduus eriophorus*, pour la signification
de ce mot.

C. SOLSTITIALIS. Qui fleurit vers le solstice ou plutôt vers le
milieu de l'été.

Cette dénomination est très-vague, et l'on ne sauroit attribuer à un jour fixe la floraison d'aucune plante.

C. CROCODILIUM (crocodile). Nom donné à cette plante par
allusion aux épines de son calice, comparées aux ongles du
crocodile. VAILLANT, *Mémoire de l'acad. des scienc.* 1718.

C. COLLINA (*collino*, j'enduis, je frotte, j'oins). Il sort de ses
têtes une espèce de gomme jaunâtre et visqueuse.

C. VERUTUM (*verutum*, javelot de quatre pied de long, dont
se servoient les soldats romains (1)). Les épines du calice de
cette fleur, sont garnies à leur base de deux plus petites en
forme de dents, ce qui leur donne l'aspect d'un dard.

C. SALMANTICA (de Salamanque). Elle croît dans toute l'Europe
méridionale.

C. GALACTITES. Dérivé de γαλα, lait. Ses feuilles sont marquées
à leur surface inférieure de veines blanches et laiteuses.

CENTAURELLA. Analogue par le port à la petite-centaurée,
gentiana-centaurium. MICHAUX, *Flor. bor. Amer.* 1—97.

CENTIPEDA (*centum*, cent; *pes, pedis*, pied) : qui a cent pieds).
Non indéterminé donné à cette plante par Loureiro, p. 602,
pour exprimer la multitude de rameaux dont elle couvre la
terre.

Ce genre rentre dans les *grangea*.

CENTROLEPIS (κεντρον, centre; λεπις, écaille). Des écailles
ou balles qu'on voit au centre de la fleur. LABILLARDIÈRE, 7.

CENTUNCULUS. *Les Italiens*, dit Pline, liv. 24, chap. 15,
donnent ce nom à une plante qui traine dans les guérèts. Il
est dérivé de *cento*, tout ce qui couvre, qui tapisse, en latin.

---

(1) *Verutum* a pour radical *ver*, lance, en celtique. C'est de là que
vient le nom françois de *Vermandois*; *ver*, lance; *mend*, longue; de l'u-
sage qu'avoit ce peuple de combattre avec de longues lances; *picard* ou
piquard, exprime l'habitant du même pays, et il a la même signification,
c'est-à-dire qui combat avec la *pique*.

Les Italiens modernes en ont formé le nom du mouron, *alsine*, en leur langue : *centonchio*, *centone*.

Dillen, *Giss.* 161, gen. 111, l'a appliqué à une petite plante qui ressemble tellement aux mourons, que Vaillant l'a réunie aux *anagallis*, et Mentzel aux *alsine*.

CEODES (κηωδης, odorant, parfumé). De l'agréable odeur qu'exhalent ses fleurs. Forster.

CEPHAELIS. Dérivé de κεφαλη, tête. Fleurs réunies en tête. Swarz, 15.

CEPHALANTHUS (κεφαλη, tête; ανθος, fleur). Fleurs réunies en tête ou en boule.

CEPHALOPHORA (κεφαλη, tête; φερω, je porte). Dont les fleurs sont réunies en pelotte ou tête. Cavarilles, tom. 6, p. 79.

CERAIA (κεραια, synonyme de κερας, corne). De sa corolle en alêne et recourbée comme une corne. Louareino, p. 632.

CERAMIUM. Dérivé de κερας, corne. De sa frondescence fourchue. Roth, *Catal. Bot.*

CERANTHUS. Voy. *Mayepa*. Schreber, gen. 27, l'a nommée ainsi à cause de la découpure de sa fleur, terminée en corne (κερας, corne; ανθος, fleur).

CERASTIUM. Dérivé de κερας, κερατος, corne. Plusieurs espèces de ce genre portent leurs semences dans une capsule allongée, dont la forme imite exactement celle d'une corne de bœuf en très-petit.

Ces plantes avoient été nommées par Tournefort, *myosotis*, et elles en ont conservé le nom vulgaire, en françois comme en anglois, *oreille-de-souris*, *mouse-ear*, qui exprime dans chacune de ces langues la même chose que *myosotis* en grec. La plupart portent des feuilles ovales et velues qui justifient cette comparaison. Voy. *Myosotis*.

C. semi-decandrum (sémi-décandrique). C'est-à-dire qui n'a que cinq étamines au lieu de dix que devroient avoir toutes les plantes de la classe dans laquelle Linné les a rangées.

C. pentandrum. A cinq étamines, même sens que ci-dessus.

CERASUS. Originaire du territoire de Cérasonte, en Asie mineure, d'où Lucullus l'apporta environ 64 ans avant l'ère vulgaire. De ce mot les Latins ont fait *cerasus*; les François, *cerise*; les Anglois, *cherry*; les Allemands, *kirsch*, etc.

Une espèce de ce genre est appelée *guigne*, de *kign*, nom de la cerise sauvage en langue celtique. Il s'est conservé parmi nous, et il a été donné exclusivement à la cerise noire, qui n'est que la cerise sauvage perfectionnée par la culture, et qui par conséquent appartenoit à l'Europe avant que Lucullus y eut introduit la cerise proprement dite.

Bigarreau, de la couleur *bigarrée* de son fruit. On sait qu'il est rouge d'un côté et blanc de l'autre. Les Anglois le nomment *heart-cherry*, cerise en cœur; il en a la forme.

Merise, nom vulgaire d'une sorte de petite cerise à longue queue. Elle est un peu amère, et c'est de cette qualité qu'elle tire son nom, selon Olivier de Serres, liv. 6; *merise* syncopé de *amère-cerise*.

Griotte. Nom que l'on donne ordinairement à la petite cerise aigre, il est tronqué d'*agriotte*, dérivé d'*aigre*. Voy. Olivier de Serres, liv. 6. Les Latins appeloient de même *apronienne*, une espèce de cerise plus âpre que les autres. Quant à la cerise proprement dite, la culture s'en étendit avec tant de rapidité, qu'au rapport de Pline, liv. 15, chap. 25, en cent vingt ans, elle passa de l'Asie mineure, jusques dans la Grande-Bretagne.

CERATOCARPUS (κερας, κερατος, corne; καρπος, fruit). De ses semences à deux cornes.

CERATONIA. Dérivé de κερας, κερατος, corne. Sa longue silique en a la forme.

Vulgairement *carouge*, de l'arabe *karrub* (kharroûb). Foaskahl, pag. 77.

CERATOPETALUM (κερας, κερατος, corne). Dont les pétales sont refendus en forme de corne. Smith, *New. Holland*.

CERATOPHYLLUM (κερας, κερατος, corne; φυλλον, feuille). Ses feuilles à ramifications fourchues imitent très-bien de petites cornes.

Ce genre fut d'abord institué par Vaillant, sous le nom de *hydro-ceratophyllum*. Feuille cornue qui croît dans l'eau. Linné le réduisit en *ceratophyllum*, suivant en cela le principe que lui-même établit dans sa *Philosophie botanique*. *Les noms trop longs fatiguent l'oreille de celui qui les écoute; et l'organe de celui qui les prononce.*

CERATOSANTHES (κερας, κερατος, corne; ανθος, fleur). Les

découpures intérieures du calice de cette fleur, sont fourchues à leur sommet; ce qui leur donne l'aspect de deux
cornes.

CERATOSTEMA (κερας, κερατος, corne; στεμμα, couronne).
Ses anthères longues, droites et fourchues, semblent présenter une couronne de petites cornes.

CERBERA. Nom poétique. La morsure de Cerbère, gardien
des enfers, étoit empoisonnée; ce genre porte des fruits
mortels (1).

C. AHOUAI. Nom de cet arbre parmi les naturels du Brésil.
PISON, *Bras.* 49.

C. THEVETIA. André Thevet, moine françois, voyageur au
Brésil, né en 1502, mort en 1590. On a de lui : *Les singularités de la France antarctique*, nom sous lequel il désigne
la Guyane françoise. Dans cet ouvrage il donne des détails
sur l'arbre auquel on a donné son nom.

C. MANGHAS. Nom de cet arbre aux Indes et en l'île de Ceylan.
BURMANN, *Zeyl.* 150, tom. 70.

CERCIS (κερκις, navette de tisserand; de κερκος, queue, tout
corps allongé). Cet arbre produit une gousse qui ressemble
assez bien à une navette, et mieux encore à une gaine;
c'est de là qu'il est appelé en françois *gainier*. On a soup-
çonné que cet arbre est le *cercis* dont parle Théophraste,
liv. 1, chap. 18. Voy. Clusius, 1—9, sur cette opinion.

On le nomme aussi *arbre-de-Judée*. Ce nom est impropre,
il n'est point particulier au Levant; on le trouve aussi en
Espagne, Italie, Grèce, etc. Les Anglois le nomment même
ridiculement arbre-de-Judée d'Europe, *European-Judas-tree*.

CERCODEA (κερκος, queue, corps allongé; ειδος, forme, ressemblance). De ses quatre pétales longs et très-étroits.

Ce genre a été placé par Linné fils, dans les *tetragonia*.

---

(1) Le *cerbera ahouaï* est tellement dangereux, que la fumée qui s'en
exhale est mortelle aux hommes et aux animaux. Les infortunés habitans
de l'île d'Haïti, aujourd'hui Saint-Domingue, maltraités par les Espagnols,
conçurent l'idée de se servir de ce moyen pour détruire des oppresseurs
qu'ils n'osoient combattre. En 1510, ils firent au vent des établissemens
des Européens de vastes fumigations de bois d'ahouaï. Cette ruse d'hommes
foibles n'eut que peu de succès par la promptitude que mirent les Espagnols à quitter leurs habitations, et elle servit de prétexte à la destruction
totale des naturels du pays.

CERDANA. Francisco Cerdano y Rico, naturaliste espagnol, mentionné par les auteurs de la *Flore du Pérou*, pag. 30, auxquels il fut utile.

CERINTHE (κηρος, cire; ανθος, fleur). Fleur de cire, parce qu'elle attire singulièrement les abeilles.

En français *melinet*, c'est-à-dire fleur de miel, à peu près dans le même sens que le nom grec.

CERIUM (κηριον, rayon de miel). De son fruit garni de cellules comparées à celles d'une ruche d'abeilles. LOUREIRO, pag. 168.

CEROPEGIA (κηρος, cire; πηγη, fontaine). Dans le sens littéral, *fontaine de cire*; dans le sens usité, *lustre*, qui exprime la même chose.

Ses rameaux penchés et redressés à leur extrémité, où ils portent une fleur en ombelle, ressemblent très-bien à un lustre.

C. CANDELABRUM (candelabre). Même sens en latin que le nom générique en grec. Cette sorte de pléonasme (1) est malheureusement trop fréquente en Botanique. Quantité de genres en offrent des exemples : *cressa cretica*, *chrysocoma coma aurea*, *liriodendron lilii fera*, etc.

CEROXYLUM (κηρος, cire; ξυλον, bois) Ce palmier produit une substance analogue à la cire. HUMBOLDT, *Plant. equinox.* liv. 1.

CERUANA. De *kœruan*, nom que donnent les Arabes à cette plante. FORSKAHL, pag. 154.

CERVANTESIA Vin. Cervantes, naturaliste espagnol, professeur de botanique au Mexique. *Flore du Pérou*, pag. 32.

CESTRUM (κεστρον). Nom que donnoient les Grecs à la *bétoine*, dont les fleurs, par leur réunion en pelotte, imitent fort bien un maillet appelé en leur langue κεστρον.

Les *cestrum* des modernes portent des fleurs qui par leur réunion en pelottes axillaires, ont quelque ressemblance avec celles de la *bétoine*.

C. PARQUI. De *parxu*, nom que donnent à cet arbre les naturels du Chili. FEUILLÉE, *Peruv.* 2, pag. 32.

---

(1) *Pléonasme*, figure vicieuse par laquelle on répète inutilement au second membre ce que le premier avoit suffisamment exprimé. Ce mot vient de πλεοναζω, je surabonde, et il a pour racine πλεον, plus, davantage.

Parqui semble très-différent de *parxu*; mais les Espagnols donnent à la lettre *x* une prononciation gutturale et toute particulière, que les autres peuples ne peuvent rendre qu'imparfaitement par l'écriture.

C. DIURNUM, VESPERTINUM, NOCTURNUM (de jour, du soir, de nuit). Des différentes heures auxquelles les fleurs de ces plantes sont odorantes. Le *nocturnum* est nommé pour cette raison, *cuba en dama de noche*, dame de nuit.

CHÆROPHYLLUM. Ancien nom grec du *cerfeuil*; l'un et l'autre viennent de χαιρω, je réjouis; φυλλον, feuille; c'està-dire feuille dont l'odeur est agréable. Le cerfeuil étant entré dans la série des *scandix*, l'ancien nom *charophyllum* a servi à désigner un genre qui y tient de très-près.

CHÆTANTHERA (χαιτη, chevelure). Dont l'anthère est garnie d'une houppe chevelue. *Flore du Pérou*, pag. 94.

CHÆTOCRATES (χαιτη, chevelure; κρατηρ, coupe). Dont le nectaire en forme de vase, est garni d'une barbure aigüe. *Flore du Pérou*, pag. 51.

CHÆTOCARPUS (χαιτη, chevelure; καρπος, fruit : fruit velu). Nom donné par Schreber, gen. 179, au *pouteria* d'Aublet.

CHALCAS (χαλκος, cuivre). Le bois de cet arbre est nuancé de veines d'une belle couleur de cuivre.

CHAMÆROPS (χαμαι, nain, qui touche terre; ρωψ, branchage, rameau, petit arbre; qui vient de ρεω, je traine). Le *chamærops humilis* ne s'élève jamais à la hauteur des autres palmiers. Les Grecs le nommoient *chamæriphes* qui signifie la même chose : χαμαι, par terre; ριπω, je rampe.

C. EXCELSA (élevé). Ce nom spécifique est contradictoire avec le nom générique; ils signifient ensemble *arbre nain élevé*.

CHANTRANSIA. Genre nommé ainsi par Decandolle, *Flore française*, 2—49, en l'honneur de Girod Chantrans, de Besançon. Il a travaillé sur les conferves.

CHAPTALIA. Dédié par Ventenat, *Jardin de Cels*, pag. 61, à M. Chaptal, membre de l'Institut, célèbre par ses découvertes dans les arts chimiques.

CHARA. Nom que Linné regarde comme gaulois, et qu'il adopte cependant, dit-il, à cause de la signification qu'il lui trouve en grec, χαρα, plaisir (de l'eau).

Cette plante croît dans les eaux stagnantes.

Dans la célèbre campagne de Dyrrachium, l'armée de César manquant totalement de vivres, ses soldats imaginèrent de faire sécher et réduire en farine une racine qu'il nomme *chara*. On la détrempoit avec du lait, et même on en faisoit du pain. Les Romains avoient appris, dit-il, ce procédé en Sardaigne. *Commentaires de César, Guerre civile, liv. 3.*

Il est impossible, sur une aussi simple indication, de dire quelle étoit cette plante, on peut seulement affirmer qu'elle n'avoit aucun rapport avec le *chara* des modernes. Voy. sur le *chara* de César, le *Mémoire de Robert Sibald*, 1710.

CHEIRANTHUS (*cheiri, kheyry*). Nom arabe d'une plante à fleurs rouges et très-odorantes. GOUAN, 707.

On y a ajouté la désinence *anthos*, pour lui donner une tournure grecque.

Il se trouve que ce mot arabe présente, en grec, un sens dont Linné tire l'étymologie de ce nom, *Phil. bot.*, χειρ, main; ανθος, fleur: fleur manuelle; c'est-à-dire que l'on tient à la main à cause de son agrément.

Vulgairement *giroflée*, c'est-à-dire fleur qui sent le *girofle*. Les Grecs l'appeloient λευκοιον, composé de λευκος, blanc; ιον, violette. Ils en comparoient l'odeur à celle de la violette; ils en connoissoient les variétés. *Il en est de rouges, de blancs, de jaunes*, dit Dioscorides, liv. 3, chap. 121.

C. CALLOSUS (calleux). Ses feuilles sont couvertes de taches calleuses très-remarquables.

C. SALINUS (salin). C'est-à-dire qui croît en Sibérie dans le voisinage des *salines*.

C. TRISTIS (triste). Par allusion à la couleur passée de sa fleur.

C. FARSETIA. De Philippe Farseti, vénitien, amateur de botanique.

C. MARITIMUS (maritime). Croît sur les bords de la Seine. C'est le *petit giroflier de Mahon*, si connu des jardiniers. On l'a placé depuis parmi les *hesperis*.

CHEIROSTEMON (χειρ, main; στημον, étamine). Les fleurs de cet arbre sont remarquables par la singulière forme de ses étamines. Elles sont au nombre de cinq; les filets sont unis à leur base, et ils s'écartent et se recourbent à leur partie supérieure; ce qui leur donne l'apparence d'une main. HUMBOLDT et BONPLAND, *fasc.* 4.

CHELIDONIUM. Dérivé de χελιδών, hirondelle, parce que, selon le rapport de Pline, liv. 25, chap. 8, si l'on crève les yeux des petits de l'hirondelle, elle les guérit avec cette plante. Il dit aussi qu'elle fleurit à l'arrivée des hirondelles, et qu'elle se sèche à leur départ. Il en de même de quantité d'autres plantes, et cette raison n'est pas plus solide que la première.

En françois, *éclaire*, c'est-à-dire bonne pour les yeux, selon la tradition rapportée plus haut : on sent assez quelle en est la valeur.

En anglois, *celandine*, corrompu de *chelidonium*.

Le *chelidonium glaucium*, est vulgairement nommé *pavot cornu*. Sa fleur a la forme de celle du pavot, auquel ce genre tient de très-près, et il lui succède une longue silique recourbée en corne.

CHELONE (χελώνη, tortue). De la lèvre supérieure de sa fleur, voûtée en dos de tortue.

C. PENSTEMON (πεντε, cinq ; στημων, étamine). A cinq étamines.

Outre les deux grandes et les deux petites étamines qui forment le principal caractère de ce genre, on voit dans cette fleur une cinquième filet sans anthère et seulement élargi à son sommet. Aiton en a fait un genre à part.

CHENOPODIUM (χην, χηνος, oie, πους, ποδος, pied, pate). Plusieurs espèces de ce genre portent des feuilles larges et anguleuses qui ressemblent parfaitement à la pate palmée de l'oie. En françois et en anglois de même *pate d'oie*, *goose foot*.

C. BOTRYS (βοτρυς, grappe). De sa fructification rapprochée et terminale.

C. VULVARIA. De l'usage que l'on en a fait dans les maladies des femmes. Miller dit sagement à ce sujet : *on doit peu compter sur ses qualités, l'odeur qui lui est propre, a établi en sa faveur une opinion qui n'est fondée que sur une ressemblance grossière.* C'est de cette ressemblance que Lobel tire l'origine de son nom. Il l'appelle *chenopodium loculos impuros meretricum olens.*

C. QUINUA. Nom de cette plante au Chili, où l'on en fait un grand usage alimentaire. MOLINA, pag. 101.

Cette plante est connue depuis très-long-temps, et Clusius

l'a décrit, liv. 4, chap. 53, sous le nom de *quinua*, ou *blitum peruvianum*.

CHERLERIA. Jean-Henri Cherler a donné, conjointement avec Jean Bauhin, le prodrome de l'histoire générale des plantes, en 1619.

CHIMARRHIS (χειμαρρος, torrent). Qui croît à la Martinique, sur le bord des torrens. JACQUIN, *Amer.* 61. Les créoles le nomment dans le même sens *bois de rivière*.

CHIOCOCCA (χιων, neige; κοκκος, graine, fruit). De ses baies d'un blanc éclatant.

CHIRONIA. De Chiron l'un des premiers inventeurs de la médecine, de la botanique et surtout de la chirurgie. Il étoit fils de Saturne, c'est-à-dire *fils du temps et de l'expérience*. Il naquit en Thessalie parmi les hommes appelés *centaures*. Plusieurs plantes dont il apprit l'usage aux hommes, furent appelées *chironia* ou *centaurea*, en son honneur; et pour exprimer son habileté, les Grecs nommoient *ulcères chironiens* ceux qui par leur tenacité, auroient demandé un médecin aussi habile que Chiron. Son nom vient de χερ, la main, et il exprime son adresse en chirurgie. dont l'étymologie est précisément la même. Voy. *Plante chirurgicale*.

CHLAMYDIUM (χλαμυς, manteau, vêtement). De l'usage économique qu'en font les habitans de la Nouvelle Zéelande. GÆRTNER, tom. 1. pag. 71.

C'est le lin de la Nouvelle Zéelande, appelée *phormium* par Forster. Voy. *Phormium*.

CHLORA (χλωρος ou χλοερος, vert, verdâtre). La fleur du *chlora perfoliata*, est d'un jaune tirant sur le vert.

Chloros, Chloris, nom de femme qui signifie *verdoyante*; *clorio*, oiseau vert en latin; *Laure*, nom de femme qui répond au nom grec *Chloris*, etc. sont tous dérivés de *lawr*, vert, en celtique. Voy. *Laurus*.

C. IMPERFOLIATA (*in* ou *im*, préposition négative en latin). Nom donné à cette espéce, par opposition au *chlora perfoliata*.

Celle-ci porte des feuilles sessiles, et rapprochées au point qu'on les croiroit *perfoliées* quoiqu'elles ne le soient pas. Voy. *Feuille perfoliée*.

CHLORANTHUS (χλωρος, vert; ανθος, fleur). Dont la fleur est verdâtre.

Cette plante est la même que Thunberg appelle *nigrina*.
Voy. Nigrina.

CHLORIS. Dérivé de χλωρος, vert. A fleur verte. Swarz, 25.

CHOMELIA. Pierre-Jean-Baptiste Chomel, botaniste françois, médecin de Louis XV, mort en 1740. On a de lui l'*Histoire des plantes usuelles*, dont son fils Jean-Baptiste-Louis Chomel, aussi médecin, donna un abrégé en 1761. Il mourut en 1765. Jacquin, *Amer.* 18.

CHONDODENDRUM (χονδρος, grain; δενδρον, arbre). De l'extrême quantité de grains dont se couvrent les rameaux de cet arbre. *Flore du Pérou*, pag. 132, Madrid.

CHONDRILLA. Dérivé de χονδρος, grumeau. Dioscorides dit, liv. 2, chap. 126, qu'on trouve sur ses rameaux des grumeaux d'une matière gommeuse (1).

Selon Vaillant, *Mém. de l'acad. des scienc*, an. 1721., le lait de notre *chondrille* se grumèle facilement.

CHORIZEMA. De χωριζω, je sépare. Ses fruits sont divisés en deux parties très-distinctes. Labillardière, 1—405.

CHRYSANTHEMUM (χρυσος, or; ανθεμον, synonyme d'ανθος, fleur). Plusieurs espèces de ce genre portent des fleurs d'une belle couleur dorée.

C. leucanthemum (λευκος, blanc; ανθεμον). De ses grands rayons d'un beau blanc. On sent combien cette désignation est impropre.

En effet, le nom de genre uni à celui de l'espèce, signifie littéralement *fleur dorée à fleur blanche*.

C. myconis. Originaire de l'île de Mycone; l'une des Cyclades.

C. atratum (noir). Les bords seuls du calice de la fleur sont noirs.

CHRYSITRIX (χρυσος, or, θριξ, cheveux). Sa fleur présente un faisceau de poils dorés.

CHRYSOBALANUS (χρυσος, or; βαλανος, gland; gland doré). De son fruit jaune et du volume d'un gros gland, ou plutôt d'une prune.

C. icaco. Nom de cet arbre parmi les Américains des Iles,

----

(1) Théophraste, au contraire, désigne, sous les noms de *chondrille* et *d'hypochœris*, des plantes chicoracées à racines tuberculeuses; et alors ces tubercules *chondros*, donneroient, dans un autre sens, la raison de ce nom.

conservé par Plumier, gen. 44 : au Brésil, il est appelé acaja.

CHRYSOCOMA ($\chi\rho\upsilon\sigma\sigma\varsigma$, or ; $\kappa\rho\mu\eta$, chevelure : chevelure dorée). Des belles fleurs dorées que produisent plusieurs espèces de ce genre.

C. COMA-AUREA. Même sens en latin que *chrysocoma* en grec.

C. LINOSYRIS (*linum*, lin ; *osyris*, nom que donne Pline, liv. 27, chap. 12, à une plante qui a les branches souples, longues et le feuillage du lin). Voy. *Osyris*. Ces caractères conviennent très-bien au *chrysocoma linosyris*.

CHRYSOGONUM ($\chi\rho\upsilon\sigma\sigma\varsigma$, or ; $\gamma\sigma\nu\upsilon$, genou). Ses fleurs d'une belle couleur jaune, naissent ordinairement dans les enfourchures ou genoux de la tige.

CHRYSOPHYLLUM ($\chi\rho\upsilon\sigma\sigma\varsigma$, or ; $\phi\upsilon\lambda\lambda\sigma\nu$, feuille). Le *chrysophyllum caïnito* porte des feuilles jaunâtres et couvertes à leur surface inférieure d'un duvet ferrugineux qui paroit doré au soleil.

C. CAÏNITO. Nom américain conservé par Plumier, gen. 10.

C. ARGENTEUM. Encore une de ces contradictions trop fréquentes dans la nomenclature de la botanique. Les noms générique et spécifique signifient ensemble *feuille d'or argentée*. Il seroit à désirer, qu'en général, la signification du nom de genre fut applicable à toutes les espèces, ou que, du moins, ces noms ne fussent pas contradictoires entre eux.

CHRYSOSPLENIUM ($\chi\rho\upsilon\sigma\sigma\varsigma$, or ; $\sigma\pi\lambda\eta\nu$, la rate.). Qui vaut de l'or pour la rate, nom figuré donné à cette plante pour en exprimer l'effet médicinal contre les maladies de la rate. Elle passe pour être un puissant désopilatif. De plus, son feuillage est d'un beau vert doré qui lui a fait donner en françois le nom de dorine.

On fait dans les Vosges un grand usage de cette plante, sous le nom de *cresson-de-roche*; quoiqu'elle ne croisse nullement sur les rochers, mais bien dans les lieux humides et couverts.

CHUNCOA (*chunco*). Nom que donnent à cet arbre les peuples voisins des bords du Maragnon. JUSSIEU ; p. 76. d'après Pavon.

CHUQUIRAGA. Nom que porte cet arbuste au Pérou. JOSEPH DE JUSSIEU. A. L. de Jussieu l'a employé, pag. 178.

CICCA.

CICCLIDOTUS (κιγκλιδωτος, grillé, enfermé). Des cils de cette mousse réunis en paquets réticulés. Palisot-Beauvois, Æthéogamie, 28.

CICER. Selon plusieurs auteurs, ce nom vient de κικυς, force, puissance; des éminentes qualités qui lui étoient attribuées, et sur lesquelles Pline s'étend au long, liv. 22, chap. 25.

Tout le monde sait que *Marcus Tullius Cicero* tiroit ce dernier nom d'une grosseur en forme de *cicer* qu'un de ses aïeux avoit au bout du nez; il en acquit le surnom de *cicero*, et il *le* transmit à ses descendans (1). Plutarque, Cicéron.

C. ARIETINUM. Dérivé d'*aries*, bélier. Selon Pétrone, *Festin de Trimalcion*, de ce qu'on sème cette sorte de pois sous le signe du *bélier*; mais cette raison est trop légère pour y trouver la raison de ce nom. On l'a donné au *cicer*, parce que sa semence, lorsqu'on la tire encore verte de sa gousse, présente l'image exacte d'une tête de bélier.

En françois, pois *chiche* au lieu de *cice* que l'on devroit dire, en le francisant de *cicer*; mais comme il n'y a pour l'ordinaire qu'une graine par gousse, le vulgaire attribuera toujours le nom de *chiche* à son peu de produit (2).

CICHORIUM (κιχωρη, en grec). Bodée, Linné, etc. ont fait venir ce nom de κιω, je viens, je crois; χωριον, champ; c'est-à-dire qui vient dans les champs, qui croît par-tout: cette définition est très-vague.

Il est plus naturel de croire que les Egyptiens qui fai-

---

(1) Les Romains avoient ordinairement trois noms; le premier étoit le nom de la branche à laquelle ils appartenoient; le second, le nom propre de la famille, et le troisième étoit une espèce de nom de guerre, qui devenoit un nom propre avec le temps. Tout cela n'eut lieu que dans les temps postérieurs de la république, et dans le principe les noms avoient une origine plus simple (*Voyez* Pisum).

(2) En Italie, où ce légume est appelé *cece*, la tradition rapporte que, lors du massacre des *Vêpres siciliennes*, on se servit de ce nom pour distinguer les François, ou plutôt les Provençaux, d'avec les habitans du lieu. Les Siciliens présentoient à tous les gens suspects le mot *cece* écrit sur un petit morceau de papier; tous ceux qui le prononçoient à la françoise étoient poignardés sur-le-champ.

Ce trait en rappelle un autre du même genre, qui n'est pas moins révoltant, quoiqu'il soit puisé dans une source sacrée.

soient une grande consommation de cette plante, en auront
communiqué l'usage aux Grecs qui ont fait *cichore* du nom
arabe *sjikuria* (*chikoûryeh*) FORSKAHL, 72. *Aujourd'hui la
moitié du peuple d'Egypte ne se nourrit presque que de chicorée,* dit Maillet, *Descript. de l'Egypte,* p. 12, édit. de 1735.

Il en étoit de même autrefois. *Les Egyptiens,* dit Pline,
liv. 21, chap. 15, *font grand cas de la chicorée.*

C. ENDIVIA, INTYBUS. Tous deux corrompus du nom arabe
hendibe (*hendibeh*). FORSKAHL, pag. 72.

CICUTA. Synonyme de *calamus,* chalumeau, tige creuse, en
latin. Il est employé dans ce sens par Virgile, *Eglog.* 2 et 5.

La tige de cette plante est grande, grosse et creuse comme
une flûte.

C'est la même plante appelée *conium* par Linné, et à
laquelle A. L. de Jussieu a rendu le nom de *cicuta,* adopté
par Tournefort et les plus anciens botanistes. Voy. *Conium.*

Linné s'est cependant servi du nom de *cicuta* pour décrire la plante appelée par Jussieu *cicutaria.* Voy. plus bas.

CICUTARIA. Dérivé de *cicuta.* Ces plantes ont entre elles beaucoup d'analogie par l'extérieur et par leurs pernicieux effets.

CIENFUEGIA. Abrégé de *cienfugosia.* Voy. *Fugosia.*

CIMICIFUGA (*cimex, cimicis,* punaise; *fugo,* je fais fuir).
Qui chasse les punaises par son odeur détestable. Voyez
Ammann et Kraschenninnikow.

Ce genre est séparé des *actæa* de Linné.

CINCHONA. En l'honneur de la comtesse de *Chinchon,* vice-
reine du Pérou, que ce remède guérit d'une fièvre opi-
niâtre, en 1638.

On l'a long-temps appelé *écorce de loxa.* En espagnol,
cascarilla de loxa, de la vallée de *Loxa,* où il croît plus particulièrement.

C'est le *quinquina* des boutiques; mais c'est à tort qu'on
le nomme ainsi. Il est un autre arbre connu des Péruviens sous
le nom de *quina-quina,* qui distille de son écorce une résine odorante, et qui est un bon fébrifuge usité long-temps
avant la découverte de l'*écorce de loxa* ou *cinchona;* lorsque
celui-ci a été introduit en Europe, le nouveau remède a été
confondu avec l'ancien, dont on lui a mal à propos appliqué
le nom. Voy. le genre *Myrospermum.*

8

Le nom de *quina* appartient à l'ancienne langue du Pérou, et la répétition *quina-quina* est en usage en cet idiôme, pour les noms de plantes ; elle exprime par ce redoublement une plus grande efficacité.

Il paroit que ce mot de *quina* est abrégé de *quina-ai*, qui signifie écorce au figuré, dans la langue des Péruviens primitifs, et alors il seroit relatif à la vertu de cette substance. Voyez *la Condamine*, *Mém.* de l'acad. des sciences, année 1738.

C. CONDAMINEA. Charles-Marie de la Condamine, né en 1701, mort en 1774. Il fut choisi en 1736 pour aller, avec Godin et Bouguer, etc., déterminer au Pérou la figure de la terre. Les naturalistes distinguent entre ses ouvrages la relation de son voyage en Amérique, année 1745.

Humboldt et Bonpland ont consacré à sa mémoire, deuxième livr. *Plant. equinox*, cette espèce qu'il a particulièrement constatée et qui fait le sujet du mémoire académique cité plus haut.

CINERARIA. Dérivé de *cinis*, *cineris*, cendre. De la belle couleur cendrée qu'ont à leur revers les feuilles de plusieurs espèces de ce genre.

CINNA. Nom sous lequel Dioscorides décrit une plante graminée particulière à la Cilicie : l'usage en met les bœufs en feu, dit-il, liv. 4, chap. 28 ; et c'est de cet effet que vient son nom, κιω, échauffer.

Ce nom étant resté vacant dans la *Nomenclature des graminées*, on l'a donné à une plante d'Amérique qui en est l'analogue.

CIPONIMA. Nom sous lequel Aublet, pag. 567, décrit cet arbre de la Guyane.

CIPURA. Nom de cette plante à la Guyane. AUBLET, pag. 39.

CIRCÆA. De *Circée*, fille d'Apollon, célèbre en mythologie par ses enchantemens. Elle arrêtoit les voyageurs par ses charmes. La plante de ce nom porte des graines hérissées qui s'attachent aux passans.

Il est douteux que la plante que les Grecs appeloient ainsi, soit celle que nous connoissons sous ce nom. Selon Dioscorides, liv. 3, chap. 117, elle croît aux lieux secs et exposés au soleil; notre *circée* au contraire ne se trouve que dans les lieux sombres et humides.

CISSAMPELOS (κισσος, nom grec du lierre; αμπελος, vigne) Qui tient de la nature du lierre et de celle de la vigne, par ses tiges sarmenteuses et ses fruits en grappe.

C. PAREIRA; sous entendu *brava*. Ce nom signifie, en portugais, *vigne-sauvage*, à peu près dans le même sens que le nom grec *cissampelos*. *Mém. de l'acad. des sc.* année 1710. Les naturels du Brésil lui donnent le nom de *botou* ou *botoua*.

C. CAAPEBA. Nom brasilien. MARGRAV. *Brasil.* 24, PLUMIER, gen. 55.

CISSUS. Nom grec du lierre. Comme il a conservé en botanique son nom latin *hedera*, le synonyme grec a été donné à une plante qui y est analogue par la manière dont elle s'attache aux corps qui l'avoisinent.

Les Arabes appellent aussi le lierre *qissòs*. GOLIUS, 1903; mais la désinence de ce nom porte à croire qu'ils l'ont emprunté des Grecs.

CISTUS (κιστος, en grec, de κιστη, boîte, capsule). Toutes les espèces de ce genre portent leurs semences renfermées dans de petites capsules très-remarquables.

Tous ces mots *ciste*, *cista*, *cisterna*, *cistella*, etc., sont dérivés de *cist*, mot celtique qui exprime un vase, une chose creuse. *Cyst* signifie la même chose en anglo-saxon.

C. HELIANTHEMUM (ηλιος, soleil; ανθεμον, dérivé d'ανθος, fleur). De sa fleur grande et dorée, comparée au soleil. Les Anglois la nomment même *sun-flower*, fleur du soleil.

C. LADANIFERUS. Qui porte le *ladanum*, ainsi nommé, dit Pline, liv. 12, chap. 17, de la plante *leda* qui le produit. Ce nom vient originairement de l'arabe *làdàn*. BOCHART, *Hierozoïcon*, 2—803.

Voy. Tournefort, *Voyage du Levant*, tom. 1, sur cette production, et la manière de la recueillir.

C. MUTABILIS (changeant). Sur le même pied, il produit souvent des fleurs jaunes et d'autres de couleur de rose.

C. LIBANOTIS. Qui a le port du *romarin*, appelé anciennement *libanotis*, à cause de son odeur d'encens, λιβανος, en grec.

C. OELANDICUS. Qui croît en l'île d'Œland, dans la mer Baltique. On le trouve également en France, Suisse, Allemagne, etc.

CITHAREXYLUM (κιθαρα), nom d'une sorte de lyre, dont nous avons fait le mot guitarre, ξυλον, bois.

Le bois de cet arbre est très-estimé en Amérique pour les charpentes. Sa longue durée lui a fait donner par les François le nom de *bois de guitarre*; et par les Anglois celui de bois de violon, *fiddle-wood*, parce que sa dureté a fait présumer qu'il étoit propre à fabriquer des instrumens de musique.

Vulgairement *bois catelette*, parce que sa tige est garnie de côtes ou angles saillans.

CITROSMA (οσμη, odeur, parfum). Dont l'odeur ressemble à celle du citron. *Flore du Pérou*, pag. 125.

CITRUS. On a supposé légèrement que *citrus* signifie originaire de la ville de Citron, en Judée; mais cet arbre est trop connu, et ce lieu l'est trop peu pour qu'on doive lui attribuer une semblable origine.

C. MEDICA. Originaire de la Médie, selon l'opinion des Romains. Il ne fut cultivé en Italie qu'après Virgile et Pline. Le bois en étoit singulièrement recherché pour la fabrication des meubles de luxe, comme l'acajou l'est de nos jours, pour le même usage; et lorsque les Romains reprochoient à leurs femmes leur goût pour le faste et les folles dépenses, elles leur reprochoient, à leur tour, leur passion pour les tables de citronnier et de cèdre.

C. AURANTIUM. Dérivé d'*aurum*, or. De la belle couleur d'or de son fruit. De là *orange*, en françois, dérivé d'or également.

C. DECUMANA (*decumanus*, dérivé de *decem*, dix). Littéralement *dix fois plus grand*; en sens usité, ce mot signifie simplement *grand* ou *gros*. Les fruits de cette espèce d'oranger sont beaucoup plus gros que ceux de l'espèce commune. De là vient qu'on le nomme souvent en françois la *tête d'enfant*. En anglois, *schaddock*, selon Miller, d'un capitaine Shaddock, qui le premier le transporta d'Asie en Amérique (1).

______

(1) En italien, les citrons, oranges, bergamottes, etc. sont connus sous le nom collectif d'*agrumi*. Il est dérivé d'*agro*, aigre, et il exprime la qualité acide de tous ces fruits.

CITTA (κίττα ou κίσσα, une pie). Sa fleur renflée et marquée de taches noires et blanches, a été comparée au plumage d'une pie, par *Loureiro*, pag. 557.

CLADODES. Dérivé de κλάδος, rameau. Cette arbuste est très-rameux. LOUREIRO, pag. 704.

CLADONIA. De κλάδος, rameau. Série de lichen ramifiés. ACHAR. 2.

CLADOSTYLES (κλάδος, rameau).

CLARISIA. En l'honneur de Michel Barnadez y Claris, botaniste espagnol. Il a travaillé sur les plantes de son pays. *Flore du Pérou*, pag. 117.

CLATHRUS (*clathrus*, grillage, en latin, de κλείθρον, qui signifie la même chose, et qui vient de κλείω, je ferme). Ce *fungus* est réticulé et percé à jour de toutes parts, ce qui lui donne l'aspect d'une grille.

C. CANCELLATUS (grillé). Même sens en latin que le nom générique en grec.

C. DENUDATUS (dépouillé). Dans l'état de maturité, son chapeau est rempli de poussière ; mais lorsqu'elle est jetée, ce qui arrive pour peu qu'on y touche, il ne reste plus qu'un réseau vuide et dépouillé.

C. NUDUS (nu). Ses têtes sont entourées d'une pellicule qui tombe très-promptement et laisse alors les chapiteaux à découvert et nus.

C. RECUTITUS (écorché, déchiré). Ce mot est dérivé de *cutis*, peau. Le chapiteau de ce *fungus* se déchire à l'époque de sa maturité.

CLAVARIA. De *clava*, massue. Fongosité droite, allongée et qui va en s'élargissant à l'extrémité comme une massue.

C. PISTILLARIS. Dérivé de *pistillus*, pilon d'un mortier. Cette plante est droite, simple et renflée par le bout comme un pilon.

C. MILITARIS (militaire). C'est-à-dire semblable par la forme, à la massue des anciens guerriers. Même sens que le nom générique.

C. DEFORMIS (difforme). Par ses rameaux creux et en forme de cornes à leur partie supérieure. Ces plantes, en général, sont extrêmement bisarres.

C. HYPOXYLUM (ὑπό, préposition grecque qui signifie inférieur et qui en composition devient diminutif; ξύλον, bois). Fongosité ferme et coriace dont la substance approche de la nature du bois.

C. ophioglossoides (οφις, οφιος, serpent; γλωττα, langue; ειδος, forme, ressemblance). Cette fongosité comprimée, obtuse et très-entière a été comparée à une langue de serpent.

CLAVIJA. Joseph Clavijo Faxardo, naturaliste espagnol, a traduit en sa langue les Œuvres de Buffon. *Flore du Pérou*, pag. 132.

CLAYTONIA. Jean Clayton, voyageur anglois, dont on a eu, en 1739, un ouvrage qui a servi de base à celui de Gronove, sur les plantes de Virginie.

CLEMATIS. Dérivé de κλημα, pampre, branche de vigne. La plupart des arbustes de ce genre montent et s'étendent comme la vigne. De là le nom spécifique de l'espèce la plus commune : *clematis vit-alba*, abrégé de *vitis alba*, vigne blanche, de la couleur de sa fleur.

En françois, *herbe aux gueux*, de l'usage qu'ont les mendiants d'en appliquer l'écorce sur les membres, où, par son âcreté, elle excite promptement des espèces d'ulcères dangereux en apparence.

En anglois *climber*, du verbe *to climb*, grimper; c'est-à-dire arbuste grimpant.

C. viticella (Petite vigne). Même sens que *clematis* en grec, et *vitalba* en latin.

C. flammula. *Flammula*, l'un des anciens noms d'une espèce de clématite. Dodonée, *Pempt.* 3, liv. 3, chap. 16. Il vient de *flamma*, flamme, parce que ses feuilles froissées, par un temps chaud, et portées aux narines, y causent une douleur vive et rapide, comme un trait de flamme.

C. ochroleuca (οχρος, jaune; λευκος, blanc). Dont les feuilles sont d'un blanc jaunâtre.

CLEOME. Nom employé par Octave Horace, médecin latin du quatrième siècle, pour désigner une plante analogue au *sinapis*, et qui, dit-il, naît aux lieux humides. Il n'est pas facile de la reconnoître sur une aussi légère indication; mais on s'est servi de son nom pour distinguer un genre de plantes analogues au *sinapis*, et que Tournefort a même appelées *sinapistrum*.

C. FELINA. Dérivé de *felis*, chat. Sa feuille arrondie, renversée à son sommet et couverte de poils rudes, ressemble très-bien à une langue de chat.

CLERODENDRUM (κληρος, sort, fortune; δενδρον, arbre). Nom donné à ce genre par allusion aux effets salutaires ou dangereux des différentes espèces qui le composent : le *clerodendrum fortunatum* est utile en médecine; le *calamitosum* et l'*infortunatum* sont dangereux.

Nom vulgaire *peragu*; c'est ainsi que l'appellent les habitans du Malabar. RHEED. *Hort. Mal.* 2, pag. 41.

C. TRICHOTOMUM (τριχα, triple, dérivé de τρεις, trois; τεμνω, je coupe, je partage). De son panicule à trois fourches.

CLETHRA (κληθρα ou κληθρις). Nom que les Grecs donnoient à l'aulne (*betula alnus*). Cet arbuste porte des feuilles semblables à celles de l'aulne.

Les Grecs avoient appelé l'aulne, *clethra*, de κλαω, je romps, parce que le bois n'en est pas souple, comme celui de la plupart des autres arbres aquatiques.

CLEYERA. André Cleyer, allemand, médecin à Batavia, a donné, en 1682, un ouvrage sur la médecine des Chinois. On a aussi de lui une dissertation sur le thé.

CLIBADIUM (κλιβαδιον). Nom que donnoient les Grecs à une plante qui n'est pas constatée. Le nom est la seule chose qui soit parvenue jusqu'à nous. On l'a employé, en botanique, sans aucune idée d'analogie, et seulement pour ne laisser pas inutile un nom ancien.

CLIFFORTIA. Georges Cliffort, hollandois, Mécène et ami de Linné, possesseur d'un superbe jardin de botanique à Hart-camp, dont, par reconnoissance, Linné publia, en 1737, le catalogue raisonné, sous le titre de *Jardin de Cliffort.*

CLINOPODIUM (κλινη, lit; πους, ποδος, pied). De ses fleurs en verticilles entassés et arrondis, qui imitent très-bien une roulette de pied de lit.

CLITORIA. Ce nom n'est pas employé ici dans le sens positif que lui donne l'anatomie; mais bien dans le sens général qu'exprime son étymologie (κλειτοριζω, être lascif). On l'a appliqué à cette fleur parce que l'on a trouvé à son calice membraneux, quelque ressemblance avec l'organe sexuel de la femme.

C. galactia. Dérivé de γαλα, lait. La plante est laiteuse en toutes ses parties.

C. cylista. Dont le calice, κυλιξ, en grec, est extrêmement grand.

CLUSIA. Charles de l'Ecluse, né en 1526, en Artois, mort en 1609. On a de ce savant botaniste un grand nombre d'ouvrages entre lesquels on distingue son *Histoire des plantes les plus rares*, 1601 (1).

CLUTIA. Boërhaave institua ce genre en mémoire d'Augier Clutius, hollandais, appelé en sa langue *outgers cluyt*, professeur de botanique en l'université de Leyde. On a eu de lui, en 1634, un opuscule sur le fruit appelé *nux-medica*, noix médicinale. C'est le double cocos des îles Séchelles. Voy. *Borassus*.

C. eluteria. De λυτηριον, remède. Cette plante est utile en médecine.

On s'en sert aux Indes comme du *riccin* dont elle est l'analogue. Plukenet l'appelle même *riccinus dulcis*. ALMAGEST, 521.

CLYPEOLA. Dérivé de *clypeus*, bouclier. Sa silicule orbiculaire et aplatie ressemble fort bien à un petit bouclier.

CNEMA (κνημη, le rayon d'une roue). De ses anthères disposés en forme de rayons. LOUREIRO, pag. 742.

CNEORUM (κνεωρον). Nom sous lequel Théophraste, liv. 6, chap. 2, désigne un arbuste dont la feuille approche de celle de l'olivier. Le *cneorum* des modernes porte une feuille exacte-

---

(1) Entre les nombreuses victimes qu'a faites la passion de la botanique, on doit donner la première place à de l'Ecluse. Il entreprit de la façon la plus pénible les Voyages de Portugal, Espagne, Angleterre, Allemagne, Hongrie, etc. et dès l'âge de vingt-quatre ans il fut attaqué d'une hydropisie causée par l'excès de fatigue. Le célèbre Rondelet le guérit par l'usage de la chicorée. A trente-neuf ans, il se cassa le bras droit en herborisant ; peu après la cuisse droite. A cinquante-cinq ans il se démit le pied gauche à Vienne, et huit ans après la hanche droite. Ayant été mal traité, il ne marcha plus qu'avec des béquilles. Le défaut d'exercice lui donna des obstructions ; il eut la pierre, une hernie, etc. Après avoir dirigé, pendant quatorze ans, le Jardin impérial de Vienne, il retourna dans la Belgique sa patrie. Nommé professeur de botanique à Leyde, il y donna des leçons pendant seize ans, et il mourut enfin accablé de tous les maux.

ment semblable à celle de l'olivier. Dodonée, Bauhin, Tournefort, l'ont même appelé *chamælea*, olivier nain : χαμαι, qui touche terre; ἐλαια, olivier.

Cneoron est dérivé de κνω, je mords, je pique; de sa qualité brûlante : quant au cneoron de Mathiole, *Comment.* liv. 1, chap. 13, c'est notre *daphne cneorum*.

C. TRICOCCUM (τρεις, trois; κοκκος, fruit). De sa baie à trois coques ou loges.

CNESTIS. De κναω, je gratte. De ses capsules dont les poils excitent une vive démangeaison. De là le nom de pois à gratter, qu'on lui donne en l'île de Bourbon.

CNICUS. De κνικος, nom sous lequel Dioscorides décrit, liv. 4, chap. 182, une plante dont les feuilles sont rudes et épineuses. Il vient de κνιζω, je pique, je blesse. Les modernes l'ont justement appliqué à un genre de plantes dont plusieurs se rapportent fort bien à la description qu'en donne Dioscorides.

C. OLERACEUS (légumineux). En plusieurs lieux du Nord, le pauvre peuple mange les jeunes pousses de cette plante, comme nous mangeons les asperges.

Vulgairement *quenouille des prés*. Lors de sa parfaite maturité, sa tige légère et haute est garnie de flocons de graines aigrettées qui lui donnent l'aspect d'une quenouille chargée de laine.

C. ACARNA. Nom grec d'une plante épineuse du genre des chardons. Il vient de ακη, pointe. Les calices de cette plante sont épineux.

C. ERISITHALES. Nom sous lequel Pline, liv. 26, chap. 13, décrit une plante dont la fleur est jaune et la feuille épineuse. Il a pour primitif θαλλω, je verdoie.

Le nom d'*erisithale* convient très-bien à la plante à laquelle les modernes l'ont appliqué. La feuille en est rude et la fleur jaune, selon la description qu'en donne Pline.

C. FEROX (féroce). Terme hyperbolique qui exprime la rudesse du feuillage de cette plante, et les aiguillons dont elle est armée.

COBÆA. En mémoire de Barnabé Cobo, jésuite espagnol, qui a écrit sur l'histoire naturelle, vers le milieu du dix-septième siècle. CAVANILLES, tom. 1, pag. 11.

COCCOCYPSILUM (κοκκος, fruit, grain ; κυψελη, vase, coupe).
Sa baie est surmontée d'une couronne qui ressemble à un
petit vase.

COCCOLOBA (κοκκος, fruit ; λοβος, lobe). Dont le fruit a trois
lobes. Brown l'avoit d'abord appelé *coccolobis*. *Jamaïq.* 208.

C. EXCORIATA (écorché). Ses rameaux perdent leur écorce.

COCHLEARIA (*cochlear*, cuiller). Sa feuille est creuse et
enfoncée en son milieu comme une *cuiller*.

Cochlear a pour radical *coc*, toute chose creuse, en langue
celtique. Voy. *Coque*, aux termes de botanique et *Cucumis*, *Cucurbita* dans le cours de l'ouvrage.

C. ARMORACIA Qui croît plus particulièrement en Armorique,
nom celtique de la Basse-Bretagne. Il signifie *pays proche
de la mer* ; ar, proche ; mor, mer ; rich, contrée. Ce même
mot *rich* se retrouve encore dans *Autriche* : œst, est ; rich,
pays ; pays situé vers l'Est.

Le *Cochlearia armoracia* est ordinairement appelé *raifort*,
syncopé de *radix fortis*, racine forte. On en connoît le goût
fort et brûlant.

COCOS. Nom que Linné regarde comme d'origine grecque,
Philos. bot.

Κοκκος signifie en cette langue un fruit, une coque. On
connoît la coque de ce fruit, l'une des plus belles et des
plus grandes du règne végétal.

Bauhin, *Pinax*, 502, a pris ce nom dans le même sens,
et il appelle ce palmier *palma indica coccifera*.

Le nom de *cocos* a été adopté par la plupart des nations
d'Europe, mais il n'a nul rapport avec celui que lui donnent les Asiatiques (1).

Au Malabar il est appelé *tenga*. RHEED. *Mal.* 1, pag. 1 ;
calappa, aux Molluques, RUMPH, 1, pag. 1 ; et *medo* par
les Bramines.

C. BUTYRACEA. Dérivé de *butyrum*, beurre. Les naturels de
l'Amérique méridionale où croît cet arbre, en écrasent le
fruit, le mêlent avec de l'eau, et ils en obtiennent par ce
moyen une substance épaisse analogue au beurre.

---

(1) D'Herbelot, *Bibliot. ori.* pag. 278, dit cependant que ce fruit est
appelé *cosi* aux Indes, d'où le mot *cos*, noix, en turc. Jusqu'à présent, il
ne paroît pas qu'aucune relation ait prouvé cette assertion.

On remarquera que βουτυρον, en grec; butyrum, en latin; butter, en allemand; buter ou butera, en anglo-saxon; beurre, en françois, etc. ont tous pour primitif bu, bœuf, ou vache, en langue celtique. Voy. *Botanique* à la table des termes.

CODIA (κωδια, globe, boule). Cet arbuste porte des fleurs en têtes globuleuses. FORSTER, g. 30.

CODON (κωδων, cloche, clochette, dérivé de κωδια, globe, chose arrondie). La corolle de cette fleur est globuleuse, et évasée en cloche à sa partie supérieure.

COFFEA. Altéré du nom arabe qahoueh, qui exprime la liqueur de ce nom. Le café en grain est appelé boun. CASTEL, vol. 1, pag. 575.

Ce mot qahoueh, exprime en arabe, la force, la vigueur. On sait que le café est un puissant tonique.

C'est à tort qu'Olaus Celsius, vol. 2, pag. 234, écrit kahueh par un kef, cette orthographe ôtant à ce nom son origine.

Caffé, en françois; coffee, en anglois; kaffee, en allemand, etc. dérivés de coffea.

COIX. Nom employé par Theophraste, pour désigner une sorte de palmier, selon les uns, et une plante graminée selon les autres. C'est sous ce dernier sens que Linné l'a appliqué à une plante qui offre quelqu'analogie avec les graminées par le feuillage et la fructification.

C. LACRYMA-JOBI (larmes de Job). Ses semences sont ovales, blanchâtres et luisantes; elles sont assez semblables à une goutte, et par métaphore on les a comparées aux *larmes de Job*, regardé comme le prototype de la tristesse et des larmes.

Gærtner l'a nommé avec plus de justesse *lithagrostis*; λιθος, pierre; *agrostis*, gramen en général; c'est-à-dire, plante analogue aux graminées et portant une graine dure comme une pierre.

COLCHICUM. De Colchos, où cette plante croît en abondance, dit Dioscorides, liv. 4. chap. 79. Comme on la trouve également par toute l'Europe, il doit paroître extraordinaire que les Grecs lui aient donné le nom d'un pays très-éloigné du leur, parce qu'elle y croît aussi.

La Colchide passoit pour être féconde en poisons de toute espèce, et ses habitans étoient renommés dans l'art funeste de les préparer.

Il est probable que le mot *colchique* étoit devenu synonyme de *vénéneux*. Horace dit *venena colchica*, et par suite on l'aura exclusivement appliqué à une plante dangereuse.

Le *colchicum autumnale*, est vulgairement appelé la *veilleuse*, parce que sa fleur tardive annonce aux villageoises l'approche de la veillée.

COLEUS (κολεος, une gaine, dérivé de κοιλος, creux, vuide). Les filets des étamines de sa fleur sont réunis en tube, et ils entourent le style comme une gaine. LOUREIRO, page 451.

COLDENIA. Conwallader Colden, naturaliste anglois, dont on a eu, en 1742, un ouvrage intitulé : *Plantes de la province de New-Yorck*, etc.

COLLADOA. Louis Collado, médecin espagnol, il a écrit sur la botanique, en 1561. CAVANILLES, tome 5, pag. 37.

COLLEMA. De κολλαομαι, être visqueux, gluant, dérivé de κολλη, colle. Série de lichen gélatineux. ACHAR. 2.

COLLETIA. Genre institué par Commerson, en l'honneur de son compatriote Collet. Il a travaillé sur les plantes de la Bresse. JUSSIEU, pag. 381.

COLLINSONIA. Pierre Collinson, naturaliste anglois, membre de la société royale de Londres. Il introduisit en Angleterre, en 1735, la plante qui porte son nom.

COLONA. En l'honneur du célèbre Christophe Colomb qui découvrit l'Amérique en 1493. Ses descendans s'appelent aujourd'hui *Colon*, en Espagne, et c'est sous ce nom que Cavanilles lui a dédié, tom. 4, pag. 47, ce genre, qu'il eut peut-être mieux valu rappeler à sa juste origine. Un nom aussi illustre que celui de Colomb ne devroit jamais être altéré, surtout dans un pays qu'il a si bien servi.

COLUMELLA. Lucius Junius Moderatus Columelle, né en Espagne 42 ans avant J. C. Il a écrit sur l'agriculture des anciens.

Loureiro a dédié ce genre à sa mémoire, pag. 108.

COLUMNEA. Fabius Columna, italien, né en 1567. On a eu de lui, en 1592, un ouvrage intitulé : *Phytobazanos*, ou discours sur les plantes : φυτον, plante ; ϐαζω, je parle. En 1606, un autre qui a pour titre *Ecfrasis*, etc. description, en grec, de εκφραζω, je décris.

COLUTEA. Le *colutea* et le *coloutea* des anciens sont deux arbres différens. Voy. *Théoph.* liv. 5, chap. 17, l'un, dit-il, est à fleurs odorantes, εζωδες, c'est le *colutea.* Les Latins ont réuni ces deux noms en un seul, et nous l'avons appliqué à un genre d'arbustes analogues à la description qu'en donnent les Grecs. Voy. *Clusius*, liv. 1, chap. 9, sur le *colutea* et le *colytea.*

Le *colutea arborescens* est vulgairement appelé *baguenaudier*, de l'amusement niais d'en faire crever les gousses. *Baghenodad* signifie niaiser, en celtique d'Armorique.

Le *colutea halepica* ou d'Alep est le même qui porte dans l'*Hortus kewensis* le nom de *colutea pocockia*; de Pococke, voyageur anglois en Égypte, Syrie, Arabie, etc. C'est lui qui le premier fit connoître cet arbuste dans son pays (1).

COMARUM (κομαρος). Nom que donnoient les Grecs à l'arbousier (*arbutus*) et au fraisier, selon quelques auteurs. Le *comarum* des modernes produit un fruit globuleux et rougeâtre qui ressemble assez bien à une fraise.

COMBRETUM. Nom employé par Pline, liv. 21, chap. 6, pour désigner une plante à feuilles menues. La description imparfaite qu'il en donne ne permet pas de la reconnoître. On l'a appliqué à cet arbuste uniquement pour employer un nom ancien.

En françois, *chigomier*, de *chigouma*, nom que lui donnent les Galibis. AUBLET, pag. 353.

COMETES. Nom que donnoient les Grecs à une espèce d'*euphorbe*, à cause de la beauté de son feuillage en touffe épaisse. Il est dérivé de κομη, chevelure au propre, et feuillage au figuré.

Les modernes l'ont donné à une plante dont la fleur paroît chevelue, par les cils de son enveloppe.

---

(1) Le Voyage de Pococke, intitulé *Description du Levant*, est très-recommandable sous plusieurs rapports ; mais il est surprenant qu'il ait copié mot pour mot de longs paragraphes du Voyage au Levant de Tournefort.

COMMELINA. Gaspard Commelin, hollandois, mort en 1731, a donné, en 1697, le *Catalogue des plantes du jardin médicinal d'Amsterdam*; en 1696, la *Flore de Malabar* ou *Catalogue du jardin de Malabar*, etc.

Jean Commelin, oncle du précédent, a publié, en 1683, le *Catalogue des plantes indigènes de la Hollande*, etc. Il a de plus ajouté des commentaires au *Jardin de Malabar*, de Rheede.

Un troisième Commelin, de la même famille, aussi naturaliste est mort avant d'avoir rien publié.

Ce genre a des fleurs qui ont deux pétales remarquables, et un troisième plus petit.

Linné a voulu désigner Jean et Gaspard par les deux grands pétales, et le dernier Commelin par le plus petit.

COMMERSONIA. Forster institua ce genre, n.° 22, en l'honneur de Commerson, botaniste françois, médecin à Bourg en Bresse. Il accompagna M. de Bougainville à son voyage autour du monde; resté en route à l'île de Bourbon, il y mourut en 1774, après avoir constaté dans les pays qu'il parcourut un grand nombre de plantes nouvelles (1).

Il ne faut pas confondre cet arbre avec le *commersonia* décrit par Sonnerat, *Voyage à la Nouvelle Guinée*, pag. 15. Celui-ci fut ainsi nommé, dit-il, par M. de Bougainville, parce que son fruit ressemblant à un bonnet de docteur; il en fit l'application au docteur Commerson. Cet arbre a été replacé au genre *butonica*. Voy. *Butonica*.

COMMIA (κομμι, nom grec de la gomme). Cet arbre produit une grande abondance de gomme-résine. LOUREIRO, pag. 743.

COMMIPHORA (κομμι, gomme; φερω, je porte). Qui donne de la gomme. JACQUIN, *Jardin de Schœnbrunn*, 2, p. 66.

---

(1) Lorsque Commerson partit pour son grand voyage, il laissa à Paris sa gouvernante, malgré les vives instances qu'elle lui avoit faites pour l'accompagner. Elle s'habilla en homme, partit à l'insu de son maître, et s'embarqua avec lui à Rochefort. Pendant le voyage, confondue avec les matelots, dont elle partageoit le travail et la nourriture, elle évita soigneusement la présence de son maître, à qui elle ne se fit connoître qu'après la traversée. Touché de cette marque de zèle, Commerson l'associa en quelque sorte à ses travaux en botanique, et elle lui rendit de très-grands services dans ses pénibles herborisations.

COMOCLADIA (κομη, chevelure au propre, feuillage au figuré; κλαδος, rameau). Ses rameaux sont touffus à leur sommet.

COMPTONIA. En l'honneur de Henri Compton, évêque de Londres, qui a réuni de précieuses collections de plantes à son jardin de Fulham. L'HÉRITIER, *Stirp. nov.*, tom. 2—58.

CONCHIUM. Dérivé de *concha*, conque, coquille.

Smith, qui institua ce genre, *Act. de la société Linnéene*, vol 4, pag. 215, n'explique pas la raison de ce nom.

CONDALIA. Antoine Condal, médecin espagnol, compagnon de Lœffling dans ses voyages. *Flore du Pérou*, p. 9.

CONFERVA. Du latin *conferrominare*, souder, réunir. Cette plante passoit pour souder les membres fracturés. Pline, liv. 27, chap. 8, se donne pour le témoin d'une cure de ce genre.

On remarquera que le mot *conferrominare* est un terme figuré quand on l'applique au corps humain. Il exprime au propre l'action d'unir, *ferrum cum ferro*, le fer avec le fer.

C. CANALICULARIS (*canaliculus*, petit conduit, petit canal). Cette plante forme dans les tuyaux, auges, etc. qui conduisent l'eau aux moulins, des tapis de filets verds et longs d'un pouce. Les anglois le nomment par cette raison velours de moulin, *mil velvet*.

C. ÆRUGINOSA (*ærugo*, vert-de-gris, dérivé d'*œr*, *œris*, cuivre; *æruginosus*, couleur de vert-de-gris). Cette plante est courte et elle est d'un vert éclatant.

C. CATENATA (*catena*, chaîne; *catenata*, enchaînée). Ses rameaux sont composés d'articulations qui leur donnent l'aspect d'une chaînette.

C. VAGABUNDA (vagabonde, errante). Elle flotte sur l'eau de la mer, sans tenir à la terre par aucun point.

C. CONFRAGROSA (*confragrosus*, raboteux, inégal). C'est-à-dire qui croît aux chûtes d'eau près des cataractes.

C. DIAPHANA (transparente). *Lightfoot, Flor. Scot.*

Diaphane vient de διά, à travers; φαινω, je vois.

C. ÆGAGROPILA (*egagropile*, boule qui se trouve dans l'estomach ou les intestins du bouc sauvage). Ce nom vient de αιξ, αιγος, chèvre; αγριος, sauvage; πιλος, boule, pelotte en ce sens.

La *conferve egragropile* est par touffes vertes, entassées et grosses comme une noix.

CONIA. Dérivé de κονιον, poussière. Série de *lichen* pulvéru-lens. VENTENAT, *Reg. végét.* 2, pag. 32.

CONIOCARPON (κονις, κον-ος, poussière ; καρπος, fruit). Dont le fruit est poudreux. DECANDOLLE. *Flor. fr.* vol. 2, p. 323.

CONIUM (κωνιον). Ce nom est dérivé selon Linné, *Phil. bot.* de κονις, poussière ; il auroit dû ajouter dans quel sens.

Le *conium* de Linné est le *cicuta* de Tournefort, Jus-sieu, etc.

CONNARUS (κονναρος). Nom grec d'un arbre très-peu connu; il croissoit vers Alexandrie. *Athenée*, liv. 14, chap. 16.

Linné s'en est servi pour désigner un arbre d'Asie.

CONOBEA. Nom de cette plante à la Guyane. AUBLET, page 640.

CONOCARPUS (κωνος, cône; καρπος, fruit). Son fruit a la forme du cône de l'aulne.

CONORIA. *Conohoria*, latinisé de *conohorie* ; nom que don-nent à cet arbuste les Galibis, peuple de la Guyane. AUBLET. pag. 241.

CONOSPERMUM (κωνος, cône; σπερμα, graine). Dont la se-mence est presque conique. SMITH, *Act. de la soc. de Linn.* vol. 4.

CONTARENIA. Vandelli, pag. 42, a nommé ainsi ce genre en l'honneur de M. Contarini, vénitien, botaniste.

CONVALLARIA (*convallis*, vallée en latin, λειριον, lis en grec). Par syncope *convallaria*. Le *convallaria majalis*, a un odeur très-agréable, comparée à celle du lis, et il croît dans les vallons couverts.

On le nomme vulgairement *muguet*; de son odeur forte assimilée à celle du *musc*. Ce mot a été appliqué dans le même sens aux hommes parfumés. En anglois, comme en botanique, lis des vallées, *lily of the valley*.

On répétera que le nom de *convallaria* est vicieux par son origine tout à la fois grecque et latine. Voy. *Amyris toxi-fera*.

C. POLYGONATUM (πολυ, beaucoup; γονυ, genou). De ses tiges formées d'articulations nombreuses et renflées comme des genoux.

En françois, *sceau de Salomon*, parce que ses racines coupées transversalement présentent quelques linéamens informes, que les mystiques ont comparés à l'empreinte du prétendu cachet de Salomon. On le nomme aussi *genouillet*, même sens que *polygonatum*.

CONVOLVULUS. Dérivé de *convolvere*, entourer, entortiller. La tige des liserons vulgaires s'entortille autour des corps qui l'avoisinent.

Liseron ou *liset* en françois, de la ressemblance de sa fleur avec celle du *lis*. Pline désigne même le convolvulus *sepium* avec autant d'élégance que de précision, en parlant du *lis*. Il croît, dit-il, *dans les haies une fleur sans odeur, sans filets jaunes au dedans, d'une blancheur éclatante ; il semble qu'en la créant la nature s'essayoit à former le lis*, liv. 21, chap. 5.

C. LEUCANTHUS (λευκος, blanc ; ανθος, fleur). Sa corolle est blanche et ses anthères sont rouges.

C. SCAMMONIA. De son nom arabe *scamuniâ*, FORSKAL, *Mat. med.* (sqamoùnâ), GOLIUS, pag. 1187.

C. BATATAS. *Batattas*, nom que Rumphius dit être malais, liv. 9, chap. 17. Selon le jésuite Eusèbe Nieremberg, il est méxicain ; mais il distingue le *batata* du *battatas*.

Le *batata* est évidemment le convolvulus *battatas*. Le *battatas* paroît être notre pomme de terre, *solanum tuberosum*. Voyez Nieremberg, liv. 14, chap. 84, et liv. 15, chap. 90.

C. TURPETHUM. De son nom arabe *turbid*. GOLIUS, pag. 376.

C. JALAPPA. Originaire du territoire de *Xalappa*, dans la Nouvelle Espagne, d'où le meilleur jalap nous est envoyé. La lettre X se prononce en espagnol d'une manière qu'on ne peut rendre avec précision en françois, et à laquelle on a tâché de suppléer par le J.

C. TUBERCULATUS. Ses pétioles sont couverts de tubercules très-rudes.

C. SPITHAMEUS. Mot latin dérivé du grec σπιθαμη, qui littéralement exprime l'espace compris entre le pouce et le petit doigt étendus ; il a pour primitif σπαζω, j'étends (la main), et il répond à la *palme* des Latins dont le sens est le même.

Le convolvulus *spithameus* a sept à huit pou ces de hauteur.

C. PES-CAPRÆ (pied-de-chèvre). De sa feuille à deux lobes, qui imite assez bien l'empreinte du pied fourchu de la chèvre.

C. ERIOSPERMUS (εριον, poil; σπερμα, graine). Ses semences sont couvertes de longs poils.

CONYZA. De κωνωψ, moucheron, cousin, selon Dioscorides, liv. 5, chap. 119. Quand on suspend cette plante dans un appartement, elle en chasse les cousins et les puces. C'est de là que les Latins l'ont appelée *pulicaria*, les anglois *flea-bane*, et les françois *herbe-aux-puces*, tous noms qui expriment la même chose et qui sont fondés sur une vertu imaginaire.

C. BIFRONS (à double feuillage). Ses feuilles sont garnies d'appendices qui courent sur la tige, et la font paroître ailée.

C. ANTHELMINTICA (bonne contre les vers). Voy. ce mot à la table des termes.

COOKIA Genre établi par Sonnerat, *Ind.* 2, en l'honneur du célèbre capitaine Jacques Cook, né en 1728, mort en 1779, aux îles Sandwich. Quoiqu'il ne se soit pas livré particuliérement à l'étude de la botanique, dans ses prodigieux voyages, il a tellement favorisé les recherches de Banks, Solander, Forster, Sparmann, etc. qu'il a mérité d'être associé à leur gloire.

Un autre anglois, du même nom, Moïse Cook, jardinier célèbre, a publié en 1679 un ouvrage sur la culture des arbres.

COPAIFERA. Qui porte le baume *Copahu.* Ce mot est altéré de *copaiba*, nom que donnent les naturels du Brésil à l'arbre qui le produit. MARGRAV. 121.

COPROSMA (κοπρος, fumier; οσμη, odeur). L'odeur en est détestable. FORSTER, gen. 69.

CORCHORUS (κορχορος, en grec). Plante potagère et adoucissante, dont l'usage est très-ancien dans l'Orient. Son nom vient de κορω, je purge, à cause de sa qualité laxative. Voy. *Melochia.*

On le nomme vulgairement *mauve-de-juif*, du nom *olus judaicum*, légume de juif, que lui ont donné, d'après Avicennes, les botanistes du moyen âge.

CORDIA. Eurice Cordus, allemand, mort en 1538, dont on

a eu, en 1534, un *Botanologicon*; en 1549, une *Dissertation sur les plantes dont on se sert en médecine*, etc.

Valérius Cordus, son fils, né en 1515, mort en 1544, a donné une *Histoire des plantes*; des *Commentaires sur Dioscorides*, etc.

C. SEBESTENA. Nom de ce fruit en Persan, *sebestân.* GOLIUS, page 2202.

C. MYXA (μυξα, mot grec qui signifie mucosité, pulpe). On l'a appliqué à ce fruit dont la pulpe est extrêmement visqueuse; on en fait même de la glu dans l'Orient.

C. GERASCANTHUS (γηρασκω, je vieillis; ανθος, fleur). C'est-à-dire, fleur dont la corolle est de longue durée.

C. CALLOCOCCA (καλλος, beau; κοκκος, fruit, baie). De sa belle couleur d'écarlatte.

CORDYLA (κορδυλη, massue). Sa baie portée sur un long pédicule a la forme d'une massue. LOUREIRO, pag. 500.

CORDYLOCARPUS (κορδυλη, massue; καρπος, fruit). Sa silique allongée et noueuse est terminée par un appendice renflé qui lui donne exactement la forme d'une massue. DESFONT. *Flor. atl.* tom. 2, pag. 79.

COREOPSIS (κορις, punaise; οψις, figure). Sa semence est convexe d'un côté et concave de l'autre; elle est garnie d'un rebord membraneux, et de plus elle est pourvue à son sommet de deux cornes qui lui donnent parfaitement l'aspect d'un insecte.

C. CHRYSANTHA (χρυσος, or; ανθος, fleur). Dont les fleurs sont d'un jaune doré.

C. LEUCANTHA (λευκος, blanc; ανθος, fleur). A fleurs blanches.

C. TRIPTERIX (τρις, trois; πτερυξ, aile). Dont la feuille est presque ternée.

CORIS. Nom sous lequel Dioscorides, liv. 3, chap. 156, décrit une plante analogue aux *hypericum*, et qui ressemble, dit-il, à la bruyère, *erica*. C'est sous ce rapport que Tournefort l'a appliqué à une plante à feuilles menues et qui tapisse, comme la bruyère, les lieux où elle croît.

CORNICULARIA. Dérivé de *cornu*, corne. Série de *Lichen*, dont les ramifications sont fourchues. ACHAR. 2.

CORNIDIA. Joseph Cornide, naturaliste espagnol. *Flore du Pérou*, pag. 43.

CORNUCOPIÆ (corne d'abondance). Son épi long et recourbé a la forme de la corne d'abondance, figurée par les peintres.

CORNUS. De *cornu*, corne. On a comparé la dureté de son bois à celle de la corne. *Son bois est ferme et solide comme corne de bête, d'où il tire son nom*, dit Olivier de Serres, liv. 6. Sa dureté l'a de tout temps mis en grande réputation pour la fabrication des dards, piques, etc. Virgile dit, *Georgiq.* liv. 2 (1), *du cornouiller, du myrte, on fait des traits guerriers.*

Les Grecs l'appeloient dans le même sens κρανια, dérivé de κρανιον, crâne.

C. MASCULA (cornouiller mâle). Terme impropre ; toutes les espèces de ce genre portent des fleurs hermaphrodites, par conséquent ce cornouiller n'est pas plus mâle que les autres. Anciennement, lorsque de deux plantes analogues, l'une étoit bonne et l'autre inutile ou inférieure, on ne manquoit jamais d'appeler la première *mâle* et l'autre *femelle.* Ces noms faux et ridicules étoient tellement en usage, que Linné n'a osé les détruire qu'en partie, dans la réfonte qu'il a faite de la nomenclature.

C. SUECICA. De Suède. Il croît dans tout le nord de l'Europe et même en Angleterre. Dillen, *Elth.* 108, le nomme plus justement *cornus pumila herbacea*, cornouiller nain herbacé.

C. ALBA (cornouiller blanc). La partie est prise ici pour le tout, ce qui arrive fréquemment en botanique. Ses baies sont blanches ; mais ses rameaux sont du plus beau pourpre. C'est pour cette raison que les jardiniers l'appellent d'ordinaire cornouiller *sanguin*, nom qui appartient exclusive-

---

(1) C'est ainsi que je rends ce passage :

.... *At myrtus validis hastilibus*
Et bona bello cornus.

L'abbé Delille le traduit ainsi :

Le cormier fait des dards ;
Le myrte de Vénus offre des traits à Mars.

J'aurois sans doute préféré son élégante traduction à la mienne, s'il n'eût pas mis *cormier* au lieu de *cornouiller :* cette différence n'est d'aucune importance en poésie ; mais elle est essentielle en botanique.

ment au *cornus sanguinea*, dont les rameaux sont d'un rouge obscur, et que Dodonée avoit appelé, *Pempt.* 6, 2, 23, *virga sanguinea*, verge sanguine.

CORNUTIA. Jacques Cornut, médecin françois, voyageur au Canada. On a de lui une *Histoire des plantes du Canada*, en 1635, à laquelle est annexée un *enchiridion* des plantes des environs de Paris.

Enchiridion est un mot grec qui exprime ce que nous appelons un *manuel* : εν, dans, χειρ, main ; c'est-à-dire, ouvrage portatif.

CORONILLA. Dérivé de *corona*, couronne. Ses jolies fleurs sont disposées en couronne. Voy. *Corolle*, pour l'origine du mot *corona*.

C. EMERUS (ημερος, pur, agréable). Le *coronilla emera* est un très-joli arbuste.

CORREA. Genre ainsi nommé par Smith, *Act. de la société de Linn.* vol. 4, en l'honneur de Correa de Serra, portugais, botaniste distingué, membre de la société Linnéenne, à laquelle il a donné plusieurs mémoires importans, vol. 5 et 6. Ce genre est le même que le *mazeutoxeron* de Labillardière, tom. 2, pag. 11.

CORREIA. Même nom que ci-dessus, employé par Vandelli, pag. 28.

CORRIGIOLA. Dérivé de *corrigia*, courroie, qui vient de *corium*, cuir. En ancienne botanique, la renouée, *polygonum aviculare*, étoit nommé *corrigiola*, herbe aux courroies, à cause de ses rameaux longs et déliés. Voy. *P. aviculare*.

Le corrigiola a beaucoup de rapport avec la renouée, les anglois l'appellent même renouée bâtarde, *bastard-knot-grass*.

CORTESIA. En mémoire de l'illustre Fernand Cortès, qui découvrit et conquit le Mexique ; il naquit en 1491, et mourut en 1554. Cavanilles, a dédié ce genre à sa mémoire, tom. 4, pag. 53.

CORTUSA. Mathiole lui a donné ce nom, parce que, dit-il, elle fut trouvée pour la première fois par Jacques Antoine Cortusus. Voy. les *Commentaires sur Dioscorides*, liv. 4, chap. 17.

Cortuse étoit de Padoue et professeur de botanique en

l'université de cette ville. Il mourut en 1593. On a de lui le *Jardin des simples de Padoue.*

CORYCIUM. Dérivé de κορυς, casque. Sa fleur a la forme d'un casque. Swartz, *Act. Holm.* 1800, p. 220.

C. vestitum (vêtu). Ses tiges sont revêtues par les gaînes que forment les feuilles.

CORYDALIS (κορυδαλίς, l'un des noms que donnoient les Grecs à la fumeterre, *fumaria* : il est dérivé de κορυδαλος, alouette). Parce qu'on voit à la partie postérieure de cette fleur une espèce de talon que l'on a comparé à l'éperon de l'alouette.

Ventenat, *Choix de plantes*, n.° 4 - 19, s'est servi de ce nom pour désigner une plante qui se rapproche des *fumaria.*

CORYLUS. Dérivé de κορυς, casque, bonnet; coiffure de tête. Son fruit à moitié couvert par son enveloppe, ressemble à une tête couverte d'un bonnet. Ce qui prouve que cette origine n'est pas imaginaire, c'est que les anglo-saxons l'appeloient de même noix coiffée, *hæsl-nutu. Hæsel,* coiffure, bonnet; *hnutu,* noix.

De *corylus,* on a fait par abréviation *core,* en vieux françois, et par suite *coudrier, coudre* et *coudrette.*

Les Grecs l'appeloient petite noix, λεπτοκαρυον, comme nous disons en françois *noisette,* diminutif de noix.

En anglois *hazel-nut,* comme en anglo-saxon.

C. avellana. *Du territoire de la ville d'Abella ou Avella,* dans la Campanie.

On la nomme aujourd'hui *Avellano,* et elle est encore renommée pour les bonnes noisettes ou *avelines.*

CORYMBIUM. De ses fleurs disposées en corymbe. Voy. l'origine de ce mot à la table des termes de Botanique.

CORYNOCARPUS (κορυνη, massue; καρπος, fruit). Son fruit est une noix allongée en massue. Forster, gen. 16.

CORYPHA (κορυφη, tête, sommet; d'où κορυφαιος, premier, principal). Nom donné par Linné à ce genre de palmiers, par allusion à la beauté du *corypha umbraculifera,* ou porte-parasol. Ses feuilles forment d'immenses éventails de vingt pieds de long, sur quinze de large environ.

Les Indiens en font des tentes, parasols, couvertures de

maisons, etc. Il est appelé au Malabare, *codda-pana*, RHEED. *Mat.* 5, pag. 1.

CORYSPERMUM (κοριε, punaise; σπιρμα, graine). Sa semence ovale et entourée d'un rebord mince, ressemble très-bien à une punaise. A. de JUSSIEU, *Mémoire de l'académie des sciences,* année 1712.

COSMIBUENA. Voy. *Buena.*

COSMOS (κοσμις, beauté, parure). De l'élégance de son feuillage. CAVANILLES, tom. 1, pag. 55. Ce genre se rapproche des *mimosa.*

COSSIGNIA. Nommé ainsi par Commerson, en l'honneur de M. Cossigny, naturaliste françois, habitant de Pondichéri, qui lui fit présent d'un herbier des plantes de la côte de Coromandel. COMMERSON, *lettre à M. de la Lande, insérée dans la relation de Bougainville.*

COSTUS. De son nom arabe *qosth.* GOLIUS, pag. 1904. Jacquin a démontré que le *costus* des modernes diffère de celui des anciens.

COTULA.

COTYLEDON. Dérivé de κοτυλη, coupe, vase, toute chose creuse. Plusieurs espèces de ce genre portent des feuilles épaisses et creusées en cuiller, ou enfoncées en leur milieu comme un nombril. C'est de là que ces plantes ont été nommées poétiquement *nombril-de-Vénus.*

COUBLANDIA. Qui croit proche de l'habitation d'un colon de la Guyane, appelé d'*Escoubland.* AUBLET, pag. 937.

COUEPIA. *Couepi,* nom que donnent à cet arbre les Galibis, peuple de la Guyane. AUBLET, page 519.

COUMAROUNA. *Coumarou,* nom que lui donnent les Galibis et les Garipons. AUBLET, page 742.

COUROUPITA. Abrégé de *couroupitou toumou,* son nom à la Guyane. AUBLET, page 708.

COUSSAPOA. Les Galibis appellent cet arbre *coussapoui.* AUBLET, page 957.

COUSSAREA. Son nom à la Guyane. AUBLET, page 98.

COUTAREA. Nom sous lequel Aublet désigne cette plante de la Guyane, page 316.

COUTOUBEA. Son nom en la langue des Galibis. AUBLET, pag. 74.

CRAMBE. L'un des noms que donnoient les Grecs au chou; il étoit plus particulièrement appliqué au chou marin qui croît sur les plages sablonneuses, de là son nom κ:αμβος, sec, aride.

CRANICHIS. Dérivé de κρανος, un casque; qui lui-même vient de κρανιον, tête, crâne.

Sa fleur présente l'aspect d'un casque. SWARTZ. *act. Holm.* 1800.

CRANIOLARIA. Dérivé de κρανιον, crâne. Son fruit allongé, et qui s'ouvre en deux battans, lui donne l'aspect d'un crâne d'oiseau séparé en deux parties.

CRANTZIA. A. J Crantz, professeur à Vienne en Autriche. Il a publié les *Plantes de l'Autriche.* SWARTZ, 38.

CRASPEDIA (κρασπιδον, frange). De ses fleurons en forme de frange. FORSTER, *Prod.* 306.

CRASPEDUM (κρασπιδον, frange). Ses pétales sont découpés en forme de frange. LOUREIRO, page 411.

CRASSULA. Dérivé de *crassus*, épais : de l'extrême épaisseur des feuilles de toutes les espèces de ce genre.

C. PRUINOSA (*pruina*, givre, gelée blanche). Elle est toute parsemée d'atômes brillans qui lui donnent l'aspect d'une plante couverte de gelée blanche.

C. CEPHALOPHORA (κιφαλη, tête; φιρω, je porte). Qui porte des fleurs réunies en pelotte ou tête.

CRATÆGUS. Dérivé de κρατος, force. De l'extrême dureté de son bois, qui le fait rechercher dans les arts mécaniques. C'est de là que les anglois le nomment arbre - de - trait, *beam-tree.*

C. ARIA. Nom employé par Théophraste, liv. 3, chap. 6, pour désigner un arbre sur lequel les commentateurs ne sont pas d'accord. Il paroît que c'est un nom de lieu; quantité de régions portant autrefois le nom d'*Aria*. PTOLOMÉE.

C. TORMINALIS. Dérivé de *tormina*, tranchées, dissenterie. Le fruit de cet arbre passoit pour en guérir, par son effet astringent.

C. CRUS-GALLI (jambe, pate de coq). C'est-à-dire dont les branches sont armées de fortes épines que l'on a comparées aux éperons du coq.

C. AZAROLUS. Altéré de *azzarur* (âl z'aroûr), sorte de pomme sauvage, en arabe. CASTEL, 1, pag. 106. Voy. aussi JEAN DE SOUZA, p. 176. Ce fruit a la forme d'une petite pomme.

C. OXYACANTHA (*ὀξύς*, aigu ; *ακανθα*, épine : épine pointue). On en connoit les fortes épines. Voy. *Acantha* et *Oxallia*, pour l'étymologie primitive.

Vulgairement *aube épine*, francisé de *spina alba*, épine blanche, pour la distinguer du prunellier, *prunus spinosa*, appelé communément *épine noire*, à cause de la couleur de son écorce. En anglois, *haw-thorn* ; *haw*, de *haga* ou *hagen*, champ, clôture, haie ; *thorn*, épine en anglo-saxon.

Cet arbuste fait les meilleures haies.

CRATÆVA. En mémoire de Cratævus, botaniste grec, contemporain d'Hippocrate. Il a travaillé sur la peinture des plantes. Pline le cite plusieurs fois en s'appuyant de son autorité, sur les vertus des plantes.

C. TAPIA. Nom américain conservé par Margrav. 98.

CRENEA. Nom de cette plante à la Guyane. AUBLET, pag. 524.

CREODUS (*κρεώδης*, charnu). De sa fleur épaisse. LOUREIRO, pag. 112. Ce genre se rapproche des *chloranthus*.

CREPIS (*κρηπίς*, mot grec qui signifie chaussure, semelle). Pline s'en sert, liv. 21, chap. 16, pour désigner une plante dont il ne donne aucune description. Il est à croire que l'on avoit comparé la figure de sa feuille à celle d'une semelle. Vaillant, qui institue ce genre et qui donne toujours l'origine exacte des noms qu'il emploie, ne dit rien de celui-ci.

C. NEGLECTA (négligée). A cause de son peu de beauté, surtout quand on la compare à la crépide élégante, *crepis pulchra*.

C. BURSIFOLIA (*bursi*, abrégé de *bursa-pastoris*). Dont la feuille ressemble à celle du *thlaspi bursa-pastoris*.

CRESCENTIA. Pierre Crescenti, naturaliste italien, né à Bologne, en 1230. On le regarde comme le premier d'entre les modernes qui ait écrit sur l'histoire naturelle et l'agriculture.

On a de lui un ouvrage intitulé : *Des avantages de l'agriculture*. Il a été traduit en françois, en 1486, par ordre de Charles V.

C. CUJETE. Nom brasilien. PLUMIER, gen. 23, MARGRAV. 3—14.

Vulgairement *calebassier*. Les habitans des Antilles enlèvent la chair et la pellicule extérieure de son fruit, et après l'avoir fait dessécher, ils s'en servent en guise de vase, à peu près comme nous employons les *calebasses*. Voy. *Cucurbita lagenaria*.

CRESSA (*cressus*). Qui appartient à l'île de Crète, aujourd'hui Candie.

C. CRETICA. Même sens que le nom générique. Cette épithète n'est qu'une répétition insignifiante; elle est d'autant plus mal choisie, que le *cressa cretica*, se trouve dans toute l'Europe méridionale, et non exclusivement en l'île de Crète.

CRINODENDRUM (κρινον, l'un des noms du lis, en grec; δενδρον, arbre). La fleur de cet arbre est formée de six pétales évasés en cloche comme celle du lis, et elle en a l'odeur agréable.

CRINUM (κρινον, synonyme de λειριον, lis, en grec). Il vient de κρινω, je choisis, je distingue; c'est-à-dire, *fleur d'élite*. Ce nom n'étoit pas affecté spécialement au lis rouge, comme le dit Pline, liv. 21, chap. 5. Anacréon, dans ses odes, emploie fréquemment cette expression : κρινον και ροδον, le lis et la rose; et certes il avoit trop de goût, pour mettre en opposition le lis rouge et la rose.

CRISTARIA. Dérivé de *crista*, crête. Son fruit est recouvert par une peau dentelée, en forme de crête. CAVANILLES, tom. 5, pag. 10.

CRITHMUM. Dérivé de κριθη, orge. Sa semence ressemble parfaitement à un grain d'orge, par sa forme ovale, et l'écorce striée dont elle est recouverte.

CROCUS (κροκος en grec dérivé de κροκη, fil, filament). Le saffran est par filets, qui ne sont autre chose que les stigmates de la fleur. Pline et Dioscorides parlent tous deux des filamens du saffran.

Saffran est un nom tout-à-fait arabe (z'afarân). GOLIUS, pag. 1098. Il est dérivé d'*àssfar*, jaune: on connoît la couleur jaune que le saffran donne en teinture.

Les Grecs avoient fait un nom mythologique de crocus; c'étoit un jeune homme qui fut changé en cette fleur pour avoir dédaigné l'amour de la nymphe Smilax. Voy. *Smilax*.

CROSSOTYLIS (κροσσος, découpure, frange; στυλος, style). Au sommet de son style est un stigmate découpé en quatre lobes trifides, ce qui lui donne un aspect frangé. FORSTER, g. 44.

CROTALARIA. De κρόταλον, nom que donnoient les Grecs à un instrument bruyant analogue à nos cymbales. Ce mot est dérivé de κροτέω, je pousse; de l'action de les pousser ou frapper l'un contre l'autre.

Les gousses du *crotalaria* sont enflées et elles retentissent quand on les remue.

CROTON (κρότων, nom grec de l'insecte appelé par les latins *riccinus*, et par les françois, *tique*. La capsule des *croton* ressemble parfaitement à cet insecte. Voy. le genre *riccinus*.

C. CASCARILLA. Diminutif de *cascara*, écorce, en espagnol, sous-entendu du Pérou. Cette plante est regardée comme analogue au *cinchona*, par sa qualité fébrifuge; mais elle est moindre en ses effets. Voy. *Cinchona*.

C. TINCTORIUM (des teinturiers). Cette plante fournit le *tournesol* des boutiques. Voy. les *Mémoires de l'Acad. des sciences*, an 1712 et 1754, sur cette substance.

C. LACCIFERUM (qui porte la lacque). Ce nom est d'origine arabe et vient de *lak*. FORSKAHL, *Mat. méd. supp.*

Il découle de l'écorce du *croton lacciferum*, des larmes d'une lacque très-belle et supérieure à celle de Siam et de Pégu, qui est le produit d'un insecte, *coccus lacca*. Voy. sur cet animal le *Mémoire de James Kerr, Transact. philos. de la société royale*, an. 1781.

C. SEBIFERUM (*sebum*, graisse, suif : qui porte, qui produit du suif). Les semences de cet arbre sont environnées d'une substance très-blanche assez semblable au suif. On en fait à la Chine de fort belles chandelles après y avoir, toutefois, mêlé de la cire pour leur donner plus de consistance.

C. RICCINOCARPOS (καρπός, fruit). Dont la fructification ressemble à celle des *riccins*. Ces deux genres se tiennent de près.

On remarquera que le mot grec καρπός s'unit mal avec le latin *riccinus*.

CROTONOPSIS (croton, la plante de ce nom, ὄψις, figure). Plante analogue aux *croton*. MICHAUX, *Flor. bor. Amér.*, 2 — 185.

CROWEA. Jac. Crow, botaniste anglois, de la société Linnéenne; il a travaillé sur les plantes d'Angleterre. SMITH, *Act. soc. Linn.* vol. 4.

CRUDIA. Communiqué par Crudy, dont Schreber lui donne le nom. gen. 711.

CRUCIANELLA. Dérivé de *crux*, *crucis*, croix. De ses feuilles par verticilles de quatre; quelques espèces les ont de six, ce qui rend ce nom impropre.

CRUZITA. Du nom espagnol *cruz*, qui n'est autre que le *crux* des Latins. Son calice forme une croix; et comme cette plante croît dans la Nouvelle-Espagne, Lœffling, qui la découvrit, crut devoir lui laisser l'orthographe espagnole comme le cachet de son origine.

CRYPSIS. Dérivé de κρυπτω, je cache. Fructification cachée dans les graines des feuilles. *Hort. Kew.*, 1 — 48.

CRYPTANDRA (κρυπτος, caché; ανηρ, ανδρος, organe mâle ou étamine). Fleur dont les étamines sont cachées par les écailles qui sont à l'entrée de la corolle. Smith, *Act. soc. Linn.* vol. 4.

CRYPTOSTOMUM (κρυπτος, caché; στομα, bouche). Fleur dont l'entrée de la corolle est fermée par le nectaire. Schreber, gen. 344, a nommé ainsi le *montabea* d'Aublet.

CUBÆA. Voy. *Tachygali.* Schreber, gen. 702, lui a donné ce nouveau nom, en mémoire de Jean Cuba, médecin allemand, qui vivoit au quinzième siècle. On a de lui le *Jardin de la santé*, dont la première édition est de 1486. Le jugement qu'en porte Tournefort (Isagoge) n'est pas flatteur. *Quoi de plus inepte, dit-il, que le Jardin de la santé de Cuba?*

CUBOSPERMUM. Dont les semences sont en forme de cubes. Lourfiro, pag. 337. Ce genre tient aux *jussieux.*

CUCIFERA. Nom sous lequel Théophraste, liv. 4, chap. 2, désigne une espèce de palmier qui, d'après la description qu'il en donne, paroît être le palmier *doùm*, ou le palmier de la Thébaïde. Forskahl, 126.

C'est dans ce genre que rentre l'*hyphœne* de Gærtner.

CUCUBALUS. Altéré de *cacobole*; κακος, mauvais; βολη, jet, mauvais jet, mauvaise plante : c'est-à-dire, nuisible aux guérets.

Le nom anglois exprime la même chose : *campion* dérivé de *camp*, champ, champêtre.

C. catholicus. C'est-à-dire, décrit pour la première fois dans l'*Hortus catholicus*, du père Cupani, 110. Voy. *Cupania*, pour l'explication de ce titre.

C. OTITES. Dérivé de *ους, ωτος*, oreille. On a légèrement comparé la forme de sa feuille à celle d'un cure-oreille.

CUCULLARIA. Voyez *Vochisia* d'Aublet. Schreber, gen. 11, l'a nommé ainsi, à cause de son nectaire en capuchon appelé *cucullus* en latin.

CUCUMIS. Ce nom a pour radical *cucc*, toute chose creuse en langue celtique, d'où une foule de dérivés. Voy. *Coque* à la table des termes de botanique.

Cucumis a même signifié vase chez les Latins.

Ce genre comprend plusieurs espèces, dont les fruits sont susceptibles d'être vidés, quand ils sont secs, et dont on fait alors toutes sortes de vases. Telle est la *coloquinthe*.

C. COLOCYNTHIS (*κολον* ou *κολα*, ventre, intestin; *κινω*, je remue). Qui ébranle, qui remue les entrailles. C'est un violent purgatif très-usité autrefois. LÉMERY.

C. PROPHETARUM. Des prophètes : c'est-à-dire, dont il est parlé dans l'Ecriture-Sainte, *Genèse*, chap. 30. Voy. plus bas *cucumis du daim*, auquel ceci se rapporte, et dont le *cucumis prophetarum* est l'analogue.

C. DUDAIM. Nom hébreu d'un fruit mentionné dans l'Ecriture.

La vulgate rend ce mot par *mandragore*, qui est une production toute différente. Ludolphe, dans l'histoire d'Ethiopie, croit que ce *dudaim* est le *musa* : il se peut qu'il ait rencontré juste; mais il est impossible de le prouver. Une simple mention n'est pas une description; et même les descriptions que donnent les anciens laissent le champ libre aux commentateurs, faute d'être appuyées sur les parties essentielles des plantes. Voy. Olaus Celsius, sur le *dudaim*, vol. 1, pag. 1.

Ce nom a servi à désigner une espèce de concombre du Levant, qui a peu de goût.

C. MELO (*μηλον*, pomme, en grec). On connoît son fruit en forme de grosse pomme.

C. CHATE. Sorte de concombre nommé ainsi par les Egyptiens, qui en font un fréquent usage alimentaire. PROSPER, *Alpin*, 114.

Forskahl l'écrit *cate* (qàteh), pag. 169.

C. CONOMON. Nom de cette plante au Japon, où l'on en fait, selon Thunberg, un grand usage dans les alimens.

CUCURBITA. Mot latin qui signifie vase; il est dérivé de *cuce*, chose creuse en celtique. Voy. plus haut *Cucumis* et *Coque* à la liste des termes.

Ce genre comprend plusieurs plantes dont les fruits servent à faire des vases, coupes, bouteilles, etc.

C. LAGENARIA. Dérivé de λαγηνος, vase, bouteille. La forme de ce fruit ressemble exactement à celle d'une bouteille, et il sert au même usage quand il est sec.

Vulgairement *gourde* du celtique *gourd*, pesant, lourd; De l'extrême pesanteur de son fruit encore vert.

Ce mot *gourd* est radical de *gourdin*, bâton lourd; engourdir, appesantir, etc.

C. PEPO. Du grec πεπων, qui exprime dans le sens usité un fruit du genre du melon, mais qui, dans le sens littéral, signifie fade, doux. Nous l'avons justement appliqué à cette plante, dont le fruit est insipide.

C. MELOPEPO. Plante qui tient de la nature du melon et de celle du pepo. Voy. *C. pepo* et *C. melo*.

C. CITRULLUS. Dérivé de *citrus*, citron, orange. La chair de ce fruit est d'une belle couleur *orangée*. On l'appeloit *citre*, en vieux françois. OLIVIER DE SERRES.

Vulgairement *melon d'eau*. Il remplit la bouche d'une eau abondante et délicieuse. On l'appelle aussi *pastèque de batteca*, nom que donnent les Malais à une plante de cette série. RUMPH, 5.

Les Arabes la nomment de même *batich* (bathyhh) FORSKAHL, pag. 167.

CUELLARIA. Jean Cuellar, botaniste espagnol, mentionné par les auteurs de la *Flore du Pérou*, pag. 50.

CUMINUM. Du nom arabe *qamoùn*. GOLIUS, pag. 2065.

De ce mot, les Grecs ont fait κυμινον; Latins, *cuminum*; François, *cumin*, etc.

CUNILA. Les Latins comprenoient sous ce nom plusieurs plantes labiées; *cunila bubula, cunila montana, cunila gallinacea* désignent, dans Pline, des plantes analogues au thym, à l'origan, etc. Linné s'en est servi pour désigner un genre qui se rapproche de la description que donne Pline de ces

plantes. Tournefort l'appelle *marrubiastrum*, c'est-à-dire,
analogue au marrube. Linné ne l'a point adopté, parce que,
dit-il (*Philosoph. bot.*), *les noms génériques composés d'autres
noms génériques avec une certaine désinence, doivent être rejetés.*

CUNNINGHAMIA. Voy. *Malanea.* Schreber, gen. 1720, l'a
nommé ainsi en mémoire de Cunnigham, anglois, membre
de la société royale de Londres, dont on a eu un *Catalogue
des plantes marines de l'île de l'Ascension*, inséré dans les
Transact. philos., n.° 255. Il a encore publié, en 1708, un
Voyage à l'île de Chusan, etc.

CUNONIA. Jean Cunon, hollandois, de l'académie de Gottingue, a publié en 1749 le catalogue de son propre jardin.

CUPANIA. En mémoire du père François *Cupani*, capucin
italien, né en 1657, mort en 1710. On a de lui un ouvrage intitulé *Hortus Catholicus*, c'est-à-dire *Description du
jardin du prince de la Cattolica*. Il eût mieux valu dire
Hortus catholicanus, d'autant mieux que ce titre de *Jardin
catholique* donné par un moine à un ouvrage d'Italie, semble
présenter une autre idée. Il a aussi publié le *Panphyton de
Sicile* (παν, tout; φυτον, plante), ou Histoire naturelle de
toutes les plantes de cette île.

CUPHEA. De κυφος, courbé. Sa capsule est bossue. Ce genre
rentre dans les *lithrum* de Linné. Jacquin, *Hort.* 2,
pag. 83.

CUPRESSUS (en grec, κυπαρισσος). Dérivé de κυπρος, l'île de
Chypre où cet arbre est très-abondant. Il en est de même
de toutes les îles de l'Archipel et de l'île de Crète. Pline
dit, liv. 16, chap. 33, que si l'on y laboure la terre, il y
naîtra d'abord des cyprès.

   Cet arbre étoit consacré à Pluton, parce qu'une variété
de cyprès porte des branches tombantes qui lui donnent
un aspect de deuil.

CURANGA. Nom malais employé par Vahl, *Enum. pl.* p. 100,
et maintenu par A. L. de Jussieu, pour désigner une plante
mentionnée par Rumphius, *Annales du Musée*, vol. 9,
page 319.

CURATELLA. De *curatus*, travaillé, limé, nom donné par
Aublet, pag. 580, à cet arbre de la Guyane, parce que les

naturels de ce pays se servent de sa feuille rude et ferme pour polir leurs arcs, sabres, etc.

CURCULIGO. Ses semences sont garnies d'un prolongement recourbé qui lui donne la forme de l'insecte appelé *curculio*. GÆRTNER, tom. 1, pag. 63.

CURCUMA. Du nom arabe *kurkum*. GOLIUS, 2024.

On le nomme vulgairement *safran de terre*, parce que sa racine teint en jaune comme le safran. Voy. *Crocus*.

CURTISIA. Williams Curtis, anglois, a donné, en 1787, la *Flore des environs de Londres*; et en 1789, le *Magasin de Botanique*. Hort. Kew. 1 — 162.

CUSCUTA. De son nom arabe *kechôut*. GOLIUS, 2036. De là *cusenta* en latin, *cuscute* en françois, κασσυτα en grec, etc. On nomme aussi cette plante *epithyme*, *epithymbre*, etc. du mot grec επι, sur, qui croît sur le *thym*, sur la *thymbrée*. On connoît la végétation de ce parasite.

CUSPIDIA. De *cuspis*, pointe. Des écailles piquantes du calice. GÆRTNER, tom. 2, pag. 454.

CUSSONIA. Pierre Cusson, professeur de botanique en l'université de Montpellier. Il a principalement travaillé sur les plantes ombellifères. LINN. *Suppl.* 25.

CUVIERA. Cuvier, professeur d'anatomie (des animaux) au Musée d'Histoire naturelle de Paris, connu par ses superbes ouvrages, et ses découvertes importantes en zoologie.

En donnant son nom à une plante (*Annales du Musée*, tom. 9, pag. 216), Decandolle établit ce principe, que ceux qui cultivent les différentes branches de l'histoire naturelle, ont un même droit à l'illustration que la science peut ajouter à leur nom.

CYANELLA. Dérivé de κυανος, bleu. La cyanelle du Cap produit des fleurs d'une belle couleur bleue.

CYATHEA (κυαθος, vase). De ses involucres en forme de coupe. SMITH, *Mém. acad. de Turin*, vol. 5, pag. 416.

CYATHOPHORUM (κυαθος, vase; φερω, je porte). Mousse qui porte une gaîne évasée. PALISOT-BEAUVOIS, *Æthéogamie*, 33. Ce genre tient aux *anictangium* de Hedwig.

CYATHULA. Dérivé de κυαθος, vase. Sa corolle est en forme de gobelet. LOUREIRO, pag. 124. Ce genre rentre dans les *achyranthes*.

CYATHUS (κυαθις, vase). Cette fongosité est campanulée. Voy. *Peziza*.

CYCAS. Nom employé par Théophraste et par Pline, liv. 13, chap. 4, pour désigner un petit palmier qui croît en Ethiopie. Les modernes l'ont appliqué à un arbre analogue aux palmiers. Il est appelé en Malabar *todda-pana*. RHEED. *Mal* 3, p. 9.

C. CIRCINALIS. Dérivé de *circus*, cercle; qui est par cercles. La tige de cet arbre est formée d'anneaux protubérans, ou *cercles* implantés les uns sur les autres.

La moelle du *cycas* est connue sous le nom de *sagou*, du malais *sagu*. En l'île d'Amboine, le pain que l'on en fait est appelé *sagu-maruca*. RUMPH. 1 — 17.

CYCLAMEN. Dérivé de κυκλος, cercle, soit de sa racine parfaitement arrondie, soit des nombreux anneaux que forment ses pédicules.

Vulgairement *pain de pourceau*, parce que les porcs recherchent avec avidité sa racine tuberculeuse.

CYCLAS. Voy. *Apalatoa*, d'Aublet. Schreber gen. 712, lui a donné ce nom à cause de son légume orbiculaire (κοκλος, cercle).

CYLINDRIA (κυλινδρος, cylindre). De sa corolle en tube ou en cylindre. LOUREIRO, pag. 86.

CYLISTA. Dérivé de κυλιξ, calice. Celui de sa fleur est très-grand. *Hort. Kew.* 3 — 36.

CYMBARIA. De κυμβος, chose creuse; κυμβαλον, cymbale. De la forme des deux battans de son péricarpe, semblable à celle des cymbales.

CYMBIUM. Dérivé de κυμβος, chose creuse. Les lèvres du nectaire forment une cavité à leur base.

Ce genre, extrait de plusieurs autres, et principalement de l'*epidendrum*, a été institué par Swartz, *Act. nov. Ups.* 6, pag. 70.

C. ECHINOCARPUM (εχινος, hérisson; καρπος, fruit). Dont la capsule est hérissée.

C. SCRIPTUM (écrit). Ses pétales présentent des taches que l'on a comparées à des caractères écrits.

C. ODONTORHIZON (οδους, οδοντος, dent; ριζα, racine). On voit à sa racine des appendices en forme de dent.

C. TESSELLATUM. De *tessella*, case d'un damier. Sa fleur est

marquée de taches carrées semblables aux cases d'un échi-
quier.

CYNANCHUM (κυων, κυνος, chien ; αγχειν, étrangler : qui tue
les chiens). Même sens qu'apocynum. Ces plantes sont analogues entr'elles. Voy. *Apocynum*.

CYNARA. Dérivé de κυων, κυνος, chien. Des pointes de son
calice dures et mordantes, que l'on a comparées, par métaphore, à la dent de chien.

    Artichaux, selon Bullet, du celtique *art*, pointe, épine ;
chaulx, chou, chou épineux. Il est bon de remarquer que
le nom arabe de ce légume est le même à peu de chose
près. *Carcioffo* (kharchiof). OLAUS CELSIUS, vol. 2, p. 153.
    En anglois, *artichoque*, altéré d'artichaux.

CYNOGLOSSUM (κυων, κυνος, chien ; γλωσσα, langue). On a
comparé sa feuille longue, ovale et très-douce au toucher,
à une langue de chien.

C. OMPHALODES (ομφαλος, nombril ; ειδος, forme, ressemblance).
    Cette plante, ainsi que plusieurs autres du même genre,
produit des semences arrondies et enfoncées en leur milieu,
qui ressemblent très-bien à un petit nombril.

C. LINI FOLIUM (à feuilles de lin). Cette ressemblance est
très-foible ou même nulle.

CYNOMETRA (κυων, κυνος, chien ; μητρα, matrice). De la singulière forme de son légume charnu et lunulé, qui l'a fait
comparer avec assez de justesse à l'organe de la génération
de la chienne.

C. CAULI-FLORA (à tige fleurie). Cet arbre extraordinaire est le
contraire des autres : depuis la racine jusqu'à la naissance
des petites branches, il est tout couvert de fleurs, il y en
a même sur les portions de racine qui sont hors de terre,
tandis que la partie supérieure de l'arbre en est dépourvue.

C. RAMI-FLORA (à rameaux fleuris). Celui-ci est l'inverse de
l'autre. Il porte ses fleurs éparses parmi les feuilles des petits
rameaux.

CYNOMORION (κυων, κυνος, chien ; μοριον, pénis) Cette singulière plante consiste seulement en une espèce de chaton
droit, gros comme le doigt et pourpre, ce qui l'a fait comparer au membre génital du chien.

    Le *cynomorion* croit particulièrement dans un petit îlot

près de l'île de Malthe; c'est delà que Bocconi, *Mus.* 2, p. 69, l'appelle *fungus melittensis*, champignon de Malthe.

CYNONTODIUM (xuan, xonos, chien ; odous, odonros, dent). Mousse dont les dents du péristome ont été comparées à des dents de chien. HEDWIG, 58.

CYNOSURUS (xuan, xonos, chien ; oupa, queue). Son épi plat d'un côté et convexe de l'autre, ressemble assez bien à une queue de chien, pour qu'on lui en ait donné le nom.

C LIMA (lime). De la forme de son épi et de sa rudesse.

C. ÆGYPTIUS (d'Egypte). Croît également en Asie, en Afrique, et même en Amérique.

CYPERUS (xuzwipos, en grec). Selon Pline, liv. 21, chap. 18, *cyperos* et *cypiros* étoient deux plantes différentes quoiqu'analogues. Ce que disent Pline et Dioscorides du *cyperus*, se rapporte à notre *cyperus esculentus*, dont les racines tuberculeuses sont très-agréables au goût; elles passent dans l'Orient pour exciter puissamment à l'amour.

Il est à croire que cette plante tire son nom de cette qualité aphrodisiaque, et que de *Cypris*, *Vénus*, on aura fait *cyperos*.

Vulgairement *souchet*, des fortes souches que forme l'entrelacement des racines de la plupart de ces plantes.

En anglois *rush*, dérivé de *ru*, eau, en celtique. Il croît aux lieux inondés. Ce mot de *ru*, est radical de *ruisseau*, qui même est encore appelé *ru* dans plusieurs provinces. Dans le roman de la *Rose*, *ruisseau*, est toujours rendu par *ru*. En grec, pu , je coule, a la même origine; ainsi que *rouir*, mettre le chanvre à l'eau, en françois; *roro*, arroser; *ros*, rosée, etc.

C. DIFFORMIS (difforme). Plukenet, au contraire, l'appelle *cyperus* élégant. *Almagest.* f. 3. Cette plante ne justifie ni l'une ni l'autre de ces épithètes.

C. IRIA. Nom malabare. RHEED. 12, p. 105.

C. HYDRA. Cette plante est le fléau des cultivateurs de l'Amérique septentrionale; elle se multiplie à l'infini par ses racines tuberculeuses et semble renaître sans cesse, comme l'hydre de la fable. MICHAUX, *Flor bot. Amér.* 1, p. 27.

C. PAPYRUS. Ce nom est de la plus haute antiquité, et il paroît appartenir à l'ancienne langue égyptienne. Selon Niebuhrg, le nom de *papyros* est obscur, même pour les Arabes lettrés. *Préface*, pag. 47, *ed.* 1779.

Les Egytiens modernes le nomment *èl berdy*. Olaus Celsius, tom. 1, p. 345, et Bochart, *Hier.* 1, p. 342.

Voyez pour tout ce qui concerne cette plante, le *Voyage de Guilandin*, ainsi que la *Dissertation de Caylus*, sur le *papyrus. Mém. de l'acad. des inscript.* tom. 26 (1).

On sait que c'est de la tige du *papyrus* que les anciens Egyptiens tiroient la matière sur laquelle ils écrivoient, et que c'est de là que s'est formé notre mot *papier*.

C. monostachyos (μονος, seul, unique; σταχυς, épi). De son épi ovale et simple.

CYPHIA (κυφος, courbé). De son stygmate penché. Ce genre rentre dans les *lobelia* de Linné.

CYPRIPEDIUM (Κυπρις, Vénus; ποδιον, soulier, dérivé de πους, ποδος, pied). De son nectaire en forme de sabot.

C. calceolus (petit soulier). Même sens en latin, que le nom générique en grec.

CYPSELEA (κυψελη, ruche à miel). Ses capsules en ont la forme. Turpin, *Annal du musée d'hist. nat.* vol. 7, 219.

CYRILLA. Dominique Cyrillus, professeur de médecine à Naples, de la société royale de Londres. Il a donné en 1788, une collection des plantes les plus rares du royaume de Naples. L'Hérit. *Stirp. nov.* t. 71.

CYRTA (κυρτος, courbé). De la forme de son fruit. Loureiro, pag. 341.

CYRTANDRA (κυρτος, courbé; ανηρ, ανδρος, mâle; organe mâle ou étamine). Les filets des deux étamines fertiles sont arqués. Forster.

CYRTANTHUS (κυρτος, courbé; ανθος, fleur). Le tube de la corolle est long et recourbé. *Hort. Kew.* 1—414.

---

(1) Le *papyrus* croit au bord des fleuves en Egypte, Syrie, etc.; il porte une tige très-élevée et une tête pesante, qui scroit bientôt renversée par les eaux sans la sage prévoyance de la nature. Bruce l'a trouvé dans le Jourdain, dont le cours est très-rapide, et il a remarqué qu'il offroit constamment un de ses angles au courant, comme pour en éluder la force. Cette observation ingénieuse, appliquée à cette foule de plantes à tige triangulaire qui croissent le long des fleuves, offriroit probablement les mêmes résultats.

CYTINUS (*κυτινοι*, fleurs de grenade, en grec). Le calice charnu du *cytinus* ressemble parfaitement à celui de la grenade.

L'hypociste, dit Dioscorides, liv. 1, chap. 109, ressemble aux fleurs du grenadier. Pline, liv. 23, chap. 6, répète la même chose d'une autre manière : *le bouton de grenade que les Grecs nomment cytin.*

C. HYPOCISTIS (*υπο*, sous ; *κιστοι*, le ciste). Qui croît au pied de quelques espèces de cistes, à la manière de l'orobanche.

CYTISUS. Ce nom lui a été donné, selon Pline, liv. 13, chap. 24, parce qu'il fut découvert en l'île de Cythnos l'une des Cyclades.

On remarquera que le *cytise* des anciens n'est pas de ce genre ; on croit que c'est notre *medicago arborea*.

C. LABURNUM. Altéré d'*alburnum*, nom latin de l'aubier ou bois blanc, qui recouvre le bois proprement dit, ou cœur des arbres. Voy. *Aubier*, à la table des termes, pour l'étymologie d'*Alburnum*.

Pline dit, liv. 16, chap. 18, *que le* laburnum *a le bois* blanc et dur.

Le *laburnum* des anciens n'étoit certainement pas le même que le nôtre, dont le bois, au contraire, est d'une couleur si foncée, qu'on le nomme vulgairement *faux ébène*.

C. CAJAN. Altéré du nom malais *catjang*. RUMPH, 9, 34.

C. SESSILI-FOLIUS (à feuilles sessiles ou sans queue). Les feuilles florales, seules, en sont dépourvues.

D

DACTYLIS (δακτυλος, doigt). Les divisions de son épi imitent grossièrement les doigts de la main ; un de ses épillets plus gros que les autres, et qui s'écarte à la base, figure le pouce. On sent assez que la plupart des comparaisons de ce genre ont besoin du secours de l'imagination.

DAHLIA. André Dahl, botaniste suédois. Il a donné des observations sur les systêmes de botanique, en 1787. CAVANILLES, tom. 1, pag. 56.

DAIS.

DALBERGIA. Nicolas Dalberg, chirurgien ordinaire du roi de Suède. On a eu de lui, en 1755, un ouvrage intitulé: *Métamorphoses des plantes.*

Un autre Dalberg (Ch. Gus.), a publié un *Voyage à la Guyane hollandoise.*

D. MONETARIA. De *moneta*, monnoie. Sa gousse a la forme d'une piéce de monnoie.

D. LANCIFOLIA (à feuilles lancéolées). Telle est l'idée que présente ce nom en apparence; mais Linné, par les épithètes qu'il choisit pour distinguer les deux espèces de *dalbergia*, a cherché à faire allusion à leurs patrons et à leurs différentes fonctions.

Le *dalbergia lanceolata* est l'emblême de la lancette du chirurgien, et le *dalbergia monetaria*, désigne l'opulence du second Dalberg, riche négociant.

On a vu aux articles *Browallia, Commelina,* etc. que Linné ne haïssoit pas ces sortes de plaisanteries.

DALEA. Thomas Dale, botaniste anglois, dont on a eu, en 1723, une dissertation medico-botanique sur la *pareira brava.*

Un autre Dale (Samuel), anglois, a donné, en 1693, une

pharmacologie, dans laquelle les plantes médicinales sont décrites. Ce genre est extrait des *psoralea* de Linné.

DALECHAMPIA. Jacques Dalechamp, botaniste françois, né en 1513, mort en 1588. On a de lui une *Histoire générale des plantes.*

Cet ouvrage a été traduit en françois par le médecin Dumoulin, en 1653. On a encore de Dalechamp de savans commentaires sur Pline, édition de 1631.

DAMASONIUM. Dérivé de δαμαζω ou δαμαω, je dompte. Cette plante passoit pour détruire ou dompter l'effet du vénin du crapaud et du lièvre marin. Voy. Pline, liv. 25, chap. 10.

Ce genre rentre dans les *alisma* de Linné, dont il ne diffère que par ses germes nombreux. *L'alisma*, dit Pline, *que l'on appelle aussi damasonium*, etc.

DANEA. Pierre-Martin Dana, piémontais. Il a travaillé sur les plantes du Piémont. Smith, *Mém. acad. de Turin*, vol. 5 pag. 420.

Allioni lui avoit déjà dédié, sous le nom de *danaa*, un genre que plusieurs botanistes ont replacé parmi les *ligusticum.*

DAPHNE. Nom du laurier en grec. Il a conservé, en botanique, son nom latin *laurus*; et le synonyme grec a été appliqué à un genre dont plusieurs espèces ressemblent, en petit, au laurier par le feuillage et par les baies qu'elle produisent. De là le nom vulgaire *laureole*, petit laurier.

Les anglois l'ont nommé *spurge-olive*, olivier purgatif; de son effet purgatif, ou plutôt corrosif. Ce nom rentre dans celui de *chamœlœa* que lui donnoient les Grecs. Voy. plus bas *Daphne thymelœa.*

D. mezereum. *Mazeriyun* (mâdzaryoùn), nom que donnent les Persans à cet arbuste qui chez eux est en réputation pour guérir de l'hydropisie. Richardson, *Dict. persan et anglois*, pag. 1558.

D. tarton-raira. *Tarton-raire*, nom vulgaire de cette plante en Provence où elle est naturelle. Garidel, 461.

D. thymelœa Nom grec d'un arbuste qui, selon Dioscorides, liv. 4, ch. 167, ressemble au *chamœlœa*, et qui est le même selon Pline, liv. 13, ch. 21. Ελαια, olivier, en est le radical; θυμελαια, olivier thym; χαμαιλαια, olivier nain, à cause de la petitesse de cet arbuste, et de son fruit semblable à une petite olive à l'extérieur.

D. CNEORUM. Voy. le genre *Cneorum*.

DAREA. Dare, pharmacien anglois.

DARTUS (δαρτος, excorié, dérivé de δερω, j'écorche). Son fruit semble excorié, *excorticatus*. LOUREIRO, pag. 152.

DASUS (δασυς, velu). De sa corolle chargée de poils. LOUREIRO, pag. 176.

DATISCA.

DATURA. Altéré de son nom arabe *datora* (tâtôrah). FORSKAHL, pag. 63. Vers Goa et Canara on le nomme *dahure* ou *datura*. RUMPH. Ces noms sont analogues entre eux.

D. STRAMONIUM. Syncopé de στρυχνομανικον; c'est-à-dire, en grec, *solanum* qui rend furieux, qui trouble les sens. On connoît les funestes effets de cette plante appelée vulgairement *pomme-épineuse*. Sa capsule est de la grosseur d'une petite pomme et elle est toute hérissée d'épines.

D. METEL. *Méthel*, nom arabe employé par Sérapion. ch. 375, et qui exprime en cette langue l'effet narcotique de la plante. *Moûtàn*, exprime une maladie léthargique, et il est dérivé de *moût*, mort. GOLIUS, pag. 2276.

D. FEROX (féroce). Nom métaphorique donné à cette plante, pour exprimer la dureté des épines de son péricarpe.

D. TATULA. Altéré de *datula*, nom que les Turcs et les Persans donnent au *datura*, selon Rumphius. En malais, *dutra*; en amboine, *lutroa*. Tous ces noms sont dérivés l'un de l'autre.

D. FASTUOSA (fastueux). Par allusion à sa magnifique fleur pourpre au-dehors et d'un blanc de satin en dedans.

DAUCUS. De δαιω, j'échauffe : de son effet en médecine. Tous les anciens auteurs parlent du *daucus*, comme d'une plante échauffante.

D. CAROTA. Dérivé de *car*, rouge, en celtique; on connoît la couleur de sa racine. Voy. *Garance* au genre *Rubia*.

D. VISNAGA *ou* BISNAGA, altérés de *bisacutum*, son nom en basse latinité. Il signifie double pointe, et vient de l'usage très-ancien de faire des cure-dents avec le pédicule de ses ombelles. Les Espagnols n'en emploient pas d'autres; et en Italie on en sert à chaque convive.

DEL 155

DECADIA. Dérivé de *δικα*, dix ; dont la fleur a dix pétales. Loureiro, pag. 385.

DECOSTEA. Les auteurs de la *Flore du Pérou*, pag. 119, ont ainsi nommé ce genre en l'honneur de Decoste Sarradel, professeur de botanique à Perpignan.

DECUMARIA (*decumanus*, par dix, dérivé de *decem*, dix). Son calice a dix divisions, sa corolle est formé de dix pétales, son stigmate a dix lobes, et son fruit à dix loges, contient dix semences.

DEGUELIA. Abrégé de *assa-ha pagara undeguélé*, nom que donnent les Galibis à cet arbuste de la Guyane. Aublet, pag. 755.

DEIDAMIA. Nom poétique donné à cette production de l'île de France, par l'espagnol Norôna, et confirmé par Aubert du Petit-Thouars, *Plant. des îles d'Afr. fasc.* 4.

Il n'est pas facile de deviner la raison qui a dirigé Norôna, dans le choix d'un nom qui rappelle une idée trop compliquée pour qu'une plante y fasse quelqu'allusion.

On sait que Deïdamie étoit une des filles de Lycomède, roi de Scyros. Thétis ayant caché son fils Achille parmi elles, pour le soustraire à sa destinée, il devint amoureux de Déïdamie, dont il eût Pyrrhus.

Quant à ce nom, il signifie *craintive, timide*; mais ce qui arriva à Déïdamie, prouve que dans tous les temps, les noms ont souvent été en contradiction avec ceux qui les portent.

DELIMA. (*delimo*, je rape, je lime ; composé de *lima*, une lime). De la feuille très-rude de cet arbre. Il croît en l'île de Ceylan, où l'on se sert de sa feuille pour polir différens ustensiles.

On remarquera toutefois que *delima* est le nom malais d'un arbre d'Amboine, Rumph. 2—33, analogue au grenadier.

DELPHINIUM. Dérivé de *δελφιν*, dauphin. De son nectaire allongé qui lui donne quelque ressemblance avec nos prétendues figures de dauphin.

Vulgairement *pied d'alouette*, comparaison plus juste avec le long ergot du talon de l'alouette ; de même en anglois *lark's spur*, éperon d'alouette.

D. CONSOLIDA (*consolidare*, réunir). Cette plante passoit pour souder les chairs séparées, comme par merveille. De là son ancien nom vulgaire, *consoude royale*. On ne la compte plus maintenant que parmi les vulnéraires médiocres.

D. AJACIS. (d'*Ajax*). On voit dans sa corolle quelques linéamens qui forment imparfaitement les lettres grecques ΑΙΑ ou plutôt ΑΙΑ. Voy. *Hyacinthus*.

D. STAPHISAGRIA (σταφις, grappe de raisin sec; αγρια, sauvage). De ses grains secs et ridés qui ressemblent assez bien à du raisin sec. De là vient que les Latins l'appeloient dans le même sens *passula montana*, raisin sec de montagne. DODONÉE, *Pem.* 3, liv. 3, ch. 26. De plus, sa feuille ressemble à celle de la vigne.

DENDROBIUM (δενδρον, arbre; βιος, la vie : qui vit sur les arbres). Même sens que *epidendrum*. Voy. ce genre dont celui-ci a été détaché par Swartz, *Act. nov. Ups.* 6, pag. 82.

D. TESTICULATUM. Sa corolle présente deux renflemens très-remarquables.

DENTARIA. Dérivé de *dens*, *dentis*, dent. On voit sur sa racine des sommités en forme de dents qui sont les appendices des pédicules des anciennes feuilles.

D. BULBIFERA (bulbifère). Non que sa racine soit bulbeuse, comme ce mot l'exprime ordinairement; mais parce que l'on trouve souvent dans les aisselles de ses feuilles de petites bulbes charnues par lesquelles on peut la multiplier.

D. PENTAPHYLLOS, ENNEAPHYLLOS (πεντε, cinq; εννεα, neuf). Dont la feuille est ordinairement divisée en cinq et neuf folioles.

DENTELLA. Dérivé de *dens*, *dentis*, dent. Les découpures de sa corolle ont chacune trois dents dont celle du milieu est plus allongée. FORSTER.

DENTIDEA (*dens*, *dentis*, dent). Des découpures supérieures du calice qui sont dentelées. LOUREIRO, pag. 447.

DERMATODEA (δερμα, peau, cuir; ειδος, forme, ressemblance). Série de *lichen*, d'une consistance coriace, comme celle du cuir. VENTENAT, *Règne vég.* 2, pag. 34.

DERRIS (δερρις ou δερας, peau, membrane). De son légume membraneux. LOUREIRO, pag. 526.

DESMANTHUS (δεσμη, fascicule; ανθος, fleur). De la réunion de ses fleurs. WILLDENOW, pag. 1044, tom. 4.

DESMAS (δεσμος, un lien, une chaîne). Ses fruits sont articulés comme les chaînons d'une chaîne. LOUREIRO, pag. 431.

Ce genre se rapproche des *unona*.

DETARIUM. *Detar,* nom de cet arbre au Sénégal. ADANSON.

DEUTZIA. Jean Deutz, naturaliste hollandois, mentionné par Thunberg, dont il facilita les voyages et les recherches.

DIALIUM. Genre institué par Burmann, *Ind.* 12. Διαλιον, est un nom employé par quelques auteurs grecs, comme synonyme d'*héliotrope*; il vient de διαλυω, je détruis, je dissous. Il passoit pour détruire les verrues, poireaux, taches, etc. Voy. *Dioscorides*, liv. 4, chap. 185.

Ce nom a été légèrement appliqué à un arbre des Indes, uniquement pour employer un synonyme ancien.

DIANELLA. Dérivé de *diana*, nom que lui avoit d'abord donné Commerson, qui établit ce genre. Lamarck l'a changé en *dianella*.

Cette plante croît dans les bois aux îles de France et de Bourbon, et on lui a donné le nom de *Diane*, parce qu'elle habite les forêts, séjour ordinaire de cette déesse de la chasse. JUSSIEU, pag. 41.

DIANTHERA (δις, double). De ses anthères doubles sur un seul filet, ou plutôt de l'écartement des deux lobes de l'anthère, ce qui le fait paroître double.

DIANTHUS (Ζευς, génitif Διος, Jupiter; ανθος, fleur). Fleur divine par sa beauté. Ce genre fait les délices des fleuristes.

En françois *œillet*, de l'espèce d'œil qu'on remarque au milieu de plusieurs espèces de *dianthus*.

En anglois, *pink*. Ce mot exprime une couleur rougeâtre analogue à celle de la plupart des œillets.

D. CARTHUSIANORUM. Œillet des Chartreux, qui les premiers cultivèrent cette belle fleur.

D. CARYOPHYLLUS (καρυοφυλλον, nom grec du girofle). La plupart des œillets ont une odeur de girofle très-remarquable. Voy. le genre *Caryophyllus*, pour l'étymologie de ce nom.

D. PLUMARIUS. De plume. Ses pétales ont des découpures frangées; elles sont si fines et si légères, que cette fleur semble être un tissu de plumes.

D. PUNGENS (piquant). Sa feuille est si légèrement piquante qu'à peine en mérite-t-elle le titre.

D. SUPERBUS. Cette fleur est assez belle pour justifier ce nom; elle a cinq larges pétales découpés et d'un rouge tendre très-agréable.

D. GLACIALIS. Qui croît sur les montagnes Alpines, au pied des glaciers.

D. POMERIDIANUS. (d'après-midi). Sa fleur s'ouvre après-midi et elle se ferme vers les dix heures du soir.

DIAPENSIA. Ancien nom grec de la sanicle. Il est altéré de διαπησια, qui est le véritable. Il vient de πηση, douleur; c'est-à-dire qui ôte la douleur. La sanicle est un vulnéraire qui a eu la plus grande réputation.

Linné, dans sa *Flore de Laponie*, avoue en avoir donné sans motifs, le nom à cette plante, laquelle en effet n'a aucun rapport avec la sanicle.

DIAPHORA (διαφορα, différence). C'est-à-dire plante qui diffère des autres graminées, par les étamines. Celles-ci sont au nombre de dix. LOUREIRO, pag. 708.

DIATOMA (δια, à travers; τεμνω, je coupe). De ses pétales refendus. LOUREIRO, p. 362. Ce genre se rapproche des *myrtus*.

DICALIX. Qui a deux calices, l'un portant le fruit, l'autre le couronnant. LOUREIRO, p. 815.

DICEROS (δις, double; κερας, corne). Ses anthères ont deux cornes. LOUREIRO, pag. 463. Ce genre se rapproche des *achimenes*.

DICHONDRA (δις, double; χονδρος, grumeau, grain). De ses capsules binées. FORST. gen. pl. 20.

DICHROA (δις, double; χοα, couleur). De sa fleur de deux couleurs. LOUREIRO, pag. 368.

DICHROMA (δις, double; χρωμα, couleur). Ses feuilles sont de deux couleurs. CAVANILLES, tom. 6, pag. 59.

DICHROMENA. Dérivé de δις, deux; χρωμα, couleur. De ses involucres de deux couleurs. MICHAUX, *Flor. bor. Amér.* 1—37.

DICKSONIA. James Dickson, anglois, a donné des Mémoires à la société linnéenne, L'HÉRITIER, *Sert. angl.* 30, et des fascicules sur les plantes cryptogames d'Angleterre, en 1785.

DICLIPTERA (δίκλις, double battant, composé de δίς, double; κλείω, je ferme; πτερα, aile). Des valves de sa capsule déchirée en deux et munie d'ailes. JUSSIEU, *Annales du Musée*, t. 9, p. 267.

DICORYPHE (δίς, double; κορυφή, sommet, littéralement tête). Ses fruits sont géminés. AUBERT DU PETIT-THOUARS, première livraison.

DICRANIUM (δίκρανος, fourchu). Mousse dont les dents du péristome sont refendues jusqu'à leur milieu. HEDWIG, 126.

DICTAMNUS. On sait quelles étonnantes vertus les poëtes ont attribuées au *dictamne* de Crête. Cette plante étoit ainsi nommée, d'une montagne appelée *Dicte*, sur laquelle on recueilloit cette production si vantée. Ce mont est situé vers la partie orientale de l'île.

Notre *dictamne* n'a aucun rapport avec celui des anciens; mais on lui en a depuis long-temps appliqué le nom en pharmacie, à cause de ses puissantes qualités médicinales. Sa racine entre dans la composition de la thériaque, de l'orviétan, de l'opiat Salomon, etc.

Vulgairement *fraxinelle*; de la parfaite ressemblance de sa feuille avec celle du frêne, *fraxinus*.

DIDELTA (δίς, double; δέλτα, la lettre Δ des Grecs : double delta). C'est-à-dire, fleur dont le centre présente un double triangle ou delta. L'HÉRITIER, *Stirp. nov.* p. 35.

DIDYMANDRA (δίδυμος, double; ανηρ, ανδρος, mari, mâle). Deux anthères ou organes mâles portés sur un filet. WILLDENOW, 4, pag. 971. C'est le *zynzyganthera* de Ruiz et Pavon.

DIDYMELES (δίδυμος, double, géminé; μέλος, membre). Ses fruits sont deux à deux. AUBERT DU PETIT-THOUARS, première livraison.

DIDYMODON (δίδυμος, double, οδους, dent). Mousse dont les dents du péristome sont géminées. HEDWIG, 104.

DIGERA. De son nom arabe *budjer* ou *bidjar* (bidjyr). FORSKAHL, p. 65.

DIGITALIS (*digitale*, dés à coudre, dérivé de *digitus*, doigt). Sa fleur allongée, entière et profonde, ressemble très-bien à un dés à coudre. De là, dans le même sens, tous les noms vulgaires qu'on a donnés à cette plante; *doigts de la Vierge*, *gantelée*, dérivé de gand; *gands de Notre-Dame*, etc.

En anglois à-peu-près de même : *fox glova*, gand de renard.

D. sceptrum (sceptre). De la forme de son épi très-allongé et bien garni de fleurs, que l'on a comparé à un sceptre.

DILEPYRON (δις, double ; λεπυρον, synonyme de λεπις, écaille, enveloppe). Des deux balles de cette graminée. Michaux, *Flor. bor. Am.* 1, pag. 40.

DILATRIS.

DILIVARIA. Nom que donnent à cet arbuste les habitans de l'île de Luçon, *Camellus*. Ce genre rentre dans les *acanthus* de Linné. Jussieu, pag. 103.

DILLENIA. Jean Jacques Dillen, botaniste allemand, professeur à Oxford, mort, en 1747. On a de lui, *Flore des environs de Giesen* ; *Histoire des mousses* ; *Jardin d'Eltham* ou *Catalogue des plantes cultivées à Eltham*, dans le comté de Kent, par Jacq. Sherard, et beaucoup d'opuscules.

DIMOCARPUS (διμος, syncopé de διδυμος, double ; καρπα, fruit). Ses fruits sont géminés. Loureiro, pag. 287.

D. litchi. Nom de cet arbre à la Chine. Sonnerat l'écrit litchi. *Itin.* 2, p. 197.

DIMORPHA. Voy. le *Parivoa* d'Aublet. Schreber, gen. 1179, lui a donné ce nom qui exprime son analogie avec l'amorpha.

DIODIA (δια, à travers ; οδος, chemin). Qui croît par les chemins. Linné, *Phil. bot.* Ce nom qui sembleroit désigner une plante commune, a été donné par Gronove, *virg.* 74, à une plante qui croît en Virginie aux lieux aquatiques.

DIONÆA. L'un des noms de Vénus, il est dérivé de ζευς, génitif διος, Jupiter. On sait que Vénus étoit fille de Jupiter. Virgile, *Æneid.* liv. 3, emploie *Dionæa* pour Vénus.

On a nommé ainsi cette singulière plante, par allusion à la propriété qu'elle a de saisir ce qui l'approche. Voyez plus bas.

D. muscipula (piége, attrape). Par la contraction subite de ses feuilles, elle saisit les mouches qui s'y posent, et elle les perce avec de très-petits dards qui parsément ses deux lobes.

DIOSCOREA. En mémoire de Pédacius Dioscorides, médecin grec, né à Anazarbe en Cilicie, et non en Sicile, comme on le lit dans un ouvrage renommé. Il vivoit sous Néron, selon l'opinion la plus commune (1). On a de lui une matière médicale divisée en six livres, et où il parle de six cents plantes environ. Cet ouvrage a eu un grand nombre de commentateurs, entre autres Sarrasin, Ruelle et Matthiole.

DIOSMA (Ζευς, génitif διος, Jupiter, d'où s'est formé l'adjectif διος, divin; οσμη, odeur, parfum; c'est-à-dire, parfum exquis.

Le *diosma hirsuta* renferme dans ses capsules, une résine d'une odeur très-agréable, ainsi que celle qu'exhalent toutes les parties de cet arbuste.

D. PULCHELLA (joli, élégant; diminutif de pulcher, beau). Cet arbuste, originaire d'Éthiopie, est d'une forme très-élégante, et ses fleurs sont d'une belle couleur violette.

DIOSPYROS (Ζευς, διος (2), Jupiter; πυρος, grain, blé : blé céleste). On a légèrement imaginé qu'un arbre de ce genre étoit celui qui produisoit ce fruit si vanté des poètes anciens, dont le goût exquis faisoit tout oublier. Voy. plus bas.

D. LOTUS. C'est particulièrement à cet arbre que l'on a attribué les qualités du célèbre Lotos. Voy. *Nymphæa lotus* et *Rhamnus lotus*.

D. KAKY. Nom de cet arbre au Japon, d'où il est originaire. KÆMPFER. *Amœn.* p. 85.

D. EBENUM. Latinisé de son nom arabe âbnoûs. GOLIUS, p. 10, d'où *ébène*, en françois. Bochart, dans son *Hierozoïcon*, attribue à ce mot une origine hébraïque qui ne sauroit être

---

(1) Comme Pline et Dioscorides offrent souvent les mêmes passages, il est évident que l'un des deux a copié l'autre sans le citer. Il y a eu de grandes discussions entre les savans pour savoir lequel est le primitif. Comme le temps où vivoit Pline est positif, et que l'on n'a rien de certain sur Dioscorides, la question est difficile à résoudre. On se contentera de remarquer qu'en général, les Latins ont souvent puisé chez les auteurs grecs, et que ceux-ci n'ont rien emprunté des autres.

Selon Abul Farage, Dioscorides vivoit sous Ptolémée Physcon ou le Ventru, ce qui le placeroit environ deux siècles avant Pline; mais cette opinion paroît peu vraisemblable. Voy. D'HERBELOT, *Bibl. orient*, p. 297.

(2) Ce nom de Ζευς est dérivé de ζαω, la vie, l'existence, en grec. Selon Hiéroclès, *les Pythagoriciens révéroient le père de l'univers sous le nom* de ζευς, *estimant que celui qui a donné la vie à tout ce qui existe, devoit être désigné par un nom qui exprimât sa puissante action.*

adoptée. Un zèle de religion mal-entendu a long-temps fait
regarder l'hébreu comme le type de toutes les langues de
l'univers ; mais aujourd'hui en portant le plus grand respect
au principe, on n'a pas cru devoir en admettre les conséquences.

C'est le *diospyros ebenum* qui donne le véritable bois
d'ébène du commerce. Voy. Kœnig. *Act. lund.* vol. 1, pag. 3,
pag. 176.

DIOTIS ($\delta\iota\varsigma$, double ; $\omega\varsigma$, $\omega\tau\varsigma$, oreille). Dont les fleurs
sont garnis à leur base de deux appendices comparés à des
oreilles. DESFONTAINES, *Flor. atlan.*

DIPHACA ($\delta\iota\varsigma$, double ; $\varphi\alpha\kappa\eta$, littéralement le légume de ce
nom, et gousse ou légume en ce sens). Sa fleur produit des
gousses. LOUREIRO, pag. 554. Ce genre se rapproche du
pterocarpus.

DIPHYLLEIA ($\delta\iota\varsigma$, double ; $\varphi\upsilon\lambda\lambda\omega$, feuille). Ces plantes n'ont
jamais que deux feuilles. MICH. *Flor. bor. Am.* 1—203.

DIPHYSA ($\delta\iota\varsigma$, double ; $\varphi\upsilon\sigma\alpha$, enflure, vessie). Chacun des
côtés de sa gousse présente une vessie grande, ovale et en-
flée. JACQUIN, *Am.* 208.

DIPPLARRENA ($\delta\iota\pi\lambda\infty\varsigma$, double ; $\alpha\rho\rho\eta\nu$, mâle : organe mâle
ou étamine). Nom donné à cette plante de la famille des
iris, pour exprimer la singularité qu'offre une plante de
cette série, à deux étamines. LABILLARDIÈRE, 1, pag. 13.

DIPLASIUM ($\delta\iota\pi\lambda\alpha\sigma\iota\varsigma$, double). Fougère dont les involucres
sont géminés. SWARTZ, *Journal de bot.* 1800, 2 part. pag. 6.

DIPLOSTACHYUM ($\delta\iota\pi\lambda\omega\varsigma$, double ; $\sigma\tau\alpha\chi\upsilon\varsigma$, épi). Lycopode
à double épi. PALISOT BEAUVOIS, *Æth.* 104.

DIPSACUS. Dérivé de $\delta\iota\psi\alpha\omega$, j'ai soif ; c'est-à-dire, plante utile
à ceux qui sont pressés de la soif. On trouve ordinaire-
ment à la jonction de ses feuilles caulinaires, une eau limpide qu'elle semble offrir au voyageur altéré.

Cette eau passoit autrefois pour un puissant cosmétique ;
de là l'ancien nom de la plante : *cuvette de Vénus.*

Vulgairement *chardon à foulon*, de l'usage économique
que l'on en fait pour *carder* les draps. Ce mot *carder* exprime l'emploi du chardon, *carduus*, pour cet effet.

En anglois, *teasel, to tease*, carder.

DIPTERIX ($\delta\iota\varsigma$, double ; $\pi\tau\varepsilon\rho\upsilon\xi$, aile). Dont le calice a deux découpures supérieures en forme d'ailes. C'est le *com-marouna* d'Aublet, auquel Schreber, gen. 1161, a donné ce nouveau nom.

DIRCA (*δίρκα*, fontaine, lieu humide). Qui croît en Virginie dans les marais profonds.

DISA.

D. CHRYSOSTACHYA (*χρυσος*, or; *σταχυς*, épi). Dont la fleur jaune est en forme d'épi.

DISANDRA (*δυς*, particule inséparable, qui en composition exprime difficulté, peine; *αρρ*, *ανδρος*, mâle, organe mâle ou étamine). C'est-à-dire, plante dont les étamines étant sujettes à varier, offrent des difficultés aux botanistes; elles sont au nombre de cinq à huit. LINNÉ, *Supp.* p. 214.

DISPARAGO (*dispar*, inégal). De sa corolle difforme. GÆRT. t. 2, pag. 463.

DISSOLENA (*δις*, double; *σωλην*, tube). Du double tube que présente la corolle de sa fleur, ou plutôt de la double forme qu'on y remarque. LOUREIRO, pag. 170.

DIURIS (*δις*, double; *ουρα*, queue). Cinq de ses pétales sont refendus en deux et présentent chacun une double queue. SMITH, *Act. soc. Linn.* vol. 4.

DOBERA. De *dober*, nom que les Arabes donnent à cet arbre. FORSKAHL. Il l'avoit placé parmi les *tomex*.

DODARTIA. Denis Dodart, françois, né en 1634, mort en 1707, premier médecin de Louis XIV, membre de l'académie des sciences. Il a laissé des mémoires académiques pour servir à l'histoire des plantes. Voy. le *Recueil de l'acad. des sciences*, tom. 4.

Son fils J. B. Dodart, aussi premier médecin du Roi, a laissé des commentaires sur l'histoire des drogues de Pomey. Il mourut en 1730.

DODECADIA (*δωδεκα*, douze). De son calice et de sa corolle divisés en douze parties. LOUREIRO, pag. 390.

DODECAS (*δωδεκα*, douze.) De ses douze étamines. LINNÉ, *Supp.* 36.

Dans le système sexuel, cet arbuste se trouve placé dans une famille dont tous les individus ont, ou devroient avoir douze étamines, ce qui rend insignifiant le nom sous lequel le jeune Linné l'a classé. pag. 36,

DODECATHEON (*δωδεκα*, douze; *θεος*, dieu). Nom donné à cette plante, dit Pline, liv. 25, chap. 4, parce qu'elle renferme en elle la majesté de tous les Dieux. On sait que les Romains comptoient douze grands Dieux, six masculins et six féminins, *Dii majorum gentium*. C'étoient *Jupiter*, *Neptune*, *Apollon*, *Vulcain*, *Mars* et *Mercure*; les déesses *Junon*, *Vesta*, *Minerve*, *Cérès*, *Vénus* et *Diane*. Ensuite venoient les Dieux du second ordre, puis les divinités inférieures. Il y en avoit de tout rang. Voy. *Stereulia*.

Le *dodecatheon* des modernes n'a nul rapport avec celui de Pline, puisqu'il est originaire d'Amérique; mais on lui en a appliqué le nom, parce que sa hampe porte ordinairement douze fleurs.

D. MEADIA. En l'honneur du célèbre docteur Richard Mead, médecin anglois, né en 1673, mort en 1754.

Catesby, *Carol.* 3, pag. 1, avoit donné à ce genre le nom de *meadia*; mais comme le docteur Mead n'étoit pas botaniste, Linné a substitué à ce nom celui de *dodecatheon* employé par Pline, et il n'a conservé le nom de *meadia*, que comme spécifique.

DODONÆA. Rembert Dodoens, plus connu sous le nom de Dodonée, né à Malines en 1518, mort en 1585, médecin des Empereurs Maximilien II, et Rodolphe II. On a de lui une savante *Histoire des plantes en six pemptades*; c'est-à-dire, six fois cinq livres. Elle a été traduite en françois par l'Écluse.

DOLICHOS. Nom par lequel Théophraste, liv. 8, chap. 5, désigne une plante grimpante qui paroit être le haricot, *phaseolus*. Voy. Galien, liv. 1, de *Al*. Voy. aussi *Dioscoride*, commenté par *Matthiole*, liv. 2, chap. 101 et 140.

Ce mot signifie étendu, prolixe, *δολιχος*. Les modernes l'ont appliqué à un genre dont plusieurs espèces s'étendent au loin à la manière des *phaseolus*.

D. PRURIENS (*prurio*; je démange, je cuis). Sa gousse est couverte de poils très-fins, qui pénétrent la peau et y causent les démangeaisons les plus vives.

D. LABLAB. Altéré de son nom arabe *liblab*. FORSKAHL, pag. 20. Prosper Alpin l'écrit *lablab*, et de l'Écluse, *leplab*. Liblâb, selon Golius, pag. 2092, est, en arabe, le nom du *convolvulus*, auquel cette plante est analogue par sa tige volubile.

D. catjang. Analogue par l'usage que l'on fait de sa semence, au véritable catjang. Voy. *Cytisus cajan.*

D. scarabæoïdes. Qui a la forme d'un *scarabée.* Ses semences sont noires et elles ont deux cornes que l'on a comparées aux antennes d'un scarabée.

D. sesban. Sesban, Alpin, pag. 81, altéré de son nom, en arabe, *sciseban* (sycebân). Forskahl, page 70.

D. soja ou sooja. Nom que donnent les Japonnois à une sauce dans la préparation de laquelle entre la semence de cette plante. Thunberg.

DOMBEYA. Joseph Dombey, botaniste françois, voyageur au Pérou avec Ruiz et Pavon, en 1777.

Le genre institué par Cavanilles, sous ce nom, *Dissert.* 3, p. 121, n'est pas le même auquel l'Héritier l'a donné : celui-ci est le *tourretia.* Voy. *Tourretia.*

DONATIA. Antoine Donati, pharmacien de Venise, dont on a eu, en 1631, les *Plantes des états vénitiens.*

Et Vitalien Donati, professeur au jardin de Turin, envoyé, en 1760, en Orient par le roi de Sardaigne, pour connoître l'histoire naturelle de la mer Rouge. Son voyage n'a pas eu de succès. On a eu de lui, en 1750, une *Histoire naturelle de la mer Adriatique*

Le genre *donatia* avoit été placé, par Linné fils, parmi les *polycarpes*, dont il diffère principalement par sa corolle à neuf pétales.

DORÆNA. Thunberg, *gen. nov.* pag. 59, a établi ce genre sous ce nom, sans en expliquer l'origine.

DORONICUM. Selon Linné, *Phil. bot.*, ce nom vient du grec δω , don; νικη, victoire; à cause de l'usage que l'on en faisoit autrefois pour détruire les animaux féroces. Voy. plus bas *Doronicum pardalianches.* Cette origine est fautive; Vaillant qui constata les caractères de ce genre, *Mém. acad. des scien.* année 1719, dit positivement que *doronicum* v ent de *doronigi*, nom que donnent les Arabes a cette plante (dorònidj). Golius, pag. 823.

D. pardalianches (παρδος, pard, tigre ou animal de ce genre : d'où *leo-pard, chat-pard*, etc.; αγχω, étrangler) C'est-à-dire, plante qui sert à empoisonner les tigres et autres animaux nuisibles. Voy. *Aconitum lycoctonum.*

11*

DORSTENIA. Théodore Dorsten, allemand, mort en 1639. Il
est auteur d'un *Botanicon*, qui parut après sa mort.

Ses fleurs, dit Linné, *Crit. bot.*, *ont peu d'éclat, comme
les œuvres de Dorsten.*

D. CONTRA-YERVA (*contra*, contre; *hierba*, prononcez *hierba*,
herbe, en espagnol, dans le sens général, et poison dans le
sens particulier : contre-poison). On a légèrement attribué
à sa racine les vertus les plus exaltées : l'expérience a démontré qu'elles se réduisent à une légère qualité alexipharmaque.

DORYANTHES (δορυ, pique; ανθος, fleur). Tige chargée de
fleurs et droite comme une pique. CORREA DE SERRA, *Act.
societ. Linn.* vol. 6.

DOUGLASSIA Voy. *Ajovea*. Schreber, gen. 1761.°, l'a nommé
ainsi en mémoire de Jean Douglas, chirurgien anglais, de
la société royale de Londres. On a de lui un opuscule inséré
dans les *Transact. philos.* n.° 246.

DRABA. De δραβη, âcre, mordant, selon Linné, *Phil. bot.*
Sa feuille est d'un goût âcre et chaud, comme celui de la
plupart des plantes de la même série. Ce nom n'en est pas
moins d'origine suspecte.

D. FLADNIZENSIS. Qui croît sur les montagnes de Fladnitz, en
Allemagne.

DRACÆNA (δρακαινα, dérivé de δρακων, dragon). On donne
à la principale espèce de ce genre le nom d'*arbre du dragon*,
parce que son suc se réduit en une poudre rouge, aromatique et semblable au vrai *sang-dragon* oriental, qui est une
substance différente.

D. DRACO. C'est proprement à cette espèce que se rapporte ce
que l'on a dit plus haut. Voy. *Clusius*, liv. 1, chap. 1. Ce
nom n'est qu'une répétition du nom générique. Quant au
mot *draco*, il a pour radical *ac*, pointe, en celtique; de là
la griffe aiguë que l'imagination a prêtée à cet animal fabuleux. Voy. *Aiguillon*, et le genre *Aquilegia*.

D. FERREA. Dérivé de *ferrum*, fer. De son bois dont on a
comparé la dureté à celle du fer.

DRACOCEPHALUM (δρακων, dragon; κεφαλη, tête). De sa
fleur qui présente une figure bisarre que l'on a comparée à
une tête de dragon, dans le même sens que *lamium*. Voy. ce
genre.

Il est assez remarquable que l'on ait comparé une figure que l'on voit à peine, avec celle d'un animal que l'on n'a jamais vu.

Le *dracocephalum virginianum* est ordinairement appelé la *cataleptique*. Je l'ai nommé ainsi parce que ses fleurs restent dans la position où on les place, comme le corps humain dans la maladie appelée *catalepsie*, dit Lahire, Mém. de l'acad. des scienc. année 1712.

Ce mot *catalepsie* vient de καταλαμβανω, je saisis.

DRACOPHYLLUM (δρακων, dragon ; φυλλον, feuille). Analogue par le feuillage et la totalité de la plante au *dracæna*. LA-BILLARDIÈRE, 2, pag. 211.

DRACONTIUM. Toujours dérivé de δρακων, dragon, serpent. La tige du *dracontium polyphyllum* est pourpre et elle est garnie de protubérances de différentes couleurs, qui la rendent parfaitement semblable à une peau de serpent.

DREPANIA (δρεπανη, faux). Des feuilles extérieures de son calice qui se recourbent en fer de faux, à l'époque de la maturité de la plante. Ce genre institué par A. L. de Jussieu, pag. 169, rentre dans les *crepis* de Linné et les *hieracium* de Tournefort.

DROSERA. Dérivé de δροσος, rosée. Ses feuilles distillent un suc gommeux et brillant qui, ramassé en petits points transparens sur toutes les parties de la plante, la fait paroître couverte de rosée. En latin *ros-solis*, rosée du soleil ; de même en anglois, *sun-dew*.

Cette plante entroit autrefois dans la composition d'une liqueur renommée que faisoient les Italiens, et elle lui a donné son nom *rossoli* ou *rossoglio*.

DRUPATRIS (*drupa*, fruit à noyau ; *tres*, trois). Dont le fruit contient trois noyaux. LOUREIRO, pag. 384.

DRUSA. Genre dédié par Decandolle, *Annales du musée*, t. 10, pag. 466, à M. Ledru, botaniste, attaché à la première expédition du capitaine Baudin.

Malheureusement ce nom est un de ceux qu'on ne peut admettre en botanique qu'en le dénaturant.

DRYANDRA Jon. Dryander, botaniste suédois, a publié le catalogue de la superbe bibliothèque de Joseph Baucks, en 1798. On a eu de lui une *Dissertation sur les fungi*, en 1776.

DRYAS (Δρυάδες, divinités du chêne, en mythologie; elles étoient ainsi nommées de δρυς, chêne, en grec). Il est dérivé de derw, chêne, en celtique, d'où *druide*. Voy. *Quercus.*

La feuille du *dryas* ressemble, en petit, à celle du chêne. Clusius le nomme même *petit chêne de montagne, chamædrys montana.* Clus. Hist. 2, p. 351.

DRYMIS (δριμυς, âcre; δριμυτης, âcreté). Son écorce est d'un goût âcre et aromatique. Forster, gen. 42.

DRYPIS. De δρυπτω, je déchire. Ses feuilles sont armées de fortes épines.

DURANTA. Castor Durante, italien, médecin botaniste, mort en 1590, dont on a eu, en 1584, un ouvrage intitulé: *Nom et herbier,* et quelques *opuscules* sur différentes plantes, le *méchoacan,* le *tabac,* etc.

DURIO. Duryon, nom de ce fruit en malais. Rumphius, liv. 1, chap. 24. Il vient de *dury,* épine, en cette langue : l'écorce en est épineuse.

D. zibethinus. De l'animal appelé *zibeth.* Il est très-friand de ses fruits qui servent d'appât pour le prendre au piége.

DUROIA. Jean-Philippe Duroi, médecin allemand, a donné, en 1771, un ouvrage intitulé de l'*Education des arbres,* et des observations de botanique.

D. eriopila (εριον, laine; πιλος; boule, peloton). De son fruit gros comme un œuf d'oie et velu.

DYSODES (δυσωδης, qui sent mauvais). Ce mot est composé de δυς, particule qui exprime, en composition, ce qui est mauvais; et de οζω, je sens, j'exhale). Cette plante exhale une mauvaise odeur. Loureiro, pag. 180.

Le *dysodes* se rapproche *du serissa.*

E

EBENOXYLUM (ξυλον, bois; ebenus, l'ébène). Arbre qui produit le véritable bois d'ébène du commerce, selon Loureiro, pag. 751.

Ce genre, au surplus, rentre dans les *diospyros*. Voyez *Diospyros ebenum*.

EBENUS. Nom mal-à-propos appliqué à cet arbre, parce que le bois en est noirâtre et compact. Voy. pour l'étymologie de ce mot *Diospyros ebenum*.

Le genre *ebenus* a été replacé parmi les *anthillis* par Lamarck.

ECCREMOCARPUS (εκκρεμως, pendant, composé de εκ ou εξ, κρεμαω, je pends; καρπος, fruit). Dont le fruit est pendant. *Flore du Pérou*, pag. 90, édit. de Madrid.

ECHEANDIA. Grégoire Echeandia, espagnol, professeur de botanique à Sarragosse. C. G. ORTEGA, pag. 91.

ECHINARIA. Dérivé d'εχινος, hérisson. Les balles calicinales de cette graminée sont découpées, longues et rudes. DESFONTAINES, *Flor. Atl.*

ECHINOPHORA (εχινος, hérisson; φερω, je porte). Par allusion aux épines des involucres, et à celles de toute la plante en général. Εχινος a pour radical ec, synonyme d'ac, pointe en celtique. On le retrouve dans *ulex, ilex, murex, rumex*, toutes choses pointues ou épineuses. Voy. *Rumex*.

On le retrouve encore dans εχις, vipère. Les anciens croyoient que la vipère avoit un dard.

ECHINOPS (εχινος, hérisson; οψις, aspect, figure). Qui ressemble au hérisson par ses têtes arrondies et rudes.

ECHINUS (εχινος, hérisson). De sa capsule hérissée. LOUREIRO, pag. 778.

ECHITES. Nom employé par Pline, liv. 24, chap. 15, pour

désigner une espèce de *clematite*. Il est dérivé d'*εχις*, vipère, serpent : de sa tige serpentante.

La plupart des arbustes de ce genre sont à tiges serpentantes. Les françois habitans de la Guyane, les nomment même *mangle-liane*.

E. scholaris. Qui concerne les écoles. Dans les Indes on divise son bois qui est très-blanc, par petites planchettes sur lesquelles les écoliers écrivent leur leçon.

E. annularis (à anneau). Le tube de sa corolle est garni d'un anneau saillant.

E. torulosus. Dérivé de *torulus*, cordon. De ses tiges cylindriques, grosses comme un cordon ou une ficelle, et volubiles.

E. siphylitica. C'est-à-dire *antisiphylitique*. De l'usage que l'on en fait à la Guyane hollandoise, vers le Surinam, contre les maladies vénériennes. Voy. à la liste des termes, *Plante antisiphylitique*.

ECHIUM. Dérivé d'*εχις*, vipère. Les Grecs donnoient le nom d'*εχιον* à la bourrache ou à une plante analogue, Dioscor. liv. 4, chap. 25, dont la graine leur paroissoit ressembler à la tête d'une vipère, et par une analogie trop fréquente, on en avoit conclu qu'elle étoit bonne contre la morsure des serpens. Voy. *Anemone hepatica*.

La bourrache ayant conservé son nom latin *borrago*, le synonyme grec a été donné à une plante de la même série, à laquelle il convient beaucoup mieux, à cause de sa tige tiquetée qui ressemble à une peau de serpent.

On l'a appelée en françois *vipérine*, qui signifie la même chose que *εχιον*, en grec ; c'est-à-dire analogue à la vipère.

ECHTRUS. De *εχθρα*, haine, inimitié ; d'où *εχθρος*, ennemi, méchant. Nom donné à cette plante, par allusion aux épines déchirantes dont elle est couverte. Loureiro, pag. 420. *Ce genre rentre dans les argemone*.

ECLIPTA. De la forme et de la disposition de sa fleur radiée que l'on a comparée au disque du *soleil éclipsé*. Son nom malais exprime la même chose : *wangi-wangi-maiho*, littéralement, excrément du soleil ; c'est-à-dire, *plante produite par le soleil éclipsé*, selon la tradition du pays. Rumph. *Amboin.* liv. 10, chap. 31.

EHRARTA. Balthasar Ehrart a donné, en 1752, un *Opuscule sur la botanique*. Il faut le distinguer de Frédéric Ehrahrt, suisse, mentionné par Linné fils, *Supp.* pag. 29.

EHRETIA. G. D. Ehret, botaniste françois, dont on a eu, en 1748, de très-belles collections de plantes gravées.

E. BOURERIA. En mémoire de Bourer, apothicaire de Nuremberg.

EKEBERGIA. Charles-Gustave Ekeberg, naturaliste danois. THUNBERG et SPARMANN, *Act. Stock.* pag. 282, tom. 9. Il voyagea en Asie de 1770 à 1771.

ELÆAGNUS (ιλαια, olivier; *agnus-castus*, le vitex). C'est-à-dire, arbre qui ressemble à l'olivier par le fruit, et au *vitex*, par la feuille. Ces ressemblances sont très-légères.

Vulgairement *chalef*, de khalêf, nom que les arabes donnent au saule. GOUAN, pag. 748.

L'*elæagnus* ressemble au saule par son feuillage blanchâtre.

ELÆOCARPUS (ιλαια, olivier; καρπος, fruit). Son fruit arrondi et renfermant un noyau garni de rugosités, a été comparé à une olive.

ELÆODENDRUM (ιλαια, olivier; δενδρον, arbre). Il produit un fruit à noyau de la forme d'une olive, et dont la semence est huileuse.

ELAIS. De ιλαια, olivier. Les habitans de la Guinée tirent de l'huile du fruit de ce palmier.

ELAPHRIUM. Dérive de ιλαφρος, léger. Nom donné par Jacquin, *Amér.* 106, à cet arbre, en raison de la légèreté de son bois. Ce genre tient au *fagara*.

ELATE. L'un des noms que donnoient les Grecs à la membrane qui enveloppe les fleurs femelles du palmier-dattier. DIOSCORIDES, liv. 1, chap. 125, et PLINE, liv. 23, ch. 5.

Les modernes se sont servis de ce mot pour désigner une sorte de palmier appelé au malabar *katou-indel*. RHEED. *Mal.* 3, pag. 15.

ELATERIUM (*elaterium*, ressort, élasticité, en latin; il vient du grec ιλατηρ, dont le primitif est ιλαω, je pousse). Quand son fruit est mûr, il lance ses semences avec élasticité.

Dioscorides, liv. 6, chap. 33, et Pline, liv. 20, chap. 1, donnent le nom d'*elaterium* au suc du concombre sauvage, *momordica elaterium*, qui jette ses semences au loin de la même manière.

Jacquin a appliqué ce nom à des plantes d'Amérique, analogues au *momordica*.

ELATINE. Dérivé d'ελατη, sapin, en grec. Ses feuilles menues ont été comparées à celles du sapin, pour leur forme et leur disposition.

Buxbaum nomme, dans le même sens, cette plante *potamo pitys*, ποταμος, rivière; πιτυς, pin. Elle croît dans les lieux inondés. Comme elle a, par le port quelque ressemblance avec le mouron, *alsine*, Vaillant l'a nommée *alsinastrum*, et ce nom lui est resté comme nom spécifique.

ELATOSTEMA (ελατος, dérivé de ελατηρ, élastique; στημα, étamine). Dont les étamines se développent par un mouvement élastique. FORSTER.

ELCAJA. De son nom arabe *elkai*. FORSKAHL, pag. 128.

ELEPHANTOPUS (ελεφας, ελεφαντος, éléphant; πους, pied). On a trouvé aux feuilles radicales de cette plante quelque ressemblance avec l'empreinte du pied de l'éléphant. VAILLANT.

ELEUSINE. Nom donné à cette graminée, par allusion à sa semence alimentaire; elle est appelée par Plukenet *gramen frumentaceum. Phyt.* tom. 91. On sait que Cérès, déesse des moissons, étoit particulièrement adorée à Eleusis. GÆRTNER, tom. 1, pag. 8.

ELLISIA. Jo. Ellis, naturaliste anglois, membre de la société royale de Londres, à laquelle il a donné de 1750 à 1775 un grand nombre de mémoires académiques. (BROWN, *Jam.* pag. 162.

Un autre Ellis (Henri), a voyagé à la baie d'Hudson, en 1746 et 1747.

ELICHRYSUM. Nom grec d'une plante qui n'est pas bien connue; il est employé par Théocrite, *Idylle*, 1, vers. 30. Ce mot est composé de ελιξ, spirale; χρυσος, or; c'est-à-dire, plante à fleur de couleur dorée et à tiges volubiles.

Ce genre extrait des *xeranthemum* de Linné, a été nommé ainsi par Willdenow, tom. 3, pag. 1903.

ELODEA. Dérivé de ελος, marais. Qui croît au Canada dans les lieux aquatiques. MICHAUX, *Flor. bor. Amér.* 1—20.

ELSHOLZIA. *Jean-Sig. Elsholz*, auteur d'une *Flore de la Marche.* WILLD. vol. 5, pag. 69.

ELYMUS (ελυμος). Nom que donnoient les Grecs au panis. DIOSCOR. liv. 2, chap. 91. Elyma étant le nom d'une ville de Macédoine, il se peut que ce ne soit qu'un nom de lieu.

Linné, *Phil. bot.*, le fait dériver de ελύω, j'enveloppe. Les feuilles de l'*elymus maritimus*, servent, dans les pays maritimes, à faire de grossiers tissus; mais cela ne se rapporte nullement à l'*elymus* des anciens, qui est évidemment une plante céréale.

E. CAPUT-MEDUSÆ (tête de Méduse). Nom métaphorique; ses involucres sétacés et très-écartés ont été comparés aux serpents de la tête de Méduse.

E. HYSTRIX (υστριξ, porc-épic). De la rudesse de cette plante.

ELYTRARIA. Dérivé de ελυτρον, enveloppe, qui vient de ελύω, j'enveloppe. Sa hampe est garnie de gaînes ou enveloppes écailleuses. MICHAUX, *Flor. bor. Am.* 1—8.

EMBOTHRIUM (εν, dans; εμ, en composition; βοθρίον, creux, fosse). De ses anthères placés dans une espèce de fossette que forment les pétales. FORST. gen. 8.

EMBRYOPTERIS (εμβρυον, embryon; πτερυξ, aile). Dont les embryons sont ailés. GÆRTNER, tom. 1, pag. 143.

EMPETRUM (εν, dans; πετρος, pierre). Cette plante croît parmi les rochers en Laponie, Sibérie, Norwége, etc On en mange les baies au Kamschatka. Les Grecs connoissoient une plante sous le nom d'*empetron*; mais elle n'est que citée sans être décrite par Dioscorides, liv. 4, chap. 174; et d'après ce qu'en dit Pline, liv. 27, chap. 9, il paroît que c'étoit une sorte de *saxifrage* dont le nom exprime, en latin, la même chose qu'*empetron* en grec. *Voy. Saxifraga.*

Vulgairement *camarine de camarinhas*, nom que donnent les Portugais à l'*empetrum album*, qui croît en leur pays.

EMPLEURUM (εν, dans; πλευρον, plèvre, membrane qui enveloppe le poumon). Les semences de cette plante sont attachées à une sorte de membrane coriace.

ENDOCARPUM (ενδον, interne, dérivé de εν, dedans; καρπος, fruit). Série de *lichen* dont la fructification semble cachée dans l'intérieur de la feuille. ACHAR. 2.

ENDRACHIUM. Du nom *endrachendrach*, que lui donnent les naturels de Madagascar : il signifie en leur langue, *sans fin*, *perpétuel*. Ce bois est dur, incorruptible, et mis en terre il s'y conserve comme le marbre, selon l'expression de Flacourt, pag. 137. Jussieu, pag. 155.

ENKYANTHUS (εγκυος, femme enceinte ; ανθος, fleur). Nom donné, par allusion, à cette plante, parce que sa fleur en produit d'autres. Loureiro, pag. 339.

ENOUREA. Abrégé de *cymara enourou*, nom que donnent les Galibis à cet arbuste. Aublet, pag. 689.

ENYDRA (εν, dans; υδωρ, υδρος, eau). Qui croît dans l'eau. Loureiro, pag. 645.

EPACRIS (επι, sur; ακρος, élevé, supérieur). C'est-à-dire qui croît au sommet des montagnes de la Nouvelle-Zélande. Forster, gen. 10.

EPERUA. *Eperu*, nom que donnent à cet arbre les naturels de la Guyane, Aublet, pag. 571. Ce mot signifie *sabre* dans la langue des Galibis : de là le nom vulgaire *pois-sabre*. Sa gousse longue, aplatie, pointue au sommet et recourbée, a été comparée à un sabre.

EPHEDRA (επι, sur; υδωρ, υδρος, eau). Cet arbuste ne croît pas dans l'eau, mais sur les rochers des bords de la mer.

Ephedra étoit l'un des noms que les Grecs donnoient à *l'equisetum* : notre *ephedra* y ressemble parfaitement. Voy. *Anabasis*.

EPHIELIS (εφιαλις, petit vase). Nom donné par Schreber, genr. 647.ᵉ, au *mataïba* d'Aublet, à cause de son nectaire en forme de coupe.

EPIBATERIUM (επι, sur; βαινω, je viens, je pousse, en ce sens). C'est-à-dire plante grimpante, qui croît sur les autres.

EPIDENDRUM (επι, sur; δενδρον, arbre). Des tiges grimpantes de la plupart des plantes de ce genre; plusieurs même sont tout-à-fait parasites et sucent la sève des arbres par de petites racines qui s'insinuent dans leur écorce.

Ces plantes sont vulgairement appelées *angrecques*, francisé de leur nom, en malais, *angrek*, Rumph. 11—1. Kæmpfer, 867, l'écrit *angurek*.

E. vanilla. Altéré de *vaynilla*, diminutif de *vaina*, gaîne en espagnol. Son fruit est une gousse longue, cylindrique et tout-à-fait semblable à une gaîne de couteau. Swartz, *Nov.*

act. Ups. 6, pag. 66, a détaché les vanilles du genre epidendrum, pour en former un particulier, sous le nom de vanilla.

Les espagnols ont donné aux différentes sorte de vanilla des noms de leur langue par lesquels on les distingue dans le commerce. La pompona ou enflée; la ley marchande ou d'alloi; la simarona ou batarde. Mém. acad. des sciences, année 1722.

E. FLOS ARIS (fleur de l'air, fleur aérienne). Nom métaphorique donné à cette plante, pour exprimer la délicatesse de sa fleur et celle de sa tige.

E. CAUDATUM (à queue). Trois de ses pétales sont allongés en forme de queue.

E. NOCTUANUM (nocturne). Sa fleur qui ne sent rien pendant le jour, exhale pendant la nuit une odeur très-agréable analogue à celle du lis.

E. AMABILE (aimable). Sa fleur d'un beau blanc est tachetée de bleu et de rouge.

E. ANTENNIFERUM. Entre les pétales et le nectaire, cette fleur présente deux filets allongés, arqués et ressemblant aux antennes d'un scarabée. Plantes équinox. fasc. 4.

E. COCHLEATUM (en coquille). Cette fleur a six pétales, dont un plus large que les autres, est contourné en coquille.

EPIGÆA (ἐπί, sur; γῆ, la terre). De sa tige qui traine sur la terre, et qui produit des racines tout le long de ses rameaux.

EPILOBIUM (ἐπί, sur; λοβός, silique, en ce sens; ἴον, violette). C'est-à dire plante qui est de couleur violette sur la silique. LINNÉ, Phil. Bot.

Les Grecs nommoient l'epilobium, chamænerion, petit nérion : il y ressemble très-bien par ses fleurs roses et par les lieux où il croît. Voy. Nerium.

De chamænerion nous avons fait neriette, qui de même est le diminutif de nerion, et que nous avons donné en françois à toutes les plantes de ce genre.

EPIMEDIUM. Analogue au medium, plante qui passoit pour croître seulement en Médie, d'où elle tire son nom. Voy. Dioscorides, liv. 4, chap. 19. Il parle de l'epimedium, à la suite du medium. Voy. aussi le Commentaire de Matthiole sur cette plante.

L'*epimedium* des modernes croit sur les montagnes Alpines, et il n'a aucun rapport avec le *medium*, ni avec l'*epimedium* de Dioscorides.

EPIPACTIS (*επιπακτις*). Nom que donnoient les Grecs à une sorte d'ellébore. Swartz, *act. holm.* 1800, pag. 231, s'en est servi pour désigner un nouveau genre qui tient de très-près aux *serapias* appelés vulgairement *elleborines*, à cause de la ressemblance de leur feuillage avec celui du *veratrum* ou *ellébore blanc*. Voy. à l'article *Astrantia epipactis*, la signification de ce mot.

EQUISETUM (*equus*, cheval ; *seta*, poil : crin de cheval). Sa tige garnie de feuilles linéaires, ressemble assez bien à une queue de cheval garnie de ses crins. La plupart des peuples lui ont donné le même nom : *queue de cheval*, en françois ; *horse's tail*, en anglois ; *coda di cavallo*, en italien ; *cola de mula*, en espagnol, et *hippuris*, en grec. Voy. le genre *hippuris*.

L'*equisetum hyemale* est connu sous le nom de *preit*, abrégé d'*asprelle*, comme on l'appeloit autrefois, selon Olivier de Serres.

Elle est d'une telle âpreté que l'on s'en sert pour polir le bois et même les métaux.

ERANTHEMUM. Linné, dans sa *Philosophie botanique*, fait dériver ce nom du grec *γη*, terre ; *ανθος*, fleur. Il se trompe en cela. Pline dit positivement, liv. 22, chap. 21, l'*anthemis* est aussi appelé *eranthemum*, parce qu'il fleurit au printemps : *εαρ*, printemps ; *ανθος*, fleur.

Dioscorides, dit aussi, liv. 3, chap. 137, qu'une sorte de chamomille *est appelée* eranthemum.

Cette plante, au surplus, n'a nul rapport avec l'*anthemis*, et ce nom ne lui a été donné que pour employer un synonyme ancien.

ERIANTHUS (*εριον*, laine ; *ανθος*, fleur). Ses balles extérieures sont garnies de poils épais. MICHAUX, *Flor. bor. Amer*, 1—54.

ERICA. De *ερικω*, je brise ; on lui a très-anciennement attribué la qualité de rompre la pierre dans la vessie. Voy. *Matthiole* sur Dioscorides, liv. 1, chap. 100.

Bruyère, en françois, dérivé de *brug*, synonyme de *grug*, arbuste, en celtique. Voy. *Gruerie*, à la Table des termes.

On l'appeloit aussi *fryeh*, en la même langue, et c'est de là que nous disons *terre en friche*, pour terre inculte.

En anglois *heath*, de l'anglo-saxon *hath*, qui vient de *hætan*, chauffer : de l'usage d'en faire du feu.

E. HALICACABA. Qui ressemble par sa corolle en forme de vessie, au physalis *alkekengi*, appelé en grec *halicacabon*.

E. ARGERMINANS (*re*, particule inséparable, qui exprime, en latin, une action répétée ; *germinans*, poussant : qui pousse deux fois). De ce que ses rameaux de fleurs s'allongent et continuent de pousser en forme d'épis.

E. BACCANS. Produisant des baies. Non qu'elle donne une véritable baie, mais de ce que sa corolle globuleuse, glabre et de la grosseur d'un pois, ressemble très-bien à un petit fruit.

E. TETRALIX. Dérivé de τετρας, par quatre. Ses feuilles sont rangées sur quatre rangs d'une manière plus apparente encore que dans les autres espèces analogues.

Les Athéniens, dit Pline, liv. 11, chap. 16, donnent le nom de *tetralix* à une sorte de bruyère.

E. PHYSODES (φυσα, enflure, vessie ; ειδος, forme, ressemblance). De sa corolle renflée et globuleuse comme une petite vessie. Même sens que celui de *erica halicacaba*.

E. MELANTHERA (μελας, μελανος, noir : à anthères noirâtres). Elles sont plutôt d'une couleur de pourpre foncée.

E. LEUCANTHERA (λευκος, blanc). Dont les anthères sont blanches.

E. AUSTRALIS. Du midi (de l'Europe). Cette espèce croît en Espagne. Ce terme *austral*, qui sembleroit désigner les pays au-delà de la ligne, exprime ordinairement en botanique, les parties méridionales de l'Europe : sans doute, il est peu significatif pour un Espagnol ; mais il a dû l'être davantage pour un Suédois, comme Linné.

ERIGERON. Nom que les Grecs donnoient au *seneçon*. Il vient de η, de bonne heure, dérivé de ηρ ou εαρ, printemps ; γερων, vieillard : c'est-à-dire, qui vieillit dès le commencement de la saison, par allusion à la tête chauve que présente le réceptacle nud du *seneçon*. Cette plante ayant conservé en botanique son nom latin *senecio*, qui signifie la même chose, le synonyme grec a été donné à ce genre-ci, qui en est l'analogue. Voy. *Senecio*.

E. CANADENSE. (du Canada). Cette plante, quoiqu'originaire du Canada et de la Virginie, s'est tellement répandue en Europe par ses semences aigrettées, qu'elle y est maintenant naturalisée.

ERINUS. Nom sous lequel Dioscorides, liv. 4, chap. 27, décrit une plante aquatique qui produit une fleur blanche, des semences noires et dont la tige est laiteuse. Pline répète la même chose, liv. 23, chap. 7. Ερινος est le nom grec du figuier sauvage; on l'avoit donné à cette plante à cause de l'analogie qu'on lui trouvoit avec le figuier par ses tiges remplies de lait. On ne sauroit dire avec précision ce que c'étoit que l'erinus des anciens; on peut seulement affirmer qu'il n'avoit nul rapport avec la nôtre, auquel ce nom a été appliqué au hasard.

ERIOCAULON (εριον, laine; καυλος, tige). Dont la tige est velue.

ERIOCEPHALUS (εριον, laine; κεφαλη, tête). De ses fleurs en corymbe ou en panicule terminal, et de ses semences lineuses.

ERIOGONUM (εριον, laine; γονυ, genou). La tige de cette plante est velue principalement aux articulations ou genoux. MICHAUX, *Flor. bor. Am.* pag. 246.

ERIOLITHIS (εριον, laine; λιθος, pierre). Son fruit est en forme de noix dure et velue. GÆRTNER, tom. 2, pag. 277.

ERIOPHORUM (εριον, laine; φερω, je porte). Ses semences sont garnies d'aigrettes soyeuses du blanc le plus éclatant. C'est la *cana* d'Ossian. Voy. le genre *Canna.*

Vulgairement *linaigrette*, francisé de *linum-agrostis, gramen-lin.* Les anglois le nomment dans le même sens *cotton-grass, gramen-coton.*

ERIOSTEMON (εριον, laine; στημων, étamine). Fleur dont les étamines sont ciliées. SMITH, *Act. sociét. Linn.* vol. 4.

ERIPHIA. Dérivé d'εριφος, chevreau. Pline, liv. 24, chap. 18, donne ce nom à une plante dont la tige recelle une sorte d'insecte qui, par son bourdonnement, imite le cri du chevreau.

Brown s'en est servi pour désigner une plante de la Jamaïque.

ERITHALIS. Nom que donne Pline, liv. 25, chap. 13, à une

plante nommée ainsi de sa verdure remarquable; επι, particule augmentative; θαλλω, je verdoie.

Brown l'a donné à un arbre d'Amérique dont le feuillage
est d'un vert foncé et luisant.

ERNODEA. Dérivé d'ερνος, plante, tige; c'est-à-dire, qui jette
un grand nombre de branchages. SWARTZ, 29.

ERUCARIA. Dérivé d'eruca, la roquette; cette plante en est
l'analogue. Morison l'appelle même *eruca chalepensis.* Voy.
Brassica eruca.

ERVUM. Dérivé d'erw, terre labourée, en celtique; c'est-à-
dire plante qui croit dans les guerets: elle en est le fléau.

E. LENS (*lens, lentis,* en latin; *lentil,* en anglois; *lentille,* en
françois). De son nom en langue celtique *lentil.*

E. TETRASPERMUM (τετρας, par quatre; σπερμα, semence). Dont
la gousse renferme, le plus souvent, quatre semences.

E. MONANTHOS (μονος, seul, unique; ανθος, fleur). Ses fleurs
sont isolées, et non par deux commes celles des autres *ervum.*

E. ERVILIA. Dérivé d'*ervum.* Pline, liv. 18, chap. 10, parle
de l'*ervilia,* comme d'une plante analogue à la lentille.

ERYNGIUM (ηρυγγιον, en grec; dérivé de ερυγω, mot qui exprime l'action de roter) Dioscorides dit positivement, liv. 3,
chap. 21, *que l'eryngium fait rendre toutes les ventosités.*

ERYSIMUM. Dérivé de ερυω, je guéris, je sauve. LINNÉ,
Phil. bot. Des salutaires effets qu'on lui a toujours attribués
en médecine, et sur lesquels Dioscorides, Pline et Gallien
s'étendent au long.

Cette plante passe encore pour être souveraine contre les
maux de gorge, et c'est de là qu'elle est vulgairement nommée
herbe au chantre.

Pline dit, liv. 22, chap. 25, *que les Gaulois appellent-
velar l'erysimum des Grecs. Beler* ou *veler,* en Cornouail-
les; *velhar,* en basque, signifient encore *cresson.* Ces
plantes sont analogues entre elles.

E. ALLIARIA (alliaire, dérivé d'*allium,* ail). Toutes les parties
de cette plante exhalent une forte odeur d'ail, et c'est pour
cette raison que les anglois la nomment communément *sauce-
alone;* c'est-à-dire qui fait sauce à elle toute seule. Ils appellent dans le même sens l'*erysimum officinale, hedge-mus-
tard,* moutarde de haye.

ERYTHRINA. Dérivé d'ερυθρος, rouge. Plusieurs espèces de ce genre produisent des fleurs du plus bel écarlatte.

E. CORALLODENDRUM (κοραλλιον, corail ; δενδρον, arbre). Arbre de corail : de la couleur rouge de ses fleurs et fruits. Même sens que ci-dessus.

E. CRISTA-GALLI (crête de coq). Sa fleur rouge et renversée ressemble assez bien à une crête de coq.

E. ISOPETALA (ισος, égal, semblable). Dont les pétales sont égaux. Les ailes, la carène et l'étendart sont de même longueur.

ERYTHRONIUM (ερυθρος, rouge). Sa fleur est d'un très-beau rouge, et ses feuilles sont marquées de taches pourprées.

E. DENS-CANIS (dent de chien). De ses racines blanches, allongées et assez semblables à une dent.

ERYTHROSPERMUM (ερυθρος, rouge ; σπερμα, semence). Ses graines sont d'une belle couleur rouge. AUBERT DU PETIT THOUARS, *Plantes des îles d'Afrique*, fasc. 4.

ERYTHROXYLUM (ερυθρος, rouge ; ξυλον, bois). Ce nom n'est pas précis ; le bois de cet arbre n'est pas rouge, mais bien le suc de son fruit.

E. COCA. Nom que donnent à cet arbre les peuples du Mexique. HERNAND, *Mex.* 302.

ESCALLONIA. Escallonius, voyageur en Amérique ; il trouva le premier cette plante dans le royaume de la Nouvelle Grenade. SMITH, *fasc.* 2—30.

ESCOBEDIA. George Escobedo, naturaliste espagnol, auquel les Auteurs de la *Flore du Pérou*, ont dédié ce genre, page 80.

ETHULIA.

EUCALYPTUS (ευ, bon, bien ; καλυπτω, je couvre, je ferme ; d'où le mot *calyptra*). Son pétale unique est en forme de couvercle, et il est caduc. L'HÉRITIER, *Sert. Ang.* 18.

E. HÆMASTOMA (αιμα, sang ; στομα, bouche). Dont le fruit est marqué de rouge à son entrée.

EUCLEA (ευκλεια, gloire, beauté). De la beauté de son feuillage permanent. LINNÉ, *Suppl.* pag. 67.

EUCRYPHIA (ευ, bien, bon ; κρυφος, caché, fermé). De sa corolle renfermée d'abord dans une bourse ou enveloppe caduque. CAVANILLES, tom. 4, pag. 48.

EUCOMIS (*ευ*, bon, bien; *κομη*, chevelure au propre, feuille et fleur au figuré). Ce genre institué par l'Héritier, *Sert. Ang.* 17, rentre dans le *basiléa* de Lamarck, 239, nommé ainsi de *βασιλευς*, royal, par allusion à la beauté de ses fleurs.

EVEA. *Evé*, nom de cet arbuste en la langue des Galibis, Aublet, pag. 102.

EUGENIA. En l'honneur de l'illustre prince Eugène de Savoie, né en 1663, mort en 1736, protecteur de la botanique.

E. malaccensis. Originaire de la presqu'île de Malacca. Il porte même en Malabar le nom de *malacca-schambu*. Rheed. *Mal.* 1, pag. 27, dont le primitif est *schambu*, son nom dans la langue des Bramines, ou langue ancienne du pays.

E. jambos. Nom malais transmis par Rumphius; il est altéré de *schambu*. Voy. plus haut.

E. coumete. Nom que donnent à cet arbre les Galibis, peuple de la Guyane. Aublet, page 498.

EVOLVULUS. Dérivé d'*evolvo*, je tourne, nom qui exprime la même chose que *convolvulus*; ces deux genres se ressemblent; mais ils diffèrent l'un de l'autre principalement par les organes sexuels.

Il est bon de remarquer que ces deux noms manquent également de précision, la série des *convolvulus* et des *evolvulus* comprenant plusieurs espèces à tiges droites.

EVONYMUS (*ευ*, bon; *ευ*, bien; *ονομα*, nom : bon nom, bien nommé). Sans doute ce nom est relatif à quelqu'autre qui n'est pas arrivé jusqu'à nous.

Euonyme est une divinité de la mythologie. Selon Epiménide, les furies étoient filles de Saturne et d'Euonyme (1); Comme cet arbuste produit un fruit nuisible à l'intérieur, il est à croire que son nom fait allusion à cet effet.

Vulgairement *fusain*, de l'ancien usage de faire des fuseaux avec son bois mou et facile à travailler. De même en anglois, *spindle-tree*, arbre à fuseaux.

E. tobira. Nom de cet arbre au Japon, d'où il est originaire. Thunb. *Flor. jap.* 99.

EUPAREA. Littéralement *belle-joue*; *ευ*, bon, bien; *παρεια*,

---

(1) Les Furies, filles de Saturne, sont un emblème très-ingénieux du Temps, qui amène les Remords.

joue. Nom donné à ce fruit, par allusion à sa belle couleur de chair. GÆRTNER, tom. 1, pag. 230, d'après Bancks.

EUPATORIUM. *Cette plante, dit Pline, liv. 25 chap. 6, tire son autorité d'Eupator, roi de Pont, qui le premier la mit en usage.*

E. CŒLESTINUM (céleste). Par allusion à la couleur bleuâtre de sa fleur.

E. AYA-PANA. Nom que donnent à cette plante les naturels des bords du fleuve des Amazones. VENTENAT, *Jardin de la Malmaison*, n.° 1, pag. 3.

EUPHORBIA. Nom historique. Euphorbe, médecin de Juba second, roi de Mauritanie, qui le premier mit cette plante en usage. Il étoit grec et frère de Musa, affranchi et médecin de l'Empereur Auguste. Voy. *Musa*.

E. ANTIQUORUM (des anciens). Cette plante a constamment été regardée comme l'*euphorbe* dont les anciens faisoient usage.

Les Anglois se servent principalement de l'*euphorbia canariensis*; et Linné pense que l'*euphorbia officinarum* devroit être le seul dont on se servit.

E. MAMMILLARIS (*mammilla* dérivé de *mamma*, mamelle, d'où *maman*). Ses tiges sont couvertes de tubercules en forme de mamelons.

E. LORICATA (cuirassée, dérivé de *lorica*, cuirasse, armure). Sa tige est couverte d'écailles à tubercules qui la font paroître comme *cuirassée*.

Lorica est dérivé de *lorum*, morceau de cuir, comme cuirasse l'est de cuir. Dans le principe on ne connoissoit d'armes défensives que la peau ou le cuir des animaux. Homère parle très-souvent de boucliers couverts d'un ou de plusieurs cuirs.

E. LOPHOGONA (λοφος, crête; γωνια, angle). Ses angles sont frangés en forme de crêtes.

E. CEREIFORMIS (*cereus*, cierge; qui vient de κηρος, cire : en forme de cierge). De ses tiges, minces, charnues et cylindriques.

E. GOLIANA. Cette plante fut trouvée par Commerson en l'île de Bourbon, près d'un lieu nommé le *Gol*, et il lui en a donné l'épithète.

E. CAPUT-MEDUSÆ (tête de Méduse). Ses tiges épaisses poussent plusieurs jets latéraux qui se tortillent comme des serpens, et que l'on a comparés poétiquement aux serpens de la tête de Méduse.

E. TIRACALLI. Altéré de son nom en malabar, *tiru-calli.* RHEED. 8 — 44.

E. CHAMÆ-SYCE (χαμαι, par terre, qui touche terre; c'est-à-dire petit; συκη, figuier). Plante qui ressemble, en petit, au figuier, par le suc laiteux que jettent ses feuilles et ses rameaux quand on les rompt. Cette qualité lui est commune avec toutes les plantes de cette série.

E. PARALIAS (παρα, proche, contre; αλς, αλος, mer). Qui croît au bord de la mer parmi les sables.

E. PITYUSA. Dérivé de πιτυς, pin. De ses feuilles minces semblables à celles du pin, et plus encore à celles du genièvrier.

E. PINEA. De *pinus,* pin; *pineus,* qui ressemble au pin, par ses feuilles minces. Ce nom exprime, en latin, la même chose qu'*euphorbia pityusa,* en grec; mais les plantes sont différentes quoiqu'analogues entr'elles.

E. PEPLUS. De πεπλος, voile. Ses branches disposées circulairement, couvrent la terre comme un voile. DIOSCORIDES, liv. 4, chap. 162.

E. PEPLIS (πεπλις ou πεπλιον, en grec; même sens que *peplus*). Voy. plus haut. Dioscorides parle du *peplis* immédiatement après le *peplus. Il jette beaucoup d'ombrage,* dit-il, liv. 4, chap. 163.

E. LATHYRIS (λα, particule grecque qui dans un mot composé exprime l'augmentation; θεω, je guéris). C'étoit un purgatif très-renommé; mais auquel on a renoncé à cause de sa violence.

Les noms françois, *épurge;* anglois, *spurge,* sont dérivés de cet effet.

L'ancien nom c. 'apuce vient de l'italien *cacapuzza,* toujours de sa qualité purgative. Voy. *Matthiole* sur Dioscorides, liv. 4, chap. 161.

E. APIOS (απιος, poirier; απιον, poire). Sa racine est en forme de poire. Voy. pour l'origine d'*Apios,* le genre *Pyrus.*

E. HIBERNA. Non pas de *hiberna,* d'hiver, mais de *Hibernia,* d'Irlande. Cette plante est particuliere à l'Irlande. Quant à la signification particuliére du mot *hibernia,* voy. le genre *Iberis.*

E. IPECACUANHA. C'est un vomitif très-dangereux et que l'on

a confondu pendant quelque temps avec le véritable ipéca-
cuanha. Voy. *Psychotria*.

E. HELIOSCOPIA (ηλιος, soleil; σκοπεω, je vois, je regarde).
Dont le feuillage se tourne toujours vers le soleil, selon
Dioscorides, liv. 4, chap. 159.

Cet effet n'est pas plus sensible dans cette plante que dans
quantité d'autres.

E. TITHYMALOIDES (τιθυμαλος, tithymale, ancien nom des espèces de ce genre qui croissent en Europe; ειδος, forme,
ressemblance). Qui ressemble aux *tithymales*, proprement
dits.

Ce mot vient de τιτθος, mamelle : toutes les plantes de
ce genre rendent du lait quand on les rompt.

E. CHARACIAS. Dérivé de χαραξ, palissade, barricade. Les Latins donnoient ce nom, d'après les Grecs, à de grands roseaux fermes et épais qui servoient à faire toutes sortes de
clôtures, palissades, etc.

On s'en sert principalement en Italie pour l'usage des
vignes, dit Pline. C'est d'après cela que Columelle nomme
les échalas, *characias*.

Le tithymale *characias* porte une tige forte, haute de cinq
à six pieds et semblable à une canne. Voy. *Pline*, liv. 26,
chap. 8.

Il est bon de remarquer que plusieurs régions de l'Asie
mineure étoient appelées *Characias*.

E. ESULA. Dérivé d'*esu*, âcre, en celtique. Cette plante l'est au
plus haut dégré.

E. PLATYPHYLLOS (πλατυς, large, ample; φυλλον, feuille). Tithymale à larges feuilles.

E. DENDROIDES (δενδρον, arbre; ειδος, forme). Dont la tige est
arborescente.

EUPHORIA (ευφορος, fertile). De l'extrême abondance de ses
fruits. JUSSIEU, pag. 247. Ευφορος, est composé de ευ, bien;
φερω, je porte : qui porte, qui produit beaucoup.

EUPHRASIA. Abrégé d'*Euphrosine*, nom de femme, qui exprime en grec, la joie, le plaisir; ευ, φρην, bon esprit, heureuse disposition. On l'a appliqué à cette plante, par allusion
aux effets merveilleux qu'on lui a long-temps attribués contre
les maladies des yeux.

Nous la nommons dans le même sens casse-lunettes. Les Anglois l'appellent aussi lumière de l'œil, *eye-bright*. Cette prétendue vertu ophthalmique n'est fondée que sur ce que la fleur de cette plante présente une tâche en forme d'œil, et l'on en a inféré que, par analogie, elle devoit être bonne contre les maladies des yeux. Voy. *Anemone hepatica*, *Lichen*, *Scrophularia*.

Il est naturel que dans les temps d'ignorance on ait conçu de semblables idées; mais il est surprenant qu'on les ait conservées jusque dans les siècles de lumière.

E. ODONTITES. Dérivé d'*οδους*, *οδοντος*, dent. Bonne contre le mal de dents, selon Pline, liv. 27, chap. 12. Elle est aussi bonne pour les dents que l'autre l'est pour les yeux.

EURIA. Nom sous lequel Thunberg, *gen, nov.* pag. 67, décrit cet arbuste. Il signifie large, *ευρυς*. Thunberg ne nous apprend pas dans quel sens il le lui a appliqué, et il n'est pas facile de le deviner.

EURYANDRA (*ευρυς*, large; *ανη*, *ανδρος*, mâle : organe mâle ou étamine). Ses étamines vont en s'élargissant. FORSTER.

EUSTEPHIA (*ω*, bon, bien; *στεφω*, je couronne). Dont les découpures des étamines forment une couronne élégante, à l'entrée de la corolle. CAVANILLES, tom. 3, pag. 20.

EUTERPIA. *Euterpe*, nom de Muse appliqué à cette espèce de palmier pour en exprimer la beauté. GÆRTNER, pag. 24, tom. 1. C'est le *pinanga* de RUMPHIUS.

Qant à la signification particulière du nom *euterpe*, il vient de *ω*, bon, bien; *τερπω*, je réjouis, qui fait plaisir; et on l'a donné à cette Muse parce qu'elle présidoit à la musique: elle passoit même pour avoir inventé la flûte, de là vient qu'on la représente avec une double flûte.

EXACUM. *Ancien nom d'une plante analogue à la centaurée*, dit Pline, liv. 25, chap. 6. On l'avoit nommée ainsi, parce qu'elle passoit pour faire évacuer le poison que l'on auroit pris; *εξ*, dehors; *αγω*, je conduis.

L'*exacum* des modernes a quelques rapports avec les centaurées. Plukenet l'appelle même, *plante ayant le port de la centaurée*, Phyt. 275.

On la nomme plus justement aujourd'hui *gentianelle*. On sait qu'en ancienne botanique les *gentianes*, et les *centaurées*

ont souvent été confondues, à cause de leurs effets semblables en médecine.

E. HÉTÉROCLITUM (hétéroclite) C'est-à-dire qui ne suit pas la
règle ordinaire. Littéralement, *tourné autrement* ; ετερος, autre,
différent ; αλλω, je détourne. Cette plante s'écarte de celles
du même genre par le calice, la corolle, le port, etc.

EXCÆCARIA. Dérivé de *excæcare*, aveugler. Son bois contient une subtance âcre et laiteuse qui peut rendre aveugle,
lorsqu'en le couppant, il en saute dans les yeux.

E. AGALLOCHA. Nom que donnoient les Grecs à un bois aromatique qu'ils tiroient des Indes. Voy. *Dioscorides*, liv. 1,
chap. 21. On lui a attribué, pour étymologie, le mot αγαλλω,
orner, embellir ; parce que l'on en fait aux Indes des torches qui
répandent en brûlant un parfum exquis, et qui sont un grand
objet de luxe en ce pays. Mais comme on le nomme en
arabe (âghâloûdjy) GOL. 123, c'est là qu'il faut chercher
l'origine de ce mot. On l'y nomme aussi a'ûd âl bokhôr, bois
de parfum, GOL. 123.

EXOCARPUS (εξω, dehors ; καρπος, fruit). Son amande, comme
la noix d'acajou, est située sur un réceptacle beaucoup plus
gros qu'elle même, ce qui fait paroître le fruit comme en
dehors. LABILLARDIÈRE 1, pag. 155.

EXOSTEMA (εξω, dehors ; στημων, étamine). Dont les étamines allongées sont au-dehors de la fleur. Ce nom employé
d'abord par Persoon, *Synopsis plantarum*, a été maintenu
par Humboldt et Bonpland, *fas. 5.*

EYSTATHES (ευσταθης, stable, durable ; composé de ευ, bien ;
σταω, être debout). De l'extrême solidité de son bois. LOU-
REIRO, pag. 289.

F

FABA. Du celtique *faff*, d'où fève, en françois. En anglois
bean, comme en anglo-saxon.

FABIANIA. Francisco Fabianio, archevêque de Valence, en
Espagne, amateur de botanique, *Flore du Pérou*, pag. 18.

FABRICIA. Gœrtner, tom. 1, pag. 175, a dédié ce genre à
Jean-Chrétien Fabricius, naturaliste danois, né en 1740,
professeur d'histoire naturelle en l'Université de Kiel, en
Holstein. Il s'est principalement occupé de l'entomologie. On
a eu de lui, en 1779, un *Voyage de Norvège*.

FÆTIDIA (*fœtidus*, fétide). De la mauvaise odeur de son
bois, qui même est appelé *bois puant*, en l'île de Bourbon.
COMMERSON.

FAGARA. Nom d'une plante aromatique, mentionnée par
Avicennes.

On l'a donné à cette plante à cause de son odeur agréable.
Voy. plus bas.

F. EUODIA (ευωδης, qui sent bon; composé d'ω, bon, bien ; οδμη,
parfum). Cette plante, trouvée par Forster en l'île de Tonga-
Tabu, répand une odeur très-agréable. FORSTER, gen. 7.

C'est dans ce genre que rentre l'*elaphrium* de Jacquin. Voy.
ce genre.

FAGRÆA. J.-Théodore Fagræus, botaniste-médecin. THUN-
berg, *Dissert. acad.* page 35.

FAGUS. Du grec φηγος, qui est dérivé de φαγω, je mange. Son
fruit est alimentaire.

De *fagus*, nous avons fait *fau*, et *faine*, pour le fruit.
C'est encore de *fagus* que vient notre mot *fagot*, qui, dans
le principe, a signifié faisceau de branches de *fagus*.

Les Italiens appellent l'arbre, *fago*, et ils en ont fait *fa-*

gatto, le basson, instrument qui fut d'abord fabriqué de ce bois.

F. CASTANEA. Originaire du territoire de la ville de Castanea, en Thessalie; elle étoit située proche le fleuve Pénée. Ce pays produit encore de superbes châtaigniers.

En anglois, *chesnut*; *nut*, noix; *ches*, altéré de *cysten*, nom de la châtaigne, en anglo-saxon; il vient de *cyst*, qui signifie en cette langue, bonté, utilité; de l'excellence de ce fruit.

La plus grosse espèce de châtaigne est vulgairement appelée *marron*; ce nom signifie littéralement en vieux français, *crottin de cheval*. Ce fruit en a exactement la forme. *Marron*, a pour primitif, *mar*, cheval, en anglo-saxon; de *march*, cheval, en langue celtique et ses différens dialectes.

FALKIA. Jean Falk, suédois, né en 1725, mort en 1774, professeur de botanique au Jardin des apothicaires de Pétersbourg. Il suivit Pallas dans une partie de ses voyages en Sibérie. Rappelé pour raison de santé, il se tua dans un accès d'hypochondrialgie. C'est, peut-être, le seul exemple de suicide parmi les naturalistes, qui toujours occupés et toujours dans l'admiration des œuvres du Créateur, trouvent encore la vie trop courte pour se flatter de les bien connoître. THUNBERG, *nov. gen.* 17, dédia ce genre à sa mémoire. Laymson a été désigné par l'académie impériale de Pétersbourg, pour rédiger les manuscrits de Falk.

FALLOPIA. En mémoire de Gabriel Fallope, célèbre médecin et anatomiste italien, né en 1523, mort en 1562. LOUREIRO, page 410.

FARAMEA. Nom de cet arbuste à la Guyane. AUBLET, p. 102.

FAVONIUM. Dérivé de *favus*, rayon de miel. Son réceptacle est garni de niches comparées aux alvéoles d'une ruche d'abeilles. GÆRTNER, tome 2, page 431.

FEDIA. Nom employé par Adanson, vol. 2, page 152, de ses *Familles des plantes*. Il n'en donne pas l'explication, non plus que des autres noms dont ils se sert.

FERNANDEZEA. George Garcias Fernandez, botaniste espagnol, membre de l'Académie de Madrid. Les Auteurs de la *Flore du Pérou*, lui ont dédié ce genre, page 112.

FERNELIA. Jussieu, d'après Commerson, institua ce genre

en mémoire du célèbre Jean-François Fernel, né en 1506, mort en 1558, premier médecin du roi de France, Henri II. On a de lui plusieurs ouvrages de médecine.

FERONIA. Déesse des forêts. Elle tiroit ce nom de la ville de Féronie, où elle avoit un temple. Le *feronia* est un très-bel arbre forestier. CORREA DE SERRA, *Act. soc. Linn.* vol. 5.

FERRARIA. Jean-Baptiste Ferrari, botaniste italien, né en 1600, mort en 1650. On a eu de lui un ouvrage intitulé: *Culture des fleurs*, en 1633; il a aussi donné un *Traité de la culture des orangers*, en 1646.

F. PAVONIA (*pavo*, paon). De ses pétales panachés des plus belles couleurs comme le plumage du paon, ou plutôt mouchetés comme une peau de léopard. Voy. *Tigridia*.

FERREIRIA. Ferreira, portugais, sous-directeur du jardin botanique de Lisbonne. Son compatriote Vandelli lui a dédié ce genre, pag. 21.

FERREOLA. Dérivé de *ferrum*, fer; *ferreus*, analogue au fer. Le bois de cet arbre est d'une dureté comparée à celle du fer. ROXBURGH, *Coromandel*, 2.

FERULA. Dérivé de *ferire*, frapper. On se servoit de sa tige séchée pour corriger les écoliers, parce qu'elle fait beaucoup de bruit et peu de mal. *La férule fatale aux mains*, dit Columelle.

F. ASSA-FŒTIDA. Voy. d'Herbelot, article *Ingin*, *Bibl. orient.* page 493, sur cette production.

FESTUCA. Du Celtique *fest*, qui signifie pâture, aliment; d'où *feste*, festin, etc. En anglois, *fescue-grass*, altéré de *festuca*.

Le *festuca-fluitans* fournit un bon aliment aux habitans du Nord. Lorsque la semence est mûre on secoue la plante par le bas de la tige, en la frappant avec un tamis dans lequel tombent les graines dont on fait un *gruau* très-délicat. J'ai vu sur les bords de la Meurthe, des Polonais de la suite du roi Stanislas, recueillir cette manne avec beaucoup de soin.

F. MYURUS ($\mu\nu\varsigma$, rat, souris; $o\nu\rho\alpha$, queue). De la forme de son panicule long et serré qui l'a fait comparer à une queue de rat.

F. CALICINA. Dérivé de *calix*, calice. Cette plante a un calice bivalve, comme toutes celles de ce genre; mais il est plus long que la fleur.

F. ovina (*ovis*, brebis; aimée des brebis. Elles recherchent cette plante de préférence à toutes les autres graminées.

F. misera (*miser*, pauvre, misérable, dans le sens littéral; faible, mince, au figuré). Cette plante est très-délicate.

FEUILLEA. Le père Louis Feuillée, minime provençal, né en 1660, mort en 1732, envoyé par ordre de Louis XIV, dans diverses parties du monde, pour le progrès des sciences. On a eu de lui, en 1714, un ouvrage précieux, intitulé: *Plantes du Pérou et du Chili.*

La totalité de son ouvrage a pour titre : *Journal des observations physiques, mathématiques et botaniques, faites sur les côtes de l'Amérique méridionale et à la Nouvelle-Espagne.* On a encore de lui un *Voyage aux îles Canaries.*

FIBRAUREA (à fibres dorées). Sa tige est composée de fibres qui semblent dorées. Loureiro, page 769. Ce genre se rapproche de l'*abuta.*

FICUS (συκη (1), en grec; *ficus*, en latin; *figuezen*, en celtique; *feige*, en theuton; *fige*, en esclavon; *fivge*, en hongrois; *fic*, en anglo-saxon, etc). Il est facile de reconnoître l'identité de tous ces noms; mais il ne l'est pas de décider à quelle langue ils appartiennent primitivement.

F. carica. Figuier commun qui passoit pour être originaire de la Carie. Pline dit, liv. 15, chap. 19, *les meilleures figues viennent de la Carie* (2).

F. sycomorus (συκη, figuier; μορια, murier). Sa feuille est sem-

---

(1) C'est de ce mot συκη que vient *sycophante,* συκοφαντης. Les Athéniens donnoient ce nom à ceux qui dénonçoient les voleurs de figues. Ce délit étant de peu d'importance, sycophante étoit devenu un terme équivalent à celui d'*imposteur.* Il signifie littéralement qui voit les figues. Συκη, figue; φαινω, je vois; c'est-à-dire *témoin en ce qui concerne ce vol.*

(2) On nommoit même *caunées* les figues sèches, parce qu'on les apportoit de la ville de *Caunus* en Carie. Pline ajoute à ce sujet que Crassus étant au moment de s'embarquer pour sa malheureuse expédition contre les Parthes, il entendit par hasard des marchands de figues crier *caunées.* Comme la ville de *Caunes* se trouvoit sur la route qu'il devoit suivre, il prit cela pour un augure favorable; l'événement lui prouva le contraire; il y périt avec presque toute son armée.

blable à celle du mûrier et son fruit a la forme de la figue commune.

F. RELIGIOSA (*religieux*, *sacré*). Cet arbre des Indes est regardé comme sacré; on craint de le détruire, et l'on fait au Malabar des sacrifices sous son ombrage.

F. POLITORIA (*politor*, qui polit, polissoire). Ses feuilles sont garnies en leurs bords et sur leurs nervures, de pointes tellement rudes, qu'on s'en sert pour polir le bois. COMMERSON.

Les mots *politor*, en latin; *polir*, en françois, etc. viennent du grec πόλις, ville, et ils expriment la civilisation au propre, et l'adoucissement au figuré. De là, quantité de dérivés, *politesse*, *politique*, etc.

FILAGO. Dérivé de *filum*, fil. Toutes les plantes de ce genre sont couvertes de fils ou poils déliés.

On se rappellera que la désinence *ago*, exprime en latin l'analogie avec le mot qui précède. Voy. *Agrostemma githago*.

F. GERMANICA, GALLICA. Croissent l'un et l'autre dans toute. l'Europe, et non exclusivement en France et en Allemagne, comme ces noms semblent l'indiquer.

F. LEONTOPODIUM (λέων, λέοντος, lion; πούς, ποδός, pied, pate) Qui ressemble à la pate du lion, par ses feuilles et ses tiges velues. Cette ressemblance est très-vague, comme le sont toutes celles de ce genre.

FISSIDENS. Dérivé de *fissus*, fendu, participe de *findo*, je fends. Mousse dont les dents du péristome sont bifides. HEDWIG, 152.

FISSILIA. De *fissus*, fendu. De sa corolle partagée en trois parties, dont deux sont bifides. JUSSIEU, d'après Commerson, page 260.

FISTULINA. Diminutif de *fistula*, tube. Champignon dont la surface inférieure est formée de petits tubes rapprochés. BULLIARD, *Champ.* 464.

FLABELLARIA (*flabellum*, éventail. De la disposition de ses feuilles. CAVANILLES, *Dissert.* page 436.

FLACOURTIA. Etienne de Flacourt, directeur de la compagnie françoise dans l'Orient, commandant de l'expédition de Madagascar, en 1648. Il en a publié la relation en 1661.

Elle comprend l'histoire naturelle de l'île et la description
d'un grand nombre de plantes. L'Héritier a dédié ce genre
à sa mémoire, *Stirp. nov.* page 59.

FLAGELLARIA. Dérivé de *flagellum*, fouet. De ses feuilles
allongées et finissant en fouet.

FLOSCOPEA (*flos*, fleur; *scopa*, balai). De ses fleurs ramassées en forme de balai. LOUREIRO, page 258.

FLUGGEA. En mémoire de Flugge, célèbre botaniste allemand,
WILLDENOW, tome 4, page 758.

FONTANESIA. René Desfontaines, né en 1752, professeur de
botanique au jardin des plantes de Paris, membre de l'Institut national. On a eu de lui une *Flore atlantique*, publié
en l'an VI, et des Mémoires insérés parmi ceux de l'Académie des sciences, de l'Institut et du Muséum. LABILLAR
DIÈRE, *Pl. syr. dec.* 1, page 9.

Les Auteurs de la *Flore du Pérou*, lui ont dédié un de
leurs nouveaux genres, page 24, sous le nom de *Desfontainia*.

FONTINALIS. Dérivé de *fons*, *fontis*, fontaine. Qui croît dans
les ruisseaux, fontaines, puits, etc.

F. ANTIPYRETICA (*anti*, contre; *pur*, *purot*, feu, contre le feu,
qui ne craint pas le feu). Elle se calcine au feu sans se brûler. Il semble même que le feu, de quelque nature qu'il soit,
ne fasse aucune impression sur cette plante; je l'ai trouvé
en abondance dans les eaux thermales de Plombière.

FORGESIA. Nommée ainsi par Commerson, en l'honneur de
M. Desforge, gouverneur de l'île de Bourbon, qui favorisa
ses recherches. JUSSIEU, page 164.

FORSKÆHLIA. Pierre Forskæhl, suédois, professeur de botanique à Copenhague, envoyé par le roi de Danemarck,
en Turquie, Egypte, Arabie, etc. Il a donné de ces divers
pays une très-belle Flore, qui parut en 1775. Il mourut, en
1763, à Jérim, en Yemen, victime de son zèle pour la
botanique. Voy. la relation de son compagnon Nieburhg.

FORSTERA. En l'honneur des deux Forster, nés auprès de
Dantzig, compagnons du capitaine Cook, à son second voyage
autour du monde, de 1772 à 1775, en qualité de naturalistes.

Jean Reinhold Forster, a publié ses découvertes sous le
titre de *Nouveaux genres de plantes*, en 1776, etc.

Georges Forster, son fils, a donné une relation particulière de son voyage, et une *Dissertation sur les plantes ali-
mentaires des îles de la mer du Sud*, en 1786, etc. Il est mort,
en 1794, à 89 ans. *Act. ups.* v. 3, page 184.

Un autre Georges Forster, anglois, mort aux Indes, a
donné la relation d'un *Voyage du Bengale à Pétersbourg, à
travers les provinces septentrionales de l'Inde, le Kachmir, etc.*
Cet ouvrage a paru en françois, en 1802, traduit par Langlès.

FOSCARENIA. Foscarini, vénitien, botaniste. Vandelli lui a
dédié ce genre, page 7.

FOTHERGILLA. Le docteur Jean Fothergill, célèbre médecin
anglois, mort en 1780, amateur de botanique (1).

FOVEOLARIA. Dérivé de *fovea*, creux, fosse. De ses feuilles
creusées, ainsi que sa corolle. *Flore du Pérou*, page 47.

FRAGARIA. De *fragrans*, odorant, qui sent bon. Tout le
monde connoit le parfum exquis qu'exhale la *fraise*. En
vieux françois on disoit *frage*, qui étoit plus près de *fragrans*; et de *frage*, on a fait ensuite *fraise*.

En anglois, *straw-berry*, de l'angla-saxon, *straw-berie*;
straw, herbe; *bérie*, une baie. Herbe qui produit une baie.
En portugais, *fayal*. C'est de là que l'une des îles Açores tire
son nom, parce qu'on y trouve en abondance l'*arbutus unedo*,
appelé vulgairement *fraisier en arbre*.

F. STERILIS (stérile, terme impropre). Elle produit des semences bien conditionnées, comme les autres espèces de ce
genre; mais sa Baie est sans suc, elle n'est donc stérile que
quant à l'homme.

FRAGOSA. En mémoire de Jean Fragoso, premier médecin
de Philippe II, roi d'Espagne. Il a travaillé sur les médicamens que produit l'Amérique. *Flore du Pérou*, pag. 34.

FRANCKENIA. Jean Franckenius, suédois, professeur de mé-
cine en l'Université d'Upsal, mort en 1661. On a de lui un
ouvrage intitulé : *Nouveau miroir de botanique.* Il a encore
publié un opuscule sur le tabac, en 1633.

FRANCOA. François Franco, médecin espagnol, qui vivoit au
seizième siècle. CAVANILLES, tom. 6, pag. 76.

---

(1) Rien n'égale la noble simplicité de l'épitaphe que l'on a mise sur
sa tombe : *Ci gît le docteur Fothergill, qui dépensa deux cent mille guinées
pour le soulagement des malheureux.*

FRANSERA. Antoine Franser, médecin-botaniste. Son compatriote Cavanilles lui a dédié ce genre, tome 2, pag. 78.

FRAXINUS (1). Selon Linné, *Phil. bot.*, ce nom vient du grec φραξις, séparation, soit de la facilité de son bois à se diviser, soit des cloisons ou séparations que l'on en faisoit. Il le range toutefois dans la série de ceux qu'il appelle *empruntés d'une érudition vague et mélangée.*

Fresne est dérivé de *fraxinus*; en anglois, *ash*, de l'anglo-saxon *æse*, une pique. De l'usage que l'on a toujours fait de son bois pour la fabrication des manches, hampes, etc.

F. ORNUS. En grec, ορνος, dérivé de ορς, montagne : qui croît aux lieux montagneux.

FRESIERA. Swartz a dédié ce genre à la mémoire de Fresier, ingénieur françois, voyageur au Chili et dans la mer du Sud. On a eu sa relation, en 1716. SWARTZ, *Flor. des Indes occident.* page 971.

FRITILLARIA. Dérivé de *fritillus*, cornet à jouer au dez. De sa corolle profonde.

F. IMPERIALIS. On a trouvé que ses fleurs élégamment disposées en couronne, imitent les fleurons de la couronne impériale.

F. MELEAGRIS (μελεαγρίδες). Nom que donnoient les Grecs à la *pintade*. Les belles couleurs de cette fleur sont disposées en damier, comme celles du plumage de la pintade.

La bigarrure de cet oiseau l'a fait appeler par les Espagnols *gallina pintada*, poule peinte, dont nous avons fait *pintade*.

Quant au nom grec *meleagris* ou *meleagrides*, il vient de *Méléagre*, dont les sœurs pleurèrent la mort avec tant de douleur, qu'elles furent changées en oiseaux, dont le plumage blanc et noir est le symbole de la tristesse. *La poule meleagris*, dit Pline, liv. 10, chap. 26, *tire son illustration du tombeau de Méléagre.*

F. REGALIS (royale). Même sens que *fritillaria imperialis*. Elle porte de même une touffe de feuilles disposées en panache à son sommet. On l'a nommée aussi *corona regalis*, cou-

___

(1) M. A. Dureau de la Malle fils a démontré, dans une savante Dissertation publiée en 1804, que l'*ornus* des Latins, ou *boumelia* des Grecs, est notre *fraxinus excelsior*, tandis que ce que nous appelons *ornus* est au contraire le *fraxinus* des Latins et le *melia* des Grecs.

ronne royale. *Hort. Eltham*, 110. Ses fleurs sont disposées en couronne.

FRŒLICHIA. Jean-Al. Frœlich, a donné, en 1796, des dissertations sur plusieurs plantes. Varl. *Eclog.* page 13.

FUCHSIA. Léonard Fuchs, bavarois, né en 1501, mort en 1566. On l'a surnommé l'Eginette de l'Allemagne. Il exerça la médecine avec beaucoup d'éclat, et y appliqua surtout la botanique. On distingue entre ses ouvrages, une *Histoire des plantes*, 1542. Elle a été traduite en françois, en 1675. Scaliger a dit légèrement, que c'étoit l'ouvrage d'un enfant.

F. EXCORTICATA (écorcée). Dont le tronc très-lisse semble avoir été dépouillé de son écorce.

FUCUS (φῦκος, en grec). Linné range ce nom dans la classe de ceux auxquels on ne sauroit attribuer une origine positive. Il est évident que de φῦκος, les Latins ont fait *fucus*; mais comme ce dernier mot signifie aussi fard, teinture, on en a voulu tirer son étymologie, parce que ce genre comprend des espèces qui ont autrefois servi à teindre en rouge.

Ces plantes étoient appelés *alga*, du celtique *al*, mer, d'où αλς, sel et mer, en grec; *alcyon*, oiseau marin, etc.

Vulgairement les algues sont nommées *varec*, de l'anglo-saxon *var*, herbe de mer, qui lui-même vient de *waroth*, rivage, en la même langue (1).

F. UVARIUS. Dérivé d'*uva*, grappe de raisin. De ses feuilles rapprochées en grappe serrée.

F. INFLATUS (enflé). Les segmens de son feuillage sont enflés, comme si on les avoit soufflés.

F. LENDIGERUS (*lens*, *lendis*, lente, œuf du pou; *gero*, je porte). Sa fructification parsemée de petits tubercules semble couverte de lentes.

F. PYRIFERUS (portant poire). L'extrémité de son feuillage est renflé comme une poire.

F. LOREUS. De *lorum*, courroie. Cette plante est longue de deux à trois pieds, et d'une substance coriace qui l'a fait comparer à une *courroie*.

---

(1) *Varec* est même un terme de jurisprudence qui exprime tout ce que la mer jette à la côte, débris de vaisseaux, marchandises, etc. On dit *droit de varec*.

F. SILICOSUS, SILICULOSUS (à silique, à silicule). On sent que ces dénominations ne doivent pas être prises à la lettre; elles signifient seulement ici des algues dont la fructification a la forme d'une silique ou celle d'une silicule.

F. CONCATENATUS (enchaîné l'un à l'autre). Ses rameaux sont garnis de distance en distance de vessicules renflées qui ressemblent aux anneaux d'une chaîne.

F. DISCORS (différent). Ses feuille diffèrent les unes des autres; il en porte de pinnées, de lancéolées, etc.

F. TENDO (tendon). Cette algue est d'une substance tendineuse et demi-transparente, qui l'a fait comparer à un tendon.

F. FILUM (fil). Dont la frondescence est *filiforme*.

F. FURCELLATUS (*furcilla*, fourchette, diminutif de *furca*, fourche). Sa frondescence est fourchue à son extrémité.

F. BUCCINALIS (*buccina*, trompette). Sa tige est grande et creuse. Les Latins appeloient la trompette *buccina*, parce que dans le principe elle étoit faite d'une corne de bœuf: *bu*, en celtique, d'où une multitude de dérivés. Voy. *Botanique*.

F. ESCULENTUS (bon à manger). Les hommes et les bestiaux s'en nourrissent dans les régions stériles du nord.

F. SACCHARINUS (sucré, de *saccharum*, sucre). Séchée au soleil, cette plante se couvre d'un sel blanc et doux qui remplace le sucre chez les pauvres Islandois. Voy. *Saccharum*.

F. GIGARTINUS (γιγαρτον, pepin de raisin). Ce *fucus* produit des semences semblables, pour la forme, au pepin de raisin.

F. SPERMOPHORUS (σπερμα, semence; φερω, je porte). Sa fructification est plus apparente que celle des autres espèces de ce genre.

F. PLOCAMIUM. Dérivé de πλοκαμος, mêlé, entrelacé par ses tiges très-délicatement ramifiées. *Light-Foot*, *Fl. scot.*

F. NEREIDUS. Néréides, divinités aquatiques, filles de Nerée. Ce nom est dérivé de νηρος, humide. *Light-Foot. Fl. scot.*

L'éphithète de *Néréide* convient très-bien à une plante qui croit dans la mer; mais elle est également applicable à toutes les espèces de ce genre, et elle n'est pas propre, par conséquent à en distinguer une.

F. VERMICULARIS. Dont les feuilles ressemblent à celles du *sedum album*, appelé anciennement *vermicularia*, à cause de la ressemblance de ses feuilles avec des vermisseaux.

FUGOSIA. Abrégé de *cienfuegosia.* Genre institué par Cavanilles, en mémoire de Bernard Cienfuegos, botaniste espagnol, qui vivoit vers la fin du seizième siècle. CAVANILL. *Diss.* 3, pag. 174.

FUIRENA. Georges Fuiren, danois, né en 1581, mort en 1629, auteur de plusieurs catalogues de plantes trouvées dans ses voyages en Scanie, Gothie, etc.

Un second Fuiren, aussi danois, a donné, en 1733, un *Muséum de l'Académie de Copenhague.*

FUMARIA. Dérivé de *fumus,* fumée. Pline dit, liv. 25, chap. 13, et tous les auteurs ont répété d'après lui, *que le suc de cette plante, mis dans l'œil, fait larmoyer comme feroit l'impression de la fumée, et que c'est de là qu'elle tire son nom.* Cette observation manque de justesse : le suc de toute plante inséré dans l'œil y produiroit le même effet. Il étoit plus naturel d'attribuer ce nom au détestable goût de fumée ou de suie qu'a la *fume-terre.* Ce nom exprime, en françois, la même chose que *fumaria,* en latin, *fumée-de-terre;* en anglois, *fumitory,* dans le même sens.

Les Grecs l'appeloient καπνος, fumée, en leur langue. C'est même sous ce nom qu'en parle Pline.

F. NOBILIS, SPECTABILIS. Par allusion à la beauté de leurs fleurs.

F. ENNEAPHYLLA (εννεα, neuf; φυλλον, feuille). Sa feuille est divisée en trois parties subdivisées elles-mêmes en trois autres, ce qui donne neuf folioles pour le tout.

FUNARIA. Dérivé de *funis,* corde. Mousse dont les rameaux sont allongés. HEDWIG. page 172.

FUSANUS. Ancien nom du fusain. Voy. *Evonymus.* Cet arbuste en est l'analogue par son feuillage et par sa fructification. Ce genre rentre dans les *thesium* de Linné fils, page 161.

G

GÆRTNERIA. Joseph Gærtner, allemand, né en 1732, mort en 1791, a donné, en 1778, un ouvrage intitulé : *Des fruits et des semences des plantes.*

Il a aussi publié des centuries Schreber lui a dédié ce genre, n.° 735.

GAHNIA. Henri Gahn, botaniste suédois, a laissé un ouvrage sur les plantes officinales, publié en 1753. Forster, g. 26.

GALANTHUS (γαλα, lait ; ανθος, fleur : fleur de lait). Sa corolle est d'un blanc pur.

Vulgairement *perce-neige*. Sa fleur hâtive se montre souvent à travers la neige.

GALARDIA. Fougeroux, neveu du célèbre Duhamel, dédia ce genre à M. Gaillard de Charentonneau, amateur de botanique.

GALAX (γαλα, lait). De son épi de fleurs d'un blanc de lait.

GALAXIA. Thunberg, *Dissert. n. pl. gen.* 50, a institué ce genre sans en expliquer le nom.

GALEDUPA. De son nom en malais *caju-galedupa*. Rumph. 2, tome 13. *Caju*, signifie bois, en cette langue, et il est radical de quantité de noms d'arbres.

GALEGA. Selon le savant Ruelle, ce nom est le même que le *glaux* des latins et le γλαυκιον des Grecs, avec une désinence italienne. La description du *glaucion* de Dioscorides offre, en effet, quelques légers rapports avec notre *galega*.

En françois, *lavanese*, de l'ancien usage de s'en servir pour se frotter les mains en les lavant. En Toscane, on le nomme, pour la même raison, *lava-mani*. Dioscorides, commenté par Matthiole, liv. 4, chap. 136.

GALENIA. Claude Galien, né en 131, à Pergame, mort en 210. Il est regardé comme le plus grand médecin de l'antiquité après Hippocrate, et comme lui, il n'a parlé des plantes que sous le rapport de leurs vertus. Il n'est venu jusqu'à nous qu'une partie de ses œuvres, publiées à Bâle en 1538.

GALEOLA. Diminutif de *galea*, un casque. De la forme de son nectaire. LOUREIRO, pag. 636.

GALEOPSIS (γαλη, belette; οψις, figure, aspect). Sa corolle présente une figure bisarre, que l'on a comparée à celle d'une belette. On auroit pu de même la comparer à tout autre animal. Voy. *Dracocephalum* et *Lamium*.

Les Anglois donnent à ce genre le nom d'*ortie-morte*, *deadnettle*, que nous appliquons exclusivement aux lamiées.

G. TETRAHIT. Dérivé de τετρας, par quatre. Sa tige a quatre angles bien prononcés.

Vulgairement *chanvrin* : il a le port du *chanvre*.

G. GALEOPDOLON. Synonyme de *galeopsis*. Pline dit, liv. 27, chap. 9, *le galeopsis que l'on nomme aussi galeopdolon*.

GALINSOGA. Mar.-Ma. Galinsoga, premier médecin de la reine d'Espagne, intendant du jardin de Madrid. *Flore du Pérou*, page 98.

GALIUM. Dérivé de γαλα, lait. On s'en servoit autrefois pour le faire cailler, et il en a retenu le nom vulgaire de *caillelait*.

G. MOLUGO (μολυξ, μολυχος, doux). De la mollesse de son feuillage, surtout quand on le compare à celui de l'espèce suivante.

G. APARINE. De απαιρω, je prends, je saisis. Il semble saisir tout ce qui l'approche, par sa feuille armée de petits crochets. De là le nom françois *gratteron*, plante qui gratte.

Les Grecs le nommoient *philanthrope* (φιλος, ami; ανθρωπος, homme, ami de l'homme), à cause de cette disposition à s'accrocher aux passans. DIOSCOR. liv. 3, chap. 88.

G. MEGALOSPERMUM (μεγαλ--, génitif de μεγας, grand; σπερμα, semence). Ses fruits sont très-gros.

G. BOREALE. (boréal). Qui appartient à l'Europe septentrionale. Cette plante croit en France, Allemagne, etc. Voy. *Alyssum hyperboreum*, pour la signification particulière du mot *boréal*.

GALOPINA. THUNBERG, *Nov. gen.* page 3.

GALPHIMIA. Anagramme de *malpighia*. Nom donné à ce genre

par Cavanilles, tome 5, page 61, pour en exprimer l'analogie avec le *malpighia*. Une puérilité comme l'anagramme est tout-à-fait indigne d'une étude sérieuse. Il est triste que Linné en ait donné l'exemple. Voy. *Mahernia*.

GALVANIA. Galvao, jeune naturaliste portugais, voyageur. Son compatriote Vandelli lui a dédié ce genre, page 15.

GALVEZIA. Dombey nomma ainsi cet arbuste en l'honneur de dom *Joseph Galvez*, administrateur dans l'Amérique méridionale et ministre d'état sous le roi d'Espagne Charles III.

GARCINIA. Laurent Garcin, botaniste françois, voyageur aux Indes. On a de lui plusieurs mémoires académiques. Il donna entre autres à l'Académie des sciences, année 1730, la description d'une plante sensitive très-curieuse, et qui est appelée en malabar, *todda-vaddi*. Rheed. 9, page 33. C'est un *oxallis*.

G. MANGOSTANA OU MAGOSTANA. Nom de cet arbre en malais. Rumph. *Amb.* 1—38.

G. CORNEA. De *cornu*, corne. Arbre dont le bois est dur comme de la corne.

GARDENIA. Alexandre Garden, anglois, médecin à la Caroline, a fourni à la Société royale, dont il étoit membre, un grand nombre de mémoires sur divers objets d'histoire naturelle.

GARDOQUIA. D. Diego Gardoqui, ministre des finances sous le roi d'Espagne Charles IV, amateur de botanique. Les Auteurs de la *Flore du Pérou*, lui ont dédié ce genre, page 75.

GARIDELLA. Pierre Garidel, françois, né en 1659, mort en 1737, a donné l'*Histoire des plantes de Provence*, l'*Histoire du kermès*, etc.

GASTONIA. Commerson institua ce genre en l'honneur de Gaston de Bourbon, fils de Henri IV. Voy. *Borbonia*. Il est surprenant que Commerson ait reproduit sous son prénom, un protecteur de la botanique, auquel le père Plumier avoit déja dédié un genre très-connu.

Le *gastonia* est appelé *bois d'éponge* en l'île de Bourbon: l'écorce en est très-spongieuse.

GAULTHIERA. Gaulthier, botaniste françois, médecin à Quebec.

GAURA (γαυρος, orgueilleux, superbe). De la beauté remarquable de sa fleur. Elle est de couleur de rose, et disposée en belles touffes à l'extrémité des rameaux.

GEISSODEA (γεισσον, tuile ; ιδος, forme, ressemblance). Série de *lichen* disposés en recouvrement comme les tuiles d'un toit. VENTENAT, *Regn. végét.* 2, p. 53.

GELA (γιλα, l'éclat du soleil, de γιλαω, je brille). Ses feuilles sont brillantes. LOUREIRO, page 286. Ce genre se rapproche des *ximenia.*

GELSEMIUM ou GELSEMINUM. L'un des anciens noms du *jasmin.* Nom imposé par Catesby à cet arbuste, 1, page 53. Il l'appelle *gelseminum luteum virginianum.* C'est le *bignonia sempervirens* de Linné. Voy. le genre *Jasminum* pour l'origine de *gelseminum.*

GEMELLA (*gemelli*, jumeaux). Ses baies sont deux à deux. LOUREIRO, page 796. Ce genre se rapproche de l'*ornitropha.*

GENIOSTOMA (γινιον, barbe ; στομα, bouche). L'entrée ou la bouche de sa corolle est barbue. FORSTER, *Prodrome* 105.

GENIPA. Formé par Plumier, de *janipaba*, son nom au Brésil. Marcgrave l'écrit *janipha.*

GENISTA. La plupart des étymologistes ont fait dériver ce nom de *genu*, genou, parce que, disent-ils, ses tiges sont flexibles comme le genou. Voy. Boëhmer. Comme *gen*, signifie *arbuste*, en langue celtique, il est plus naturel d'en faire le primitif de *genista.*

G. ANGLICA, GERMANICA, LUSITANICA, HISPANICA. Tous ces noms manquent de précision. Les *genista anglica* et *germanica*, croissent dans toute l'Europe tempérée, les *genista lusitanica* et *hispanica*, dans toute l'Europe méridionale.

G. SAGITTALIS. De *sagitta*, flèche. Ses rameaux prolifères et garnis d'appendices en forme d'oreillons, ressemblent très-bien à un fer de flèche.

GENOSIRIS (γινος, genre, famille ; *iris*, la plante de ce nom). Qui se rapproche du genre des *iris*, LABILLARDIÈRE, page 13.

GENTIANA. De Gentius, roi d'Illirie, qui, selon Pline, liv. 25, chap. 7, mit le premier cette plante en usage. Il vivoit environ cent cinquante ans avant J. C.

G. **PNEUMONANTHE** (πνευμα, air, souffle; ανθος, fleur). De sa corolle ventrue et qui ressemble à une vessie remplie d'air.

Buchner dit, qu'on la nomme pneumonanthe, *parce qu'elle croit sur les montagnes aux lieux exposés au souffle des vents. C'est une erreur, elle croit dans les marais.* Bauhin, pin. 188, l'a nommée même *gentiana palustris.*

G. **AMARELLA.** Dérivé d'amara, amère. Elle est d'une grande amertume, comme la plupart des plantes de cette série.

Ce nom est italien; *les Toscans, dit Matthiole, nomment la matricaire, amarella, à cause de sa grande amertume.* Voy. Mat. sur Dioscorides, liv. 3, chap. 138.

GEOFFROYA. Etienne-François Geoffroi, naturaliste françois, né en 1672, mort en 1731, de l'Académie des sciences, et de la Société royale de Londres, professeur au jardin du roi. Il a laissé une *Matière médicale*, traduite par *Bergier*, médecin françois, mort en 1748. On a encore de lui des mémoires académiques sur la *pareira brava*, an. 1710, et sur l'*ipecacuanha*, an. 1700.

Claude Joseph Geoffroi, aussi de l'Académie des sciences, a inséré dans ses recueils quantités de mémoires académiques, année 1706, 1708, 1711, 1712, 1737, etc.

GEONOMA (γεωνομος, versé dans l'Agriculture, dont le radical est γη, la terre). Nom donné à cette espèce de palmier par Willdenow, *Act. acad. Berl.*, parce que du sommet de son tronc naissent des stolons par lesquels l'arbre se multiplie.

GEORGINA. Jean-Amé Georgi, membre de la Société physique de Berlin. Il voyagea, par ordre de l'impératrice Catherine II, dans les parties orientales de l'empire de Russie, avec Pallas et Falk. Il a publié, en 1776, un recueil intitulé : *Description de toutes les Nations de l'Empire de Russie.*

Wildenow lui a dédié ce genre, vol. 3, pag. 2125.

GERANIUM. Dérivé de γερανος, grue. De l'appendice allongé qui surmonte ses graines et qui ressemble très-bien au long bec de la grue. De là le nom vulgaire *bec de grue.*

L'Héritier a divisé la série trop longue des *geranium* en trois sections, savoir : ceux à cinq étamines qu'il nomme *erodium*, du mot latin *erodium*, cicogne; ceux à sept étamines qu'il appelle *pelargonium*, dérivé de πελαργος, cicogne; et il ne conserve le nom de *geranium* qu'à ceux qui sont pourvus de dix étamines. Tous ces noms, comme on le voit, expriment la même chose et sont relatifs au long bec qui caractérise ces plantes.

Cette division, au surplus, étoit déjà faite par Linné lui-même, et l'Héritier n'a eu que des noms à y ajouter. Celui de *pelargonium* avoit même été déjà employé par Burmann.

G. PAPILIONACEUM (à fleur papillonacée). On sent que ce terme ne doit pas être pris ici dans sa signification positive. Ce *geranium* a deux pétales relevés comme l'étendart des légumineuses, les trois inférieures sont réfléchis et si petits qu'on les distingue à peine; ce qui donne à l'ensemble de la fleur l'aspect d'une papillonacée.

G. GIBBOSUM (bossu). Les nœuds de sa tige sont garnis de boutons renflés comme de petites bosses.

G. ZONALE (ζῶνη, bande, ceinture). Ses feuilles sont marquées d'une bande noirâtre et circulaire.

G. CUCULLATUM. Ses feuilles relevées en leurs bords forment une manière de capuchon, appelé anciennement *cuculle*, dérivé de *cuc*, enveloppe, chose creuse, en celtique. Voy. *Coque*.

G. TABULARE. De *tabula*, une table; c'est-à-dire qui croît au cap de Bonne-Espérance, sur la montagne de la Table, nommée ainsi parce que le sommet en est aplati comme une table.

G. TRISTE (triste). Nom métaphorique donné à cette plante parce que ses fleurs sont plus odorantes pendant la nuit que pendant le jour : elle sont de plus, d'une couleur sombre.

G. PRATENSE (des prés). Ce nom est juste pour les pays du Nord; mais il ne l'est pas pour la France. On trouve ce *geranium* dans les prés du Danemarck, de la Suède, etc.; mais dans les climats tempérés, il ne croît que dans les prairies des hautes montagnes, telles que les Vosges, le Jura, etc.

G. CICONIUM, GRUINUM (de cicogne, de grue). Noms tout-à-fait insignifians, puisqu'ils ne sont qu'une répétition latine du nom générique.

G. HETEROGAMUM, *pelargonium* (ἕτερος, différent; γάμος, mariage). Dont la fécondation s'opère autrement que dans les autres espèces de ce genre. Celle-ci a six étamines fertiles au lieu de sept qu'ont les *pelargonium*.

G. **COLOMBINUM**. C'est-à-dire *geranium*, dont les feuilles par leurs découpures digitées ressemblent assez bien à la patte de la colombe.

G. **PHÆUM** (φαιος, brun, noirâtre). Ses fleurs sont d'une couleur de pourpre foncée.

GERARDIA. Louis Gérard, provençal, a donné, en 1761, la *Flore de Provence*.

Un autre Gerard (John.), anglois, a donné, en 1597, une *Histoire générale des plantes*.

GERMANEA. J. J. de Saint-Germain, françois, a publié, en 1784, un *Manuel des Végétaux*. Ce genre rentre dans le *plectranthus* de l'Héritier.

GEROPOGON (γιρων, vieillard; πωγων, barbe : barbe de vieillard). De ses longues aigrettes soyeuses et blanches.

GERUMA. De son nom arabe *djerrum* (*djeroum*). FORSKAHL, p. 61.

GESNERIA. Conrad Gesner, suisse, né en 1516, mort en 1565, surnommé le Pline de l'Allemagne, médecin-botaniste. On distingue entre ses nombreux ouvrages, une *Histoire des plantes*, 1541.

Jean-Albert Gesner, a donné, en 1723, une *Dissertation sur le gingembre*.

Enfin, Jean Gesner, a donné, en 1743, des *Dissertations sur les végétaux*, etc.

GETHYLLIS. Dérivé de γιθεω, je réjouis. De son agréable odeur qui le fait placer dans les appartemens, au cap de Bonne-Espérance, pour les parfumer. THUNBERG, *Voyage*.

Les Grecs donnoient, dans le même sens, le nom de *gethion* à une plante alliacée qui entroit dans leurs ragoûts. PLINE, liv. 19, chap. 6.

GEUM. De γευω, donner bon goût. Pline dit, liv. 26, chap. 7, le *geum* a des racines d'une odeur agréable, *il résout par son bon goût les mauvais levains de l'estomac*. C'est ce goût aromatique qui lui avoit fait donner en ancienne botanique le nom de *caryophyllata*; c'est-à-dire herbe à odeur de *girofle*. Voy. *Caryophyllus*.

On l'appeloit *benotte*, en françois, de *herba-benedicta*, herbe bénite, à cause des effets salutaires qu'on lui avoit attribués.

GEVUIOA. De *gevuin*, nom que l'on donne à cet arbre au Chili, d'où il est originaire. MOLINA, pag. 158.

GHINIA. En mémoire d'un botaniste italien, nommé Ghini ou Chini. Il vivoit au seizième siècle et il fut le fondateur de plusieurs jardins de botanique. SCHREBER, gen. 42. C'est le tamonea d'Aublet.

GILIA. Philippe-Salvador Gilio, botaniste espagnol, auteur d'un ouvrage intitulé : *Observations phytologiques. Flore du Pérou*, page 21. On a eu de lui, en 1780, un *Histoire naturelle du royaume de Terre-Ferme, en Amérique*.

GILIBERTIA. J. E. Gilibert, botaniste françois, dont on a eu la *Chloris de Lyon*, des démonstrations élémentaires de botanique, etc. *Flore du Pérou*, page 40.

GIMBERNATIA. Antoine de Gimbernat, chirurgien espagnol, naturaliste. *Flore du Pérou*, page 127.

GINGIDIUM (γιγγίδιον). Nom employé par Dioscorides, liv. 2, chap. 151, pour désigner une plante ombellifère, qui ne nous est pas connue. Forster s'en est servi, dans le même sens, pour employer un nom ancien.

GINGKO. Nom que donnent les Japonnois à cet arbre de leur pays. KOEMPFER, *Amœn.* page 811.

GINNANIA. Voy. *Palovea* d'Aublet. Schreber, gen. 691, l'a nommé ainsi d'après Scopoli, en l'honneur de Jos.-Fr. Ginnani, botaniste italien, qui a écrit sur l'histoire naturelle de Ravenne, et celle de la mer Adriatique, en 1750.

GINORA ou CINORIA. Charles Ginori, italien, l'un des créateurs du jardin botanique de Florence. JACQUIN, *Am.* 148.

GISEKIA. P. D. Gieseke, botaniste allemand, dont on a eu des figures de plantes, en 1777. Il a eu pour collaborateur J. D. Schulze.

GLABRARIA. Dérivé de *glaber*, sans poil, uni. De son bois luisant et de ses feuilles très-entières et parfaitement lisses.

    Vulgairement *bois léger*. C'est le plus léger de tous les bois connus.

G. TERSA (*tersus*, travaillé, participe de *tergere*, polir, travailler). Des ouvrages que l'on en fait aux Indes.

GLADIOLUS. Du latin *gladius*, épée. De ses feuilles tranchantes; *gladiolus*, *gladius*, *glayeul*, *glaive*, ont tous pour primitif *glaiff*, épée, en celtique.

G. HYALINUS (ύαλινος, vitreux, dérivé de ύαλος, verre). Sa fleur est transparente.

GLAUX. De γλαυκιον, nom sous lequel Dioscorides, liv. 4, chap. 136, décrit une plante dont les feuilles sont d'un vert blanchâtre ou glauque, et qui croît le long de la mer.

Γλαυκος, *Glaucus*, est le nom d'une divinité maritime, et il exprime en même temps la couleur que nous appelons *vert-de-mer*.

Ce nom convient très-bien sous ces deux rapports à la plante à laquelle nous l'avons appliqué.

GLECHOMA. De γληχων, nom que donnoient les Grecs à une sorte de thym. DIOSCORIDES, liv. 3, chap. 30. Il vient de γλυκυς, doux, agréable, à cause de sa bonne odeur. L'application que les modernes ont faite de ce nom ancien, n'est pas tout-à-fait juste, et notre *glechoma* est d'une odeur si exaltée, qu'elle en est désagréable.

Vulgairement *lierre-terrestre*; de ses feuilles qui ressemblent grossièrement à celle du *lierre*, et de sa manière de ramper sur la terre. De même en anglois, *ground-ivy*, lierre de terre.

GLEDITSIA. Jean Gottlieb Gleditsch, né à Leipsig, membre de l'Académie de Berlin, a donné, en 1740, un *Examen de l'ouvrage de Seigesbeck*, sur le *système de Linné*, etc. Il a publié, en 1753, une *Méthode des fungus*. Il est encore auteur d'un système de botanique, fondé sur la position des étamines.

G. TRIACANTHOS (τρεις, trois; ακανθα, épine). Ses épines sont à trois branches.

GLEICHEMIA. Guillaume-Frédéric de Gleichem, allemand. Il est auteur d'observations microscopiques. SMITH, *Act.* de *Turin*; vol. 5, page 419.

GLINUS (γλινος). Nom employé par Théophraste pour désigner une sorte d'érable, *acer*. On ne sauroit deviner quelle raison a déterminé Lœffling à donner ce nom à une plante qui n'a nul rapport avec les *acer*. Barrelier, *icon.* 336, lui avoit donné plus justement le titre de *portulaca*.

GLOBBA. Nom malais; il est le même aux Molluques. RUMPH. 11—29.

GLOBULARIA. Dérivé de *globus*, globe. De ses fleurs réunies en têtes rondes.

G. ALYPUM (α privatif, λυπη, douleur). C'est-à-dire qui ôte la douleur, qui guérit. Cet arbrisseau est ainsi nommé par antiphrase, selon Dalechamp, parce que c'est un purgatif dangereux. Bauhin le nomme même, *Hist.* 1, page 698, *frutex terribilis*, arbuste terrible. Clusius rapporte cependant qu'en Andalousie les empiriques s'en servent avec succès contre les maladies vénériennes.

On remarquera que l'alypon de Dalechamp et de Matthiole n'est pas le *globularia alypon*, suivant l'opinion des meilleurs botanistes. Voy. le *Dictionnaire des sciences naturelles*, article *Alypon*.

GLORIOSA (glorieuse). Nom métaphorique donné à cette plante à cause de sa magnifique fleur.

GLOSSOMA. Voy. *Votomita* d'Aublet. Schreber, gen. 1728. De ses anthères élargis en forme de languettes : γλωσσα, langue.

GLOSSOPETALUM (γλωσσα, langue, languette). De son pétale garni d'une languette. C'est le *goupia* d'Aublet, auquel Schreber, gen. 526, a donné ce nouveau nom.

GLOXINIA. B.-P. Gloxin, a donné des observations de botanique, en 1785. L'Héritier, *Stirp. nov.* page 149.

GLUTA (*gluten*, *glu*, colle). Les pétales de sa fleur sont agglutinés sur la colonne qui surmonte le germe.

GLYCINE (γλυκυς, doux, dans le sens littéral). Ce mot exprime ici la réglisse *glycyrrhiza*. Voy. ce genre.

Le glycine ressemble beaucoup à la *réglisse*, on le nomme même vulgairement *réglisse à racine noueuse*.

G. SUBTERRANEA (souterraine). Même sens en latin que *hypogea* en grec. Après que la fleur est passée, le germe s'enfonce en terre. Voy. *Arachis hypogea*.

G. LABIALIS (labiale, de *labia*, lèvre). Sa carène est divisée en deux pétales cohérens par le sommet, ce qui fait paroître cette fleur labiée.

G. APIOS (απιος, poirier; απιον, poire). Sa racine est composée de tubercules que l'on a comparés à de petites poires.

GLYCYRRHIZA (γλυκυς, doux; ριζα, racine : douce racine). on en connoît le goût doux et sucré.

De *glycyrrhiza*, nous avons fait par corruption, *réglisse;* et les Anglois à leur tour, corrompant le mot *réglisse*, ils en ont fait *liquorice*.

GMELINA. Jean-Georges Gmelin, naturaliste allemand, pro-

fesseur de médecine et de botanique à Tubingen, voyagea
en Sibérie et au Kamschatka, par ordre de l'impératrice de
Russie, Anne. Son voyage publié en allemand, en 1751, a
été traduit en françois par M. de Keralio, en 1767. On a de
lui, en outre, une dissertation sur la rhubarbe officinale,
une autre sur le café, etc.

Samuel-Georges Gmelin, de la même famille, médecin à
Tubingen, a entrepris, par ordre de Catherine II, un voyage
dans la Perse septentrionale. Après de longues traverses il
mourut dans la captivité, victime de la perfidie et des mauvais traitemens du Chan Usmey.

Il commença son voyage en 1768 et mourut en 1772.

GNAPHALIUM. Nom sous lequel Dioscorides, liv. 3, ch. 115,
décrit une plante dont les feuilles molles et blanches, servent, dit-il, à remplacer le coton. Il vient de *γναφας*, mot
grec qui exprime l'action d'ôter le poil.

Les plantes auxquelles les modernes ont appliqué ce nom
ancien, répondent très-bien à la courte description qu'en donne
Dioscorides. On les nomme même vulgairement *herbe-à-coton*.

En anglois *everlasting*, toujours durant, éternel. Ses calices scarieux et colorés ne se flétrissent pas. Plusieurs espèces de ce genre sont de même nommées en françois *immor-
telles*.

G. EXIMIUM (précieux, exquis). Ses fleurs en têtes globuleuses et grosses comme des cerises, sont du plus beau rouge
pourpré.

G. APPENDICULATUM (garni d'un appendice). Ses feuilles sont
remarquables par une petite membrane scarieuse qui les termine.

G. CORONATUM (couronné). Ses calices sont disposés en rayons,
et ils forment une couronne d'un blanc de neige.

G. DISCOLORUM (*δις*, double, en grec; *color*, couleur en latin,
à deux couleurs). Le calice de sa fleur est composé de six
écailles extérieures et rouges, et de douze intérieures et
blanches.

On répétera encore que tout nom composé de grec et de
latin est choquant à l'oreille et proscrit par Linné lui-même.
Il eut mieux valu dire *bicolor*, en latin, ou *dichroma*, en grec:
δις, double, *χρωμα*, couleur.

G. stœchas. Origine des îles Stœchades, aujourd'hui les îles d'Hières. On le trouve de même en Espagne, Italie, etc.

G. oculus-cati (œil de chat). Sa fleur est d'une couleur jaunâtre, comme l'œil du chat.

GNETUM. Altéré de *gnemon*, nom que porte cet arbre en l'île de Ternate. Rumphius, liv. 1, chap. 61.

G. gnemon. Vrai nom de ce genre, voyez plus haut, dont on a mal à propos fait un nom spécifique.

G. felinum (*felis*, chat). De sa tige velue et douce, comparée à la pate d'un chat.

GNIDIA. (*granum gnidium*, graine de Gnide). L'un des noms que donnoient les anciens au *thymelæa* (voy. *Dioscorides*, liv. 4, chap. 167, et *Pline*, liv. 13, chap. 15), qu'ils regardoient comme originaire du territoire de Gnide en Carie.

Les modernes ont justement appliqué ce synonyme à une plante de la série des *thymelées*.

GODOYA. Dom Emmanuel de Godoy, depuis duc de la Alcadia, aujourd'hui le prince de la Paix, nommé ainsi pour avoir conclu la paix entre l'Espagne et la France, après la guerre de la révolution. Les Auteurs de la *Flore du Pérou*, page 58, lui ont dédié ce genre, comme à un protecteur de la botanique.

GOMARA. Fr. Lopez de Gomara, botaniste espagnol, honorablement cité par Tournefort dans son *Isagoge*. *Flore du Pérou*, page 93, éd. de Madrid.

GOMORTEGIA. Casimir Gomez de Ortega, espagnol, professeur de botanique à Madrid, et membre de la Société royale de Londres. Il a publié, en 1800, une *Flore espagnole*. *Flore du Pérou*, page 62.

GOMOZIA. Linné, *Suppl.* pag. 17, d'après Mutis.

GOMPHIA (γομφος, clou). De la forme de son fruit. Schreber, g. 758.

GOMPHOLOBIUM (γομφος, cheville, clou; λοϐος, gousse). De son légume renflé à son extrémité. Smith, *Act. soc. Linn.* vol. 4.

GOMPHRENA. Altéré de *gromphena*, nom que donne Pline, liv. 26, chap. 7, à une plante dont les feuilles sont rouges et vertes, sur la même tige. C'est évidemment notre amaranthe tricolore : son nom vient de γραφω, peindre, à cause de ses diverses couleurs.

Les modernes ont justement appliqué ce nom à une plante qui ressemble assez aux *amaranthes*, pour que Tournefort l'ait appelée *amaranthoïdes*.

GONGORA. Anton. Caballero y Gongora, espagnol, évêque de Cordoue. Il favorisa les travaux de Mutis. *Flore du Pérou*, page 106.

GONOCARPUS (γωνια, angle ; καρπος, fruit). Son fruit a huit angles.

GONOLOBUS (γωνια, angle ; λοβος, gousse, silique). Sa gousse ou follicule est garnie d'angles ou de côtes. MICH. *Flor. bor. Am.* 1—119.

GONUS (γονος, race, multiplication). De sa fleur produisant à elle seule quatre fruits. LOUREIRO, page 809. Ce genre se rapproche des *bruceu*.

GONZALAGUINA. F. Gonzalez Laguna, botaniste espagnol. Les auteurs de la *Flore du Pérou*, qui lui ont dédié ce genre, page 10, font de lui un brillant éloge.

GORDONIA. Alexandre Gordon, célèbre cultivateur anglois, élève de Miller, possesseur d'un jardin renommé, près de Londres.

G. LASIANTHUS (λασιος, velu ; ανθος, fleur). Dont les fleurs sont velues.

G. FRANCKLINI. Benjamin Francklin, né à Boston, en 1706, mort en 1790, célèbre par ses découvertes en physique, et par ses œuvres morales, politiques, etc. Ses ouvrages ont été traduits en françois, en 1773.

GORTERIA. David Gorter, hollandois, professeur à Harder-wich, puis médecin de l'impératrice de Russie, Elisabeth. On a de lui un ouvrage intitulé : *Plantes de la Gueldre*. Il a reparu en 1767, sous le nom de *Flore Belgique*.

Gorter a été collaborateur de Krachenidof, pour la *Flore d'Ingrie*.

GOSSYPIUM. *Il croît dans la Haute-Egypte, vers l'Arabie*, dit Pline, liv. 19, chap. 1, *un arbuste que l'on appelle gossypion ou xylon. Son fruit renferme une laine blanche et douce dont on fait les vêtemens des prêtres égyptiens*, etc. C'est évidemment notre coton, et le nom de *gossypion*, d'après ce passage, doit être regardé comme appartenant à l'ancienne langue de ces contrées.

On remarquera que *goz*, qui exprime, en arabe, une matière soyeuse, pourroit en être le radical. Voy. *Golius* p. 1900.

Vulgairement *coton*, du mot arabe (*qothn*). GOLIUS, page 1933. Au Malabar, il est appelé *cudu-pariti*. RHEED. part. 1, pag. 55.

On observera que plusieurs anciennes villes d'Asie ont porté le nom de *Coton*.

G. RELIGIOSUM (religieux). Par allusion aux taches noires dont ses rameaux sont parsemés.

GOODENIA. Genre dédié par Smith, *Mém. de la soc. Linn.* vol. 2, au docteur Samuel Goodenough, anglois, naturaliste. Il a donné des mémoires à cette société.

GOUANIA. Antoine Gouan, professeur de botanique à Montpellier, a donné, en 1762, un ouvrage intitulé : *Jardin royal de Montpellier*, et en 1765, un *Catalogue méthodique des plantes des environs de Montpellier*.

GOUPIA. *Goupi*, nom que donnent les Galibis à cet arbre. AUBLET, page 297.

GRAMMICA Dérivé de γραμμη, ligne, qui vient de γραφω, je trace. La tige de cette plante est linéaire. LOUREIRO, page 212. Ce genre se rapproche du *cuscuta*.

GRAMMITIS. De γραμμη, ligne. Des capsules linéaires de cette fougère. SWARTZ, *Journal de bot.* 2 part. pag. 17, an. 1800.

GRANGEA. Genre institué par Adanson, *Fam. des plantes*, vol. 2, pag. 121. Il n'en donne pas l'explication.

GRANGERIA. N. Granger, voyageur en Egypte, Perse, etc. mort à Bassora, en 1733. On a publié, en 1745, son *Voyage d'Egypte*.

GRATIOLA. Dérivé de *gratia*, grâce (de Dieu) : Matthiole la nomme même *gratia dei*. C'est un purgatif qui a long-temps été en usage parmi le peuple. De là son nom vulgaire, *herbe à pauvre homme*.

GREWIA. Néhémie Grew, médecin anglois, mort en 1711, a donné une *Anatomie des plantes*, en 1682. On a eu de lui aussi une *Description du cabinet de la société royale de Londres*, en 1681.

G. CHADARA. Nom que donnent les Arabes à cet arbuste. FORSK.

G. **malococca** (μαλλος, toison, poil; κοκκος, fruit). Dont le fruit est velu.

G. **microços**. Abrégé de μικρος κοκκος, à petits fruits.

GRIAS. Dérivé de γραω, je mange. On mange son fruit mariné, sous le nom de poire d'anchois; c'est-à-dire apprêté ou mariné comme les anchois. Les Espagnols en font usage.

GRIMMIA. J. F. C. Grimm, allemand, a publié la *Flore d'Eisenach*. Hedwig, 75.

GRISLEA. Gabriel Grisle, portugais. On a eu de lui, en 1631, un ouvrage intitulé *Verger de Portugal*.

GRONA (γρωνη, caverne, enfoncement). De sa corolle creusée à sa partie inférieure. Loureiro, pag. 361.

GRONOVIA. Jean-Frédéric Gronove a publié, en 1779, la *Flore de Virginie*. On a encore eu de lui, en 1715, une *Dissertation sur le camphre*.

Son oncle Jean-Frédéric Gronove a donné des Commentaires sur Pline.

Linné a donné le nom de *gronove* à une plante grimpante, pour exprimer, dit-il, l'habileté de ce botaniste dans l'art de recueillir les plantes. *Crit. bot.*

GRUBBIA. Mich. Grubb, voyageur au cap de Bonne-Espérance. Berg., cap. 90.

GRUMILIA (*grumulus*, petit grumeau). De la forme de la semence à l'intérieur. Gærtner, tom. 1, pag. 138.

GUAIACUM. De *guaiac*, nom que donnent à cet arbre les naturels de l'Amérique. Plumier, gen. 39. Oviedo, liv. 8, ch. 19, le nomme *guayaba*.

G. **sanctum**. Du nom de *lignum sanctum*, bois saint, que lui ont donné plusieurs botanistes, en raison de ses salutaires effets en médecine. Il passe pour un puissant dépuratif.

GUARDIOLA. Dédié par le professeur Cervantes au marquis de Guardiola, naturaliste espagnol. Humboldt et Bonpl. fasc. 6.

GUAREA. Dérivé de *guara*, nom que donnent à cet arbre les naturels de l'île de Cuba. Miller, *Suppl.*

C'est dans ce genre que rentre le *guidonia* de Plumier.

GUATTERIA. Jean-Bapt. Guatteri, botaniste italien, professeur à Parme, mentionné par les auteurs de *la Flore du Pérou*, pag. 74.

GUAZUMA. Nom mexicain employé par le père Plumier, *Nov. gen.* 56.

GUETTARDA. Etienne Guettard, botaniste françois, dont on a eu, en 1747, le *Catalogue des plantes des environs d'Etampes.*

GUIERA. *Guier*, nom de cet arbre au Sénégal.

GUILANDINA. Melchior Guilandin, prussien, mort en 1590; voyageur en Afrique, en Asie, etc. On a de lui des *Lettres sur la Botanique*, 1557 et 1558; une *Dissertation sur le papyrus*, 1572; et plusieurs *Opuscules*. Il étoit démonstrateur de botanique à Padoue.

G. NUGA. De *nugæ sylvarum*, nom sous lequel, Rumph, liv. 7, chap. 52, décrit cet arbre des Moluques. Il exprime à peu près la même chose que notre mot *baguenaudier*, et signifie littéralement *bagatelles des forêts*.

G. BONDUC. De *bondoq*, noisette, en arabe. Ses semences sont osseuses, arrondies, et semblables à des noisettes. *Bondoq* exprime le craquement de la noisette que l'on casse. GOLIUS, pag. 328.

G. BONDUCELLA. Diminutif de *bonduc.*

GUIOA. Joseph Guio, peintre en botanique, mentionné par Cavanilles, tom. 4, pag. 49.

GUMILLA. P. Joseph Gumilla, jésuite espagnol, a donné une *Histoire naturelle, civile et géographique des bords de l'Orénoque*, traduite en 1758 par Eidous.

GUNDELIA. Syncopé de *gundelsheimeria*. De André Gundelsheimer, botaniste allemand, compagnon de Tournefort, à son voyage du Levant, en 1709.

Il est fâcheux, sans doute, que l'on ait dénaturé quantité de noms propres en les appliquant à la botanique; mais il faut convenir que celui-ci mérite une exception.

GUNNERA. Ernest Gunner, danois, évêque en Norwége, dont il a publié la *Flore*, de 1766 à 1772.

GUSTAVIA. En l'honneur de Gustave III, roi de Suède, protecteur des deux Linné. LINN. *Suppl.*, pag. 51.

G. AUGUSTA (auguste). Par allusion au nom de son patron, et à la beauté de sa fleur. Elle ressemble à celle du *nenuphar* blanc; ses pétales sont colorés de rouge à leur sommet, et son odeur approche de celle du lis. Cet arbre est un des plus beaux de l'univers, et il justifie le choix qu'en a fait le jeune Linné, pour donner à son souverain une marque de sa reconnoissance.

C'est dans ce genre que rentre le *pirigara* d'Aublet.

GYMNANTHES (γυμνος, nu ; ανθος, fleur). Fleurs disposées sur un chaton nu. SWARTZ, 95.

GYMNOCARPUS (γυμνος, nu ; καρπος, fruit). Sans péricarpe; il ne produit qu'une semence qui est enveloppée par le calice.

GYMNOCLADUS (γυμνος, nu ; κλαδος, branche, rameau). Quand cet arbre perd ses feuilles, qui sont belles, composées et très-étendues, sa cime n'offre plus que quelques branches nues et dégarnies; ce qui lui donne un aspect fort triste. C'est de là que les François habitans du Canada l'ont appelé *bois de chicot*.

C'est le *guilandina dioica* de Linné.

GYMNOGYNE (γυμνος, nu ; γυνη, femme, femelle). Fleurs femelles solitaires, et capsules nues. PALISOT BEAUVOIS, *Ætheog.* 103.

GYMNOSTYLES (γυμνος, nu ; στυλος, colonne, style). Des styles nus des fleurs de la circonférence. JUSSIEU, *Annales du Musée*, 258.

GYNOPLEURA (γυνη, femme, femelle, pistil en ce sens; πλευρα, côte, côté). C'est-à-dire, fleur dont le style, au lieu de s'élever sur le sommet du germe, est porté sur ses parties latérales ou *côtés*. CAVANILLES, tom. 4, pag. 51. Ce genre rentre dans le *Malsherbia* de la *Flore du Pérou*.

GYNOPOGON (γυνη, organe femelle, ou pistil ; πωγων, barbe). Son stigmate est velu. SCHREBER, 414, d'après *Forster*, *Prodr.* 118.

GYPSOPHILA (γυψος, gypse, plâtre ; en ce sens, toute matière crétacée; φιλος, ami). Plante qui se plaît dans les terres séches et calcaires. *Gypse* vient de γη, terre; ιψω, je cuis : c'est-à-dire, terre qu'on cuit. On connoît la préparation du plâtre.

G. STRUTHIUM. Nom grec d'une plante que l'on cultivoit pour s'en servir au même usage que nous employons le savon. Le radicula, dit Pline, liv. 19, chap. 10, *que les Grecs appellent* struthion, *donne un suc qui rend la laine merveilleusement blanche et douce.*

La plante à laquelle les modernes ont appliqué ce nom ancien, répond assez bien à la description qu'en donne Pline, et l'on s'en sert en Espagne pour remplacer le savon.

GYROCARPUS (γυρος, cercle; καρπος, fruit). En Amérique, les enfans s'amusent à jeter en l'air le fruit de cet arbre, pour se donner le plaisir de le voir descendre à terre en tournoyant, les ailes dont il est pourvu le soutenant doucement en l'air. JACQUIN, *Amér.* 282.

H

HABENARIA. Dérivé de *habena*, lanière, courroie. L'éperon de sa fleur est mince, allongé, et beaucoup plus long que les pétales. Ce genre, auquel se rapportent l'*orchis habenaria* et plusieurs autres de la même série, a été institué par Villdenow, tom. 4, pag. 44.

H. macroceratis (μακρος, grand; κερας, corne). Dont l'éperon ou la corne est trois fois plus long que le germe.

H. brachyceratis (σραχυς, court; κερας, corne). Dont l'éperon est de la longueur du germe.

HÆMANTHUS (αιμα, sang; ανθος, fleur : fleur de sang). L'*hœmanthus coccineus* produit des fleurs du plus beau rouge.

HÆMATOXYLUM (αιμα, αιματος, sang; ξυλον, bois). Bois qui donne en teinture une couleur rouge. Vulgairement bois de campêche.

HÆMODORUM (αιμα, sang; δωρον, don). C'est-à-dire, plante qui donne une fleur d'un rouge de sang. Smith, *Act. soc. Linn.*, vol. 4.

HAENKEA. Thade-Haenke, naturaliste allemand, compagnon de Malaspine à son voyage autour du monde.

HAGENIA. Ch. God. Hagen, allemand, a donné, en 1782, un *Essai sur l'Histoire des lichen.*

HALESIA. Etienne Hales ou Halles, naturaliste anglois, né en 1677, mort en 1761, membre de la Société royale de Londres. Les botanistes distinguent, entre ses ouvrages, sa *Statique des végétaux*, traduite, en 1735, par M. de Buffon. Voy. *Statique*, à la Table des termes.

H. tetraptera et **diptera** (πτερον, aile : à quatre, à deux ailes). Le fruit de ces arbustes est garni de quatre ailes, qui sont égales dans le *halesia tetraptera*, et dont deux sont plus petites dans le *halesia diptera*.

HALLERIA. Albert Haller, médecin suisse, mort en 1777, de presque toutes les Académies de l'Europe. Les botanistes réclament parmi ses nombreux ouvrages, les *Plantes de Suisse*, 1742; le *Catalogue des plantes de Gottingue*, 1753; *Voyage de Suisse.* — *Bibliothèque botanique*, etc.

HALORAGIS (αλσι, αλος, mer; ραξ, ραγος, grain de raisin). Cette plante croît au bord de la mer, et son fruit est globuleux, comme un grain de raisin. Ce genre tient aux *cercodea*. FORSTER, gen. 31.

HAMADRYAS (αμα, ensemble; δρυσ, forêt, dérivé de de δρυσ, chêne). Plante qui croit dans les forêts des terres magellaniques.

Les *Hamadryades*, en mythologie, étoient des divinités subalternes qui habitoient les forêts, et dont l'existence finissoit avec celle du chêne auquel elles étoient attachées, comme l'exprime leur nom. Voy. *Quercus* et *Dryas*.

HAMAMELIS, ou plutôt *homomelis* (ομομηλις). Nom sous lequel Athénée désigne un fruit semblable à la pomme. Il vient de ομος, semblable; μηλεα, pommier : qui ressemble au pommier. Cette analogie est très-foible; il a plus de rapport avec le noisetier (*corylus*) par le feuillage.

HAMELIA. Henri-Louis Duhamel Dumonceau, naturaliste françois, né en 1700, mort en 1782, membre de l'Académie des sciences. On a de lui un *Traité des arbres et arbustes*, des *Elémens d'agriculture*, *Traité des arbres forestiers*, et quantité de Mémoires académiques.

Son frère, Duhamel Denainvilliers, a partagé ses travaux, et il doit être associé à sa réputation.

Un autre Duhamel, médecin du roi à Saint-Domingue, et correspondant de l'Académie des sciences, a rendu d'importans services à l'Histoire naturelle. Voy. *les Mémoires de Réaumur sur les insectes.*

HAMILTONIA. Genre dédié par Muhlenberg à M. Hamilton, botaniste américain.

HAPALANTHUS (απαλος, délicat, tendre; ανθος, fleur). De la grande délicatesse de cette fleur. JACQ. *Amér.* 11.

HARTOGIA. Jean Hartog, hollandois, voyageur au cap de Bonne-Espérance, et en l'île de Ceylan.

Ce genre rentre dans le *schrebera.*

HASSELQUISTIA. Frédéric Hasselquist, naturaliste suédois, disciple de Linné, voyageur en Egypte et en Palestine. Il mourut à Smyrne en 1752. On a publié à Stockholm son Voyage en 1757, sous le titre de *Voyage en Palestine*.

HAYNEA. F. G. Hayne a travaillé sur la botanique. WILLD. 5, pag. 1787.

HEBE (ΗΟη, déesse de la Jeunesse, et par suite, des Grâces et de la Beauté). Cet arbuste est d'une forme très-élégante. *JUSSIEU, d'après Commerson*, 105.

HEBENSTREITIA. Jean-Ernest Hebenstreit, allemand, professeur de botanique en l'Université de Leipsig. Il a donné, en 1728, une *Dissertation sur les plantes*.

HECATEA. *Ses fleurs portent des étamines à trois scissures; leur pistil a trois stigmates; et comme la couleur en est sombre et la qualité suspecte, M. Aubert du Petit-Thouars en a fait une allusion à la triple Hécate, déesse des enfers.*

Ce genre se rapproche des omphalea.

HECATONIA (ιχατον, cent). Dont la fleur produit environ cent germes. On sent assez que ce nombre n'est employé ici que pour exprimer une quantité considérable. LOUREIRO, pag. 371. Ce genre est voisin des *Adonis*.

HEDERA. La multitude des versions des étymologistes prouve assez leur incertitude sur l'origine de ce nom, qu'ils s'efforcent de tirer de la langue latine. *Hærere*, être appuyé; *edere*, ronger (les murs); *hædus*, chèvre, du lait qu'il leur procure, etc. Voy. *Boëhmer*, pag. 100. De telles origines sont au moins hasardées. Il est plus naturel de croire que *hedera* est altéré du celtique *hedea*, corde, tout ce qui entoure, qui lie. On connoît la manière dont le lierre s'attache aux arbres.

Lierre exprime la même chose; *lier*, qui *lie*.

Les Anglois le nomment *ivi*, de *iw*, vert, en celtique, à cause de sa verdeur perpétuelle. Ce mot *iw* s'est conservé en françois pour désigner un autre arbre toujours vert: c'est l'if. Voy. *Taxus*.

Les Grecs avoient consacré le lierre à Bacchus, à cause de son analogie avec la vigne, par ses fruits en grappe, et la forme de ses feuilles. Aux fêtes de ce dieu, ou dionysiaques, qui tomboient au printemps, le feuillage de la vigne n'étant pas toujours développé (1), les Athéniens se servoient du lierre, comme de sa miniature, pour former des couronnes et des thyrses ; l'usage de ces couronnes s'est étendu et conservé jusqu'à nous ; et nous voyons encore aujourd'hui, dans Paris, des couronnes de lierre désigner la porte des marchands de vin.

En Egypte, le lierre étoit de même consacré à Osiris sous le nom de *chenosiris*, qui, selon Plutarque (de *Isis et Osiris*) signifie plante d'Osiris. Ce dieu étoit en Egypte, ce qu'étoit Bacchus en Grèce. Osiris et Isis étoient toujours réunis comme Cérès et Bacchus, c'est-à-dire, *le pain et le vin*.

II. HELIX. De υλιω, j'environne, j'entoure, en grec. Même sens que *lierre* On en connoît l'effet sur les arbres.

L'*hedera quinquepartita* est vulgairement nommé *vigne vierge*, parce qu'il tapisse les murs comme la vigne, et que son fruit étant petit et mûrissant rarement, on l'a regardé comme nul.

HEDONA (ηδονη, agrément, volupté). Nom donné à cette plante par Loureiro, pag. 551, pour exprimer la beauté de sa fleur.

HEDWIGIA. Jean Hedwig, botaniste allemand, né en 1768, mort en 1799. Entre plusieurs ouvrages importans, on distingue son *Histoire des mousses*. SWARTZ, 62.

Ce nom a reparu dans l'*histoire des mousses*, où il est plus heureusement employé, Hedwig s'étant particulièrement occupé de ces plantes.

HEDYCARIA (ηδυς, doux ; καρια, noix). Son fruit a la forme d'une noix, et le goût en est très-doux. FORSTER, gen. 64.

HEDYCHIUM (ηδυς, doux). De la douce odeur qu'il exhale. C'est le *gandasulio* de Rumphius, liv. 8, chap. 20.

HEDYCREA (ηδυς, doux ; κρεας, chair). Fruit dont la pulpe est d'un goût doux. SCHRÆBER, gen. 409. C'est le *licania* d'Aublet.

---

(1) L'année des Grecs ne s'ouvroit pas à un jour fixe, comme la nôtre ; elle commençoit plus tôt ou plus tard, selon les lunaisons, à peu près comme le jour de Pâques, parmi nous. Le commencement de l'année, ou le premier du mois hécatombæon, revenoit toujours à la première lunaison après le solstice d'été. Il pouvoit par conséquent y avoir un mois lunaire de différence entre une année et l'autre.

HEDYOTIS (ἡδύς, doux ; οὖς, ὠτός, oreille). Dont la feuille ovale
et d'un tissu ferme a été comparée à une oreille. Une espèce de ce genre porte même le nom d'*auricularia*, synonyme latin du nom grec *hedyotis*.

HEDYPNOIS. Nom sous lequel Pline, liv. 20, chap. 8, désigne une espèce de chicorée sauvage, dont il vante les
salutaires effets en médecine. Selon Dalechamp, *Commentaires sur Pline*, son nom lui vient du goût agréable qu'elle
communique aux alimens (ἡδύς, doux, πνέω, j'exhale).

Tournefort a désigné par ce nom une plante de la série
des chicorées, et qui rentre dans les *hyoseris* de Linné.

HEDYSARUM (ἡδύς, doux ; ἄρωμα, parfum). Quelques espèces
de ce genre produisent des fleurs d'une odeur agréable.

H. ALHAGI. Nom que donnent les Maures à cette plante.
RAUWOLF, 94. En arabe, *àghùl.* FORSKAHL, p. 136.

H. VESPERTILIONIS (*vespertilio*, chauve-souris). On a trouvé
à son fruit, enveloppé d'un calice renflé et membraneux,
quelque ressemblance avec la forme d'une chauve-souris.

Quant à ce mot de *vespertilio*, il vient de *vesper*, le soir,
qui lui-même est altéré de ἕσπερος (1), qui exprime la même
chose, en grec. On sait que la chauve-souris ne paroît qu'au
soir.

H. SORORIUM. Dérivé de *soror*, sœur. Par allusion aux deux
stipules de ses feuilles.

H. HETEROCARPUM (ἕτερος, différent ; καρπός, fruit). Qui produit des fruits de différentes formes. Le bas de l'épi donne
des gousses arrondies et monospermes, tandis que celles de
la partie supérieure sont longues et à six ou sept articulations renfermant chacune une semence.

H. GYRANS (tournoyant, dérivé de *gyro*). Cette plante est l'une
des plus singulières de l'univers. Ses folioles sont constamment en un mouvement qui leur est propre, et qui n'est
pas occasioné par l'approche d'un corps étranger, comme
on le voit dans les autres plantes sensitives.

Le tournoiement de ses feuilles est continuel sans être

---

(1) On se rappellera que, dans les mots que les Latins ont empruntés des
Grecs, ils ont souvent rendu par un V l'aspiration forte que les gramma-
riens ont appelée *esprit rude*.

régulier; une foliole remue, et les autres sont en repos; quelquefois toutes sont agitées en même temps. On a remarqué que son mouvement est plus fort dans les temps de pluie ou de vent, que dans les jours sereins.

H. LATEBROSUM (*latebrosus*, caché, dérivé de *lateo*, je cache).

Son pédicule est garni d'une bractée foliacée, roulée en nacelle et qui enveloppe la fructification. Sa couleur jaunâtre lui donne l'aspect d'une feuille morte et trompe les oiseaux, qui, très-avides de sa semence, pourroient en détruire l'espèce sans cette admirable précaution de la nature.

H. LAGOPODOIDES. Qui ressemble au *lagopus*, ancien nom du *trifolium arvense*. Il vient de λαγως, lièvre; πους, pied; pied de lièvre. Son épi est velu comme une patte de lièvre, qui, comme on le sait, est toute couverte de poils, dessus et dessous. L'*hedysarum lagopodoides*, porte un épi velu.

H. ONOBRYCHIS. Nom employé par Dioscorides, liv. 3, ch. 152, et par Pline, liv. 24, chap. 16, pour désigner une plante dont les feuilles ressemblent à celles de la lentille, quoiqu'elles soient un peu plus grandes, et qui donne une fleur rouge. Cette description convient fort bien à notre *hedysarum onobrychis*, dont le nom vient de ονος, âne; βρυχω, je mange. Les ânes et tous les bestiaux mangent cette plante avec avidité, et elle leur est très-salutaire: de là son nom vulgaire, *sain-foin*.

H. CAPUT-GALLI (tête de coq). Ses gousses sont garnies de crêtes dentelées qui leur donnent quelque ressemblance avec une crête de coq.

H. CRINITUM (*crinis*, cheveux; *crinitum*, chevelu). Ses péduncules sont couverts de poils simples et blancs.

HEISTERIA. Laurent Heister, allemand, professeur de botanique à Helstad, mort en 1758. On a de lui : *Système des plantes de Brunswick*; de l'*Utilité des feuilles*, etc.

L'*heisteria* est vulgairement nommé *bois* ou *pois de perdrix*, à la Martinique, parce que ces oiseaux sont avides de son fruit.

HELENIUM (ελενιον, en grec, dérivé de Ελενη, la célèbre Hélène, fille de Tyndare et de Léda). *Cette plante*, dit Pline, liv. 21, chap. 10, *naquit des larmes d'Hélène, et par suite celle qui croît en l'île d'Hélène est la plus efficace*. Dans le même livre chap. 21, il en parle comme d'une chose merveilleuse pour maintenir la beauté des femmes, et par une pente naturelle, on en aura attribué l'usage à Hélène, la beauté grecque par excellence.

Dioscorides, liv. 1, chap. 27, ne dit rien de toutes ces merveilles; mais il la décrit fort bien, et ce qu'il en rapporte convient en tout point à notre *inula helenium*. Cette plante étant entrée dans la série des *inula*, le nom *helenium* a été donné comme générique à une plante du Canada, semblable à l'ancien *helenium*.

HELIANTHUS (ηλιος, soleil; ανθος, fleur). Cette magnifique fleur est la plus parfaite image du soleil. On la nomme souvent en françois *tournesol*, parce que sa tête pesante se penche vers le soleil qui dilate le côté qu'il échauffe. Quant au véritable *tournesol*, voy. *Heliotropium* et *Croton tinctorium*.

Cette plante a encore été appelée *corona-solis*, couronne du soleil, toujours à cause de son disque et de ses rayons.

L'*helianthus tuberosus* est vulgairement nommé *topinambourg*, d'un peuple d'Amérique appelé *Topinambour*, qui fit connoître cette racine alimentaire.

HELICIA. Dérivé d'ιλιξ, spirale. Ses pétales sont roulés en spirale. LOUREIRO, page 105. Ce genre se rapproche des *samara*.

HELICONIA. *Hélicone*, nom poétique donné à cette plante pour exprimer sa ressemblance avec le *musa*; l'idée des *Muses* entraînant naturellement celle de l'*Hélicon*. Voy. *Musa*.

H. BIHAY. Nom américain. PLUMIER, gen. 50.

H. PSITTACORUM (*psittacus*, perroquet, qui vient de ψιττω ou ψιττακος, en grec). La fleur de cette plante est panachée de rouge et de jaune, comme le plumage des perroquets communs.

HELICTERES. Dérivé d'ιλιξ, spirale. Le fruit de cet arbre est contourné en *spirale*, de là son nom vulgaire, *arbre-à-vis*.

H. BARUENSIS. Qui croît en l'île de Baru, dans la mer des Indes.

H. ISORA. *Isora-murri*, nom que porte cet arbre au Malabar. RHEED. *Mal.* 6, pag. 55.

HELIOCARPUS (ηλιος, soleil; καρπος, fruit). Les valves de

' ses capsules arrondies et élégamment ciliées représentent assez bien un petit soleil entouré de ses rayons.

HELIOPHILA (*ηλιος*, soleil, *φιλος*, ami : qui aime la chaleur, le soleil). Cette plante croît dans les terres brûlées du cap de Bonne-Espérance.

HELIOTROPIUM (*ηλιος*, soleil; *τρεπω*, je tourne). Dioscorides rapporte, liv. 4, chap. 185, que sa fleur se tourne toujours vers le soleil, de quelque côté qu'il soit. *Voy.* aussi *Pline*, liv. 22. chap. 21.

On l'appelle vulgairement *herbe aux verrües*, du nom de *verrucaria* que lui donnoient les Latins, parce que *le suc de ses feuilles mêlé avec le sel fait tomber les verrues*, dit Pline, liv. et chap. sus-cités.

HELLENIA. Charles-Nicolas Hellenius, professeur à Abo, a donné des *Dissertations académiques*, en 1789. WILLD. 1, page 4.

H. ALTUGHAS. Nom de cette plante en Ceylan. LINNÉ, *Zeyl.* 448.

HELIXANTHERA (*ελιξ*, spirale). De ses anthéres en spirale. LOUREIRO, p. 176.

HELLEBORUS (*ελειν*, faire mourir, faire mal; *βορα*, aliment, nourriture : aliment qui tue). C'est un dangereux purgatif (1).

HELMINTHIA. Abrégé de *helminthotheca*, nom donné à ce genre par Vaillant qui l'institua. *Mémoire acad. des sciences*, an. 1721. Il vient de *ελμινς*, *ελμινθος*, ver; *θηκη*, boîte. C'est-à-dire plante dont les semences striées ressemblent à un amas de petits vers.

Ce genre rentre dans les *picris* de Linné.

HELONIAS. Dérivé de *ελος*, marais. Qui croît dans les marais de la Pensylvanie.

HELOPODIUM (*ηλος*, clou; *πους*, *ποδος*, pied : lichen dont

---

(1) Quoique l'helébore fût employé quelquefois en médecine par les anciens, ils le regardoient néanmoins comme un remède très-suspect. Cratère, favori d'Alexandre-le-Grand, étant dangereusement malade, le roi apprit que son médecin Pausanias se préparoit à le purger avec l'helébore, il lui écrivit lui-même pour lui recommander de bien prendre garde à ce qu'il alloit faire. PLUTARQUE dans *Alexandre*.

la disposition imite la forme d'un clou ou d'une cheville, par ses sommets élargis. ACHAR. 2.

HELVELLA. Nom employé par Cicéron, *ad. Gallum*, liv. ?, comme synonyme de *fungus*. Les modernes s'en sont servis dans le même sens pour désigner un genre analogue aux champignons.

H. MITRA (mitre). Le chapeau de ce *fungus* est d'une forme bisarre et plissée qui approche un peu de celle d'un mitre.

H. PINETI. Dérivé de *pinus*, pin. Qui croît dans les forêts du nord sous les pins, sapins, etc.

H. ELASTICA (élastique). Lorsque l'on coupe son stipe dans sa longueur, chaque morceau reprend avec élasticité la forme cylindrique.

HELWINGIA. Genre dédié par Willdenow, tom. 4, p. 716, à la mémoire d'André Helwing, qui a travaillé sur les plantes de la Prusse.

HEMEROCALLIS (ημερα, jour; καλλος, beauté: belle pour un jour). Sa fleur ne dure qu'un jour, comme un grand nombre d'autres.

Le nom françois *éphémère* exprime la même chose. Voy. *Éphémère* aux termes de botanique.

Le nom anglois exprime aussi cette courte durée : *yellow-day-lilly*, lis jaune d'un jour.

HEMIMERIS (ημι, demie, moitié; μερος, partie; de sa fleur qui semble partagée). Sa corolle est composée de cinq lobes dont l'un est beaucoup plus grand que les autres, ce qui lui donne un aspect tronqué. LINN. *Supp.* 45.

HEMIONITIS (ημιονος, nom grec du mulet). Il signifie *demi-âne*; c'est-à-dire moitié cheval et moitié âne. On l'avoit appliqué à cette plante, parce qu'elle passoit pour ne pas donner de semence, et être stérile comme les mulets. L'*hémionite*, dit Dioscorides, liv. 3, chap. 135, *ne donne ni fleurs, ni semences*.

HEPTACA. Dérivé d'επτα, le nombre sept. Son fruit est divisé en sept loges. LOUREIRO, page 808.

HEPTAPLEURON (επτα, sept; πλευρα, côte, côté). *De sa* capsule à sept divisions. GÆRTNER, tom. 2, pag. 472.

HERACLEUM. Nom historique; du célèbre Hercule qui le premier mit cette plante en usage, selon Pline, liv. 25, chap. 4.

Hercule joignoit à ses grandes qualités, des connoissances très-étendues en médecine (1) et en botanique, que lui avoit communiquées le Centaure Chiron. Voy. *Chironia*. Il passoit pour avoir enrichi la Grèce de plusieurs arbres qui lui étoient étrangers, tels que l'olivier sauvage, et le peuplier blanc, ce dernier lui fut même consacré sous le nom de *populus Alcidæ gratissima*.

Hercule étoit encore très-versé dans les sciences et les beaux arts, et il en avoit reçu le surnom de *Musagete*, chef ou conducteur des Muses.

H. SPONDYLIUM OU SPHONDYLIUM. De σπονδύλος, vertèbre. Des articulations renflées de sa tige, qui ressemblent très-bien à des vertèbres.

Vulgairement *branc-ursine*, de ses branches et de sa tige couvertes d'un poil rude que l'on a comparé à celui de l'ours, *ursus*, en latin. En Anglois, *cow-parsnep. Cow*, vache; *parsnep*, altéré de *pastinaca*, le panais : panais de vache. Elles le mangent avec avidité.

Cette plante est la *slatkaïa-trava*, des Russes; ce nom signifie en leur langue *herbe-douce*. Les habitans du Kamschatka en tirent une eau-de-vie très-enivrante. Voy. *Steller, Lesseps*.

HERICIUS. Dérivé de *heres*, hérisson. Nom donné à cette fungosité, parce que sa surface inférieure est hérissée de papilles rudes.

Ce genre rentre dans les *hydnum* de Linné.

HERITIERA. Charles-Louis l'Héritier de Brutelle, botaniste françois, mort en 1800. On a de lui, *Geraniologie ou Histoire des geranium, plantes nouvelles*, de 1784 à 1789; *Bouquet anglois*, en 1788, et plusieurs opuscules. *Hort. Kew*, 3 — 546.

HERMANNIA. Paul Hermann, né en 1640, à Halle, en Saxe, mort en 1695, voyageur en l'île de Ceylan et ensuite professeur de botanique à Leyde. On a de lui : *Musée de Ceylan*; *Catalogue du jardin de Leyde*; *Paradis batave*; *Flore de Leyde*, etc. *J'ai nommé ainsi ce genre*, dit Tournefort,

---

(1) La fable d'Hercule combattant la mort et arrachant Alceste des enfers, n'est qu'un emblème de quelque cure éclatante qu'il avoit faite.

Instit. Rei. herb. de *Paul Hermann* de qui je reçus cet arbuste.

HERMAS.

H. DEPAUPERATA. Littéralement appauvrie, terme figuré employé ici pour exprimer la nudité d'une tige peu garnie de feuilles.

HERMESIA. Genre dédié par Willdenow, tom. 4, à M. Hermes, de Berlin, son ami.

HERNANDIA. Francisco Hernandez, espagnol, premier médecin du roi d'Espagne Philippe II, qui l'envoya au Mexique pour faire connoître l'histoire naturelle de ce pays. Le catalogue des plantes qu'il y trouva, parut en 1628, et il fut rédigé par Columna.

L'*hernandia* porte de très-belles feuilles et de fort petites fleurs. Linné en fait une allusion à Hernandez qui obtint de grandes sommes (1) pour son travail, promit beaucoup et fit peu de choses. *Critic. botan.*

H. OVIGERA. (*ovum*, œuf; *gero*, je porte). Son fruit est oblong et gros à-peu-près comme un œuf de poule.

H. SONORA (*sonorus*, sonore, bruyant, qui rend du son). Son fruit est très-singulier; il est percé lors de sa parfaite maturité, et lorsque le vent pénètre par cette ouverture, il produit une espéce de sifflement que l'on entend de fort loin.

HERNIARIA. Cette plante, d'un goût salé et d'une qualité astringente, passoit pour guérir des hernies. On sent assez que ce remède n'a pu avoir de vogue, que quand on n'en connoissoit pas de plus efficace.

En anglois, de même *rupture wort*, herbe de *rompure*, nom populaire des hernies.

HERRERIA. Ildephonse Herrera, espagnol. Il a travaillé sur l'agriculture. *Flore du Pérou*, page 38.

L'Espagne a produit un écrivain distingué du même nom, Antoine Herrera, dont on a eu l'*Histoire générale des Indes*. Il mourut en 1625. Son ouvrage contient une partie de l'his-

---

(1) Il reçut pour son voyage soixante mille ducats; cette somme très considérable aujourd'hui, étoit exhorbitante il y a deux siècles.

toire naturelle de l'Amérique, et c'est sous ce rapport que l'on en fait ici mention.

HESPERIS (εσπερος, le soir). La fleur de cette plante est beaucoup plus odorante vers le soir que pendant le jour.

L'hesperis est odorante pendant la nuit, dit Pline, et c'est de là qu'elle tire son nom, liv. 21, chap. 7.

H. MATRONALIS (des dames). A cause de la beauté et du parfum de sa fleur qui la fait rechercher des dames.

H. TRISTIS (triste). Même sens que le nom générique. L'odeur en est si forte à l'approche de la nuit, qu'elle embaume l'air à une grande distance : de plus, sa fleur est d'une couleur sombre et triste.

HETERANTHERA (ετερος, différent). Qui porte des anthères de différentes formes. *Flore du Pérou*, pag. 7.

HETEROSPERMA (ετερος, différent; σπερμα, graine). Dont les graines diffèrent entre elles par la forme. CAVANILLES, tom. 3, pag. 34.

HEUCHERA. Henri Heucher, botaniste allemand : il a publié, en 1713, l'*Index du jardin de Vittemberg.*

HEXADIA (εξαδικος, par six, dérivé de εξ, six). Sa fleur est garnie d'un calice à six feuilles; son pistil a six stigmates, et il lui succède une capsule à six valves et à six loges. LOUREIRO, pag. 688.

HEXANTHUS (εξ, six; ανθος, fleur). Sa fleur est composée de six fleurons. LOUREIRO, pag. 242.

HIBISCUS (ιβισκος). L'un des noms que donnoient les Grecs à la *guimauve*, l'*althæa, que l'on appelle aussi* hibiscus, dit Dioscorides, liv. 3, chap. 146.

On remarquera que les anciens ont varié dans l'application qu'ils ont faite de ce nom. Pline, liv. 19, chap. 5, parle de l'*hibiscus* comme d'une plante qui se rapproche des ombellifères, tandis que Virgile, *Eglog.* 10, le donne comme une plante à tige souple dont on fabriquoit des corbeilles, paniers, etc.

Les modernes ont suivi l'opinion de Dioscorides et *hibiscus* désigne aujourd'hui des plantes tellement analogues à l'*althæa* ou *malva-viscus*, qu'une espèce de cette série a été instituée sous ce dernier nom, par Cavanilles, d'après Dillen, en genre particulier.

H. MOSCHEUTOS. A odeur de Musc, appelé en grec, μόσχος. Voy. *Hibiscus abelmoschus.*

H. SORORIUS, FRATERNUS. Frère et sœur, noms métaphoriques. Ces plantes naissent toutes les deux vers le Surinam; leurs fleurs sont jaunâtres, et l'analogie qu'on a trouvée entre elles les a fait regarder comme tenant l'une à l'autre.

H. CLYPEATUS (en bouclier, *clypeus*). Son fruit arrondi et tronqué au sommet, représente très-bien un bouclier avec son élévation au centre.

H. MUTABILIS (changeant). Sa fleur est blanche quand elle commence à s'épanouir, elle devient rose, puis pourpre en se flétrissant.

H. PHŒNICEUS (φοινικιος, rouge). Sa fleur est d'un très-beau rouge.

H. CANCELLATUS (grillé). Des nombreux filamens dont toute la plante est couverte.

H. SABDARIFA. Nom de cette plante en langue turque, selon Adanson. *Fam. des plantes*, p. 536. *J'ignore*, dit Clusius, 4—XXVI, *à quelle langue il appartient.*

H. ABELMOSCHUS. Latinisé de son nom arabe *habb êl misk*; semence musquée, graine de musc. Ses semences exhalent une forte *odeur de musc.* FORSKAHL.

H. PENTACARPOS (πεντε, cinq; καρπος, fruit; sous entendu γωνια, angle). Dont la capsule est à cinq angles.

H. TRIONUM (τριωνον). Nom employé par Théophraste pour désigner une plante malvacée. On l'a appliqué, sous le rapport de son radical τρεις, trois, à une plante dont la feuille est divisée en trois segmens.

Vulgairement *ketmie*, du nom de *ketmia*, qu'on donnait à ce genre en ancienne botanique, il est purement arabe, (khethmy). GOLIUS, page 728.

HIERACIUM. Dérivé de ιεραξ, épervier, oiseau de proie; de l'ancien conte que les oiseaux de proie se servent du suc de cette plante pour se fortifier la vue. De là *épervière*, en françois; *hawk-weed*, en anglois : herbe à l'épervier, etc.

Il est remarquable qu'une fable semblable ait été répétée pendant tant de siècles, et admise par tant de peuples.

H. PILOSELLA. Dérivé de *pilosus*, poilu, dont le primitif est *pilus*, poil. Sa feuille ovale est velue comme une oreille de rat, dont elle a parfaitement la forme. Voy. plus bas *Hieracium auricula.*

H. DUBIUM (douteux, ambigu). Il ressemble au précédent; mais il en diffère par ses fleurs qui sont plusieurs ensemble et non isolées.

H. AURICULA (oreille de rat). Ses feuilles entières, ovales et couvertes de poils, ont toujours été comparées à une oreille de rat. On donne souvent en françois le nom d'*oreille de rat* à l'*hieracium pilosella* auquel il convient tout aussi bien.

H. SANCTUM (saint). C'est-à-dire qui croît en Palestine ou Terre-Sainte.

H. STIPITATUM (*stips*, tige, pied). Epithète donnée à cette plante parce que ses aigrettes sont placées sur un petit pied, et non posées immédiatement sur la semence, comme dans les autres espèces d'*hieracium.*

HILLIA. Jean Hill, botaniste anglois, dont on a eu, en 1751, une histoire des plantes.

HIPPIA.

HIPPOCRATEA. Le célèbre médecin Hippocrate, regardé comme l'un des pères de la botanique, quant à ses rapports avec la médecine. Il naquit en l'île de Coos, environ cinq cents ans avant J. C. Il ne parle guère que de deux cent trente et quelques plantes. La médecine moderne n'en emploie pas tant, en comprenant même celles que la découverte de l'Amérique nous a fait connoître.

Le père Plumier qui institua ce genre, *gen.* 8, l'avoit appelé *coa*, de l'île de Coos, patrie d'Hippocrate. Linné l'a changé en *hippocratea* qui est plus positif.

HIPPOCREPIS (ιππος, cheval; κρηπις, soulier, chaussure). C'est-à-dire, *fer de cheval.* Sa gousse est recourbée et elle est garnie d'articulations à jour qui imitent parfaitement les trous du fer de cheval.

HIPPOMANE (ιππος, cheval; μανια, excès, fureur; μαινομαι, être furieux ou insensé). Les Grecs donnoient le nom d'*hippomane* à une plante qui croissoit en Arcadie, et qui avoit la propriété de rendre les chevaux furieux. Voy. *Théocrite.* Il ne faut pas confondre la plante *hippomane*, avec la substance *hippomane*, dont parle Virgile, *Georg.* 3, et qui est une production animale.

Les modernes se sont servis de ce nom, pour désigner un des plus violens poisons que l'on connoisse.

H. MANCINILLA. Diminutif de *mançana*, pomme, en espagnol. Le fruit de cet arbre ressemble à une pomme d'api; comme il croît particulièrement dans les grandes Antilles, possédées autrefois par les Espagnols seuls, ils lui ont donné un nom de leur langue, que la Botanique a conservé. Bœhmer l'a donné à tort pour un nom barbare, pag. 128.

HIPPOMANICA. Même signification qu'*hippomane*, avec une désinence différente. Nom donné par Molina, pag. 97, à une plante du Chili, qui croît dans les paturages et qui est extrêmement nuisible aux bestiaux et principalement aux chevaux, qu'elle rend comme enragés. De là le nom d'herbe folle, *erba loca*, que lui donnent les Espagnols.

HIPPOPHAE (ιππος, cheval, φαω, je brille, j'éclaire). C'est-à-dire, qui rend la vue aux chevaux. Les anciens appeloient de ce nom une plante dont nous n'avons pas une juste idée. *D'après le nom qu'elle porte, dit Pline, liv. 22, chap. 12, on doit croire qu'elle est utile aux chevaux.* Ce qui prouve que ses propriétés n'étoient pas très-bien constatées.

Nous appelons l'*hippophae*, argousier, dérivé d'*argus*, par allusion à cette prétendue vertu de rendre la vue.

HIPPOTIS (ιππος, cheval, ους, ωτος, oreille). De son calice dont la forme l'a fait comparer à une oreille de cheval. *Flore du Pérou* pag. 27.

HIPPURIS (ιππος, cheval; ουρα, queue). Nom que donnoient les Grecs à l'*equisetum*, à cause de ses feuilles menues et de sa forme allongée. Cette plante ayant conservé son nom latin en botanique, le synonyme grec est passé à cette plante qui est analogue à l'*equisetum*, par ses feuilles linéaires, sa forme pyramidale et les lieux où elle croît. Voy. *Anabasis* et *Ephedra*.

Les François la nomment *pesse*, c'est-à-dire, semblable par sa feuille plate et le port de la plante, au *pinus picea*, appelé vulgairement *pesse*. En anglois, *mare's tail*, queue de jument. Ce mot *mare*, jument, et *mar*, cheval, en anglo-saxon, viennent du celtique *march*, cheval; d'où maréchal, en françois, *marstall*, écurie, en allemand, etc.

HIRÆA. Jean Nicolas de la Hire, médecin françois, mort

en 1727, membre de l'Académie des sciences. Il a laissé de superbes collections de plantes, dessinées par un procédé qui lui étoit propre et qui a été enseveli avec lui.

Ce genre se rapproche des *triopteris*.

HIRTELLA. Dérivé de *hirtus*, velu. Ses branches sont couvertes d'un poil fin.

HOFFMANNIA. Swartz, 3o. L'Allemagne compte un grand nombre de botanistes de ce nom. Frédéric Hoffmann, professeur à Hales, a donné, de 1670 à 1730, un grand nombre de dissertations botaniques. Jean-Maurice Hoffmann, mort en 1698, auteur d'un *Florilége d'Altorf*, etc., etc. Enfin, George-François Hoffmann, professeur de botanique, dont on a eu un *Catalogue des lichen*, en 1784; une *Histoire des salix*, en 1785, etc.

HOFFMANSEGGIA. Jean-C. Hoffmanseg, naturaliste distingué, mentionné par Cavanilles, tom. 4 pag. 63.

HOITZIA. *Hoitzit*, nom de cet arbre au Méxique. Jussieu, pag. 136. *Hoitz* est en langue méxicaine le primitif de quantité de noms. Voy. *Nieremberg*.

HOLCUS (ολκος, dérivé de ελκω, je tire au dehors). Pline rapporte, liv. 27, ch. 10, qu'en s'en liant la tête ou l'avant-bras, cette plante tire du corps les épines qui y seroient entrées.

La description que Pline donne du *holcus*, se rapporte fort bien aux graminées auxquelles nous en avons appliqué le nom. Quant à la propriété qu'il lui attribue, on ne peut la regarder que comme une tradition populaire.

H. sorghum. *Sorghi* aux Indes, selon Bauhin, *Hist.* 2, p. 447. Ce nom offre quelque analogie avec celui que lui donnent les Arabes, *dsoura* (dhour). Forskahl, p. 75. Nieburhg, son compagnon, l'écrit *durrah*.

H. bicolor (de deux couleurs). Ses calices sont noirs et ses semences blanches.

HOLMSKIOLDIA. Théod. Holmskiold a donné des opuscules sur les plantes cryptogames. Retz, *Obs.* 6, pag. 31.

HOLOSTEUM (ολος, tout; οστεον, os, tout os). Les Grecs nommoient ainsi cette plante par antiphrase (1), selon Pline, liv. 27, chap. 10. Elle est très-molle.

______

(1) *Antiphrase*, figure de mots très-usitée chez les Grecs, par laquelle

HOMALIUM. Dérivé d'ομαλος, égal, régulier. De ses étamines au nombre de vingt-une, et régulièrement divisées en sept paquets de trois. JACQUIN, *Amer.* 170.

HOMONOIA (ομονοια, concorde, uniformité). Nom figuré donné à cet arbre par Loureiro, pag. 782, pour exprimer le partage égal de ses étamines en vingt paquets.

HONKENYA. G. A. Honkeney, célèbre cultivateur. WILLD. 2, p. 325.

HOPEA. Jean Hope, professeur de botanique en l'Université d'Edimbourg. Il a donné quelques opuscules de botanique vers 1775.

Un Allemand, d'un nom à peu près semblable, David-Henri-Hoppe, a publié, en 1790, un ouvrage intitulé: *Botanique portative.*

HORDEUM. Bodée, le savant commentateur de Théophraste, fait venir ce mot de *hordus*, lourd; parce que le pain que l'on fait avec l'orge est très-pesant.

En anglois, *barley*, dérivé de *bara*, pain, en celtique, d'où vient aussi *barn*, grange, en anglois.

Les Anglo-Saxons ont altéré le mot de *bara*, et ils en ont fait *bere*, orge en leur langue. C'est de là qu'est venu le nom de *bière*, boisson dont l'orge est la base (1). Il est à peu près le même dans toutes les langues du nord.

H. HEXASTICHUM (εξ, six; στιξ, στιχος, ordre, mesure, rang). Orge à six rangs de grains.

On l'appelle ordinairement en françois *escourgeon*; selon les Liébaut, deux frères médecins qui ont publié une *Maison*

---

une expression présente un sens tout opposé à celui qu'elle a réellement dans l'usage. Aussi les Grecs appeloient αοντος ευξενος, *mer hospitalière*, le Pont-Euxin, dont les bords étoient habités par des nations féroces; ευμενιδας, *bienveillantes*, les Euménides; furies de l'enfer.

(1) On la faisoit aussi avec un froment pur, appelé par les Gaulois *brance*, Pline, liv. 18, chap. 7; et c'est de là qu'est venu le mot *brasser*, pour exprimer l'action de faire la bière, *brasseur*, *brasserie*, etc. C'est encore de *brance* qu'est venu le mot *bran*, qui signifie du *son*, en anglois. *Bara*, pain ou blé, en celtique, est le primitif de tous ces noms. En vieux françois, la bière est appelée *cervoise*, du latin *cervisia.* Ce mot est dérivé de *Cérès*, nom figuré, sous lequel les Latins désignoient quelquefois le blé et autres graines céréales qui servent à faire de la bière.

rustique, en 1574, ce nom est altéré de *secourgeon*, et il exprime le *secours*, dont ce grain est au peuple dans les temps de disette. Cette étymologie très-peu sûre, n'est placée ici que pour rappeler le nom des premiers auteurs françois qui aient écrit sur l'agriculture.

H. DISTICHUM (*dis*, double; στίξ, στιχος, rang). Orge à deux rangs de grains.

H. ZEOCRITUM (ζεα, nom que donnoient les Grecs à une graine céréale, qui paroît être notre épautre, *triticum spelta*). Il est dérivé de ζαω, je vis; κριθη, orge: c'est-à-dire, orge qui ressemble à l'épautre par ses épis barbus et sa qualité alimentaire.

H. MURINUM. Dérivé de *mus, muris*, souris, rat; orge bonne pour les rats : pour en exprimer le peu de valeur.

HORSFIELDIA. Thomas Horsfield, botaniste, né en Amérique; il a travaillé sur les plantes de l'Inde. WILLDENOW, tome 4, page 873.

HORMINUM. De ορμαω, j'excite. De sa qualité stimulante. L'*horminum* excite à l'amour, dit Dioscorides, liv. 3, ch. 78.

HORNSTEDTIA. C. F. Hornstedt, voyageur aux Indes. RETZ. *Obs. fas.* 6, pag. 18.

HOSTEA. Nicolas-Thomas Hœst, auteur d'un *Tableau des plantes d'Autriche*, publié en 1787. WILLDENOW 1, page 1274. Il a publié en 1779 un relation de ses voyages.

HORTENSIA (*hortensis*, des jardins). Cette belle plante fait en Chine l'ornement des jardins; on la retrouve souvent dans les peintures chinoises. JUSSIEU, d'après Commerson, page 215.

H. MUTABILIS (changeante). Sa fleur passe successivement du verd au blanc et du blanc au rose.

L'hortensia fut d'abord appelée *pautia*, en l'honneur de Mad. Hortense Lepaute, morte en 1788. Son nom est cité avec éloge dans la *Bibliographie astronomique* de la Lande, 1803.

HORTIA. Le comte de Horta, portugais, à qui Vandelli a dédié ce genre, page 14.

HOTTONIA. Pierre Hotton, professeur en l'Université de Leyde, né en 1648, mort en 1709. On a de lui des discours académiques, des observations sur plusieurs plantes médicinales, insérées dans les *Phil. Transact.* an. 1702, etc.

HOUMIRIA. *Houmiri*, nom que les Garipons donnent à cet arbre. Aublet, page 566.

HOUSTONIA. Williams Houston, anglois, mort en 1733, a donné un mémoire sur la *contrayerva*, inséré dans les *Philos. Transact.* n.° 421.

HOUTUYNIA. M. Houttuyn, hollandois, a publié une histoire des plantes, en 1783.

HOVENIA. David Hoven, commissaire hollandois au Japon; il a contribué par ses bons offices aux succès du voyage de Thunberg, qui, par reconnoissance, lui dédia ce genre. Thunberg, *Jap.* 101.

HUDSONIA. Williams Hudson, anglois, dont on a eu, en 1768, une *Flore angloise*.

HUERTEA. Jérome de Huerta, espagnol. Il a traduit Pline en sa langue. *Flore du Pérou*, page 28.

HUGONIA. Jean Hugon, anglois. Il a publié, en 1711, une *Dissertation sur les systèmes de botanique*.

H. mystax (moustache). De distance en distance il sort de sa tige des rejetons courts et garnis de deux barbes ligneuses, contournées en spirale, et qui imitent assez bien une moustache.

On remarquera que ce mot *moustache*, est du très-petit nombre de ceux qui sont passés directement du grec en françois; on ne parle pas ici des termes techniques *que les savans y ont introduits*, et qui semblent faire une langue à part.

HUMBOLTIA. Fréder.-Alex. de Humbolt, prussien, voyageur célèbre. On a eu de lui, en 1793, un *Essai sur la Flore de Friberg*.

Il est auteur, avec Bonpland, d'un très-bel ouvrage sur les *plantes equinoxiales*, dont la première livraison a paru en 1805. *Flore du Pérou*, page 110.

HUMULUS. Dérivé de *humus*, terre douce et fraiche. Cette plante ne croit que dans les meilleurs terreins.

Humus vient du celtique *hum* ou *um*, eau, d'où *humide*, *humeur*, *humer*, etc., tous mots ayant rapport à l'eau.

H. lupulus. Syncopé de *lupus salictarius*, loup des saules, nom qu'on lui donnoit en vieille botanique, d'après Pline, liv. 21, chap. 15, parce qu'il croît parmi les saules et que s'entortillant autour des plus jeunes, il les serre au point de les faire périr.

Houblon, en françois, altéré de *humulus*.

En anglois, *hops*, de l'anglo-saxon, *hoppan*, monter, grimper; de sa tige volubile.

HURA. Nom américain. COMMELIN, *Hort.* 2, pag. 131.

H. CREPITANS (qui claque, qui fait du bruit). Lorsque son fruit est mûr, ses capsules s'ouvrent avec bruit et dispersent les semences au loin; de là le nom d'*arbor crepitans* que lui donne Hernandez, *Mex.* 88.

HYACINTHUS. On connoit la fable du jeune Hyacinthe, tué par Appollon et changé en cette fleur. C'est de là que la plupart des étymologistes ont tiré l'origine de ce nom.

Bochart, dans son *Hierozoïcon* ou *Histoire des animaux sacrés*, remarque, vol. 2 pag. 730, que presque tous les auteurs grecs et latins désignent par le nom d'*hyacinthe*, une fleur rouge; et il en conclut qu'il vient de l'arabe *jakuth* (yâqòut) qui signifie rouge. Voy. sur ce mot *Yàqòut*, GOLIUS, pag. 2765.

Chardin, vol. 2, pag. 25, dit, dans le même sens, que *yacut* est le nom persan du *rubis* tendre, d'où le nom de la *pierre précieuse appelée jacinthe.*

Ces différentes versions montrent peut-être plus d'érudition que de justesse. Linné dit lui-même que notre *delphinium ajacis* est la *hyacinthe* des Grecs. Il est à croire qu'ils l'avoient ainsi nommée, parce que sa fleur offre distinctement les lettres I A commencement du nom d'hyacinthe. Plus tard on a mal à propos donné ce nom à notre jacinthe, et l'on a si bien senti que ce n'étoit pas celle des Grecs, que l'espèce la plus commune a été appelée *hyacinthus non scriptus*; c'est-à-dire qui ne présente pas les lettres qu'annonce son nom. Voy. *Delphinium.*

H. MUSCARI. Qui sent le musc, appelé μοσχος, en grec; *muscus* en latin, de l'arabe misk. FORSKAHL.

HYDNUM (υδνον, nom grec de la truffe; il vient de υδνω, je nourris). C'est un aliment fortifiant.

La truffe ayant conservé en botanique son nom latin *tuber*, le synonyme grec a été donné à un genre de plantes analogues aux truffes par leur manière de végéter.

H. REPANDUM (recourbé). Le chapeau de cette fongosité est irrégulièrement recourbé.

H. AURISCALPIUM (*auris*, oreille; *scalper*, couteau, outil). C'est-à-dire cure-oreille. Cette fongosité ressemble assez bien à un cure-oreille par son pédicule mince, attaché au chapeau par le côté.

HYDRANGEA (υδωρ, υδρος, eau; αγγιον, vase, vaisseau). Cette plante croît dans l'eau, et sa capsule a été comparée à une coupe.

HYDRASTYS. D'une américaine de ce nom, selon Ellis qui institua ce genre.

HYDROCHARIS (υδωρ, υδρος, eau; χαρις, grâce). Cette plante croît dans les eaux tranquilles qu'elle embellit par sa feuille et sa fleur élégantes.

H. MORSUS RANÆ (morsure des grenouilles). Elle croît dans les lieux qu'habitent les grenouilles; mais elle leur sert d'abri et non d'aliment.

Beorhaave lui avoit donné le nom, juste à la vérité, mais trop dur à l'oreille de *microleuconymphea*; petit nénuphar à fleur blanche.

HYDROCOTYLE (υδωρ, υδρος, eau; κοτυλη, vase, chose creuse). Sa feuille est arrondie, enfoncée en son milieu, et elle ne croît qu'aux lieux aquatiques.

En anglois, *penni-wort*, herbe du sol; de sa feuille orbiculaire comparée à une pièce de monnoie.

H. SPANANTHE (σπανος, rare; ανθος, fleur). Dont l'ombelle est composée d'un petit nombre de fleurs.

HYDROGETON (υδωρ, υδρος, eau; γειτων, voisin). Qui croît dans l'eau. LOUREIRO, pag. 301.

HYDROLEA (υδωρ, υδρος, eau; ελαιον, huile). Cette plante croît dans les marais, et sa feuille est enduite d'une substance visqueuse qui ressemble à de l'huile.

HYDROPELTIS (υδωρ, υδρος, eau; πελτη, bouclier). C'est-à-dire, plante qui croît dans l'eau et dont les feuilles ressemblent à un bouclier. MICHAUX, *Flor. bor. Am.* 1—323.

HYDROPHYLAX (υδωρ, υδρος, eau; φυλαξ, gardien). Nom figuré donné à cette plante par Linné fils, *Supp.* 14, pour exprimer qu'elle ne quitte pas les bords de la mer.

HYDROPHYLLUM (υδωρ, υδρος, eau; φυλλον, feuille). *Cette*

plante croît dans les marais de l'Amérique septentrionale, et de plus, ses feuilles gardent au printemps de l'eau dans leurs cavités.

HYDROPITYON (υδωρ, υδμος, eau; πιτυς, pin). C'est-à-dire plante aquatique qui ressemble au pin par ses feuilles verticillées. Genre extrait des *hottonia*, par Gœrtner fils. *Annal. du musée*, tom. 10, pag. 387.

HYMENÆA. De l'hymen, nom poétique appliqué à cet arbre, parce que ses feuilles, qui sont par paires, se rapprochent sensiblement l'une de l'autre pendant la nuit.

Quant à la signification positive du mot hymen, il exprime en grec une *membrane*, par allusion à l'obstacle que les nouveaux époux doivent trouver à la consommation de leur union.

H. COURBARIL. Nom américain. PLUMIER, *Nov. gen.* 49.

HYMENOPAPPUS (υμην, membrane; παππος, aigrette, bourre des chardons). De ses aigrettes membraneuses. L'HÉRITIER, *Monogr.*

HYMENOPHYLLUM (υμην, membrane; φυλλον, feuille; feuille ou frondescence membraneuse). On peut aussi regarder ce nom comme faisant allusion, sous le rapport de l'hymen, aux capsules géminées de cette plante. SMITH, *Mém. acad. de Turin*, vol. 5, pag. 418. Ce genre est extrait des *trichomanes* de Linné.

HYMENOPOGON (υμην, membrane; πωγων, barbe). Mousse dont les cils sont réunis en forme de membrane. PALISOT BEAUVOIS, *Æth.* pag. 29.

HYOBANCHE (υς, υος, porc; αγχειν, étrangler : qui fait mourir les cochons). Cette plante du cap de Bonne-Espérance, ressemble de nom et de fait à l'*orobanche*; mais elle est rouge en toutes ses parties.

HYOSCYAMUS (υς, υος, porc, κυαμος, fève; fève de porc). De sa capsule qui a quelque ressemblance avec une fève par sa forme extérieure, et que les porcs mangent sans qu'elle leur nuise, quoique d'autres disent qu'elle leur soit mortelle.

Jusquiame est le même nom avec une désinence françoise; en anglois, *hen-bane*, tue-poule. Sa semence leur est nuisible.

Les Gaulois appeloient la jusquiame, *belen* ou *belinuncia*, parce qu'elle étoit consacrée à Bélénus (1), divinité des Celtes, dont les attributs étoient, en partie, semblables à ceux d'Apollon chez les Latins.

HYOSERIS (υς, υος, porc; σερις, nom grec d'une plante analogue à la laitue. PLINE, liv. 20, chap. 8). Laitue de cochon, à cause de sa détestable odeur.

HYPECOUM (υπηχεω, je résonne, je retentis). Du bruit que font ses semences dans les siliques.

L'*hypecoum procumbens*, ressemble assez bien à l'*hypecoon*, décrit par Pline, liv. 27, chap. 11.

HYPELATE. L'un des noms sous lequel Pline, liv. 15, chap. 30, désigne le *ruscus*. Ce mot signifie, *qui croît sous les sapins*; υπο, sous; ελατη, sapin. On trouve ordinairement cet arbuste dans les forêts ombragées.

Brown s'est servi de ce synonyme pour nommer un arbre de la Jamaïque. *Jam.* 207.

HYPERANTHERA (υπερ, par dessus; ανθηρα, anthère). Cette fleur a dix étamines dont cinq stériles sont surmontées par les cinq fertiles. VALH. *Symb.* 1, p. 30.

HYPERICUM. Selon Linné, *Philos. bot.*, ce nom vient de υπερ, dessus; υκων, image, ressemblance; c'est-à-dire fleur dont la partie supérieure représente une figure. Il auroit dû ajouter quelle est cette figure; car il n'est pas facile de le deviner.

Vulgairement *millepertuis*; plusieurs espèces de ce genre portent des feuilles parsemées de petites vessies transparentes, remplies du suc propre de la plante, et qui vues au jour, semblent autant de petits trous ou *pertuis*.

H. CALICINUM. Son calice grandit à la maturité du fruit, et il devient une fois plus étendu qu'à l'épanouissement de la fleur.

H. OLYMPICUM. Originaire du mont Olympe en Thessalie, d'où il fut rapporté par un voyageur anglois nommé Georg. Wheler.

H. ANDROSÆMUM (ανηρ, ανδρος, homme; αιμα, sang; sang

_____

(1) *Belenus*, dans le roman de la Rose (vers 1581), est le nom d'un célèbre devin. Langlet Dufresnoi, dans son Glossaire, suppose qu'il est altéré d'*Helenus*, l'oracle troyen; c'est une erreur. *Belenus* est une divinité gauloise, et ses fonctions de sorcier sont un dérivé naturel du pouvoir attribué au dieu *Belenus*.

humain). Ses capsules ou baies écrasées entre les doigts, quand elles sont fraiches, rendent un suc sanglant; plusieurs *hypericum* produisent le même effet; mais d'une manière moins sensible.

Les François nomment cette plante *toute-saine*, à cause des salutaires effets qu'on lui a attribués en médecine.

Les Anglois ont transmis ce nom en entier dans leur langue; ils l'ont seulement corrompu en en faisant *tutsan*.

H. HIRCINUM (*hircus*, bouc). De la détestable odeur de bouc qu'exhalent toutes ses parties.

H. ELODES (ἐλ΄ς, marais). Il croît au nord de l'Europe, dans les lieux inondés.

H. PULCHRUM (beau, élégant). Ses feuilles sont en cœur, ses fleurs sont grandes, et le port de la plante est très-agréable.

H. MUTILUM (mutilé, tronqué). Ses feuilles sont serrées contre la tige et elles sont à peine visibles, ce qui feroit croire qu'on l'en a dépouillé.

HYPHÆNE (ὑφαίνω, j'entrelace, je tisse). Des fibres dont son fruit est revêtu. GÆRTNER, tom. 1, pag. 28. Voy. *Cucifera*.

HYPHYDRA (ὑπο, sous; ὑδωρ, ὑδρος, eau). Qui croît dans l'eau; plante fluviatile de la Guyane. WAHL. *Symb.* 3, p. 99. C'est le *tonina* d'Aublet.

HYPNUM (ὑπνον). L'un des noms que donnoient les Grecs aux mousses. Voy. *Bryum*. Il en est une à laquelle les anciens avoient attribué une vertu soporifique, et l'on ne sauroit douter que son nom ne vienne de cet effet soit réel, soit imaginaire; ὑπνος, sommeil. Serapion dit positivement: *il est une mousse qui, infusée dans le vin pendant quelques jours, fait dormir profondément.*

H. RUTABULUM. Dont la fructification ressemble à un fourgon, appelé *rutabulum* en latin.

H. CRISTA CASTRENSIS (plumet militaire, littéralement *crête des camps*). Cette mousse produit des jets ramassés en larges touffes qui ressemblent assez bien à un plumet.

H. LOREUM (*lorum*, courroie). De ses jets longs et minces comparés à une courroie.

H. CURTI PENDULUM (court-pendu). Ses péduncules sont courts et ses anthères pendantes.

H. PURUM (pur). Epithète assez vague donnée à cette plante parce qu'elle forme sur la terre des touffes d'un verd net et pur.

H. SCIUROIDES (σκιουρος, écureuil; ιδος, forme, ressemblance). Ses jets sont recourbés comme la queue de l'écureuil.

Σκιουρος, dont les Latins ont fait *sciurus*; les François, *escurieux* d'abord, et *écureuil* ensuite, signifie en grec, qui est à l'ombre de sa queue; σκια, ombre, ουρα, queue. Tout le monde sait que la queue de cet animal recouvre la totalité de son corps, et le met à l'ombre.

H. CLAVELLATUM. Dérivé de *clava*, massue. Ses rameaux s'élargissent à leur sommet en forme de massue.

H. JULACEUM (*juli*, chatons qui pendent aux coudriers). Les jets de cette mousse sont fermes, et ses feuilles serrées lui donnent l'aspect d'un chaton de noisetier.

H. STRAMINEUM. Dérivé de *stramen*, paille. Ses jets sont d'un jaune pâle ou de couleur de paille.

H. DENDROIDES (δενδρον, arbre; ιδος, ressemblance). Qui ressemble, en petit, à un arbre, par ses tiges droites et ramifiées.

HYPOCHŒRIS (υπο, pour, en ce sens; χοιρος, porc). VAILLANT, *Mém. de l'Acad. des scienc.* an. 1721. Les cochons mangent sa racine avec avidité; de là le nom vulgaire *porcelle*.

HYPOXIS (υπο, inférieure; οξυς, pointu). De ses feuilles légèrement pointues.

HYPTIS (υπτιος, renversé, retourné). Dont la corolle semble retournée tant par sa forme, que par la position des étamines. JACQUIN, *Ico. var.* 1.

HYSSOPUS. Latinisé de son nom hébreu *ezob*. Le nom arabe *azzof* (àlzoùf), est évidemment le même. JEAN DE SOUZA, page 106.

On ne sait pas précisément à quelle plante les hébreux donnoient ce nom, on sait seulement que c'étoit une plante naine; l'Ecriture-Sainte nous apprenant que Salomon avoit décrit toutes les plantes depuis le *cèdre*, jusqu'à l'*hyssope*, par opposition du plus grand au plus petit.

H. LOPHANTUS (λοφος, le sommet, la crête d'un casque; ανθος, fleur). De la disposition de ses fleurs dont les corolles transversales ressemblent à une *crête*.

I

IBERIS. De l'Ibérie (1) aujourd'hui l'Espagne. La plupart des plantes de ce genre croissent dans les pays chauds et secs, tels que l'Espagne.

I. GIBRALTARICA. Qui croît aux environs de Gibraltar, nom altéré de Djebel-tarik, montagne de Tarik, parce que c'est là que Tarik, lieutenant de Moussa Ben Nazir, général du calife Valid I.ᵉʳ, passa la mer pour faire la conquête de l'Espagne, au commencement du VIII.ᵉ siècle. Gibraltar est le mont Calpe des anciens.

ICICA. Nom de cet arbre à la Guyane. AUBLET, pag. 357. *Icicariba* de Pison, liv. 4, chap. 7.

IGNATIA. Les jésuites portugais qui, les premiers, firent connoître en Europe cette production des Indes, lui donnèrent le nom de Saint-Ignace, leur patron, à cause des effets miraculeux que les Indiens lui attribuent en médecine.

Vulgairement *fève de Saint-Ignace*. Ce genre rentre dans les *strychnos* de Linné.

ILEX. Ce nom a pour primitif *ec*, synonyme d'*ac*, pointe, en celtique. Les Latins l'avoient appliqué à l'*yeuse*, dont la feuille est très-épineuse. Cet arbre étant entré dans la série

---

(1) Plusieurs pays ont porté le nom d'Ibérie, entre autres l'Espagne dont il s'agit ici. Le mot *ibère* n'étoit qu'une épithète que les Celtes donnoient à ceux d'entre eux qui habitoient au-delà d'un fleuve, d'un bras de mer, d'une chaîne de montagnes, etc. L'Ibérie d'Europe (l'Espagne) est au-delà des Pyrénées ; l'Ibérie d'Asie (la Géorgie) est au-delà du Caucase ; l'Irlande, appelée par les Anglo-Saxons *Ybernia*, et par les Latins *Hybernia*, est au-delà d'un bras de mer, etc.

Les Grecs et les Allemands ont conservé dans leurs langues ce mot *iber* dans la signification primitive ; υπερ, au-dessus, par de là, en grec ; *éber*, prononcez *yper*, même sens en allemand.

des *quercus*, le nom *ilex* est devenu celui d'un genre d'arbres dont le feuillage ressemble parfaitement à celui de l'yeuse.

I. AQUIFOLIUM (*aqui*, dont le radical est *ac*, pointe, en celtique, *folium*, feuille ; à feuilles épineuses).

En anglo-saxon, *accin*, toujours dérivé d'*ac*, pointe. En anglois, *holly*, saint, sacré ; à cause de sa verdure perpétuelle, regardée comme un don du ciel.

Houx, en françois, de *hoyw*, synonyme de *iw*, vert, en celtique ; de son feuillage permanent. Voy. *If* au genre *Taxus*, et *Yeuse*, au genre *Quercus*.

C'est de *houx* que viennent les mots *houssine*, baguette de houx, *housser*, *houssoir*, etc.

ILLECEBRUM. Nom sous lequel Pline, liv. 25, chap. 13, désigne une plante que les Grecs, dit-il, appellent pourpier sauvage, *andrachne agria*. Les modernes l'ont appliqué à des plantes sans éclat, et qui n'ont que de foibles rapports avec les pourpiers, *portulaca*.

Autrefois, comme aujourd'hui, les plantes auxquelles on a donné ce nom, n'ont rien eu qui le justifiât. *Illecebra* signifie charmes, attraits, et ces fleurs sont toutes peu apparentes.

ILLICIUM. De *illicio*, je flatte, j'attire ; par son agréable odeur d'anis.

Vulgairement *anis étoilé*, de sa capsule disposée en étoile et de son odeur. Voy. *Pimpinella anisum*.

IMBRICARIA. Dérivé d'*imbrex*, tuile. On se sert de son bois en l'île de Bourbon, pour couvrir les maisons. COMMERSON.

Le même mot *imbricaria*, a servi à Achar, pag. 2, pour désigner une section de *lichen*, dont les lobes sont à recouvrement, comme les tuiles d'un toit.

IMPATIENS (impatiente). Nom métaphorique donné à cette plante à cause de l'élasticité de sa capsule qui s'ouvre comme par un ressort et lance ses graines avec vivacité, dès qu'on y touche.

I. BALSAMINA. Dérivé de *balsamum*, baume. Fuchs prétend que ce nom lui a été donné parce qu'on en fait un baume souverain pour les plaies et dont il indique la préparation. Voy. son *Histoire des plantes*, chap. 69. On remarquera que Fuchs réunit dans cet article le *momordica* et le *balsamina*, et que c'est principalement au *momordica* qu'il attribue cette qualité vulnéraire.

Comme les Arabes appelent cette plante *balassan* (ALPIN, 48), ce nom peut être le primitif de *balsamina*.

I. NOLITANGERE (n'y touchez pas). Dans le même sens que le nom générique *impatiens*. Cette espèce est même plus impatiente encore que les autres, et l'on ne sauroit toucher à sa capsule mûre qu'elle ne saute en l'air.

IMPERATORIA (impératoire). Nom métaphorique donné à cette plante, pour exprimer la toute puissance de ses vertus.

Les Anglois la nommen .dans le même sens, *master-wort*, herbe du maître; et Camerarius, *epist.*, 592, l'appelle *magis-trantia*, dérivé de *magister*, maître, toujours dans la même signification.

I. OSTRUTHIUM. Dérivé de στρουθιον, moineau. De sa feuille divisée en trois parties, comparée à un moineau les ailes et la queue étendues. Cordus l'appelle *struthium*, qui est plus rapproché de στρουθιον.

INCARVILLEA. Cette plante de la Chine fut envoyée, en 1743, à Bernard de Jussieu, par le père d'Incarville, jésuite, missionnaire françois, et Antoine L. de Jussieu en a fait un genre, page 138.

INDIGOFERA (*indigo*, la substance de ce nom). Il indique le lieu d'où elle est originaire; *fero*, je porte; qui porte, qui produit l'*indigo*.

I. TRITA (broyée). Que l'on broie, que l'on triture pour en extraire la partie colorante.

I. ANIL. De son nom arabe *annil* (âlnyl), selon Jean de Souza, pag. 57. Forskahl, l'écrit *nileh* (nyleh), pag. 71 et 138. Selon Bruce, *Voyage aux sources du Nil*, liv. 8, ce mot *nil* signifie *bleu* vers le Sennaar, et il exprimeroit alors la couleur que l'on tire de cette plante.

INOCARPUS (ις, ινος, fibre; καρπος, fruit). L'enveloppe de sa noix est formée de l'entrelacement de fibres très-fortes. FORSTER, gen. 33.

INULA. On a supposé légèrement qu'*inula* étoit altéré de *helenion*. Voy. Vaillant, *Mém. acad. des scienc.*, an. 1719. Il est possible que ces deux noms aient une origine commune; mais ils n'en désignoient pas moins des plantes distinctes, et Pline parle différemment de l'une et de l'autre.

L'*inula* des Latins après avoir été confite, étoit mangée comme un remède. PLINE, liv. 19, chap. 5.

I. HELENIUM. Voy. sur ce nom, Pline, liv. 21, chap. 10, et le genre *helenium*.

L'*inula helenium* est vulgairement appelée *aulnée*, parce qu'elle croît parmi les *aulnes*, en terre humide et grasse.

I. OCULUS CHRISTI (œil de Christ). On a comparé à un œil son disque arrondi et rayonnant.

I. DYSSENTERICA. Cette plante a long-temps passé pour être bonne contre la dyssenterie (1).

I. PULICARIA. Dérivé de *pulex*, *pulicis*, puce. On lui a attribué, sans raison, la propriété de chasser les puces, par son odeur forte et désagréable.

I. BRITANNICA. Ce nom vient de *britanica*, βρετανικη, employé par Dioscorides, liv. 3, chap. 2. On a supposé qu'il signifie *originaire de la Grande-Bretagne* ou *Angleterre*; mais il est à remarquer que la plante que nous appelons *inula britannica*, par corruption de βρετανικη, n'a point encore été trouvée en Angleterre. Voy. sur cette plante, Dalechamp, liv. 9, chap. 66.

IPOMEA (ιψ, ιπος, liseron ou plante analogue; ομοιος, semblable). Qui ressemble au *convolvulus*; ces deux genres se touchent de très-près.

I. QUAMOCLIT. Altéré de κυαμος, haricot; κλιτος, bas, nain. Qui ressemble au haricot par sa tige ascendante; mais moins élevée.

I. PES TIGRIDIS (pied ou pate de tigre). De ses feuilles palmées que l'on a comparées à l'empreinte du pied de tigre.

IPOMOPSIS (*ipomea*, la plante de ce nom; οψις, figure). Qui est analogue à l'*ipomea*. Voy. ce genre. MICH. *Fl. bor. Am.* 1—141.

---

(1) Ce seroit à tort que l'on compteroit sur les vertus qu'annoncent les noms de quantité de plantes : *asclepias vincetoxicum*, *gratiola*, *scrophularia*, *salvia*, etc. Les anciens botanistes ne voyoient que des remèdes dans toutes les plantes, et ils leur avoient attribué beaucoup plus de qualités bonnes ou mauvaises que la nature ne leur en a données. La médecine moderne a fait justice de toutes ces vieilles opinions; mais les noms sont restés, et l'on ne sauroit trop répéter que l'on ne doit y avoir aucune confiance.

IONIDIUM. Dérivé de *ιον*, violette. Ce genre extrait des *viola* de Linné, en diffère principalement par son pétale inférieur garni d'un onglet filiforme. VENTENAT, *Jardin de la Malmaison*, n.° 27.

IRESINE. De *ιρεσιωνη*, nom que donnoient les Grecs à ce qu'ils appeloient le *rameau des supplians* : c'étoit une branche de l'olivier sacré entourée de bandelettes de laine. Ce mot a pour racine *ιρια*, laine. Voy. Plutarque, *Thésée*. Les fleurs de l'*iresine* sont couvertes de duvet, et ses semences sont laineuses.

IRIARTEA. Ce genre a été nommé ainsi par Bernard Iriarte, en l'honneur de son oncle Jean Iriarte, espagnol, amateur de botanique. *Flore du Pérou*, page 139.

IRIS (*iris*, l'arc-en-ciel, en grec). Cette fleur en a les vives couleurs.

En mythologie, Iris est la messagère des Dieux, et elle laisse après elle cette trace brillante. Son nom exprime ses fonctions; *ειρω*, dire; qui vient dire, qui annonce.

Chez les Hébreux, l'arc-en-ciel étoit aussi regardé comme un message divin. Il annonçoit la cessation de la colère de Dieu. C'est toujours la même idée; mais elle est exprimée selon le génie des deux peuples; elle est sombre et menaçante chez les Hébreux, brillante et gaie chez les Grecs.

Selon Plutarque, *de Isis et Osiris*, le mot *iris* signifioit œil, en ancien égyptien, c'est-à-dire, œil du ciel.

I. HALOPHILA (*αλς, αλος*, sel; *φιλος*, ami : qui aime le sel). C'est-à-dire qui croit en Sibérie, près des marais salans. PALLAS.

I. SIBIRICA (de Sibérie). Elle croit également en Suisse, en Allemagne, etc.

I. XIPHIUM (*ξιφος*, épée). Ses feuilles sont faites exactement comme nos lames d'épée.

I. APHYLLA (*α* privatif, *φυλλον*, feuille : sans feuilles). La partie est prise ici pour le tout; cette plante a des feuilles, mais sa tige est nue.

I. PAVONIA (*pavo, pavonis*, le paon). Sa fleur jaune avec des taches bleues, a été comparée au plumage du paon.

I. SPATHACEA. Toutes les plantes de ce genre sont munies de spathes; mais celle-ci en a d'excessivement grands.

I. TRISTIS (triste). *Par allusion à sa fleur d'un jaune rouge et sombre.*

I. SQUALENS (*squaleo*, être sale). *Les trois pétales relevés sont d'un jaune livide et terne qui donne à cette fleur un aspect souillé, au moment même de son épanouissement.*

I. TRIPETALA (à trois pétales). Cette fleur en a six comme toutes les autres de ce genre; mais trois d'entre eux sont si petits qu'on les a regardés comme nuls.

I. ALATA (ailée). Deux de ses pétales intérieurs s'échappent au dehors de la corolle et semblent former deux petites ailes horisontales.

ISANTHUS (*ισος*, égal; *ανθος*, fleur). Michaux, *Flor. bor.* 2, 3, a nommé ainsi cette plante, parce que sa fleur est régulière, contre l'ordinaire des *labiées*.

ISATIS. De *ισαζω*, je rends uni, je rends égal. Cette plante passoit pour détruire, par la simple application, toutes les inégalités de la peau. Voy. Dioscorides, liv. 2, chap. 180, et Pline, liv. 20, chap. 7.

Anciennement on le nommoit *glastum* du celtique *glas*, bleu. Cette plante produit une belle couleur bleue dont les Celtes se servoient pour se peindre le corps, comme le font encore les insulaires de la mer du Sud et les sauvages d'Amérique. Voy. César, *Guerre des Gaules*.

C'est de cet usage que les habitans de la Grande-Bretagne ont tiré leur nom *britho*, peindre, en langue celtique. Les Romains avoient donné à ceux du nord de l'île, un nom latin qui exprimoit la même chose, ils les appeloient *picti*, de *pictus*, peint, pour la même raison (1). *L'isatis* est nommé en françois, *guesde*, du celtique *gwed*, beau; toujours pour la même raison. De *gwed* les Anglo-Saxons ont fait *waad* ou *wad*, et par suite les Anglois, *woad*.

On remarquera que Pline, liv. 20, chap. 7, parle du

______

(1) Il paroît que ce penchant à se couvrir le corps de couleurs éclatantes et de figures bizarres, que l'on a retrouvé chez tous les peuples sauvages et guerriers, tient au désir d'inspirer la terreur à leurs ennemis. *Voyez*, pour les costumes des Pictes, la relation historique du voyage de Walther Raleigh, en Virginie, année 1590. On y trouve, par rapprochement, des détails curieux sur les mœurs de ces peuples.

glastum et de l'*isatis*, comme de deux plantes différentes quoiqu'analogues.

ISCHÆMUM (ισχω, j'arrête; αιμα, sang : qui arrête les hémorragies). *Les Thraces, dit Pline, liv. 25, chap. 8, en découvrirent la vertu; il ressemble au millet et porte une semence laineuse, que l'on met dans le nez pour en arrêter le sang.* Cette description convient très-bien à l'*ischæmum* des modernes.

ISERTIA. Isert, botaniste danois, mentionné par Schreber, gen. 602.

ISIDIUM. Dérivé de ισος, égal. Série de lichen qui forment une croûte plane et unie. ACHAR, 2.

ISNARDIA. Antoine Tristan Danti d'Isnard, botaniste françois, professeur au Jardin du roi et membre de l'Académie des sciences, à laquelle il a donné plusieurs mémoires sur les plantes, de 1716 à 1724.

ISOETES. L'un des noms de la *petite joubarbe*, en grec. Voy. Pline, liv. 25, chap. 12. Il vient de ισος, égal; ετος, année; le même toute l'année, qui ne change pas : à cause de sa verdure perpétuelle, dans le même sens que le nom latin *sempervivum*.

Linné s'est servi de ce synonyme pour désigner une plante qui croît au fond des eaux tranquilles, et qui s'y conserve toute l'année.

ISOPYRUM. Nom que donnoient les Grecs à une plante semblable à la nielle, *nigella sativa*, et dont les semences avoient le même goût. Voy. Dioscorides, liv. 4, chap. 116.

Ce nom vient de ισος, semblable; πυρ, πυρος, feu. La graine de la *nielle* laisse un goût brûlant dans la bouche.

En botanique moderne, on a appliqué ce synonyme à une plante qui a quelqu'analogie avec la *nielle* par ses capsules recourbées et ses semences noires.

ITEA (ιτεα ou ιτη, nom grec du saule). Cet arbre ayant conservé en botanique son nom latin *salix*, le synonyme grec a été donné à un arbre d'Amérique analogue au saule par la forme de sa feuille, ainsi que par les lieux aquatiques où il croît.

IVA. Selon Fuchs, *Histoire des plantes*, chap. 340, *iva* est altéré de *abiga*. Voy. *Ajuga*. C'est notre *teucrium chamæpytis*.

Linné s'est servi de ce nom pour désigner des plantes d'Amérique dont l'odeur ressemble à celle du *teucrium chamæpytis*.

IXIA (*ιξια*). Nom que donnoient les Grecs à une plante qu'ils appeloient aussi *chamæleon*. DIOSCORIDES, liv. 3 chap. 8. Ce mot signifie de la *glu*, et il vient de *ιχω*, je fixe, j'arrête; on l'avoit appliqué au *chamæleon*, parce que, dit toujours Dioscorides, on trouve près de sa racine une espèce de gomme dont on se sert en place de mastic. Voy. *Viscum*.

Les modernes se sont servis de ce nom pour désigner un genre de plantes qui n'ont pas de rapports extérieurs avec le *chamæleon* des Grecs, mais dont plusieurs espèces produisent des racines bulbeuses remplies d'une substance visqueuse.

I. EXCISA (*excisus*, participe d'*excido*, couper). Expression peu juste, employée pour exprimer le peu de longueur de sa feuille.

IXORA. Altéré de *isora*, nom de cet arbuste au Malabar. RHEED. *Mal.* 6, tab. 3o. C'est aussi celui d'une divinité du pays.

IZQUIERDIA. D. Eugéne Izquierdo, directeur du Musée royal de Madrid, naturaliste distingué. *Flore du Pérou*, page 128.

J

JABOROSA (*jaborose*, ou plutôt *yahordhh*. GOLIUS, p. 2752). Nom que donnent les Arabes à une plante que l'on croit être la *mandragore*; celle-ci en est l'analogue. JUSSIEU, d'après Commerson, pag. 125.

JACARANDA. Nom de cet arbre au Brésil. JUSSIEU, d'après Pison, pag. 130. Ce genre rentre dans les *bignonia* de Linné.

JACQUINIA. Jacques-Nicolas-Joseph Jacquin, hollandois, professeur de botanique à Vienne, en Autriche. On a eu de lui, en 1763, *Liste des plantes d'Amérique*; en 1773, la *Flore de Vienne*; le *Catalogue des plantes du jardin de Vienne*, etc.

J. ARMILLARIS. (*armilla*, bracelet, anneau, guirlande). De ses branches entourées de feuilles verticillées, qui ressemblent à des anneaux.

Les dames portent en Amérique des *guirlandes* de ses fleurs, qui sont belles, et d'une odeur qui approche de celle du jasmin.

JAMBOLIFERA (*jambol*, ou selon Burmann, d'après Acosta, *Zeyl.* 197, *jambalom*; *fero*, je porte, qui porte le fruit appelé *jambol*). On le nomme *jambu* ou *jambo* en malais, et *jamboli* en malabar. RUMPHIUS.

JARAVA. Jean Jarava, médecin espagnol. Il a traduit Dioscorides en sa langue vers le seizième siècle. *Flore du Pérou*, pag. 2.

JASIONE. Nom employé par Pline, liv. 22, chap. 10, pour désigner une plante édule, qui n'est sûrement pas celle à laquelle nous le donnons. Il a pour primitif *ia*, violette. La fleur du *jasione* est d'un bleu violet.

JASMINUM. Selon Linné, *Philos. bot.*, ce nom vient du grec ιον, violette ; οσμη, odeur ; qui sent la violette.

Outre que l'odeur du jasmin n'a nul rapport avec celle de la violette, les Arabes appelant cet arbre naturel à leur pays, jasmin (ysmyn), FORSKAHL, pag. 59, il est à croire que les Grecs auront emprunté d'eux et le nom et la chose.

Règle générale, c'est toujours dans la langue du pays dont les plantes sont originaires, qu'il faut chercher l'étymologie de leur nom, quand il est semblable à celui que nous leur donnons.

J. AZORICUM (des îles Açores). Ce nom n'est pas précis ; il croit aux Indes orientales.

JATROPHA (ιατρος, remède ; φαγω, je mange). Le jatropha *manihot* produit une farine très-saine quand on en a exprimé le suc, qui est un vrai poison. D'autres espèces, le *curcas* et le *multifida*, donnent un fruit purgatif appelé communément *noix médicinale ;* de ces divers effets, vient le nom *jatropha*, aliment, remède, que l'on a donné à ce genre.

J. MANIHOT. Altéré de son nom brasilien *mandioka* ou *mandiiba*. MARG., pag. 65. On l'appelle aussi en Amérique *cassavi*, d'où vient le mot de *cassave*, usité parmi les habitans des îles. Voyez, sur tout ce qui concerne cette plante et ses noms divers, Pison, liv. 4, chap. 2.

J. CURCAS. Nom de cette plante en Malabar, selon Eusèbe Nieremberg, liv. 14, chap. 46.

J. JANIPHA. Altéré de *janipaba*, son nom au Brésil. PISON, 4 — 15.

J. ELASTICA. Qui produit la gomme, ou plutôt *résine élastique*. Elle est aussi connue sous le nom de *caoutchouc* que lui donnent les Mainas, peuple de l'Amérique méridionale. AUBLET.

Schreber en a fait un genre sous le nom de *siphonia*. Voy. aussi *evea*.

JEFFERSONIA. Genre dédié par Michaux, *Flor. bor. Am.* v. 1, pag. 236, à M. Jefferson, président des Etats-Unis.

JOHANNIA. En l'honneur du prince Jean-Baptiste-Joseph-Sébastien, archiduc d'Autriche, promoteur de la botanique. WILLDEN. 3, p. 1705.

JONESIA. *Genre dédié par Roxburgh Cor, à M. Williams Jones, président de la société asiatique de Calcuta. Asiat. Rech.*, pag. 355.

JONQUETIA. Voy. *Tapiria* d'Aublet. Schreber, gen. 785, l'a nommé ainsi en mémoire de Denis Jonquet, médecin françois, dont on a eu, en 1658, un ouvrage sur les plantes du jardin de Paris.

JOSEPHINIA. En l'honneur de S. M. l'Impératrice Joséphine, protectrice de la botanique, et qui a réuni à son jardin de la Malmaison une superbe collection des plantes les plus rares. VENTENAT, *jardin de la Malm.*, n.º 67.

JUANULLOA. Don George Juan, et don Antonio Ulloa, espagnols naturalistes, voyageurs au Pérou et au Chili, dont on a eu des Mémoires philosophiques sur ces pays, traduits en françois en 1787. *Flore du Pérou*, pag. 22.

JUGLANS (*jovis glans*, par abbréviation *juglans*). Gland de Dieu, gland divin, à cause de son bon goût, surtout quand on le compare avec celui du gland commun.

Les Grecs l'appeloient καρυα, et le fruit, καρυον, dérivé de καρα, tête; parce que, dit Pline, liv. 23, chap. 8, il appesantit la tête. Plutarque dit aussi, *Propos de table*, quest. 1, que le noyer jette une vapeur qui endort.

Vulgairement *noyer* et le fruit *noix* : de *cnaou*, prononcez *naou*, pluriel, *cnaouen*; noix, en celtique. De ce mot, les Anglo-Saxons ont fait *hnut*; Theutons, *nutz*; Latins, *nux*; Allemands, *nüsse*; François, *noix*; Anglois, *nut*, noix en général, et cette espèce *wall-nut*; *wall*, welche, gaulois, c'est-à-dire, *noix* de France, d'où les Anglois la tirèrent d'abord.

J. PTEROCARPA (πτερυξ, aile; καρπος, fruit). Dont la noix est ailée en travers.

J. REGIA (royale). Cette dénomination est proprement de l'*éloquence renversée* : gland de Dieu digne d'un roi, c'est affoiblir la première idée.

JUNCUS. Du latin *jungo*, je joins, j'unis. Les premiers liens ont été faits avec des joncs. Voy. *Schœnus*; c'est le même sens en grec.

En françois, *jonc*, abrégé de *juncus*.

En anglois, *rush*. Voy. *Cyperus*.

J. ARTICULATUS. Dont la tige et les feuilles sont garnies d'articulations. Ces articulations sont intérieures, et elles ne sont sensibles qu'au toucher, en faisant glisser la plante entre les doigts.

J. BUFONIUS. Dérivé de *bufo*, crapaud ; qui croît dans les lieux fangeux, séjour ordinaire des crapauds. Voy. le genre *bufonia*.

J. STYGIUS. Qui croît dans les eaux noires et croupissantes, que l'on a comparées poétiquement aux ondes du *Styx*.

    Styx vient du grec στυγέω, j'effraie, j'épouvante ; de l'aspect lugubre que l'imagination supposoit à ce fleuve de l'enfer, qu'il environne de neuf contours, selon la mythologie (1).

J. TENAGEIA (τεναγος, lieu humide, dérivé de τεγγω ; j'humecte). Qui croît dans les lieux inondés.

JUNGERMANNIA. Louis Jungermann, botaniste saxon, né en 1572, mort en 1653. On a de lui : *Catalogue des plantes des environs d'Altorf*, 1615 ; — *Corne d'abondance de la Flore de Giessen*, 1623, etc. On lui a aussi attribué le *Jardin d'Eystet*. Voy. *Besleria*.

J. PLATYPHYLLA (πλατυς, large ; φυλλον, feuille). Dont les folioles sont élargies.

J. RESUPINATA (retournée). Elle fleurit par sa surface inférieure.

J. DILATATA (dilatée, gonflée). La partie inférieure de son feuillage est gonflée et arrondie en capuchon.

J. VARIA (qui varie, qui a plusieurs formes). Cette plante semble avoir deux sortes de feuilles, chacune d'elles ayant deux lobes inégaux, dont l'un est plus arrondi que l'autre.

J. PULCHERRIMA (très-belle). Ses feuilles sont parsemées de points qui font un fort bel effet, vus au microscope.

---

(1) Cette fable, comme toutes celles de ce genre, tient à la vérité par un point. Le Styx est une fontaine du Péloponnèse, dont les eaux chargées de particules nuisibles, sont mortelles aux hommes comme aux animaux : c'est pour en exprimer les dangereux effets qu'on a dit poétiquement que c'étoit un fleuve de l'enfer ; la mythologie a fini par consacrer cette expression.

J. JULACEA (*juli*, chatons ou fleurs mâles du coudrier). Les
jets de cette plante sont cylindriques, à peu près comme un
chaton de noisetier.

J. TRICHOPHYLLA (θριξ, τριχος, cheveux; φυλλον, feuille). Dont
les feuilles sont capillaires.

J. SERTULARIOÏDES (*sertulaire*, nom que donnent les entomo-
logistes à une sorte de ver dont le corps est articulé). Les
feuilles de cette plante sont composées d'articulations qui
l'ont fait comparer au *ver sertulaire*. Ce mot vient de *ser-
tula*, diminutif de *serta*, petite corde.

J. EPIPHYLLA (επι, sur; φυλλον, feuille). Ses pédicules naissent
sur le milieu de ses feuilles.

JUNGIA. Joachim Jungius, né à Lubeck en 1587, mort en
1657, professeur de botanique à Hambourg, après l'avoir
été à Helmstadt. On a eu de lui, en 1662, un ouvrage
intitulé : *Isagoge physica doxoscopica*, que l'on peut rendre
par *Introduction à la connoissance des merveilles de la nature*.

Jean Vagelius a publié, vingt-un ans après la mort de
Jungius, un de ses ouvrages sous le titre de *Isagoge phi-
losophica*, ou *Introduction à la science des plantes*.

JUNIPERUS. Du celtique *jeneprus*, qui signifie rude, âpre.
On connoit la feuille épineuse de cet arbuste.

En françois, genièvre, altéré de *juniperus*.

La résine du genièvrier est connue sous le nom de *san-
darach*, altéré de l'arabe *sandaroùs*. GOLIUS, pag. 1225.

J. SABINA. Originaire du pays des Sabins : cet arbuste croît
sur les montagnes incultes de l'Italie.

J. OXYCEDRUS (οξυς, aigu, piquant : cèdre à feuilles épineuses). Ses feuilles lui donnent l'aspect du vrai cèdre. On
donne vulgairement le nom de *cèdre* avec une épithète
particulière aux grands genièvriers, comme ceux des Ber-
mudes, de la Virginie, etc. Ces noms impropres, employés
par les anciens botanistes et conservés par les jardiniers,
jettent de la confusion dans la botanique.

J. THURIFERA (*thus*, *thuris*, encens; *fero*, je porte). C'est-à-
à-dire, qui produit une résine d'une odeur aromatique analogue à celle de l'encens.

Le nom latin *thus* vient du grec θυω, je sacrifie; de

l'usage que l'on a toujours fait de l'encens dans les sacrifices (1). Voy. *Thuya.*

Encens est abrégé d'*incensus*, participe d'*incendo*, je brûle. Toujours en raison de l'usage que l'on en fait.

Les Grecs appeloient l'encens λιβανος, dérivé de l'arabe (libân). GOLIUS, pag. 2099. C'est par les Arabes que les Grecs le connurent, ainsi que les autres productions de l'Orient.

JUSSIÆA. En l'honneur de l'illustre famille de Jussieu, en qui l'amour de la botanique semble héréditaire, et qui, depuis un siècle entier, en recule les bornes avec autant d'application que de succès.

Antoine de Jussieu, né à Lyon en 1686, mort en 1758, professeur de botanique au Jardin du Roi, membre de l'Académie des Sciences. On a de lui des Mémoires sur plusieurs plantes exotiques, un *Discours sur les progrès de la Botanique.* C'est encore lui qui rédigea et publia les *Œuvres* de Barrelier.

Bernard de Jussieu, son frère, né en 1698, mort en 1777, professeur au même Jardin, et membre de la même Académie. On a de lui des Mémoires sur plusieurs plantes ; une seconde édition des *Plantes des environs de Paris,* par Tournefort; et une *Disposition des plantes du Jardin de Trianon,* publiée par son neveu.

Joseph de Jussieu, leur troisième frère, né en 1704, mort en 1779. Associé aux savans que Louis XV envoya au Pérou pour y mesurer un degré sous la ligne : son voyage en Amérique dura trente-six ans. Il y fit un grand nombre de découvertes, et il en rapporta beaucoup de plantes nouvelles.

Enfin, Antoine-Laurent de Jussieu, leur neveu, né en 1748, démonstrateur au Jardin des Plantes, membre de l'Institut, etc. On a eu de lui, en 1789, un *Genera plantarum,* rédigé d'après le système qui porte son nom.

---

(1) On remarquera que cet usage étoit raisonné, et non purement religieux, comme on le pourroit croire. Dans des temples fermés où ruisseloit sans cesse le sang d'un grand nombre d'animaux, la putréfaction eût bientôt corrompu l'air, si l'on ne l'avoit purifié à chaque instant par le feu et les parfums. (*Voyez* le genre *Thuya*).

JUSTICIA. *Jacques Justice*, cultivateur écossois, dont on a eu, en 1754, le *Jardinier écossois*; et en 1758, le *Jardinier anglois*.

J. ADHATODA (*adhatode*, nom de cet arbuste en l'île de Ceylan). Il exprime, selon Plukenet, *Almag.*, pag. 9, la vertu de chasser le fœtus mort, hors du sein de la mère. Comme ces plantes chassent leurs semences avec élasticité, il est à croire que leur nom fait allusion à cet effet.

Amman., *Muz. Zey.*, 2 — 43, l'écrit *adha todhu*.

J. ECBOLIUM. Du grec εκβαλλω, je rejette, j'expulse. Même sens que ci-dessus.

J. NASUTA (*nasutus*, qui a un grand nez, dérivé de *nasus*, nez). Nom donné à cette plante, parce que sa fleur forme un tube allongé et de couleur de chair, que l'on a comparé à un grand nez.

J. PECTORALIS (pectoral). On en fait, en l'île de Saint-Domingue, un sirop estimé contre les maladies de poitrine. JACQUIN, *Amér.*, 4.

J. GENDARUSSA. Nom de cette plante en malais. Il exprime en cette langue l'odeur de sauvagin qu'exhalent toutes les parties de cette plante. RUMPHIUS.

K

KÆMPFERIA. Engelbert Kæmpfer, né en Westphalie en 1651, mort en 1716, médecin botaniste, voyageur en Perse, Ceylan, Siam, et principalement au Japon, dont il donna le premier de justes notions. On a de lui : *Amœnit. exot.*, 1712; *Histoire du Japon, Herbier d'au-delà du Gange*, et la *Relation de son Voyage*, traduite en anglois, en 1727, par J. G. Scheuchzer ; et en françois, sur la version angloise, en 1729.

K. GALANGA. Altéré de *kelengu*, nom que porte cette plante au Malabar ; il est abrégé de *katsjula-kelengu*. Rheed. 11—81. Son nom arabe est à peu près le même, *khâulendjân*. Golius, pag. 74. Le nom malais *languas* tient à la même origine.

La *kœmpfer* ronde est vulgairement appelée *zédoaire*, de l'arabe *djedouâr*. Golius, pag. 166.

KAGENEKIA. Frédéric de Kageneck, ambassadeur de l'Empereur d'Allemagne vers le roi d'Espagne. Les auteurs de la *Flore du Pérou* lui ont dédié ce genre, pag. 136.

KALANKOË. Nom chinois employé par Adanson, *Famille des plantes*, pag. 248, et conservé par Decandolle.

KALMIA. Pierre Kalm, disciple de Linné, professeur de botanique à Abo, voyageur en Sibérie, au Canada, etc.

On a de lui : *Catalogue de quelques plantes trouvées en 1742, etc. Act. Acad. suét.* vol. 5, pag. 78 ; *Voyage d'Amérique*, 1753.

KIGGELARIA. François Kiggelar, anglois. Il a publié, en 1690, un *Catalogue du jardin de Beaumont*, propriétaire d'un jardin renommé en Hollande. On a aussi de lui des *Observations botaniques*.

KYLLINGIA. Pierre Kylling, botaniste danois, a donné, en

1648, un ouvrage intitulé : *Verger danois* ; en 1678, un *Opuscule sur les plantes rares*, etc.

KIRGANELIA. *Kirganeli*, nom que donnent au *phyllanthus* les naturels du Malabar. RHEED. *Mal.*, 10, pag. 29. Cet arbuste de l'Ile-de-France en a le port. COMMERSON.

KITAIBELIA. Paul Kitaibel, professeur de botanique à Pest, en Hongrie. Il a travaillé sur les plantes de ce royaume. WILLDENOW, *Act. soc. N. Berl.*, 2, pag. 107.

KLEINHOVIA. Cet arbuste a été constaté par Kleinhoff, directeur du jardin de botanique de Batavia.

KLEINIA. Jean-Henri Klein, botaniste allemand, a donné, en 1719, une *Dissertation sur le juniperus*. JUSSIEU, *Annales du Musée*, fasc. 12.

KNAUTIA. Christophe Knaut, saxon, né en 1636, mort en 1694, a donné, en 1687, un *Catalogue des plantes des environs de Hales*.

Chrétien Knaut, a publié en 1705, un ouvrage intitulé : *Vraie méthode des plantes*, etc.

K. PROPONTICA. Qui croît sur les bords de la mer de Marmara, appelée en grec προποντις. Ce mot est composé de προ, avant ; ποντος, mer, l'avant-mer, parce qu'elle est située à l'entrée de la mer Noire, ou Pont-Euxin.

KNOXIA. Robert Knox, anglois, voyageur en l'île de Ceylan, où il passa vingt ans. On a eu, en 1691, la relation historique de son voyage. Elle a paru en françois en 1693.

KOBRESIA. Genre dédié par Willdenow, tom. 4, pag. 206, à M. de Kobres, d'Aushourg, promoteur de la botanique.

KŒLPINIA. Kœlpin, médecin allemand, naturaliste, auquel son compatriote Pallas dédia ce genre nouveau. *Voyage de Sibérie*.

KŒLREUTERIA. Joseph Kœlreuter, allemand, membre de l'Académie de Pétersbourg, a travaillé sur les plantes cryptogames. LAXMANN.

Ce genre se rapproche des *sapindus*.

KŒNIGIA. Emmanuel Kœnig, né en 1659, mort en 1731, professeur à Bâle, appelé l'*Avicenne moderne*. On a de lui : *Règne végétal*, 1680 ; — *Spicilége botanique*, 1703 ; — des *Mémoires académiques*, etc.

KRAMERIA. Jean-Georges-Henri Kramer, allemand. On a

eu de lui, en 1758, un Essai sur la Tectonique, et en 1711, le même ouvrage, augmenté des plantes et fruits que produisent l'Allemagne, la Hongrie, la Bohême, etc.

Il faut distinguer Kramer de Jean Rudolpho Cramer, professeur à Zurich, auteur d'une Dissertation sur le Ményn, publiée en 1781.

KRASCHENINNIKOWIA. Etienne Krascheninnikow, naturaliste russe, voyagea en Sibérie et au Kamschatka par ordre de l'Impératrice de Russie, avec Samuel-Georges Gmelin. Sa voyage a paru en françois en 1770. Amsterdam.

KUHNIA. Adam Kühn, voyageur en Amérique, d'où il rapporta cette plante. Elle croît en Pensylvanie.

L

LABATIA. Le père Jean Labat, moine françois, voyageur en Afrique, Amérique, etc. mort en 1738 ans, à 75 ans. Il a donné des relations curieuses de ses voyages. SWARTZ, 32 (1).

LACHENALIA. Werner Lachenal, professeur de botanique à Bâle, mort en 1800. On a de lui des observations sur la botanique.

LACHNÆA. Dérivé de λαχνη, laine. Le stygmate de sa fleur est velu.

LACHNOSPERMUM (λαχνη, laine, poil; σπερμα, semence). Dont les semences sont garnies de poil. WILLD. 3 p. 1787.

LACIS (λακις, fissure, fente). Dont les feuilles sont profondément laciniées. Schreber, gen. 924, a ainsi nommé le mourera d'Aublet.

LACISTEMA (λακις, fissure, fente; στημων, étamine). Dont le filet de l'étamine est bifide. SWARTZ, pag. 12.

LACTUCA (lac, lactis, lait). De sa tige qui jette du lait quand on la brise. En françois, laitue, dérivé de lait; en anglois, lectuce, corrompu de lactuca.

LAETIA. Jean de Laet, né à Anvers, mort en 1649, directeur de la compagnie des Indes. On a de lui une *Description du Nouveau monde*, en dix-huit livres, publiée en 1633. Il l'écrivit en latin, et lui-même en donna la traduction en françois. Il a encore donné une édition de Pline, en 1635.

LAFOENSIA. En l'honneur du duc de Lafoens, président de l'Académie des sciences de Lisbonne. VANDELLI, page. 33.

LAGENULA. Diminutif de *lagena*, bouteille: il vient du grec λαγηνος. Nom donné par Loureiro, page 112, à ce genre; à cause de la forme de son fruit.

---

(1) On remarque avec peine, dans son *Voyage aux îles d'Amérique*, une application soutenue à déprécier les ouvrages du père Plumier, qui lui étoit très-supérieur, comme naturaliste.

LAGERSTROMIA. Magnus Lagerstroem, naturaliste suédois, fit venir de la Chine en Suède, beaucoup d'objets d'histoire naturelle. Odhelius en a donné le catalogue sous le titre de *Chinensia lagerstromiana*, Collection chinoise de Lagerstroem.

LAGETTA. *Lagetto*, nom que porte cet arbuste à la Jamaïque. SLOANE, tab. 168.

En françois, *bois dentelle*. Son écorce extérieure présente un réseau qui imite parfaitement la dentelle.

LAGŒCIA (λαγως, lièvre; οικος, maison, gîte). Gîte de lièvre; le lieu où sa femelle élève ses petits: il est garni de poil qu'elle s'arrache du ventre pour les tenir chaudement.

Les involucres particuliers des fleurs du *lagœcia*, sont garnis de poils qui servent d'abri aux embryons.

LAGUNÆA. André Laguna, naturaliste espagnol, a donné, en 1543, un ouvrage sur les plantes. CAVANILLES, *Diss.* S, p. 173. Il a commenté les auteurs grecs.

LAGUNOA. Eugène de Llaguno, espagnol, amateur de botanique. *Flore du Pérou*, page 116.

LAGURUS (λαγως, lièvre; ουρα, queue). Son épi court et mollet ressemble très-bien à une queue de lièvre.

LAMBERTIA. Aylmer Bourke Lambert, a écrit sur le cinchona. SMITH, *Act. soc. Linn.* vol. 4.

LAMIUM. Dérivé de λαμια, monstre marin, célèbre dans l'antiquité. Ce nom vient de λαιμος, gueule; de la gueule prodigieuse que l'imagination avoit prêtée à cet animal. On l'a justement appliqué à des plantes dont la fleur représente une figure bisarre avec la bouche béante.

On les nomme en françois, *ortie morte*, c'est-à-dire non piquante. *L'ortie qui n'a pas d'aiguillons est appelée lamium*, dit Pline, liv. 21, chap. 15.

En anglois, *archangel*, c'est-à-dire archangélique. On a long-temps attribué de grandes vertus au *lamium album*.

L. GARGANICUM. Qui croît sur le mont Gargan, nommé aussi mont Saint-Ange, dans la capitanate (1), province du royaume de Naples.

---

(1) Ce nom de *Capitanate* est corrompu de *Catapanat*, de *Catapan*, général de l'Empereur Basile, qui lui donna son nom. MÉZERAI, *Louis XII*.

LAMPSANA ou **Lapsana**, comme l'écrit Linné d'après Pline. Ce nom est dérivé de λαπαζω, je purge. On en connoit la qualité laxative. *Le lapsana, dit Pline, liv. 20, chap. 9, relâche doucement le ventre.*

Les Anglois nomment cette plante *nipple-wort* : *nipple* sein ; *wort*, herbe ; c'est-à-dire herbe que l'on met sur le sein des nourrices, pour en adoucir les tumeurs. On la nomme de même en françois, *herbe aux mamelles*.

L. jacintha. Qui croît en l'île de Zacinthe ou Zanthe ; on la trouve également en toute l'Italie.

L. stellata (étoilée ; *stella*, étoile). Quand la fleur est passée le calice s'ouvre en forme d'étoile.

L. rhagadiolus. Dérivé de ραγας, ραγαδος, fente, gersure. Chaque rayon du calice est creusé en gouttière, et représente une fente ou gersure. Vaillant, *Mém. académ.* ann. 1721.

LANARIA Dérivé de *lana*, laine. Sa corolle et son germe sont laineux. Extrait par Aiton, *H. k.* 1, 461, des hyacinthes.

LANTANA. L'un des anciens noms du *viburnum*. Il a été dédoublé et appliqué à ce genre d'arbustes assez semblables à l'ancien *lantana*, par leurs branches souples, leur feuillage et leurs fruits noirâtres. Voy. *Viburnum lantana*, pour la signification de ce mot.

L. camara. Nom américain. Voy. Plumier, gen. 33.

LAPEIROUSIA. Genre dédié par Thunberg, *Prod.* 163, à la mémoire de l'infortuné Lapeirouse, navigateur françois. Jean-François Galoup de la Peirouse. Son voyage rédigé par Milet Mureau, a paru en 1797.

LAPPAGO. Gramen analogue au *lappa* par son âpreté. Schreber, 131. Voy. *Arctium lappa*.

LARDIZABALA. Michel Lardizabal y Uribe, naturaliste espagnol. *Flore du Pérou*, page 133.

LARREA. Jean-Antoine de Larrea, espagnol, promoteur des sciences et des arts. Cavanilles, tom. 6, page 39.

LASERPITIUM. Nom latin du *sylphion des Grecs*. *La plante que les grecs nomment* sylphium *et que nous appelons* laserpitium, *dit Columelle.*

Cette plante étoit appelée par les naturels d'Afrique, *silphi* ou *serpi*, dont les Latins ont fait *lac serpitium*, et

par suite *laserpitium.* D'HERBELOT, *Bibliot. orient.* p?
493.

Voy. aussi le genre *Sylphium.*

LASIA (λασιος, hispide, rude). La plante est couverte d'aiguillons. LOUREIRO, page 102. Ce genre se rapproche d'*arum* ?
pothos.

LASIOPETALUM (λασιος, velu, hispide). Fleur dont les pétales sont velus. J. E. SMITH, *Act. sociét. Linn.* vol. 4.

LASIOSTOMA (λασιος, velu; στομα, bouche). Fleur dont l'entrée ou bouche de la corolle est velue. Nom donné par
Schreber, genre 180, au *rouchamon* d'Aublet, 93.

LATANIA. Latinisé de *latanier,* nom que porte ce palmier
aux Indes, et particulièrement en l'île de Bourbon. JUSSIEU,
d'après Commerson, page 59.

LATHRÆA (λαθραιος, caché). La plante est cachée en terre
et l'on n'en aperçoit que la fleur.

L. PHELIPÆA. En l'honneur de Jérome Phelipeaux de Pont-
chartrain, ministre de la marine sous Louis XIV. Il contri-
bua de tout son pouvoir au succès du voyage de Tournefort
qui lui dédia cette plante. C'est à lui que sont adressées
les lettres qui forment sa relation.

L. CLANDESTINA (clandestine). Même sens, en latin, que le nom
générique en grec.

L. AMBLATUM. Dérivé de αμβλυστω, être caché, obscur; toujours dans la même signification que *lathræa* et *clandestina.*

LATHYRUS. En grec λαθυρος, nom employé par Théophraste
*pour désigner une plante légumineuse. Selon Bodée, il vient
de λα, particule augmentative; θουρος, qui excite, qui échauffe;
et on l'avoit appliqué à cette plante à cause des effets aphrodisiaques qui lui étoient attribués. Cette origine peut être
regardée comme douteuse.*

Il a existé un prince égyptien de la famille des Ptolemées,
appelé Lathyrus; mais on ne sauroit lui attribuer l'origine
de ce nom, puisque Théophraste écrivoit long-temps avant
qu'il existât.

L. APHACA. Voy. le genre *phaca,* l'origine en est la même.

L. AMPHICARPOS (αμφι, de part et d'autre, des deux côtés;
καρπος, fruit). Lorsque sa fleur est passée, plusieurs de ses
gousses s'enfoncent en terre où elles se perfectionnent

tandis que d'autres mûrissent à sa surface, de sorte que l'on en trouve dessus et dessous, de part et d'autre.

L. TUBEROSUS. Est vulgairement appelé *souris de terre*, parce que sa racine noire, tuberculeuse et allongée est garnie à son extrémité d'un filet en forme de queue, qui lui donne l'aspect d'une souris.

L. CICERA. Analogue au *cicer*. Voy. ce genre.

LAVANDULA (*lavando*, de *lavare*, laver). De l'usage que l'on en faisoit aux bains. Son parfum a toujours été recherché.

L. STŒCHAS. Originaire des îles Stœchades, aujourd'hui les îles d'Hières; elle croit également en Espagne, Italie, etc.

LAVATERA. *Je l'ai nommé ainsi*, dit Tournefort, *Instit. rei. herb.*, en l'honneur de MM. *Lavater*, médecins de Zurich, naturalistes.

L. TRIMESTRIS (trimestre). C'est-à-dire qui fleurit pendant trois mois. Sa grande et belle fleur fait l'ornement des jardins pendant toute la belle saison.

L. MICANS (brillante). Ses fleurs sont marquées sur leur bord supérieur, de petites taches qui brillent au soleil.

L. OLBIA. Des environs de la ville d'Hières en Provence, appelée en latin *Olbia*. C'est elle qui donne le nom aux îles d'Hières, autrefois Stœchades.

LAUGERIA. Albert Laugier, professeur de botanique à Vienne, en Autriche.

LAURADIA, ou plutôt *Lavradia*. Genre dédié par Vandelli, page 15, au marquis de Lavradio, alors vice-roi du Brésil.

LAURUS. Du celtique *blawr*, vert (prononcez *lawr*; le B est paragogique). Le laurier est d'une verdure perpétuelle. Voy. le genre *chlora*.

L. CINNAMOMUM (amomum de la Chine). La canelle exhale une odeur aromatique que l'on a comparée à celle de l'*amomum*; et les Arabes, qui l'ont fait connoître aux Grecs, ont supposé qu'elle est originaire de la Chine, quoiqu'elle appartienne exclusivement à l'île de Ceylan. Ils l'appellent même en leur langue, *bois* ou *écorce de la Chine*, dàr tsini (dàr dhyny). Voy. sur cette production de l'Orient, Olaus Celsius, vol. 2, pag. 358.

Vulgairement *canelle* : elle nous arrive de Ceylan en petits morceaux longs et roulés, comme des fragmens de canne et roseaux.

L. CAMPHORA. Altéré de son nom arabe *kafier* (*kâfohr*). GOLIUS, 2048. FORSKAHL, *Mat. med.* De ce mot, nous avons fait *camphre*, et les Anglois *camphire*.

L. CULILABAN. *Culit-lawan*, nom de cet arbre aux Indes orientales, où son écorce est employée comme épicerie. Il signifie en malais, *écorce sentant le girofle.* RUMPH. 2—11.

L. PERSEA. Nom sous lequel Théophraste, liv. 4, chap. 2, désigne un arbre d'Egypte qui n'est pas constaté. La description qu'il en donne convient très-bien à l'arbre d'Afrique auquel Clusius l'a appliqué, liv. 1, chap. 2.

Selon Pline, liv. 15, chap. 13, ce fut le roi Persée qui le cultiva le premier à Memphis, et le nom de *persea* lui en resta.

Son fruit ressemble à une poire, et les François l'ont appelé *poire d'avocat*, par une grossière ressemblance du mot *avocat* avec le nom américain *aguacate.*

L. SASSAFRAS. Altéré de *salsafras*, nom que donnent les Espagnols à la *saxifrage*. Ils ont attribué à cet arbre les mêmes qualités qu'à la saxifrage, et le nom lui en est resté.

L. CHLOROXYLUM (χλωρος, vert; ξυλον, bois). Arbre dont le bois est d'un vert jaunâtre.

L. NOBILIS. Laurier noble, par allusion à l'usage que l'on en faisoit dans l'antiquité pour couronner les héros. C'est pour cette raison qu'il étoit consacré à Apollon. Aux jeux pythiques, on en couronnoit le vainqueur.

En plusieurs Universités, les médecins sont couronnés de *laurier* avec ses baies, et l'on croit que c'est de cet usage qu'est venu le nom de bachelier, *baccæ-lauri*. A Salerne, on les appeloit même *docteurs laureats*. La médecine et la poésie se sont toutes deux emparées du laurier, emblème d'Apollon, père de l'une et de l'autre.

Le *laurier noble* n'est plus connu que sous le nom de *laurier sauce*. Il y a loin des idées que ce nom entraine, à celles qu'il faisoit naître chez les Grecs.

En anglois, *swet-bay*, baie suave. De son odeur aromatique.

L. BENZOIN. Ce nom est dérivé de l'arabe *bén*, qui exprime un parfum. GOLIUS, pag. 212.

Le *laurus benzoin* répand une odeur très-douce. Voy. sur le *ben* la *Dissertation* d'Olaus Celsius, vol. 2, pag. 1.

Le véritable *benzoin*, dont nous avons fait benjoin, est produit par un arbre du genre des *styrax*.

LAWSONIA. Williams Lawson, cultivateur anglois, a donné, en 1618, un ouvrage intitulé: *Nouveau jardin et verger*, etc.

Le *lawsonia inermis* est connu sous le nom d'*alcanne*, altéré de son nom arabe *al hennch* (Al hhenneh). Forskahl. Golius, page 658, l'écrit (hhennâ); et Prosper Alpin, *el hanna*, de même. Les femmes arabes s'en servent pour se teindre les ongles en jaune, ce qui passe parmi elles pour un ornement agréable. Cet usage est de la plus haute antiquité en Egypte, et l'on y a trouvé des momies qui avoient encore les ongles jaunes.

L. ACRONYCHIA (ακ ος, sommet; ονξ, ονχος, ongle). De ses pétales recourbés comme un ongle.

LAXMANNIA. Erich Laxmann, suédois, professeur à Pétersbourg, a donné, en 1769, des *Lettres sur la Sibérie.*

Schabbra, genre 1746. C'est le *cyminosmum* de Gærtner.

LECHEA. Jean Lecheus, suédois, professeur d'histoire naturelle à Abo, mort en 1764. On a de lui des *Observations sur les plantes rares*, et un ouvrage entrepris par ordre du roi de Suède, sur la plantation des arbres.

LECYTHIS (ληκυθος, vase). Son fruit ressemble à une petite marmite garnie de son couvercle. L'opercule tombe à la maturité de la semence, et il ne reste plus que son petit pot vide, qui persiste long-temps sur l'arbre.

L. OLLARIA. Dérivé d'*olla*, marmite. Même sens en latin, que *lecythis* en grec.

Vulgairement *marmite de singe.* Cet arbre croît dans les bois, séjour des singes, qui passent pour être avides de son fruit.

L. ZABACAJO. Nom que donnent à cet arbre les naturels de la Guyane. Aublet, 2, pag. 718.

LEDUM (ληδον). Nom que donne Dioscorides, liv. 1, ch. 110, à l'arbuste qui produit la substance appelée *ladanum*. Celui-ci en est l'analogue par son feuillage. Bauhin le nomme même *cistus ledon*. Pinax, 467. Voy. au genre *cistus* le vrai *ledon* des anciens.

Linné, *Phil. bot.*, attribue légèrement à ce nom une origine latine qui lui est étrangère.

LEEA. Jacques Lee, cultivateur anglois, propriétaire d'un jardin renommé à Hammersmith, près Londres. Il est auteur d'une *Introduction à la botanique.*

LEERSIA. Jean Daniel Leers a donné une *Flore d'Herborn* en 1767. SWARTZ, 21.

LEGNOTIS (λεγνη ou λεγνον, frange). Dont la corolle est découpée en forme de frange. Nom donné par SWARTZ, 84, au *cassipourea* d'Aublet.

LEMIA. En l'honneur de M. de Lemos, évêque de Coïmbre, recteur de l'Université de cette ville. VANDELLI, pag. 35.

LEMNA. Théophraste, dans le détail qu'il donne sur les plantes qui croissent au lac Orchomène, en décrit une qu'il nomme *lemna*, et qui, dit-il, est plongée dans l'eau. On a cru que ce nom venoit de λεπις, écaille. Voy. les *Mémoires de l'Académie des sciences*, ann. 1740.

Comme on trouve *lemna* dans quelques éditions, on s'est servi indifféremment de l'un ou de l'autre jusqu'à présent; mais A. L. de Jussieu a fait un usage particulier du mot *lemma*, pour distinguer un genre nouveau extrait des *marsilea* de Linné et de Micheli.

L. TRISULCA (*sulcus*, raie, sillon). Sa feuille est à trois lobes aigus.

L. GIBBA (bossue). La partie inférieure de sa feuille est hémisphérique ou *bossue*.

L. POLYRHIZA (πολυ, beaucoup; ριζα, racine). Dont les racines sont disposées en faisceau.

L. ARHIZA (α privatif, ριζα, racine; qui n'a pas de racines apparentes).

Ces plantes sont vulgairement appelées *lentilles d'eau*. Le *lemna gibba* ressemble assez bien à une petite lentille, par sa forme convexe.

En anglois, *duck's meat*, nourriture des canards. Ils en sont avides.

LEONTICE. Abrégé de *léonto petalon*, son ancien nom. Il est composé de λεων, λεοντος, lion; πεταλον, feuille; c'est-à-dire, plante dont la feuille ressemble à l'empreinte du pied du lion. On l'appelle vulgairement *pied-de-lion*.

La plante décrite sous ce nom par Dioscorides, liv. 3, chap. 94, et Pline, liv. 27, chap. 11, se rapporte à notre *leontice chrysogonum.*

L. INCERTA. Nom insignifiant donné à cette plante par Pallas, *Voyage de Sibérie,* parce qu'il dit n'en avoir pas vu la fleur.

Cette épithète, qui paroit annoncer dans la plante des caractères douteux, ne se rapporte qu'à l'incertitude du botaniste. Il en est de même de tous ces noms de *fausses,* *bâtardes* donnés à une foule de plantes. Ils semblent accuser la nature, et ils ne prouvent que l'erreur de ceux qui s'en sont servis.

LEONTONDON (λεων, λεοντος, lion ; οδους, οδοντος, dent). Les profondes dentelures de sa feuille ressemblent très-bien à la mâchoire du lion.

L. TARAXACUM (ταρασσω, je remue ; futur, τυραξω). Qui remue, qui trouble les intestins, par son effet laxatif et rafraichissant.

De là le nom vulgaire *pisse-en-lit.*

LEONORUS (λεων, lion ; ουρα, queue). On a comparé les fleurs en pelotons axillaires des plantes de ce genre, à la houppe qui termine la queue du lion. Cette comparaison n'est pas très-juste, quant à ce genre ; mais elle convient très-bien bien au *phlomis leonorus,* plante de la même série.

LEPANTHES (λεπις, écaille, écorce en ce sens ; ανθος, fleur). Ce genre, extrait des *epidendrum* par Swartz, *Nov. Act. ups.* 6, pag. 85, comprend des plantes parasites, qui toutes végètent dans l'écorce même des arbres.

LEPIDAGATHIS (λεπις, λεπιδος, écaille ; αγαθος, bon). Des écailles pubescentes du calice qui le rendent doux au toucher. WILLD. 3, pag. 401.

LEPIDIUM (λεπις, λεπιδος, écaille). De la forme de ses silicules parfaitement semblables à de petites écailles. C'est en raison de cette ressemblance que Pline dit, liv. 20, chap. 17, que le *lepidium* guérit des maladies de la peau qui la rendent écailleuse. On se rappellera que les anciens tiroient souvent des inductions de la configuration des plantes, pour leur attribuer des qualités médicinales. Voy. *Euphrasia,* *lichen, scrophularia,* etc.

Le *lepidium sativum* est ordinairement appelé *nasitor.* Voy., pour la signification de ce nom, *sisymbrium nasturtium.*

LEPIDOSPERMA (λεπις, λεπιδος, écaille ; σπερμα, graine). De sa semence garnie d'une écaille. LABILLARDIÈRE, pag. 15.

LEPIDOTIS. Dérivé de λεπις, λεπιδος, écaille. Lycopode, dont les fleurs mâles sont cachées sous des bractées en forme d'écailles. PALISOT BAUVOIS. *Æthéog.* 101.

LEPRARIA (λεπρα, lèpre, dont le radical est λεπις, écaille). Cette maladie rend la peau écailleuse.

   Série de lichen, qui forment des croûtes semblables à celles que cause la lèpre. ACHAR, 2.

LEPRONCUS (λεπρα, lèpre ; ογκος, tubercule). Série de lichen qui forment une croûte garnie de tubercules. VENTENAT, *Règne végét.* 2, pag. 32.

LEPROPINACIA (λεπρα, lèpre ; πινα ισκος, petite écuelle). Série de lichen qui forment une croûte garnie de cupules. VENTENAT, *Règne végét.* 2—23.

LEPTA (λεπτος, petit). De la petitesse remarquable de ses fleurs. LOUREIRO, pag. 102. Ce genre se rapproche du skimmia.

LEPTANTHUS (λεπτος, petit; ανθος, fleur). Le tube de cette fleur est long et mince. MICHAUX, *Flore bor. Amér.* 1—24.

LEPTOLÆNA (λεπτος, petit ; χλαινα, tunique extérieure). Fleur dont les involucres charnus sont plus petits que dans le sarcolæna. Voy. ce genre. AUBERT DU PETIT-THOUARS, fasc. 2.

LEPTOSPERMUM (λεπτος, petit; σπερμα, graine). Ses semences sont extrêmement menues. J. E. SMITH, *Act. soc. Linn.* 1801.

LERCHEA. J. Lerch, allemand, voyagea au milieu du dix-huitième siècle vers les bords de la mer Caspienne, dont il a fait connoître les plantes. SCHREBER, genre 1107.

LESKEA. N. G. Leske, naturaliste allemand. HEDWIG, 211.

LESPEDEZA. En l'honneur de D. Lespedez, gouverneur de la Floride, utile à Michaux pour la recherche des plantes de ce pays. MICHAUX, *Flore bor. Amér.* 2 — 70.

LESSERTIA. Benjamin de Lessert, botaniste françois, possesseur des herbiers de Lemonnier, Burmann, etc. DECANDOLLE, *Astragalogie*, page 19. Ce genre est extrait des colutea.

LESTIBUDESIA. Genre dédié par M. Aubert du Petit-Thouars à la mémoire de Lestiboudois, médecin flamand, auteur d'une *Botanographie belgique*.

Lestiboudois fils a étendu et corrigé l'ouvrage de son père. *Plantes des îles d'Afrique*, fasc. 5.

LETTSOMIA. Jean Cokley Lettsom, naturaliste anglois, a travaillé sur l'histoire du thé. *Flore du Pérou*, page 67.

On a eu de lui, en 1772, un ouvrage sur le moyen de conserver les objets d'histoire naturelle.

LEUCOIUM (λευκος, blanc; ιον, violette). C'est-à-dire, plante dont la fleur blanche paroît en même temps que celle de la violette.

On remarquera que le *leucoion* des Grecs étoit un *cheiranthus*. DIOSCORIDES, liv. 3, chap. 121.

LEVISANUS. Latinisé de Lewis, naturaliste anglois. SCHREBER, gen. 377.

LEYSERA. Frédéric-Guillaume Leysser, allemand. Il a publié, en 1783, la *Flore de Hales*.

L. CALLICORNIA (*callus*, callosité; *cornu*, corne). De ses rameaux chargés de tubercules calleux.

LICANIA. Altéré de *calignia*, nom que les Galibis donnent à cet arbre. AUBLET, page 120.

LICHEN (λειχην, dartre, croûte, aspérité de la peau; de λειχω, lécher, effleurer; parce que les dartres semblent n'attaquer que la superficie de la peau. On a justement appliqué ce nom à des plantes dont plusieurs imitent parfaitement les dartres ou croûtes qui viennent sur la peau. C'est en raison de cette ressemblance que les anciens attribuoient au *lichen* la propriété de guérir des dartres. Voy. Pline, liv. 26, chap. 4.

Vulgairement *herpe*, du grec ερπες, synonyme de *lichen*. Il est dérivé de ερπω, je rampe. Les dartres semblent s'étendre en rampant sur la peau.

L. SCRIPTUS (écrit). Cette plante forme sur les troncs d'arbres des croûtes blanches, dont la superficie est marquée de lignes noires, croisées dans tous les sens, et qui ressemblent assez bien à des caractères chinois.

L. GEOGRAPHICUS. La croûte qu'il forme sur les rochers présente à sa surface des lignes noires qui s'unissant entre elles, et, circulant en divers sens, offrent l'aspect d'une carte de géographie.

L. CASTANEARIUS (du châtaignier, *castanea*). Il croît sur la feuille même du châtaignier, et non sur le tronc, comme les autres espèces de ce genre qui portent des noms d'arbres.

L. IMMERSUS (plongé, enfoncé; composé de *in*, en composition *im*; *mergere*, plonger). Ses tubercules sont enfoncés dans la substance de la plante.

L. OCULATUS (*oculus*, œil; *oculatus*, qui a des yeux). La croûte qu'il forme est blanche, et ses tubercules sont noirs et arrondis, ce qui les fait ressembler à des yeux.

L. FAGINEUS. Qui appartient au *hêtre*; en latin, *fagus*. Il croît ordinairement, mais non exclusivement, sur le *hêtre*.

L. ATRO-ALBUS (*ater*, noir; *albus*, blanc). Il forme sur les rochers une croûte noire garnie de tubercules blancs.

L. ATRO-VIRENS (*ater*, noir; *virens*, verdoyant). La croûte qu'il forme est noirâtre, et ses tubercules sont verts.

L. CALVUS (chauve). La croûte qu'il forme est lisse, et ses tubercules sont luisans.

L. ERICETORUM (*erica*, bruyère; *ericetorum*, des lieux pleins de bruyères). Ce lichen forme une croûte d'un vert pâle, qui couvre la terre des landes et bruyères.

L. VENTOSUS (venteux : c'est-à-dire, exposé aux vents). Il croît sur les rochers nus des montagnes alpines.

L. CANDELARIUS (dérivé de *candela*, chandelle). On est dans l'usage, en Suède, de le mêler avec la cire pour la fabrication des bougies. Il forme sur les murs, troncs d'arbres, etc., une croûte d'une couleur et d'une matière semblable à de la cire brute.

L. RUBINUS. Qui porte des *rubis*. Ses cupules sont d'un beau rouge, et elles tranchent parfaitement sur ce lichen jaunâtre.

L. GELIDUS (gelé, glacé). Il croît en Islande, sur les rochers.

L. FRIGIDUS (des frimats). Même sens que ci-dessus. Il croît en Laponie, sur les rochers, au pied même des glaciers.

L. TARTAREUS (tartareux). Il forme sur les pierres, troncs, etc., des croûtes semblables à celles que forme le *tartre* dans les tonneaux.

L. ÆRUGINOSUS (de couleur de *vert-de-gris*, appelé en latin ærugo). Il forme une croûte verte comparée au vert-de-gris. *Voy. Conferva æruginosa.*

L. LENTIGERUS (*lens, lentis,* lentille; *gero,* je porte). Dont les cupules sont en forme de lentilles.

L. TILIACEUS (*tilia,* tilleul). Il croît sur les pommiers, poiriers, etc., mais plus souvent encore sur le tilleul.

L. CENTRIFUGUS (centrifuge). Ses expansions semblent toutes partir d'un même centre.

L. OMPHALODES (ομφαλος, nombril; ιδϛ, ressemblance). Ses cupules sont enfoncées en leur milieu comme un nombril.

L. FAHLUNENSIS. Qui croît dans les environs de *Fahlun,* petite ville de la province de Gestricie, en Suède.

L. ICMADOPHILA (ικμας, ικμαδος, humidité; φιλεω, j'aime). Qui naît dans les lieux humides.

L. STYGIUS (*Styx,* fleuve du tartare). On a supposé que les eaux en étoient noires; les botanistes ont appliqué ce nom, par métaphore, à un lichen qui est tout noir. *Voy. Juncus stygius.*

L. PARIETINUS (des pierres; *paries,* pierre). Il croît sur la pierre, les arbres, le fer, le plomb, etc.

L. PHYSODES (φυσα, enflure, vessie; ιδϛ, ressemblance). Ses expansions sont convexes, et elles semblent enflées.

L. STELLARIS (*stella,* étoile; lichen étoilé). La rosette qu'il forme ressemble à une étoile par ses divisions régulières.

L. CHRYSOPHTHALMUS (χρυσος, or; οφθαλμος, œil). Ses cupules sont larges et arrondies; la couleur en est dorée; et elles sont garnies de cils comme une paupière.

L. BURGESSII. En l'honneur du docteur Burgess, botaniste écossais, mentionné par Light-Foot. *Flor. scot.*

L. ISLANDICUS (d'Islande). Il croît dans tout le nord de l'Europe, mais particulièrement en Islande, dont les pauvres habitans le mangent de toute façon : bouilli, en gruau : ils en mettent même dans leur pain. *Voy.* le *Voyage* de M. de Kersaint dans la mer du nord.

Les propriétés nutritives de cette plante ont été constatées et développées dans le plus grand détail, dans le Mémoire de M. le professeur *Proust,* inséré dans le *Journal de Physique,* août 1806.

L. PULMONARIUS (bon contre les maladies du *poumon*). Il passe pour être salutaire contre le crachement de sang, les ulcères de la poitrine, etc.

Cette opinion n'a d'autre base qu'une analogie fantastique entre les taches que l'on voit sur les expansions de ce lichen, et celles que présente un poumon ulcéré.

L. FURFURACEUS (*furfur*, le son du blé). Ses expansions semblent couvertes d'une poudre grossière semblable à du son. *Furfur* a pour primitif *fur*, pain, blé en celtique.

L. AMPULLACEUS (*ampulla*, bouteille ; *ampullaceus*, fait en forme de bouteille). Ses cupules, grosses et renflées, ont été comparées à de petites bouteilles.

L. LEUCOMELOS (λευκος, blanc ; μηλον, pomme). Ses cupules sont hémisphériques et blanches.

L. SCROBICULATUS (*scrobiculus*, petit trou, petite fosse). Sa surface est parsemée de fossettes irrégulières.

L. CALICARIS (*calix*, vase). Lichen dont les cupules ressemblent à de petits gobelets.

L. FRAXINEUS. Qui appartient au frêne ; en latin, *fraxinus*. Il croît sur la plupart des vieux arbres, et rarement sur le frêne.

L. FUCIFORMIS (*fucus*, algue, à forme d'algue). De la longueur de ses expansions en lanière, qui lui donnent l'aspect d'une *algue*.

L. PRUNASTRI (*prunus*, prunier ; *prunaster*, prunier sauvage, prunellier). Ce lichen croît sur tous les arbres ; mais il est quelquefois tellement abondant sur le prunellier, qu'il en recouvre totalement le tronc, comme une toison.

L. ORNATUS (orné). Ce lichen est de la plus grande beauté : il est d'un vert tendre et brillant, et ses cupules sont rouges.

L. APHTOSUS. Ses expansions sont parsemées de petites verrues semblables au petit ulcère appelé *aphte*. Ce nom vient du grec απτεσται, être enflammé.

L. RESUPINATUS (retourné, renversé). Ses cupules sont au revers des expansions, ce qui le fait paroître *retourné*.

L. CANINUS (*canis*, chien ; *caninus*, qui a rapport au chien ; c'est-à-dire, bon contre la rage). Il a long-temps passé pour en guérir.

L. PERLATUS (terme de basse latinité qui signifie perle, garni de perles). Les bords de ses lobes sont garnis de tubercules arrondis et farineux, que l'on a comparés à une broderie de petites perles.

L. **saccatus** (*saccus*, sac, cavité, pochette). On voit à sa surface des enfoncemens semblables à de petites poches.

L. **polydactylon** (πολυ, beaucoup; δακτυλος, doigt). Ses cupules forment des digitations aux extrémités des lobes.

L. **sarcoïdes** (σαρξ, σαρκος, chair; ιδος, ressemblance). Ce lichen, coriace et gélatineux, ressemble assez bien à un morceau de chair.

L. **miniatus**. Dérivé de *minium*, substance métallique d'un jaune rouge. La surface inférieure de ce lichen est de cette couleur.

L. **pustulatus** (*pustula*, pustule, bouton). On voit à la surface de ce lichen des bulles ou bosses que l'on a comparées à des pustules.

L. **proboscideus** (*proboscis*, la trompe de l'éléphant). Ce mot vient du grec πρε, pour; βοσκω, paître; et il exprime l'usage qu'en fait l'animal.

Le *lichen proboscideus* porte des cupules en forme de trompes tronquées.

L. **deustus** (brûlé). Sa surface est d'un noir brûlé.

L. **polyphyllus** (πολυ, beaucoup; φυλλον, feuille). Ses expansions sont formées de plusieurs lobes que l'on a comparés à des feuilles.

L. **polyrhizos** (πολυ, beaucoup; ριζα, racine). Sa surface inférieure est toute garnie de petites racines.

L. **anthracinus** (ανθραξ, charbon). Sa rosette est noire comme du charbon, dessus et dessous.

L. **pullus** (brun, enfumé). Même sens que ci-dessus. On croit même que celui-ci n'est qu'une variété de l'*anthracinus*.

L. **mesenteriformis** (en forme de mésentère). Les bords de ses expansions sont plissés et crépus, comme ceux du mésentère. Quant à ce mot, il signifie *qui est entre les intestins, au milieu des entrailles*; et il vient de μεσος, moyen, milieu; εντερον, entraille, intestin.

L. **cocciferus** (κοκκος, rouge, écarlate; dérivé de *coc*, rouge, en celtique). Ses tubercules sont du plus bel écarlate. Voy. *Cactus cochenillifer*.

L. **pyxidatus** (πυξις, vase, gobelet). Sa fructification ressemble exactement à un verre à pate.

L. **deformis** (difforme, bizarre). Il forme une croûte blan-

châtre, de laquelle s'élève une tige en corne très-singulière.

L. FLAMMEUS (de couleur de feu). Sa fructification est à
tubes d'un jaune vif.

L. ALCICORNIS (en forme de corne d'élan). Ses ramifications
l'ont fait comparer à une corne d'élan. Cet animal est
appelé en celtique *elch*, d'où *alois*, en latin.

L. RANGIFERUS. Lichen du *renne*, appelé en vieux français
rangier, d'où *rangifer* en latin moderne.

Ce lichen fait, pendant l'hiver, la principale nourriture
du renne. Nos cerfs le mangent de même pendant cette
saison.

L. UNCIALIS (haut d'un pouce). C'est ordinairement la grandeur de cette plante, qui cependant l'excède quelquefois.

L. VERMICULARIS (*vermiculus*, diminutif de *vermis*, ver, ça
ressemble à des vermisseaux). Ses tiges sont parsemées de
tubercules que l'on a comparés à de petits insectes.

L. TRISTIS (triste). Par allusion à ses sommités noires.

L. ROCCELLA. Nom que donnent les Portugais à cette plante:
il vient de *roccha*, rocher, en leur langue. Ce lichen croît
au bord de la mer, sur les rochers.

L. PLICATUS (entrelacé). De ses rameaux longs et déliés çà
se mêlent entre eux.

L. RADICIFORMIS (*radix*, *radicis*, racine, en forme de racines).
Ce lichen est composé de rameaux fins et déliés, et il ressemble fort bien à une touffe de racines fibreuses.

L. USNEA (àchneh ou àchnèn, GOLIUS, pag. 113). Nom sous
lequel les médecins arabes désignent le lichen en général.
Voy. *Serapion* et *Avicennes*.

L. CHALYBEIFORMIS (*chalybs*, fil de fer, d'une ville d'Espagne
ainsi appelée, où on le fabrique d'abord).

Les filamens de ce lichen sont bruns, cylindriques, et
semblables à l'extérieur au fil d'archal.

L. GAGATES (γαγατης, nom que donnoient les Grecs à la substance que nous appelons *jayet*). Il vient d'un fleuve de Lycie,
nommé γαγης, sur les bords duquel on le trouva d'abord.

Le lichen *gagates* devient d'un beau noir de *jai* ou *jayet*.

L. VULPINUS (dérivé de *vulpes*, renard). Touffu comme la queue
d'un renard.

L. FLORIDUS (fleuri). Cette espèce n'est pas plus *fleurie* que les autres de cette série, mais ses cupules, grandes, belles et bordées de filets, ressemblent très-bien à une fleur radiée.

LICUALA. Nom de cette plante aux Molluques, dialecte macassar. RUMPH. 1 — 8.

LIDBECKIA. E. G. Lidbeck, allemand. Il a donné des opuscules sur l'agriculture. BERG, c. 807. Ce genre rentre dans les cotula de Linné.

LIGHTFOOTIA. Le ministre Jean Lightfoot, écossois, dont on a eu, en 1777, la *Flore d'Ecosse*. L'HÉRITIER, *Sert. Angl.* t. 4.

Ce genre rentre dans les *campanula*.

LIGUSTICUM (*ligusticus*, ligurien). Originaire de la Ligurie, aujourd'hui le pays de Gênes. *Les Liguriens* (1), *que l'on appelle aussi Ligustins*, dit Plutarque, *Paul Emile*.

Cette plante est très-commune dans la Ligurie, ainsi qu'en tous les pays chauds et secs. *Le ligusticon*, dit Dioscorides, liv. 3, chap. 51, *croît en abondance dans la Ligurie, vers le mont Apennin, et c'est de là qu'il tire son nom.*

L. LEVISTICUM (*levisticum*, libisticum ou *ligusticum*, tous noms ayant une même origine, et altérés du primitif *ligusticum*). De ce mot, les François ont fait *livesche*, et les Anglois *lovage*.

LIGUSTRUM. Selon Vossius, *Etymologies latines*, ce nom est dérivé de *ligare*, lier. De l'usage que l'on fait de ses branches longues et souples.

Vulgairement *troësne*, de l'anglo-saxon *treo*, arbuste.

LILÆA. Dédié par Humboldt et Boupland, fasc. 8, à M. A. R. Delille, membre de l'Institut d'Egypte, et chargé

---

(1) La Ligurie tire son nom du mot celtique *liger*, fixe. Les Celtes erroient sans cesse dans les vastes campagnes de la Gaule, de la Germanie, etc. Leur pays n'étoit précisément nulle part, et la nation étoit partout. Une partie d'entre elle en reçut même le surnom de *Vandales*, qui signifie errant (vandeler). Toute la nation voyageoit en même temps, les hommes à pied, les femmes et les enfans sur des chariots traînés par des bœufs. Une peuplade de ces nomades, séduite par la beauté du climat de Gênes, et surtout par le raisin et le vin, se fixa dans cette contrée, et elle reçut des autres le nom de *Ligures*, qui exprime cette fixation. Voy. PELLOUTIER, *Hist. des Celtes.*

de la partie botanique de l'ouvrage de la commission des sciences et arts d'Egypte.

LILIUM. Dérivé de *li*, blanc, en langue celtique. Sa belle couleur a toujours été regardée comme le type de la blancheur.

De là *lis* en françois; *lilige* ou *lilie* en anglo-saxon, *lily* en anglois. Le lis est nommé *soûçan* en arabe. Golius, page 1237. D'où le nom propre *Suzanne*, qui exprime la blancheur au propre, et la pureté au figuré.

L. bulbiferum (portant bulbe). Non de sa racine bulbeuse, mais de ce qu'on trouve souvent de petites bulbes aux aisselles de ses feuilles. Gærtner, vol. 1, page, 41, en a fait un genre particulier sous le nom analogue de *bulbine*.

L. pomponium. *Pomponiana*, nom que donnoient les Latins aux poires de la plus belle espèce. Il est altéré de *pompeiana*, poire pompéienne, parce que cette variété fut d'abord obtenue par un Pompée. Voy. Pline, liv. 15, chap. 15.

Par la suite, cette épithète s'appliqua aux belles espèces de fruits, et on l'étendit jusqu'aux fleurs.

Le lis *pomponium* est très-estimé des fleuristes, surtout en Hollande.

LIMACIA. De son fruit contourné comme la coque d'un limaçon. Loureiro, page 761. Ce genre rentre dans l'*épibaterium*.

LIMEUM. Ancien nom d'une plante vénéneuse : il vient de λοιμος, peste, poison. On s'en servoit, selon Pline, liv. 27, chap. 11, pour empoisonner les flèches. La plante à laquelle la botanique moderne a appliqué ce nom ancien, est un dangereux poison.

LIMIA. En l'honneur de M. Ponte de Lima, ministre des finances du royaume de Portugal. Vandelli, page 42.

LIMNOCHARIS. Nom employé par Homère dans sa *Batrachomyomachie* : il vient de λιμνη, limon; χαρις, grâce : c'est-à-dire, plante qui fait l'ornement des lieux marécageux par sa beauté. Humboldt et Bonpland, fasc. 5.

LIMODORUM (λιμοδωρον, l'un des noms grecs de l'orobanche: il vient de λιμος, faim; λιμωδης, affamé, parce que l'orobanche semble manger les plantes par dessous terre : on sait qu'elle en suce les racines).

Le *limodorum* des modernes est analogue à l'orobanche par le port, la forme et la disposition des fleurs.

L. TANKERVILLIÆ. En l'honneur du lord Tankerville, connu par ses collections de plantes rares.

LIMONIA. Analogue au *limon* par le port de l'arbre et le fruit acide. Une espèce de ce genre est même appelée par Sonnerat *petit citron*. Voy. aussi RUMPH, liv. 1, chap. 69.

Quant au *limon* proprement dit, ce n'est qu'une variété du *citron*. Ce nom vient de l'arabe *lymoûn*, dénomination générale du citron. GOLIUS, page 2164.

LIMOSELLA (*limus*, boue, limon; *limosus*, bourbeux). Qui croît dans les eaux stagnantes et bourbeuses.

LINCONIA.

LINDERA. Jean Linderus, suédois, dont on a eu, en 1716, une *Flore de Wiksbourg*.

LINDERNIA. François Lindern, botaniste alsacien, a publié, en 1728, un ouvrage intitulé : *Le Tournefort d'Alsace*.

L. PIXIDARIA. Dérivé de πύξος, le buis. Ses feuilles sessiles, ovales et très-entières, ressemblent à celles du buis.

LINDSÆA. Lindsey, anglois, a travaillé sur la germination des fougères. SMITH, *Mém. acad. de Turin*, vol. 5, pag 413. Ce genre est extrait des *adiantum*.

LINKIA. Henri-Frédéric Link, professeur de botanique à Rostock, en Mecklembourg. CAVANILLE, tom. 4, page 61.

LINNÆA. Charles Linné, suédois, né en 1707, mort en 1778, premier médecin du roi de Suède, et membre de presque toutes les Académies de l'Europe.

On a de lui : *Système de la nature. — Fondemens de botanique. — Philosophie botanique. — Critique botanique. — Bibliothèque botanique. — Genera plantarum. — Species plantarum. — Voyages d'Œland et de Gothland. — Flores de Suède, de Laponie, de Ceylan. —Jardins d'Upsal, de Cliffort*. Quantité de Mémoires académiques, etc.

Son fils Charles Linné a publié, en 1780, un supplément aux *Species* et *Genera* de son père. Il mourut en 1783 (1).

____

(1) Linné est souvent appelé *Linnée*, francisé de *Linnæus*, nom sous lequel il a d'abord été connu. Il est d'usage dans les Universités du nord, que ceux qui s'y attachent, donnent à leur nom une désinence latine.

LINOCIERA. Geoffroi Linocier, médecin françois. Il a publié, en 1584, l'*Histoire des plantes aromatiques des deux Indes.* En 1620, *Histoire des plantes de Virginie*, etc. Scanaber, 1709.

LINUM (*llin*, fil, en celtique; dont *lin*, fil, en theuton; *lines, linnin*, en anglo-saxon; λινον, en grec; en latin, *linum, lina, linea, linteus*; en françois, *lin, linon, linge, linceul, linotte*, oiseau qui se nourrit principalement de graine de *lin*, etc.).

C'est une chose remarquable que des peuples presque sauvages aient connu l'usage du lin, dont la préparation compliquée semble annoncer un long degré de civilisation. Il est reconnu que toutes les nations barbares sorties des forêts de la Germanie ou de la Scandinavie, étoient vêtues de toile au moment de leur migration.

LIPARIA (λιπαρος, brillant). Les tiges et les feuilles du *liparia sphærica* sont glabres et luisantes.

LIPPIA. Augustin Lippi, médecin, né à Paris, d'une famille italienne. Il accompagna, au commencement du dix-huitième siècle, Lenoir-Duroule, vice-consul à Damiette, et Envoyé de Louis XIV vers le souverain de l'Abyssinie. Il fut assassiné avec l'Ambassadeur à Sennaar, après avoir fait plusieurs découvertes en histoire naturelle, et en botanique. On a de lui un *Mémoire sur le fungus melittensis* (cynomorion), inséré dans le *Recueil de l'Académie des sciences*, année 1705.

LIQUIDAMBAR (*ambar*, ambre (1), *liquidum*, liquide : ambre

Lorsqu'ils parviennent à se distinguer, si leurs souverains, pour récompense de leurs succés, viennent à les anoblir, c'est toujours sous leur nom primitif que cet honneur leur est accordé Ainsi Linné, transformé en *Linnæus*, est devenu le chevalier *von Linné.*

(1) *L'ambre* tire son nom de l'arabe *a'nbar*, mot qui exprime en cette langue un poisson du genre des baleines, qui passe pour produire cette substance. Bochart, *Hierozoïcon*, tom. 2, pag. 863 et 864. Ceci ne doit s'entendre que de l'ambre gris. L'ambre jaune n'a de commun avec celui-ci que d'être également recueilli sur les bords de la mer. Les Grecs le nommoient ηλεκτρον, dérivé de *e'lc*, qui signifie *résine* en arabe. Il en est l'analogue. C'est du nom ηλεκτρον que nous avons fait *électricité*, parce que c'est dans cette matière que l'on reconnut, pour la première fois, la qualité attractive.

liquide). Il découle de cet arbre une substance d'une odeur forte et balsamique, que l'on a légèrement comparée à celle de l'ambre gris, et avec plus de justesse à celle du styrax.

L. STYRACIFLUA (*fluo*, je coule : arbre dont découle le *styrax*; c'est-à-dire, une substance résineuse qui sent le *styrax*). Le nom du genre et celui de l'espèce manquent également de précision; ils signifient ensemble arbre de l'*ambre liquida* donnant *le styrax*, tandis qu'il ne produit ni l'un ni l'autre.

LIRIODENDRUM (λειριον, lis; δενδρον, arbre). Arbre qui produit des fleurs semblables à celles du lis, et plus encore à des tulipes, comme l'exprime le nom spécifique *liriodendron tulipifera*.

L. COCO, et L. FIGO. Noms de ces arbres à la Cochinchine. Loureiro, page 424.

LIRIOPE. Nom de nymphe célébrée par Ovide, *Métamorphoses*, liv. 3. Il signifie figure de lis (λειριον, lis; οψις, figure). Loureiro, page 248, s'en est servi pour désigner une fleur bleue, selon l'épithète employée par Ovide.

LISIANTHUS (λυσις, dissolution, dérivé de λυω, je dissous; ανθος, fleur : fleur ou plante qui dissout les humeurs nuisibles). Nom donné à cette plante à cause des effets qu'on lui a attribués en médecine. C'est un purgatif renommé.

LITHOPHILA (λιθος, pierre; φιλεω, j'aime). Qui croît aux lieux pierreux. SWARTZ, 14.

LITHOSPERMUM (λιθος, pierre; σπερμα, graine). Ses semences sont dures et brillantes comme de petits cailloux. Le nom françois *grémil* exprime la même chose : *graun*, grain; *mil*, pierre, en celtique.

L. TETRASTIGMA (τετρας, par quatre : son stigmate est quadrifide). Cette plante est la même appelée par FONSKAHL, p. 62, *arnebia tetrastigma*. *Arnebia* est abrégé de son nom arabe *chadjaret èl àrneb*, arbuste du lièvre.

LITTORELLA. Dérivé de *littus*, *littoris*, rivage. Plante qui croît vers le bord des rivières, ou plutôt des étangs.

LOASA. Nom donné à ce genre par Adanson, *Famille des plantes*, page 501, vol. 2. Il n'en donne pas l'explication, non plus que des autres qu'il a institués.

LOBARIA. Dérivé de λοβος, d'où *lobus*, partie, lobe, en latin.

Série de lichen qui produisent des expansions divisées par lobes. ACHAR, s.

LOBÉLIA. Mathieu Lobel, né à Lille en 1538, mort à Londres en 1616, médecin de Jacques I.ᵉʳ, roi d'Angleterre.

On a de lui quantité d'ouvrages entre lesquels on cite seulement l'*Histoire des plantes*. Pena a été son collaborateur.

L. CARDINALIS. De sa fleur d'un rouge éclatant, comparée à la robe écarlate des cardinaux.

L. CORNUTA (cornue). A cause de l'extrême longueur des étamines de sa fleur.

L. DORTMANNIA. Dortmann, apothicaire hollandois. CLUSIO, *Cur.* 40.

L. TUPA. Nom que donnent à cette plante les naturels du Pérou, d'où elle est originaire.

L. ANCEPS (à deux tranchans). De la forme de sa feuille.

L. COLUMNEA. Dont les feuilles sont semblables à celles du *columnea scandens*.

L. SYPHILITICA. C'est-à-dire, *anti-syphilitique*. Voy. ce mot à la table des termes.

L. LAURENTIA. D'un botaniste italien nommé Marc-Antoine Laurenti, membre de l'Université de Bologne; il est mentionné par Micheli, genre 18.

LŒFFLINGIA. Pierre Lœffling, botaniste suédois, disciple de Linné, voyageur en Espagne et en Amérique où il mourut à Cumana en 1786. Il a publié un *Voyage d'Espagne* en 1758; une *Thèse sur la germination* en 1749, etc.

LOESELIA. Jean Loesel, botaniste prussien, né en 1607, mort en 1652. On a de lui une *Flore de Prusse*, dont Georges Helwing a donné la continuation.

On a encore de lui un *Catalogue des plantes rares de la Prusse*, publié par son fils en 1654.

LOLIUM. Dérivé de son nom en langue celtique *loloa*, d'où *lolch*, en allemand; *lyuuly*, en esclavon, etc.

Ivraie en françois, c'est-à-dire, plante qui rend *ivre*. On en connoît les tristes effets à l'intérieur. Ses qualités nuisibles étoient connues des anciens. *Infelix lolium*, dit Virgile.

Le *lolium perenne* est appelé en anglois *rye-grass*, gramen-seigle. C'est ce même mot que nous avons altéré en en faisant *raigrass*.

L. TEMULENTUM (qui enivre). *Les anciens Latins, dit Pline, liv. 4, chap. 13, appeloient le vin* vemetum, *et par suite l'ivrognerie,* temulentia.

LONCHITIS (λογχιτις en grec, dérivé de λογχη, une lance).

Le *lonchitis*, dit Dioscorides, liv. 3, chap. 144, *porte une semence triangulaire en forme de fer de lance, et c'est de là qu'il tire son nom.*

On ne connoît pas précisément le *lonchitis* des Grecs; mais les modernes se sont servis de son nom pour distinguer un genre de plantes, dont une espèce, *lonchitis aurita*, présente à sa partie inférieure des pinules en crochet qui lui donnent l'aspect d'un *fer de pique.*

LONICERA. Adam Lonicer, allemand, né en 1528, mort en 1586. On a de lui : *Histoire naturelle générale*, 1551, seconde partie, 1555. *Méthode de botanique*, etc.

Un autre Lonicer (Jean), a commenté Dioscorides en 1543.

L. PERICLYMENUM. Analogue au *clymenum*. Dioscorides parle du *peryclymenum* à la suite du *clymenum*, plante grimpante.

Selon Pline, liv. 25, chap. 7, ce nom vient d'un roi nommé Clymène, qui le premier mit cette plante en usage.

Il est plus naturel de faire dériver ce nom, selon l'opinion de Lemery, de περι, autour; κυλιω, je tourne; qui tourne, qui s'entortille autour des arbres.

L. CAPRIFOLIUM (chèvre-feuille). Nom métaphorique; c'est-à-dire, qui grimpe comme une chèvre.

L. XYLOSTEON (ξυλον, bois; οστιον, os). Dont le bois est dur comme de l'os.

L. CŒRULEA (bleue). La partie est prise ici pour le tout. Son fruit seul est bleuâtre.

L. DIERVILLA. Dierville, chirurgien françois, voyageur en Acadie, d'où il envoya, en 1708, cet arbuste à Tournefort, son ami. Il a publié, en 1710, un *Voyage d'Acadie.*

L. SYMPHORICARPOS (συν, ensemble, en composition συμ; φερω, je porte; καρπος, fruit). C'est-à-dire, qui porte des fruits réunis en pelotte.

L. BUBALINA (*bubalinus*, qui a rapport au buffle). Ce mot a pour primitif *bu*, bœuf, en celtique.

On a trouvé à la fleur de cet arbuste quelque ressemblance avec une tête de bœuf ou de buffle.

LONTARUS. Nom adopté par A. L. de Jussieu, pour désigner le *borassus* de Linné. Il vient du malais *lontar*. Rumphius, liv. 1, chap. 9.

Vulgairement *rondier*, altéré de *ronn*, son nom au Sénégal. Adanson, *Fam. des plant.* 2 — 572.

LOPEZIA. En l'honneur du licentié Thomas Lopez, espagnol. Il a travaillé sur l'*Histoire naturelle du nouveau monde*. Cavanilles, tom. 1, pag. 15.

LOPHANTHUS (λοφος, crête; ανθος, fleur). Fleur dont les bractées sont en forme de crête. Forster.

LORANTHUS (λωρος, courroie, lanière; ανθος, fleur). Sa fleur semble découpée en lanières.

LOTUS (λωτος, en grec). On connoît les merveilles que les anciens ont racontées sur le *lotos*, son goût exquis, et les effets qu'il produisoit. Voy. *Rhamnus lotus* pour l'explication de cette fable. Pline distingue trois sortes de *lotus* : le *lotus* arbre (voy. *Rhamnus lotus* et *celtis*); celui des marais ou d'Egypte (voy. *Nymphæa lotus*); et le *lotus* herbacé, qui paroît être notre genre *lotus*.

Quant à la signification de ce mot, la plupart des étymologistes le font venir de λω, je veux, je désire, à cause du goût agréable de ce fruit si vanté. Nous l'avons appliqué à un genre de plantes d'un goût très-doux, et dont une espèce, le *lotus edulis*, est même d'un usage alimentaire en Italie, parmi le peuple.

Les Anglois nomment ces plantes *bird's foot-trefoil*, trèfle pate d'oiseau, parce que les gousses réunies de l'espèce la plus commune, *L. corniculatus*, ressemblent très-bien à une pate d'oiseau.

L. GEBELIA. De *gébélié*, nom arabe, sous lequel cette plante a été apportée par Olivier. Ventenat, *Jardin de Cels*, 57.

L. JACOBÆUS. Originaire de l'île de Saint-Jacques, l'une des îles du cap Vert.

L. TETRAGONOLOBUS (τετρας, par quatre; γωνια, angle; λοβος, gousse). Sa gousse est garnie de quatre ailes ou angles très-prononcés.

L. OLIGOCERATUS (ολιγος, petit; κερας, κερατος, corne; en ce sens, gousse). Dont les gousses sont étroites.

LOUREIRA. Genre dédié par Cavanilles, tom. 5, pag. 17, à Jean de Loureiro, missionnaire portugais à la Cochinchine, dont il a publié la *Flore* en 1790.

LUBINIA. Genre dédié par Commerson à M. de Saint-Lubin, officier françois, voyageur aux Indes.

LUCUMA. Nom de cet arbre au Pérou. DOMBEY et JOS. DE JUSSIEU. Voy. Molina, pag. 161. Ce genre rentre dans les *achras* de Linné.

LUDIA. Qui joue, qui badine; dérivé de *ludus*, jeu. Nom donné par Commerson à cet arbuste, par allusion aux différentes formes que prend son feuillage. JUSSIEU, pag. 543.

LUDWIGIA. Chrétien Gottlieb Ludwig, né en Silésie, professeur de botanique à Leipsig. On a de lui : *Définitions des plantes*, 1737. — *De la végétation des plantes marines*, 1736. — *Aphorismes de botanique*, 1738. — *Dissertation sur la couleur des plantes*, 1759, etc.

LUHEA. Charles van der Lühe a travaillé sur les plantes du cap de Bonne-Espérance. WILLD, *Act. soc. nat.* Berlin, 3, p. 409.

LUNARIA. Dérivé de *luna*, lune; de sa silique large, orbiculaire et argentée, que l'on a justement comparée au disque de la lune. De là le nom de *feuille d'argent* qu'on lui donne souvent en françois; en anglois, *honesti*. Ce mot, qui d'ordinaire signifie *honnêteté*, veut dire aussi éclat, brillant, et c'est dans ce sens qu'il est appliqué à cette plante.

LUPINUS. La plupart des commentateurs ont fait dériver ce nom de *lupus*, loup; parce que cette plante *dévore la terre*, disent-ils, comme le loup fait les animaux. Cette idée est fondée sur ce que Pline dit et répète, liv. 18, chap. 14, que cette plante *aime la terre* : mais, loin que ce soit pour la *dévorer*, comme l'ont dit Dalechamp, Boëhmer, etc., Pline ajoute, dans le même chapitre, qu'elle en augmente la fertilité. Matthiole dit aussi qu'en Toscane, on sème des *lupins* sur la terre, uniquement pour la fertiliser. *Commentaires sur Dioscorides*, liv. 2, chap. 102.

Les Grecs appeloient le *lupin* θερμος, de θερμη, chaleur

θερμος, chaud. Le *lupin* échauffe par son amertume, quand on ne l'en a pas dépouillé dans l'eau chaude.

LYCHNIS (λυχνις, lampe). Nom que donnoient les Grecs à une plante à feuilles cotonneuses *qui servent*, dit Pline, l. 25, chap. 10, *à faire des mèches aux lampes*. Selon lui, c'est une espéce de *verbascum*; et selon Dioscorides, liv. 3, ch. 98, c'est un *agrostemma*, genre dont les feuilles sont également épaisses et velues. Les modernes ont suiv.¹ l'opinion de Dioscorides, en appliquant ce nom à un genre de plantes qui tiennent de si près aux *agrostemma*, que plusieurs botanistes les ont réunis.

Vulgairement *lampette*, dérivé de *lampe*, comme *lychnis* l'est de λυχνος (1).

L. CHALCEDONICA. Qui croît vers le territoire de l'ancienne ville de Chalcédoine. Elle étoit située proche du lieu où est aujourd'hui Scutari. On trouve cette plante dans ces contrées; mais elle croît également en Hongrie, Russie méridionale, Allemagne, etc.

Les François nomment improprement sa fleur *Croix-de-Jérusalem* ou de *Malte*. Une fleur à cinq pétales ne peut former une croix; mais chacun d'eux est bifide, comme sont les branches de la Croix-de-Malte.

L. FLOS-CUCULI (fleur de coucou). Cette plante est nommée de même en latin, françois, anglois, etc. Il signifie qui *fleurit quand le coucou chante*. Dans les campagnes, où l'homme, plus près de la nature, attend le printemps avec impatience, on regarde le chant du *coucou* comme le signal des beaux jours. L'arrivée du milan annonçoit la même chose aux Athéniens, et la première apparition de cet oiseau excitoit en eux des transports de joie.

L. APETALA (α privatif, qui n'a pas de pétales). Ce nom n'est pas exact : il a des pétales; mais ils sont plus courts que le calice.

---

(1) *Lychnos* ou *luchnos* a pour radical *lu*, flamme ou lumière, en langue celtique, d'où une foule de dérivés. Λυχν, lumière; λυκος, soleil; λυγξ, animal dont les yeux sont brillans, etc.; *lux, lucere, lucerna*; *lumen, luna*, etc., en latin; *lumière, lustre, laire, lucarne, alumen*, d'où *alus* substance brillante, etc., en françois.

LYCIUM. Originaire de la Lycie, contrée de l'Asie mineure qui fait partie de l'Anatolie, ou Anadoly des modernes.

Elle tire son nom de la quantité de loups (λυκος) que l'on y trouvoit autrefois, et que lui donnoit le voisinage du mont *Taurus*.

Le nom de *lycium* est devenu impropre, par l'application que l'on en a faite à des arbustes du Pérou, du Japon, d'Europe, etc. Il en est de même de tous les noms de genre qui ont rapport aux lieux.

LYCOPERDON (λυκος, loup ; πιρδω, pet). Tout le monde connoît le nom et l'effet de la *vesse-de-loup*.

L. TUBER (bosse, boule, tubercule, en latin). On connoît la forme de la truffe. Ce nom est francisé de *tuber*.

L. CERVINUM. Dérivé de *cervus*, cerf, truffe de cerf, parce qu'elle croit dans les forêts, et qu'au lieu d'avoir le parfum de la truffe ordinaire, elle exhale une odeur spermatique que l'on a comparée à celle du cerf en rut.

L. BOVISTA. Latinisé du nom allemand *bofist* ; *bo*, bœuf ; *fist*, vesse, en anglo-saxon : même sens que *lycoperdon*, en grec.

L. HERCULEUM. Cette fongosité, haute d'un pied environ, est droite, rude et élargie à son sommet ; ce qui l'a fait comparer à la massue d'Hercule. **PALLAS.** *Voy. de Sibérie.*

L. STELLATUM (étoilé). Son enveloppe extérieure, qui est une membrane épaisse et coriace, se fend en plusieurs parties disposées en étoile.

L. CARPOBOLUS (καρπος, fruit ; βαλλω, je jette, je lance). A l'époque de sa maturité, il lance ses graines avec force.

L. RADIATUM (radié). Son disque est hémisphérique, et le rayon est coloré ; ce qui lui donne un aspect radié.

L. PISTILLARE. Dérivé de *pistillus*, pilon d'un mortier. Il est en forme de *pilon* ou de massue.

L. CARCINOMALIS (de *carcinoma*, cancer). On s'en sert au cap de Bonne-Espérance pour guérir les ulcères cancéreux. **THUNBERG,** *Voyage.*

L. VARIOLOSUM (variolique). Il forme des tubercules comprimés et noirâtres, que l'on a comparés aux boutons de la petite-vérole.

L. CANCELLATUM (grillé). Il est environné de filets parallèles qui ressemblent à des grilles.

L. truncatum (coupé). Il est presque rond, et il semble tronqué à sa partie inférieure.

L. pisiforme. En forme de pois, par le volume et la forme arrondie.

L. epiphyllum (ἐπι, sur; φυλλον, feuille). Il croît au revers des feuilles de tussilage.

L. epidendrum (ἐπι, sur; δενδρον, arbre). Qui croît sur les troncs d'arbres.

LYCOPODIUM (λυκος, loup; πους, ποδος, pied, pate). Selon Dalechamp, on lui a donné ce nom, parce que sa racine ressemble aux griffes du loup. Cette ressemblance est très-légère.

L. clavatum (clava, massue). De ses épis longs et cylindriques, comparés à une double massue.

L. selago (sel, vue; jach, salutaire, en langue celtique). Bon pour la vue. Ce même mot sel est le radical de selma, palais de Fingal, dans Ossian, dont le nom signifie belle-vue.

Le selago étoit en grande vénération parmi les nations celtiques. Un druide, à jeun, purifié par le bain et vêtu de blanc, l'arrachoit sans ferrement, l'enveloppoit d'un linge, et en exprimoit un suc renommé pour plusieurs maladies, et notamment pour les maux d'yeux, comme l'exprime ce nom. Voy. Pline, liv. 24, chap. 11.

On se rappellera toujours que l'on a donné beaucoup au hasard dans l'application que l'on a faite des noms anciens aux plantes que nous connoissons; et l'on en tireroit de fausses conséquences, si l'on croyoit à leur identité. Le selago des Celtes est nécessairement une plante succulente, tandis que notre lycopodium selago ne rend aucun suc.

L. bryopteris (βρυον, bryum; la mousse de ce nom; πτερις, fougère, mousse-fougère). On croit que cette plante n'est qu'une variété du lycopodium circinale. Voy. plus bas son analogie avec les fougères.

L. circinale (circinalis, par cercles). Les feuilles de cette plante naissent roulées sur elles-mêmes, comme celles des fougères.

L. apodum (α privatif, πους, ποδος, pied, sans pied : c'est-à-dire, dont les épis sont sessiles).

L. CANALICULATUM (*canaliculus*, petit canal, gouttière). Sa tige est creusée en gouttière par un côté.

LYCOPSIS (λυκος, loup ; οψις, figure ; οψ, œil). De sa fleur bleue et arrondie, que l'on a comparée aux yeux du loup : on sait qu'ils sont bleus.

LYCOPUS (λυκος, loup ; πους, pied, patte). On a trouvé à sa feuille à larges dentelures quelque ressemblance avec l'empreinte de la patte du loup.

En général, on remarquera que ces ressemblances des plantes avec les animaux sont d'ordinaire très-légères, et naissent autant de l'imagination que de la réalité.

LYGEUM. Dérivé de λυγοω, je ploie. La tige en est très-souple ; on en fait même en Espagne et dans le midi de la France, des sommiers, cabas, etc.

LYGODISODEA (λυγος, lien, osier ; ειδος, ressemblance). Cet arbuste, dont les branches sont longues et souples, remplace l'osier au Pérou pour l'usage économique. *Flore du Pérou*, page 26.

LYSIMACHIA. Selon Linné, *Phil. bot.*, cette plante est ainsi nommée de *Lysimachus*, roi de Sicile, qui le premier la mit en usage. Pline en attribue en effet la découverte au roi Lysimachus, liv. 25, chap. 7 ; mais il ne dit pas de quel pays il étoit. Il a existé aussi un écrivain de ce nom, mentionné par Columelle, liv. 1, chap. 1, qui a travaillé sur l'agriculture.

Ce nom est significatif, comme le sont la plupart des noms grecs (1) ; il vient de λυσις μαχη, qui résout, qui appaise un combat. Comme Pline rapporte que cette plante rend paisibles les chevaux qui se battent à la charrue, il est probable qu'elle a été nommée ainsi d'après quelque tradition fondée sur cette vertu. Ce préjugé semble même s'être étendu jus-

---

(1) En tout pays, les hommes n'ont d'abord été distingués que par des noms qui exprimoient leur bonnes ou mauvaises qualités, soit physiques, soit morales. En Grèce, c'étoient *Philostrate*, ami des camps ; *Télémaque*, qui combat de loin ; *Platon*, large ; *Pyrrhus*, roux ; *Aristote*, très-bon ; *Nicias*, victorieux, etc. Comme chez nous, ces noms passèrent à des enfans qui ne ressembloient guère à leurs pères, et *Nicias le Victorieux* subit en Sicile la défaite la plus funeste pour son pays et pour lui-même. Voy. *Carlina* et *Pisum*.

qu'à nos jours, et il est très-remarquable que les Anglais nomment en leur langue le *lysimachia loose-strifa*, chasse querelle, précisément comme le nom grec.

L. NUMMULARIA (*nummulus*, diminutif de *nummus*, pièce de monnoie : ce mot vient de *numen*, divinité). De l'ancien usage de mettre sur la monnoie la figure attribuée aux dieux.

Les feuilles de cette plante sont arrondies, entières et disposées régulièrement comme des pièces de monnoie que l'on auroit comptées. De là le nom vulgaire *herbe-aux-deniers*.

LYTHRUM (λυθρον, sang caillé, sang noir). La fleur de cette plante est d'un rouge sombre.

Vulgairement *salicaire*, de sa feuille semblable à celle du saule (*salix*), et de ce qu'elle croît au bord des rivières parmi les saules.

En anglois, de même *willow-wort*, herbe du saule.

L. MELANIUM (dérivé de μελας, μελανος, noir). De la couleur obscure de sa fleur. Même sens que le nom générique *lythrum*.

M

MABA. Nom que donnent à cet arbuste les naturels de l'île de Tonga-Tabu. FORSTER, gen. 61.

MABEA. Abrégé de *piriri-mabé*, nom de cet arbuste en la langue des Galibis. AUBLET, page 869.

MACANEA. *Macaca-bara*, nom de cet arbre à la Guyane. AUBLET, page 6, *Supplément*.

MACARISIA (μαχαιρις, le coultre d'une charrue). Sa semence en a la forme. AUBERT DU PETIT-THOUARS, *Plantes des îles d'Afrique*, fasc. 3.

MACHAONIA. Machaon, célèbre médecin, qui rendit de grands services aux Grecs pendant le siége de Troie. Pour exprimer son habileté et satisfaire à la reconnoissance nationale, on feignit de le croire fils d'un dieu.

On a donné le nom de *machaonia* à cet arbre de l'Amérique méridionale, pour en exprimer l'analogie avec le *cinchona*, si renommé en médecine. *Plantes équinoxiales*, fas. 4.

MACIELIA. Maciel, jeune naturaliste de grande espérance, exilé en Afrique par le gouvernement portugais. Vandelli lui a dédié ce genre, page 14.

MACOUBEA. Nom de cet arbre à la Guyane. AUBLET, pag. 18, *Supplément*.

MACROCNEMUM (μακρος, grand; κνημη, jambe). Nom donné à cet arbuste, parce que ses panicules de fleurs sont divisés en trois parties, qui leur font un support plus allongé qu'un pédicule ordinaire.

MACROLOBIUM (μακρος, grand; λοβος, lobe). Fleur dont le pétale supérieur est très-grand. Nom donné par Schreber, genre 62, à l'*outea* d'Aublet.

MADIA. De *madi*, nom de cette plante au Chili. MOLINA, page 107.

MÆRUA, Meru(مرو), nom que donnent les Arabes à cet

arbuste. Forskahl, page 104. Ce genre se rapproche des *passiflora*.

MÆSA. De *maas* (m'ass), son nom arabe. Forskahl, page 67.

MAGALLANA. Genre dédié par Cavanilles, tom. 4, page 5o, à la mémoire du célèbre navigateur Ferdinand Magellan ou Magalhaens, portugais, mort en 152o, qui découvrit le premier, le détroit qui porte son nom.

MAGNOLIA. François Magnol, professeur de botanique à Montpellier, né en 1638, mort en 1715. On a de lui : *Botanique de Montpellier. — Prodrome de l'histoire générale des plantes. — Jardin royal de Montpellier;* et des Mémoires insérés dans le *Recueil de l'Académie des sciences*, ann. 1709.

Le nom de Magnol, dit Linné, a été appliqué à cette magnifique plante, par allusion à l'éclat de son savoir. *Critique botanique.*

M. umbrella (à parasol). Ses feuilles sont ramassées à l'extrémité des rameaux, où leur réunion forme un *parasol* impénétrable aux rayons du soleil.

MAHERNIA. Anagramme de *hermania*. Linné, qui le forgea, voulut, en l'appliquant à cette plante, exprimer l'analogie qui existe entre elle et l'*hermannia*. Voy. ce genre. Il est heureux pour la science que cet exemple ait eu peu d'imitateurs. Voy. *Galphimia.*

MAHUREA. Nom de cet arbre à la Guyane. Aublet, pag. 559.

MALACHRA. Nom sous lequel Pline, liv. 12, chap. 9, parle d'une gomme produite par un arbre de la Bactriane (Perse orientale). Le *malachra* des modernes n'a aucun rapport avec l'arbre dont parle Pline; mais on s'est servi de ce nom pour désigner des plantes analogues à la mauve, d'après la similitude du mot *malachra* avec celui de *malache*, qui signifie mauve en grec. Voy. le genre *malva.*

MALANEA. Nom de cet arbuste parmi les naturels de la Guyane. Aublet, pag. 107.

MALAXIS (μαλαξις, mollesse, dérivé de μαλος, mou, tendre). Ce genre, formé de plusieurs autres par Swartz, *Act. holm.* 1800, comprend des plantes qui ont peu de consistance.

MALESHERBIA. Les auteurs de la *Flore du Pérou* ont ainsi nommé ce genre, pag. 36, en l'honneur de l'illustre Lamoignon de Malesherbes, mort en 1794, aussi connu par ses vertus que par son infortune. Il s'étoit appliqué à l'étude de la botanique, et il avoit réuni à sa terre de Malesherbes un grand nombre d'arbres et de plantes exotiques.

MALLOTUS (μαλλωτος, velu, dérivé de μαλλος, toison, laine). Son péricarpe est velu. LOUREIRO, pag. 780.

MALOPE. Nom que les Grecs donnoient à la grande mauve. PLINE, liv. 20, chap. 21. Il est altéré de *malache*, selon Linné, *Phil. bot.*

Il s'en est servi pour désigner une plante qui ressemble tellement à la mauve, que Tournefort l'a nommée *mala-coïdes*.

MALPIGHIA. Marcel Malpighi, naturaliste italien, né en 1628, mort en 1694, professeur de médecine à Pise et à Bologne, membre de la société royale de Londres. L'histoire naturelle lui doit beaucoup d'observations curieuses. Les botanistes distinguent entre ses nombreux ouvrages un *Traité de l'anatomie des plantes*, 1675.

M. MOURELLA. Nom que les Galibis donnent à cet arbre. AUBLET, pag. 459.

MALVA. Altéré par les Latins du nom grec μαλαχη, qui vient de μαλασσω, j'amollis, je détends. On en connoît les effets adoucissans. De *malva*, les François ont fait *mauve*; les Anglois, *mallow*, etc.

MAMMEA. Altéré de son nom américain *mamey*. NIEREMBERG, liv. 14, chap. 102; et PLUMIER, gen. 44. Ce nom présentant quelque ressemblance avec le mot latin *mamma*, mamelle, Linné en a fait une allusion à son fruit très-gros, charnu et mameloné.

Vulgairement abricot de Saint-Domingue.

MANABEA. Nom que les Galibis donnent à cet arbuste. AUBLET, pag. 67.

MANETTIA. Xavier Manetti, italien, professeur de botanique à Florence. On a eu de lui, en 1751, le *Verger de Florence*. C'est dans ce genre que rentre le *nacibea* d'Aublet.

MANICARIA. Dérivé de *manica*, une manche, dans le sens littéral.

Bauhin, *pin.* 507, appelle cet arbre *palma manicam Hippocraticam referens*, palmier représentant la *manche* d'Hippocrate. Les apothicaires, en style figuré, nomment ainsi la *chausse*, instrument assez semblable à une manche, et que par suite on a comparé à celle du patron de la médecine.

Le spathe qui enveloppe la fructification de cet arbre est en forme de sac ou de capuchon. Gærtner, 2, page 468.

MANGIFERA (*fero*, je porte). Qui porte le fruit appelé au Malabar *manghas*, Rheed. *Mal.* 4, page. 1 ; et vulgairement *mangue*.

MANISURIS (μανος, rare, lâche, qui n'est pas entassé; ουρα, queue). Gramen dont l'épi, en forme de queue, est par articulations qui lui donnent un aspect lâche.

M. myurus (μυς, rat; ουρα, queue). Dont l'épi est comparé à une queue de rat.

MANULEA. Dérivé de *manus*, la main. De sa corolle divisée en cinq parties, dont quatre sont plus grandes et rapprochées, tandis que la plus petite, en s'écartant et figurant le pouce, donne à la totalité de la fleur l'aspect d'une main.

MAPANIA. Nom de cette plante parmi les naturels de la Guyane. Aublet, page 48.

MAPPIA. Nom donné par Schreber, gen. 1755, au *soramia* d'Aublet, en mémoire de Marc Mappus, botaniste alsacien, dont on a eu le *Catalogue des plantes du jardin de Strasbourg*, en 1691 ; des *Thèses botaniques*, en 1700, etc.

MAPROUNEA. Nom de cet arbre parmi les peuples de la Guyane. Aublet, page 895. C'est dans ce genre que rentre l'*ægopricon*.

MARANTA. Bartholome Maranta, médecin vénitien, mort en 1554. Il a laissé un ouvrage qui a pour titre : *Méthode de connoître les plantes*.

M. tonchat. Son nom parmi les naturels de la Guyane. Aublet, page 3.

MARATHRUM (μαραθρον, nom grec du fenouil). Cette plante en est l'analogue. Humboldt et Bonpland, fasc. 3.

MARATTIA. Jean-Fr. Maratti, abbé de Vallombreuse, en Toscane. Il a travaillé sur l'histoire naturelle des fougères. Swartz, *Prod.* 128.

MARCANTHUS, ou plutôt *macranthus* (μακρος, grand, long; ανθος, fleur). Dont la fleur est très-allongée. Loureiro, p. 563.

MARCGRAVIA. Georges Marcgrave, né à Liepstad en Allemagne, a donné, en 1718, une *Histoire naturelle du Brésil.* Voy. *Pisonia.*

MARCHANTIA. *Je l'ai nommée ainsi*, dit Nicolas Marchant, *en mémoire de mon père Jean Marchant, premier botaniste que l'Académie des sciences ait compté parmi ses membres, en 1666.* Voy. les *Mémoires de cette Académie*, an. 1713.

MARGARITARIA. Dérivé de *margarita*, perle. Ses baies sont globuleuses, brillantes, et semblables pour la forme et pour l'éclat à de petites perles.

Le mot latin *margarita* paroît venir de *margeon*, globe de lumière, d'où *mervarid*, production de la lumière, en langue persane. Il est naturel, dit à ce sujet Chardin, vol. 2, pag. 25, que l'Orient étant la source des pierres précieuses, leurs noms en soient aussi venus. Le mot *jouaillier*, par lequel on désigne ceux qui en font le commerce, a également une origine orientale; on les appelle *jeuaory* en Arabie, Perse, etc.

M. NOBILIS (noble). Nom métaphorique donné à cet arbuste à cause de la beauté de son fruit. On le nomme vulgairement *la jouaillière*, en raison des perles qu'il semble porter.

MARGYRICARPUS (μαργαρον, perle; καρπος, fruit). Dont le fruit ressemble à une perle. *Flore du Pérou*, pag. 5.

MARIALVA. Genre dédié par Vandelli, pag. 37, à M. de Marialva, grand-écuyer de la reine de Portugal.

MARIPA. Nom que donnent les Galibis à cet arbuste. AUBLET, page 251.

MARRUBIUM. Selon Linné, *Phil. bot.*, ce nom signifie originaire d'une ville d'Italie nommée *Maria-Urbs*, ville des marais. Elle étoit située près du lac Fucin. Les Latins nommoient vulgairement *maria* les lieux desséchés.

De *maria-urbs*, on a fait *marrubium* en latin, et *marrube* en françois.

M. ACETABULOSUM (*acetabulum*, vase chez les Latins) (1). Son calice est plus grand que la fleur; il est en forme de vase,

---

(1) *Acetabulum* vient d'*acetum*, vinaigre. Les Romains en faisoient un usage si fréquent, que le vase qui le contenoit a fini par en emprunter le nom. Le vinaigre et l'eau mêlés ensemble faisoient alors la seule boisson

et il est remarquable par ses segmens membraneux. C'est surtout après la chûte de la corolle qu'il prend son plus grand développement.

MARSHALIA. H. Marshall, anglois, dont on a eu, en 1778, l'*Histoire naturelle des arbres et arbustes de l'Amérique septentrionale*. Schreber, gen. 1762.

MARSILEA. Louis-Ferdinand de Marsigli, italien, né en 1683, mort en 1750. Il institua la Société des arts et sciences de Bologne en 1712.

On a de lui : *Histoire naturelle de la mer Adriatique.* — *Dissertation sur la génération des champignons.* — *Mémoire sur le kermès,* etc.

MARTINESIA. Balthasar Martinez, naturaliste espagnol, archevêque dans le nouveau royaume de Grenade. Les auteurs de la *Flore du Pérou* lui ont dédié ce genre, page 138.

MARTYNIA. Jean Martyn, anglois, professeur en l'Université de Cambridge, membre de la Société royale de Londres. On a de lui : *Tables synoptiques des plantes officinales,* 1726. — *Méthode des plantes des environs de Cambridge,* 1727. — *Quatre décades de plantes rares,* 1728. — Une traduction en anglois de l'*Histoire des plantes des environs de Paris,* de Tournefort, en 1732, etc.

Thomas Martyn, son fils, a publié le *Catalogue du jardin de Cambridge.*

MASDEVALLIA. Joseph Masdevall, espagnol, médecin-botaniste. *Flore du Pérou,* page 111.

MASSONIA. François Masson, écossois, voyageur en Amérique, aux Canaries et au cap de Bonne-Espérance d'où il rapporta, en 1775, la plante qui porte son nom.

Il a publié, en 1796, une *Monographie sur le genre stapelia.*

MATAIBA. Abrégé de *matabaïba,* nom que donnent les Galibis à cet arbre. Aublet, page 333.

---

des troupes ; et c'est à cet usage que l'on a attribué leur santé, tandis que les nôtres sont exposées à de fréquentes maladies.

Le vinaigre étoit compté dans les grands approvisionnemens des armées, et cela pourroit rendre plus croyable l'histoire des rochers des Alpes, calcinés par le feu et le vinaigre.

MATELEA. Nom de cette plante parmi les naturels de la Guyane. AUBLET, pag. 278.

MATHIOLA. Pierre-André Matthioli, médecin italien, né en 1500, mort en 1577, premier médecin de Ferdinand d'Autriche. On a de lui de savans *Commentaires sur Dioscorides.*

Pinet a traduit cet ouvrage en françois, en 1561, et le médecin Jean Dumoulin en a donné une seconde version en 1572.

MATISIA. Matis, dessinateur, attaché à l'expédition de botanique du nouveau royaume de Grenade. HUMBOLDT, *Plant. équinox.* 2.ᵉ livr.

MATOUREA. Nom de cette plante à la Guyane. AUBLET, pag. 642.

MATRICARIA. De l'usage que l'on en fait contre les maladies des femmes. Elle provoque l'éruption des règles chez les jeunes filles.

Les Anglois l'ont nommée *fever-few,* de sa qualité fébrifuge.

M. PARTHENIUM (παρθένος, jeune fille, vierge). Toujours pour sa qualité emménagogue ; même sens, en grec, que le nom générique en latin.

M. CHAMOMILLA. Altéré du grec χαμαι μηλον, petite pomme. L'anthemis, dit Pline, liv. 22, chap. 21, *est aussi nommé* chamœmelum, *parce qu'il a l'odeur de la pomme,* ou plutôt *du coing, que les Latins appeloient* pomme de Cydon.

Les Espagnols nomment de même la chamomille *manci-nilla,* diminutif de *mançana,* pomme, en leur langue.

On donne vulgairement le nom de *chamomille* à plusieurs espèces d'*anthemis.*

MATTUSKÆA. Voy. *Perama* d'Aublet. Schreber, gen. 1717, l'a nommé ainsi en l'honneur de Henri-Godef. Mattuschka, dont on a eu une *Flore de Silésie* en 1776.

MAUHLIA. Jean Maulh, allemand, amateur de botanique. DAHL. *Obs. bot.* 25. Ce genre rentre dans l'*agapanthus.*

MAURITIA. En l'honneur du prince Maurice de Nassau, protecteur de Pison, à qui il procura les moyens de publier son *Histoire naturelle du Brésil.*

MAXILLARIA (*maxilla,* mâchoire). De son nectaire, qui représente exactement une mâchoire d'animal. *Flore du Pérou,* page 106.

MAYACA. Nom que lui donnent les naturels de la Guyane. AUBLET, pag. 42.

MAYEPEA. *Maydpé*, nom de cet arbre parmi les peuples de la Guyane. AUBLET, pag. 82.

MAYETA et MAYNA. Nom de ces arbustes à la Guyane. AUBLET, pag. 443 et 922.

MAYTENUS. De *mayten*, nom que porte cet arbuste au Chili. MOLINA, pag. 149.

MAZUS (μαζός, mamelle). Des papilles mamelonées qui obstruent l'entrée de la corolle. LOUREIRO, pag 468.

MEBOREA. Nom de cet arbre parmi les peuples de la Guyane. AUBLET, pag. 827.

MECARDONIA. Anton. Meca y Cardona, botaniste espagnol, l'un des fondateurs du jardin botanique de Barcelone. *Flore du Pérou*, pag. 84.

MEDEOLA. Nom poétique dérivé de Médée, célèbre magicienne, fille d'Æta, roi de Colchos. On sait comment elle rajeunit le vieil *Eson*. Cette fable signifie que Médée avoit quelques connoissances en médecine, et c'est ce qu'exprime son nom μηδόμαι, je soigne.

On a légèrement attribué de grandes vertus médicinales au *medeola*.

MEDICAGO. Originaire du pays des Mèdes, d'où cette plante fut portée en Grèce pendant l'expédition de Darius. PLINE, liv. 18, chap. 16.

Selon Ménage, le nom françois *luserne* vient du languedocien *lauserda*. Bullet le fait dériver de *lus*, herbe, en celtique; c'est-à-dire, l'herbe par excellence, à cause de son grand rapport. De ce même mot *lus*, vient *olus*, herbage, en latin.

M. LUPULINA. Diminutif de *lupulus*, nom spécifique du houblon. Son fruit est disposé en petites têtes qui ressemblent, en petit, à celles que forme le houblon. Voy. *humulus*.

M. TEREBELLUM (foret, vrille; de *terebrare*, percer). Sa gousse cylindrique et contournée ressemble à l'extrémité d'une tarrière.

MEDUSA. Sa capsule est hérissée de poils qui l'ont fait comparer poétiquement à la tête de Méduse, hérissée de serpens. LOUREIRO, page 493.

MEESIA. David Meese, hollandois, a donné une *Flore de Frise.* Hedwig, 173.

MELALEUCA (μελας, noir; λευκος, blanc). Son tronc est noir, et ses rameaux sont blancs.

M. leucadendron (λευκος, blanc; δενδρον, arbre). Ses feuilles sont d'un blanc argenté.

MELAMPODIUM. L'un des noms grecs de l'hellébore noir. Selon Pline, liv. 25, chap. 5, il vient, soit d'un célèbre devin nommé *Melampus*, soit du berger *Melampus*, qui en découvrit les vertus en observant l'effet qu'il produisoit sur ses chèvres.

Comme *melampus* signifie en grec *pied noir*; μελας, noir; πους, pied, il est à croire qu'on avoit donné ce nom à l'hellébore en raison de sa racine parfaitement noire, et que le reste n'est qu'une fiction poétique. Les François appellent dans le même sens l'hellébore noir *pied-de-griffon.*

Quant au *melampodium* des modernes, il n'a que de très-foibles rapports avec l'hellébore.

MELAMPYRUM (μελας, noir; πυρος, blé). Sa semence est semblable, pour la forme, à un grain de blé; elle n'est pas noire, mais elle noircit singulièrement le pain. En françois, comme en anglois, *blé-de-vache, cow-wheat.* Les vaches le mangent avec avidité.

MELANANTHERA (μελας, noir). Fleur dont les anthères sont noirâtres. Michaux, *Flor. bor. Amér.* 2 — 106.

MELANTHIUM. Nom que donnoient les Grecs au *nigella,* et qui exprime en leur langue la même chose que *nigella* en latin (μελας, noir; ανθος, fleur : graine en ce sens). Voy. *Nigella.*

Le *melanthium* des modernes a quelque ressemblance avec le *nigella* par sa fleur étoilée, et ses stigmates recourbés.

MELASTOMA (μελας, noir; στομα, bouche). Plusieurs espèces de ce genre produisent des baies noires semblables à des groseilles, et dont le suc noircit singulièrement la bouche.

Vulgairement *groseiller d'Amérique*, du nom de *grossularia Americana* que leur donne Plumier. 5 — 18.

M. acinodendrum (ακινος, fruit à grappe; δενδρον, arbre). Ses fruits naissent en grappes peu garnies, aux extrémités des rameaux.

M. CALYPTRATA. De καλυπτηρ, coiffe, couvercle. Le calice de sa fleur est conique, et il se sépare de sa base, comme une coiffe, lors du développement de la corolle.

Ce mot *calypter* a. pour radical *cal*, enveloppe, en celtique. Voy. *Phaseolus caracalla*.

M. TOCOCO. Nom que donnent les Galibis à cet arbuste. Aublet, pag. 440.

M. LIMA (lime). La plante est couverte d'aspérités qui la rendent rude comme une lime.

M. HOLOSERICEA (ὁλος, tout; σηρικος (1), soyeux). Ses feuilles semblent satinées à leur surface inférieure.

MELHANIA, ou plutôt *melhamia*. Qui croît sur le mont Melham, en Arabie. FORSKAHL, pag. 65. On remarquera que les Latins appeloient le mont Horeb, *montes Melhani*.

MELIA (μιλια, nom grec du frêne). Cet arbre y ressemble par le feuillage. Les Grecs avoient ainsi appelé le frêne, de μιλι, miel, à cause de l'espèce qui produit la manne, et qui est très-abondante en Grèce. La manne fraiche est aussi douce que le miel. *Man* signifie *don*, en arabe, c'est-à-dire, *don du ciel*. GOLIUS, pag. 2367.

M. AZEDARACH (*azadaracht*). Nom sous lequel Avicennes parle de cet arbre vénéneux, liv. 4, *feu*. 6.

En arabe moderne, il est appelé *zaenza-lachi* (zenzalakht). FORSKAHL, pag. 66.

En françois, *arbre aux patenôtres*; de même en anglois *bead-tree*, de l'usage d'en enfiler les grains pour en faire des chapelets.

M. AZADIRACHTA. Dérivé d'*azedarach*.

MELIANTHUS (μιλι, miel; ανθος, fleur). Au cap de Bonne-Espérance, où croît cet arbuste, sa fleur attire singulièrement les abeilles.

MELICA. *Melica* ou *melliga*, nom que l'on donne en Italie au *sorgho*, à cause de sa tige, dont la moelle a le goût du miel, appelé en italien *mele*, d'où *melligo*, mielleux. Voy. Dodonée, 4 — 1 — 27; et Matthiole, *sur Dioscorides*, liv. 2, chap. 91.

---

(1) Σηρικος est dérivé de σηρ, nom grec du ver-à-soie. Il vient des *Sères*, peuples d'Asie, qui habitoient le pays appelé par les Modernes, *Petite-Bucharie*.

Le sorgho a reçu un autre nom générique tiré du grec; et l'étymologie de *melica*, très-précise pour ce genre, ne tient que par un fil bien foible à celui auquel Linné l'a appliqué. Voy. *Holcus sorghum*.

MELICOCCA (*μελι*, miel; *κοκκος*, fruit). Son fruit, assez semblable à un jaune d'œuf, a une saveur très-douce, mélangée d'un peu d'acidité. Les insulaires de *Curaçao* en sucent la pulpe qui leur procure une salivation salutaire.

MELICOPE (*μελι*, miel; ici le nectaire ou réservoir du miel; *κοπη*, division). Dont le nectaire est incisé. FORSTER.

MELICYTIS (*μελι*, miel; *κυτις*, cavité). Ses filets, appelés *nectaires* par Forster, portent à leur partie supérieure une excavation nectarifère.

MELILOTUS (*μελι*, miel; *lotus*, voy. ce genre). Cette plante, analogue au *lotus*, attire singulièrement les abeilles, auxquelles elle procure un miel abondant. Cette propriété étoit connue des anciens. PLINE, liv. 21, chap. 13.

MELISSA (*μελισσα*, abeille, dérivé de *μελι*, miel). Les abeilles recherchent beaucoup la fleur de la mélisse, et elles en tirent un miel très-délicat, ainsi que de la plupart des fleurs de cette série.

Vulgairement *citronelle*, de l'odeur de citron que ses feuilles répandent quand on les froisse.

M. CALAMINTHA (*καλος*, beau, bon; *bonne menthe*). Elle passoit pour chasser les serpens. Aristophane dit, *Concion.* 644: *Tu sens la calamenthe*; et le scholiaste ajoute: *Espèce de plante qu'on brûle pour chasser ou éloigner les serpens*.

MELITTIS (*μελιττα*, synonyme de *melissa*, abeille, toujours dérivé de *μελι*, miel). Voy. *Melissa*.

M. MELISSOPHYLLUM. Dans le principe, ce nom signifioit *plante des abeilles*. On disoit indifféremment *melissophyllum* ou *melissoboton*, nourriture des abeilles. DIOSCORIDES, liv. 3, chap. 101.

On l'a appliqué, comme nom spécifique, à une plante qui n'a qu'une très-foible ressemblance avec la mélisse par la forme de ses feuilles, et par l'odeur forte qu'elle exhale.

MELLA. Genre dédié par Vandelli, pag. 43, à M. de Mello, ministre de la marine et des colonies du royaume de Portugal.

MELOCHIA. Altéré de son nom arabe *melochieh* (melòkhyeh), Forskahl, pag. 68. Cette plante, d'un usage alimentaire en Orient, est nommée vulgairement *mauve de juif*. Le *melòkhich* des Arabes est le *corchorus olitorius*. Forskahl, 101.

MELODINUS (μηλον, pomme; δινω, tourner, se rouler autour). Le fruit de cet arbuste est en forme de pomme, et sa tige est grimpante. Forster, gen. 19.

MELODORUM (*mel*, miel; *odor*, odeur). De l'odeur douce de son fruit, comparée à celle du miel. Loureiro, pag. 413.

MELOTHRIA. Altéré de *melothron*, l'un des noms que donnoient les Grecs à la bryone. Pline, liv. 23, chap. 1. Il a pour primitif μηλον, pomme; de la forme de son fruit.

Linné s'en est servi pour désigner une plante d'Amérique qui ressemble tellement à la bryone, que Plumier l'a nommée *bryone à fruit en forme d'olive*, sp. 3, ic. 66, f. 2.

MEMECYLON. Nom grec du fruit de l'*arbutus*.

L'arbuste auquel la botanique moderne l'a donné, ressemble à l'*arbousier* par son fruit en forme de baie, couronnée par le calice.

MENAIS. Nom de plante employé par Pline, liv. 24, chap. 17, d'après Pythagore, qui lui attribue la propriété de guérir miraculeusement des morsures de serpent.

Linné s'en est servi seulement pour employer un nom ancien.

MENDONCIA. Dédié par Vandelli, pag. 43, au cardinal de Mendonça, patriarche de Lisbonne.

MENIANTHES (μην, la lune, et par suite mois; ανθος, fleur: fleur des mois, c'est-à-dire, qui excite les mois ou écoulemens périodiques des femmes). C'est un très-bon emménagogue. Voy. ce mot à la table des termes. Les Anglois lui ont découvert une autre qualité, c'est de pouvoir remplacer le houblon dans la préparation de la bière. Ils le nomment en leur langue *bog bean* : *bog*, marais; *bean*, fève. Le *menianthe* croît dans les marais, et sa feuille est semblable à celle de la fève.

C'est de cette plante que parle Valmont de Bomare, sous le nom impropre de *buck-bean*.

MENISCIUM. Dérivé de μην, la lune. Cette fougère porte

des cupules en forme de croissant. SWARTZ, *Journal de botanique*, 2.ᵉ part. 1800, pag. 5.

MENISPERMUM (μηνη, lune; σπερμα, graine). De son fruit en forme de croissant, ou plutôt de rein.

M. ABUTUA. Nom que donnent à cette plante les Garipons, peuple de la Guyane. AUBLET.

M. COCCULUS. Dérivé de *coccus*, nom que donnoient les Latins à la graine d'écarlate d'après les Grecs, qui la nommoient κοκκος.

Cet arbuste porte des fruits rouges; ils deviennent noirs ensuite. Voy. *Cactus cochenillifer.*

MENTHA (μινθα, ou μινθη en grec ancien). *Plus tard, dit Pline, liv. 19, chap. 8, son nom changea en cette langue, et on lui en donna un qui exprime son parfum agréable;* ηδυσμα, douce odeur.

Les poëtes ont feint que *Minthe* étoit une fille du Cocyte changée en cette plante qui en a retenu le nom. Cette fiction exprime les funestes effets que les anciens attribuoient à la *menthe;* on lui croyoit la propriété de détruire la conception. DIOSCORIDES, liv. 5, chap. 35, et PLINE, liv. 20, chap. 14.

M. PULEGIUM (*pulex*, puce). Cette plante passe pour chasser les puces par son odeur forte. PLINE, liv. 20, chap. 14.

MENTZELIA. Chrestien Mentzel, prussien, médecin de l'électeur de Brandebourg, né en 1622, mort en 1701.

On a de lui un *Pinax polyglotte des noms de botanique;* des dessins de plantes et arbres exotiques; des *Dissertations botaniques,* etc.

Un autre Mentzel (Albert), allemand, a publié, en 1618, une *Synonymie des plantes;* et le *Catalogue des plantes d'Ingolstadt,* en 1649.

MENZIESIA. Archibald Menzies, botaniste écossois, découvrit le premier cet arbuste dans l'Amérique septentrionale. SMITH, fasc. 3. Il a donné des Mémoires à la Société linnéenne.

MERCURIALIS. Nom mythologique de Mercure, qui découvrit les vertus de cette plante (1). *C'est de là,* dit Pline,

---

(1) Lorsqu'en remontant à l'origine des noms ou des choses, les anciens

liv. 25, chap. 5, *que les Latins l'appellent* mercurialis, *et les* Grecs hermu-poa, qui a la même signification. Boëhmer, dans son *Lexicon*, page 135, dit, d'après H. Ambrosiaus, que ce nom est corrompu de *muliercularis*, qui sert aux femmes. C'est une erreur que la simple connoissance du nom grec suffit pour détruire.

MERENDERA. Nom que donnent les Espagnols au *colchique*, Clusius, liv. 2, chap. 40. Ce genre est extrait des *colchiques*. Il a été institué par Ramond.

MERULIUS (*merula*, merle). Ce fungus est noirâtre.

Ce genre est extrait des *agarics* de Linné. Forster.

MERYTA (μηρυω, entasser, agglomérer). Plante dont les fleurs mâles sont en pelotte sessile.

MESEMBRYANTHEMUM. Selon Linné, *Phil. bot.*, ce nom vient de μησος, moyen, milieu; εμβρυον, germe, embryon; ανθος, fleur : c'est-à-dire, plante semblable à un embryon par sa forme bisarre et charnue.

Malgré l'autorité de Linné, on peut regarder cette origine comme au moins douteuse. Il est plus naturel de le faire venir de μεσημβρια, le midi, le milieu du jour; ανθω, je fleuris : c'est-à-dire, fleur qui s'épanouit vers le milieu du jour.

Ce qui justifie cette opinion, c'est qu'une partie de ces fleurs s'épanouissant, au contraire, à l'approche de la nuit: on les a nommées *nychtherianthemum*, je fleuris pendant la nuit.

Ces plantes sont vulgairement appelées *ficoïdes*. Tournefort leur avoit donné ce nom en raison de leur capsule charnue, semblable à une petite figue.

M. crystallinum (cristallin). De ses feuilles couvertes de tubercules transparens qui réfléchissent la lumière comme la glace. De là son nom vulgaire *glaciale*; en anglois, de même, *ice-plante*, plante de glace.

M. loreum (*lorum*, courroie). Il produits des jets cylindriques qui traînent autour de la plante comme de petites cordes ou courroies. Voy. *Euphorbia loricata*.

---

n'en pouvoient plus débrouiller l'obscurité, la Poésie ou la Religion arrivoient à leur secours, et les Dieux ou les héros servoient à la solution du problème. Voy. *Allium moly*, *Heracleum*, *Achillea*, etc.

M. caninum (de chien). Ses feuilles opposées, rapprochées quand elles se développent, et garnies de dents, ressemblent à deux mâchoires de chien rapprochées.

M. felinum (*felis*, chat). Ses feuilles triangulaires et garnies de dents aiguës et redressées, ont été comparées à une mâchoire de chat.

M. pugioniforme (en forme de poignard). Ses feuilles sont longues de six pouces, larges de six lignes, et de la forme. d'une lame de poignard. *Pugio* vient de *pugnus*, comme *poignard* vient de *poing* : c'est-à-dire, arme qu'on porte au poing, qu'on empoigne.

M. difforme ou plutôt deforme. Ses feuilles sont anguleuses, charnues et inégales; ce qui donne à cette plante un aspect difforme et bizarre.

M. pomeridianum (d'après midi). Il fleurit depuis une heure de l'après-midi jusqu'à six, à moins que la pluie ne l'en empêche.

J'omeridianum est abrégé de *post-meridianum*.

MESPILUS (μισπιλη, en grec, de μισος, moitié; πιλος, boule, peloton; demi-boule). On en connoit le fruit globuleux qui semble coupé en travers. Le nom vulgaire *nefle* exprime la chose; il est dérivé de *naff*, tronqué, en langue celtique.

En anglois, *medlar*; anglo-saxon, *maed*; vieux françois, *mesle* : tous altérés de *mespilus*.

M. pyracantha (πυρ, feu; ακανθα, épine: épine de feu). De ses fruits du rouge le plus éclatant, qui le font paroître comme en feu. De là le nom françois *buisson-ardent*, par allusion au buisson de feu dans lequel Moïse dit avoir vu la Divinité.

M. phœnicopyrus (φοινοκου, rouge; *pyrus*, nom latin du poirier). C'est-à-dire, arbre dont le fruit, qui a la forme d'une petite poire, est de couleur écarlate.

M. amelanchier ou melanchier. Ce nom est formé du grec μηλια, αγχω, pommier, étrangler. Pomme ou fruit qui serre la gorge, et semble étrangler par son âpreté. Selon Clusius, 1 — 40, *amalancier* est un nom allobroge.

MESSERSCHMIDIA Daniel-Amé Messerschmied, médecin de Dantzig, voyagea en Sibérie, Tartarie, etc., de 1719 à 1727, par ordre de l'Empereur de Russie Pierre-le-Grand.

M. arguzia. Qui croît vers les bords de la rivière *Argun*,

dans la Tartarie orientale, en approchant des frontières de la Chine.

MESUA. Jean Mesllé ou Mesuach, médecin arabe, vivoit vers la fin du huitième siècle. Il a écrit sur les propriétés des plantes. La partie de son ouvrage qui traite des plantes a été traduite de l'arabe en latin, en 1741, Venise.

M. PERREA. De la dureté de son bois, comparée à celle du fer.

METEORUS (μετεωρος, littéralement, sublime, élevé). Loureiro s'est servi de ce nom, page 499, pour désigner un grand arbre de la Cochinchine. Ce genre tient au stravadium.

METHONICA. Altéré par Hermann, *Lugd.* 688, de son nom en malabare, *mendoni.* RHEED. *Mal.* 7, f. 57, t. 107. Ce genre est le même que le *gloriosa.*

METROSIDEROS (μητρα, matrice; en botanique, moelle, regardée comme partie intérieure et génératrice; σιδηρος, fer). C'est-à-dire, arbre dont l'intérieur est d'une dureté que l'on a comparée à celle du fer. Plusieurs arbres de ce genre produisent un bois très-compact.

MEYERA. Gottlieb-André Meyer, allemand, a donné, en 1694, un *Opuscule de botanique historique.*

Un autre Meyer (Jean) a donné des *Descriptions de plantes.* SCHREBER, gen. 1318.

MICHAUXIA. André Michaux, naturaliste françois, voyageur en Amérique, Afrique, etc., mort en 1802 à Madagascar. On a de lui une *Histoire des chênes de l'Amérique,* 1801; *Flore boréalo-américaine,* 1803, etc.

F. A. Michaux, son fils, a donné, en 1804, un *Voyage à l'ouest des monts Alleghanis.* L'HÉRITIER, Monogr.

MICHELIA. Pierre-Antoine Micheli, botaniste florentin, né en 1679, mort en 1737. C'est de lui que parle Danti d'Isnard sous le nom de Michaël, *Mém. de l'Acad. des sc.* ann. 1717.

On a de lui: *Nouveaux genres de plantes.* — *Histoire des plantes du jardin de Farnèse.* — *Des Observat. de botanique,* etc.

M. CHAMPACA et TSIAMPACA. Ces deux noms, dont l'un est altéré de l'autre, viennent du nom malabare *champacan.* RHEED. *Mal.* 1, pag. 31. Rumphius l'écrit *tsjampaca,* 3 — 21. Ils expriment tous deux le lieu d'où ces arbres sont originaires; il est appelé *Tsampa* ou *Ciampa,* et il est situé entre le Camboge et la Cochinchine.

MICONIA. Micon, médecin espagnol. *Flore du Pérou*, p. 51.

MICRANTHEMUM (μικρος, petit; ανθεμον, dérivé d'ανθος, fleur). La fleur en est d'une extrême petitesse. MICHAUX, *Flor. bor. Am.* 1 — 10.

MICROPORUS (μικρος, petit; πορος, pore). Champignon dont le chapeau est criblé par-dessous d'une infinité de petits pores. PALISOT-BEAUVOIS, *Flore d'Oware*, 12.

MICROPUS (μικρος, petit; πους, pied : c'est-à-dire, *petit pied-de-lion*. Voy. *Filago leontopodium*. Le *micropus* est analogue à cette plante par ses feuilles velues et comme argentées.

MICROTEA (μικροτης, petitesse, dérivé de μικρος, petit). Plante débile, et dont les parties de la fructification sont peu apparentes. SWARTZ, 53.

MIEGIA. Achille Mieg, allemand, a donné des *Observations de botanique*. Schreber, gen. 1715, a ainsi appelé le *remirea* d'Aublet.

MIKANIA. Mikan, professeur de botanique à Prague. WILL-DENOW, 3, pag. 1742.

MILIUM. Selon Olivier de Serres, ce nom vient de *mille*, mille; et il exprime la fécondité de ce grain qui rend mille pour un.

Il est plus naturel de croire que *milium* vient de *mil*, qui signifie en celtique une pierre, à cause de sa semence dure et brillante comme un petit caillou. Ce mot *mil* est le radical de plusieurs noms grecs, latins, françois, etc., qui tous expriment des choses analogues à la pierre, tels que μυλη, μολος, μυλας, en grec; *mola*, *moles*, *mola*, tourteau de farine de la forme d'une petite meule que l'on mettoit sur la tête des victimes; d'où *immoler*. En françois, *moulin*, *meule*, *mole*, *molaire*. En anglois, *mill*, *miller*, etc.

M. CIMICINUM (*cimex*, punaise). La fleur entière se détache avec la semence; et cette semence, entourée des cils du calice, ressemble assez bien à une punaise.

M. PARADOXUM. Paradoxe, proposition qui choque les idées reçues : de παρα, contre; δοξα, opinion.

On a nommé ainsi cette plante, parce qu'en la plaçant parmi les *milium*, on choque l'opinion de Scopoli, Sauvages, Schreber, etc., qui l'ont rangée dans les *agrostis*.

MILLA. Julien Milla, jardinier en chef au jardin royal de

Madrid. CAVANILLES, tom. 2, pag. 76. Willdenow l'a changé en *millea*.

MILLERIA. Philippe Miller, anglois, jardinier en chef du jardin de Chelsea, dont il a publié le *Catalogue* en 1730. Il est plus connu par son *Dictionnaire des jardiniers*, publié en 1731.

Cet ouvrage, qui a eu grand nombre d'éditions, a été traduit dans la plupart des langues d'Europe. M. de Chazelles a joint à la version françoise un *Supplément* en 1790.

Il a existé en Allemagne deux botanistes d'un nom à peu près semblable : Jean-Georges Myller, dont on a eu les *Délices du jardinage*, en 1684; et Samuel Myller, qui a publié un *Vade mecum botanicum*, en 1687.

MILLINGTONIA. Thomas Millington, naturaliste anglois, a donné, en 1776, un ouvrage sur la *Physiologie*. LINNÉ, *Suppl.* pag. 45.

MILTUS (μιλτος, minium, couleur rougeâtre). La totalité de cette plante est rouge. LOUREIRO, pag. 370.

MIMOSA (μιμος, imitateur, bouffon ; de μιμεομαι, j'imite). Plusieurs espèces de ce genre, appelées *sensitives* eu françois, semble jouer avec la main qui les touche.

Sensitive, c'est-à-dire *herbe sensible*, toujours en raison de ce singulier effet de baisser ses feuilles quand on l'a touchée. Voy. *Æschynomène*.

M. INGA. Nom américain. MARCGRAV, pag. 111; PLUMIER, ic. 25.

Willdenow, tom. 4, en a fait un genre extrait des *mimosa*.

M. UNGUIS-CATI (ongle de chat). De ses aiguillons crochus, comparés à la griffe d'un chat.

M. VIVA (vive). Cette plante possède au plus haut degré la faculté sensitive. Miller dit qu'elle pousse assez vigoureusement pour couvrir tout une couche, et qu'alors si l'on trace avec un corps quelconque des figures sur son feuillage, elles resteront visibles en entier jusqu'au redressement des feuilles.

M. CIRCINALIS. Par cercles, dérivé de *circus*, cercle, anneau, tout corps arrondi. Les naturels de l'Amérique méridionale font des colliers, des brasselets, etc., avec ses semences noires et rouge : la mode en est venue en Europe.

M. PUDICA. *Herba pudica*, nom employé par Dalechamp pour désigner cette plante, parce qu'on a supposé qu'un mouvement de honte faisoit baisser ses feuilles à l'approche de la main. Même sens en latin, qu'æschynomène en grec. Voy. ce genre.

M. CASTA (chaste). Nom métaphorique, qui exprime la même chose que le précédent.

M. LEBBECK. Altéré de son nom en arabe *loebach*. FORSKAHL, pag. 177.

M. CORNIGERA. Qui porte des cornes. Ses épines sont tellement grosses et contournées, qu'on les a comparées aux cornes d'un animal.

M. ENTADA. Nom de cet arbre au Malabar. RHEED. *Mal.* 9, pag. 151.

M. NILOTICA (*niloticus*, des bords du Nil). Cet arbre a été observé pour la première fois par Hasselquist, sur les bords du Nil, et le nom lui en est resté; mais il croit par toute l'Afrique depuis le cap de Bonne-Espérance jusqu'en Egypte.

M. INTSIA. Nom malabar. RHEED. *Mal.* 4, tab. 122.

M. CATECHU. Nom indien. De *catechu*, nous avons fait *cachou*, substance médicinale que l'on tire de cet arbre, et que l'on a long-temps attribuée à l'arec. Voy. *Areca catechu*.

M. HORRIDA. Horrible, par ses épines binées, longues et très-aiguës.

M. EBURNEA (d'ivoire). Ses épines sont grosses, blanches et fermes comme de l'ivoire vers le sommet de l'arbre, tandis que celles des parties inférieures sont courtes, et semblent être d'une nature différente.

M. LATRONUM (des voleurs). Cet arbuste croit en abondance vers les montagnes de *Tripully*, dans l'Inde, où il forme aux voleurs des retraites inaccessibles.

M. SENEGAL (du Sénégal). C'est de cet arbre que l'on tire la substance connue dans le commerce sous le nom de *gomme arabique*. Il croit en abondance au Sénegal. Voy. dans les *Mémoires de l'Académie des sciences*, années 1773 et 1778, les *Dissertations* d'Adanson sur les arbres qui produisent la gomme arabique.

M. PIGRA (paresseuse). C'est-à-dire, dont la sensibilité ne répond pas à celle des autres espèces.

M. FARNESIANA. Cet arbuste, originaire de l'Amérique, fut cultivé pour la première fois en Europe dans le jardin de Farnèse, en 1611, et il en a retenu le nom.

MIMULUS. Dérivé de μιμω, singe, qui vient de μιμεομαι, imite. Cette fleur présente une sorte de figure très-singulière; on la nomme même vulgairement le *masque*.

Les Anglois l'appellent, dans le même sens *monkey-flower*, fleur de singe.

Le nom de *mimulus* est employé par Pline, liv. 18, ch. 28, pour désigner une plante très-nuisible aux prairies, et dont il ne donne pas de description.

MIMUSOPS (μιμος, imitateur; μιμω, singe; οψις, figure). Les fleurs de ce bel arbre ressemblent assez bien à une figure humaine, ou plutôt à une tête de singe.

M. ELENGI. Son nom en Malabar. RHEED, *Mal.* 1, pag. 34.

M. KANKI. Nom de cet arbre aux Indes. PLUKENET, *Alm.* 203.

MINDIUM. Nom arabe employé par Rhasis, fameux médecin arabe, qui vivoit au dixième siècle, pour désigner une plante que Rauwolf a cru reconnoître. JUSSIEU, pag. 164.

MINUARTIA. Jean Minuart, botaniste espagnol, correspondant de Linné. Il a donné des *Opuscules* en 1739. Lœffling, voyageur en Espagne, institua ce genre en son honneur.

MIRABILIS. Admirable par son odeur. Clusius, liv. 5, chap. 5, l'appelle *admirabilis*. Ce genre a reçu de Royen le nom de *nyctago*, adopté par A. L. de Jussieu. Il est dérivé de νιξ, νυκτος, nuit, parce que ces fleurs s'épanouissent à l'approche de la nuit.

On remarquera que νιξ étant grec, la désinence *ago*, qui est purement latine, s'y joint d'une manière peu agréable, et blesse le principe déjà cité, de ne jamais composer un nom de deux différentes langues.

MISANDRA (μισος, haine; ανηρ, ανδρος, mari, mâle : qui hait les maris). Nom métaphorique donné par Commerson à cette plante dioïque, parce qu'il a rencontré fréquemment les individus femelles, et qu'il n'a vu la plante mâle qu'une seule fois. JUSSIEU, pag. 405.

MITCHELLA. Jean Mitchell, botaniste anglois, voyageur en Virginie, a donné de *Nouveaux genres de Virginie*, et une

Dissertation sur les principes de l'Histoire naturelle, insérée dans les *Act. phys. méd.* vol. 8, append. p. 187.

MITELLA (*mitella* ou *mitra*, mitre, coiffure épiscopale). Sa capsule à deux valves ressemble très-bien à une petite mitre.

MITRARIA. De *mitra*, mitre. Son calice est en forme de mitre; CAVANILLES, tom. 6, pag. 57.

MITRASACME (μιτρα, mitre; ακμη, littéralement *pointe*; dans le sens figuré, *la fleur de l'âge*; et par suite, *fleur*). De la forme de sa fleur. LABILLARD. *Nov. Holl.* fasc. 5.

MITHRIDATEA. En mémoire du célèbre Mithridate, roi de Pont, mort 64 ans avant J. C. Il étoit versé dans la médecine, et il passe pour avoir inventé l'antidote qui porte son nom. SCHAEBER, 1706, d'après Commerson.

MNIARUM (μνιαρος, mousseux, dérivé de μνιον, mousse). Cette petite plante ressemble à une mousse. FORSTER, gen. n.º 1. Voy. plus bas *mnium*.

MNIASIUM (μνιασιον). Nom grec d'une plante que l'on trouvoit dans le Nil. Schreber l'a appliqué, par analogie, à une plante qui croît dans les marais de la Guyane.

MNIUM (μνιον, en grec). Voy. le genre *Bryum* pour les noms des mousses en général. Quant à la signification particulière de *mnium*, ce mot vient de μνιω, je ronge, je détruis; les mousses rongeant et détruisant généralement les corps auxquels elles s'attachent.

M. HYGROMETRICUM (hygromètre; υγρος, humide; μιτρον, mesure). Qui donne la mesure de l'humidité de l'air. Ses péduncules se redressent quand l'air est sec, et ils s'inclinent quand il devient humide.

MOEHRINGIA. Paul-Henri Gérard Moehring. Il a donné, en 1731, une *Anatomie végétale*, et plusieurs Mémoires sur différentes plantes, insérés dans les *Act. phys. méd.* vol. 6, 7 et 8.

MOGORIUM. *Mogori*, nom que porte cet arbuste aux Indes, dans la langue des Bramines; en langue vulgaire, on l'appelle *nellu-mulla*. RHEED. 6, tab. 50.

Ce genre est extrait des *nyctanthes* de Linné, dont il diffère essentiellement par son fruit en baie. JUSSIEU, p. 105.

MOLINA. Jean-Ignace Molina, espagnol, dont on a eu, en

1782, un *Essai sur l'histoire naturelle du Chili. Flore du Pérou*, pag. 100.

MOLINÆA. Jean Desmoulins, médecin françois, dont on a eu, en 1615, une traduction françoise de l'*Histoire des plantes* de Dalechamp. Jussieu, d'après Commerson, p. 243.

MOLLINEDIA. François Mollinedo, chimiste et naturaliste espagnol, mentionné par les auteurs de la *Flore du Pérou*, pag. 72.

MOLLUGO. Ce nom est dérivé de *mollis*, doux, en latin ; μωλυξ, μολοχος, même sens en grec. Dodonée, *pempt.* 5, liv. 1, chap. 30. Pline donne à entendre la même chose, en disant, liv. 26, chap. 10 : *Ses feuilles sont rudes ; telle qu'elle est cependant, cette plante est appelée* mollugo.

Le *mollugo* de Dodonée est notre *galium mollugo*, dont en effet la feuille est très-douce. Quant au genre *mollugo*, il est d'une autre série ; mais il y ressemble par ses feuilles verticillées et douces.

MOLUCELLA. Originaire des îles Molluques. Bauhin, *Pinax*, 229, nomme même le *molucella spinosa*, *mélisse des Molluques*. Cette espèce, au surplus, est la seule qui mérite ce titre ; les deux autres croissant, l'une en Syrie, et l'autre en Piémont.

MONTBRETIA. Coquebert Montbret, naturaliste françois, bibliothécaire de l'Institut d'Egypte, mort en Egypte en l'an 8. Decandolle, *Liliacées de Redouté*, n.° 53.

Un naturaliste du même nom et de la même famille, Antoine-Jean Coquebert, a donné des *Décades d'insectes*.

MOMORDICA. Dérivé de *momordi*, j'ai mâché, prétérit de *mordeo*, je mords. Ses semences, aplaties irrégulièrement, semblent avoir été mâchées.

M. BALSAMINA. Les anciens botanistes appeloient cette plante balsamine mâle, et l'*impatiens balsamina*, balsamine femelle, quoique ces deux plantes n'aient de rapport entre elles que par leurs capsules élastiques qui lancent leurs semences au loin. Voy. l'origine de ce nom à *Impatiens balsamina*.

M. LUFFA. de son nom arabe *luff* (loùff). Forskahl, p. 75.

Dioscorides confond cette plante avec l'arum. L'arum, dit-il, liv. 2, chap. 142, *qu'on nomme* luffa *en Syrie*.

M. ELATERIUM. Voy. le genre *Elaterium*.

M. CHARANTIA. Le vulgaire d'Italie, dit Fuchs, chap. 69, nomme cette plante *charantia*, parce qu'elle est facile à disposer en manière de treille appelée *characias*. Ce mot est dérivé du grec χαραξ, roseau : de l'usage d'en faire des treillages et palissades. *Voy. Euphorbia characias.*

M. OPERCULATA (à couvercle). Son fruit porte à son sommet une opercule ou couvercle qui s'ouvre et tombe à l'époque de sa maturité.

MONARDA. Nicolas Monardes, espagnol, médecin à Séville. Il mourut en 1578. On a de lui : *Histoire médicinale des productions des Indes occidentales, qui servent en médecine,* 1569. Clusius l'a traduit en latin.

Il a encore publié des *Opuscules* sur le tabac, le scorzonera, les roses, les oranges, etc.

Il ne faut pas confondre Monardes avec Jean Monardus de Ferrare, dont on a eu, en 1536, des *Commentaires sur Mesué.*

M. DIDYMA (διδυμος, double). Ses fleurs ont souvent une seconde paire d'étamines stériles.

MONIMIA. Ce genre ne différant du *mithridatea* de Commerson que par ses fleurs femelles, Aubert du Petit-Thouars, qui l'institua, a exprimé cette analogie en lui donnant le nom de Monime, femme de Mithridate. *Voy. Ambora.*

MONNIERA. Guillaume Lemonnier, mort en l'an 8, professeur de botanique au Jardin du Roi, membre de l'Académie des sciences. Il a publié, en 1745, des *Observations sur les plantes dangereuses des Pyrénées et du Roussillon.*

MONNINA. Monnino, comte de Flora Blanca, espagnol, promoteur de la botanique. *Flore du Pérou.*

MONOTROPA (μονος, seul, unique; τρεπω, je tourne). Ses fleurs se roulent et se courbent d'un seul côté.

M. HYPOPITYS (υπο, sous; πιτυς, pin). Qui croît sous les pins, dont elle suce les racines : de là le nom vulgaire *suce-pin.* Cette plante croît aussi bien à l'ombre de tous les autres arbres; mais comme elle se trouve en abondance dans les forêts du nord, on la rencontre plus souvent sous les pins que partout ailleurs.

MONSONIA. En l'honneur de lady Anne Monson, qui voyagea aux grandes Indes, d'où elle rapporta plusieurs plantes rares.

M. FILIA (fille). Cette espèce est nommée ainsi à cause de la grande ressemblance avec la *monsonia lobata*, qui en est regardée comme la mère ou la souche, ainsi que de la *monsonia speciosa*.

MONTIA. Joseph de Monti, professeur de botanique et d'histoire naturelle à Bologne, sa patrie. On a eu de lui, en 1719, un *Catalogue des plantes des environs de Bologne*; en 1724, un ouvrage académique sur les démonstrations de botanique usitées en l'Université de Bologne, etc.

MONTINIA. Laurent Montin, suédois. On a de lui un *Opuscule* sur le splachnum. LINNÉ, *Suppl.* pag. 65.

MONTIRA. En l'honneur de M. de Monti, conseiller au conseil supérieur de Cayenne, chez lequel Aublet a trouvé cette plante. AUBLET, pag. 639.

MOQUILEA. Nom de cet arbre parmi les naturels de la Guyane. AUBLET, pag. 523.

MORÆA. *Je l'ai nommée ainsi*, dit Philip. Miller, *Gard. Dict.*, *en l'honneur de Robert More de Shrewsbury*, *botaniste distingué*.

    Il est encore un autre More (Jean), assesseur de médecine à Fahlun, en Suède, et mentionné par Thunberg.

M. LUGENS. Participe de *lugere*, pleurer, être en deuil. Cette fleur a six pétales, dont trois noirs et trois blancs, disposés alternativement; ce qui lui donne un aspect de drap mortuaire.

MORELLA. Dérivé de μορεα, nom grec du mûrier, mora. Son fruit ressemble à l'extérieur à une *mûre*. LOUREIRO, pag. 669.

MORENIA. Gabriel Moreno, médecin espagnol, demeurant à Lima, naturaliste. *Flore du Pérou*, pag. 140.

MORINDA. Syncopé de *morus indica*, mûrier de l'Inde. Son fruit conique est aggrégé comme la mûre, et les deux premières espèces croissent aux Indes.

M. ROYOC. Nom américain. PLUMIER, *spec.* 11.

MORINGA. *Moringa* ou *moringi*, nom de cet arbre au Malabar. RUMPH. 1 — 63; RHEED. 6 — 19. Ce genre est extrait des *guilandina* de Linné.

MORINA. Louis Morin, médecin françois, membre de l'Académie des sciences, né en 1635, mort en 1715. Il fit la démonstrations de botanique au Jardin du Roi en place de Tournefort pendant son voyage au Levant; et celui-ci, par reconnoissance, appela *morina* une des plus belles plantes qu'il ait rapportées.

MORISONIA. Robert Morison, écossois, né en 1620, mort en 1683, directeur du Jardin Royal de Blois. On a de lui : *Histoire universelle des plantes.* — *Méthode des plantes ombel-lifères.* — *Jardin Royal de Blois*, etc.

MORONOBEA. De *moronobo*, nom que donnent les Galibis à cet arbre. AUBLET, page 792.

MORUS (μορια, nom grec du mûrier). Il vient du celtique *mor*, qui signifie noir. On connoît la couleur du mûrier édule, le seul qui fût connu des anciens.

Mor, noir, est le radical de quantité de noms grecs, latins, françois, etc., qui expriment des choses noires au propre ou au figuré. Μορμω, oiseau de nuit, larve ; μορφνος, ténébreux ; αμαυρος, obscur, etc., en grec; *morosus*, *mauri*, *morula*, etc., en latin; *morenos*, noir, en espagnol; *morillon*, raisin noir; *morel* ou *moreau*, noir, en vieux françois, etc. Voy. *Morelle*, plante à fruits noirs, au genre *Solanum*.

M. PAPYRIFERA. Qui porte le papier : c'est-à-dire, dont l'écorce sert aux habitans des îles de la mer du Sud à fabriquer des étoffes qui ressemblent à du papier. Voy. *Broussonetia*.

M. TINCTORIA. Qui sert à la teinture. Voy. plus bas.

M. ZANTHOXYLUM (ξανθος, jaune; ξυλον, bois : bois jaune). Il est d'une couleur jaune, vive et brillante. Cet arbre diffère très-peu du précédent, dont Miller l'a séparé, quoique Murray les ait réunis.

MOSCHARIA. Cette plante exhale une agréable odeur de musc. *Flore du Pérou*, page 91.

MOURERA. Altéré de *mourerou*, nom que donnent les Galibis à cette plante. AUBLET, pag. 584.

MOURIRIA. Abrégé de *mouririchira*, nom de cet arbre en la langue des Galibis. AUBLET, pag. 454.

MOUROUCOA. Abrégé de *mouroucou-yarana*, nom que lui donnent les Galibis. AUBLET, pag. 143.

MOUTABEA. *Ay-moutabou*, nom que lui donnent les Galibis. AUBLET, pag. 681.

MUCOR. Latinisé de *mucr*, moite, humide, en celtique. Il a

pour radical *mu*, synonyme de *um*, eau, dans la même langue. Voy. *Humulus*.

M. EMBOLUS. Tout corps allongé et pointu. Il vient du grec εμϐολος, qui a la même signification.

Cette moisissure consiste seulement en une soie noire et pointue.

M. MUCEDO (*mucidus*, chanci, moisi). Même sens et même origine que le nom générique *mucor*.

M. MINIATUS. Dont la couleur est jaune, tirant sur le rouge, comme celle du *minium*.

M. LEPROSUS. Qui forme une croûte semblable à celle que cause sur la peau la lèpre, appelée λεπρα en grec. Voy. *Lepraria*.

M. SEPTICUS (pourrissant, dérivé de σηπω, je pourris). Plante qui croit sur les corps qui commencent à se corrompre.

M. ERYSIPHE. Altéré du grec ερυσιϐη, la rouille qui nait sur les végétaux. Cette moisissure est blanche, et ses sommités sont d'une couleur obscure.

M. FURFURACEUS. Dérivé de *furfur*, le son du blé. Moisissure verte, dont les folioles poudreuses semblent couvertes de son. Voy. pour l'origine de *furfur*, *Lichen furfuraceus*.

MUHLBERGIA. Mühlenberg a travaillé sur les plantes d'Amérique. SCHRÆBER, gen. 105.

MULLERA. Othon-Frédéric Müller, danois, auteur de la *Flore de Friderichstadt*, et l'un des continuateurs de la *Flore danoise*.

Il y a eu encore Bernard Müller, Paul Müller, Philippe Müller, Samuel Müller, tous allemands, qui ont publié, en 1616, 1723, 1607, 1694, divers ouvrages de botanique.

M. MONILIFORMIS (*monile*, collier, en forme de collier). Son fruit consiste en globules engainés les uns aux autres ; ce qui lui donne quelque ressemblance avec un collier.

MUNCHAUSIA. Otton de Münchausen, allemand, a donné, en 1748, le *Catalogue des plantes* de son jardin. C'est lui qui le premier fit connoître cet arbuste ; il est représenté dans son *Hausvaters*, part. 5, fig. 357.

MUNNOZIA. J. B. Munnozio, botaniste espagnol ; il a travaillé sur l'*Histoire du Nouveau-Monde*. *Flore du Pérou*, pag. 96.

MUNTINGIA. Abraham Munting, professeur de botanique en l'Université de Groningue, né en 1626, mort en 1682. On a de lui une *Phytographie curieuse ; un Opuscule sur les aloës,* et une *Dissertation sur l'herba britannica des anciens.*

M. CALABURRA. Nom américain. PLUKENET, *Alm.* 75, mant. 34.

MURENIA. En l'honneur du docteur Gabriel Murena, espagnol, médecin-botaniste. *Flore du Pérou.*

MURICIA (*muricatus,* hérissé). De son fruit hispide. LOUREIRO, pag. 735.

MURRAYA. Jean-André Murray, suédois, professeur de médecine et de botanique en l'Université de Gottingue, élève de Linné, et éditeur de ses ouvrages de botanique.

On a eu de lui, en 1757, un *Catalogue des termes latins employés en botanique,* etc.

MUSA. Latinisé de son nom arabe *mauz* (*moûx*). FORSKAHL, pag. 77. Le médecin de l'Empereur Auguste s'appeloit *Musa,* et c'est sous ce rapport que Linné admet ce nom (1).

Antoine Musa, né en Grèce, étoit affranchi, puis médecin d'Auguste. Il reste de lui un *Traité sur la bétoine,* un *Examen des simples.* Il étoit frère du célèbre Euphorbe, médecin de Juba second, roi de Mauritanie. Voy. *Euphorbia.*

M. PARADISIACA. Du Paradis, nom métaphorique donné à cette plante pour exprimer à la fois le goût exquis de son fruit, et la magnificence de son feuillage.

Vulgairement bananier, et le fruit, banane ; de *banana,* nom que lui donnent les peuples de l'Indostan. Le primitif est *bala.* RHEED. *H. m.* 1, tab. 12.

On nomme aussi le *musa,* figuier d'Adam, parce qu'on a supposé que c'est de sa large feuille qu'Adam se couvrit en sortant du Paradis terrestre : en effet une seule est plus que suffisante pour envelopper un homme de la tête aux pieds.

Selon Olaus Celsius, tom. 1, pag. 15, le *Musa* est le *dudaïm*

---

(1) Linné établit pour principe, dans sa philosophie botanique, que l'on ne doit point admettre de noms génériques qui ne soient d'origine grecque ou latine ; et par suite, il s'efforce de chercher dans ces langues une signification aux noms étrangers que la sience a adoptés. En admettant son opinion, quant aux noms à composer, ceux d'origine étrangère ou barbare qui sont admis depuis long-temps, doivent être donnés simplement pour ce qu'ils sont.

de l'Ecriture. Cette opinion a été admise et combattue par
plusieurs savans. Voy. *Cucumis dudaim*.

M. SAPIENTUM (des sages). C'est, dit-on, sous l'ombrage de
cette plante que les sages Indiens appelés *Gymnosophi-
tes* (1), passoient leur vie dans les charmes de l'oisiveté
et les douceurs de la conversation. Son fruit faisoit leur
nourriture ordinaire, selon Pline, qui le décrit, liv. 11,
chap. 6, sous le nom de *pala*, altéré du nom malabare
bala.

M. TROGLODYTARUM. Des Troglodytes, peuples d'une partie
de l'Ethiopie qui habitoient dans des autres. C'est ce qu'exprime leur nom τρωγλη, antre, caverne, en grec (2).

Ce bananier, qui croît aux Molluques, porte un fruit
grossier qui sert d'aliment à ceux des habitahs de ces îles,
qui, vivant dans l'état sauvage, habitent dans des cavernes.

MUSSAENDA. Nom sous lequel Burmann désigne cet arbre
de l'île de Ceylan. BURMANN, *Zeyl.* 165, tab. 76.

Il est appelé *bellila* en malabare. RHEED. *Mal.* 2, pag. 27.

MUSSINIA. Le C. de Mussin Puskin, voyageur au mont Caucase, d'où il a rapporté des plantes nouvelles. WILLDENOW,
3 — 2263.

MUTISIA. Joseph-Célestin Mutis, né à Cadix en 1760. Il a
travaillé sur les plantes du nouveau royaume de Grenade.

On a de lui une *Quinologie de Bagota*, ou Histoire des
différentes espèces de *quina*. C'est lui qui les a fait connoître,
et qui les a caractérisées. LINNÉ, *Suppl.* 57.

---

(1) Gymnosophiste est un nom que les Grecs composèrent en leur
langue pour donner à ces philosophes; il signifie *sage nu*; γυμνος, nu;
σοφος, sage. Il est à croire que ce nom ne doit pas être pris à la lettre,
et qu'il signifie seulement *légèrement vêtu*, la sagesse et la nudité allant
difficilement ensemble. Les *Gymnosophistes* sont les *Brachmanes*, très-
anciennement renommés pour leur science et leur sagesse.

Voyez, sur les *Gymnosophistes* et les *Brachmanes*, STRABON, liv. 15.

(2) Ce peuple, mentionné par Hérodote, a passé long-temps pour n'avoir
existé que dans l'imagination des Grecs. Il vient d'être constaté, par le
voyage de Hornemann dans l'intérieur de l'Afrique en 1798. Le pays
des Troglodytes est situé à cent lieues environ, au sud de la Grande-
Syrte; ils habitent des *antres* dans des montagnes de roches, et ils sont
même appelés aujourd'hui *Tibbo-Rechádeh*, ou *Tibbo des rochers*.

MYAGRUM (μυια, mouche; αγρα, prise, capture). Plante qui prend, qui saisit les mouches (1).

Le *myagrum sativum* est appelé vulgairement *cameline*, francisé de *chamœ-linum*, petit lin. Sa fructification ressemble à l'extérieur à celle du lin, et l'on tire de même de l'huile de sa semence.

MYGINDA. Fr. Mygind, botaniste allemand, conseiller aulique. Jacquin, *Amer.* 24.

MYONIMA (μυς, μυος, rat; ονημι, utile). Nom donné par Commerson à cet arbuste, parce que les rats sont avides de son fruit : de là son nom vulgaire *bois-de-rat*, en l'île de Bourbon. Jussieu, pag. 206.

MYOSCHYLOS (μυς, μυος, rat; χυλος, suc). Dont la substance ou le suc est aimé des rats. Flore du *Pérou*, pag. 33.

MYOSOTIS (μυς, μυος, rat; ους, ωτος, oreille). Sa feuille ovale et velue ressemble parfaitement à une oreille de rat.

M. scorpioides (σκορπιος, scorpion; ειδος, ressemblance : qui a la forme d'un scorpion). Ses épis, roulés sur eux-mêmes, ont été comparés à la queue recourbée du scorpion. Plusieurs *bourraginées*, telles que les *echium*, *heliotropium*, etc., affectent aussi cette forme.

M. lappula. Diminutif de *lappa*, nom latin de la *bardane*. Les semences hérissées de ce *myosotis* ressemblent, en petit, à la tête hispide de la *bardane*, et elles s'accrochent de même aux vêtemens. Voyez, au genre *Arctium*, l'origine du nom *lappa*.

M. apula. Qui est originaire de la Pouille, région d'Italie appelée en latin *Apulia*. Ce nom qui, par sa ressemblance avec le précédent, semble en être dérivé, n'y a nul rapport.

M. borbonia. Trouvé par Commerson en l'île de Bourbon.

MYOSURUS (μυς, μυος, rat; ουρα, queue). Ses semences sont réunies sur un axe très-allongé, et elles forment un épi

---

(1) La fleur de l'asclepias saisit les mouches; le nom de *myagrum* seroit donc plus justement appliqué à ce genre; mais il ne faut pas donner l'exemple d'une innovation qui n'auroit pas de bornes, parce qu'on trouveroit sans cesse des noms plus convenables que les précédens. Linné, *Phil. bot.*

serré et pyramidal qui ressemble exactement à une queue
de souris.

En françois et en anglois, *queue-de-souris*, *mouse-tail*.

MYRIANTHUS (μυριος, nombre infini; ανθος, fleur). Il porte
une multitude de petites fleurs. PALISOT BEAUVOIS, *Flore
d'Oware*, 16.

MYRICA. En grec, μυρικη, synonyme de *tamaris*. *Le myrica,
que l'on appelle aussi tamaris*, dit Pline, liv. 13, chap. 21.

Ce nom est dérivé de μυρω (1), je coule, et on l'a appliqué au *tamaris* ou *myrica* des Grecs, parce que cet arbuste
croît au bord des ruisseaux et des rivières dans toute l'Europe méridionale. Comme il a conservé en botanique moderne le nom de *tamaris*, le synonyme grec *myrica* a servi
à désigner un arbuste qui croît également aux lieux inondés,
mais spécialement au nord de l'Europe.

M. GALE. Du celtique *gal*, gras, onctueux, tout ce qui tient
de la nature des parfums. Voy. *Bubon galbanum*. Cet arbuste
exhale de toutes ses parties une odeur forte et aromatique,
qui l'a fait nommer *piment royal*. En anglois, *gale*; et *gaul*,
en langue erse. *Light foot Flor. scot.*

M. CERIFERA (*cera*, cire, qui vient du grec κηρος; *fero*, je
porte : qui porte, qui produit de la cire). On tire de ses
baies, en les faisant bouillir, une résine verdâtre qui fait
de fort bonnes bougies. Voy. *l'Histoire naturelle de la Caroline*, par Catesby.

M. NAGI. Nom de cet arbuste en langue japonoise. THUNBERG.
Il vient de *naga*, qui signifie une baie.

MYRIOPHYLLUM (μυριος, nombre infini, d'où *myriade*, quantité innombrable; φυλλον, feuille). Sa feuille est divisée en
plusieurs parties ; mais elle l'est beaucoup moins que ne
l'exprime ce nom.

MYRIOTHECA (μυριος, nombre infini; θηκη, boîte, capsule).

---

(1) Ce mot μυρω, je coule, a pour primitif *mir*, l'un des noms de l'eau
en langue celtique, d'où μυρομαι, je pleure ; *muria*, *murina*, en latin ;
Miranda, villes d'Espagne situées sur de grandes rivières ; *Mirefleur*, en
France, sur l'Allier, etc. ; *mire*, boue, en anglois, etc. C'est encore de
ce même mot *mir*, eau, que viennent *mirer*, *miroir*, qui, dans le principe, exprimoient la réflexion des objets dans l'eau.

Fougère, dont la signification présente une multitude de petites capsules. COMMERSON. C'est dans ce genre que rentre le *marattia* de Swartz.

MYRISTICA. Dérivé de μυρρα, la myrrhe, substance résineuse d'une odeur exquise, et célébrée dans tous les livres anciens, tant sacrés que profanes. La plupart des auteurs ont fait dériver ce nom de μυρω, je coule, parce qu'elle découle de l'arbre dont on la tire; mais les Arabes appelant d'un nom semblable (murr) cette production de l'Orient, il est à croire qu'ils auront communiqué aux Grecs et le nom et la chose. Voy. *Amyris*.

On a appelé le muscadier *myristica*, non que l'odeur de son fruit ressemble à celle de la myrrhe, mais pour exprimer par cette comparaison l'excellence de son parfum. C'est dans le même sens que nous l'avons appelé muscade, dérivé de *musc*. L'odeur en est très-différente; mais le *musc* étant autrefois l'aromate le plus recherché, on en a fait l'objet de comparaison avec l'épicerie du parfum le plus agréable. Voy. *Amyris*.

MYRMECIA (μυρμηξ, fourmi). Nom donné par Schreber, gen. 177, au *tachygali* d'Aublet, qui exprime la même chose. Voy. *Tachygali* pour la cause de cette dénomination.

MYRODENDRUM (μυρον, synonyme de μυρρα, la myrrhe; δενδρον, arbre). Arbre dont l'odeur est comparée à celle de la myrrhe. Schreber, gen. 901, donne ce nom à l'*houmiri* d'Aublet.

MYRODIA (μυρον, myrrhe, parfum; οδμη, odeur). Arbre qui exhale une odeur agréable. SWARTZ, 102. C'est le *quararibea* d'Aublet, pag. 692.

MYROSMA (μυρον, parfum, myrrhe; οσμη, odeur). Arbuste qui rend un parfum analogue à la myrrhe. LINNÉ, *Suppl.* 8.

MYROSPERMUM (μυρον, parfum; σπερμα, graine). Ses semences sont enveloppées dans une résine d'une odeur balsamique. Cet arbuste est le véritable *quina-quina* des Péruviens, qu'il faut distinguer du *cinchona*, appelé vulgairement *quinquina*. Voy. le genre *Cinchona*.

MYROXYLUM (μυρον, parfum; ξυλον, bois). Le bois de cet arbre est d'une odeur agréable; les naturels des îles de la mer du Sud s'en servent pour parfumer l'huile de coco qui sert à leur toilette.

MYRSINE (μυρσίνη, synonyme de μύρτος, le myrte). Les botanistes modernes s'en sont servis pour désigner un arbuste d'Afrique dont le feuillage ressemble beaucoup à celui du myrte. Voy. plus bas *myrtus*; l'origine en est la même.

MYRTUS (μύρτος, en grec, toujours dérivé de μύρον, parfum; μύρρα, la myrrhe). Le feuillage du myrte répand une odeur analogue à celle de la myrrhe : de là aussi le synonyme μυρσίνη. L'odeur voluptueuse du myrte et ses effets excitans l'avoient fait consacrer à Vénus, en mythologie.

M. GREGII. Cet arbuste fut introduit en Angleterre, en 1776, par John Gregg.

M. CHYTRACULIA. Dérivé de χύτρα, vase, pot. Le calice de sa fleur s'ouvre par un couvercle, comme un vase.

M. UGNY. Nom que donnent à cet arbuste les naturels du Chili. MOLINA, pag. 133.

M. ZUZYGIUM (συζυγος, uni, accouplé). De ses rameaux fourchus, et de ses feuilles deux à deux.

N

NACIBEA. Son nom à la Guyane. AUBLET, pag. 95.

NAJAS. Naïade, divinité des ruisseaux. Ce nom vient de *ναω*, je coule. On l'a appliqué à cette plante, parce qu'elle croît dans les ruisseaux, fleuves, etc. : elle se trouve aussi dans différentes mers.

NAMA (*ναμα*, mot grec qui signifie *eau courante*, toujours de *ναω*, je coule).

NANDINA. *Nandin* ou *nand-scokf*, nom de cet arbre au Japon. KÆMPFER, *Amœn. ex.* pag. 776.

NAPÆA. Napée, divinité des bois sombres, en mythologie. Ce nom vient de *ν*, particule négative; *παος*, brillant; c'est-à-dire, qui est obscur.

Ces plantes croissent en Virginie, dans les terres grasses et abritées.

NAPIMOGA. Abrégé de *napimogal*, nom de cet arbre chez les Galibis. AUBLET, pag. 593.

NAPOLEONÆA. Genre dédié par Palisot Beauvois à Sa Majesté Napoléon, Empereur des François.

NARCISSUS. Dérivé de *ναρκη*, engourdissement, pesanteur de tête. De l'assoupissement douloureux que sa fleur provoque, même dans les espèces les moins odorantes (1). *Le narcisse endort les nerfs*, dit Plutarque, *Propos de table*, question 1.

Telle est la véritable origine de ce nom. Sous le rapport poétique, on lui en a trouvé une autre. Plusieurs plantes de

______

(1) C'est pour cette raison qu'en mythologie, cette fleur étoit consacrée aux dieux infernaux. Eustathe, grammairien grec, qui vivoit au douzième siècle, dit que le narcisse a été consacré aux Furies, parce qu'il donne des vertiges, et que les Furies étourdissent et frappent de vertiges ceux qu'elles veulent punir.

ce genre croissent au bord des eaux; elles donnent de belles fleurs qui se penchent vers leur surface, et semblent s'y mirer, comme le Narcisse de la fable.

N. JUNQUILLA. Dérivé de *juncus*, jonc, narcisse à feuilles rondes et cylindriques, comme celles de la plupart des joncs.

N. CALATHYNUS (καλαθος, vase, corbeille). Le nectaire de cette fleur est très-grand, et il est en forme de corbeille.

N. TAZETTA. Les Italiens, qui cultivèrent les premiers cette fleur, lui donnèrent un nom de leur langue, *tazzetta*, diminutif de *tazza*, tasse, coupe. De son nectaire en forme de vase.

N. BULBOCODIUM. Voy. le genre *Bulbocodium*.

     Les Anglois nomment cette plante *petti-coat-narcisse*; c'est-à-dire, *narcisse à jupon*. De son nectaire très-grand et évasé, que l'on a comparé à un jupon.

NARDUS. Dérivé du celtique *ar*, odeur, parfum. De ce mot, les Grecs ont fait ναρδος; les Latins, *nardus*; les François, nard, etc. Ce mot *ar* est le radical de plusieurs autres qui expriment des choses odorantes, comme αρωμα, d'où aromate; on le retrouve encore dans *narine*, organe de l'odorat, etc. BULLET. On remarquera toutefois qu'en persan il s'appelle *nàrdyn*, *Gazophyll.* l. pag. 247. Le nard a une odeur très-pénétrante, ainsi que plusieurs autres plantes qui en diffèrent, mais auxquelles on en a donné le nom en raison de leur odeur exaltée, telles que l'*asarum*, la *valériane*, etc.

N. GANGITIS. Non qu'il croisse vers les rives du Gange, comme ce nom pourroit le faire croire, mais de ce qu'on le trouve en Languedoc, sur la montagne du Paradis de Dieu, près d'un bourg appelé Gange.

N. THOMÆA. Qui croît au mont Saint-Thomas, près Tranquebar.

NARTHECIUM (ναρθηξ, ναρθηκος, baguette). Ses fleurs sont en épi, sur une tige presque nue qui ressemble à une petite baguette.

     Ce genre rentre dans les *anthericum* de Linné.

NASSAUVIA. En l'honneur du prince de Nassau-Siegen, compagnon de M. de Bougainville, à son voyage autour du monde, de 1766 à 1769. JUSSIEU, d'après Commerson, page 175.

NASTUS (*νκτος*; nom grec d'une sorte de roseau). Dioscorides, liv. 1, chap. 97. Ce mot signifie plein, parce que la tige n'en étoit pas creuse comme celle des autres roseaux. Voy. Dodonée, *Pempt. 4*, liv. 5, chap. 27.

A. L. de Jussieu, pag. 34, s'est servi de ce nom pour désigner une sorte de roseau arboré, rapporté par Commerson de l'île de Bourbon, où il est appelé *calumet des hauts*.

NAVARRETIA. Fr.-Ferdinand Navarrète, premier médecin du roi d'Espagne. Il a travaillé sur l'histoire naturelle du royaume de Grenade. *Flore du Pérou*, pag. 17.

NAUCLEA.

NECKERA. N. J. Necker, botaniste allemand, né en 1730. Il a publié, en 1791, des *Elémens de botanique*. Hedwig, 200.

NECTANDRA (*νκταρ*, nectaire; *ανηρ*, *ανδρος*, mâle, organe mâle ou étamine). De ses nectaires en forme d'anthères.

Ce genre rentre dans les *gnidia* de Linné.

NECTRIS. Voy. le *cabomba* d'Aublet. Schreber l'a nommé ainsi, gen. 610, parce que cette plante flotte sur l'eau (*νηχω*, je nage; *νξις*, natation).

NEEA. Louis Nee, voyageur au Mexique, au Pérou, etc., compagnon de Malespine dans son voyage autour du monde. *Flore du Pérou*, pag. 42.

NEGRETIA. En l'honneur du comte Emmanuel de Negrète, ministre de la guerre du roi d'Espagne. *Flore du Pérou*, pag. 87.

NELUMBIUM. Latinisé de *nelumbo*, nom que porte cette plante en l'île de Ceylan; il est employé par Hermann, *Par. bat.*, 205. Il se distingue du *nymphæa lotus* par son fruit en forme de guêpier. C'est le *lis rose* du Nil d'Hérodote, et la fève du Nil de Théophraste, liv. 4, chap. 10, qui est représenté sur la Mosaïque de Palestrine.

Les Chinois en font un fréquent usage alimentaire sous le nom de *lien-wha* (Voyage de Macartney).

Voy. sur les différens *lotos* le Mémoire de M. Delille, *Annales du Musée*, tom. 1, pag. 372.

NEMESIA. Nom employé par Dioscorides pour désigner une sorte d'*anthirrinum*.

Ventenat s'en est servi, *Jardin de la Malmaison*, 41, pour nommer une plante de la même série.

NEOTTIA (*νεοττία* ou *νοσσια*, nid d'oiseau, de *νεοσσος*, qui est nouvellement né). Les racines fibreuses et entrelacées de ces plantes imitent assez bien un nid d'oiseau. SWARTZ, *Act. holm.* 1800, pag. 224.

Voyez *Ophris nidus avis*. Ce nom exprime en latin la même chose que *neottia* en grec, et leur identité exprime l'analogie des deux genres.

NEPENTHES. Nom sous lequel Homère désigne une substance qui paroît être l'opium. *Son effet*, dit-il, Odyssée, liv. 4, *est de faire oublier les chagrins, d'éteindre la colère*, etc. Elle venoit d'Egypte. Le nom en indique l'effet; *n*, particule négative; *πένθος*, douleur, deuil; c'est-à-dire, qui bannit la tristesse : ce nom convient très-bien à l'opium. Par une juste analogie, on l'a appliqué à une plante qui porte au sommet de ses feuilles un réservoir rempli d'une eau douce, fortifiante, et qui passe pour exciter au plaisir.

N. DISTILLATORIA (qui distille). Ce mot est dérivé de *stilla*, une goutte. On sait de quelle manière s'opère la distillation. On a appliqué cette épithète au *nepenthes*, pour exprimer la singulière façon dont se remplissent ses réservoirs. Le suc propre de la plante s'élève dans sa tige spongieuse par l'action du soleil; il suit les nervures des feuilles, et va se déposer dans une espèce de petit vase qui les termine. Il est fermé par un opercule ou couvercle jusqu'à la maturité; en le pressant légèrement, il s'ouvre, et laisse échapper une eau limpide et agréable.

Cette plante, véritablement merveilleuse, croît en l'île de Ceylan, où elle est appelée *bandura*. BURMANN, *Zeyl.* tom. 17.

Plukenet, *Almag.* 394, l'appelle *utricaria*, dérivé d'*uter*, outre, en raison de la forme de ses réservoirs.

NEPETA. Originaire, selon Linné, *Philos. bot.*, du territoire de Nepet, ville de Toscane, mentionnée par Pline, liv. 3, chap. 5.

N. CATARIA. Qui a rapport au chat.

Le goût des chats pour cette plante est très-remarquable; ils la mordent, l'arrachent, et se roulent dessus avec trans-

port. Il est cependant singulier qu'ils ne s'attaquent qu'à celle
que l'on plante, et nullement à celle qui n'a point été dé-
placée. De là le proverbe anglois,

> If you sett it, the cats will eat it;
> If you sow it, the cats will not now it.

Si vous la plantez, les chats la mangeront; si vous la semez,
il n'y toucheront pas. Les Anglois la nomment *cat-mint*,
menthe de chat.

NEPHELIUM. *Nephelion*, l'un des noms que donnoient les
anciens à la bardane (*arctium*), selon Dodonée, *Pempt.* 1,
liv. 2, chap. 18.

Le *nephelium* des modernes porte un fruit hérissé qui a
quelque ressemblance avec celui de la bardane, et beaucoup
plus encore avec celui du *xanthium*, appelé autrefois *petite
bardane*.

NEPHRODIUM (νεφρός, rein). De sa fructification réniforme.
Michaux, *Flor. bor. Amér.* 2 — 266.

NEPHROIA (νεφρός, rein). De ses fruits réniformes. Loureiro, pag. 692. Ce genre se rapproche des *menispermum*.

NEPTUNIA (Neptune, divinité des eaux). Qui croît dans l'eau.
Loureiro, pag. 803. Ce genre est voisin des *mimosa*.

NERIUM. En grec, νήριον, dérivé de νηρός, humide. Cet arbuste
croît au bord des ruisseaux dans l'Europe méridionale.

Νηρός est le primitif de Nérée, Néréides, divinités aquatiques; *nérite*, coquillage de mer, etc.

N. OLEANDER (*olea*, olivier). Sa feuille est ferme, très-entière
et permanente; ce qui la fait ressembler, en grand, à celle
de l'olivier.

Cet arbuste est appelé en françois *laurier-rose*; sa feuille
ressemble à celle du laurier, et sa fleur est de la couleur
de la rose.

Les Grecs le nommoient de même ροδόδαφνη, rose-laurier.
L. Apulée le décrit avec beaucoup de précision dans son
Ane d'or, liv. 4.

NERTERIA (νερτερος, inférieur). C'est-à-dire, plante qui ne
s'élève pas. Gærtner, tom. 1, pag. 134. Smith, 2 — 28.

NEURADA (νευρον, nerf, nervure). Ses feuilles sont plissées
et nerveuses à l'endroit des plis.

NICANDRA. Nicander, médecin grec, qui vivoit environ un siècle et demi avant J. C. On a de lui deux poëmes intitulés *Thériaques*, et *Alexipharmaques*.

Cette plante, ainsi nommée par Adanson, *Famille des plantes*, tom. 2, pag. 219, est l'*atropa physaloides* de Linné.

NICOTIANA. De Jean Nicot, ambassadeur de France en Portugal, d'où il rapporta cette plante en 1560.

Le premier pied en fut présenté à Catherine de Médicis, et c'est de là qu'on l'appela aussi *herbe à la reine*.

Le nom américain *tabac* a prévalu dans la société sur tous les autres ; il vient d'un canton du Mexique appelé *Tabacco*, d'où les Espagnols le connurent d'abord.

Il est appelé *tamaka* au Sénégal. ADANSON, *Fam. des plant.* tom. 2, pag. 582.

N. URENS (nicotiane brûlante). Non de son effet âcre et chaud, comme celui du tabac commun, mais de sa feuille hérissée de poils très-fins, dont le tact brûle la peau.

NIDULARIA (*nidus*, nid). Fungus dont les embryons sont cachés dans la coupe qu'il forme, comme les petits d'un oiseau le sont dans leur nid. BULLIARD, *Champ.* 163. Ce genre est extrait des *pezizæ*.

NIEREMBERGIA. Jean-Eusèbe Nieremberg, jésuite espagnol, né en 1590, d'une famille allemande, mort en 1658. On a de lui une *Histoire de la nature* en seize livres, où il traite particulièrement des productions étrangères. Les auteurs de la *Flore du Pérou* ont dédié ce genre à sa mémoire, pag. 23, édit. de Madrid.

NIGELLA (*niger*, noir). Plusieurs espèces de ce genre produisent des semences du plus beau noir.

Le *nigella sativa* est le *gith* des latins. Voy. Pline, liv. 19, chap. 8. On l'employoit fréquemment dans leur cuisine ; on en mettoit même dans le pain. L'odeur en est forte et agréable. On s'en sert encore sous le nom de *quatre épices* ; mais il sert principalement à adultérer le poivre.

Quant au mot de *gith*, il vient du grec γηθεω, je flatte, je réjouis.

En anglois, *fennel-flower*, fenouil à fleur ; de la ressemblance qu'a sa feuille, finement ramifiée, avec celle du fenouil.

NIGRINA (*niger*, noir). Nom donné par Thunberg à cette plante, parce qu'elle devient noire dans les herbiers. Ce genre rentre dans le *chloranthus*.

NIPA. Nom que porte cette espèce de palmier aux Molluques. RUMPH. 1, tom. 1.

NISSOLIA. Guillaume Nissole, françois, né en 1647, mort en 1735, de l'Académie de Montpellier. Il a fourni à l'Académie des sciences des Mémoires sur des plantes cryptogames (1).

NITRARIA. Qui croît dans les eaux salées et nitreuses de la Sibérie et du royaume d'Astracan. *Act. nov. petrop.* 7, pag. 315.

NOCCA. Dominique Nocca, italien, professeur de botanique à Mantoue. CAVANILLES, tom. 3, pag. 12.

NOLANA. Diminutif de *nola*, cloche, clochette. Sa fleur est campaniforme, quoiqu'elle soit légèrement lobée. Le mot *nola* vient de Nole, ville d'Italie où, dit-on, les premières cloches furent inventées (2).

NOLINA. En mémoire d'un botaniste américain, françois d'origine, nommé P. C. Nolin. MICHAUX, *Flor. bor. Amér.* pag. 207.

NONATELIA. *Nonoateli*, nom de cette plante en la langue des Galibis. AUBLET, pag. 184.

NORANTEA. Altéré de *conoro-antegri*, nom que donnent les Galibis à cet arbre. AUBLET, pag. 555.

NOTELÆA (*νοτος*, le midi; *ελαια*, olivier). C'est-à-dire, arbre toujours vert, semblable à l'olivier, et originaire des îles de la mer du Sud. VENTENAT, *Choix de plantes*, etc., 5 — 25.

---

(1) L'ardeur de Nissole pour la botanique lui avoit suggéré le moyen le plus ingénieux et le plus simple pour se procurer des plantes exotiques. On sait que Marseille et les autres ports françois de la Méditerranée tirent régulièrement beaucoup de blé du Levant, de Barbarie, etc. Nissole en faisoit ramasser soigneusement les criblures; il les semoit, et il donne un assez long catalogue des plantes qu'elles lui ont procurées. Voy. son propre Mémoire, *Recueil de l'Académie des sciences*, ann. 1723.

(2) Saint Paulin, évêque de Nole, en Campanie, imagina, l'an 420, de faire usage des cloches pour appeler à la prière les Chrétiens éloignés des églises. Les Romains s'en servoient dès long-temps aux besoins civils, comme pour indiquer l'heure à laquelle on fermoit les bains publics. *Sonat æs thermarum*, dit Martial.

NUNNEPHARIA. Ildephonse Nunnez de Haro, archevêque de la ville de Mexique, amateur de botanique. *Flore du Pérou*, pag. 157.

NICTANTHES (νύξ, νυκτος, nuit; ανθος, fleur; fleur nocturne). Ses fleurs s'ouvrent à l'approche de la nuit, et elles tombent le matin; de là le nom d'arbre triste, *arbor tristis*, que porte la première espèce de ce genre.

N. sambac. De *zanbaq*, nom du lis en persan, ou d'une plante analogue. Golius, pag. 1075. On l'a appliqué à cet arbuste en raison de sa corolle d'un blanc pur, et de son odeur semblable à celle du lis.

Selon Forskahl, pag. 59, *zanbaq* est le nom arabe de l'iris *sysirinchium*.

NYCTERISTION. Dérivé de νυκτερις, chauve-souris, qui vient de νύξ, νυκτος, nuit, parce qu'elle vole pendant la nuit.

Cette plante est aimée des chauve-souris. *Flore du Pérou*, pag. 25.

NYMPHÆA (νυμφη, littéralement, jeune mariée). Les Grecs donnoient ce nom, en général, à toutes les divinités subalternes dont la mythologie avoit paré la nature. Elles se subdivisoient en Néréides, qui présidoient dans les mers; Dryades, qui étoient attachées aux forêts; Naïades, divinités des fontaines: c'est à ces dernières nymphes que se rapporte la plante dont il s'agit ici, parce qu'elle croit au fond des eaux. Voy. *Dryas, Hamadryas, Nerium, Najas*, etc.

Vulgairement le *nymphæa* est appelé *nenuphar*, altéré de son nom arabe *naùfar*, Forskahl, pag. 67; ou *nyloùfar*, Golius, pag. 2494.

N. lotus. Cette plante est le vrai *lotos* des Egyptiens; on la distingue par la blancheur de sa fleur, et par son fruit approchant de celui du pavot. Elle croît particulièrement en Egypte, où, selon Théophraste et Hérodote, on faisoit du pain de sa semence. Voy. *Nelumbium et Rhamnus lotus*.

Le *nymphæa cœrulea* étoit également connu des anciens; ils en formoient les couronnes lotines, et le *rose* ou *nelumbo* servoit à faire les couronnes antinoiènes. Voy. *Athénée*, liv. 15.

NYMPHANTHUS (νυμφη, jeune mariée; ανθος, fleur). Nom donné par Loureiro, pag. 663, à ce genre, parce qu'on trouve, le plus souvent, dans chaque aisselle une fleur mâle et une fleur femelle rapprochées l'une de l'autre, contre l'ordinaire des fleurs monoïques.

NYSSA. Nom de nymphe, selon Linné, *Philosoph. botanique.* Il l'a appliqué, par allusion, à un arbre qui croît aux lieux inondés de l'Amérique septentrionale. Voy. *Nymphæa* pour le mot *nymphe.*

O

OBOLARIA (οβολος, obole, petite pièce de monnoie). Les feuilles supérieures de cette plante sont arrondies, et d'une couleur qui approche de celle du cuivre.

Quant au mot obole, il vient, selon Plutarque, du grec οβιλος, qui signifie une broche de fer, parce que, selon lui, de pètites broches de fer étoient, dans le principe, la seule monnoie que l'on connût. PLUTARQUE, *Lysander.*

OCHNA (οχνη, nom grec du poirier sauvage : ARISTOTE, liv. 1, chap. 4). Il a pour primitif oc, synonyme d'ac, pointe, en celtique. On connoît les fortes épines du poirier sauvage.

Linné s'est servi de ce nom pour désigner une espèce d'arbre qui n'a qu'une légère ressemblance avec le poirier par le feuillage.

O. JABOTAPITA. Nom américain. PLUMIER, *Génér.* 42; MARCG, *Brasil.* 101.

OCHROMA (ωχρος, jaune). Fleur jaunâtre. SCHREBER, 1111.

OCHROSIA (ωχρος, jaune). Le bois de cet arbre est jaunâtre; il en porte même en l'île de Bourbon le nom de *bois-jaune.* JUSSIEU, pag. 145.

OCIMUM. Selon Pline, liv. 18, chap. 16, d'après Varron, ce nom vient de οκυς, prompt, rapide; en raison de la rapidité de sa végétation.

Selon Matthiole, *Commentaires sur Dioscorides,* liv. 2, chap. 135, ocimum et ocymum sont deux plantes très-différentes. *Ocymum,* dérivé de οκυς, est une sorte de fourrage très-rapide en son accroissement; et *ocimum,* qui vient de οζω, je sens, je flaire, est le nom que l'on avoit donné à notre basilic, à cause de sa bonne odeur.

O. BASILICUM (βασιλικος, royal, dérivé de βασιλευς, roi). Les anciens se servoient souvent de cette épithète pour distinguer les plus belles espèces de fruits. Voy. Pline, liv. 17, chap. 22, pour la noix; et liv. 14, chap. 2, pour le raisin.

Nous avons, dans le même sens, donné le titre de *royal* aux plus belles espèces de fruits et de fleurs.

L'*ocimum basilicum* est d'une odeur très-agréable, à laquelle ce nom fait allusion.

OCOTEA. Nom de cet arbre à la Guyane. AUBLET, pag. 783.

OCTARILLUM. *Octo*, le nombre huit; *arillus*, arille, terme adopté en botanique pour désigner une enveloppe secondaire de la semence à l'intérieur du péricarpe, et qui est regardée comme une extension de l'ombilic.

La semence de cette plante est munie d'un arille à huit angles. LOUREIRO, pag. 115.

OCTOBLEPHARUM (οκτω, huit; βλεφαρον, paupière, cil). Mousse dont le péristome a huit dents. HEDWIG, pag. 50.

ŒDERA. Georges Œder, danois, professeur de botanique à Copenhague, auteur de la *Flore danoise*, dont la première livraison a paru en 1761.

ŒNANTHE (οινη, vigne; ανθος, fleur). L'*œnanthe*, dit Pline, liv. 21, chap. 11, *a l'odeur du raisin en fleur, et c'est de là qu'elle tire son nom.*

Les Grecs appeloient aussi la vigne sauvage *œnanthe*, parce qu'elle a la fleur de la vigne sans en avoir le fruit.

ŒNOTHERA. Ce nom vient de οινος, vin. Dioscorides, liv. 4, chap. 113, Pline, liv. 26, chap. 11, Galien, liv. 8, répètent également que la racine de cette plante sent le vin.

On y a joint le mot *thera*, de θηρ, bête féroce, parce que sa racine, donnée en breuvage, passoit pour calmer les bêtes les plus furieuses. DIOSCORIDES et PLINE, liv. et chap. suscités.

On ne sauroit dire avec assurance quelle est la plante à laquelle les anciens donnoient ce nom. Linné s'en est servi pour désigner un genre de plantes d'Amérique qui n'offrent que de foibles rapprochemens avec la description que donnent Pline et Dioscorides de l'*œnothera*.

Tournefort lui a donné le nom d'*onagra*, qui a prévalu vulgairement. Il signifie âne sauvage (ονος, âne; αγριος, sauvage), et il étoit synonyme d'*œnothera*.

La feuille de l'onagre commune, pour la forme et pour la grandeur, ressemble très-bien à une oreille d'âne.

Les Anglois lui donnent le nom de *primevère en arbre tree-primrose*). De la couleur jaune de sa fleur, et de la grandeur de la plante.

OLAX (αλαξ, sillon, altéré d'αυλαξ par les Doriens). Ses rameaux sont ridés et comme sillonés.

Vulgairement *arbre-à-salade*, parce que les naturels de Ceylan en mangent la feuille en salade.

OLDENLANDIA. H. B. Oldenland, naturaliste danois, voyageur en Afrique, où il mourut vers la fin du dix-septième siècle.

OLEA. Du celtique *olew* ou *col*, huile, dont les Grecs ont fait ιλαια; les Latins, *olea*; les François, *olivier*; les Allemands, *oel-baum*, etc.

L'olive que l'on mange confite est nommée *picholine*; elle est appelée ainsi d'un italien nommé *Picholini*, qui inventa l'art de les préparer, et dont les descendans existent encore en Provence.

O. CHRYSOPHYLLA (χρυσος, or; φυλλον, feuille). Ses feuilles sont d'un jaune doré à leur revers.

OLIVERIA. G. A. Olivier, membre de l'Institut, voyageur en Orient. On a de lui une *Histoire des insectes*. VENTENAT, *Jardin de Cels*. pag. 21.

OLMEDIA. Vincent de Olmedo, naturaliste espagnol, voyageur au Pérou. Il a écrit sur le *quinquina*. *Flore du Pérou*, pag. 118.

OLYRA. Nom sous lequel Homère (*Iliade*, chants 5 et 8), parle d'une graine analogue à l'orge, et qui servoit à nourrir les chevaux, les traducteurs l'ont ordinairement rendu par *hordeum album*, orge blanc.

Selon Schrevelius, *olyra* vient de ολυω, je vaux moins, parce que cette sorte de blé, moins estimée que les autres, étoit réservée aux animaux, et qu'elle passoit pour nourrir peu. Ce nom ancien a été appliqué, sous ce rapport, à une graminée d'Amérique dont la semence est très-peu farineuse.

OMPHALEA. Abrégé de *omphalandria*, nom sous lequel Brown, *Jamaï.* pag. 234, institua ce genre. Il vient de ομφαλος,

nombril; ανηρ, ανδρος, mâle, organe mâle ou étamine ; c'est-
à-dire, fleur dont les étamines sont portées sur un point
charnu qui occupe le centre de la fleur, à peu près comme
un nombril.

OMPHALOCARPUM (ομφαλος, nombril ; καρπος, fruit). De
son fruit enfoncé en son milieu, comme un nombril. Palisot Beauvois, pag. 7.

ONCIDIUM (ογκος, protubérance). La lèvre du nectaire est
marquée d'un tubercule. Genre extrait des *epidendrum*, par
Swartz, *Act. holm.* 1800.

ONCINUS (ογκινος, crochet). Des découpures de la corolle
en forme de crochet. Loureiro, pag. 151.

ONCOBA. De son nom arabe *onkob* (o'nqob). Forskahl,
pag. 105.

ONCUS (ογκος, enflure). De sa racine en gros tubercules.
Loureiro, pag. 240.

ONOCLEA. Nom que donnent Dioscorides, liv. 4, chap. 23 ;
Pline, liv. 22, chap. 21 ; Galien, liv. 6, à une plante bourraginée. Celle-ci, qui est une *filicée*, n'a été appelée ainsi
que pour employer un nom ancien.

Onoclea, onocleis, onocheilos, onosma désignoient, chez
les Grecs, des plantes semblables ou analogues entr'elles. Ils
sont tous dérivés de ονος, âne ; du goût qu'ont en général les
ânes pour les plantes rudes, comme le sont les bourraginées.

ONONIS (ονος, âne). Les ânes mangent cette plante épineuse.
Plusieurs botanistes, entr'autres Tournefort, l'ont appelée
anonis, d'après Pline, qui dit, liv. 27, chap. 4, l'*anonis*,
que d'autres préfèrent appeler ononis, etc.

L'*ononis spinosa* est appelée en françois *arrête-bœuf*, parce
que ses racines fortes et profondes arrêtent souvent les
bœufs à la charrue. On la nomme aussi *bugrande*, dérivé
de *bu*, bœuf, en celtique, dans le même sens *qu'arrête-
bœuf*.

O. natrix. Nom latin de la couleuvre aquatique ; il est dérivé
de *natare*, nager. On l'a appliqué à cette plante, parce
qu'on lui avoit attribué, selon Dalechamp, la vertu de
chasser les serpens, les esprits, etc. Voy. Pline, liv. 27, ch. 12.

En anglois, *cammock*, de l'anglo-saxon *cammuc* ou *com-
muce*.

ONOPORDUM (ονος, âne; περδω, pet). Pline dit, liv. 27, chap. 12, *l'âne qui en mange ne cesse de péter*. Ce n'est pas là une fort belle observation.

ONOSERIS (ονος, âne; σερις, chicorée). Plante analogue aux chicorées, et bonne pour les ânes. Willd. 3, pag. 1700.

ONOSMA (ονος, âne; οσμη, odeur, parfum: dont l'odeur, dont le goût plaît aux ânes). On ne connoît pas précisément la plante que les anciens appeloient *onosma*; mais comme Dioscorides et Pline disent que sa feuille est semblable à celle de l'*anchusa*, les botanistes modernes sont partis de là pour appliquer ce nom à une plante de la série des bourraginées. Voy. *Onoclea*.

ONOSMODUM (*onosma*, la plante de ce nom; ειδος, ressemblance). Qui ressemble à l'onosma. Mich. *Fl. bor.* 1 — 132.

OPA (οπη, trou, dépression). Son fruit est une baie percée à son sommet. Loureiro, pag. 376. Ce genre se rapproche des *myrtus*.

OPEGRAPHA (οπη, ouverture; γραφω, j'écris). Lichen dont la fructification est marquée, à son ouverture, de traces linéaires semblables à de l'écriture. Achar. 2.

OPERCULARIA (*operculum*, opercule, couvercle). Dont le calice est fermé comme un couvercle. Gærtner, tom. 1, pag. 112.

OPHELUS (οφιλος, utilité). De l'usage économique que l'on fait de son fruit à la Cochinchine. Loureiro, pag. 501.

    Ce genre rentre dans l'*adansonia*.

OPHIOGLOSSUM (οφις, οφιος, serpent; γλωσσα, langue). Sa feuille, longue, étroite et entière, a été comparée à une langue de serpent.

OPHIORHIZA (οφις, οφιος, serpent; ριζα, racine). De l'usage que l'on fait de sa racine, aux Indes, pour guérir de la morsure d'un serpent dangereux.

O. mungos. Nom indien. Kæmpfer, 577.

O. mitreola. Diminutif de *mitra*, mitre. Son fruit à deux lobes a été comparé à une petite mitre.

OPHIOXYLUM (οφις, οφιος, serpent, ξυλον, bois). On se sert, en l'île de Ceylan, du bois de cet arbre contre la morsure de tous les serpens venimeux.

O. serpentinum. Même sens, en latin, que le nom générique en grec. Ce nom convient à cet arbre sous un double rapport ; outre la vertu qui lui est attribuée, sa racine pénètre dans la terre en sinuosités de serpent.

OPHIRA (*Ophir*, région d'où Salomon tiroit ses richesses). Cet arbuste croît en Abyssinie, que l'on a supposée être l'Ophir des anciens. Voy. la *Dissertation* de Bruce sur l'Ophir.

OPHISPERMUM (οφις, serpent ; σπερμα, graine). Dont la semence est garnie d'une aile dont les replis la font ressembler à un serpent. Loureiro, pag. 344. Ce genre se rapproche de l'*aquilaria*.

OPHRYS (οφρυς, mot grec qui signifie sourcil). Les feuilles calicinales de la plupart de ces plantes ressemblent très-bien à un sourcil par leur forme arquée.

Pline, liv. 26, chap. *ult.*, décrit sous ce nom notre *ophrys ovata*.

O. NIDUS-AVIS (nid d'oiseau). De l'agglomération des fibres charnues de ses racines, qui imitent assez bien un nid d'oiseau.

O. CORALLORHIZA (κυραλλιον, corail ; ριζα, racine). De ses racines rameuses, qui ont exactement la forme d'une branche de corail.

O. MYODES (μυια, mouche ; ιδος, ressemblance). Sa fleur a la plus parfaite ressemblance avec une mouche.

O. ARACHNITES. Dont la fleur ressemble à une araignée, appelée en grec αραχνη. Voy. *Aspalathus araneosa*.

O. MONORCHIS (μονος, seul, unique ; ορχις, testicule). Qui n'a qu'une seule bube, au lieu de deux qu'ont plusieurs plantes de cette série.

O. ANTHROPOPHORA (ανθρωπος, homme ; φερω, je porte). On a trouvé que sa fleur représente un homme pendu par un bras. On devine bien qu'une semblable comparaison a besoin du secours de l'imagination.

O. ANTHROPOMORPHA (ανθρωπος, homme ; μορφη, forme). Même sens que ci-dessus.

O. SPHEGIPHERA (σφηξ, σφηκος, guêpe). Dont la fleur imite une guêpe. Même sens, en grec, que *Ophys vespifera*, en latin, quoique les plantes soient différentes.

O. SCOLOPAX (σκολοψ, corps pointu ; d'où σκολοπαξ, oiseau dont le bec est allongé). La fleur de cette plante offre l'image d'une tête d'oiseau.

O. **tabanifera**, O. **tenthredinifera** et O. **bombyliifera.**
Plantes dont la fleur représente les insectes nommés *tabanus*,
le taon ; *tenthredo*, la mouche à scie ; *bombylius*, le bom-
bille, espèce de mouche assez semblable au taon, mais
qui ne vit que du suc des fleurs.

O. **crucigera** (*crux*, *crucis*, croix ; *gero*, je porte). La lèvre
de sa corolle est marquée d'une croix.

O. **volucris** (*volucer*, oiseau). L'assemblage des diverses parties de sa fleur représente parfaitement un oiseau les ailes
étendues.

O. **atrata** (noire). Cette plante devient noire dans les herbiers ; cette qualité, au surplus, lui est commune avec la
plupart des orchidées, qui se dessèchent difficilement sans
que leur couleur soit altérée.

O. **catholica** (catholique, chrétienne). Par allusion à sa fleur
disposée en croix.

O. **circumflexa** (circonflexe). Sa lèvre est trifide, et les
parties latérales en sont circonflexes, ou formant une courbe
penchante (*circum*, autour ; *flexus*, penché).

ORCHIDOCARPUM (*orchis*, la plante de ce nom ; καρπος,
fruit). Plante dont la fructification ressemble à celle des
orchis. Voy. ce genre. Michaux, *Flor. bor. Amér.* 1 — 329.

ORCHIS (ορχίς, testicule en grec). Beaucoup de plantes de
ce genre ont des racines qui représentent exactement des
testicules.

Les Latins nommoient, par cette raison, quelques-unes
d'entr'elles *testiculus canis*, *testiculus leporis*. Ils en faisoient
un fréquent usage, qui montre dans quel degré de corruption étoient tombés les vainqueurs de l'univers. Voy. Pline,
Pétrone, etc.

En arabe, l'orchis est appelé *sahhleb*, Forskahl, *Mat. m.*,
dont nous avons fait *salep*, nom que l'on donne, en phar-
marcie, à la racine de cette plante (1), que l'on nous apporte

---

(1) Quoique l'on ne puisse être trop en garde contre les rapprochemens que l'on a faits si souvent entre la configuration des plantes et leur
effet en médecine, on ne sauroit s'empêcher de remarquer la singulière analogie qui existe entre la forme des racines des *orchis*, leur effet aphrodisiaque, et l'odeur spermatique qu'exhalent toutes leurs parties.

du Levant, et que l'on donne comme un puissant corroboratif. Villemet et plusieurs botanistes pensent que nos *orchis* bien préparées, pourroient remplacer le *salep* d'Orient, qui est très-cher, et souvent adultéré.

O. BICORNIS (à double corne). Cette espèce est surtout remarquable par les deux éperons qui sortent du casque, et qui imitent deux cornes.

O. TRIPETALOIDES (τρεις, trois; πεταλον, pétale; ειδος, ressemblance). C'est-à-dire, qui semble avoir trois pétales. Le premier est arrondi et très-arqué; le second et le troisième sont fort petits; les quatrième et cinquième sont grands et ouverts; ce qui feroit croire, au premier coup d'œil, que cette fleur est tripétale.

O. BLEPHARIGLOTTIS (σλιφαρον, paupière, cil, poil; γλωττα, langue, languette). Les lèvres du nectaire forment une languette garnie de poils.

O. TEPHROSANTHOS (τιφρα, cendre; τεφρος, cendré; ανθος, fleur). De la couleur terne de ses fleurs.

O. SAGITTALIS (*sagitta*, flèche). Le premier pétale de sa corolle ressemble à un fer de flèche, par ses deux oreillettes aiguës et tournées en arrière.

O. DRACONIS (δρακων, dragon). Sa fleur présente une figure bisarre que l'on a comparée à une tête de dragon.

O. SANCTA (sainte). C'est-à-dire, qui croît en Palestine ou Terre-Sainte.

O. SUZANNA. De Suzanne, surnommée *la Chaste*. Cette fleur est appelée ainsi par allusion à sa blancheur, symbole de la chasteté.

Cette figure est moins outrée qu'on ne le croiroit; elle signifie *blanche comme le lis*, Suzanne signifiant littéralement lis. Voy. le genre *Lilium.*

O. ORNITHIS (ορνις, ορνιθος, oiseau). Les deux pétales extérieurs de sa fleur sont planes, plus allongés que les autres, et étendus de chaque côté comme les ailes d'un oiseau qui vole.

O. CORIOPHORA (κορις, punaise; φερω, je porte). De sa détestable odeur, qui a fait nommer en françois cette plante *orchis à odeur de bouc.*

O. MORIO (*morio*, bouffon, du grec μωρος, qui signifie la même chose). On a nommé ainsi cette fleur, parce qu'elle représente la coiffure bisarre qui caractérisoit les fous ou bouffons On la nomme souvent en françois *orchis bouffon*. Voy. Dodonée, *pempt.* 2, liv. 2, chap. 30.

O. MASCULA (orchis mâle). Cette plante n'est pas plus mâle que les autres de la même série, toutes étant également hermaphrodites. Ce nom exprime seulement que cette orchis étoit regardée en ancienne botanique comme l'orchis mâle, c'est-à-dire, la plus efficace. Voy. *Cornus mascula*.

O. MILITARIS (militaire). On a trouvé à sa fleur quelque ressemblance avec la coiffure militaire appelée *casque*.

O. PAPILLIONACEA. C'est-à-dire, dont la fleur a quelque ressemblance avec une papillonacée par l'étendue de la lèvre. Elle est de la grandeur d'un pouce, et ressemble à l'étendard des légumineuses.

O. SAMBUCINA (*sambucus*, le sureau). La plante a une odeur de sureau très-remarquable; mais sa fleur ne sent rien.

O. CONOPSEA ($\varkappa\omega\nu\omega\psi$, moucheron, cousin). On a trouvé à sa fleur quelque ressemblance avec la forme d'un cousin.

O. HYPERBOREA. Qui habite vers les régions du nord. Elle croit en Islande. Voy. la signification d'hyperborée à *Alyssum hyperboreum*.

O. ABORTIVA. Avorton, nom donné à cette plante, parce que sa fleur représente une figure manquée ou avortée.

O. PSYCODES ($\psi\nu\chi\sigma\varsigma$, froidure). Qui croît dans les pays froids. Cette plante se trouve au Canada.

O. FILICORNIS. Dont l'éperon ou la corne est mince comme un fil.

O. TIPULOIDES (*tipula*, insecte à longues pates que l'on voit sur les eaux; $\epsilon\iota\delta\sigma\varsigma$, ressemblance). Cette fleur, par son éperon allongé, ressemble au corps délié de la tipule.

On remarquera que *tipula* étant latin, il eût mieux valu dire *tipulæformis* que *tipuloides*, qui est moitié latin et moitié grec.

ORIBASIA. Oribase de Pergame, mort au commencement du cinquième siècle. Il étoit médecin de l'empereur Julien dit l'Apostat. Ses ouvrages ont été imprimés en 1557.

Schreber a dédié à sa mémoire son 307.e genre. C'est le *nonatelia* d'Aublet.

ORIGANUM (ορος, montagne; γανος, joie, plaisir : plaisir des montagnes). L'odeur de ces plantes est très-suave, et elles croissent principalement aux lieux secs et élevés.

Origanum étoit anciennement le nom radical de plusieurs plantes labiées, dont nous n'avons pas aujourd'hui d'idées précises. *Tragoriganum*, origan de bouc; *agrioriganum*, origan sauvage; *origanum onitis*, origan des ânes; *origanum heracleoticum*, origan d'Héraclée, etc. Voy. Pline et Dioscorides.

O. MAJORANA. Altéré de *marjamie* (mâryamych). FORSKAHL, pag. 59. La véritable marjamie des Arabes est le *salvia ceratophylla*.

O. SIPYLEUM. Qui croît sur le mont *Sipyle*, en Phrygie.

ORIXA. Nom sous lequel Thunberg, *Diss. nov. gen.* pag. 56, décrit cet arbuste du Japon. Il n'en donne pas l'origine; il est à croire que c'est un nom japonois.

ORNITHOGALUM (ορνις, ορνιθος, oiseau; γαλα, lait). Selon Tournefort, *Inst. rei herb.*, ce nom exprime la ressemblance de sa fleur avec la couleur de plusieurs oiseaux. Cette définition est très-vague; il est probable que cette dénomination tient à quelque tradition qui n'est pas venue jusqu'à nous. Du reste, la description qu'en donne Dioscorides, liv. 3, chap. 138, répond très-bien à notre *ornithogalum umbellatum*.

En françois, *churle*, de *cheorl*, qui signifie, en anglo-saxon, rustique, agreste. Sa racine est recherchée par les gens de campagne, comme un aliment tout préparé par la nature. Le moment de son épanouissement l'a fait appeler par les fleuristes : *dame d'onze heures*. En anglois, on le nomme *étoile de Bethléem* (Bethlehem-star).

ORNITHOPUS (ορνις, ορνιθος, oiseau; πους, pied, pate). De ses légumes contournés et articulés, qui ressemblent parfaitement à une pate d'oiseau.

ORNITROPHE (ορνις, oiseau; τροφη, nourriture). Son fruit est singulièrement recherché des merles. Cet arbre est même appelé *bois-de-merle* en l'île de Bourbon. JUSSIEU, d'après Commerson, pag. 247.

OROBANCHE (οροβος, orobe, toute plante légumineuse, en ce sens *à αγχω*; étrangler : c'est-à-dire qui fait périr les légumes). Sa racine suce par-dessous terre celles des plantes qui l'avoisinent.

Vulgairement *herbe-à-taureau*. On prétend que les vaches qui mangent cette plante recherchent sur-le-champ le taureau.

OROBUS (*οζω*, j'excite; *βους*, bœuf : c'est-à-dire, nourriture qui échauffe, qui fortifie les bœufs). Les Grecs donnoient ce nom à une plante qui paroît avoir rapport à la vesce; les modernes l'ont justement appliqué à une plante qui en est l'analogue.

ORONTIUM (*οροντιον*). Nom grec d'une plante qui nous est inconnue. Il est à croire qu'on l'avoit appelée ainsi, de ce qu'elle croissoit vers les bords de l'Oronte, fleuve de l'Asie mineure. La botanique moderne l'a donné, dans ce sens, à une plante qui croît en Virginie dans les lieux inondés.

ORTEGIA. Casimir Gomez de Ortega, botaniste espagnol, membre de la Société royale de Londres, professeur de botanique à Madrid. Il a donné, en 1800, une *Flore espagnole*.

Joseph Ortega voyagea avec Loeffling. Voy. *Loefflingia*.

ORTHOPYXIS (*ορθος*, droit; *πυξος*, vase). Mousse dont l'urne est droite. Palisot Beauvois, *Æthéog*. 31.

ORTHOTRICHUM (*ορθος*, droit; *θριξ*, *τριχος*, cheveux). Mousse dont les cils du péristome sont droits ou horizontaux, mais non roulés. Hedwig, 162.

ORYGIA. Altéré de son nom arabe *horudjrudj*. Forskael; pag. 103.

ORYZA. De son nom arabe *éruz* (Golius, page 68), dont les Grecs ont fait *ορυζα*; les François, *riz* (1); les Anglois,

---

(1) La farine de riz a long-temps été la base de plusieurs sortes de pâtes inventées par les Italiens, et auxquelles ils ont donné des noms tirés de leur langue. L'usage s'en étant étendu par toute l'Europe, on donnera ici le nom des principales :

Vermicelli. Les François disent souvent *vermicel* par abbréviation, et *vermichel*, en altérant la prononciation italienne : ce mot vient de *rice*; les Allemands, *reis*, etc. Plusieurs savans ont fait venir *oryza* du grec ρίζω, je borne, je termine, j'unis. On en connoît la qualité incrassante; mais le riz étant d'un usage immémorial en Orient, c'est là qu'il faut chercher l'origine de son nom, et non chez un peuple ancien, quant à nous, mais très-moderne quand on le compare à la nation arabe, immuable depuis tant de siècles.

ORYZOPSIS (ὀρύζα, le riz; ὄψις, figure). Plante qui ressemble au riz par le port. MICHAUX, *Flor. bor. Amér.* 1 — 51.

OSBECKIA. Pierre Osbeck, suédois, voyageur en Asie, de 1750 à 1752. La relation de son voyage à paru à Stockholm en 1757.

OSMANTHUS (ὀσμή, odeur; ἄνθος, fleur). Du parfum qu'exhale sa fleur. LOUREIRO, pag. 35. Ce genre tient aux *olea*.

OSMITES (ὀσμή, parfum). Une espèce de ce genre exhale une forte odeur de camphre.

OSMUNDA. Ce nom est regardé comme étant d'origine tudesque (1), et on lui donne pour primitif *mund*, qui exprime la force, à cause des vertus attribuées à cette plante.

O. LUNARIA (lunaire). Ses pinnules sont en forme de croissant.

O. REGALIS (royale). On l'a nommée anciennement *fougère royale*, pour exprimer la grandeur et la beauté de son feuillage.

O. STRUTHIOPTERIS (στρουθός, moineau; πτερίς, fougère). Fou-

---

vermicello, petit ver, diminutif de *verme*, ver; cette pâte est par petits filets qui ressemblent à de petits vers.

LASAGNE *Lasagna*, en italien, du latin *lagana* ou *laganum*, qui exprime une sorte de pâtisserie, une gaufre.

SEMOUILLE. De *semolina*, diminutif de *seme*, semence. La semouille est par parcelles, que l'on prendroit pour de petites graines.

MACARONI. En italien, *maccheroni*, sorte de pâte qui tire son nom de *macco*, farine de fève, avec laquelle on la faisoit dans le principe.

(1) *Osmunder* étoit l'un des noms de *Thor*, divinité celtique, et il exprime la force dont ce dieu étoit l'emblème.

Mund signifie *rempart*, en anglo-saxon, et il est radical de *Pharamond*, *Sigismond*, etc.

gère des oiseaux. Dans le nord de l'Europe, où croît cette plante, les oiseaux font souvent leur nid dans son feuillage touffu.

O. CERVINA (*cervus*, cerf). C'est-à-dire, osmonde, qui ressemble à l'*asplenium scolopendrium*, appelé anciennement *lingua cervina officinarum* (BAUHIN, *Pin*. 253), langue de cerf. Voy. *Asplenium scolopendrium*.

O. SPICANT (en forme d'épi). Ses feuilles fertiles s'élèvent comme des épis au milieu des feuilles stériles.

OSTEOSPERMUM (οστιον, os ; σπερμα, graine). La semence en est dure et comme osseuse.

OSYRIS. Nom que donnoient les anciens à un arbuste portant des branches longues et souples. On s'en servoit pour nettoyer les vêtemens. PLINE, liv. 27, chap. 12.

L'arbuste auquel la botanique a donné ce nom ancien, porte de même des rameaux minces et flexibles, dont on fait des balais dans toute l'Europe méridionale.

Quant au nom d'*osyris*, il paroît tenir à l'antiquité, et avoir été emprunté par les Grecs aux Egyptiens, dont Osyris étoit une des principales divinités. *Il est une plante divine appelée en Egypte osyris, et qui guérit de tous les maux*, dit Pline, liv. 29, chap. 2. Il est à croire que cette plante n'est pas la même que celle dont il parle plus haut.

OTHERA. Nom sous lequel Thunberg, *Nov. gener.* pag. 56, décrit cet arbuste du Japon.

OTHONNA. Dioscorides, liv. 2, chap. 178, parle de l'*othonna* comme d'une chose douteuse, et d'un nom donné à plusieurs substances. Il finit cependant par dire que c'est une plante dont la feuille ressemble à celle de la roquette, et est criblée de petits trous. C'est de là que vient son nom. Οθονη signifiant un linge, on a comparé cette feuille à jour à un linge. Voy. aussi Pline, liv. 27, chap. 12.

Les François et les Anglois l'ont nommée, dans le même sens, *herbe-à-chiffon* (rag-wort), quoique les plantes de ce genre n'aient que de très-foibles rapports avec la description que donne Dioscorides de l'*othonna*.

OVIEDA. Gonzale Fernandez d'Oviedo, inspecteur-général du commerce des Indes occidentales sous l'empereur Charles-

Quint. On a eu de lui une *Histoire générale des Indes occidentales*, en 1545.

Un second Oviedo (Jean-Gonzalve) introduisit le premier,
selon Fallope, l'usage du *gayac* en médecine.

Enfin Louis Oviedo, médecin espagnol, a donné, en
1595, un *Traité sur la médecine des simples.*

OURATEA. Altéré de *oura-ara*, nom que les Galibis donnent
à cet arbre. AUBLET, pag. 398.

OURISIA. Ouris, ancien gouverneur des îles Malouines. Il
a procuré cette plante à Commerson, qui lui donna son
nom.

OUTEA. Altéré de *joutay*, nom que donnent à cet arbre les
Garipons, peuples de la Guyane. AUBLET, pag. 30.

OXALLIS (ὀξύς, acide). Les feuilles de l'*oxallis* commun sont
d'une acidité très-agréable. Ce mot ὀξύς a pour primitif *oc*,
synonyme d'*ac*, pointe, en celtique. Voy. *Aiguillon*, aux
termes de botanique.

L'*oxallis acetosella* est vulgairement appelé *oseille de Pâques*, de l'époque à laquelle cette plante fleurit. On la
nomme aussi *alleluia*, qui exprime la même chose, *alleluia*
étant un cri de réjouissance réservé pour le jour de Pâques.
Il vient de l'hébreu *hallelu*, louez; *ja*, abbréviation de Jehova,
Dieu · louez Dieu.

Les Anglois nomment avec plus de précision l'*alleluia*,
oseille de bois : *wood-sorrel.*

O. SENSITIVA (sensitive). Ses feuilles se contractent brusque-
ment dès qu'on y porte la main. C'est le *todda-vaddi* des Indiens. RHEED. 9, pag. 33.

O. PES-CAPRÆ (pied de chèvre). De sa feuille, dont chaque
foliole bifide a été comparée au pied fourchu de la
chèvre.

OXYANTHUS (ὀξύς, pointu; ανθος, fleur). Les lobes de la
corolle sont très-aigus. DECANDOLLE, *Annales du Musée*,
tom. 9, pag. 218.

OXYCARPUS (ὀξύς, pointu au propre, acide au figuré; καρπος,
fruit). Dont le fruit et la feuille ont un goût acide. LOU-
REIRO, pag. 795.

OXYCEROS (ὀξύς, pointu; κερας, corne). Des aiguillons en

forme de corne et très-pointus que porte cette plante. Lo-
reiro, pag. 187. Ce genre rentre dans les *randia*.

OXYTROPIS (*οξυς*, pointu; *τροπις*, carène). Dont la carène
est aiguë. Decandolle, *Astragalogie*, p. 19. Ce genre est
extrait des *Astragalus*.

OZOPHYLLUM (*οζω*, je sens; *φυλλον*, feuille). Feuille qui
exhale une odeur fétide. Willdenow, 5 — p. 585; Schræber, gen. 1105.

P

PACHIRA. Nom de cet arbre parmi les naturels de la Guyane. AUBLET, pag. 728. C'est le cacao sauvage des créoles.

Ce genre tient au *carolinea* de Linné fils.

PACHYSANDRA (παχυς, épais; ανηρ, ανδρος, organe mâle ou étamine). Ses étamines sont grosses et fortes. MICHAUX, *Flor. bor. Amér.* 2 — 177.

PACOURIA. *Pacouri-rana*, nom que les Garipons donnent à cet arbuste. AUBLET, pag. 270.

PACOURINA. Nom de cette plante à la Guyane. AUBLET, pag. 801.

PÆDERIA (*pædor, pæderis*, puanteur). Cette plante exhale une odeur très-fétide.

Commerson a donné au *pæderia* le nom de *danaïs*, parce que, dans plusieurs de ses fleurs, les pistils faisant périr les étamines (dans d'autres, c'est le contraire), il en fait allusion aux Danaïdes de la mythologie, qui tuèrent leurs maris. Le nom vulgaire de *danaïde* en est resté à cette plante.

PÆDEROTA. L'un des noms que l'on donnoit à l'acanthe sans épines. PLINE, liv. 22, chap. 10. Il vient de παις, παιδος, enfant; ιρος, plaisir : parce que l'on s'en servoit pour se blanchir la figure, et en ôter les taches. Voy. *Athénée*, liv. 14.

Les plantes qui portent aujourd'hui ce nom, n'ont pas de rapport avec les acanthes, et on ne le leur a donné que pour employer un synonyme ancien.

P. BONAROTA. Buonarota, sénateur florentin, amateur de botanique.

PAEONIA. Du médecin Pæon, dit Pline, liv. 25, chap. 3, qui le premier mit cette plante en usage. La tradition grecque ajoute qu'il s'en servit pour guérir Pluton d'une blessure que lui avoit faite Hercule. Voy. *Heracleum* pour l'explication de cette allégorie.

Comme la *pæonia* croît spontanément dans les montagnes de la Pæonie, au nord de la Macédoine, il est probable que c'est de là qu'est venu ce nom.

Vulgairement *pivoine*, altéré de *pæonia*.

PAGAMEA. Nom que donnent à cet arbre les naturels de la Guyane. Aublet, pag. 113.

PALAVA. Cavanilles, *Diss.* 1, pag. 40, a dédié ce genre à Antonio Palau y Verdera, professeur de botanique à Madrid, éditeur de Linné.

PALIAVANA. *Valhavaa*, maison de plaisance qui servoit de résidence au prince Antoine de Bragance, et où il avoit un jardin de botanique. Vandelli en a fait un nom de genre, pag. 40.

PALLASIA. Pierre-Simon Pallas, né en Prusse, voyageur en l'empire de Russie. On a de lui un *Voyage de Sibérie*, une *Flore de Russie*, qui a paru en 1748 (son Voyage, orné de savantes notes de Langlès, a paru en françois en 1793); une *Histoire des Astragales*, 1800, etc. Schreber lui a dédié son 834.ᵉ genre.

PALOVEA. *Paloué*, nom que les Galibis donnent à cet arbuste. Aublet, pag. 367.

PALTORIA. Benoît Paltor, compagnon de voyage de Lœfling. *Flore du Pérou*, pag. 11.

PAMEA. Nom de cet arbre à la Guyane. Aublet, pag. 947.

PANAX (παν, tout; ακος, remède : remède à tous les maux). On connoît les vertus miraculeuses que possède cette plante, ou qu'on lui a attribuées. Elle est plus connue sous le nom chinois *gin-seng* : il signifie homme-plante, ressemblance d'homme, ou quelque chose de semblable, à cause de sa racine, souvent fourchue, que l'on a comparée aux cuisses de l'homme. Voy. les *Mémoires de l'Académie des sciences*, ann. 1718.

Dans la *Relation du Voyage de Macartney*, Stauton l'écrit *gin-cheng*.

PANCOVIA. Thomas Pancove, botaniste du seizième siècle. Willd. 2, pag. 285.

PANCRATIUM. Nom que donnoient les Grecs à une espèce de *scilla*. PLINE, liv. 27, chap. 12. Il signifie *toute force* : ϖαν, tout ; κρατος, force. On connoît les puissans effets du *scilla* en médecine. Les modernes se sont servis de ce nom pour désigner un genre de plantes de la famille des *scilla*.

PANDANUS. Latinisé de son nom malais *pandang*, qui signifie regarder. Le *pandanus* est d'une beauté remarquable, et il exhale une odeur exquise. RUMPHIUS, liv. 6, ch. 80.

C'est dans ce genre que rentre l'*athrodactylis* de Forster, gen. 75 ; et le *keura* de Forskahl, nommé ainsi en arabe pag. 172.

PANICUM. Selon Pline, liv. 18, chap. 7, ce nom lui vient de son épi en panicule ou panache. Il est plus naturel de le faire dériver de *panis*, pain. On en a fait autrefois un grand usage alimentaire. Pline dit même, liv. 18, chap. 10, *les Gaulois, et surtout les Aquitains, mangent du* panis. Charlemagne, dans ses *Capitulaires*, ordonne à ses régisseurs de semer du panis dans ses domaines.

P. SANGUINALE (*sanguis*, sang). Les semences de ce gramen, introduites dans les narines, excitent promptement le saignement de nez.

En tout pays, les écoliers connoissent très-bien ce dangereux moyen de se procurer des instans de relâche.

P. CRUS GALLI, et **P.** CRUS CORVI (*crus*, jambe, pate ; *gallus*, coq ; *corvus*, corbeau). Dont l'épi, par ses divisions, a été comparé à une pate de coq ou de corbeau.

P. DACTYLON (δακτυλος, doigt). Dont l'épi est divisé comme les cinq doigts de la main : il est ordinairement à cinq branches linéaires.

P. DYSTACHYON (δις, double ; σταχυς, épi). Panis à deux épis.

P. POLYSTACHYON (πολυ, plusieurs ; σταχυς, épi). Panis à plusieurs épis.

P. CLANDESTINUM (clandestin, caché). Ses épis sont tout-à-fait cachés dans les gaînes des feuilles.

P. ITALICUM. Il a été apporté d'Italie en France ; mais il est originaire des Indes. On le nomme communément *millet*, en le confondant avec le *panicum miliaceum*.

PANKE. Abrégé de *llaupanke*, son nom au Pérou. FEUILLÉE, *Péruv.* 2, pag. 44.

PANZERA. Panzer, médecin allemand, botaniste. W**ILLD.** 2, pag. 540.

PAPAVER. Dérivé de *papa*, bouillie, en celtique, dont plusieurs dérivés en latin, en françois, etc. : *pappo*, manger de la bouillie; *papin*, etc. On mettoit autrefois le suc de pavot dans la bouillie des enfans pour les endormir; dans quelques cantons de l'Allemagne, on y met encore la semence pour produire le même effet. De *papa*, les Latins ont fait *papaver*; les Anglo-saxons, *papig*; les Anglois, *poppy*; les François, *pavot*, etc.

On va joindre à cet article quelques étymologies qui n'y sont pas étrangères.

Opium, de οπος, suc, en grec. On sait que l'opium est le suc tiré par incision des têtes du pavot. Les Grecs et les Latins le connoissoient sous ce nom, comme on le voit dans Dioscorides et Pline; mais il paroît que du temps d'Homère, il n'étoit connu que sous le nom de *nepenthes*. Voy. *Nepenthes*.

Œillette, nom que l'on donne dans le commerce à la plus grande espèce de pavot, dont la graine (1) produit une huile douce, et bonne à manger. Ce mot est altéré d'*ollicte*, son véritable nom. Il est dérivé d'*oleum*, huile. Voy. *Olea*.

Diacode (δια, particule grecque, qui signifie proprement par, par le moyen de, etc; κωδη, la tête du pavot : c'est-à-dire, breuvage composé avec le suc du pavot). Ce remède est très-anciennement connu; les Anglo-Saxons s'en servoient sous le nom de *papig-drenc*, boisson de pavot.

P. **RHŒAS** (en grec, ροιας). *Le pavot sauvage*, dit Dioscorides, liv. 4, chap. 59, *croît dans les guèrets; sa fleur tombe facilement; et c'est de là qu'on le nomme* ροιας, dérivé de ρεω, je coule, je tombe.

En françois, *coquelicot*. Ce mot a pour radical *coc*, rouge, en celtique. Voy. *Cactus cochenillifer*.

---

(1) Le pavot produit une quantité prodigieuse de semences; c'est de là que Cybèle, la mère des Dieux, est représentée sur des monumens antiques, couronnée de pavots, comme le symbole de la fécondité. Le *nymphæa lotus* présente à peu près la même fructification que le pavot, et les Egyptiens en avoient fait l'emblême d'Isis, divinité des moissons.

Les Anglois le nomme *corn* : ce mot signifie *blé* ; cette plante croît dans les champs parmi les blés.

PAPPOPHORUM (παππος, aigrette ; φιρω, je porte). Gramen dont l'épi est soyeux et touffu. VAHL. *Symb.* 3, pag. 10.

PARALEA. *Parala*, nom que les Galibis donnent à cet arbre. AUBLET, pag. 577.

PARIANA. Nom de cette plante à la Guyane. AUBLET, pag. 877.

PARIETARIA (*paries*, muraille). Cette plante croît parmi les pierres.

PARINARIUM. *Parinari*, nom que porte cet arbuste au Brésil. AUBLET, pag. 515.

PARIS. Selon quelques auteurs, ce nom vient de *par, paris,* égal, à cause de la régularité du feuillage de cette plante.

On l'appelle en françois *raisin de renard.* Son fruit est parfaitement semblable à un grain de raisin noir ; et comme il vient dans les bois épais, séjour des renards, on l'a supposé bon pour eux ; mais ils n'y touchent pas.

En anglois, *trüe-love,* amour vrai ; de l'usage qu'en faisoient dans des philtres (1) de prétendus sorciers.

PARIVOA. Nom de cet arbre à la Guyane. AUBLET, pag. 757.

PARKINSONIA. Jean Parkinson, apothicaire anglois, né en 1567. On a de lui un ouvrage, intitulé *Théâtre de botanique,* qui n'a été publié qu'en 1649 ; et un autre appelé *Paradis terrestre,* ou Jardin de toutes les plantes qui peuvent croître en Angleterre : il a paru en 1629.

PARNASSIA. Qui croît sur le mont Parnasse, en Phocide. Cette plante n'est nullement particulière au mont Parnasse ;

---

(1) *Philtre.* Ce mot vient de φιλτρον, dérivé de φιλεω, j'aime, qui donne de l'amour. Dans tous les siècles, l'art s'est efforcé de secourir les amans malheureux en tâchant d'inspirer de l'amour à ceux qui n'en ressentoient pas ; le moyen le plus ordinaire étoit un breuvage aphrodisiaque qui devoit produire de grands désordres sur des organes aussi sensibles que l'étoient ceux des femmes grecques. Des peines capitales étoient attachées à ce crime ; et si les législateurs avoient tort d'en poursuivre les fauteurs comme magiciens, ils avoient raison de les condamner comme empoisonneurs.

elle croît également dans tous les prés humides, au nord de l'Europe; mais comme la fleur en est très-élégante, on a supposé, poétiquement, qu'elle étoit originaire du mont Parnasse, séjour de la Grâce et de la Beauté.

PARONYCHIA. Qui guérit du mal de doigt ou d'ongle, appelé en grec παρωνυχια, dont nous avons fait *panaris*. Ce mot vient de παρα, contre, proche ; ονυξ, ονυχος, ongle : tumeur qui vient proche de l'ongle. Cette plante passoit pour en guérir. *Le paronychia est très-bon aux tumeurs des doigts, principalement à celles qui jettent un pus semblable à du miel,* dit Dioscorides, liv. 4, chap. 49.

Ce genre est extrait des *illecebrum* de Linné.

PAROPSIA (παροψις, plat chargé d'alimens, dont le primitif est οψον, nourriture). Le *paropsia* produit un fruit édule. AUBERT DU PETIT-THOUARS, *Plantes des îles d'Afrique,* fasc. 4.

PARSONSIA. Jean Parson, naturaliste anglois, dont on a eu, en 1752, des *Observations philosophiques sur la génération des plantes, comparée à celle des animaux.* BROW. Jam. pag. 200.

PARTHENIUM (παρθενιον). Nom de la matricaire, en grec. Il est dérivé de παρθενος, jeune fille. Voy. *Matricaria.*

On l'a appliqué à ce genre-ci, non qu'il ait quelque analogie avec la matricaire, mais par allusion à sa singulière fructification. Voy. plus bas.

P. HYSTEROPHORUS (υστερα, parties sexuelles de la femme, de υστερος, inférieur, bas; φερω, je porte). Vaillant, qui institua ce genre, l'a nommé ainsi, parce que l'enveloppe de l'ovaire représente deux lèvres séparées par une scissure; ce qui lui donne l'aspect d'une vulve.

PASCHALIA. Genre dédié par C. G. Ortega, pag. 40, à Didaco Paschal, docteur en médecine, et professeur à Parme.

PASPALUM. L'un des noms grecs du millet, πασπαλος, il est employé par Hippocrate (voy. *Hermolaiis*); il vient de πας, tout; παλλω, je remue, je balance.

Ce nom convient très-bien au gramen auquel on l'a appliqué. Il est appelé par Adanson *sabsab, Famille des plantes,* 2—31, du nom qu'on lui donne au Sénégal.

PASSERINA (*passer*, moineau). Sa semence est garnie d'un appendice qui lui donne la forme d'un bec de moineau.

PASSIFLORA (*passio*, la passion de Jésus-Christ). Ce mot est dérivé de *patior*, je souffre; *flos*, *floris*, fleur. Par un préjugé populaire, on a cru trouver dans les dispositions des organes sexuels de cette fleur, quelque ressemblance avec les instrumens qui servirent à la passion de Jésus-Christ.

Anciennement *granadilla*, d'où grenadille, en françois; c'est-à-dire, petite grenade. *Les Espagnols*, dit Eusèbe Nieremberg, liv. 14, chap. 10, *l'appelèrent grenadilla, de sa ressemblance avec la pomme de Grenade par la grosseur et la couleur de son fruit, avec cette différence qu'il n'a pas la couronne de la grenade.*

P. CUPREA (*cupreus*, cuivreux). Ses pétales sont d'une belle couleur de cuivre.

P. ADULTERINA (bâtarde). C'est-à-dire, qui diffère des autres espèces de ce genre par son calice à trois feuilles et sa corolle en entonnoir.

P. NORMALIS (*normalis*, régulier, fait à l'équerre, instrument de mathématique appelé, en latin, *norma*). Ses feuilles ont à leur base deux lobes qui s'écartent à angle droit, comme les deux branches d'une équerre.

P. MURUCUJA. Nom que donnent à cette plante les naturels du Brésil. PISON, 4—73.

P. VESPERTILIO. Nom de la chauve-souris. Voy. *Hedysarum vespertilionis*.

Les feuilles de cette *passiflora* sont semblables aux ailes étendues d'une chauve-souris.

P. MINIMA (très-petite). La partie est prise ici pour le tout. La plante est très-grande, sa fleur seule est petite.

P. HOLOSERICEA (ολος, tout; σηρικος, soyeux). Ses feuilles sont soyeuses des deux côtés. Voy. *Melastoma holosericea*.

P. MIXTA (mixte, moyenne). Elle a le port de la grenadille incarnate; mais les stipules sont lunulés.

PASTINACA. L'un des noms que donnoient les Latins au *daucus* des Grecs. PLINE, liv. 19, chap. 5. Il est dérivé de *pastus*, aliment, nourriture.

On connoît le goût agréable de sa racine, dont les auciens faisoient un grand usage. Pline s'étend au long sur la culture de cette plante.

En françois, *panais*; en anglais, *parsnep* : altéré de *pastinaca*.

P. OPOPANAX (ὀπός, suc ; πᾶν, tout; ἄκος, remède). C'est-à-dire, plante dont le suc est un remède à tous les maux.

On obtient, par l'incision de sa racine, une gomme-résine qui est en grande renommée, dans l'Orient, pour guérir de plusieurs maladies.

PATABEA. Nom de cet arbuste à la Guyane. AUBLET, pag. 111.

PATAGONULA. Originaire de l'extrémité de l'Amérique méridionale appelée *pays des Patagons* (1). Dillen, qui institua ce genre, *Eltham.* 306, l'avoit appelé *patagonica*; Linné en a changé la désinence sans raison apparente.

PATELLARIA (*patella*, petit vase). De la fructification en godet de ces lichen. ACHAR, 2.

PATINA. *Patina-rana*, nom que donnent à cette plante les naturels de la Guyane. AUBLET, pag. 197.

PAVETTA. *Pavetta* ou *malleomothe*, nom de cet arbuste au malabare. RHEED. *Mal.* 5, pag. 19.

PAULETIA. Jean-Jacques Paulet, médecin françois, dont on a eu, en 1791, un ouvrage sur les *fungus*. CAVANILLES. tom. 5, pag. 5.

PAULLINIA. Simon Pauli, naturaliste danois, né en 1605, mort en 1680. On a de lui un *Quadripartitum Botanicum*, ou Botanique en quatre parties. — Des *Catalogues des plantes* de tous les jardins renommés de l'Europe, etc.

On ne doit pas omettre dans cet article Chrétien-François Paullinus, allemand, né en 1642, mort en 1712, dont on a eu plusieurs Mémoires académiques sur la sauge, le jalap, le lis, etc.

PAVONIA. Ce genre, extrait des *hibiscus*, a été nommé ainsi par Cavanilles, *Diss.* 3, pag. 132, en l'honneur de Joseph Pavou, compagnon de Dombey à son voyage au Pérou, et l'un des auteurs de la *Flore du Pérou*.

____

(1) L'italien Pigasetta, compagnon de Magellan ou Magalhaens, en dit, dans sa relation, que le général nomma ces peuples *patagons*, parce que leurs jambes, couvertes de peaux d'animaux, sembloient être des pates.

PAYROLA. Abrégé de *paypayrola*, nom que les Galibis donnent à cet arbuste. AUBLET, pag. 250.

PECTIS (*pecten*, peigne). De ses aigrettes garnies de dents que l'on a comparées à celles d'un peigne.

PEDALIUM (πηδαλιον, mot grec qui signifie un clou, une pointe). On l'a appliqué à cette plante, parce que son fruit, en forme de noix, est garni de quatre cornes ou pointes aiguës, à peu près comme celui du *trapa*.

P. MUREX. Coquillage épineux, dont les anciens tiroient la pourpre si vantée dans leurs écrits.

Le fruit du *pedalium murex* y ressemble par sa forme, sa grosseur et ses épines.

Murex a pour radical *ec*, synonyme d'*ac*, pointe, en celtique. Voy. *Ilex*, *Ulex*, *Rumex*, etc.

PEDICELLIA (*pediculus*, pédicule : voy. ce mot à la liste des termes). Sa capsule et sa semence sont portées sur de petits pédicules. LOUREIRO, pag. 809.

PEDICULARIS. Dérivé de *pediculus*, pou, qui vient de *pes*, *pedis*, pied, pate : de la quantité de ses pates.

Cette plante passe pour les faire mourir ; c'est dans ce sens que Linné adopte ce nom, *Philos. bot.* Selon Ray, la pédiculaire est appelée ainsi, parce que la plante présente des rugosités qui ressemblent à des poux. C'est le sens admis par Tournefort, *Inst. rei herb.*

P. SCEPTRUM-CAROLINUM (sceptre de Charles). Nom métaphorique. Ses fleurs sont disposées en longs épis verticillés, et chacune d'elles représente un lion. C'est de là que le suédois Jean Olaüs Rudbeck nomma cette plante *sceptre de Charles* (XII). Voy. sa *Dissertation sur le sceptrum carolinum*, Upsal, 1731.

PEGANUM (πηγανον, nom grec de la rue ; il vient de πηγνυω, j'échauffe, je cuis). On en connoît l'effet échauffant.

Le *peganum* ressemble à la rue. Bauhin, *Pinax*, 336, le nomme même *ruta sylvestris flore albo*, rue sauvage à fleur blanche.

P. HARMALA. Altéré de *harmel* (hharmel), nom arabe de la rue. FORSKAHL, pag. 66.

PEKEA. Nom que donnent à cet arbre les Noiragues, peuple de la Guyane. AUBLET, pag. 596.

PELTARIA. Dérivé de πελτη, petit bouclier des Grecs. On a comparé à un petit bouclier sa silicule large et aplatie. Ce sens est le même que celui de *clypeola*; et l'affinité de ces plantes est telle, que le *peltaria* de Jacquin a été replacé au rang des *clypeola* par A. L. de Jussieu.

PELTIDEA (πελτη, petit bouclier). De la fructification en disques arrondis des lichen de cette série. Acharn, 2.

PEMPHIS (πεμφιξ, vent, souffle). De sa capsule enflée, et qui semble avoir été soufflée. Forster, gen. n.° 34. Ce genre rentre dans les *lythrum*.

PENÆA. Pierre Pena, né à Narbonne, collaborateur de Lobel.

P. sarcocolla (σαρξ, σαρκος, chair; κολλα ou κελλω, colle : c'est-à-dire, qui soude, qui réunit les chairs). Pline désigne sous ce nom, liv. 13, chap. 11, un arbre dont la gomme est bonne contre le crachement de sang.

Les modernes l'ont appliqué à un arbuste d'Ethiopie dont il découle une substance gommeuse qui passe pour déterger les plaies, et les souder promptement. Les Arabes l'appellent *anzaröt*. Golius, pag. 169.

PENNANTIA. Thomas Pennant, célèbre naturaliste anglais, Forster, gen. 67. Il a donné, en 1789, un ouvrage sur le nord du globe.

PENTALOBA (πεντε, cinq). Dont la baie a cinq globes. Lour-ariro, pag. 191.

PENTAPETES. L'un des noms que les Grecs donnoient à la quinte-feuille. Il est dérivé de πεντε, cinq. Pline, liv. 25, chap. 9. Il ajoute cependant : *que cette plante porte un fruit semblable à la fraise.*

Le *pentapetes* des modernes n'a nul rapport avec la quinte-feuille, quoique Plukenet, *Almag.* 126, l'ait appelé *alces pentaphylloides.* Ce nom n'est pris ici que pour la signification de πεντε, cinq, parce que son calice a cinq folioles, et sa capsule cinq loges.

PENTHORUM (πεντε, cinq). Des cinq angles très-prononcés de sa capsule.

PEPERONIA. Analogue au poivre, appelé en grec πεπερι. Flore du *Pérou*, pag. 6.

PEPLIS. L'un des noms grecs du pourpier (*portulaca*). Le *portulaca, que l'on appelle aussi peplion*, dit Pline, liv. 20, chap. 20.

Les modernes s'en sont servis pour désigner une plante qui ressemble tellement au pourpier, qu'on l'a appelée *peplis portula.*

PERAMA. Nom de cette plante à la Guyane. AUBLET, pag. 54.

PERDICIUM. Nom que donne Pline, liv. 21, chap. 17, à une plante dont il dit que les perdrix sont avides. Il est à croire que c'étoit une plante alimentaire; car il ajoute : *Les Egyptiens ne sont pas les seuls qui en mangent.*

On s'est servi de ce nom en botanique moderne, uniquement pour employer un terme ancien.

PEREBEA. *Peribea* ou *Aberemoa*, nom de cet arbre à la Guyane. AUBLET, pag. 953.

PERGULARIA (*pergula*, treillage). De ses tiges volubiles, propres à faire, par leur entrelacement, des berceaux, treillages, etc.

PERILLA.

PERIPHRAGMOS (περι, autour; φραγμος, séparation, haie). Qui croît le long des chemins autour des haies. *Flore du Pérou*, pag. 22.

PERIPLOCA (περιπλεκτος, entrelacé, réuni; περιπλοκη, entrelacement). Plusieurs espèces de ce genre produisent des tiges volubiles qui s'attachent ou s'entrelacent dans les corps qui les avoisinent.

Περιπλοκη est composé de περι, autour; πλεκω, j'approche, j'unis.

PEROJOA. Genre dédié par Cavanilles, tom. 4, pag. 29, à François del Perojo, botaniste espagnol.

PERSOONIA. Le docteur D. C. H. Persoon, né au cap de Bonne-Espérance, de parens hollandois. On a eu de lui un *Tableau des fungus (Synopsis fungorum)*, en 1801; on a eu aussi de lui une édition de Linné, en 1797.

Smith lui a dédié ce genre, *Actes de la Société Linnéenne*, vol. 4.

PETALOMA (πεταλον, pétale; λημα, bord). Fleur dont les pétales sont insérés sur le bord du calice. SWARTZ, 73. Ce genre rentre dans le mourirja d'Aublet.

PETESIA.

PETITIA. François Petit, chirurgien français, associé de l'Académie des sciences, dont on a eu, en 1710, trois *Lettres sur la botanique.*

Henri Petit, son fils, né en 1713, mort en 1796; Antoine Petit, son second fils, né en 1718, se sont distingués dans la médecine.

PETIVERIA. Jacques Petiver, anglois, membre de la Société royale de Londres. On a de lui *Dix centuries,* publiées de 1692 à 1703, une *Ptérigraphie américaine,* ou Description des fougères de l'Amérique, 1712. — *Catalogue des plantes des environs de Genève,* 1709; et quantité d'autres ouvrages.

PETREA. En l'honneur de lord Pêtre, né en 1710, mort en 1742, possesseur d'une magnifique collection de plantes étrangères. Houston lui a dédié ce genre.

PETROCARYA (φιτρα, pierre; καρυα, noix). Arbre dont le fruit est une noix dure comme la pierre. Schreber, gen. 619, a donné ce nouveau nom au *parinari* d'Aublet.

PETUNIA. De *petun,* son nom au Brésil. Jussieu, *Annales du musée,* fasc. 9.

PEUCEDANUM (πευκη, pin; δανος, nain, petit; petit pin : en latin, *pinastella,* diminutif, de *pinus,* comme le nom grec).

Cette plante avoit été nommée ainsi, parce que l'on en retiroit une substance d'une odeur forte, et analogue à la résine. Voy. Dioscorides, liv. 3, chap. 76.

On ne connoît pas précisément l'ombellifère à laquelle les anciens donnoient le nom de *peucedanum;* mais on l'a appliqué à une plante de la même série, dont l'odeur est forte et résineuse, et qui présente quelques rapports avec le *peucedanum* décrit par Dioscorides, et par Pline, liv. 25, chap. 9.

PEZIZA. Nom sous lequel Pline, liv. 19, chap. 3, décrit une espèce de fungus qui n'a, dit-il, ni tige ni racine. Athénée répète la même chose, liv. 2, pag. 65. Ce nom convient très-bien aux plantes auxquelles les modernes l'ont appliqué. Elles sont appuyées sur la terre, et n'ont ni tige ni racine.

Les étymologistes ont fait dériver *peziza* de πεζος, pied, attendu que cette plante n'en a pas. Boehmer, *Lex.* p. 156. Il est plus naturel de le faire venir de πεσις, pourriture, cadavre: la plupart de ces plantes croissant sur les substances qui se putréfient.

P. LENTIFERA (*lens, lentis*, lentille; *fero*, je porte). Cette plante forme une coupe au fond de laquelle sont placés plusieurs réceptacles en forme de lentilles. Voy. *Nidularia*.

P. CORNUCOPIOIDES (en forme de corne d'abondance, appelée en latin, *cornu-copiæ*). Cette fongosité, allongée et évasée, ressemble assez bien à la corne d'abondance figurée par les peintres.

On remarquera que *cornu-copiæ* étant latin, la terminaison *oides* ne devroit pas y être jointe; il eût mieux valu dire *cornu-copiæ-formis*. Voy. *Hypocrateriforme*; c'est la même faute, dans un sens inverse.

P. ACETABULUM (*acetabulum*, coupe, gobelet servant spécialement à mettre le vinaigre, chez les Latins). Cette plante est en forme de vase.

P. CYATHOIDES (*κύαθος*, même sens en grec, qu'*acetabulum* en latin, avec cette différence que la capacité du *cyathe* étoit à celle de l'acetabule comme dix est à quinze).

La *pézize cyathoïdes* est plus petite que la *pézize acétabule*.

P. CUPULARIS (*cupula*, diminutif de *cupa*, coupe, vase). Elle est grande comme le calice du gland du chêne.

P. COCHLEATA (*cochlea*, coquille de limaçon). Cette fongosité est contournée en coquille. Voy. *Coque* à la table des termes.

P. AURICULA (oreille). Cette plante, concave et ridée, a quelque ressemblance avec une oreille d'homme.

P. CORONARIA (à couronne). Son limbe est à découpures droites; ce qui lui donne l'aspect d'une couronne.

PHACA (*φακή* ou *φακος*, nom grec de la lentille, ou d'une plante analogue; il vient de *φαγω*, je mange; de l'usage alimentaire que l'on en a toujours fait).

Le *phaca* des modernes ressemble à la lentille.

P. SALSULA. Diminutif de *salsus*, salé: c'est-à-dire, qui croît dans les terres salées de la Tartarie orientale.

PHACELIA (*φάκελος*, faisceau). De ses fleurs en épis fasciculés.

PHAETUSA. Nom mythologique donné à cette plante pour en exprimer la grandeur singulière et la beauté. Gærtn., tom. 2, pag. 426. Phaétuse signifie éclat, splendeur; il est dérivé de φαω, je brille. Cette divinité étoit fille de Phœbus, dont le nom a la même racine.

PHAIOS (φαιος, brun). De la couleur obscure de ses fleurs. Loureiro, pag. 647.

PHALARIS. Dérivé de φαλος, brillant, qui vient de φαω, je brille. Le phalaris des Grecs avoit la graine argentée. Dioscorides, liv. 3, chap. 142. Le phalaris a les bales d'un blanc brillant.

    Φαλος, Φαω, Φαος, Φοιβος, Φωτιζω, etc., ont tous pour primitif fo, feu, lumière, en langue celtique. Voy. Foin et Boletus famantarius.

PHALANGIUM. *Phalangion* ou *phalangites*, nom sous lequel Dioscorides, liv. 3, chap. 105, décrit une plante semblable au lis, et qui passoit pour guérir de la morsure d'une sorte d'araignée venimeuse appelée φαλαγξ, φαλαγγες.

    Ce genre, extrait des *anthericum* de Linné, produit des fleurs qui répondent très-bien à la description que donnent du *phalangion* Dioscorides et Pline, liv. 27, chap. 12.

PHALLUS (φαλλος, pénis, en grec). De la singulière forme de cette fongosité. Voy. plus bas *Phallus impudicus*. On a nommé vulgairement ce genre *satyre*, mot qui répond pour le sens à celui de *phallus*.

P. esculentus (bon à manger). On connoît la morille et son bon goût. *Morille*, selon Clusius, *Fung.* gen. 1, de sa ressemblance avec le fruit du mûrier, *morus*.

P. impudicus (impudique). Par sa parfaite ressemblance avec un pénis d'homme, hors de l'état de repos.

P. mokusin *Mo-ku-sin*, son nom en langue chinoise. *Act. pétrop.* vol. 19, pag. 373.

PHANERA (φανερος, manifeste, dérivé de φαινω, je vois, je parois). Son calice et sa corolle sont très-apparens. Loureiro, pag. 47.

PHARNACEUM. Nom historique; de Pharnace, roi de Pont, qui passa pour avoir mis le premier cette plante en usage. Pline, liv. 23, chap. 4.

PHARUS (φαρος, enveloppe, couverture). Brown, Jam.

pag. 335, nomme ainsi cette graminée pour exprimer l'usage économique que font les nègres de la Jamaïque de ses feuilles larges et nerveuses.

PHASCUM (φασκω, en grec). Voy. *Bryum.*

Quant à ce mot, il est dérivé de φασαν, je brille. On s'en est servi pour désigner une mousse dont la capsule est très-brillante.

PHASEOLUS (*phaselus*, une barque). De la forme de sa semence, exactement semblable à celle d'une chaloupe.

Les Grecs le nommoient *smylax des jardins.* DIOSCORIDES, liv. 2, chap. 140. La description qu'il en donne convient exactement au *phaseolus.* Ils l'appeloient aussi *lobos* ; et il est à remarquer que les Arabes, qui le communiquèrent aux Grecs, le nomment *lòbyà.* GOLIUS, pag. 2101.

En vieux françois, *fasioles*, altéré de *phaseolus.*

En anglois, *kidney-bean*, fève-rognon. On en connoît la forme de rein ou rognon.

P. LUNATUS (en croissant comme la lune). De la forme recourbée de sa gousse.

P. BIPUNCTATUS (à deux points). Ses semences blanchâtres sont marquées des deux côtés de l'ombilic d'un point de couleur ferrugineuse.

P. INAMŒNUS (sans agrément, qui a peu de beauté). Sa fleur, dont le pavillon est verdâtre, n'a que très-peu d'apparence.

P. VEXILLATUS (*vexillum*, étendard ; pétale supérieur des fleurs légumineuses). Il est plus remarquable dans cette plante que dans les autres de ce genre, parce qu'il est très-étendu. Voy. *Etendard* à la table des termes.

P. CARACALLA. Nom que donnent les Portugais à cette plante qu'ils ont apportée du Brésil. Ils l'ont appelée ainsi, à cause de sa fleur en escargot ou en capuchon. La caracalle étoit un habit à capuchon, dont se servoient particulièrement les Gaulois. L'Empereur Marc-Aurèle Antonin l'avoit adopté, et il en acquit le surnom de *Caracalla.* Ce mot vient du celtique *car*, tête ; *cal*, couverture : qui couvre, qui enveloppe la tête.

P. RADIATUS (radié). Ses gousses cylindriques sont placées horizontalement, et elles s'écartent en rayons.

P. MAX. Altéré de *mas*, son nom en arabe ; en persan, *mût*. GOLIUS, 2182 ; RAUWOLF, pag. 68.

P. MUNGO. Nom de cette plante en Perse. Elle est appelée *munga* des Persans, par Herm. *Max.* 887. Voy. Garcias, *Ab horto*, liv. 11, chap. 21.

PHELLANDRIUM. Nom sous lequel Pline décrit, liv. 27, chap. 12, une plante ombellifère qui ressemble très-bien à celle que nous appelons ainsi. *Phellandrium* vient, selon Linné, *Philos. bot.*, de φιλλος, liége ; ανηρ, ανδρος, mâle : liége mâle. Cette plante n'a d'analogie avec le liége que par sa tige grosse et creuse qui flotte sur les eaux où elle a cru.

PHILADELPHUS (φιλαδελφος). Nom employé par Athénée pour désigner un arbuste qui nous est inconnu. Bauhin est le premier qui s'en soit servi en l'appliquant à cet arbrisseau, qu'il a nommé *philadelphus athenæi*, Pinax, 399.

Ce mot signifie *frères amis* ; φιλος, ami ; αδελφος, frère ; et, selon plusieurs auteurs, il fait allusion à l'entrelacement de ses branches.

PHILESIA (φιλεω, j'aime). Nom donné à cet arbuste par Commerson, pour exprimer l'élégance de son feuillage. LA-MARCK, *Ill.*

PHLEUM. Les Grecs, et Pline d'après eux, liv. 21, chap. 18, appeloient φλεος une plante dont on n'a pas aujourd'hui une juste idée. Dodonée, *Pempt.* 4, liv. 5, chap. 28, dit que c'est notre *typha*, auquel le *phleum* ressemble parfaitement, en petit, par son épi cylindrique.

En françois, *fléau*, de la forme de son épi, qui imite celle du fléau des agriculteurs.

En anglois, gramen queue de chat, *cats'tail grass*, toujours de la figure de son épi.

PHLOMIS (φλομος, nom grec du *verbascum*). *Le verbascum, que les Grecs nomment* phlomos, dit Pline, liv. 25, chap. 10. Il est dérivé de φλοξ, flamme ; de l'ancien usage de faire des mèches de lampe avec sa feuille épaisse et cotonneuse. DIOSCORIDES, liv. 4, chap. 99.

Plusieurs espèces de *phlomis* ressemblent parfaitement au *verbascum* par leurs feuilles larges et velues. Voy. *Lychnis*, et *Verbascum lychnitis*.

P. HERBA-VENTI (herbe du vent). C'est-à-dire, qui croît au

midi de la France, sur les montagnes nues et battues du vent.

P. SAMIA. Originaire de l'île de Samos.

PHLOX (φλοξ, feu, flamme). Nom employé par Théophraste pour désigner une plante qui nous est inconnue. Selon Dodonée, *Pempt.* 2, liv. 1, chap. 2, c'est notre *viola tricolor*; mais d'après ce qu'en dit Pline, liv. 21, chap. 10, il est à croire que c'est un *agrostemma*, nommé ainsi en grec, de la vive couleur de feu de sa fleur.

C'est sous ce rapport que les modernes l'ont appliqué à un genre de plantes dont une espèce donne des fleurs de couleur de feu.

PHOBEROS (φοβερος, terrible). De sa tige garnie de fortes épines. LOUREIRO, pag. 389.

PHŒNIX (φοινιξ, nom propre du palmier-dattier, en grec). Il est à croire que les Grecs l'avoient appelé ainsi de Φοινιϰη, la Phénicie, d'où ils le connurent d'abord. Ce pays a toujours été renommé pour les dattes. Pline dit, liv. 13, chap. 14, la *Judée est remarquable par la quantité de palmiers qu'elle produit.* Elle avoit même adopté le palmier pour symbole (1). On sait que la Judée et la Phénicie se touchent, et que leurs productions sont semblables.

P. DACTYLIFERA (δαϰτυλος, littéralement doigt de la main). Les Grecs avoient donné ce nom à la datte, parce qu'ils avoient comparé la réunion de ses fruits à celle des doigts de la main. Le nom de *palma*, d'où *palmier* en françois, exprime précisément la même chose en latin : *palma*, paume de la main.

Datte, francisé du grec δαϰτυλος.

PHORMIUM (φορμος, panier, corbeille). On tire de la tige de cette plante une sorte de fil, dont les naturels de la Nouvelle-Zélande font toutes sortes de tissus pour vêtemens ou pour meubles. Dans les relations des voyages à la

---

(1) Chaque ville ou contrée avoit anciennement son symbole ; Athènes avoit adopté la chouette, oiseau de Minerve ; Argos, le loup ; Mycènes, le lion ; la Cyrénaïque, le *sylphium* ; la Judée, le palmier, etc. C'est à cet usage qu'il faut rapporter l'origine des armoiries, et non aux croisades, comme on l'a souvent répété.

mer du Sud, on l'appelle *lin de la Nouvelle-Zélande*. Forster, gen. 24.

Φορμος vient du celtique *form*, qui signifie un petit panier. C'est de là que vient notre mot *fromage*, appelé anciennement *fourmage*, de l'usage de le mettre dans les formes ou petits paniers d'osier, pour l'égoutter.

Ces mêmes paniers se nomment aussi *case* dans la même langue : de là les mots *caseus*, *caseux*, pour exprimer la partie du lait qui fait le fromage. En picard, on nomme encore *caserets* les paniers qui servent à la préparation du fromage.

PHRYMA.

PHRYNIUM. Dérivé de φρυνος, grenouille : c'est-à-dire, plante qui croît aux Indes, dans les lieux humides, séjour des grenouilles. Willdenow, 1, pag. 17.

PHUCAGROSTIS (φυκος, fucus, algue ; *agrostis*, gramen en général). Cette plante, qui croît dans la Méditerranée, ressemble aux gramens par le port et les articulations de sa tige, et aux fucus ou algues par sa nature.

PHYLA (φυλη, tribu). Nom donné à cette plante, par allusion à la quantité de fleurs qu'elle produit d'un seul calice. Loureiro, pag. 82.

PHYLICA, ou plutôt Philyca : en grec, φιλυκη. On ne connoît pas le *philyca* des Grecs. Selon Dodonée, *Pempt.* 6, liv. 1, chap. 20, c'est notre *ilex aquifolium*. Les modernes l'ont appliqué, dans ce sens, à un genre d'arbustes dont la verdure est perpétuelle.

PHYLLACHNE (φυλλον, feuille ; αχνη, pointe, qui a pour radical *ac*, pointe, en celtique). Cette plante, semblable aux mousses, porte de petites feuilles en alêne. Forster, gen. 58.

PHYLLAMPHORA (φυλλον, feuille). Dont la feuille présente une amphore ou vase. Loureiro, pag. 744. Voy. *Nepenthes* ; c'est le même genre.

PHYLLANTHUS (φυλλον, feuille ; ανθος, fleur). C'est-à-dire, plante dont la fleur est implantée sur la feuille même. Les unes sont sur la nervure qui est au milieu ; d'autres espèces les portent à la base ; d'autres encore à l'extrémité de la feuille.

P. CANAMI. Nom de cet arbuste à la Guyane. AUBLET, 2, pag. 927.

P. NIRURI. Nom de cette plante au Malabar. RHEED, 10 — 27.

P. PARKARIA. On lui a attribué la propriété de guérir de la *dysurie*, ou difficulté d'uriner. De δυς, particule inséparable qui exprime peine, difficulté; ουρον, urine.

P. EMBLICA. Nom de cet arbuste aux Moluques. RUMPH. 7, tom. 1. Il est à peu près le même en arabe, *èmlidj*. GOLIUS, pag. 180.

PHYLLAUREA (φυλλον, feuille; *aureus*, doré). Dont les feuilles sont d'une couleur dorée. LOUREIRO, pag. 705.

On remarquera que ce nom étant composé de grec et de latin, il eût mieux valu dire *foliaurea*.

PHYLLIREA (φυλλον, feuille). Du feuillage brillant et permanent qui distingue les arbustes de ce genre.

Vulgairement *filaria*. C'est le même mot, avec une orthographe latine. On distinguera l'arbuste *phyllirea* de φιλυρα, nom que donnoient les Grecs à l'écorce du tilleul.

PHYLLIS (φυλλον, feuille). Sa feuille est d'une beauté remarquable par sa verdure, et par les veines dont elle est parsemée; elle en porte même le nom en françois : *la belle feuille*.

Considéré poétiquement, *Phyllis* est le nom d'une reine de Thrace, chez laquelle Démophoon, fils de Thésée et de Phèdre, fut chassé par les Vents, au retour de la guerre de Troie. Il l'aima, et il en fut aimé. L'ayant quittée pour retourner à Athènes, il manqua de revenir au temps convenu, et elle se pendit de désespoir. Les dieux la changèrent en un arbre sans feuilles, qui fut appelé *phyllis*; mais Démophoon étant survenu, il embrassa avec ardeur ce tronc, qui se couvrit sur-le-champ du plus beau feuillage.

On sent assez que cette fable est fondée sur la signification de ce nom, qui veut dire *feuille* : l'imagination brillante et exaltée des Grecs a fait le reste de l'histoire.

PHYLIDRUM, ou plutôt PHILYDRUM (φιλεω, j'aime; υδωρ, υδρος, eau : qui aime l'eau). Cette plante croit aux lieux aquatiques de l'Asie. GÆRTNER, 1, pag. 62.

PHYLLODES (φυλλον, feuille). Dont la fleur naît dans l'espèce de cornet que forme la feuille roulée sur elle-même. LOUREIRO, pag. 16.

PHYSALIS (φυσα, enflure). Son fruit est renfermé dans une membrane renflée qui ressemble parfaitement à une vessie.

P. alkekengi (Al kékendg). Nom arabe de cette plante. Golius, pag. 2061. De ce mot, les Grecs ont fait αλκακαζι, et nous, *alkekenge*. On l'appelle aussi *coqueret*, de son fruit enfermé dans une *coque*.

P. pruinosa (*pruina*, gelée blanche, givre). Ses ramifications sont couvertes, à leur surface, d'une teinte blanchâtre et légère qui ressemble à du givre.

PHYSCIA (φυσκη, vessie). Série de lichen dont les appendices sont enflés. Achar, 2.

PHYSKIUM (φυσκε, vessie). Dont le péricarpe est en forme de vessie. Loureiro, pag. 814.

PHYTEUMA (φυτευμα, expression poétique qui signifie la même chose que φυτον). Les Grecs donnoient ce nom à une plante aphrodisiaque dont l'usage étoit très-répandu. *Il seroit superflu*, dit Pline, liv. 27, chap. 12, *de décrire le phyteuma; il sert seulement aux plaisirs de l'amour.* Dioscorides, liv. 4, chap. 125, dit, dans le même sens, *que le phyteuma est bon pour se faire aimer.*

Les modernes se sont servis de ce nom pour désigner, par une légère analogie, un genre de plantes dont les racines sont très-tortifiantes, mais qui, du reste, n'offre que de foibles rapports avec le *phyteuma* décrit par Dioscorides.

PHYTOLACCA (φυτον, plante; *lacca*, la lacque (1) : plante lacque). C'est-à-dire, dont le fruit donne une belle couleur rouge, analogue à celle de la lacque.

Vulgairement *mechoacan*, d'une province de ce nom, dans la Nouvelle-Espagne, d'où l'on tira cette plante pour la première fois.

PICRAMNIA (πικραινω, donner de l'amertume, de πικρος, amer). Plante amère en toutes ses parties. Swartz, 27.

PICRIA (πικρος, amer). Cette plante est d'une amertume remarquable. Loureiro, pag. 478.

---

(1) La lacque dont il est ici question est une substance colorée avec la cochenille, et qu'il ne faut pas confondre avec la lacque espèce de résine ou plutôt de cire qui est produite par une sorte d'insecte. C'est la vraie lacque; et on en a étendu le nom en le donnant à plusieurs pâtes ou préparations dont la couleur approche de celle de la lacque.

PICRIS (πικρος, amer). Nom que donnoient les Grecs à une sorte de laitue. *On la nomme picris, à cause de son amertume, dit Pline, liv. 19, chap. 8.* Notre picris est d'une grande amertume, comme la plupart des plantes de cette série.

PICRIDIUM (πικρος, amer). Plante amère. DESFONTAINES, *Flore atlantique.*

PILOCARPUS (πιλος, chapeau; καρπος, fruit). Dont le fruit a la forme d'un bonnet. Ce genre tient de très-près à l'*evonymus*, qui de même est nommée vulgairement *bonnet de prêtre.* VAHL. *Eclog.* 1, pag. 29.

PILOTRICHUM (πιλος, chapeau, coiffe; θριξ, τριχος, cheveux). Mousse dont la coiffe est hérissée. PALISOT BEAUVOIS, *Æthéog.* 30.

PILULARIA (*pilula*, diminutif de *pila*, boule). De ses fleurs ramassées en petites têtes globuleuses.

PIMPINELLA. Selon Linné, *Phil. bot.*, ce nom est altéré de *bipennula*, deux fois pennée. Voy. *Feuille pennée* à la table des termes de botanique.

Vulgairement *pimprenelle*, altéré de *pimpinella*. La pimprenelle commune est aussi nommée *boucage*, du goût des boucs pour cette plante.

P. ANISUM. De son nom arabe *anysûn*. GOLIUS, 177. L'anis est originaire d'Egypte, d'où les Grecs l'auront tiré; et ils ont donné à ce nom une désinence de leur langue, en en faisant *anison*, comme on le voit dans *cumin*, *jasmin*, noms arabes, dont ils ont fait également *cuminon*, *jasminon*, etc.

PINEDA. Antoine Pineda, espagnol, voyageur autour du monde dans l'expédition de Malespine; il mourut en route en 1792. *Flore du Pérou*, pag. 67.

PINGUICULA (*pinguis*, gras). Sa feuille luisante semble huilée : de là le nom françois *grassette*, qui de même est dérivé de *gras*.

Linné rapporte, dans la *Flore de Laponie*, que les Lapons donnent au lait la consistance de la crème, en le versant aussitôt qu'il est trait, sur les feuilles de cette plante, et le passant sur-le-champ. Après deux jours de repos, il acquiert une consistance et une légère acidité qui en font un mets très-agréable. Dès que l'on en a une fois, on n'en manque

plus; une simple cuillerée de cette préparation versée dans
du lait chaud suffisant pour le rendre semblable.

J'ai essayé à plusieurs reprises ce procédé sur le lait de
vache, et je n'ai pas obtenu le même résultat; peut-être
que Linné n'a pas rapporté en entier la méthode des Lapons; peut-être aussi que le lait de renne, beaucoup
plus gras que celui de vache, est plus disposé à l'épaissis-
sement.

PINUS. On a réuni ici les genres *pinus*, *abies*, *larix*, malgré
les différences caractéristiques qui les séparent, pour présenter ensemble des arbres dont les noms ont souvent
une origine commune, et qui produisent tous les mêmes
objets de commerce (1).

Le nom *pinus* est d'origine celtique; il est le même dans
tous les dialectes de cette langue. Pin, en celtique d'Armorique; *peinge*, en langue erse; *pinwidden*, littéralement arbre-
pin, en gallois; *pinua*, en cantabre; *pinn*, en anglo-saxon;
pyne, en anglois; *pyn-baum*, en allemand, etc. Tous ces
noms ont pour radical *pin* ou *pen*, montagne, rocher, en
langue celtique; on le retrouve dans *Apennins*, *Alpes pen-
nines*; *Pennafiel*, *Pennaflor*, etc., villes d'Espagne situées
auprès des rochers ou des montagnes. On sait que le pin est
un arbre des montagnes. En mythologie, le pin étoit consacré à Neptune, parce qu'il est utile en toutes ses parties

---

(1) Voici les noms des principales substances produites par les arbres
de cette série, et leur origine.

RÉSINE. Altéré de *ρητιν*, dont le primitif est *ριω*, je coule. La résine découle de l'écorce des arbres qui la produisent.

COLOPHONE. Sorte de résine connue d'abord à *Colophone*, ville d'Ionie.
Nous avons donné ce nom à la partie résineuse et concrète qui reste
après que l'on a tiré par la distillation l'huile essentielle des résines
les plus pures.

GALIPOT. Résine en larmes, appelée communément *encens de village*. Son
nom vient du celtique *gal*, tout corps exhalant une odeur forte. Voy.
Bubon galbanum et *Myrica gale*.

ZOPISSA. Littéralement *poix vive*; *ζω*, abrégé de *ζωος*, vif; *πισσα*, poix.
C'étoit un mélange de résine, de sel marin et de cire qui servoit à
résoudre les tumeurs, et que l'on appeloit *poix vive* en raison de son
activité. DIOSCORIDES, 1 — 82.

pour les constructions navales. PLUTARQUE, *Propos de table*, quest. 3.

P. PINEA. *Les Latins* nommèrent le fruit du pin domestique *nux pinea*, noix de pin, et cette épithète a fini par devenir le nom propre du pin cultivé. Son cône est appelé en françois *pignon*, dérivé de *pinus*.

P. INOPS. Mot latin qui exprime la pénurie; on s'en est servi pour caractériser une sorte de pin dont les feuilles et les fruits sont très-petits.

C'est à peu près le même sens, en latin, que *pinus microcarpa*, en grec.

P. PINASTER. Nom que donne Pline au pin sauvage, liv. 16, ch. 10. *Le pinaster, dit-il, n'est autre chose que le pin sauvage.*

On se rappellera que la désinence *aster* exprime, en latin, la ressemblance avec le nom qui la précède, comme *oides* en grec. *Lupinaster, Rhaphanistrum, Erucastrum*, etc.

P. TÆDA (du grec δας, δαδος, qui signifie une torche, et qui vient de δαιω, je brûle). Les Grecs donnoient ce nom à des concrétions résineuses qui se forment à l'intérieur des pins, et qui finissent par les faire périr. THÉOPHRASTE, liv. 6, chap. 16, *De caus. plant.*

Par suite, on a appliqué ce nom à une espèce de pin très-résineux.

P. CEMBRA. *Cembro* ou *cirmolo*, nom que donnent les habitans du Trentin, de la Valteline, etc., au pin d'Europe à cinq feuilles. Matthiole est le premier qui l'ait désigné sous ce nom, et on le lui a laissé. Voy. Matthiole sur Dioscorides, liv. 1, chap. 74.

P. DAMMARA. Nom de cet arbre aux îles Molluques. RUMPH. *Amb.* 2, pag. 174.

P. STROBUS. Pline appelle ainsi, liv. 12, chap. 17, un arbre d'Orient dont on faisoit usage pour parfumer les appartemens, mais dont l'effet, ajoute-t-il, est de troubler la tête. Son nom vient de cet effet, στροβος, étourdissement.

Les modernes l'ont appliqué à un très-beau pin d'Amérique, dont l'odeur est agréable, quoique très-forte.

Vulgairement *pin de Weymouth*, en l'honneur du lord Weymouth, qui le premier cultiva ce bel arbre en Angleterre. C'est le pin blanc des Américains.

P. mugo. *Mugo* ou *mugum*, nom que porte cet arbre dans les
Alpes méridionales ; on le lui a laissé en botanique. Matthiole, sur Dioscorides, liv. 1, chap. 74.

P. cedrus (κέδρος, en grec). Les auteurs du *Dictionnaire de
Trévoux* font venir ce nom de κεαδας, odorant, dérivé de
καιω, je brûle. De l'odeur balsamique qu'il exhale en brûlant. Cette origine peut paroître hasardée.

Plusieurs villes d'Orient ayant porté ce nom, *Cedrea*, *Ce-
dropolis* en Carie, etc., il est à croire que les Grecs tirèrent
de ces régions le bois de cèdre, autrefois très-estimé, et
que, n'adoptant pas le nom qu'il portoit en son pays, ils
l'auront désigné par le nom même du lieu d'où ils le tiroient. Cet arbre n'est point particulier au mont Liban,
comme on l'a souvent répété ; il croît sur la chaîne du
mont Taurus, au pied de laquelle étoit située la ville de
Cedrea.

Quant à l'arbre appelé *cèdre* dans le *Voyage en Sibérie*
de Pallas, ce n'est pas le cèdre, proprement dit, mais le
pin-cèdre, ou *pinus cembra* de Sibérie, que l'on croit être
une espèce différente de celui des Alpes.

Les Arabes nomment le cèdre *serbin* (serbyn), ou *érez*,
comme les Hébreux. Voy. Golius, pag. 68 ; et Olaüs Celsius,
tom. 1, pag. 109.

P. larix. Ce nom a pour primitif *lar*, gras, en langue celtique,
de la quantité de résine que fournit cet arbre. *Larix*, dit
Dioscorides, liv. 1, ch. 77, *est le nom gaulois de la résine*.
De là le nom anglois *larch* ; en allemand. *lerchen-baum*.

De ce même mot *lar* viennent *lard*, en françois ; *lardum*,
laridum, en latin, etc.

En françois, nous appelons cet arbre *mélèse*, dérivé de
mel, miel, à cause de sa résine belle, et d'une couleur
semblable à celle du miel. Pline dit aussi, liv. 16, chap. 39,
que le bois du larix est de couleur de miel.

P. picea. Qui produit la poix appelée par les Grecs πίσσα, dérivé de πίος, graisse. De πίσσα, les Latins ont fait *pix*, et
par suite, ils ont appelé l'arbre *picea*.

En françois, *pesse*, altéré de *picea* (1).

---

(1) On remarquera que Linné s'est plu à renverser l'ancienne déno-

Les Anglois le nomment en leur langue *sapin argenté* (silver-fir-tree). La feuille en est blanche à la surface inférieure.

P. BALSAMEA (βάλζαμον, baume). On tire de cet arbre une résine plus douce et plus blanche que celle des autres arbres de ce genre. Elle est connue dans le commerce sous le nom de *baume du Canada*, pays d'où on nous l'envoie; on l'appelle encore improprement *baume de Gilead*. Voy. au genre *Amyris* le véritable baumier de Gilead.

P. ABIES. Selon Bullet, ce nom vient du celtique, dialecte cantabre, *abetoa*, dont *abete*, en italien ; *abeto*, en espagnol, etc. Dans Hesychius, grammairien grec, qui a laissé un ouvrage sur sa langue, ασω est employé pour *abies*.

Vulgairement *sapin*, du celtique *sap*, tout corps gras, onctueux; de la résine qui en découle. Voy. *Sapindus*. Les Anglo-Saxons appeloient, dans le même sens, sap, l'ambre jaune, substance semblable, à l'extérieur, à la résine.

Le sapin lui-même étoit appelé *sap* en vieux françois; dans le roman de Perceval, on lit : *Si tient une lance de sap.* Les Latins avoient en leur langue le mot *sapinus*; mais il ne désignoit parmi eux qu'une partie du tronc du pin, et non une espèce d'arbre. Voy. Pline, liv. 16, chap. 39, d'après Caton.

Les Anglois nomment le sapin *fir-tree*, de l'anglo-saxon *furth*, qui exprime en général les arbres résineux. Ils appellent les *sapinettes* ou petits sapins d'Amérique *spruce*. Ce mot signifie *fin*, *délicat*, et il convient très-bien à ces diverses espèces, dont les feuilles et les fruits sont plus petits qu'à nos sapins d'Europe.

Notre mot *sapinette*, diminutif de *sapin*, exprime aussi cette petitesse.

PIPAREA. Nom de cet arbre à la Guyane. AUBLET, pag. 31.

PIPER (en grec, πίπερι, de πέπτω, je cuis, je digère; selon

---

mination des sapins, et à leur donner des épithètes contraires à leurs véritables caractères. Le *pinus picea* ne donne pas de poix, mais bien de la térébenthine; tandis que le *pinus abies* est précisément celui qui produit la poix. Cette nomenclature trompeuse a été redressée au jardin des plantes de Paris.

la plupart des auteurs). On en connoît l'effet stomachique et échauffant ; mais les Orientaux l'ayant communiqué aux Grecs, c'est dans leur langue qu'il faut chercher l'origine de ce nom. Les Arabes l'appellent *bâbâry* (GOLIUS, pag. 307), qui est évidemment le primitif de *pepari*, dont nous avons fait *poivre* ; les Latins, *piper* (1) ; les Italiens, *pepe* ; les Anglois, *pepper*, etc. Au Malabar, le poivre noir est appelé *malago-codi*. RHEED. *Mal.* 7, pag. 29.

P. METHYSTICUM (μεθυστικος. qui enivre ; dérivé de μέθυ, vin). Les insulaires de la mer du Sud s'en servent pour faire des boissons enivrantes. FORSTER, *Pl. escul. aust.* pag. 76.

P. BETLE. Le *bétel*, appelé en malabare *beetla-codi*. RHEED. *Mal.* 7, pag. 29. C'est le *tenboul* des Arabes. GOLIUS, pag. 397.

P. SIRIBOA. Sorte de bétel appelé en Java *sirii-boa* (BONTIUS, *Jav.* 91, tab. 91) ; et en malais, *siri-boa* (RUMPHIUS, 9 — 5).

P. AMALAGO. Nom malabare. RHEED. *Mal.* 7, tom. 16. On l'a mal-à-propos appliqué à un *piper* de la Jamaïque.

P. CUBEBÆ. Nom employé par Sérapion, chap. 288 ; et par Avicennes, chap. 157. On ne sauroit dire avec précision à quelle sorte d'épicerie ils le donnent. On s'en est servi pour désigner une espèce de poivre trouvée par Thunberg en Java, et par Bergius à la Nouvelle-Guinée. Ce nom est purement arabe (kabébeh). FORSKAHL, *Mat. méd.* Suppl.

PIQUERIA. André Piquerio, médecin espagnol, traducteur d'Hippocrate en 1757. CAVANILLES, tom. 3, pag. 18.

PIRIGARA. Abrégé de *pirigara-mépé*, nom que lui donnent les Galibis. AUBLET, pag. 489. Ce genre est le même que le *gustavia* de Linné fils.

PIRIPEA. Nom de cette plante à la Guyane. AUBLET, pag. 637.

PIRIQUETA. Nom de cette plante à la Guyane. AUBLET, pag. 299.

PISCIDIA (*piscis*, poisson). Les naturels de l'Amérique se servent de l'écorce de cet arbre pour enivrer le poisson, qu'ils prennent ensuite à la main.

---

(1) Pline dit, avec une naïve philosophie, en parlant du poivre : *Il n'a que de l'amertume ; quel est celui qui, le premier, s'avisa d'en goûter ! étoit-ce pour s'aiguiser l'appétit ? il suffisoit d'attendre. Lir.* 12, chap. 7.

PISONIA. Guillaume Pison, médecin botaniste, né à Leyde, voyageur au Brésil, dont il a publié l'*Histoire naturelle* en 1648. On a encore eu de lui des *Opuscules* sur la canne à sucre, le *Manihot*, etc., en 1660. Il a eu Marcgrave pour collaborateur. Son nom a été donné à une plante épineuse, pour faire allusion aux accusations de plagiat qui ont eu lieu entre Marcgrave et lui.

PISTACIA (πιστάκια). Altéré de son nom arabe *foustaq*. FORSKANT, *Mat. méd. Suppl.* Voy. aussi Olaüs Celsius, tom. 1, pag. 26. Cet arbuste est originaire de la Syrie, de l'Arabie, etc.

P. TEREBINTHUS (τερέβινθος, dérivé de τειρω, je blesse, j'incise). On en tire, par l'incision de son écorce, la térébenthine proprement dite. On a étendu ce nom aux résines des arbres conifères.

P. LENTISCUS (lentescere, être visqueux, gluant). C'est de cet arbre que l'on tire le mastic appelé par les Grecs μαστιχη. Ce nom vient de μαστάζω, je blesse, parce qu'on déchire l'écorce de l'arbre pour l'obtenir.

PISTIA (πιστος, aquatique; πιστρη, lit de rivière). Cette plante se trouve dans les eaux douces, par toute la zone Torride. LINNÉ, *Philos. bot.* C'est le *kodda-pail* des Malabares. KHEED. *Mal.* 11, pag. 63.

PISUM. Du celtique *pis* ; singulier, *pisen*. De ce mot, les Grecs ont fait πισον ; les Latins, *pisum* ; les Anglo-Saxons, *pisa* ; les Anglois, *pea* ou *pease* ; les François, *pesière*, champ de pois en vieux langage, et pois.

La famille des Pisons, l'une des plus illustres de l'ancienne Rome, tire son nom des fonctions de ses ancêtres, *cultivateurs de pois*. Fabius signifie de même *planteur de fèves* (faba) ; Lentulus (1) de *lentilles*, etc. Voy. Pline, liv. 18, chap. 3.

---

(1) Les Romains, dans leur simplicité primitive, portoient des noms exprimant leurs fonctions habituelles, ou relatifs à leurs qualités quelconques, tels que *Porcius, Bubulcus, Ovinius*, gardeurs de porcs, de bœufs, de brebis, etc. D'autres indiquoient leurs qualités personnelles, bonnes ou mauvaises : *Æmilius*, gracieux ; *Marcus, Marcius, Marcellus, Mamercus*, martial, guerrier ; *Cato*, sage ; *Rufus*, roux ; *Flavius*, blond ; *Claudius*, boiteux ; *Sylla*, bourgeonné. Voy. les *Vies de Plutarque*.

P. ocuruм (ωχρος, jaune). De la couleur de sa fleur.

PITCAIRNIA. Williams Pitcairn, médecin anglois, de la Société royale de Londres, propriétaire d'un jardin renommé. L'Héritier, *Sert. angl.* 11.

Un autre Pitcairn (Archibald) a donné, en 1796, une *Dissertation sur les lois de l'histoire naturelle.*

PITTOSPORUM (πιττα, synonyme de πισσα, résine, poix; σπερμα, semence). Dont la capsule est résineuse. Gærtner, tom. 1, pag. 286, d'après Bancks.

PLACODIUM (πλακωδης, plane). Série de lichen qui forment une surface plane. Achar, 2.

PLACUS (πλακους, gâteau). De l'usage qu'ont les naturels de la Cochinchine de préparer leurs alimens avec le suc de cette plante. Loureiro, pag. 607. Ce genre se rapproche des *gnaphalium.*

PLAGIANTHUS (πλαγιος, oblique, latéral; ανθος, fleur). Fleur dont les pétales s'écartent de côté. Forster, gen. 43.

PLANANTHUS (πλανος, incertitude; ανθος, fleur). Nom donné à ce lycopode par Palisot Beauvois, *Æthéog.* 99, parce que ses fleurs femelles ne sont pas encore connues.

PLANERA. Jean-Jacques Planer, naturaliste allemand, a donné une *Nomenclature des plantes d'Allemagne* en 1788.

PLANTAGO (*planta*, plante; *tangere*, toucher). Plante douce, agréable au toucher. Selon Linné, *Philos. bot.*, cette étymologie est hasardée.

P. psyllium (ψυλλος, puce). Ses semences noires et luisantes ressemblent très-bien à de petites puces.

P. lagopus (λαγως, lièvre; πους, pied, pate). Dont l'épi velu ressemble à une pate de lièvre.

P. coronopus (κορωνη, corneille; πους, pied, pate). Dont la feuille, profondément découpée, a été comparée à une pate de corneille.

P. cynops (κυων, κυνος, chien; οψ, œil : œil de chien). Pline

<hr>

L'ordre de naissance, dans les familles, fournissoit encore un grand nombre de noms: *Quintus, Sextus, Septimus, Octavius, Decius*, abrégé de *Decimus; Junius, Juventus*, le cadet, etc. Voy. *Cicer, Carlina* et *Lysimachia*. En ces temps-là, un nom trivial cachoit un héros; depuis on a vu le contraire.

décrit sous ce nom, liv. 21, chap. 17, une plante dont la fleur est en épi. On l'a appliqué, au hasard, à une plante dont la fleur est en épi, et qui est de la série des plantins, comme le cynops de Pline.

PLATANUS (πλατυς, ample, large). De l'extrême largeur de sa feuille.

Les Grecs comparoient la figure géographique du Péloponnèse à la forme de la feuille du platane : cette comparaison est parfaitement juste.

PLATISMA (πλατυς, large, ample). Des expansions élargies des lichen de cette série. Achar, 2.

PLATUNIUM (πλατυνω, je dilate, j'élargis). De son calice très-grand, qui va en s'élargissant. Jussieu, *Ann. du Musée*, tom. 7, pag. 65.

PLATYLOBIUM (πλατυς, large, ample ; λοβος, gousse, silique). Dont la fleur est suivie d'une gousse très-large. Smith, *Act. soc. Linn.* vol. 2, pag. 361.

PLATYPHYLLUM (πλατυς, large ; φυλλον, feuille). Série de lichen a lobes élargis. Ventenat, *Règne végét.* 2, pag. 34.

PLAZIA. Jean Plaza, botaniste espagnol, honorablement cité par l'Ecluse. *Flore du Pérou*, pag. 92.

PLECTRANTHUS (πλικτρον, éperon ; ανθος, fleur). Fleur dont le nectaire est en forme d'éperon. L'Héritier, *Stirp. nov.* pag. 85. Même genre que le *germanea*.

PLECTRONIA (πλικτρον, éperon). Cet arbuste est garni d'épines dures et fortes comme des éperons de coq.

PLEGORHIZA (πληγη, blessure ; ριζα, racine). Dont la racine est en usage au Chili pour guérir des blessures. Molina, *Chili*.

PLINIA. Caïus Plinius Secundus, connu sous le nom de *Pline l'ancien*, né en l'an 23, mort en 79, étouffé dans un embrasement du Vésuve, dont son ardeur pour l'histoire naturelle l'avoit fait se trop approcher.

On a de lui une *Histoire du monde* en trente-sept livres, dont quinze sont particulièrement consacrés à l'histoire des plantes. Il en a décrit ou désigné environ huit cents.

Rien ne peut donner une idée plus juste du travail de Pline, que ce qu'en dit Pline le jeune, son neveu, epist. 5, liv. 3 : *C'est un ouvrage immense, savant, et qui n'est guère moins varié que la nature elle-même.*

24*

PLOCAMA (πλόκαμος, chevelure mêlée). De ses rameaux pendans et entrelacés. *Hort. Kew.* 1 — 292.

PLUKENETIA. Léonard Plukenet, botaniste anglois, né en 1642. On a eu de lui une *Phytographie* (voy. ce terme) en 1691; un ouvrage intitulé *Amaltheum botanicum* (1) en 1705; et le célèbre *Almageste* (2) en 1696.

Linné, dit-on, donna ce nom à une plante bizarre, pour exprimer la singularité des idées de Plukenet.

PLUMBAGO (*plumbum*, plomb). Pline dit, liv. 25, chap. 13, le plumbago *est une plante qui guérit de la maladie de l'œil appelée le plomb, et c'est de là qu'elle tire son nom.* Les commentateurs assurent que cette maladie, appelée le plomb, est la cataracte, dont en effet la couleur est plombée. Notre *plumbago* tient à la même origine; mais, sous un autre rapport, sa racine mâchée excite, par sa causticité, une salivation salutaire contre le mal de dents, auxquelles elle communique une teinte plombée. C'est de là qu'on le nomme vulgairement *dentelaire*, herbe pour les dents.

PLUMERIA. En l'honneur du père Charles Plumier, religieux minime, né en 1646, mort en 1706. Il a particulièrement travaillé sur les plantes d'Amérique, où il fit quatre voyages consécutifs. Il mourut à Cadix, au quatrième. On a de lui: *Description des plantes d'Amérique*, avec leurs figures, 1693.

---

(1) *Amalthée botanique*, terme qui a besoin d'explication. *Amalthée*, en grec Αμαλθεια, est le nom de la chèvre qui nourrit Jupiter. Comme son lait étoit exquis et abondant, le mot *Amalthée* devint, chez les anciens, le symbole de la délicatesse unie à l'abondance.

La célèbre bibliothèque d'*Atticus* fut appelée *Amalthée*, pour exprimer le choix et la quantité des livres qui la composoient.

C'est dans ce sens que Plukenet a donné ce titre à un ouvrage qui réunit un très-grand nombre de belles plantes des Indes.

(2) Ce mot *Almageste* vient originairement du grec. Ptolémée (Claude), astronome et mathématicien, publia, vers le milieu du deuxième siècle, un ouvrage d'astronomie; intitulé Συνταξις μεγιστη, qu'on peut rendre en françois par *grande composition*. Ishac ben Honain le traduisit en arabe, au commencement du neuvième siècle, par ordre du calif Mamoun; il ajouta à son titre l'article arabe *Al*, et il en fit *Almagesti* ou *Almagherti*. C'est de là que nous avons fait *Almageste*, pour exprimer un ouvrage d'une grande étendue, qui comprend beaucoup de choses.

—Nouveaux genres de plantes d'Amérique, 1703. — Traité des fougères d'Amérique, 1705, etc.

Linné a donné son nom à un très-beau genre, par allusion, dit-il, à son brillant savoir (*Critica bot.*).

P. PUDICA (pudique). Nom méthaphorique. La corolle est toujours fermée, même après sa chute.

Vulgairement *frangipanier*. *Frangipani* exprime en italien un parfum agréable, qui fut inventé par un Italien nommé Frangipani, dont le nom lui resta.

Le *plumeria pudica* exhale une odeur exquise.

POA (ποα, herbe, pâture, dérivé de παω, je pais). C'est la plus commune de toutes les plantes. Ce genre fait la base de la nourriture des bestiaux, et il couvre, pour ainsi dire, toute la nature, les prés, les champs ; même les lieux cultivés.

Le nom françois *paturin* exprime la même chose : herbe de pâture.

L'anglois de même, *meadow's grass*, gramen des prairies.

P. AMABILIS. Aimable, à cause de sa ressemblance avec l'amourette. V. *Bryza*.

P. TRIVIALIS. Cette épithète n'est pas employée ici dans le sens usité, trivial ; mais dans le sens littéral, (par les chemins, *vialis*, dérivé de *via*, chemin, route). Ce *poa* croit principalement aux lieux foulés près des haies.

PODALYRIA. Podalyre, fils d'Esculape. LAMARCK, *Ill. gen.* tom. 327.

PODOLEPIS (πους, ποδος, pied, pédicule ; λεπις, écaille). Les pédicules de la fleur sont garnies d'écailles. LABILLARDIÈRE, *Nov. Holl.* fasc. 20.

PODOPHYLLUM. Abrégé de *anapodophyllum*, nom sous lequel Catesby institua ce gen, *Car.* 1, pag. 24. Il est composé de *anas*, canard, en latin ; πους, ποδος, pied, pate ; φυλλον, feuille. Dont les feuilles, par leurs lobes, ressemblent à une pate de canard.

Ce nom étant trop long, Linné l'a réduit en *podophyllum*, en sous-entendant *anas*; ce qui rend en même temps cette dénomination plus correcte, par la suppression d'un mot latin mêlé avec le grec.

PODOSTEMUM (πους, ποδος, pied; στημων, étamine). Ses étamines sont portées sur un pédicule commun qui se divise en deux branches. Michaux, *Flor. bor. Amér.*, 2 — 164.

POGONATUM (πωγων, barbe). Mousse dont la coiffe est velue. Palisot Beauvois, *Æthéog.* 32.

POGONIA (πωγων, barbe). La découpure inférieure de son calice est barbue. C'est à ce genre que se rapportent l'*epidendrum ciliatum* de Linné, et l'*arethusa ciliaris* de Linné fils, *Suppl.* 405. Jussieu, pag. 65.

POHLIA. J. E. Pohl, allemand, a donné un *Opuscule sur les feuilles*. Hedwig, 171.

POINCIANA. En l'honneur du commandeur de Poinci, gouverneur général des îles du Vent, vers le milieu du dix-septième siècle. Il a travaillé sur l'histoire naturelle des Antilles.

Les Anglois nomment cet arbuste *flower-fence*, fleur de haie, parce qu'à la Barbade on en fait des haies.

POIRETIA. J. L. M. Poiret, botaniste françois, voyageur en Barbarie, de 1785 à 1786. On a eu la relation de son voyage en 1789. Il est auteur d'une partie de la botanique de l'Encyclopédie méthodique. Cavanilles, tom. 4, pag. 34, lui a dédié ce genre, qui rentre dans le *sprengelia*.

POLEMONIUM (πολεμος, guerre). Pline rapporte, liv. 25, chap. 6, *que cette plante fut nommée ainsi, parce qu'elle devint la cause d'une guerre entre deux rois qui s'en attribuèrent la découverte*, c'est-à-dire, celle de ses propriétés. Elle étoit tellement renommée, qu'on l'appeloit aussi *chilodynamie*, c'est-à-dire, *ayant mille vertus* (χιλιοι, mille; δυναμις, puissance). On ne connoît pas avec certitude la plante à laquelle les anciens donnoient ce nom. Quant à notre *polemonium*, ses vertus se réduisent à une légère qualité vulnéraire.

On le nomme communément *valériane grecque*. Ses feuilles offrent quelque ressemblance avec celles de la valériane commune; mais l'épithète de *grecque* est impropre; elle croît en Allemagne, en Angleterre, etc.

POLIA (πολιος, blanc). De l'aspect argenté de cette plante. Loureiro, p. 204. Ce genre se rapproche du *polycarpon*.

POLIANTHES. Selon Linné, *philos. bot.*, de πολις, ville;

πόλις, fleur : c'est-à-dire, fleur qui fait l'ornement des villes par sa beauté et par son odeur suave.

Plusieurs botanistes écrivent polyanthes (πολυ, beaucoup; ανθος, fleur); et ce nom exprime alors la réunion d'un grand nombre de fleurs sur la même tige.

Ces différentes origines tiennent à la même idée, s'il est vrai, comme on l'a dit, que πόλις, ville, ait pour radical πολυ, beaucoup; c'est-à-dire, réunion d'un grand nombre d'habitations.

Vulgairement tubéreuse, abrégé de hyacinthe tubéreuse, nom sous lequelle elle est décrite par Banhin, Clusius, etc. Sa racine est charnue comme un tubercule, et non par tuniques, comme celle de plusieurs liliacées.

On croit que cette plante est le pothos dont parlent Théophraste, Pline et Athénée. Πόθος signifie désir, à cause de sa rare beauté, sur laquelle Pline s'exprime particuliérement, liv. 21, chap. 11.

POLLIA. En l'honneur du consul hollandois van der Poll; il fut utile à Thunberg, qui lui dédia ce genre.

POLLICHIA. Jean-Ad. Pollich, allemand, dont on a eu, en 1776, l'Histoire des plantes du Palatinat. Hort. Kew. 3 — 505.

POLYCARDIA (πολυ, beaucoup; καρδια, cœur). De ses pétioles garnis d'ailes en forme de cœur. LAMARCK, Encycl. tab. 132.

POLYCARPON (πολυ, beaucoup; καρπος, fruit). L'un des noms que donnoient les anciens à la renouée polygonum - aviculare, selon Dodonée, Pempt. 1, liv. 4, chap. 28, en raison de l'abondance de ses graines. La plante qui porte aujourd'hui ce nom est analogue à la renouée.

POLYCNEMUM (πολυ, beaucoup; κνημη, jambe, genou, articulation). Dioscorides, liv. 3, chap. 92, décrit sous ce nom une plante semblable au serpolet, et qui a, dit-il, beaucoup d'articulations, d'où son nom. Le polycnemum des modernes répond à la description qu'en donne Dioscorides.

POLYCHROA (πολυ, beaucoup; χροα, couleur). Dont les feuilles sont de plusieurs couleurs. LOUREIRO, pag. 684.

POLYGALA (πολυ, beaucoup; γαλα, lait). Cette plante passoit pour faire venir aux nourrices une grande abondance de lait. Voy. Dioscorides, liv. 4, chap. 137. Elle est encore nommée en anglois *milk-wort*, herbe au lait.

P. TRICHOSPERMA ($\theta\rho\iota\xi$, $\tau\rho\iota\chi\circ\varsigma$, cheveux; $\sigma\pi\epsilon\rho\mu\alpha$, graine). Terme impropre : ce n'est pas la semence qui est velue, mais bien sa capsule, qui est enveloppée dans de longues barbes.

P. SENEGA (du Sénégal). Cette plante est originaire de l'Amérique septentrionale; mais, selon Miller et autres, les habitans du Sénégal en font un fréquent usage contre la morsure des serpens venimeux.

P. MIXTA (mixte, moyenne). C'est-à-dire, qui semble tenir le milieu entre le *polygala alopecuroides* et le *polygala heisteria*.

P. THEEZANS (qui ressemble au thé). Cet arbuste du Japon et de l'île de Java, est semblable au thé; mais il est plus petit et plus foible.

P. MARIANA. Nom fréquemment employé en botanique; il est abrégé de *Marilandica*, originaire du Mary-Land (1).

P. CHAMÆBUXUS ($\chi\alpha\mu\alpha\iota$, parterre; *buxus*, le buis). Qui ressemble, en petit, au buis par ses feuilles petites et lisses.

Il eût mieux valu dire *chamæpyxos*, qui est tout-à-fait grec.

POLYGONELLA. Analogue au *polygonum*. Voy. plus bas ce genre. MICHAUX, *Flor. bot. Amér.* 2—240.

POLYGONUM ($\pi\circ\lambda\upsilon$, beaucoup; $\gamma\circ\nu\upsilon$, genou, articulation). Des articulations renflées, et semblables à des genoux, que l'on remarque sur la tige de la plupart des plantes de ce genre.

P. BISTORTA (*bis*, deux fois; *tortus*, participe de *torqueo*, tordu). De ses racines entrelacées.

En anglois, *snake-weede*, herbe de serpent, dans le même sens.

P. OCREATUM (*ocrea*, botte). De ses stipules en gaîne, beaucoup plus larges que la tige, et qui ressemblent très-bien aux larges genouillères des bottes anciennes.

---

(1) Les Anglois nommèrent cette province de l'Amérique *Mary-land*, terre de Marie, en l'honneur de la reine *Marie*, fille de Henri VIII, sous le règne de laquelle ils s'y établirent; la *Virginie*, voisine du Mary-land, fut de même appelée ainsi, en mémoire d'Elisabeth, sœur de Marie, qui n'a jamais été mariée, etc.

P. HYDROPIPER (*υδωρ, υδρος*, eau ; *piper*, poivre : poivre d'eau). Le goût en est brûlant comme celui du poivre, et il croît dans les marais. En vieux françois, *eurage*, du celtique *curragh*, marais.

P. PERSICARIA (*persicus*, le pêcher). Dont la feuille est semblable à celle du pêcher.

P. AVICULARE (*avis*, oiseau ; *avicula*, petit oiseau). Sa semence fait, pendant l'automne, la principale nourriture des petits oiseaux.

Vulgairement *centinode*, de *centum-nodi*, cent nœuds. Ses tiges traînantes s'entrelacent à l'infini sur la surface de la terre. *Renouée*, deux fois nouée, dans le même sens. En anglois, *knott-grass*, herbe du nœud, comme *centinode* en françois.

P. FAGOPYRUM (*Φηγος*, hêtre, dont *fagus* en latin ; *πυρος*, blé). Sa semence est triangulaire comme la faîne ou fruit du hêtre, et on la mange comme le blé.

Vulgairement *blé-sarrasin*, parce qu'il fut introduit en Europe par les Maures ou Sarrasins d'Espagne, qui eux-mêmes l'avoient apporté d'Afrique (1).

POLYLEPIS (*πολυ*, beaucoup ; *λεπις*, écaille). De son écorce, qui s'enlève par petites lames ou écailles. *Flore du Pérou*, pag. 70.

POLYMNIA. Polymnie, nom de l'une des muses. On l'a appliqué à cette plante par allusion à sa beauté.

P. UVEDALIA. En l'honneur du docteur Uvedall, botaniste anglois.

P. WEDALIA. Georges Wolfang Wedel, allemand, né en 1645, mort en 1721, professeur en l'Université de Jena. On a eu de lui un très-grand nombre de *Dissertations* savantes sur les plantes connues des anciens, de 1674 à 1720.

Jean-Adolphe Wedel, professeur en la même Université,

---

(1) On ne le trouve pas au Levant, comme l'exprimeroit le nom *sarrazin*, pris dans son sens littéral, et Volney observe qu'il n'est cultivé en aucune partie de la Syrie. C'est à tort que l'on a cru long-temps que les croisés l'avoient rapporté au retour de leurs expéditions ; on n'en a pas même tiré cet avantage. Voy. *Senecio sarracenicus*, pour l'origine du mot sarrazin.

a donné également des *Dissertations sur plusieurs plantes*, de 1715 à 1722.

P. TETRAGONOTHECA (τετρας, par quatre; γωνια, angle; θηκη, boîte, enveloppe). Son calice est carré.

POLYOZUS (πολυ, beaucoup; οζος, rameau). Arbre très-rameux. LOUREIRO, pag. 94.

POLYPARA (πολυ, beaucoup; *pario*, j'engendre). De la multitude de ses fleurons. LOUREIRO, pag. 77. Ce genre se rapproche de l'*houttuynia*. *Polypara* est encore un de ces noms composés de grec et de latin rejetés des grammairiens, il eut mieux valu dire *multipara*.

POLYPHEMA. Par allusion à sa baie très-grande, comparée par hyberbole au géant Polyphème. LOUREIRO, pag. 667. Ce genre rentre dans les *Artocarpus*.

POLYPODIUM (πολυ, beaucoup; πους, ποδος, pied, souche). De la multitude de ses racines qui forment des entrelacemens fort épais.

P. PICA (*pica*, une pie). C'est-à-dire, plante dont le feuillage imite une pie volante. Il est divisé en trois lobes dont deux représentent les ailes; et le troisième imite le corps.

P. PHYMATODES (φυμα, φυματος, tubercule; ειδος, ressemblance). Dont le feuillage est semblable à des tubercules ou à de petites verrues.

P. SUSPENSUM (suspendu, pendant). Dont le feuillage retombe. Plumier, *fil.* 67, t. 87, l'appelle avec plus de précision *polypodium pendulum*.

P. OTITES (ους, ωτος, oreille). De ses lobes obtus et arrondis comme une oreille.

P. STRUTHIONIS (στρουθος, moineau). Ses feuilles frisées ressemblent au plumage d'un moineau. Petiver, *fil.* 30, tom. 3, l'appelle même *polypode crespue à plumes d'oiseau*.

P. UNITUM (uni). Les découpures des pinnules sont chargées en leur bord de tubercules agglomérés ou unis.

P. MARGINALE (*margina*, bordure). Dont la fructification s'opère par les bords de la feuille.

P. PHEGOPTERIS (φηγος, hêtre, *fagus*; πτερις, fougère). C'est-à-dire, fougère qui croît principalement au pied des hêtres. Voy. *Pteris*.

P. RETROFLEXUM (réfléchi). Ses pinnules inférieures sont renversées.

P. THELYPTERIS (θηλυπτερις). Nom que donnoient les Grecs à
la fougère femelle. DIOSCORIDES, liv. 4, chap. 179. Θηλυς,
féminin; πτερις, fougère, Voy. *Pteris*.

P. BULBIFERUM (portant bulbe). Ses pinnules sont chargées à
leur partie inférieure de tubercules en forme de bulbes.

P. BAROMER. Plante sur laquelle plusieurs voyageurs ont écrit
des fables tout-à-fait bisarres. On a prétendu qu'elle ressemble exactement à un agneau, et qu'elle a du poil, des oreilles, etc. C'est d'après cette prétendue ressemblance qu'on
la nomme *agneau de Scythie*, parce qu'elle croit dans cette
partie de la Tartarie appelée *Scythie* par les anciens.

Le véridique Kæmpfer dit qu'en russe on l'appelle *boran-
nets*, et que toute cette fable a été imaginée, parce que
borannek est le nom que donnent les habitants des bords
de la mer Caspienne à une sorte de mouton de leur pays.
Barane signifie aussi mouton en russe.

P. HORRIDUM (horrible). Nom très-hyperbolique donné à
cette plante parce que la tige en est épineuse.

POLYPOGON (πολυ, beaucoup; πωγων, barbe). DESFONT.
Fl. atlantique.

POLYPREMUM (πολυ, beaucoup; πρεμνον, souche, tige).
C'est-à-dire dont la racine produit un grand nombre de
plantes.

POLYSCIAS (πολυ, beaucoup; σκια, ombre, et ombelle en ce
sens). Cette plante ressemble à un parasol, par sa grande
ombelle qui en produit une quantité de plus petites. FORSTER,
Voy. *Ombelle*, aux Termes de botanique.

POLYTRICHUM (πολυ, beaucoup; θριξ, τριχος, cheveux).
Mousse dont la coiffe est velue.

Le *polytrichum* des anciens est notre *asplenium trichoma-
noides*. Voy. *Adiantum capillus Veneris*.

POMARIA. En mémoire de Pomar, espagnol, médecin du
roi d'Espagne Philippe III. CAVANIL. tom. 5, pag. 1.

POMMEREULLA. En l'honneur de madame Dugage de Pom-
mereuil, qui a travaillé sur les *gramen*. LINN. *Supp.* p. 12.

PONÆA. Jean Pona, botaniste italien, vivoit vers la fin du
XVI.ᵉ siècle. Dont on a eu, en 1595, un *Catalogue des*

plantes du mont Baldus. Schreber, gen. 682, a nommé ainsi le *toulicia* d'Aublet.

PONGAMIA. Nom que porte cet arbre aux Indes. Rheed. *Hort. mal.* vol. 6, pag. 5. Il est employé par Ventenat, *Jardin de la Malmaison,* n.° 28.

PONGATIUM. *Pongati,* nom que donnent à cette plante les naturels du Malabar. Rheed. *Mal.* 11, tab. 24.

PONTEDERIA. Jules Pontedera, naturaliste italien, professeur de botanique en l'Université de Padoue, au commencement du XVIII.ᵉ siècle. On a de lui : *Abrégé des tables de botanique,* 1718. — *Anthologie,* 1719. — *Observations sur les plantes à fleurs imparfaites,* 1731, et plusieurs lettres sur la botanique.

POPULUS (*populus,* peuple : arbre du peuple). Dans l'ancienne Rome les lieux publics en étoient décorés; il en est de même aujourd'hui dans toute l'Italie. Bullet donne à ce nom une origine singulière, il prétend qu'il a été imposé à cet arbre, parce que son feuillage est dans un mouvement perpétuel, comme celui d'un peuple qui va et vient sans cesse.

En françois, *peuplier*; en anglois, *poplar-tree*; en allemand, *pappel-baum,* toujours altéré de *populus.* On remarquera que ce nom est le même en celtique d'armorique *poplyssen.*

P. tremula. Dérivé de *tremere,* trembler. Du tremblement perpétuel de son feuillage.

P. tacamahaca. Nom américain. Pluk. *Alm.* 360. Selon Miller, cet arbre diffère du *populus balsamea,* auquel Linné l'a réuni.

PORANA. Burmann, *Ind.* 51.

PORAQUEIBA. Nom que les Galibis donnent à cet arbre. Aublet, pag. 125.

PORCELLIA. D. Antoine Porcel, espagnol, promoteur de la botanique. Les Auteurs de la *Flore du Pérou,* pag. 73, font de lui un brillant éloge.

PORELLA. Dérivé de πορος, pore, ouverture. Ses sommets sont percés de petits trous ou pores latéraux. Voy. *Pore* à la Table des Termes.

PORLIERIA. Antoine Porlier de Baxamar, ministre du roi d'Espagne, promoteur de la botanique. *Flore du Pérou,* p. 44.

POROCARPUS (πορος, pore, ouverture; καρπος, fruit). Dont le fruit est percé. GÆRTNER, tom. 2, pag. 475.

POROSTEMA. Voy. l'*Ocotea* d'Aublet. Schreber, gen. 1226, lui a donné un nouveau nom, parce que ses écailles nectarifères sont marquées de pores ou trous, πορος.

PORPHYRA (πορφυρα, rouge). De la couleur de sa fleur. LOUREIRO, pag. 87. Ce genre se rapproche des *callicarpa*.

PORTESIA. En l'honneur de Desportes, médecin françois, auteur d'une *Histoire des maladies propres au climat de Saint-Domingue*. A. L. DE JUSSIEU.

PORTLANDIA. En l'honneur de la duchesse de Portland, célèbre botaniste angloise. On connoît sa correspondance botanique avec J. J. Rousseau, de 1766 à 1776. Voy. aussi la *Flore écossoise* du ministre Jean Lightfoot.

FORTULACA. L'un de ces noms anciens et obscurs auxquels on ne sauroit attribuer une origine positive. Selon Linné, *Phil. bot.*, il vient du latin *portula*, petite porte, et alors il seroit allusion à la qualité laxative de cette plante.

Vulgairement *pourpier*, de ses tiges de couleur de *pourpre*. En anglois, *purslane*, corrompu de *portulaca*.

P. MERIDIANA. Qui fleurit vers l'heure de midi.

PORTULACARIA. Analogue au *portulaca* par sa feuille épaisse. SCHREBER, gen. 522.

POSOQUERIA (aymara-posoqueri). Les Galibis appellent ainsi cet arbuste, parce que le poisson *aymara* se nourrit de son fruit. AUBLET, pag. 137.

POSSIRA. Nom de cet arbre à la Guyane. AUBLET, p. 937.

POTALIA. Nom de cette plante à la Guyane. AUBLET, p. 393.

POTAMOGETON (ποταμος, rivière; γειτων, voisin). C'est-à-dire qui croît dans les eaux. En Anglois, *pond-weed*, herbe d'étang.

POTENTILLA. Dérivé de *potens*, puissant. Des puissans effets qu'on lui avoit attribués en médecine. Ils se réduisent aujourd'hui à une légère qualité vulnéraire.

P. ANSERINA (*anser, anseris*, oie). Aimé des oies : ils en sont avides.

Vulgairement *argentine*. Sa feuille est à son revers d'un blanc argenté.

P. REPTANS (rampante). Elle jette des stolons comme le fraisier;

mais elle ne rampe pas. En françois, *quinte-feuille*. Sa feuille digitée est à cinq et plus souvent sept folioles; en anglois, *cinquefoil*, altéré de *cinq-feuilles*.

P. NORVEGICA. Croît non-seulement en Norwége, mais encore en Sibérie, Russie, Prusse, etc.

POTERIUM. Littéralement vase à boire, et breuvage en ce sens. On faisoit avec cette plante une boisson renommée contre plusieurs maladies. PLINE, liv. 27, chap. 12.

Les Anglois la font encore entrer dans une liqueur rafraichissante qu'ils boivent dans les temps chauds. Elle est nommée *cool-tankard*, boisson fraiche, et on la compose de vin, sucre, pimprenelle, etc.

Vulgairement *pimprenelle*. Voy. le genre *Pimpinella*. Leur feuille est exactement la même.

En anglois, *burnet*, c'est-à-dire bonne contre la brûlure, appelée *burning*, dérivé de *to burn*, brûler.

POTHOS. De *potha*, nom que porte cette plante en l'île de Ceylan. HERMANN. *Zeil.* 6. Linné l'a altéré pour en faire *pothos*. Voy. *Polianthes*.

POUPARTIA. Du nom de *bois-de-poupart*, que donnent à cet arbre les habitans de l'île de Bourbon. COMMERSON.

POUROUMA. Nom de cet arbre en la langue des Galibis. AUBLET, pag. 893.

POURRETIA. Al. Pourret, botaniste françois, voyageur en Espagne. *Flore du Pérou*, pag. 37.

POUTERIA. Abrégé de *pourama pouteri*. Nom que les Galibis donnent à cet arbre. AUBLET, pag. 87.

PRASIUM (πρασιον). Nom grec du Marrube. Cette plante y ressemble par ses tiges blanchâtres.

Πρασιον vient de πραω, j'échauffe. Dioscorides, liv. 3, chap. 102, et Galien, liv. 8, *Simp. med.*, s'étendent au long sur les effets échauffants du marrube.

PREMNA (πρεμνον, souche, tronc). Nom peu significatif qui désigne un arbre des Indes donc le tronc est bas.

PRENANTHES (πρηνης, penchant; ανθος, fleur). Ses fleurs sont constamment inclinées.

PRIMULA. Dérivé de *primus*, premier. La première du printemps; c'est une des fleurs les plus précoces.

Vulgairement *primevère*. De *ver*, printemps, même sens

que ci-dessus. En anglois, *cow-slip*, lèvre de vache, pour exprimer le goût des vaches pour cette plante. La variété *elatior*, est appelée *ox-slip*, lèvre de bœuf : parce que la feuille en est plus grande.

PRINOS. Nom grec de l'yeuse , *quercus ilex.* Cet arbre en a la feuille épineuse.

Les Grecs avoient appelé l'yeuse, *prinos*, de πριω, je scie. On en connoît la feuille garnie de dents aiguës comme celles d'une scie.

PROCKIA.

PROCRIS (προκρισις, je préfère). Cette plante est remarquable par sa tige droite, régulière, et par la disposition de ses fleurs.

PROSERPINACA. Nom employé par Pline, liv. 27, chap. 12, pour désigner une plante rampante et qui paroît être notre *herniaria*. Il signifie traînant, rampant; *proserpo*, je rampe. Il vient du grec, ερπω. La plante à laquelle les modernes l'ont appliqué est à tiges rampantes.

PROSOPIS. L'un des noms sous lesquel Dioscorides, liv. 4, chap. 102, décrit l'*arctium lappa*. Il vient de προσωπον, masque, figure; qui est synonyme du latin *persona.* Voy. *Arctium personata.*

Le *prosopis* des modernes n'a aucun rapport avec celui des Grecs, et on ne lui en a donné le nom que pour employer un synonyme ancien.

PROTEA. Nom mythologique. Protée, fils de l'Océan et de Thétis empruntoit toutes sortes de formes; plusieurs espèces de *protea* portent des feuilles satinées qui changent de nuance selon leur position, à-peu-près comme la gorge du pigeon.

P. HYPOPHYLLA (υπο, sous; φυλλον, feuille). Dont le fruit est caché sous la feuille.

P. SCEPTRUM (*gustavianum*). On a comparé à un sceptre ses rameaux terminés par un bel épi de fleurs argentées, et le suédois Sparmann, *Act. Stoch.* ann. 1777, y a ajouté le nom de Gustave III, son souverain.

Boerhaave, dans l'index du jardin de Leyde, avoit donné aux *protea* les noms de *hypophyllocarpodendron*, *lepidocarpodendron*, etc. que la botanique moderne a rejetés avec raison,

PRUNUS (προύνη, en grec, *prunus*, en latin; *prune*, en françois, etc. Ce nom est un de ceux dont l'origine est tout-à-fait inconnue, et que l'on doit se contenter de connoître en chaque langue.

En anglois, *plum*; allemand, *pflaume*; anglo-saxon, *plume*.

P. PADUS (παδος). Nom employé par Théophraste, liv. 4, chap. 1, pour désigner un arbre analogue au cérisier; le *padus* des modernes en est une espèce. Voy. Adanson, Fam. des pl. vol. 2, pag. 535.

P. LAURO-CERASUS. C'est-à-dire qui tient au *cérisier* par la fructification, et au *laurier* par le feuillage.

P. MAHALEB *Mahhaleb*, son nom en arabe. GOLIUS, pag. 643. Il en donne, en peu de mots, une juste définition.

Vulgairement, *bois de Sainte-Lucie*, du village de Sainte-Lucie, près de Commercy, dans le territoire duquel il croît en abondance et où l'on en fabrique une multitude de petits meubles.

P. CHICASA. *Chicasaw*, nom sous lequel on mange son fruit en Caroline. MICHAUX, *Fl. amer. Bor.* 1—284.

P. ARMENIACA. Originaire de l'Arménie.

Vulgairement *abricot*; *abricose*, en allemand; *apricot*, en anglois; βερικοκκιον, en grec, du moyen âge, etc. Tous ces noms sont dérivés de l'arabe *barqòq*. FORSKAHL, pag. 67.

Les Portugais, disent encore *albarcoque*. Voy. Jean de Souza, au mot *àlbarqòq*, pag. 17.

PSATHURA (ψαθυρος; cassant). Ses rameaux sont très-fragiles. JUSSIEU, page 206, d'après Commerson.

PSELLIUM (ψελιον, brasselet). De sa noix en forme de brasselet. LOUREIRO, page 762.

PSIADIUM (ψιας, ψιαδος, goutte de rosée). Les jeunes feuilles de cette plante sont couvertes de petites gouttes visqueuses et brillantes. JACQUIN, *Hort. Schœnb.* 2, pag. 13.

PSIDIUM (ψιδιον, l'un des noms grecs de la Grenade. DIOSC. liv. 1, ch. 127). Il est dérivé de ψιω, être petit, à cause de la multitude de ses petites graines.

Les modernes ont appliqué ce synonyme ancien à un arbre dont le fruit a quelqu'analogie avec la *grenade* par son goût agréable, son effet astringent, et par la couronne qui le surmonte. Il est même appelé *arbre pomifère semblable à la grenade*, par Sloane, *Hist.* 2, pag. 163.

Vulgairement *gayavier*, du nom indien *guayaba*. Nieremberg, liv. 14, chap. 91.

PSILOTUM (ψιλος, nu). Les tiges sont nues et les fruits sans enveloppe. Swartz, *Journal de botanique*, 1800, 2 part. pag. 109.

PSORALEA (ψωραλεος, galleux, de ψωρα, galle). Des points ou tubercules calleux dont son calice est parsemé.

PSOROMA. Analogue au *lichen*, appelé psora par Hoffmann, de ψωρα, galle. Série de *lichen* qui forment des croûtes comparées à celles que produit la galle. Achar. 2.

PSYCHINE (ψυχη, papillon, en ce sens). Sa silicule est garnie d'ailes qui l'ont fait comparer à un papillon. Desfontaines, *Flore atlantiq.* vol. 2, pag. 68.

PSYCHOTRIA. Appelé par Brown, *psychotrophum*, de ψυχη, la vie, l'ame; τρεφω, je nourris, je soutiens. Nom donné à ce genre, par allusion aux puissans effets médicinaux du *psychotria emetica* : c'est une des espèces d'*ipecacuanha*. Ce dernier nom est brasilien. Pison, liv. 4, chap. 65.

P. palicurea. *Palicourea*, nom de cet arbuste à la Guyane. Aublet, p. 173.

PSYDRAX (ψυδρακια, pustule). Son fruit est couvert de petits tubercules en forme de pustules. Gærtner, vol. 1, pag. 125.

PTELEA (πτελεα, nom grec de l'orme; il vient de πταω, je vole). A cause des ailes membraneuses qui garnissent sa semence et qui la font voltiger dans les campagnes.

Les modernes ont appliqué ce synonyme à un arbre d'Amérique, dont la fructification ressemble très-bien à celle de l'orme.

PTELIDIUM. Dérivé de *ptelea*. Il y a entre ces noms la même analogie qu'entre les arbres qu'ils désignent. Aubert du Petit-Thouars, *deuxième fasc.*

PTERANTHUS (πτερον, aile; ανθος, fleur : fleur ailée). Terme impropre; la fleur n'est pas ailée, mais son pédicule est large et aplati en forme d'aile.

PTERIGYNANDRUM (πτερυξ ou πτερον, aile; γυνη, femelle; ανηρ, ανδρος, mâle). C'est-à-dire mousse dont les fleurs mâles et femelles sont situées dans les ailes ou aisselles de la plante, HEDWIG. Les dents du péristome sont aussi membraneuses ou ailées.

PTERIS (πτερίς). Les Grecs donnoient ce nom aux fougères, parce que la plupart des plantes de cette série ressemblent très-bien à des plumes par la finesse et la légèreté de leurs pinnules.

P. AQUILINA (*aquila*, aigle). Sa racine coupée transversalement et obliquement, présente une figure parfaite d'aigle éployée. De là le nom de *fougère impériale* qu'on lui donne communément. On sait que les armes de l'empire d'Autriche, sont une aigle éployée.

P. CAUDATA (à queue). Ses pinnules terminales sont très-longues et elles semblent former une queue aux feuilles.

P. BIAURITA (à double oreille). Ses pinnules inférieures sont doubles et en forme d'oreilles.

PTEROCARPUS (πτερον, aile; καρπος, fruit). Ses gousses sont garnies d'expansions membraneuses en forme d'ailes.

P. DRACO (dragon, abrégé de *sang-de-dragon*). Lorsque l'on déchire son écorce, il transsude de cet arbre plusieurs points rouges qui deviennent des gouttes sanguines; ce suc se durcit et il se vend sous le nom de *sang-de-dragon*. Dans le commerce on dit habituellement *sang-dragon*.

Cette substance a été attribuée à plusieurs arbres.

P. LUNATUS. Qui produit le véritable sandal rouge ou *ssandel áhhmar* des Arabes. Voy. *Sandalum*.

P. ECASTAPHYLLUM (ἑκαστος, chacun pris séparément; φυλλον, feuille). C'est-à-dire dont la feuille est simple et non composée comme celle des autres espèces de ce genre.

PTEROTUM (πτερον, aile). Dont la semence est ailée. LOUREIRO, pag. 358.

PTERYGODIUM (πτερυξ, πτερυγος, aile). Le nectaire de sa fleur a trois découpures dont l'une très-petite, et les deux autres plus grandes ont la forme de deux ailes. SWARTZ, *Act. Holm.* 1800, pag. 217.

Genre extrait des *ophrys* de Linné.

P. CATHOLICUM. Les lèvres du nectaire présentent la forme d'une croix.

PUGIONIUM (*pugio*, poignard, dérivé de *pugnus*, poing

poing). Dont la silique est en forme de poignard. Gærtner, vol. 2, pag. 291.

PULMONARIA (*pulmo*, poumon). De l'usage que l'on en fait contre les maladies de poitrine. Sa feuille prise en infusion excite une transpiration salutaire dans les engorgemens de poitrine; cette qualité, au surplus, lui est commune avec les autres bourraginées.

PUNICA (*Punicus*, Carthaginois). *Les grenadiers*, dit Pline, liv. 15, chap. 19, *croissent vers le territoire de Carthage et ils en ont retenu le nom. Les Latins l'appeloient pomme de Carthage*, malum punicum, que nous avons abrégé en en faisant *punica*.

P. GRANATUM. Dérivé de *granum*, grain. On connoît la multitude et le goût agréable des grains de la grenade. *Grenade* en françois; *pome-granate*, en anglois, altérés de *granatum*.

La peau de la grenade est connue, en médecine, sous le nom de *malicorium. Malum*, pomme; *corium*, peau, sous entendu *punici*, de grenade.

PUYA. Nom de cette plante au Chili. Molina, page 131. Feuillée l'avoit placée parmi les *renealmia*.

PYCNANTHEMUM (πυκνος, dense, entassé; ανθεμον, dérivé de ανθος, fleur). Ses fleurs sont ramassées en tête serrée. Michaux, *Fl. bor. Am.* 2—7.

PYRGUS (πυργος, une tour). De la forme de ses étamines. Loureiro, pag. 149.

PYROLA (*pyrus*, poirier). Sa feuille ressemble à celle de cet arbre. Les Anglois la nomment *winter-green*, verdure d'hiver.

PYROSTRIA (*pyrum*, poire; *stria*, raie, cannelure). De son fruit en forme de poire et strié. Jussieu, pag. 206, d'après Commerson.

PYRULARIA (*pyrum*, poire). Cet arbuste produit un fruit à noyau, de la forme d'une poire. Mich. *Flora boreali-Am.* 2—232.

PYRUS. Du celtique *peren*, dont les Latins ont fait *pyrus*, et le fruit *pyrum*; les François, *poire*; les Anglo-Saxons, *pere*; les Anglois, *pear*; etc. Les Grecs nommoient le fruit απιος, de *api*, pomme ou fruit analogue, en langue celtique. Ce mot *api* s'est même conservé en françois pour désigner une espèce de pomme, et les Anglois en ont fait *apple*; les Allemands, *apfel*, pomme, en leur langue.

P · POLLVERIA. Abrégé de *pollvilleriana*. Jean Bauhin, liv. 1, le nomma ainsi, parce qu'il le trouva pour la première fois dans le jardin du baron de Pollwiller.

P. MALUS. Dérivé de *mel* ou *mal*, pomme, en celtique, dont les Grecs ont fait μηλια, et le fruit μηλον; les Latins, *malus*, etc. en anglois, *apple*. Voyez ci-dessus *Pyrus*. En françois, pomme, du celtique *pwm*, synonyme d'*api*, et de *mal*; *pwm*, est le radical de *Pomona*, déesse des vergers ou des fruits, chez les Latins.

 Cidre, vient de l'anglo-saxon, *cider*, dont *cyder*, en anglois, et à-peu-près de même dans les langues du Nord.

P. PARADISIACA (*pomme de paradis*). Par allusion à son goût doux et agréable. Les Grecs nommoient ce fruit, dans le même sens, μελιμηλον, pomme de miel.

P. SPECTABILIS (beau à voir). Ses rameaux se couvrent de grandes et belles fleurs qui présentent toutes les nuances de la rose.

P. BACCATA (qui produit des baies). Nom impropre donné à cet arbre, pour exprimer la petitesse de son fruit. Il est du volume d'une baie ordinaire, et le plus petit de son genre.

P. CYDONIA. Originaire de la ville de Cydon, en Crête, aujourd'hui la Canée. Les Latins l'appeloient *malus-cotonea*. Son fruit est couvert de coton avant sa maturité.

 Le cotonea, dit Pline, liv. 15, chap. 11, *que les Grecs nomment* cydoni, *a été apporté de l'île de Crète*.

 De *cydonia* nous avons fait *coing*, et de *coing* les Anglois ont fait *quince*.

PYTHAGOREA. Genre dédié par Loureiro, pag. 300, à la mémoire de Pythagore, philosophe Grec, né à Samos, l'an 592 avant J. C., mort l'an 497, selon l'opinion commune. Pline rapporte, liv. 25, chap. 2, qu'il avoit composé un ouvrage sur les effets des plantes. Comme il ne permettoit pas à ses disciples l'usage de la viande, il est naturel qu'il se soit occupé de l'effet alimentaire des plantes.

PYXIDANTHERA (πυξις, πυξιδος, vase, boite). Ses anthères s'ouvrent en travers comme une petite boite. MICHAUX, Fl. bor. Am. 1 — 152.

Q

QUADRIA. Antoine de la Quadra, cultivateur espagnol. *Flore du Pérou*, page 13.

QUALEA. *Quale*, nom que les Galibis donnent à cet arbre. AUBLET, page 7.

QUAPOYA. *Quapoy*, nom que les Galibis donnent à cet arbuste. AUBLET, pag. 900.

QUARARIBEA. Nom de cet arbuste à la Guyane. AUBLET, pag. 693.

QUASSIA. D'un nègre nommé *Quassie*, qui le premier en découvrit la qualité fébrifuge.

Q. SIMARUBA. *Simarouba*, nom que donnent les Galibis à cet arbre. AUBLET, pag. 863.

QUELUSIA. Nom insignifiant donné à ce genre par Vandelli, page 21. Quelus est une maison de plaisance de la reine de Portugal, située à deux lieues de Lisbonne.

QUERCUS. Ce nom vient du celtique *quer*, beau; *cuez*, arbre; DOM. LEPELLETIER, le bel arbre, l'arbre par excellence; ce mot n'étoit qu'une épithète que les Celtes appliquoient à cet arbre parce qu'il produisoit le gui sacré, objet de leur vénération. Il avoit d'ailleurs son nom particulier en leur langue, et ils l'appeloient *derw*.

De *derw*, les Celtes avoient fait *druides*, prêtres du chêne. La ville de Dreux en tire aussi son nom. César, dit en propres termes, que le grand collége des Druides étoit situé vers les confins du pays Chartrain, précisément où est Dreux. C'est de ce même mot *derw* que les Grecs ont fait δρυς, chêne, et par suite δρυαδες et αμαδρυαδες, divinités du chêne. Il paroît même que l'idée d'attacher des divinités aux chênes, étoit parmi les Grecs un reste de la religion des Celtes, leurs ancêtres. C'est encore par une suite naturelle de cette idée qu'en mythologie, le chêne étoit consacré à Jupiter, comme au premier des dieux. Il en est de même des célèbres oracles rendus par les chênes de Dodone.

Dans la langue d'Ossian, l'erse, le chêne est encore appelé *darach*, toujours dérivé de *dera*.

Chêne, anciennement *quesne*, de *quernus*, que l'on a dit, en basse latinité, pour *quercus*. En anglois *oak*, de l'anglosaxon *ac*, chêne; d'où aussi *eiche*, en allemand.

Q. PHELLOS (φελλος). Nom grec du liége, *quercus suber*. Cet arbre n'a que des rapports généraux avec le liége et on ne l'a nommé ainsi que pour placer un synonyme ancien.

Q. ILEX. Voy. le genre *Ilex*. En françois, *yeuse*, du celtique *iw*, qui signifie vert. Sa feuille est toujours verte; on le nomme même communément *chêne vert*. Voy. *Hedera*.

Q. GRAMMUNTIA. François Sauvages, *Fl. Montpel.* 96, regarde comme une espèce distincte, cet arbre que la plupart des botanistes tiennent pour une variété de l'yeuse. Son nom lui vient de ce qu'il croît au bois de Grammont, dans les environs de Montpellier.

Q. SUBER. Plusieurs savants ont fait dériver ce nom du latin *sub*, dessous; de l'usage qu'en faisoient anciennement les femmes pour garnir le dessous de leur chaussure, soit pour se tenir les pieds chauds, comme le dit Pline, liv. 16, chap 8, soit pour paroître plus grandes, selon l'opinion de plusieurs auteurs. Cet usage étoit tellement général, qu'Aristophane, pour désigner les femmes, les appelle ironiquement *écorce d'arbre*.

Selon Vossius, *suber* vient du grec σοφαρ, écorce; *liége* en françois. Selon Furetières et autres, ce mot vient du latin *levis*, léger, dont les Italiens ont fait *lieve*, et les François, *liége*.

Au midi de la France, cet arbre est appelé *surier*, dérivé de *suber*.

Q. COCCIFERA (*coccus*, la graine d'écarlate, en grec κοκκος; *fero*, je porte). C'est sur cette petite espèce de chêne que l'on recueille l'insecte appelé *graine d'écarlate*, en raison de la couleur que l'on en tire.

Les Arabes le nomment *qermez*, qui signifie en leur langue, *vermisseau*, et par suite ils ont appelé *qermezy*, la couleur rouge qu'il produit. C'est de là que vient notre mot *cramoisi*; on disoit même *kermezi* anciennement. Voyez Bochart, *Hierozoï.* vol. 2, pag. 625.

Les Latins l'appeloient dans le même sens *vermiculus*, petit ver, et c'est de là que vient le mot *vermillon*, qui exprime la même chose que *cramoisi*. Voy. les *Mémoires de l'Acad. des scienc.* 1714.

Coccus et κοκκοσ, ont pour primitif *coa*, rouge, en celtique, d'où *cochesne*, *coquelicot*. Voy. *Cactus cochenillifer*.

Q. PRINOS. Voy. le genre *Prinos*.

Le *prinos* des Grecs est le même arbre que l'*ilex* des Latins. Comme il a conservé en botanique son nom latin, *quercus ilex*, le synonyme grec a été appliqué à un chêne d'Amérique dont les feuilles sont dentelées en scie, selon la signification de ce mot.

Q. ESCULUS. Voy. le genre *Esculus ou Æsculus*.

Selon Bauhin, *Pinax* 420, l'*esculus* des Latins est le φηγος des Grecs.

Q. ROBUR. Latinisé de *rove*, synonyme de *derw*, chêne en celtique. Par allusion à la dureté de son bois, les Latins avoient exprimé la force, la vigueur, par ce même mot *robur*, et ils lui avoient donné des dérivés : *robustus, corroborare*.

On sera peut-être surpris de voir le chêne avoir plusieurs synonymes en langue celtique ; mais toutes les fois qu'une chose quelconque est principale ou seulement essentielle pour un peuple, les manières de l'exprimer se multiplient.

En arabe, il est quantité de façons de désigner un lion (1); en tartare, il y a un nombre prodigieux de mots pour exprimer tout ce qui a rapport au cheval. Voy. à ce sujet le savant *Dictionnaire tartare* de Langlès.

Q. ÆGILOPS. Nom que Pline, d'après les Grecs, donne à un chêne très-élevé. *Il porte*, dit-il, liv. 16, chap. 8, *à ses rameaux des barbes d'une coudée de long, et c'est de là qu'il tire son nom*. Αιξ, αιγος, chêvre; οψ, figure; *mine de chèvre*, à cause de cette longue barbe qui n'est, sans doute, qu'un

---

(1) On lit dans Chardin, vol. 2, pag. 103, qu'en arabe il y a mille synonymes pour exprimer un chameau, cinq cents pour un lion, deux cents pour dire du lait, quatre-vingts pour le miel, etc.

lichen filamenteux très-commun sur les vieux arbres forestiers. Pline a confondu ici l'accessoire avec le principal.
Voy. le genre *Ægilops*.

QUERIA. Joseph Quer, botaniste espagnol, professeur à Cadix.
On a de lui une *Flore espagnole*, publiée en 1762.

QUILLAIA. *Quillaï*, nom que donnent à cet arbre les naturels du Chili. MOLINA, pag. 147. Il vient de *quillean*,
laver, en leur langue. Ils s'en servent pour remplacer le
savon.

QUINARIA (*quinarius*, par cinq). Ses fleurs ont un calice à
cinq feuilles, une corolle à cinq pétales; il leur succède
un germe à cinq angles qui devient une baie à cinq loges.
LOUREIRO, pag. 334. Ce genre se rapproche du *cookia*.

QUINCHAMALIUM. *Quinchamali*, nom que porte cet arbuste
au Chili. FRÉZIER, pag. 71, MOLINA, pag. 121.

QUISQUALIS. Mot latin qui exprime l'incertitude, le doute.
Il a été donné par Rumphius, liv. 7, chap. 38, à un arbuste
d'Amboine, parce qu'il est sujet à varier.

QUIVISIA. Du nom de *bois de quivi*, que porte cet arbre à l'île
de France. JUSSIEU, d'après Commerson, pag. 264.

R

RACOPILUM (ρακος, déchiré; πιλος, chapeau). Mousse dont la coiffe est campaniforme et fendue d'un côté. PALISOT BEAUVOIS, Æthéog. 36.

RADERMACHIA. En l'honneur de Radermacher, hollandois, président de la Société des Sciences de Batavia. THUNBERG.

RAFNIA.

RAJANIA. Jean Wrai, plus connu sous le nom de Rai, naturaliste anglois, né en 1628, mort en 1705, membre de la Société royale de Londres. On a de lui : *Catalogue des plantes des environs de Cambridge*, 1660; *Catalogue des plantes de l'Angleterre et de ses îles*, 1670; *Voyage en Allemagne, en France et en Italie*, 1673; *Histoire des plantes*, etc. de 1686 à 1704, etc.

RANDIA. Isaac Rand, apothicaire anglois, membre de la Société royale de Londres. On a eu de lui, en 1739, l'*Index du jardin médicinal de Chelsea*.

RANUNCULUS. Dérivé de *rana*, grenouille. De ce que la plupart des plantes de ce genre croissent aux lieux humides et marécageux, séjour des grenouilles. *Ranunculus*, en latin; βατραχιον, en grec; *grenouillette*, en françois, expriment la même chose, en chacune de ces langues.

On nomme souvent ces plantes *bassinet*, en françois, de leurs fleurs en bassin; ou renoncule, altéré de *ranunculus*.

En anglois, *crow-foot*, pied de corneille; plusieurs espèces de renoncules, ont les feuilles profondément divisées, ce qui leur donne l'aspect d'une pate d'oiseau.

R. FLAMMULA (*flamma*, flamme, feu). De son effet brûlant à la bouche, et de ce qu'elle donne aux moutons l'inflammation d'entrailles appelée communément le *feu*.

En françois *douve*, du celtique *douves*, pluriel *douves*, qui exprime un fossé plein d'eau. Ce mot a pour primitif *dow*, eau, dans la même langue. Cette plante ne croît qu'aux lieux inondés.

R. LINGUA (langue). Sa feuille ovale, allongée et très-entière a été comparée à une langue.

R. FICARIA. Dont la racine est par petits tubercules semblables à des *fics*, terme de médecine, qui exprime une excroissance charnue semblable, en petit, à une figue appelée *ficus* en latin.

Cette plante différant essentiellement des *ranunculus*, par le calice, les pétales, etc. Dillen, Haller et A. L. de Jussieu, en ont fait un genre à part.

R. THORA. Altéré de φθορα, corruption. On s'en servoit autrefois pour empoisonner les flèches. Les blessures qu'elles faisoient se gangrenoient promptement.

R. ABORTIVUS (avortée). Ses fleurs ont été regardées comme avortées, en raison de leur petitesse.

R. SCELERATUS (scélérate). Nom hyberbolique. Cette scélératesse consiste à faire naître des ampoules aux lèvres de ceux qui en mâchent les feuilles.

R. GLACIALIS, NIVALIS. Deux noms différens qui expriment la même chose. C'est-à-dire plantes qui croissent au pied des glaces et des neiges dans les montagnes Alpines.

RAPANEA. Nom de cet arbuste à la Guyane. AUBLET, p. 121.

RAPATEA. Nom de cette plante à la Guyane. AUBLET, p. 305.

RAPHANUS (ραφανις, en grec; de ρα, facilement, promptement; φαινομαι, je parois). A cause de la rapidité de sa germination.

Radis, en françois; ce nom est purement latin, *radix*, racine. La sienne est remarquable par son goût et son volume. En anglois, *radish*, altéré du même mot *radix*.

RAPHIA (ραφις, pointe, aiguille). Le fruit de cette espèce de palmier se termine par une pointe très-apparente. PALISOT BEAUVOIS, *Flore d'Oware*, fasc. 8.

RAPINIA. En l'honneur du père Rapin, jésuite françois, né en 1621, mort en 1687. Il est auteur d'un poëme estimé sur les jardins. LOUREIRO, pag. 156.

RAPUTIA. Originaire de la forêt d'Orapu, en Guyane. AUBLET, pag. 672.

RAVENALA. Nom de cet arbre en l'île de Madagascar; il a pour primitif *raven*, feuille. La sienne est d'une beauté remarquable. *Raven*, se retrouve encore dans *raven-sara*, la bonne feuille.

RAUWOLFIA. Léonard Rauwolf, médecin allemand, voyageur en Syrie, Arabie, Palestine, etc. On a eu sa relation en 1582.

REAUMURIA. Réné-Antoine Ferchault de Réaumur, naturaliste françois, né en 1683, mort en 1757, membre de l'Académie des sciences. Entre un grand nombre d'ouvrages importans sur l'histoire naturelle, les botanistes distinguent plusieurs mémoires académiques sur les *fucus*, les *nostoch*, les *byssus*, les *coraux*, etc.

REDUTEA. P. J. Redouté, peintre du Muséum d'histoire naturelle. On connoît ses magnifiques dessins de plantes. Voy. ses plantes grasses décrites par Decandolle, les *Liliacées*, le *Jardin de Malmaison*, etc. Ventenat, lui a dédié ce genre, *Jardin de Cels*, pag. 11.

REICHELIA. Voy. *Sagonea* d'Aublet. Schreber, gen. 512, l'a nommé ainsi de Chr.-Charles Reichel, allemand, dont on a eu, en 1750, une *Dissertation sur le tabac*.

RELHAMIA. Richard Relham, anglois, auteur de la *Flore de Cambridge*. L'HÉRITIER, *Sert. Angl.* 23.

REMIREA. Son nom à la Guyane. AUBLET, page 43.

RENANTHERA (*ren*, rein). Fleur dont les anthères s'ouvrent en forme de rein ou de rognon. LOUREIRO, pag. 637.

RENEALMIA. Paul Reneaulme, botaniste françois, a publié, en 1611, un ouvrage intitulé : *Essai sur l'histoire des plantes*.

Un autre Reneaulme (*Michel-Louis*) médecin, membre de l'Académie des sciences, a donné, de 1699 à 1720, des observations sur plusieurs plantes. PLUMIER, gen. 37.

Les *renealmia* de Plumier ont été depuis replacées parmi les *tillandsia*. et le *renealmia* de Linné fils, *Sup.* pag. 7, a été reporté au *catimbium*.

REQUEURIA. Louis Requeur, espagnol, apothicaire du roi d'Espagne, Philippe V. *Flore du Pérou*, pag. 16.

RESEDA (*resedo*, je calme, j'apaise). Appliqué en topique,

il passoit pour calmer les douleurs externes. Pline, liv. 17, chap. 12, rapporte une invocation dont on doit accompagner ce remède, et qui est plus digne d'un charlatan que d'un philosophe.

Le *reseda odorata* est souvent appelé *amour d'Egypte*. Il est originaire d'Egypte, et l'odeur en est extrêmement voluptueuse.

On nomme *gaude*, le *reseda luteola*. Ce mot vient du celtique *god*, jaune. Cette plante donne en teinture une belle couleur jaune.

RESTIARIA (*restis*, corde). De l'usage économique que l'on en fait à la Cochinchine. LOUREIRO, pag. 785. Ce genre se rapproche du *gouania*.

RESTIO (*restis*, corde, lien; d'où *rete*, en latin, et *rets*, en françois). Plusieurs espèces de ce genre portent des chaumes forts et souples dont on fait au cap de Bonne-Espérance des liens, des balais, etc.

R. ELEGIA (ελεγος, tristesse, deuil). Ses anthères sont noirâtres avec une bordure blanche, comme un vêtement de deuil.

R. TECTORUM (des toits). Non qu'il croisse sur les toits, comme ce nom l'exprime aux genres *bromus*, *crepis*, *sempervivum*, etc., mais de l'usage que l'on en fait au cap de Bonne-Espérance pour couvrir les maisons. THUNBERG, *Voyage*.

RETICULARIA (*reticulus*, diminutif de *rete*, rets, filet, réseau). Les semences de ce fungus sont enfermées dans des filets réticulés. BULLIARD, *champ*. 83.

RETINEPHYLLUM (ρητινη, résine; φυλλον, feuille). Arbre dont les feuilles sont enduites d'une substance résineuse. *Plantes equinox. fasc.* 4.

RETZIA. An.-Jean Retzius, professeur de botanique à Lund en Scanie. On a de lui des *Observations de botanique*. THUNBERG, *Nov. gen. pl.* pag. 4.

RHACOMA. L'un des anciens noms de la *rhubarbe*, PLINE, liv. 27, chap. 12. Il a pour primitif *rha*, ancien nom du Volga. C'est de ces régions qu'on tiroit cette plante, dit Pline. Voy. *Rheum*.

RHAMNUS. Du celtique *ram*, branchage; dont les Grecs ont fait ραμνος; les Latins, *ramex*, *ramus*, *ramale*, etc. les François, *rame*, *ramier*, *ramon*, balai en vieux françois, *ramée*, etc.

Rain, en vieux langage, étoit synonyme de *rameau*, et c'est en raison de la conformité de son nom avec ce mot, que la ville de Rheims portoit pour armes, deux rameaux entrelacés.

R. CATHARTICUS. Voy. ce mot à la liste des Termes. En français, *nerprun*; c'est-à-dire *noira prune*. Son fruit ressemble à de petites prunelles de haie; mais il est plus noir.

R. LINEATUS (par lignes, *linea*, ligne). Ses nervures nombreuses forment sur la feuille une espèce de réseau ou entrelacement de lignes.

R. SARCOMPHALUS (*sarcomphale*). Tumeur charnue qui vient au nombril; c'est ce qu'exprime son nom. Σαρξ, σαρκος, chair; ςμφαλος, nombril. L'ovaire de cette fleur est entouré des bords du réceptacle, ce qui lui donne quelque ressemblance avec la tumeur du nombril.

R. MYSTACINUS (μυσταξ, moustache). Sa tige ne se soutient qu'au moyen de ses vrilles contournées en façon de moustache.

R. COLUBRINUS (*coluber*, serpent). De ses feuilles garnies de veines blanches et brillantes qui les rendent assez semblables à une peau de serpent.

R. ALATERNUS Dérivé d'*alternus*, selon plusieurs auteurs, parce que ses feuilles sont alternes, ce qui les distingue de celles des *phylirea* qui sont opposées. Cette étymologie peut paroître hazardée; mais elle a l'avantage d'apprendre à ceux qui ne sont pas botanistes, à distinguer tout d'abord deux arbustes très-semblables.

R. PALIURUS (παλιουρος, nom de lieu en grec). Paliurus étoit une ville d'Afrique située vis-à-vis de l'île de Crète.

R. NAPECA. Latinisé de *nabq*, son nom en arabe. FORSKAHL, pag. 63. Prosper Alpin l'écrit *nabka*, pag. 18.

R. CIRCUMSCISSUS (circoncis). Son fruit est entouré à sa base par le calice, d'une façon qui lui a fait donner ce nom avec justesse. *Circumscissus*, signifie littéralement *coupé tout autour*. *Circum*, autour; *scissus*, participe de *scindo*, je coupe. On connoît l'opération de la circoncision.

R. JUJUBA.

R. ŒNOPLIA (οινοπλεξ, vineux, dérivé d'*oinos*, vin). Son fruit plein de suc, ressemble à un grain de raisin.

R. THEZZANS (analogue au *thé*). En Chine, les pauvres gens se servent de sa feuille en guise de celle du thé.

R. IGUANEUS (des iguanes). On le nomme aux Antilles, *arbre des iguanes* (*lacerta iguana*), parce qu'on trouve souvent ce reptile sur son tronc.

R. ZIZYPHUS. Altéré par les Grecs de αξαββα, son nom dans l'Orient. *Voyage de Shaw*, 47 supp. *Zizouf*, en Arabe. GOUV, t. 107.

R. SPINA-CHRISTI (épine de Christ). Par allusion à la couronne d'épine de Jésus-Christ, que l'on a supposé faite de cet arbuste dont les aiguillons sont doubles et très-aigus.

R. ERYTHROXYLUM (ηρυθρος, rouge; ξυλον, bois). Dont le bois est rougeâtre.

R. LOTUS. Desfontaines a prouvé que cet arbre est le vrai *lotus* des anciens, et que les habitans des bords de la Syrte, où il croît, sont les *lotophages*. Dans ce pays on vend sur les marchés, et l'on mange encore ce fruit, qui est gros comme une prunelle et d'une saveur très-agréable. Voy. *Lotus* et *Nymphæa lotus*. La tradition de l'ancien usage que l'on en faisoit s'est conservée parmi ces peuples.

Ces faits sont également attestés par le docteur Shaw, et l'on s'étonne de les voir démentis avec légèreté par Bruce, toujours empressé d'atténuer le mérite de Shaw et des voyageurs qui l'ont précédé. Voyez le *Voyage aux sources du Nil*, introduction.

RHANTERIUM (ραντηριον, aspersoir, goupillon). Des semences du disque garnies d'une aigrette, dont on a comparé la forme à celle d'un goupillon. DESFONTAINES, *Fl. atlantiq.* tom. 1, 290.

RHAPHIS (ραφις, aiguille). Des barbes aigues de sa corolle, qui percent les vêtemens. LOUREIRO, pag. 676.

RHAPIS. Nom donné à ce petit palmier par l'Héritier, *Stirp. nov.* 2, pag. 100. Il vient de ραπις, verge, baguette; à cause de son peu d'élévation.

RHEEDIA. Henri Rheede van Draakenstein, gouverneur des établissemens hollandois au Malabar. On a eu de lui, de 1678 à 1693, un superbe ouvrage intitulé : *Jardin de Malabar*. Il a eu plusieurs collaborateurs.

RHEUM. Linné, *Phil. bot.*, fait venir ce mot de ρεω, je coule;

parce que la racine de cette plante fait couler la bile. C'est une erreur; il tire son origine du fleuve *Rha*, aujourd'hui le Wolga. Dioscorides, liv. 3, chap. 2, dit : *le rhapontique que les Grecs nomment rha ou rheon, croît dans les pays qui sont par delà le Bosphore*, etc. Ammien Marcellin, liv. 12, dit : *le Rha est un fleuve sur les bords duquel croît une racine qui en porte le nom et qui est très-renommée en médecine.*

R. RHAPONTICUM (Rha, le fleuve de ce nom; ποντος, le Pont-Euxin). C'est-à-dire qui croît sur les bords du Rha, au delà du Pont-Euxin. Ce pays étoit fort peu connu des Grecs.

R. RHABARBARUM (*rha barbarum*). Rheum du pays des Barbares et non de la Barbarie en Afrique, comme le dit Fuchs, liv. 1, *de Comp. med.*

Vulgairement *rhubarbe*, altéré de *rhabarbarum*.

R. RIBES. Cette plante qui est le véritable *ribes* des Arabes, contient un suc acide et agréable; elle est d'un usage alimentaire dans tout le Levant. On en a comparé le goût à celui du fruit de notre groseillier, auquel, par extension, on en a appliqué le nom en botanique. Voy. les *Annales du musée, fasc.* 2.

On remarquera que dans son *Lexicon*, Golius, page 930, donne du *rybès*, une définition courte et juste; c'est, dit-il, *une sorte de lapathum d'un goût acide.*

RHEXIA. Nom grec employé par Pline, liv. 22, chap. 21, pour désigner une plante bourraginée. Il vient de ρησσω, je romps, futur ρηξω; c'est-à-dire bonne contre les ruptures.

Le *rhexia* passe pour avoir cette vertu.

RHINANTHUS (ρις, nez, ανθος, fleur). Elle représente exactement l'échancrure d'une narine.

R. CRISTA-GALLI (crête de coq). De ses bractées dont les dentelures ressemblent à celles d'une crête de coq.

R. ELEPHAS. De la forme de sa lèvre supérieure que l'on a comparée à une trompe d'éléphant; elle est allongée et un peu relevée.

R. TRIXAGO OU TRISSAGO. Nom par lequel Pline désigne, liv. 24, chap 15, la plante que les Grecs appeloient *chamædrys*. De δρυς, les Latins ont fait *tris*, et ils y ont ajouté la désinence *ago*, qui exprime en leur langue la ressemblance.

Le *trixago* des modernes a quelque ressemblance avec le chamædris, par ses feuilles sciées en dents obtuses. Voy. Teucrium chamædris.

RHIZOCARPON (ριζα, racine; καρπος, fruit). Dont le fruit est porté sur la racine même. RAMOND, dans la *Flore fran-çoise*, vol. 2, pag. 365.

RHIZOPHORA (ριζα, racine; φερω, je porte. Le *rhizophora mangle* porte un fruit très-singulier dont la semence, qui a près d'un pied de long, pend sur la branche par son propre poids; elle pousse sur l'arbre même des racines qui touchent bientôt la terre, et y forme ainsi de proche en proche des forêts entières.

R. MANGLE. Nom américain transmis par Plumier, gen. 15. Il l'écrit *magles*. Pison, liv. 4, chap. 87, écrit *mangue*.

R. CANDEL. Abrégé de son nom au Malabar : *tsierou-kandel.* RHEED. *Mal.* 6, pag. 63.

R. GYMNORHIZA (γυμνος, nud ; ριζα, racine). Ses racines coulent sur la superficie de la terre, et elles semblent seulement y être posées.

R. CASEOLARIS (*caseus*, fromage). De la mollesse de son bois comparée à celle du fromage. De là le nom françois *fromager.*

RHODIOLA (ροδον, rose). Sa racine exhale une forte odeur de rose.

R. ROSEA. Cette épithète exprime, en latin, la même chose que le nom générique en grec; elle est de même relative à l'odeur de la racine de cette plante, et non, comme on le pourroit croire, à la couleur de sa fleur qui est verdâtre.

RHODODENDRUM (ροδον, rose; δενδρον, arbre). Les *rhodo-dendrum hirsutum* et *ferrugineum*, donnent des fleurs d'une légère couleur de rose.

RHODOLÆNA. Genre analogue aux *sarcolæna*, *leptolæna*, *schizolæna*, voy. ces mots. Le *Rhodolæna* porte des fleurs magnifiques, du plus beau rouge et plus grandes que celles de la rose, appelée en grec ροδον. AUBERT DU PETIT-THOUARS, *Plantes des îles d'Afrique, fasc.* 3.

R. CHRYSANTHUM (χρυσος, or; ανθος, fleur). Dont les fleurs sont jaunes.

RHODORA. Même sens que *rhododendrum.* Duhamel le nomme même *chamærhododendron. Sem. app.* 10.

RHOPIUM (ῥωπ., baguette). Les fleurs de cet arbuste sont disposées le long de ses rameaux et forment ainsi des grappes ou baguettes très-allongées.

C'est le *meborea* d'Aublet auquel Schreber a donné ce nouveau nom, n.° 1582.

RHUS (ῥοῦς ou ῥῶς, en grec). Ce mot est dérivé de *rhudd*, synonyme de *rub*, rouge, en celtique. On connoît la couleur du fruit de cet arbre. Voy. *Rhus coriaria*.

Rhudd ou *rub* sont les radicaux de quantité de noms grecs, latins, etc., qui tous expriment des choses rouges. Ῥάς, ῥόδον, ῥύς, en grec; *rufus, russus, rubrica, rubigo*, en latin; *rouge, roux, rouille*, en françois, etc.; *rude, read, rouge*, en anglo-saxon, d'où *red*, en anglois. Voy. *Rubia* et *Rosa*.

Vulgairement *sumach*, de *simâq* (1), son nom en arabe. FORSKAHL. *Mat. méd. suppl.*

R. CORIARIA (*coriarius*, corroyeur, dérivé de *corium*, cuir). C'est-à-dire qui sert à la préparation des cuirs. On l'emploie en Espagne, Turquie, etc., en place d'écorce de chêne, pour tanner les cuirs. C'est principalement à cette espèce, qui croît par tout l'Orient où elle est d'un usage général, qu'il faut rapporter l'origine du nom générique *rhus*.

R. TYPHINUM (τῦφος, fumée). Sa fleur est d'une couleur rougeâtre et enfumée.

R. SUCCEDANEUM (*succedaneus*, qu'on substitue, de *succedo* je prends la place). Nom donné à cet arbre à cause de son analogie avec le *rhus vernix*, qui fait quelquefois prendre l'un pour l'autre.

---

(1) L'abbé Sestini, dans son voyage d'Orient, dit qu'on y appelle cet arbre *essimac*; cette erreur tient à l'orthographe arabe, et demande une explication particulière. Lorsque l'article *al* précède un nom qui commence par une des quatorze lettres que les Arabes nomment solaires, la lettre *L* perd le son qui lui est propre pour emprunter celui de la lettre qui la suit. Ainsi *al* ou *el simac* se prononce *es simac*. C'est ainsi que l'on appelle Haroun V, surnommé *Raschid* ou le droiturier, *Haroun-Arraschid*, quoique l'on écrive *Alraschid*. Plusieurs auteurs écrivent comme on prononce, et d'autres comme on transcrit; ce qui jette de la confusion dans les noms, et par suite, dans l'histoire.

R. COPALLINUM. Abrégé de son nom mexicain *copalli-quahuitl*. HERNAND, *Mex.* 45.

R. TOXICODENDRUM (τοξικον, poison; δενδρον, arbre : arbre poison). Il est vénéneux en toutes ses parties.

R. METOPIUM. *Metopion*, nom sous lequel Pline, liv. 12, chap. 23, désigne un arbre résineux qui nous est inconnu. Il a pour primitif οπος, suc.

Le *rhus metopium* porte un fruit dont on tire une huile qui sert, en Amérique, à divers usages économiques.

R. COTINUS (κοτινος, en grec). Nom sous lequel Pline décrit, liv. 16, chap. 18, un arbre qui croît dans les Apennins et dont le bois est rouge. On l'a appliqué à cet arbuste qui n'a que de foibles rapports avec le *cotinus* de Pline.

RHYNCOSIA (ρυγχος, bec, pointe). La carène de sa fleur est en forme de bec. LOUREIRO, pag. 562.

RHYNCOTHECA (ρυγχος, bec, pointe; θηκη, boîte, capsule). De la forme de son péricarpe *Flore du Pérou*, pag. 71.

RHYTIS (ρυτις, ride). Sa baie est couverte de rugosités. LOU-REIRO, pag. 812. Ce genre se rapproche des *caturus*.

RIANA. Nom de cet arbuste à la Guyane. AUBLET, pag. 238.

RIBES. Nom d'une plante acide mentionnée par les médecins arabes, et que l'on n'a bien connue que dans ces derniers temps. C'est le *rheum ribes*, voy. cet article. Les anciens botanistes crurent à tort que c'étoit notre *groseillier*, dont le fruit est acide, et Bauhin , *Hist.* 2 , pag. 97, l'appela *ribes acidum*.

R. GROSSULARIA (*grossulus*, diminutif de *grossus*, nom que donnoient les Latins à de petites figues non mûres). De *grossulus* nous avons fait *groseille*, et nous l'avons étendu à tous les fruits de ce genre, tandis qu'il ne peut convenir qu'à la groseille à maquereau, qui, pour la grosseur, ressemble à une petite figue.

R. DIACANTHA (δις, double; ακανθα, épine). Ses aiguillons sont par deux.

R. CYNOS-BATI (κυων, κυνος, chien; βατος, nom grec de la ronce : ronce ou mûre de chien). Les anciens donnoient ce nom à un arbuste qui paroît être l'églantier. La baie de cette espèce de groseiller est longuette et grosse comme le fruit de l'é-glantier.

RICCIA. Pierre-François Ricci, botaniste florentin. Il a laissé quelques opuscules à la Société de Florence. Micheli, gen. 67, donna son nom à cette plante.

RICCINUS. Nom latin de l'insecte appelé *tique*, en françois, et *κρότων*, en grec. Son fruit en a exactement la forme. Voy. *Croton*.

R. MAPPA. (*mappa*, carte de géographie). C'est-à-dire plante dont la feuille arrondie semble représenter une mappe-monde.

RICHARDIA. Nommé ainsi par Houston, en l'honneur de Richard Richardson, botaniste anglois.

RICHEA. Genre nommé ainsi par Labillardière, t. 1, p. 187, en mémoire de Riche, naturaliste françois, mort dans l'expédition de M. d'Entrecastaux.

RICHERIA. Richer de Belleval, professeur de botanique à Montpellier, pendant le règne de Henri IV. VAHL. *Egl. Amér.* 1 — 32.

RICOTIA.

RINDERA. Genre dédié par Pallas, *Voyage de Sibérie*, au docteur A. Rinder, doyen des médecins de Moskou. C'est lui qui le premier trouva cette plante près d'Orenbourg, en Russie.

R. TETRASPIS (*τετρας*, par quatre; *ασπις*, bouclier). Ses semences, au nombre de quatre, sont arrondies, membraneuses et aplaties, ce qui leur donne quelque ressemblance avec la forme d'un bouclier.

RINOREA. Nom de cet arbre à la Guyane. AUBLET, pag. 236.

RIPOGONUM (*ριψ*, *ριπος*, branche, osier; *γονυ*, genou). Dont la tige semblable à celle de l'osier, est par articulations. FORSTER.

RIQUEURIA. Louis Riqueur, apothicaire du roi d'Espagne, Philippe V. *Flore du Pérou*.

RITTERIA. Jean-Jacques Ritter, médecin allemand, a donné un *Essai sur l'histoire naturelle*. Voy. les *Act. phys. append.* vol. 10, pag. 21.

RIVINIA. Augustin Quirin Rivin, né en Saxe, en 1652, mort en 1722, professeur de médecine et de botanique à Leipsick. On a de lui : *Introduction générale à la botanique; Lettre de botanique à Ray; Ordres des plantes*, etc. Ses essais

sur la classification des plantes par la corolle, n'ont pas été
inutiles à Tournefort.

Le nom de Rivin, dit Linné, *Critic. botan.*, a été donné
à un arbuste toujours couvert de feuilles et de fruits, par
allusion au mérite de son travail.

Un autre Rivin, *Quintus Septimius Florus*, a publié à
Leipsick, en 1670, une dissertation sur la possibilité de connoître les qualités des plantes par leur forme et leur couleur.

RIVULARIA. Qui croît sur les rivages, dans les ruisseaux;
rivulus, ruisseau. Rota. *Catalect.* 212. Ce genre est extrait
des *conferves*.

RIZOA. Salvator Rizo, artiste espagnol, a dessiné pour Mutis
les plantes de la Flore de Bagota. Cavanilles, tom. 6, pag. 56.

ROBERGIA. Voy. le *Rourea* d'Aublet. Schreber, gen. 787, l'a
nommé ainsi en mémoire de Laurent Roberg, professeur de
médecine à Upsal, dont on a eu, en 1714, une *Dissertation
académique sur les résines.*

ROBINIA. Jean Robin, françois, vivoit sous Henri IV et
Louis XIII. Il publia, en 1601, le catalogue des plantes de
son jardin, et fut nommé à la place de *simpliciste du roi.*

Vespasien Robin, son fils, sous-démonstrateur au Jardin
du roi, donna, en 1624, un ouvrage intitulé : *Enchiridion
du jardin royal.* C'est lui qui le premier, cultiva le *robinia
pseudo-acacia*, dont il avoit reçu les graines d'Amérique.

R. PSEUDO-ACACIA. *Acacia*, dérivé d'ακη, épine, dont le primitif est ac, pointe, en celtique.

Dioscorides, liv. 1, chap. 115, et Pline, liv. 24, chap. 12,
désignent sous ce nom un arbre épineux qui paroît être de
la série de ceux qui produisent la gomme arabique. Voy.
Mimosa. Ce nom n'ayant pas été employé comme générique
jusqu'alors, on l'a donné comme nom vulgaire à plusieurs
espèces de *mimosa*, de *gleditsia* et de *robinia*, qui se ressemblent par le feuillage et par les aiguillons dont leurs
branches sont armées. Voy. *Acacia.*

R. HALODENDRON (αλς, αλος, sel, δενδρον, arbre). Cet arbre
croît en Sibérie, sur les rives de l'Irtisch, dans des terrains
remplis de sel.

R. CARAGANA. *Nom de cet arbuste en Tartarie, d'où il est originaire. *Caragan*, signifie en tartare, oreille noire. C'est le nom d'une espèce de renard qui se trouve particulièrement dans les landes couvertes de cet arbuste. Voy. le *Voyage de Pallas*.

ROBINSONIA. Thomas Robinson, anglois, a donné l'*Histoire naturelle du Westmoreland*. Schreber, gen. 852, a nommé ainsi le *touroulia* d'Aublet.

ROCHEA. La Roche, médecin de Genève. Il a particulièrement travaillé sur les *ixia* et les *gladiolus*. DECANDOLLE, *Plantes grasses*, n.° 103.

ROCHEFORTIA. Ch. Rochefort, françois. Il a publié, en 1659, l'*Histoire naturelles des îles Antilles*. SWAARTZ. *Prodr.* 53.

RODRIGUEZIA. Em. Rodriguez, botaniste espagnol, apothicaire du roi d'Espagne. *Flore du Pérou*, pag. 105.

ROELLA. G. Roelle, professeur d'anatomie à Amsterdam, procura cette plante à Cliffort. *Hort. Cliff.* 492.

ROHRIA. Jules Bernard Rohr, allemand. Il a publié une *Phytothéologie* et une *Bibliothèque physique*, en 1754. FORSKAHL, page 91.

ROKEJEKA. *Roquyeqeh*, son nom en arabe. FORSKAHL, p. 91.

ROLANDRA. D. Rolander, a travaillé sur les plantes de la Guyane. ROTTBORL, *Coll. hafn.* part. 2, pag. 256.

RONABEA. Nom de cet arbuste à la Guyane. AUBLET, pag. 155.

RONDELETIA. Plumier établit ce genre, *gen.* 15, en mémoire de Guillaume Rondelet, médecin naturaliste, né en 1507, mort en 1666. Il a principalement travaillé sur les poissons et sur les algues. C'est lui que Rabelais a ridiculisé sous le nom de *Rondibilis*.

On l'a accusé d'avoir donné une horrible preuve de son amour pour l'anatomie, en disséquant son propre fils.

ROPOUREA *Arou-pourou*, nom que donnent à cet arbre les Coussaris, peuples de la Guyane. AUBLET, pag. 199.

RORIDULA (*roridus*, couvert de rosée, dérivé de *ros, roris*, rosée). Ses feuilles sont couvertes d'une humeur visqueuse qui prend les mouches, et qui ressemble à des gouttes de rosée.

ROSA (*rhos*, en celtique d'Armorique; ρόδον, en grec; *rosha*, en esclavon; *rosa*, rose, etc.). Tous ces noms ont pour radical *rhodd* ou *rhudd*, rouge, en celtique : on connoît la couleur de sa fleur. De là aussi quantité de dérivés qui tous expriment des choses rouges; ρoα, grenade; πουσιος, couleur rouge, etc. Voy. *Rhus*, *Rubia*, *Rubus*.

Selon Plutarque, *Propos de Table*, question 1, les Grecs appeloient la rose, ρoδoν, de ρω, je coule, parce qu'elle a un grand flux d'odeur; mais on connoît l'usage des Grecs d'attribuer constamment à leur langue, ce qu'ils avoient emprunté de leurs voisins, ou ce qu'ils tenoient de leurs ancêtres.

R. ÆGLANTERIA. Orthographe altérée d'*aiglanteria*, qui a pour primitif *aig*, dérivé d'*ac*, pointe, en celtique. Voy. *Aiguillon* à la table des Termes. Cet arbuste est hérissé d'aiguillons.

Son fruit est vulgairement appelé *gratte-cul*. Ce nom lui vient, selon Ménage, de la mauvaise plaisanterie, en usage autrefois, d'en mettre la bourre dans le lit; en effet, il en résulte une vive cuisson dont la suite répond fort bien à cette dénomination.

R. RUBIGINOSA (rouillée, dérivé de *rubigo*, rouille). Voy. *Rhus*. Ce rosier a le revers de ses feuilles couvert d'une poussière rougeâtre semblable à de la rouille.

C'est le *rosa suavi-folia* de Lightfoot. *Fl. Scot.* 262.

R. CENTIFOLIA (à cent feuilles). C'est-à-dire à cent pétales, nombre qui exprime seulement la plénitude de cette fleur.

R. CANINA (rose de chien). Parce qu'elle a long-temps été en vogue pour guérir de la rage.

ROSMARINUS (*ros*, *roris*, rosée). Rosée de mer, comme l'ont écrit quelques auteurs, d'après Ovide. Cet arbuste croît en abondance au midi de l'Europe, dans les landes proche de la mer.

Les Grecs l'appeloient *libanotis*, de λιβανος, encens. Le romarin *sent l'encens*, dit Pline, liv. 24 chap. 11.

ROTALA (*rota*, roue). Ses feuilles sont disposées en verticilles ou roues autour de la tige.

ROTHIA. Cette plante fut communiquée à Schreber par A. G. Roth, et il lui donna son nom, *gen.* 1241. Il est auteur d'une *Flore d'Allemagne*, 1788, et d'un ouvrage intitulé *Catalecta botanica*, 1797, etc.

ROTTBOELLA. C. F. Rottboel, danois, professeur de botanique à Copenhague. Il a donné quelques opuscules de botanique.

ROUPALA. Nom de cet arbuste à la Guyane. AUBLET, p. 84. Schreber l'a appelé *rupala*, la diphtongue *ou* n'existant point en latin.

ROUREA. Nom que donnent à cet arbuste les naturels de la Guyane. AUBLET, pag. 467.

ROUSSEA. Smith institua ce genre, *fasc.* 1, p. 6, en l'honneur du célèbre Jean-Jacques Rousseau, de Genève, né en 1712, mort en 1778. On a de lui, un *Dictionnaire des termes de botanique*; des *Lettres élémentaires sur cette science*; *Lettres à la duchesse de Portland*; à M. *de la Tourrette*, etc.

S'il n'a pas contribué directement aux progrès de la botanique, il a su la faire aimer; et par un petit nombre de pages, il lui a acquis plus de sectateurs que n'avoient fait ses devanciers par tous leurs écrits. Voy. sa *Septième promenade*.

ROXBURGHIA. W. Roxburgh, écossois, a publié, en 1795, un ouvrage sur les plantes de la côte de Coromandel, dans lequel lui-même a établi ce genre, pag. 29 (1).

ROYENA. Adrien van Royen, professeur de botanique et de médecine en l'Université de Leyde. On a eu de lui, en 1728, une *Dissertation sur l'économie des plantes*; un *Poëme sur les amours des plantes*, en 1732; un *Prodrome de la Flore de Leyde*, en 1739, etc.

RUBENTIA (*rubens*, rouge). De la couleur de son bois. On le nomme même *bois rouge* en l'île de Bourbon. COMMERSON.

RUBIA (*ruber*, rouge). On connoît la couleur écarlate que l'on tire de sa racine. *Rubia* et *ruber*, ont pour primitif *rub*, rouge, en celtique; d'où *rubis*, *rubicond*, *rubrique* (2). Voy. *Rhus*, *Rosa*.

---

(1) C'est un usage assez généralement établi, que les botanistes se dédient réciproquement des plantes; Roxburgh est le premier qui l'ait fait pour lui-même.

(2) Anciennement, le titre de la plupart des livres, et surtout de ceux de droit, étoit imprimé en lettres rouges, d'où on lui donna le nom de *rubrique*; et par suite, on a dit des gens adroits qui connoissoient tous les détours des lois, qu'ils entendoient la *rubrique*, qu'ils avoient de vieilles *rubriques*.

Vulgairement *garence*, de *garingoa*, rouge, en cantabre, dialecte de la langue celtique. Il a pour radical, *gar*, synonyme de *rub*, rouge, en celtique.

RUBUS. Du celtique *rub*, rouge. Plusieurs espèces de ce genre portent des fruits rouges. *Rub*, est le radical de *rubella*, *rubellio*, *rubere*, *rubor*, *rubrus*, en latin; *rubican*, en françois: etc. Voy. *Rubia* et *Rhus*.

Le fruit est vulgairement appelé *mûre*, de sa ressemblance avec la vraie mûre. Voy. pour l'origine de ce nom *Morus* et *Solanum*.

Les Lapons le nomment aussi *murie*, avec une épithète pour chaque espèce. LINNÉ, *Flor. Lap.*

En anglois, *rasp-berry*, baie rude, des épines de sa tige; et la plante, *bramble*. Voy. la signification de ce mot au genre *Vaccinium*.

R. IDÆUS. Originaire du mont Ida, non-seulement du mont Ida, en Crète, mais de toute montagne. Les Grecs nommoient souvent *ida*, les lieux élevés, de ιδιω, je vois, j'aperçois, parce qu'on les découvre de loin (1).

On remarquera que la plante appelée *ida*, par Dioscorides, liv. 4, chap. 11, diffère de l'arbuste auquel nous avons appliqué ce nom.

Vulgairement *framboise*, et l'arbuste *framboisier*; de *boise*, buisson, en celtique; *franc*, terme de jardinage très-usité pour exprimer la bonté d'un arbre à fruit.

R. CHAMÆMORUS (χαμαι, par terre; μορια, mûrier). Son fruit approche plus encore de la *mûre* que celui des autres espèces, et de plus ses feuilles sont lobées.

R. DALIBARDA. Denis Dalibard, botaniste françois, dont on a eu, en 1749, le *Catalogue des plantes des environs de Paris*. Michaux lui a dédié un genre analogue à celui des *rubus*. *Flore bor. Amer.* 1 — 299.

RUDBECKIA. Olaüs Rudbeck, suédois, né en 1630, mort en 1702, professeur en l'Université d'Upsal. Il mourut de regret d'avoir vu consumer dans un incendie, ses *Champs-Elisées*,

---

(1) Suidas assure que tous les lieux d'où l'on apercevoit une grande étendue de pays étoient appelés *Idæ*, soit parce qu'on les découvre de loin, soit à cause des belles vues qu'ils offrent au voyageur.

ouvrage qui a cependant été publié en 1701 et 1702, par
les soins de son fils.

On a eu de lui, le *Catalogue des plantes du jardin d'Upsal*,
en 1657 ; des dissertations académiques, etc.

Olaüs Rudbeck, son fils, a donné, en 1701, la *Laponia
illustrée*, et divers opuscules de botaniques. Tous deux ont
été renommés pour leurs gravures en bois.

Un troisième Rudbeck (Olaüs-Jean), de la même famille,
a donné, en 1731, une dissertation sur la plante appelée
sceptre de Charles. Voy. *Pedicularis sceptrum*.

RUDOLPHIA. Charles Asmund Rudolph, médecin allemand,
a donné des observations botaniques, etc. WILLDEN. *Act.
soc. nat. Berl.* 3—151.

RUELLIA. Jean Ruelle, né à Soissons, en 1474, mort en 1537,
médecin de François Ier On a eu de lui, trois livres *De la
nature des plantes*, en 1536, et des commentaires sur Dioscorides, en 1516.

RUIZIA. Hippolyte Ruiz, l'un des auteurs de la *Flore du Pérou.*
CAVANILLES, *Diss.* 3, p. 117.

RUMEX. Nom que donnoient les Latins à une sorte de pique ;
il a pour radical *ec*, pointe, en celtique. Voy. *Ilex*, *Ulex*, etc.
On le retrouve encore dans *bec*, *écharde.*

Plusieurs espèces de *rumex* portent des feuilles garnies
d'oreillettes qui leur donnent exactement la forme d'un fer
de pique.

R. PATIENTIA (patience). Nom donné à cette plante pour exprimer la lenteur de ses effets en médecine.

R. HYDROLAPATHUM (ύδωρ, ύδρ, eau ; *lapathum*, ancien nom
des *rumex* ; rumex ou patience d'eau). *Lapathum*, vient de
λαπασσω, je dévoie, j'évacue ; de l'effet médicinal attribué
aux plantes de ce genre.

R. BRITANNICA. Il est originaire de la Virginie et non d'Angleterre, comme ce nom le feroit croire ; mais comme les Anglois, alors maîtres de la Virginie, l'ont fait connoître les
premiers, on l'a faussement attribué à leur pays.

R. BUCEPHALOPHORUS (βοῦς, bœuf ; κεφαλη, tête ; φερω, je porte).
La partie inférieure de la tige de cette plante est garnie de
petits lobes ovales et charnus que l'on a comparés à une tête
de bœuf.

R. *pulcher* (élégant). De sa jolie feuille dont le limbe est découpé en forme de violon. Les Anglois le nomment même patience violon, *fliddle-dock*. Dock, vient de *docce*, nom du *rumex*, en anglo-saxon.

RUMPHIUS. George Evrard Rumph, médecin en l'Université de Hanau, né en 1627, mort en 1706, surnommé le *Pline de l'Inde*. Il passa quarante années en Amboine et dans l'Inde. On a de lui un très-bel ouvrage intitulé : *Herbier d'Amboine*. Il comprend outre cette île, le Malaca, Bauda, Java et pays adjacens. Jean Burmann traduisit cet ouvrage du hollandois en latin, en 1740. Il a reparu plus complet en 1755.

On a de plus, de Rumph, des mémoires académiques sur plusieurs productions des Indes.

Rumphius devint aveugle à 43 ans, et il acquit une telle habitude de connoître les plantes par le tact et le goût, que cet accident ne l'empêcha pas de continuer son travail.

RUPPIA. Henri Bernard Ruppius, allemand, a donné, en 1718, la *Flore d'Iena*. Le même ouvrage a reparu avec des augmentations, en 1726 et 1728.

RUSCUS. Anciennement *bruscus*, latinisé de son nom, en langue celtique, *beuskelen*: *beus*, buis, *kelen*, houx ; buis-houx, buis-piquant. Il semble, en effet, tenir de la nature de ces deux arbres. On le nomme même vulgairement *buis-épineux* ou *petit-houx*.

On l'appelle quelquefois *laurier-alexandrin*, parce qu'on s'en servoit comme du *laurier*, pour couronner les triomphateurs.

R. HYPOPHYLLUM (υπο, sous ; φυλλον, feuille). La fleur naît sur la surface inférieure de la feuille, vers son milieu.

R. HYPOGLOSSUM (υπο, sous, inférieur ; γλωσσα, langue : c'est-à-dire languette). Vers la partie supérieure de sa feuille, il en sort une autre plus petite en forme de languette.

RUSSELIA. Alexandre Russel, anglois, membre de la Société royale de Londres, médecin, voyageur en Orient. On a eu de lui, en 1756, une *Histoire naturelle d'Alep et pays voisins*, avec un *Catalogue des plantes qui y croissent*.

RUTA. Ce nom est à-peu-près le même dans toutes les langues. Ρυτη, en grec ; *ruta*, en latin ; *ruz*, en runique ; *rude*, *ruta* ou *rutu*, en anglo-saxon ; *rutiza*, en esclavon ; en françois et anglois, *rue*, etc. Cette identité dénote une ancienneté qui rend toute origine difficile à trouver et qui doit en tenir lieu.

RUTIDEA (*ρυτις, ρυτιδος*, rugosité). De la rudesse de sa semence. DECANDOLLE, *Annales du musée*, vol. 9, pag. 219.

RUYSCHIA. Jacquin, institua ce genre en mémoire de Frédéric Ruysch, médecin hollandois, né en 1638, mort en 1731. Il a publié, en 1697, le *Jardin d'Amsterdam*, ouvrage posthume de Jean Commelin. Voy. l'*Eloge de Ruysch*, par Fontenelle.

RYANA. Jean Ryan, procura des plantes étrangères à Vahl, qui lui dédia celle-ci. *Eglog. Amér.* 1—52.

S

Sabal. Nom de ce palmier employé par Adanson. *Famille des plantes*, vol. 2, pag. 495.

Sabicea. Nom américain conservé par Swartz, 41. Aublet, 192.

SACCELIUM (*sacculus*, petit sac). A cause de la ressemblance de son calice avec une petite poche, ou un petit sac. Humboldt et Bonpland, *fasc.*, 3.

SACCHARUM. De son nom arabe *soukar*. Forskahl, pag. 60. De ce nom les Grecs ont fait σακχαρ; les Latins, *saccharum*; les Anglois, *sugar*; les Allemands, *sucker*, les François, *sucre*, etc.

La plante est souvent appelée *cannamèle*, en françois: *canna*, canne, roseau; *mel*, miel; canne mielleuse.

S. ravennæ. De Ravenne, en Italie. Cette plante n'est point particulière au territoire de Ravenne; elle croît également dans la France méridionale.

SACCOPHORA (σακκος, bourse, poche; φερω, je porte). Du renflement en forme de poche que l'on remarque à cette plante. Palisot Beauvois, *Æthéog.* pag. 29. Voy. *Buxbaumia ampullace a*.

SAGINA. *Cette plante est nommée ainsi de ses attributs*, dit Linné, *Ph. bot.* En latin, *sagina* exprime tout ce qui nourrit, qui engraisse. Elle croît abondamment dans les prés secs, où elle est recherchée des moutons.

SAGITTARIA (*sagitta*, flèche). Sa feuille aiguë et garnie de deux oreillettes, ressemble exactement à un fer de flèche.

SAGONEA. Abrégé de *sagoun-sagou*, nom de cette plante en la langue des Galibis. Aublet, pag. 283.

SALACIA. Nom mythologique. Salacia étoit l'épouse de Neptune. Saint Augustin dit, *Cité de Dieu*, liv. 4, *par quelle raison regarde-t-on Neptune et Pluton comme souverains de la mer et de la terre; afin qu'ils ne fussent pas seuls, on a donné à Neptune, Salacia pour femme, et à Pluton, Proserpine. Salacia occupe la partie la plus basse de la mer, et Proserpine, celle de la terre.*

Le nom de Salacia est dérivé de *sal*, sel, et il fait allusion à l'élément salé où cette divinité faisoit sa demeure. On l'a appliqué poétiquement à une plante qui croît vers le rivage des mers de la Chine.

SALICORNIA (*salicot* ou *salicor* du Languedoc, latinisé en *salicornia* par Tournefort). Tous ces noms sont dérivés de *sal*, *salis*, sel. De la soude que l'on tire de cette plante.

SALISBURIA. Richard-Antoine Salisbury, anglois, a donné des mémoires à la Société linnéenne. SMITH, *Act. soc. linn.* vol. 5, pag. 330. Même genre que le *ginkgo*.

SALIX (*sal*, proche; *lis* (1), eau, en celtique). Arbre qui croît près des eaux. Saule, francisé de *salix*.

En anglois *willow*, de l'anglo-saxon *welig*, qui vient lui-même de *helix*. Voy. plus bas *Salix helix*.

S. VITELLINA. Diminutif de *vitex*, l'un des noms latins du saule. Voy. le genre *Vitex*.

Osier; en françois, de ειτεα, qui signifie, en grec, un *saule*. On le répète cependant; il est rare de trouver en notre langue des termes vulgaires d'origine grecque, qui ne nous aient pas été transmis par les Latins.

S. HELIX. Nom Latin d'une espèce de saule à basse tige, PLINE, liv. 16, ch. 37. Il vient de ελιξ, tour, entortillement; ειλεω, j'environne : à cause de la souplesse de ses rameaux qui servent à faire des liens.

S. RETICULATA (en réseau). Ses feuilles sont garnies, à leur revers, de fibres et de veines qui, par leur entrelacement, imitent un réseau.

S. CAPREA (aimé des chèvres, *capræ*). Les chèvres aiment beaucoup les branches des *saules* en général, et plus encore

---

(1) C'est de ce même mot *lis*, eau, que plusieurs rivières sont appelées la *Lis*.

celles de cette espèce. *Allez, mes chèvres, je ne vous mènerai plus brouter les saules amers.* VIRGILE, *Buc.* 1.

S. BABYLONICA. C'est notre saule pleureur, nommé ainsi en raison de ses branches minces et pendantes qui lui donnent un aspect de tristesse. Il est à remarquer, que cet arbre désigné par Tournefort, sous le nom de *saule d'Orient,* est appelé au contraire *arbre occidental* (garb), par les Arabes. RAUWOLF, *Voyag.,* 183.

SALMASIA. Voy. *Tachibota.* Schreber, *gen.* 513, lui a donné ce nouveau nom en mémoire de Claude Saumaise, *Salmasius,* né en 1588; mort en 1653. On a eu de lui de savantes dissertations sur plusieurs plantes mentionnées dans l'écriture, des *Commentaires sur Pline,* et un ouvrage intitulé : *Homonyme des plantes.*

SALMIA. En l'honneur du prince Charles de Salm-Salm, promoteur de la botanique. CAVANILLES, tom. 5, pag. 24. Ce genre se rapproche des *aloës.*

SALOMONIA. Salomon, fils de David, né en 1033, avant J. C., mort en 975. Il avoit écrit sur toutes les plantes, des ouvrages qui ne sont pas venus jusqu'à nous.

Loureiro lui a dédié ce genre, page 18.

SALPIANTHUS (σαλπιγξ, tube ; ανθος, fleur). De sa fleur ou plutôt de son calice tubulé. HUMBOLDT et BONPLAND, *fasc.* 6.

SALPIGLOSSIS (σαλπιγξ, tube ; γλωσσα, langue). Fleur dont le style est en forme de languette tubulée. *Flore du Pérou,* pag. 83.

SALSOLA (*salsus,* salé; *sal,* sel; dont le radical est *al,* mer, en langue celtique). On tire de ces plantes, par la combustion, la *soude* ou *alkali marin.* C'est dans ce genre que rentre le *suæda* de Forskahl, pag. 69.

S. KALI. Nom arabe (qaly). On dit plus souvent *alkali* (álqaly), en y ajoutant l'article arabe *al.* Ce mot exprime une chose cuite, brûlée, parce qu'on brûle cette plante pour en obtenir la soude. Voy. sur le *Kali,* Bochart, *Hiéro.* 2, p. 46, et Olaüs Celsius, 2, pag. 231.

S. SODA. De l'arabe *soùdâ,* qui signifie noir. La soude est d'une couleur noirâtre.

Ce même mot avec une orthographe différente *ssoud'a,* exprime la céphalalgie ou douleur de tête. J. DE SOUZA, p. 146.

S. POLYCLONOS (πολυ, beaucoup; κλων, κλωνος, rameau). Qui a beaucoup de branchages; la tige en est diffuse.

S. PLATYPHYLLOS (πλατυς, large; φυλλον, feuille). A larges feuilles.

SALVADORA. Jean Salvador, botaniste espagnol, fils de Jacques Salvador, *le phénix de son pays*, dit Tournefort, *Isag. bot.*

SALVIA (*salvare*, sauver). Plante qui sauve par ses vertus médicinales. On lui en a toujours attribué de grandes. Voy. Pline, liv. 26, chap. 6. *Sauge*, en françois; *sage*, en anglois, altérés de *salvia*.

S. HÆMATODES (αιμα, αιματος, sang, ειδος, ressemblance). Sauge dont le feuillage est marqué de taches rougeâtres comparées à des gouttes de sang.

S. HABLIZIANA. Plante communiquée par Habliz, voyageur en Tauride. On a eu sa relation, en 1789, traduite du russe par Guckenberger.

SALVINIA. Antoine Mar. Salvini, italien, professeur à Florence. Ce genre institué par Micheli, 58, et maintenu par A. L. de Jussieu, rentre dans les *marsilea* de LINNÉ.

SAMARA. Nom par lequel Pline, liv. 17, chap. 11, désigne la semence de l'orme. Le *samara* des modernes ressemble plus au *cornouiller* qu'à l'orme.

SAMBUCUS (σαμβυκη, dont les Latins ont fait *sambuca*, instrument de musique que l'on croit avoir été fabriqué avec le bois de cet arbre). Il a toujours été renommé pour sa dureté; ce qui fait dire à Pline, liv. 16, chap. 39, que le *sambucus* n'a que la peau et les os.

SAMOLUS. Linné, Boëhmer et plusieurs botanistes ont avancé que ce nom signifie originaire de *l'île de Samos*. C'est une erreur; le *samolus* étoit très-anciennement connu des Celtes, et son nom exprime, en leur langue, l'usage qu'ils en faisoient : *san*, salutaire; *mos*, porc. Le *samolus*, dit Pline, liv. 24, chap. 11, *passe parmi les Gaulois pour être bon contre les maladies des porcs*. Ils le cueilloient avec des cérémonies bisarres, analogues à celles employées pour le *selago*. Voy. *Lycopodium selago*.

S. VALERANDI. De Dourez Valerand, botaniste du XVI.e siècle, mentionné par J. Bauhin.

SAMYDA (*σαμυδα*). Nom grec du bouleau, *betula*. Le *samyda* des modernes a quelque ressemblance avec le bouleau, par le feuillage.

SANCHEZIA. Joseph Sanchez, botaniste espagnol, professeur à Cadix. *Flore du Pérou*, pag. 24.

SANDORICUM. Altéré de *santoor*, nom que porte cet arbre en malais. RUMPH. 1 — 54.

SANGUINARIA (*sanguis*, sang). Toutes les parties de cette plante rendent un suc rougeâtre dont les sauvages du Canada · · ·ervent pour se peindre : ils le nomment *puccoun*.

SANGU_SORBA (*sanguis*, sang; *sorbere*, absorber, arrêter). Cette plante passe pour un très-bon vulnéraire.

Vulgairement *pimprenelle*. Voy. *Poterium* et *Pimpinella*.

SANICULA (*sanare*, guérir). C'est un vulnéraire auquel on a autrefois attribué des effets presque miraculeux.

SANTALUM. De son nom arabe *ssandal*.

En malais et en macassar *tjendana*, nom dont Rumphius, 2 — 16, croit que l'arabe est dérivé.

Olaüs Celsius, vol. 1, pag. 179, l'écrit *sandal*, et selon lui il vient du persan *tchiendan*, qui est le primitif. Cette espèce est le santal blanc, *ssandal abyadh* des Arabes.

SANTOLINA. Du territoire de la ville de Saintes ou Xaintes, dont les habitans sont appelés *Santones*, en latin.

S. CHAMÆCYPARISSUS (*χαμαι*, par terre; *κυπαρισσος*, cyprès). Qui ressemble, en petit, au cyprès par le feuillage.

SAPINDUS. Syncopé de *sapo-indicus*, savon d'Inde). Son fruit est recouvert d'une peau charnue et savonneuse dont on se sert, en Amérique, pour blanchir le linge; mais elle ne tarde pas à le détruire par son âcreté.

En françois, *savonnier*, *arbre aux savonnettes*; en anglois, *soap-berry*, baie de savon. Son fruit n'est pas une baie proprement dite, mais il en a le volume.

Savon ne vient pas du latin *sapo*, ni du grec *σαπων*, comme on le pourroit croire; les Grecs et les Latins, au contraire, l'avoient pris de nous. Pline, liv. 28, chap. 12, dit : *sapo*, *nom que les Gaulois donnent à un mélange de suif et de cendre, dont ils se servent pour oindre et colorer leurs cheveux.* Ce mot a pour radical *sap* ou *sav*, tout ce qui est gras, onctueux, en langue celtique.

SAPIUM (*sap*, gras, onctueux, en celtique).   . sous lequel
Pline, liv. 16. chap. 12, désigne une sorte de pin nommé
ainsi en raison de la résine qui en découle.

Jacquin, *Amér.* 249, s'en est servi dans le même sens,
pour distinguer un arbre qui produit une espèce de suc
épais et vénéneux comme celui du mancénilier.

SAPONARIA (*sapo*, savon). De son suc mucilagineux qui
imite l'effet du savon, et peut même le remplacer. Voy.
Sapindus.

S. VACCARIA (saponaire des vaches). Cette plante est recherchée des vaches, auxquelles elle procure, dit-on, un lait
abondant.

SARACA. *sarac*, nom indien de cet arbre. BURMANN, *Ind.*
85, t. 25, f. 2.

SARACHA. Isidore Saracha, botaniste espagnol. *Flore du
Pérou*, pag. 25.

SARCODUM (σαρκωδης, charnu, dérivé de σαρξ, chair). Son
légume est charnu. LOUREIRO, pag. 664.

SARCOPHYLLUM (σαρξ, σαρκος, chair; φυλλον, feuille). Feuille
épaisse et charnue. THUNBERG. *Prod.* 125.

SARCOLÆNA (σαρξ, σαρκος, chair; χλαινα, tunique extérieure). Ses fleurs sont composées d'un involucre charnu
très-apparent. AUBERT DU PETIT THOUARS, *fasc.* 2.

SARISSUS (*sarissa*, en latin; σαρισσα, en grec : sorte de pique
propre aux Macédoniens). Le fruit de cette plante est semblable à l'extrémité d'une lance. GÆRTNER, vol. 1, p. 118.

SARMIENTA. Mart. Sarmiento, botaniste espagnol. *Flore du
Pérou*, page 3.

SAROTHRA (σαρωθρον, balai. en grec). Ses rameaux fins et ses
tiges diffuses présentent l'aspect d'un balai.

SARRACENIA. Sarrasin, médecin françois, conseiller au
conseil supérieur du Canada, demeurant à Quebec. Il a travaillé sur l'histoire naturelle du Canada. On a eu de lui, en
1750, un mémoire académique sur quatre espèces d'érable.

Un autre Sarrasin (Jean-Antoine), né à Lyon, a donné, en
1598, une traduction de Dioscorides.

SASSIA. *Je l'ai nommé ainsi*, dit Molina, page 116, sans en
donner la raison.

SATUREIA. Selon Linné, *Phil. bot.*, de σατυρος, satyre, en

raison de ses effets aphrodisiaques. Il est plus naturel de le faire dériver de *ss'atar*, nom que donnent les Arabes à plusieurs plantes labiées. BOCHART, *Hiéroz.* vol. 1, pag. 587. *Ss'atar*, selon Forskahl, pag. 107, est le nom arabe du *thym sauvage*; en françois, *sariette*, altérée de *satureia*. Anciennement *savourée*, dont les Anglois ont fait *savory*, à cause de la saveur qu'elle communique aux alimens.

SATYRIUM (σατυρος, satyre). Les anciens donnoient ce nom à la plupart des orchidées, en raison de leur effet aphrodisiaque. Les modernes l'ont restreint à un genre de cette série qui justifie doublement cette dénomination par son effet excitant, et par le nectaire en forme de *scrotum* qui le caractérise particuliérement.

Quant à ce mot de *satyre*, il vient de l'arabe, *satar*, qui signifie un *bouc*. On leur avoit donné des pieds de bouc pour exprimer leur ressemblance avec cet animal qui est très-lascif.

S. HIRCINUM (*hircus*, bouc; qui sent le bouc). Presque tous les *satyrium*, orchis, ophris, etc. ont cette odeur.

S. TABULARE (*tabula*, table). Qui croît au cap de Bonne-Espérance, sur la montagne de la Table.

S. TRISTE (triste). Sa fleur a peu d'éclat, ainsi que plusieurs de ce genre.

S. EPIPOGIUM (επι, préposition grecque qui a plusieurs significations et qui exprime ici la ressemblance, πωγων, barbe). Les fibres longues et menues de sa racine, imitent une barbe.

S. HIANS (baillant). Son premier pétale est en forme de capuchon, très-élargi, et ouvert comme une bouche qui baille.

Hians, hio, sont de ces mots qui peignent l'action qu'ils expriment.

SAURURUS (σαυρα, lézard; ουρα, queue). De son chaton allongé et pyramidal, que l'on a justement comparé à une queue de lézard.

SAUVAGESIA. Jacques Boissier de Sauvages, botaniste françois, né en 1706, mort en 1767. On a de lui une *Flore de Montpellier*, une traduction de la *Statique des végétaux de Hales*, et un projet de méthode pour connoître les plantes par les feuilles.

Un autre Sauvage (de la Croix), professeur de botanique à Montpellier, a donné, en 1759, un mémoire académique sur des plantes vénéneuses.

SAVIA. Savi, botaniste italien, auteur d'une *Flore de Pise.* WILLDENOW, tom. 4, pag. 771.

SAXIFRAGA (*saxum-frango,* je romps la pierre). Beaucoup d'espèces de cette série croissent parmi les rochers, et par analogie, on en a conclu que ces plantes étoient bonnes contre la pierre. Voy. *Euphrasia, Scrophularia, Lichen,* etc.

S. MUTATA (changée ou plutôt changeante). La forme de ses pétales varie.

S. BRONCHIALIS. Comparée, pour la rudesse de son feuillage, aux *bronches,* dont la surface est âpre. Voy. *Trachelium,* c'est le même sens. *Bronches,* vient de βρογχος, gosier, gorge.

S. HIRCULUS (*hircus,* bouc). De ses deux styles en forme de cornes. Morison, *Hist.* 3, pag. 477, nomme même cette plante *geum à deux cornes.* Elle a de plus une forte odeur de bouc.

S. TRIDACTYLITES (τρις, trois; δακτυλος, doigt). Dont la feuille divisée en trois et souvent cinq lobes, a été comparée à une main avec ses doigts.

SCABIOSA (*scabies,* galle). Cette plante en guérit par sa qualité sudorifique, ou du moins elle excite une transpiration salutaire dans les maladies de peau.

S. LEUCANTHA (λευκος, blanc; ανθος, fleur). A fleurs blanches.

S. SUCCISA (*succisus,* participe de *succedo,* je coupe; je tronque). De sa racine dont l'extrémité semble rongée. De là le nom vulgaire *mors du diable,* c'est-à-dire *morsure du diable.* Dans les temps de simplicité, on n'a pas manqué de dire et de croire que le diable envieux des vertus de cette plante, la rongeoit par-dessous terre.

En anglois, de même, *devil's bit,* morsure du diable.

S. COLUMBARIA. De ses feuilles caulinaires semblables, par leurs divisions, à une pate de pigeon.

S. GRAMUNTIA. Qui croît dans les bois de Gramont, aux environs de Montpellier.

S. OCHRO-LEUCA (ωχρος, jaune; λευκος, blanc). Dont la fleur est d'un blanc jaunâtre.

S. PTEROCEPHALA (πτερον, aile; κεφαλη, tête: à tête ailée). C'est-à-dire dont la semence est garnie d'une aile ou aigrette qui la fait voltiger. La *scabiosa papposa* a de même des semences aigrettées, ce qui rend ce nom moins précis.

SCABRITA (*scabritia*, rudesse, âpreté). Cet arbuste est d'une rudesse remarquable.

SCÆVOLA (*scæva*, gaucher). De sa corolle irrégulière dont la moitié semble manquer.

SCANDIX. Nom que donnoient les Grecs à une plante sauvage dont on faisoit un usage alimentaire (1), et qui paroît être notre *scandix pecten*. Voy. Dioscorides, liv. 2, chap. 132, et Pline, liv. 22, chap. 22. Il vient de σκεω, je pique; de l'appendice en forme d'aiguille qui distingue particulièrement les fruits de cette espèce. Ce qui prouve encore la justesse de cette étymologie, c'est qu'en basse latinité, cette plante fut appelée *acula*, dérivé d'*acus*, aiguille, dans le même sens que le nom grec. On la nomme même vulgairement *aiguille du berger*.

S. PECTEN (peigne, sous-entendu *Veneris*, peigne de Vénus). Des longues aiguilles semblables aux dents d'un peigne, qui surmontent ses semences.

S. CEREFOLIUM. Columelle écrit *chærephyllum*, altéré de *chærophyllum*. Ces plantes sont analogues entre elles. Voy. *Chærophyllum*.

S. TRICHOSPERMA (θριξ, τριχος, cheveux; σπερμα, graine. Ses semences sont hérissées.

SCHÆFFERIA. Jacques-Chrétien Schæffer, allemand, a donné, en 1759, un ouvrage intitulé : *Botanique simplifiée* (*Botanica expeditior*) ; en 1762, des *Dessins des champignons qui croissent en Bavière*. Il ne faut pas le confondre avec Jean Scheffer, dont on a eu, en 1673, une *Description de la*

---

(1) Le nom d'*alimentaire*, qui semble faciliter les moyens de reconnoître une plante autrefois classée sous ce titre, ne peut cependant nous éclairer. Nous faisons usage de quantité de plantes inconnues aux anciens; ils en mangeoient d'autres, dont la culture est entièrement abandonnée. Les Grecs, et particulièrement les Athéniens, dont le pays peu fertile étoit couvert d'habitans, faisoient servir à leur nourriture quantité de choses que nous rejetons. Ils sont encore cités pour leur industrie à tirer parti de toutes les productions de la nature; de là le proverbe turc : Un grec vit, où un âne meurt de faim.

Laponie. Non plus qu'avec Jean Daniel Scheffer, qui a donné, en 1700, un mémoire sur la chamomille.

SCHEFFLERA. Scheffler, botaniste prussien, mentionné par Forster, gen. 23.

SCHEUCHZERIA. La Suisse compte trois botanistes de ce nom. Jean Scheuchzer, mort en 1738. On a de lui une *Agrostographie* ou *Histoire des gramen, joncs, cyperus, cyperoïdes*, etc.

Jean-Jacques Scheuchzer, né en 1672, mort en 1733. Il a laissé un ouvrage intitulé : Ουρεσιφοιτης helvétique; c'est-à-dire *Voyage des montagnes de Suisse*; ορεος, montagne; φοιταω, je vais, je retourne.

Et enfin Jean-Gaspard Scheuchzer, né en 1702, mort en 1729, à Londres. On a de lui une traduction, en anglois, du *Voyage de Kæmpfer*, et des opuscules insérés dans les *Transactions philosophiques*, n.° 409 et 421.

SCHINUS (σχινος, nom grec du lentisque, *pistacia lentiscus*; il vient de σχιζω, je fends, j'incise: parce qu'on en fend l'écorce pour en faire découler le mastic). Cet arbre ayant conservé en botanique son nom latin, le synonyme grec a été donné à un arbre d'Amérique dont le suc résineux est analogue au mastic. On le nomme même vulgairement *mastic du Pérou.*

S. MOLLE. Altéré de son nom péruvien, *mulli.* On remarquera que l'Incas Garcilasso de la Vega l'appelant *mulli*, il doit en être cru sur le nom d'une production de son pays. *Le mulli, dit-il, que les Espagnols nomment* molle, etc.

S. AREIRA. Altéré de son nom brasilien, *aræira.* PISON, *Bras.* 132.

SCHIZANTHUS (σχιζω, je fends; ανθος, fleur). Des divisions de sa corolle. *Flore du Pérou*, page 5.

SCHIZANDRA (σχιζω, je fends; ανηρ, ανδρος, mâle, organe mâle ou étamine). Ses étamines sont fendues. MICH. *Flor. bor.-Amér.* 2 — 218.

SCHIZOLÆNA (σχιζω, je fends; χλαινα, tunique extérieure). Fleur dont la tunique ou involucre est déchirée. AUBERT DU PETIT-THOUARS, *fasc.* 2.

SCHIZEA (σχιζω, je fends). Des extrémités refendues de sa frondescence. SMITH, *Mém. acad. de Turin*, vol. 5, p. 419.

SCHKUHRIA Chr. Schkuhr, botaniste allemand, auteur d'un manuel de botanique. Roth. *Catalect. bot.* 1. pag. 166.

SCHLECHTENDALIA. Schlechtendal, botaniste allemand, honorablement cité par Willdenow, 3, pag. 2125.

On peut appliquer à ce genre l'observation que l'on a faite à l'article *gundelia.*

SCHMIDELIA. Casimir-Christophe Schmiedel, allemand, professeur en l'Académie d'Erlang. On a eu de lui, en 1751, une *Dissertation sur l'oreoselinum;* une autre sur le *burbaumia,* en 1758, etc.

SCHŒNODUM (σχοινος, schœnus; ειδος, forme). Plante analogue au *schœnus.* Voy. plus bas ce genre. LABILLARDIÈRE, *Nov. Holl. fasc.* 23.

SCHŒPFIA. Jean Schœpf, allemand. Il a travaillé sur les plantes des environs d'Ulm. SCHREBER, gen. 323.

SCHŒNUS (χοινος ou σχοινος, corde, en grec). On en fit les premiers cordages. C'est de cet usage qu'est venu le mot *schêne,* mesure géodésique, mentionnée par Hérodote, et qu'il désigne par le mot σχοινος. D'Anville l'évalue à 5060 toises.

Schœnus ou σχοινος, expriment en général des joncs ou roseaux, on en avoit fait le nom d'un fleuve d'Attique, ainsi que de plusieurs contrées marécageuses, en raison des roseaux ou joncs qu'on y remarquoit.

S. MARISCUS (*mar,* marais, en celtique, d'où *mare,* marais, en françois; *marish,* en anglois; *morast,* en allemand, etc. Cette plante, ainsi que les autres de ce genre, croit proche des eaux stagnantes.

S. THERMALIS (θερμη, chaleur). Qui croît près des sources d'eaux chaudes au cap de Bonne-Espérance.

S. COMPARE (par paire). De ses épillets géminés.

SCHOLLERA. F. A. Scholler, allemand. Il a donné une *Flore de Barby,* en Haute-Saxe. SCHREBER, gen. 1711.

SCHOTIA. Richard van der Schoot, compagnon de Jacquin, à son voyage en Amérique. JACQUIN, *Coll.* 1 — 93. Ce genre rentre dans les *guaiacum* de Linné.

SCHRADERA. Henri A. de Schrader, allemand. Il a donné de *Nouveaux genres de plantes,* en 1789. VAHL. *Egl. Amér.* 1 — 36.

SCHREBERA. Jean-Chr.-Dan. Schreber, botaniste allemand, a donné en 1766, une *Décade de plantes rares*; en 1769, une *Description des gramen*; et en 1789, un *Genera plantarum*. Retz., *Obs.*, 6, p. 25.

SCHOUSBŒA. Schousbœ, botaniste allemand, voyageur en l'empire de Maroc, d'où il a apporté des plantes nouvelles. Willd, 2, p. 579. C'est le *cacoucia* d'Aublet.

SCHWALBEA. Chrétien - Georges Schwalbe, allemand, a donné, en 1715, une *Dissertation botanico-médicale sur le quina des boutiques.*

SCHWENKFELDIA. Gasp. Schwenkfeld a travaillé sur les plantes de la Silésie. Schreber, gen. 306.

SCHWENKIA. Jean-Théodore Schwenk, professeur de médecine en l'Université de Jena, né en 1619, mort en 1671. On a eu de lui le *Catalogue des plantes du jardin de Jena*, en 1659, et des dissertations académiques.

Il a existé un autre Schwenk, professeur de botanique au jardin de Leyde.

SCILLA (σκυλλω, je nuis, je fais mal, selon Miller). Sa racine est un violent poison, comme aliment; comme remède, elle est d'un grand usage en médecine. On remarquera que ce nom est le même en arabe (àsqyl). Gol. 103.

SCIRPUS. De *cirs*, pluriel de *cors*, qui signifie *jonc*, en celtique. De *cors* nous avons fait *corde*, en latin, *chorda*. Les premiers cordages furent faits de joncs. De là aussi *corbeille* par la même raison. Voy. *Schœnus*, c'est le même sens en grec. Ces plantes sont analogues entre elles.

S. castaneus. Dont les épillets sont de couleur de marron. Mich. *Flor. bor.-Amér.* 1 — 31.

S. holoschœnus (ολος, tout; *schœnus*, la plante de ce nom). C'est-à-dire *scirpus*, qui ressemble au *schœnus* par le port et les involucres.

S. retrofractus (*retro*, en arrière, *fractus*, participe de *frango*, rompu). Ses épillets semblent brisés par leur renversement en arrière.

S. sylvaticus (des bois). Croît rarement dans les bois et fréquemment dans les prés humides.

S. cephalotes (κεφαλη, tête). Ses épillets sont ramassés en grosses têtes.

SCIURIS (*sciurus*, écureuil ; σκιουρος, en grec). On a comparé
à un écureuil cette fleur, dont la découpure du milieu de
la lèvre supérieure, est allongée et renversée. Schreber,
gen. 53. C'est le *raputia* d'Aublet.

SCLERANTHUS (σκληρος, dur, sec ; ανθος, fleur). De la fer-
meté de sa fleur ou plutôt de sa semence enfermée dans un
péricarpe épais.

SCLERIA (σκληρος, dur). Dont la semence est dure comme
une petite pierre. Berg. *Act. St.* 1765. Même nom et même
plante que *carex lithosperma*.

S. FLAGELLUM (fouet). A la Jamaïque on se sert de la tige
rude et ferme de cette plante pour châtier les nègres. Bergius, *Act. Stock.* 1765, l'appelle même *le fouet des noirs*.

SCLEROCARPUS (σκληρος, dur ; καρπος, fruit). De sa semence
dont l'enveloppe est très-dure.

SCOLYMUS (σκολυμος). Nom grec d'une plante épineuse dont
Pline donne la description, liv. 20, chap. 23 , et qui paroît
être notre artichaut. Le *scolymus* des modernes en est l'analogue. Ce nom vient de σκολις, épine ; σκολυπτω, je déchire.

SCOLOSANTHUS (σκολιος, tortu, oblique ; ανθος, fleur). Fleur
dont la corolle est retournée. Vahl. *Eglo. Amér.* 1 — 11.

SCOPARIA (*scopæ*, balai). On en fait des balais aux Antilles.

SCOPOLIA. Jean-Antoine Scopoli, professeur de botanique.
On a eu de lui la *Flore de la Carniole*, en 1760. Linné,
Supp. page 60.

SCORPIURUS (σκορπιος, scorpion ; ουρα, queue). De sa gousse
articulée et contournée exactement comme la queue d'un
scorpion.

Vulgairement *herbe aux chenilles*. Ces plantes semblent
couvertes de chenilles, par leurs gousses roulées sur elles-
mêmes.

SCORZONERA (*scurzon*, nom de la vipère en Catalan). Cette
plante passe en Espagne pour un remède assuré contre la
morsure de la vipère. Il est à croire que cette vertu a été
attribuée à cette plante, en raison de la forme de sa racine
qui lui donne quelque ressemblance avec une vipère. Voy.
Scrophularia, *Euphrasia*, etc.

Régle générale : une plante alimentaire ne peut avoir que

des qualités très-foibles; si elles étoient exaltées, on ne pourroit plus en faire un usage habituel.

SCROPHULARIA (*scrophulæ*, écrouelles). Ce mot est dérivé de *scrofa*, une truie, en latin. Les porcs sont très-sujets à cette maladie. Cette plante a passé long-temps pour guérir des écrouelles. On lui en avoit attribué la vertu, parce que les tubercules charnus de sa racine sont assez semblables aux tumeurs scrophuleuses. Ces qualités présumées d'après une ressemblance extérieure, se retrouvent souvent dans l'ancienne médecine. Voyez *Euphrasia*, *Lichen*, *Saxifraga*, etc.

En anglois, *fig-wort*, herbe-figue, ou plutôt herbe-fic, qui tous deux viennent du latin *ficus*. Voy. *Ficaria*, de sa racine en fic.

La scrophulaire aquatique est appelée en françois *herbe-du-siège*, parce qu'au célèbre siége de la Rochelle par le cardinal de Richelieu, en 1628, dans le dénuement absolu où se trouvoient réduits les assiégés, cette plante étoit devenue pour eux, le remède à tous maux.

SCUTELLARIA (*scutella*, écuelle, vase). De la figure de son calice qui ressemble très-bien à une tasse avec son anse. Ce même calice renversé présente un casque avec la visière relevée; c'est de là que les François ont appelé cette plante la *toque*.

Anciennement *cassida*, casque, dans le même sens.

S. GALERICULATA (*galericulus*, diminutif de *galerus*, bonnet). Dans la même acception que *toque* et *cassida*.

SCUTULA (petite écuelle). De la forme de son fruit. LOUREIRO, pag. 290.

SCYPHOPHORUS (σκυφις, vase, gobelet; φιρω, je porte). Série de lichen, qui portent une fructification en forme de vases. ACHAR, 2.

SEBIFERA (*sebum*, suif; *fero*, je porte). On tire de ses baies une huile épaisse semblable au suif. LOUREIRO, p. 783.

SECALE. Du celtique *segal* qui vient de *sega*, une *faux*, dans la même langue; d'où *seges*, en latin, tous les grains qu'on fauche; par opposition à *légumes*, ceux que l'on cueille. Voy. *Légume et plante céréale* à la Table des termes.

SECURIDACA (*securis*, une hache). De son légume qui se

termine par une espèce d'aile applatie et obtuse que l'on a
comparée à la hache d'armes des anciens.

SECURINEGA (*securis*, une hache). C'est-à-dire arbre dont
le bois est tellement dur qu'on peut en fabriquer des instrumens tranchans. JUSSIEU, pag. 388, d'après Commerson.

SEDUM (*sedere*, asseoir, appuyer). De ce que la plupart des
plantes de ce genre croissent appuyées immédiatement sur
la pierre. Le nom anglois exprime la même chose *stone-
crop*; *stone*, pierre; *crop*, cueillir: plante qu'on cueille sur la
pierre.

S. ANACAMPSEROS. Nom employé par Pline, liv. 24, chap. 17,
pour désigner une plante dont le tact seul passoit pour ramener les amans infidèles. C'est ce que ce nom exprime en
grec : ανακαμπτω, je reviens, je ramène; ερος, amour.

On le nomme encore par tradition *herbe magique*. Cette
magie se réduit à une légère qualité vulnéraire.

S. CEPÆA. Nom sous lequel Dioscorides, liv. 3, chap. 150,
désigne une plante à feuilles succulentes. On ne la connoît
pas précisément; mais on en a appliqué le nom, par analogie, à une plante à feuille grasse.

Κηπαιος signifiant en grec *des jardins*, Boëhmer, p. 50,
en conclut que ce mot exprime une plante qui croît dans
les jardins; ou bien, dit-il, d'après H. Ambrosinus, c'est
une anthiphrase, et il signifie, *qui ne croît pas dans les jardins*. On conviendra qu'il vaut mieux laisser aux noms leur
obscurité, que de leur attribuer des origines aussi dou-
teuses.

S. LIBANOTICUM. Ce mot signifie ici originaire du mont Liban,
et non pas à odeur d'encens, comme en plusieurs noms.
Voy. *Athamanta libanotis*.

S. DASYPHYLLUM (δασυς, épais; φυλλον, feuille). La sienne est
encore plus épaisse que celle de la plupart des espèces de
cette série.

SEGUIERA. Jean-François Séguier, françois, a donné, en
1745, le *Catalogue des plantes de Véronne*, et il y a ajouté
un supplément, en 1754.

On a eu de lui aussi une *Bibliothèque botanique*, en 1760.

SEHIMA. De son nom arabe *sehim* (sehhym). FORSKAHL,
pag. 178.

SELAGINELLA. Genre extrait des *lycopodes*, par Palisot Beauvais, *Ætheog.* 101. Voy. pour l'origine de ce nom *Lycopodium selago*.

SELAGO. Ce genre n'a de commun que le nom, avec le *selago* des anciens, et l'on ne voit pas quelle raison a déterminé Linné à le lui appliquer. Voy. pour l'origine *Lypocodium selago*.

SELINUM (σελήνη, la lune). De ses semences en croissant. Ce mot étoit devenu, parmi les Grecs, le primitif de plusieurs noms de plantes ombellifères, ὀροσέλινον, *selinum* des montagnes; πετροσέλινον, *selinum* des pierres ou des rochers; ἱπποσέλινον, *selinum* de cheval; βουσέλινον, *selinum* des bœufs; ἑλειοσέλινον, *selinum* des marais; λιβανοσέλινον, *selinum* à odeur d'encens, etc.

S. CHABRÆI. En mémoire de Dominique Chabrée, dont on a eu, en 1666, une *Sciagraphie des plantes*. Voy. ce mot à la Table des termes.

SELLIERA. Natale Sellier, graveur françois, a travaillé pour Cavanilles qui lui dédia ce genre, tom. 5, pag. 49.

SEMARILLARIA. Dont la semence est à demi entourée d'un arille ou enveloppe particulière. *Flore du Pérou*, page 44.

SEMPERVIVUM (*semper*, toujours; *vivum*, vif : toujours vivant, toujours vert).

Vulgairement *joubarbe*, francisé de *barba Jovis*, barbe de Jupiter; l'un de ces noms populaires qui ne signifient rien.

SENEBIERA. Genre dédié par Decandolle, *Mém. de la soc. d'histoire naturelle*, page 142, à M. Jean de Senebier, de Genève. Il a donné une *Physiologie végétale*, en 1791.

SENECIO (*senex*, vieillard). Des têtes chauves que présentent ses réceptacles. Voy. *Erigeron*.

S. PSEUDO-CHINA. Sous entendu *radix*, fausse racine chinoise. On a cru long-temps que cette plante originaire des environs de Madras, donnoit la véritable *squine* des boutiques. Voy. *Smilax China*.

S. CRUCIATUS (en forme de croix). Ses feuilles sont à moitié découpées en dents égales à la feuille même, ce qui lui donne l'aspect d'une croix.

S. SARRACENICUS. Croît en France et dans toute l'Europe méridionale. Quant à ce mot de *sarrasin*, il signifie oriental, et vient de l'arabe *cherqy*, pluriel *cherâqyn*.

SEPTAS (*septem*, sept). Cette plante a tout par sept. Calice à sept folioles, sept pétales, sept pistils, sept étamines et sept loges à son péricarpe.

SERAPIAS. Pline réunit sous ce nom, liv. 26, chap. 10, les *orchis*, *satyrion*, *serapias*, etc. Ces plantes ont entre elles beaucoup d'analogie.

Serapias est le nom d'une divinité égyptienne ; elle avoit à Canope un temple célèbre où de nombreux pélérinages servoient de prétexte à plusieurs désordres. C'est sous ce rapport que l'on a appliqué ce nom, synonyme dans ce sens à celui de *satyrion*, à une plante aphrodisiaque.

S. LINGUA (langue). La lèvre du nectaire est trifide, en forme de languette et très-allongée.

S. CORDIGERA (*cor, cordis*, cœur, *gero*, je porte). La lèvre du nectaire est en forme de cœur.

S. XIPHOPHYLLUM (ξιφος, épée ; φυλλον, feuille). Feuille en forme de lame d'épée.

S. LONCHOPHYLLUM (λογχη, lance ; φυλλον, feuille). Feuille en fer de lance. Même sens en grec, que *feuille lancéolée*, en latin.

SERIANA. Paul Sergeant. SCHUMACHER, *Act. hist. Haff.*

SERIDIA (σιρις, chicorée). Analogue aux *chicorées*, par le feuillage. Ce genre est extrait des *centaurea* de Linné. JUS-SIEU, p. 173.

SERIOLA. Diminutif de σιρις, chicorée. A feuille de chicorée.

S. ÆTHNENSIS. Originaire du mont Ethna (1). On la trouve aussi dans l'Italie méridionale

SERIPHIUM. L'un des noms que donnoient les Grecs à l'*absinthe pontique*. PLINE, liv. 27, chap. 7. On a justement appliqué ce synonyme à un genre de plantes analogues à l'absinthe par le port et le feuillage.

Le nom françois *armoselle* exprime la même chose ; il est dérivé d'armoise, *artemisia*, plante de la série des absinthes.

---

(1) Les Grecs nommoient cette montagne *Æthna*, de Αιθω, je brûle, à cause de son volcan. On l'appelle aujourd'hui *Gibel* ; en italien, *Gibello*, de l'arabe *djebel*, qui signifie montagne. Vers le dixième siècle, les Sarrasins étoient maîtres de la Sicile.

Le nom de *seriphium* signifie originaire de Sériphion, aujourd'hui Serpho, île de la mer Egée. C'est un lieu aride propre seulement à produire des plantes rudes et grossières telles que les absinthes.

Cette île couverte de rochers et de montagnes a passé de tout temps pour un triste séjour. Un Grec demandoit à un de ses habitans quel étoit le crime que l'on punissoit parmi eux par le bannissement? — Le parjure, répondit le Sériphéen. Eh bien! repliqua le grec, que ne faites-vous tous de faux sermens pour quitter un si horrible séjour?

S. AMBIGUUM (ambigu, mixte, douteux). Cet arbuste tient à la fois du *seriphium*, de l'*artemisia*, du *stœbe* et du *gnaphalium*.

SERPICULA (*serpere*, ramper). Plante dont la tige est rampante. Voy. *Thymus serpillum* : l'origine des deux noms est la même. Le *serpicula* ressemble au *thymus serpillum*, par le port et le feuillage.

SERRA. Serra, botaniste espagnol, a travaillé sur les plantes de l'île de Minorque. *Flore du Pérou*, pag. 83 éd. de Madrid.

SERRATULA (*serrula*, petite scie; *serra*, scie). De ses feuilles garnies de pointes déchirantes.

En anglois, *saw-wort*, herbe scie. Même sens que *serratula*, en latin, et *serrete*, en françois.

Cette plante est souvent nommée *chardon hémorrhoïdal*, parce que sa tige produit ordinairement des tubercules analogues à la noix de galle, auxquels on a attribué la vertu de guérir ou de préserver des hémorrhoïdes. On remarquera que cette prétendue propriété n'est fondée que sur une grossière ressemblance entre ces tubercules, et la forme des tumeurs hémorrhoïdales. Voy. *Scrophularia, Euphrasia, Lichen.*

S. CHAMÆ-PEUCE (χαμαι, par terre; πευκη, pin, petit-pin) De ses feuilles linéaires semblables à celles du pin.

SESAMUM. De l'arabe *semsem*. FORSKAHL, page 68.

SESELI (σεσελι, en grec). De *seycélyoùs*, en arabe. GOLIUS, page 167.

S. HIPPOMARATHRUM (ιππος, cheval, μαραθρον, nom grec du fenouil). Fenouil de cheval, c'est-à-dire fenouil grossier.

SESLERIA. Léonard Sesler, médecin botaniste. On a de lui

une lettre à Donati, sur une plante qu'il appelle *vitaliana*, en son honneur, Vitalien Donati. Voy. l'*Histoire naturelle de la mer Adriatique*, de Donati. Ce genre est extrait des *cynosurus* de Linné.

SESSIA. D. Martin Sesseo, espagnol, directeur du jardin botanique de Mexico. *Flore du Pérou*, pag. 18.

SESUVIUM.

SETARIA (*seta*, poil). Série de lichen, dont la frondescence est filiforme. ACHAR, 2.

SHAAVIA. Forster, gen. 48, institua ce genre en l'honneur du docteur Thomas Shaw, dont on a eu, en 1738, le *Catalogue des plantes recueillies en diverses parties de l'Afrique et de l'Asie*. C'est un extrait botanique de son voyage au Levant et en Barbarie.

SHEFFIELDIA. Sheffield, botaniste d'Oxford, mentionné par Forster, gen. 9.

SHERARDIA. Jacques Sherard, anglois, propriétaire d'un superbe jardin de botanique à Eltham dans le comté de Kent. Dillen en a donné le catalogue raisonné sous le titre de *Jardin d'Eltham*, en 1732.

Guillaume Sherard, son frère, surnommé le *Prince de la botanique*, a donné une *Ecole de botanique*, en 1689; un supplément aux œuvres de Rai, etc.

SIBBALDIA. Robert Sibbald. médecin écossois, a donné, en 1684, l'*Ecosse illustrée* ou *Prodrome sur l'histoire naturelle d'Ecosse*; une dissertation sur le *chara* de Jules César, en 1710, et divers opuscules.

SIBTHORPIA. Omphroi Sibthorp, anglois, correspondant de Linné, professeur de botanique en l'Université d'Oxford.

SICYOS (σικυος, l'un des noms grecs du concombre, de σικχος, fade). On en connoît le goût.

Le *sicyos* des modernes ressemble aux cucurbitacées, par le feuillage et la fructification.

SIDA. Nom que Théophraste, liv. 4, chap. 11, donne à une plante aquatique que l'on a cru analogue à l'*althœa*. Elle croît, dit-il, vers le lac Orchomène.

Le *sida* des modernes tient aux malvacées par le port et la fructification. Selon Adanson, *Fam. des pl.*, vol. 1, préf. 131, le *sida* de Théophraste est notre *nymphœa*.

S. ABUTILON. Nom employé par les médecins arabes, pour désigner une plante semblable aux *althæa*. GOLIUS, p. 192.

SIDERITIS (σιδηρος, fer). Nom donné par les Grecs à une plante qui passoit pour guérir de toute blessure faite par le fer. Voy. Dioscorides, chap. 29, 30 et 31, liv. 4: il s'étend au long sur la qualité vulnéraire de plusieurs *sideritis* auxquels il donne les synonymes d'*heraclée* et d'*achillée* qui expriment également cette propriété. Voy *Heracleum* et *Achillea*.

Les modernes ont appliqué ce nom à des plantes qui n'ont aucune des vertus attribuées au *sideritis* des Grecs; mais qui tiennent à la même étymologie, par leurs fleurs de couleur ferrugineuse.

SIDERODENDRUM (σιδηρος, fer; δενδρον, arbre). Bois dont la dureté est comparée à celle du fer. Même sens que *sideroxylum*. VAHL. *Egl. Amér.*

SIDEROXYLUM (σιδηρος, fer; ξυλον, bois). Bois de fer, en raison de son extrême dureté.

S. MELANOPHLEUM (μελας, μελανος, noir; φλοιος, écorce). Arbre dont l'écorce est d'un brun tirant sur le noir.

S. MANGLILLO. Nom que donnent à cet arbre les habitans du Pérou. DOMBEY.

SIGESBECKIA. Jean-Georges Siegesbeck, médecin allemand, directeur du jardin de médecine de Pétersbourg. Il en a publié le catalogue en 1736, sous le titre de *Flore de Pétersbourg*.

On a aussi de lui une *Botanosophie*, qui parut, en 1737, etc.

SILENE. Nom poétique. De Silène qui, toujours ivre, étoit représenté couvert de bave. C'est ce qu'exprime ce mot, σιαλον, bave.

Plusieurs espèces de ce genre distillent, le long de leur tige, une suc visqueux qui saisit les insectes qui s'en approchent.

S. MUSCIPULA (piége, attrape). De ce que cette plante saisit les mouches avec la glu qui entoure le sommet de sa tige. De là vient le nom de *catch-fly*, attrape-mouche, que donnent les Anglois à ce genre en général.

S. ANGLICA, GALLICA. Croissent l'un et l'autre dans presque toute l'Europe, et non exclusivement en Angleterre et en France.

S. QUINQUE-VULNERA (à cinq blessures). C'est-à-dire fleur dont la corolle est marquée de cinq taches rouges comparées à des gouttes de sang.

S. ATOCION. Selon Dodonée, *Pempt.* 2, liv. 1, chap. 15, les Grecs donnoient ce nom à notre *lychnis dioïca*. Une partie des individus de cette espèce est stérile, parce qu'elle ne produit que des fleurs mâles, et c'est de là que vient ce nom *α* privatif, τοκος, l'action d'engendrer, c'est-à-dire qui est stérile.

On s'en est servi, en botanique, uniquement pour employer un nom ancien.

S. PORTENSIS. Originaire du Portugal, appelé ainsi de *Porto* ou *Opporto*, l'une de ses principales villes.

SILOXERUS (στυλος, style; ογκηρος, renflé). De son style renflé à sa partie inférieure. LABILLARDIÈRE, *Nov. Holl. fasc.* 22.

SILPHIUM (σιλφιον, en grec, de *silphi* ou *serpi*, nom que donnoient les naturels d'Afrique à la plante qui produisoit le *laser* des Latins. D'HERBELOT, *Bib. or.* pag. 493, article *Ingin*). Cette substance étoit célèbre chez les anciens par son goût et ses vertus; mais il paroît que la plante dont on la tiroit étoit peu connue, puisqu'on en présenta un pied à l'empereur Néron, comme une grande rareté. PLINE, liv. 19, chap. 3. Voy. sur tout ce qui concerne le *silphium*, la Dissertation de l'abbé Belley, *Mémoire acad. des insc.* vol. 56.

SILYBUM (σιλυβον). Nom sous lequel Dioscorides, liv. 4, chap. 153, décrit une plante épineuse qui n'est pas bien connue. Vaillant s'en est servi, et Gærtner en a fait un genre vol. 2, pag. 378.

SIMABA. Nom de cet arbuste à la Guyane. AUBLET, pag. 401.

SIMBULETA. De son nom arabe *sinbulet.* FORSKAHL, pag. 115.

SIMIRA. Nom que donnent les Galibis à cet arbre. AUBLET, pag. 172.

SINAPIS (σιναπι ou ναπυ). Dérivé de *nap*, nom général de toutes les plantes analogues au navet, en langue celtique, d'où *napus*. Voy. *Brassica napus*.

En françois, *moutarde*; en anglois, *mustard*, etc. de *mustum ardens*, moût ardent. Le moût ou vin doux, entre dans la préparation de la moutarde.

SINGANA *Singan-singa*, nom que donnent à cet arbuste les Noirogues, peuples de la Guyane. AUBLET, p. 575.

SIPARUMA. Nom de cet arbuste à la Guyane. AUBLET, pag. 865.

SIPHONANTHUS (σιφων, tube; ανθος, fleur). Du tube fili-forme de sa corolle.

SIPHONIA (σιφων, tube). Schreber, gen. 1466, a nommé ainsi l'hevea d'Aublet, parce qu'il produit la gomme élastique dont on fabrique toutes sortes de tubes, conduits, etc.

SIRIUM. Latinisé de son nom malais *caju-siri*. RUMPH.

SISON. Du celtique *sizun*, qui signifie un courant d'eau. Plu-sieurs espèces de ce genre croissent aux lieux inondés.

S. SALSUM (salé). C'est-à-dire qui croît dans les marais salés de la Russie, vers le Wolga.

SISYMBRIUM (σισυμβριον). Les Grecs et les Latins donnoient ce nom à une plante aquatique dont leurs descriptions ne don-nent qu'une idée très-imparfaite. Voy. Dioscor. liv. 2, chap. 121, et Pline, liv. 20, chap. 22. Il paroît qu'elle étoit d'une odeur agréable. Ovide, dans ses *Fastes*, recommande d'offrir à Vénus des guirlandes de myrte, de roses, et de sisymbre: les plantes que nous appelons ainsi figureroient mal dans un bouquet.

Varron pense que ce nom vient d'une femme appelée *Sisymbre*, qui figuroit sur l'ancienne scène.

S. NASTURTIUM OU NASITOR. Nom abrégé de *nasus tortus*, nez tordu. Du froncement que son goût âcre excite dans les muscles du nez. PLINE, liv. 19, chap. 8.

Cresson, de l'anglo-saxon *cressen* ou *cerse*; *cresse*, en theu-ton; *cresses*, en anglois, etc.

S. TENUIFOLIUM (à petites feuilles). Terme impropre: plu-sieurs espèces de ce genre ont des feuilles beaucoup plus petites que ne les a celle-ci. La dénomination de *roquette sauvage*, par laquelle on désigne vulgairement cette plante, en donne une idée plus juste.

S. POLYCERATIUM (πολυ, beaucoup; κερας, κερατος, corne). Ses siliques nombreuses et aggrégées, ressemblent à un faisceau de petites cornes.

S. MONENSE. De l'île de Mona, proche l'Angleterre. Il croît de même en Provence.

S. **irio**. Voy. *Erysimum*. L'origine en est la même.

S. **sophia**. Sous-entendu *chirurgorum*, science des chirurgiens. C'est un bon vulnéraire.

S. **catholicum** (catholique). Parce qu'il ne croît qu'en Espagne et en Portugal, où la religion catholique est exclusive.

SISYRINCHIUM. Nom que Pline donne, d'après les Grecs, à une plante bulbeuse, liv. 19, chap. 5. Son nom lui vient de ce qu'elle est recherchée des porcs, comme la plupart des bulbes : συς, porc; ρυγχος, grouin. La botanique moderne s'en est servi pour désigner une plante à racines charnues.

SIUM (σιω, eau, en celtique). La plupart des plantes de ce genre croissent dans l'eau.

Berle, en françois, du celtique *beler* ou *veler*, qui signifie *cresson*, ou plante analogue. On trouve d'ordinaire la berle avec le cresson, et par suite on lui en aura donné l'ancien nom. Voy. *Erysimum*.

S. **ninsi**. Nom Japonnois du *gin-seng*. Selon Adanson, *Fam. des plantes*, vol. 2, pag. 561, ces plantes sont analogues entre elles, quoique différentes l'une de l'autre.

S. **sisarum ou siser**. Altéré de son nom arabe *dgizer*. Golius, pag. 102. Ce mot signifie en persan, *carotte*, *Gazophyll. ling. pers.* pag. 53. Notre *siser* a la racine comme une petite carotte.

SKIMMIA. *Mijama-skimmi*, son nom en japonnois. Thunberg, *Diss. nov. gen.* 57.

SLOANEA. Hans Sloane, médecin irlandois, né en 1660, mort en 1753, président de la Société royale de Londres. On a de lui, *Catalogue des plantes de la Jamaïque; Voyage aux îles de Madère, Barbade, Saint-Christophe*, et un grand nombre de mémoires académiques.

SMEGMADERMUS (σμηγμα, savon, substance détersive; δερμα, peau). Arbre dont l'écorce sert de savon, au Pérou. *Flore du Pérou*, page 134.

SMILAX (σμιλη, grattoir, de σμαω, je gratte). La tige du *smilax* commun est armée de rudes aiguillons.

S. **sarsaparilla** (*zarza*, ronce, arbuste épineux, en espagnol). Ses tiges sont anguleuses, et garnies d'aiguillons, comme celles de la ronce.

S. china. Originaire de la Chine. De *china* on a fait *squine* ou *esquine*, nom sous lequel sa racine est employée en médecine. On la nomme aussi *racine chinoise*. Selon Miller, elle est naturelle au Mexique.

SMITHIA. James Edward Smith, botaniste anglois, a donné à la Société linnéenne un grand nombre d'articles importans, vol 3 et 4, principalement sur les plantes de la Nouvelle Hollande ; des fascicules de plantes rares, en 1790 et 1792. On a eu de lui aussi, une *Flore britannique*, en 1800. *Hort. Kew.* 3—512.

SMYRNIUM (σμυρνα, synonyme de μυρρα, la myrrhe). *Son suc sent la myrrhe*, dit Pline ; liv. 19, chap. 8. Cette odeur lui est commune avec plusieurs autres ombellifères, entre autres le *scandix odorata*, qui, pour cette raison, étoit nommé *myrrhis* en ancienne botanique.

Le *smyrnium* est vulgairement appelé *maceron*, de son odeur comparée à celle du *macer*, écorce orientale, d'un parfum agréable.

S. olusatrum (*olus*, légume, plante potagère ; *ater, atrum,* noir). De la couleur sombre de son feuillage, qui l'a fait nommer en françois *persil noir* ; en anglois, *alexanders*, par allusion au nom de *persil de Macédoine*, plante analogue à celle-ci. Tout le monde sait qu'Alexandre étoit de Macédoine.

SOBRALIA. D. François-Martin Sobral, espagnol, botaniste distingué. *Flore du Pérou*, pag. 109.

SOBREYRA. Jean Sobreyra, moine espagnol, naturaliste. *Flore du Pérou*, page 97.

SODADA. De son nom arabe *sodàd*. Forskahl, page 82.

SOLANDRA. Le docteur Daniel Solander, suédois, compagnon du capitaine Cook, à son voyage autour du globe, de 1768 à 1771. On a eu de lui des élémens de botanique. Swartz, 42.

SOLANUM. Selon Miller, Boëhmer, etc., ce mot vient de *solari*, soulager. Des effets médicinaux de plusieurs de ces plantes, à l'extérieur.

Morelle, en françois, du celtique *mor*, noir ; *morel*, signifie même noir, en vieux françois. *Mor* est le radical de plusieurs noms qui expriment des choses noires, au propre ou au figuré, en grec, latin, françois, etc. Voy. *Morus.*

En anglois *night-shade*, ombre de nuit, de l'anglo-saxon, *niht-scada*, qui signifie la même chose. Il est à croire que ce nom est relatif à l'effet narcotique de son fruit. Le mot de *solanum* étoit aussi connu des anglo-saxons, ils l'avoient altéré en *solate.*

S. PSEUDO-CAPSICUM. Qui ressemble au capsique, par la couleur de son fruit. Voy. *Capsicum* et le terme *pseudo.*

S. LYCOPERSICUM (λύκος, loup; *persica*, la pêche : pêche de loup). Nom métaphorique donné à ce fruit pour en exprimer la beauté et le peu de valeur.

Vulgairement *tomatte* de *tamatte*, nom de cette plante en malais, selon Rumphius. Selon Euseb. Nieremberg, c'est un nom mexicain, et il doit s'écrire *tomatl.* On sait que le *tl* appartient particulièrement à la langue mexicaine. Il est possible que les espagnols aient porté cette plante du Mexique dans l'Archipel des Indes, et les Malais, dont la langue est très-douce, auroient ôté à ce mot sa désinence rude. Voy. Nieremberg, liv. 14, chap. 64.

S. DULCAMARA Syncopé de *dulcis amara*, douce amère. Son écorce machée est douce d'abord, et très-amère ensuite.

S. TRISTE (triste). C'est-à-dire dont le feuillage est d'une couleur sombre.

S. FEROX (féroce). Nom hyperbolique donné à cette plante pour exprimer la dureté de ses aiguillons, et non de funestes effets à l'intérieur.

S. SANCTUM (saint). C'est-à-dire qui croît en Terre-Sainte ou Palestine.

S. MELONGENA. Altéré de son nom arabe, *bydendjân.* FORSKAHL, page 63. Olaüs Celsius l'écrit *badingian* (bâdendjân), vol. 2, pag. 42.

Selon d'Herbelot, *Bib.* or. pag. 166, c'est de *bâdindjân* que l'on a fait, par corruption, *mala insana*, son nom en ancienne botanique, et *barangena*, en espagnol.

S. SODOMEUM (Sodome). Croît non-seulement en Palestine, mais encore en toute l'Afrique.

S. FUGAX (fugace, qui passe rapidement). Sa fleur n'est ouverte que pendant peu de momens, ensuite elle se ferme, et tombe quelques jours après.

S. COAGULANS. Les égyptiens se servent de ses baies, en guise de présure, pour faire coaguler le lait. FORSKAHL, pag. 47.

S. MICRACANTHUM (μικρος, petit; ακανθα, épine). Ses aiguillons sont petits et en petit nombre. Voy. le genre *Acantha.*

S. CORNUTUM (corne). Ses anthères sont en forme de cornes.

S. TEGORE. Nom que donnent à cet arbuste les naturels de la Guyane. AUBLET, 1, pag. 212.

SOLDANELLA (*soldus*, sou, qui lui-même est syncopé de *solidus*). Les feuilles de cette plante sont arrondies comme des pièces de monnoie.

SOLENA (σωλην, tube). Dont les étamines sont tubulées. LOUREIRO, pag. 629.

SOLENANDRIA (σωλην, tube; ανηρ, ανδρος, mâle : organe mâle ou étamine). Fleur dont les étamines sont réunies en tube, par les filets. VENTENAT, *Jardin de la Malmaison,* n.° 69.

SOLIDAGO (*solidari*, souder). De sa qualité vulnéraire.

Vulgairement *verge d'or.* De la belle couleur dorée des fleurs de ce genre, disposées sur de longues tiges.

SOLIVA. Salvator Soliva, espagnol, médecin botaniste. *Flore du Pérou,* pag. 103.

SONCHUS (σογχος, en grec, de σομφος, creux, mou). On en connoît la tige creuse et foible.

Vulgairement *laitron,* de sa tige laiteuse. En anglois, *sow-thistle,* chardon de porc : il en est avide.

SONNERATIA. P. Sonnerat, voyageur françois, dont on a eu, en 1776, un *Voyage à la Nouvelle Guinée;* et en 1782, *Voyage à la Chine et aux Indes.* Ils ont eu lieu de 1774 à 1781.

SOPHORA. Altéré de son nom arabe *sophera.* PROSPER ALPIN, 83.

S. TETRAPTERA (τετρας, par quatre; πτερυξ, aile). Dont la gousse est garni de quatre ailes membraneuses.

SORAMIA. Nom de cet arbuste à la Guyane. AUBLET, p. 552.

SORBUS. Du celtique *sormel,* composé de *sor,* rude, âpre; *mel,* pomme. On connoît la rudesse de ce fruit. De *sormel,* les François ont fait *cormel*, et ensuite *corme*; en anglois, *sorb*.

S. *AUCUPARIA* (*aucupari*, chasser aux oiseaux). Ce mot a pour radical *hawk* ou *hak*, oiseau de proie, en celtique. Voy. *Aquilegia*. Le fruit de cet arbre est un excellent appât pour attirer les grives, merles, etc.

Ce sorbier jouoit un role important dans les mystères religieux des Druïdes, prêtres des Celtes. Voyez *Quercus*. Lorsqu'après les conquêtes des Romains, la civilisation et une religion nouvelle les eurent chassés des belles régions de l'Europe, ils s'enfoncèrent de plus en plus dans le Nord. L'Écosse septentrionale est un des lieux où ils restèrent le plus tard. On y trouve encore, sur les montagnes où étoient leurs temples, de grands cercles de pierre entourés de vieux sorbiers; cet arbre, comme on le sait, est de la plus grande durée. Au premier de mai, les montagnards écossois sont encore dans l'usage de faire passer tous leurs moutons et agneaux par un cerceau de sorbier, pour les préserver d'accidens; il existe même un ancien proverbe écossois, qui dit que le sorbier et le fil rouge (1) sont un préservatif contre les sorciers.

> **Roan tree and red threed,**
> **Puts the witches to there speed.**

On est encore dans l'usage en quelques endroits de la Suisse, de répandre le fruit du sorbier sur les tombeaux. On ne connoit pas dans le pays l'origine de cette coutume; mais l'analogie qu'elle présente avec celle des Écossois est singulière. Voy. le Journal du dernier voyage de Dolomieu.

SOULAMEA. *Soulamoé*, nom de cet arbuste aux Molluques. Il signifie roi de l'amertume. RUMPH. *Amb.* 2, t. 41.

---

(1) Il est à remarquer que Saint-Chrysostôme, en parlant des superstitions des habitans d'Antioche, reproche aux mères de mettre aux bras de leurs enfans, des fils d'écarlate pour les préserver des sortiléges. De pareils rapprochemens ne prouvent rien, sans doute, pour l'histoire des peuples; mais ils servent beaucoup pour celle de l'homme, en nous montrant que, dans les lieux les plus éloignés, dans les climats les plus opposés, il est sujet aux mêmes erreurs.

SOUROUBEA. Nom de cet arbuste à la Guyane. AUBLET, page 244.

SOWERBEA. Jac. Sowerby, naturaliste anglois. Il a travaillé sur les champignons. SMITH, *Act. Soc. linn.* vol. 4.

SPANANTHE (σπανιος, rare; ανθος, fleur). Nom donné par Jacquin à une ombellifère de la zone Torride, et qui exprime la rareté dont les plantes de cette série sont entre les tropiques.

SPANDONCEA. Genre dédié par Desfontaines à van Spaendonck, peintre et dessinateur au Jardin des plantes de Paris.

SPARGANIUM (σπαργανον, bandelette). De ses feuilles longues et étroites comme un ruban. De là le nom vulgaire *ruban d'eau.*

SPARMANNIA. Le docteur André Sparmann, suédois, voyageur au cap de Bonne-Espérance, compagnon de Cook, à son second voyage autour du monde, de 1772 à 1775. Il a publié la relation de ses voyages.

SPARTIUM (σπαρτιον, en grec). Ce mot signifie aussi lien, cordage, et il vient de σπαω, je tire, je traîne. On en fit les premiers cordages. *Les spartes se sont rompus,* dit Homère, chant 2, vers 135, pour exprimer la rupture des cordages.

Aujourd'hui même, les petits vaisseaux de la Méditerranée n'ont que des cordages de *sparte,* et Bruce observe que cet usage occasionne de fréquens accidens. *Voyage aux sources du Nil,* vol. 1.

On remarquera cependant que le *sparte* des modernes n'a nul rapport avec celui des anciens, qui est un *stipa.* Voy. ce genre.

Le genre *spartium* a été replacé par A. L. de Jussieu, partie avec les *genista,* partie avec les *cytises,* d'après les caractères génériques.

S. CONTAMINATUM (taché). Ses feuilles ont à la base une tache pourpre bien prononcée.

S. SCORPIUS (scorpion). De ses épines longues et recourbées comme la queue d'un scorpion.

S. SUPRANUBIUM (supérieur). Au-dessus des autres, soit parce qu'il croît sur le sommet du mont Pico, soit parce qu'il surpasse de beaucoup toutes les espèces de ce genre. Son tronc est de la grosseur d'un homme, et l'ensemble de ses branches a plus de quatre-vingts pieds de tour. On a proposé d'en introduire la culture dans l'ancienne Provence, où il remédieroit promptement à la disette de bois qu'éprouve ce pays, si toutefois le sol lui en est favorable. *Voy.* la lettre de M. de la Martinière, insérée dans la *Relation du voyage de la Pérouse.*

S. COMPLICATUM (compliqué : littéralement, plié ensemble, *cumplicatus*). Ses feuilles ne sont jamais bien ouvertes, et elles sont pliées de telle sorte, qu'on les croiroit doublées.

S. SCOPARIUM (*scopæ*, balai). De l'usage économique que l'on en fait en plusieurs pays.

SPATHELIA. De sa tige droite et non rameuse comme celle des autres arbres, ce qui la fait ressembler à celle du *palmier*, anciennement σπαθη; il porte même l'épithète de *spathelia simplex*.

SPATHIA. De son calice en *spathe*. Voy. ce mot à la Table des termes. LOUREIRO, page 370.

Ce genre se rapproche de l'*aponogeton*.

SPERGULA (*spargere*, épandre; qui répand ses semences au loin. LINNÉ, *Ph. bot.*). C'est le *sperguys* des Belges, dont ils font des prairies artificielles qui leur procurent un beurre exquis.

S. LARICINA (*larix*, le mélèse). Ses feuilles sont linéaires et fasciculées comme celles du mélèse.

SPERGULASTRUM. Analogue au *spergula*. MICH. *Flor. bor.- Amér.* 1 — 275.

SPERMACOCE (σπερμα, semence; ακωκη, dérivé d'ακη, pointe). Ses semences sont garnies de deux pointes remarquables.

SPHÆRANTHUS (σφαιρα, globe, ανθος, fleur). De ses fleurs ramassées en têtes globuleuses.

SPHÆRIA (σφαιρα globe). Cette fongosité est composée de verrues arrondies.

SPHÆROCARPUS (σφαιρα, globe; καρπος, fruit). Champignon dont la semence est en forme de boule. BULLIARD, *Champignons*, pag. 123.

SPHÆROPHORUS (σφαιρα, globe; φερω, je porte). Série de *lichen* dont les expansions se terminent en parties globuleuses. ACHAR, 2.

SPHENOCLEA (σφην, σφηνος, un coin). De ses capsules cunéiformes. GÆRTNER, vol. 1, p. 113.

SPIELMANNIA. Jean R. Spielmann, allemand, auteur d'une *Matière médicale.* SCHREBER, gen. 1027.

SPIGELIA. Adrien Spigel, médecin brabançon, mort en 1625. On a eu de lui une *Introduction à la botanique.*

S. ANTHELMIA. Abrégé de *anthelmintica.* Voy. ce mot à la Table dés termes.

SPILANTHUS (στιλος, tache; ανθος, fleur). Le *spilanthus fusco* produit des fleurs dont le centre présente une tache brune qui diminue et disparoît à mesure que les fleurons s'épanouissent. Jacquin qui institua ce genre, *Amér.* 214, l'avoit appelé *spilanthes. Ses fleurs,* dit-il, *sont panachées de points noirs.*

S. SALIVARIA (salivaire). De l'usage qu'en font les habitans de l'Amérique méridionale pour se procurer des salivations abondantes qui les soulagent dans les maux de dents.

S. ACMELLA (ακμη, pointe, en grec). Du goût piquant de sa feuille. Il est analogue à celui de la *pyrètre* et il produit les mêmes effets.

SPINACIA (*spina,* épine). Des rudes épines dont sa semence est armée. *Epinard* vient d'*épine,* comme *spinacia* de *spina.*
En anglois, *spinage,* corrompu de *spinacia.*

SPINIFEX (*spina,* épine). Les feuilles et les épis de ce gramen arboré se terminent en pointes aiguës.

SPIRÆA. *Spireon,* nom que Pline donne, d'après les Grecs, liv. 21, chap. 9, à un arbuste dont les rameaux servoient spécialement à faire des couronnes, guirlandes, etc. C'est ce qu'exprime ce mot, σπιρα, un lien, une corde. Selon Dalechamp, *Commentaires sur Pline,* le *spiræa* des anciens est notre *viburnum lantana.*
Plusieurs espèces de *spiræa* ressemblent aux *viburnum* par le feuillage.

S. ARUNCUS. Nom que donnoient les Latins à la barbe des chèvres. Il vient du grec ηρυγγος, qui signifie la même chose.
En françois, en anglois, etc. cette plante est de même appelée *barbe de chèvre;* sans qu'elle présente rien qui justifie cette dénomination.

S. ULMARIA (*ulmus*, orme). Chacune de ses folioles ressemble à la feuille de l'orme; de là l'ancien nom *ormière*.

Vulgairement *reine des prés*. Sa belle fleur fait l'ornement des prairies humides.

En anglois, à peu près de même, *meadow's sweet*, douceur des prés : l'odeur en est agréable.

S. FILIPENDULA (*filum*, fil; *pendulus*, qui pend). Sa racine produit de petits tubercules qui sont comme suspendus à des filets menus.

SPLACHNUM (σπλαγχιον, l'un des noms grecs de la mousse). Voy. *Bryum*.

Comme ce mot signifie *entrailles*, Linné s'en est particulièrement servi pour distinguer cette mousse dont l'urne est garnie d'un prolongement en vessie, qu'on a comparé au renflement d'un intestin. Vaillant la nomme même *mousse enteroïdes*, c'est-à-dire, en forme d'intestin.

S. AMPULLACEUM (*ampulla*, bouteille; *ampullaceus*, fait en bouteille). De ce même prolongement renflé, comparé à une petite fiole.

SPONDIAS. L'un des noms grecs de la prune, σπεδιας. ADANSON, *Fam. des plantes*, 2 — 595, et BECKMANN, 202.

Le fruit de cet arbre ressemble exactement à une prune.

S. MYROBALANUS (μυροβαλανος ou βαλανος μυρεψικη). Nom sous lequel Dioscorides, liv. 4, chap. 154, décrit un arbre d'Egypte et d'Arabie, dont le fruit rend une liqueur parfumée; μυρον, parfum liquide; βαλανος, gland. Selon Adanson, *Fam. des pl.* 2 — 579, c'est le *guilandina moringa*.

Jacquin s'est servi de ce nom ancien, pour désigner un arbre d'Amérique dont le fruit est assez semblable à un gland et dont l'odeur est agréable. JACQUIN, *Amér.* 138. Voy. sur le *Balanus* d'Herbelot, *Bib. or.* p. 183.

S. MOMBIN. Nom de cet arbre en Amérique. PLUMIER, gen. 44.

SPRENGELIA. Curt. Sprengel, botaniste allemand, directeur du jardin botanique de l'Université de Halle. Il a donné quelques opuscules de botanique, en 1798. SMITH, *New. Holl.* 7.

STAAVIA. Martin Staaf, correspondant de Linné. THUNBERG, *Prod.* 41.

STACHYS (σταχυς, épi). Toutes les plantes de ce genre portent des fleurs disposées en longs épis. De là le nom françois *épiaire*.

S. GERMANICA (d'Allemagne). Croît par toute la France.

STACHYGYNANDRUM (σταχυς, épi; γυνη, femelle; ανηρ; ανδρος, mâle). Lycopode, dont l'épi est monoïque, ou réunissant les deux sexes. PALISOT BEAUVOIS, *Æthéog.* p. 105.

STACKHOUSIA. D. J. Stackhouse, naturaliste anglois, a travaillé sur les plantes marines de la Grande Bretagne. SMITH, *Act. Soc. linn.* vol. 4.

STÆHELINA. Benoît Stahelin, naturaliste suisse, a donné, en 1750, un mémoire académique sur le *filicula saxatilis corniculata* et sur l'*equisetum*.

STALAGMITIS (στλζω, je suinte, je dégoutte). Arbre dont l'écorce distille de la gomme. MURRAY, *Comm. Got.* 9, p. 175.

Stalagmite est le nom qu'on donne, en histoire naturelle, à des concrétions mammelonées qui se font par suintement.

STAPELIA. Bodée Stapel, médecin hollandois, mort en 1636. On a eu de lui une traduction latine de l'histoire des plantes de Théophraste, qu'il a ornée de savants commentaires. Elle a paru après sa mort, en 1644.

STAPHYLEA. Abrégé de *staphylodendron*, son nom en ancienne botanique. Il signifie *arbre à grappes*; σταφυλη, grappe; δνδρον, arbre. Sa fructification est disposée en petites grappes.

En françois, *nez coupé*; son fruit est de couleur de chair, et le point de l'insertion forme un tache semblable à une cicatrice.

STARKEA. Starke, a travaillé sur les plantes de la Silésie. WILLDENOW, 3, p. 2216.

STATICE (στατιζω, j'arrête). De ce que cette plante arrête le flux de ventre, selon Pline, liv. 26, chap. 8.

S. LIMONIUM (λιμων, prairie). *Cette plante croit dans les prés et les marais*, dit Dioscorides, liv. 4, chap. 16.

STEGOSIA (στεγος, toit). De l'usage qu'en font les habitans de la Cochinchine, pour couvrir leurs habitations. LOUREIRO, pag. 68.

STELLARIA (*stella*, étoile). De sa corolle dont les pétales sont disposés en étoile.

STELLERA. G. W. Steller, allemand, voyageur au Kamschatka, dont il a décrit les plantes; il mourut en Sibérie, en 1745.

S. CHAMÆ-JASME (*χαμαι*, par terre; *ιασμιν*, abrégé de *ιασμιν*, jasmin : petit jasmin). De la petitesse de la plante, et de la forme de sa fleur.

STEMODIA (*στημων*, étamine; *δις*, double). Ses étamines portent chacune deux anthères.

STEMONA (*στημων*, étamine). De la singulière forme de ses étamines, qui approche de celle des pétales. LOUREIRO, page 490.

STEPHANIA (*στεφανη*, couronne). De ses anthères environnant, comme une couronne, le sommet des filets. LOUREIRO, pag. 746.

STEPHANIUM (*στεφανη*, couronne). Schreber gen. 308, nomme ainsi le *palicourea* d'Aublet, dont le germe est couronné.

STERBECKIA. Voy. *Singana* d'Aublet. Schreber, gen. 909, l'a nommé ainsi, en mémoire de François Sterbeck, flamand, dont on a eu, en 1654, un ouvrage sur les champignons.

STERCULIA (*Sterculius*, dieu de la garde-robe, dérivé de *stercus*, excrément). Les Romains, dans le délire du paganisme, avoient fini par déifier les objets les plus dégoutans et les actions les plus impudiques. Ils avoient les Dieux Sterculius, Crepitus; les Déesses Caca, Pertunda, etc.

On a donné ce nom à un genre d'arbres dont une espèce, le *balanghas*, produit une fleur d'une odeur fétide, et la seconde appelée *fœtida*, produit un fruit d'une odeur cadavéreuse.

STEREOCAULON (*στερεος*, ferme, solide; *καυλος*, tige). Série de lichen qui forment une tige ou un stipe plein et solide. ACHAR, 2.

STEREOXYLUM (*στερεος*, ferme, solide; *ξυλον*, bois). De la dureté et de la pesanteur de son bois. *Flore du Pérou*, page 31.

STEVIA. Genre dédié par Cavanilles, tom. 4, pag. 33, à la mémoire de Pierre-Jacques Esteve, médecin espagnol, du XVI.e siècle. Il a laissé un *Dictionnaire des plantes du royaume de Valence*.

STEWARTIA. En l'honneur du lord comte de Butte, de la maison de Stewart, promoteur de la botanique.

S. MALACODENDRON (μαλαχη, mauve; δενδρον, arbre : mauve en arbre). Cette espèce a été érigée en genre spécial, par A. L. de Jussieu, pag. 275.

STICTA (στιζω, je pique). Les feuilles ou lobes des lichen de cette série semblent piquées à leur surface inférieure. Achar, 2.

STIGMANTHUS (στιγμα, stigmate; ανθος, fleur). De l'extrême grandeur du stigmate de cette fleur. Loureiro, pag. 181.

STIGMAROTA. Dont le stigmate est en forme de roue. Loureiro, pag. 778. Ce genre rentre dans le *flacourtia*.

STILAGO. Ce genre a été replacé par A. L. de Jussieu parmi les *antidesma*.

STILBE (στιλβω, je brille). Son calice intérieur est d'une substance cartilagineuse et brillante. Berg.

S. PINASTRA. Dont les feuilles sont longues et linéaires comme celles du pin sauvage, *pinaster*.

STILLINGIA. Benjamin Stilling-Fleet, botaniste anglois, dont on a eu des *Mélanges*, en 1762.

STIPA. (στυπη, matière soyeuse, plumeuse). Au sommet d'une de ses bales, est une barbe plumeuse longue d'un pied dans le *stipa pennata*; ce qui l'a fait nommer par les Anglois *feather-grass*, gramen de plume.

S. TENACISSIMA (très-ferme). Cette plante est le *sparte* des Grecs et de Pline, dont on fabriquoit des cordages. Aujourd'hui les Espagnols en font des tissus dont ils enveloppent leurs soudes, fruits, etc. De là ces nattes connues à Paris sous le nom de sparterie.

STIPULICIDA. Des stipules sétacées et multifides que présente cette plante. Michaux, *Flor. bor.-Amer.* 1 — 26.

STIXIS (στιζω, je pique). Son fruit est marqué de petits points. Loureiro, pag. 361.

STŒBE. Nom sous lequel Pline, liv. 21, chap. 15, et Théoph. liv. 6, ch. 4, désignent une plante rude et épineuse. Les modernes s'en sont servis pour distinguer un genre d'arbustes d'Afrique à feuilles rudes.

S. RHINOCEROTIS. Qui passe pour faire la principale nourriture du rhinoceros. Ce nom est tout-à-fait grec, et signifie corne sur le nez; κερας, corne; ρις, ρινος, nez. Il donne en deux mots la description de l'animal.

STRATIOTES (στρατος, camp, armée). L'un des noms que donnoient les Grecs à la mille-feuille *achillea*, parce qu'elle étoit renommée pour guérir de toute blessure. DIOSCORIDE, liv. 4. chap. 97.

On l'a appliqué dans une autre sens; mais toujours avec la même étymologie, à une plante dont les feuilles ressemblent à des lames d'épée, et qui répond assez bien à la description que donne Disoscorides du *stratiote aquatique*.

STRAVADIUM. *Tsjeria samstravadi*, son nom en malabare. RHEED. 4, t. 7. Ce genre est extrait des *eugenia* de Linné.

STREBLOTRICHUM (στρεβλος, tortu; (ρ ξ, τριχος, cheveu). mousse dont les cils du péristome sont roulés en spirale. PALISOT BEAUVOIS, *Æthéog.* 27.

STREBLUS (στρεβλος, tortu). Des rameaux tortus de cet arbre. LOUREIRO, pag. 754.

STRELITZIA. Genre dédié par Bancks, à la reine régnante d'Angleterre, de la maison de Mecklembourg Strelitz. Il l'introduisit en Europe, en 1773. *Hort. Kew.* 1 — 285.

STREPTOPUS (στρεπτος, tortillé, dérivé de στρεφω, je tourne; πους, pied, pédicule). De ses pédicules constamment tortillés. MICHAUX, *Flor. bor.-Am.* 1 — 200.

STRIGA (*strigosus*, sec, maigre). Plante aride et séche. LOUREIRO, pag. 27.

STRIGILIA (*strigilis*, peigné). Des dentelures de ses anthères. CAVANILLES, *Diss.* 7.

STROEMIA. Stroem, norvégien, a écrit sur l'histoire naturelle de son pays. VAHL. *Symb. bot.* 20.

STROPHANTHUS (στροφος, vrille; ανθος, fleur). Fleur dont les pétales sont contournés en forme de vrille. DECANDOLLE, *Annal. du musée*, 1, pag. 410.

STRUCHIUM (στρυχιον). Nom employé par Théophraste pour exprimer une grappe pendante; il vient de στρωω, je renverse.

Palisot de Beauvois, *Flore d'Oware, fasc.* 8, s'en est servi, d'après Brown, pour désigner une plante d'Afrique.

STRUMARIA (*strumæ*, tubercule, enflure). Nom donné à cette plante par Jacquin, *Collec. supp.* 45, à cause du renflement du style de sa fleur.

STRUMPFIA. Charles Strumpf, a publié une édition des œuvres de Linné.

STRUTHIOLA (στρουθος, moineau). Ce nom exprime en grec
le même sens que *passerina* en latin. Ces plantes sont analogues entre elles pour leurs semences en pointe, que l'on
a comparées au bec d'un moineau. Voy. *Passerina*.

STRYCHNOS. Nom que donnoient les Grecs aux *solanum*.
Il vient de στρεφω, je renverse, je fais tomber. Tous les solanum sont du plus au moins narcotiques. Les modernes ont
appliqué ce synonyme à un genre dont une espèce est mortelle. Voy. plus bas.

S. NUX-VOMICA (*noix vomique*). Ce nom est impropre; le vomissement n'est que le moindre de ses effets; elle occasionne d'affreux mouvemens convulsifs qui se terminent par
l'épilepsie et la mort. Les Anglois la nomment avec plus de
raison *poison-nut*, noix-poison.

S. COLUBRINA (*coluber* serpent). On nomme aux Indes cet
arbre *bois-de-serpent*, ainsi que plusieurs autres espèces de
bois auxquels on attribue la vertu de chasser le venin des
serpents dont ces contrées abondent. On en fait des vases
dans lesquels on met infuser l'eau qui en prend la qualité.

S. POTATORUM (des buveurs). Son fruit confit au sel et vinaigre,
est en grande renommée au Bengale pour purifier l'eau; qualité précieuse dans un pays où la nature ne donne que des
eaux de mauvaise qualité. Le *strychnos potatorum* est appelé
en ce pays *atschiar*. LINN. *Supp.* p. 180.

STYLIDIUM (στυλος, colonne). De sa corolle cylindrique.
LOUREIRO, pag. 273.

STYLOCORYNA (στυλος, style, κορυνη, massue). Fleur dont le
style est en forme de massue. CAVANILLES, tom. 4, pag. 45.

STYLOSANTHUS (στυλος, colonne, style; ανθος, fleur). Fleur
dont le style est très-allongé. *Act. Holm*, 1789.

STYRAX. Très-ancien nom d'une résine dont les Arabes se
servent, dit Pline, liv. 12, chap. 17, pour faire diversion
aux parfums dont ils sont sans cesse enivrés. *Tant il est vrai,*
ajoute-t-il, *qu'il n'est aucun plaisir qui ne traine à sa suite
le dégoût.* Sa réflexion est juste; mais l'application ne l'est
pas, et le *styrax* est trop balsamique pour en faire un remède
contre l'excès des parfums. Ce nom est altéré de l'arabe
assthirak. GOLIUS, page 117.

SUBULARIA (*subula*, alêne). De la forme aiguë de ses feuilles.

SUILLUS (*sus*, *suis*, porc). Les porcs mangent ce *fungus* avec
avidité. Pline, liv. 22, chap. 23, désigne, sous ce nom, un
champignon vénéneux. Ce genre est extrait des *boletus* de
Linné.

SURIANA. Joseph Donat Surian, médecin marseillois, compagnon et collaborateur du père Plumier.

On a de lui un catalogue des plantes rares des îles de
l'Amérique. Il a de plus laissé des herbiers précieux.

SWARTZIA. Olof Swartz, a donné, en 1788, un *Prodrome de
nouveaux genres*, etc.

SWERTIA. Emmanuel Swert, hollandois, dont on a eu, en
1612, un *Florilége*. Voy. ce terme.

SWIETENIA. Gerard van Swieten, hollandois, né en 1700,
mort en 1772, médecin de l'impératrice Marie-Thérèse. Il a
donné quelques opuscules de botanique.

S. mahagoni. Altéré de son nom américain *mahogani*. Catesby,
Car. 2, t. 8.

SYMPHONIA. Nom employé par Pline, liv. 26, chap. 7,
pour désigner une plante qui paroît être notre *amaranthe
tricolore*, et dont les enfans employoient la tige creuse à
faire des chalumeaux. C'est de là qu'on l'appela *symphonie*.

Il est difficile de dire sous quel rapport les modernes
l'ont appliqué à un arbre qui n'a nulle analogie avec le
symphonia des anciens.

SYMPHYTUM (συμφυσις, union, rapprochement; qui vient de
συμφυω, j'unis; composé de συν, ensemble; φυω, je crois).
Cette plante a long-temps passé pour un vulnéraire merveilleux.

Consoude, en françois, exprime la même chose, qui soude,
qui réunit : *consolido*, j'unis.

SYMPLOCOS (συμπλοκη, connexion, rapprochement; qui
vient de συν, en composition, συμ, avec; πλεκω, j'unis).

Cet arbuste porte une fleur à cinq pétales, tellement rapprochés à leur partie inférieure, qu'ils forment un tube.
Jacquin, *Amér.* 167.

SYNZYGANTHERA (συζυγος, uni, accouplé). Dont les anthères sont conjugués. *Flore du Pérou*, pag. 126.

SYRINGA (Συριγξ, nymphe d'Arcadie). Poursuivie par le
dieu Pan, elle se réfugia dans un fleuve où elle fut méta-

morphosée en roseau, dont Pan fit la première flûte, appelée en grec *συριγξ*. Le bois de cet arbuste, dit l'Ecluse, est moelleux et susceptible d'être vuidé; les Turcs s'en servent même pour fabriquer leurs plus beaux tuyaux de pipes. Telle est l'origine de ce nom considéré poétiquement. La base de cette fable est que cet arbre est appelé *syringa*, parce que ce nom est analogue à celui de *scrinx*, qu'il porte en Barbarie, son pays natal. Voy. Matthiole sur Dioscorides, liv. 4, chap. 154.

En françois il est connu sous le nom de *lilac*, du persan *agemlilag*, PLUKENET, *Almag.* 359, ou *lilac de l'erse*. *Agem*, est le nom que les Turcs et les Arabes donnent aux Persans; il signifie proprement *barbares*. Voy. sur ce mot la *Dissertation de Chardin*, vol. 2, pag. 5.

A. L. de Jussieu lui a conservé le nom de *lilas*, en botanique, avec d'autant plus de raison, que *syringa* est le nom vulgaire d'un autre arbuste des jardins, le *philadelphus coronarius*.

T

TABERNAMONTANA. Jacques-Théodore Tabermontanus, appelé ainsi du nom latin de Berg-Zabern, sa patrie. Il mourut en 1590. On a de lui une *Histoire des plantes*, des figures de plantes, etc.

TACCA. Nom de cette plante en langue malaise. Rumph. liv. 8 — 89.

TACHIA. *Tachi*, nom de cet arbre en la langue des Galibis; il signifie fourmi. On l'a appliqué à cet arbre, parce que son tronc leur sert souvent d'asile. Aublet, pag. 77.

TACHIBOTA. *Umbet-tachibotd*, nom que lui donnent les Caripons. Aublet, p. 286.

TACHIGALIA. *Tachigali*, nom de cet arbre parmi les Galibis. Aublet, pag. 374.

TACSONIA. *Tacso*, nom que lui donnent les Péruviens. Jos. de Jussieu. Ce genre rentre dans les *passiflora*. *Annales du musée*, tom. 6, p. 388.

TAFALLA. Jean Tafalla, botaniste espagnol, mentionné par les Auteurs de la *Flore du Pérou*, pag. 125.

TAGETES. Nom mythologique. De Tagès, divinité des Etruriens. Il étoit fils du Génie et petit fils de Jupiter. Il enseigna l'art des Aruspices et fut placé au rang des Dieux. Cette allégorie est facile à saisir.

On a donné ce nom, par allusion, à un genre qui produit de très-belles fleurs. Vulgairement *œillet d'Inde*. Sa fleur a quelque ressemblance, pour la forme, avec celle de l'œillet, et elle vient de l'Inde occidentale.

TALAUMA. Ce genre est extrait, par A. L. de Jussieu, des *magnolia*, dont il diffère par la fructification, et il lui a laissé le nom américain de *talauma*, sous lequel il est désigné dans les herbiers de Surian.

TALIGALEA. Nom de cet arbre à la Guyane. Aublet,
page 628.

TALINUM. Genre institué sous ce nom par Adanson, *Fam.
des plantes*, vol. 2, p. 246.

TALISIA. Nom de cet arbre à la Guyane, Aublet, pag. 349.

TAMARINDUS. Latinisé de son nom arabe *tamer-hindy*, datte
de l'Inde. Forskahl, pag. 89. Cet arbre aujourd'hui natu-
ralisé en Égypte, Arabie, etc. est originaire des Indes, où
on l'appelle *balam-pulli*. Rheed. *Mal.* 1, pag. 39.

TAMARIX. *Tamarisci*, peuples qui habitoient le revers des
Pyrénées. Cet arbre croît en abondance dans ce pays, sur
les bords du Tamaris, aujourd'hui Tambra.

TAMONEA. Nom de cette plante à la Guyane. Aublet, page
661. Ce genre est extrait des *verbena* de Linné.

TAMUS. Nom employé par Columelle et les anciens botanistes. Pline l'appelle *uva taminia*, raisin de Tamus. Tournefort l'a converti en *tamnus*, adopté par A. L. de Jussieu.

Les anciens désignoient sous ce nom une plante sarmenteuse analogue à la vigne et qui produit un fruit semblable
au raisin. Pline, liv. 23 chap. 1. Celle à laquelle les modernes l'ont appliqué répond à cette description.

Vulgairement *couleuvrée noire* : elle serpente comme la
couleuvrée ou *bryone*; mais la racine en est noire à l'extérieur.

TANACETUM. Altéré de *athanasia*, selon Linné, *Ph. bot.*,
et Dodonée, *l'empt.* 1, liv. 2, chap. 16. On lui a donné
ce nom, ajoute ce dernier, parce que sa fleur se conserve
long-temps sans se flétrir. Voy. *Athanasia*. De *tanacetum*
nous avons fait *tanaisie*, et par suite les Anglois, *tansy*.

TANÆCIUM (τανάος, long, étendu; de τανω, s'étendre.
Swartz, 91.

TANIBOUCA. Nom que les Garipons donnent à cet arbre.
Aublet, pag. 450.

TAPANHUACANA. *Tapanhuacanga*, nom brasilien. Vandelli,
pag. 9.

TAPEINIA (ταπεινός, humble, bas). Nom donné par Commerson à cette petite plante des terres magellaniques.

TAPIRIA. *Tapiriri*, nom que les Galibis donnent à cet arbre.
Aublet, pag. 472.

TAPOGOMEA. *Tapogomo*, nom que les Galibis donnent à cette plante. Aublet, pag. 162.

TAPURA. Nom de cet arbuste à la Guyane. Aublet, p. 127.

TARALEA. *Tarala*, nom que les Galibis donnent à cet arbre. Aublet, pag. 747.

TARCHONANTHUS. *Tarchon* (tarkhòn), Gol. 377, nom que donnent les médecins arabes à l'*artemisia dracunculus*, et dont notre mot *estragon* est l'analogue. *Acthos*, fleur, c'est-à-dire plante dont la fleur ressemble, en masse, à celle de l'estragon. Vaillant, *Mém. acad. des scienc.* année 1719. Voy. aussi L. Rauwolf, sur le *tarcon* ou *taracon*, pag. 65.

TARGIONIA. Jean-Antoine Targioni, médecin florentin, dont on a eu, en 1734, un ouvrage sur l'importance des thèses de botanique, en médecine.

Il y a eu encore Jean Targioni Tozzetti, médecin florentin, dont on a eu l'*Histoire naturelle de la Toscane*, en 1785, et des mémoires académiques, en 1780.

TASALLA. Jean Tassalla, espagnol, voyageur au Pérou. *Fl. du Pérou.*

TAXUS Selon J. G. Vossius, ce nom est dérivé de τοξον, flèche, parce qu'on se servoit du suc du fruit de cet arbre pour les rendre empoisonnées. C'est de là que vient aussi le mot τοξικον, poison.

En françois, *if*, du celtique *if* ou *iw*, vert ; de sa verdure perpétuelle. De là aussi le nom anglois *yew*.

Théophraste le nomme μιλος. Ce nom lui avoit été donné parce qu'on étoit dans l'usage de faire avec son *bois dur et compact*, les dents des roues de moulin : μυλη, meule, moulin.

TECOMA. Abrégé du nom mexicain *tecomaxochitl*. Hernand. Mex. Ce genre est extrait des *bignonia* de Linné, dont il diffère par le fruit plane.

TECTONA. Altéré de *tekka*, son nom au Malabar. Linné, Supp. 20, Rheed. vol. 4, page 57.

TELEPHIUM. Téléphe, roi de Mysie, dont Achille guérit les blessures avec cette plante. Pline, liv. 26, chap. 5. La description qu'il en donne, liv. 27, chap. 13, convient très-bien à notre *telephium*.

TEMUS. De *temo*, nom de cette plante au Chili. Molina, p. 160.

TERMINALIA. De ses feuilles qui naissent à l'extrémité des rameaux et qui les terminent. *Terminalia, terminare, terme, etc.*, viennent du grec τερμα, fin, limite.

T. CATAPPA. *Catappan*, nom de cet arbre aux Molluques. RUMPH. 1 — 68.

T. BENZOE. Voy. *Laurus Benzoe*.

TERNSTROEMIA. Ternstroem, naturaliste suédois, voyageur en Chine, mort à Palicandre en 1745.

TESSARIA. Louis Tessari, professeur de botanique à Ancone. *Fl. du Pérou*, page 101.

TETRACERA (τετρας, par quatre; κερας; corne). De ses quatre capsules recourbées comme des cornes.

TETRADIUM (τετραδιον, diminutif de τετρας, par quatre). Son calice a quatre feuilles, sa fleur quatre pétales, et son fruit quatre capsules. LOUREIRO, page 115. Ce genre se rapproche du *brucea*.

TETRAGASTRIS (τετρας, par quatre; γαστηρ, ventre). De son fruit à quatre noyaux. GÆRTNER, vol. 2, pag. 130.

TETRAGONIA (τετρας, par quatre; γωνια, angle). De sa noix à quatre loges anguleuses. Ce nom est abrégé de *tetragonocarpos*, sous lequel Boerhaave l'avoit institué.

TETRANTHUS (τετρας, par quatre; ανθος, fleur). Calice produisant quatre fleurs. SWARTZ, 115.

TETRAPHIS (τετρας, par quatre). Mousse dont le péristome a quatre dents. HEDWIG, 45.

TETRAPILUS (τετρας, par quatre; πιλος, chapeau, capuce). Des quatre découpures de sa corolle en forme de cuculle. LOUREIRO, pag. 750.

TETRAPOGON (τετρας, par quatre; πωγων, barbe). Fleur barbue sur quatre rangs. DESFONTAINES, *Flore atl.*, vol. 2, page 388.

TETRATHECA (τετρας, par quatre; θηκη, boîte, capsule). Des anthères à quatre loges de sa fleur. SMITH, *New. Hol.* 1, page 5.

TEUCRIUM. Nom historique. De Teucer, prince troyen, qui le premier mit cette plante en usage, selon Pline, liv. 25, chap. 5.

T. BOTRYS (βοτρυς, grappe). De la forme de sa fructification.

T. CŒLESTE (céleste). C'est-à-dire qui croît en Espagne dans le royaume de Valence, près d'une fameuse chartreuse appelée emphatiquement la *Porte du ciel*.

T. CHAMÆPITYS (χαμαι, par terre; πιτυς, pin). De son odeur amère et résineuse comparée à celle du pin. On l'appeloit aussi *thus terræ*, encens de terre, dans le même sens. PLINE, liv. 24, ch. 6.

T. MARUM. De l'arabe *mar*, qui signifie amer. GOLIUS, p. 2209.

T. SCORODONIA (σκοροδον, ail, en grec). Cette plante en a l'odeur, et la suivante encore davantage. Voy. au genre *Allium*, la signification de *scorodon*.

T. SCORDIUM (σκορδιον). Même sens que ci-dessus, avec une autre désinence.

T. CHAMÆDRYS (χαμαι, par terre; δρυς, chêne : petit chêne). Le feuillage de cette plante ressemble, en petit, à celui du chêne. En françois, *germandrée*, altéré de *chamædrys*. Autrefois ce mot se rapprochoit davantage de son origine. Dans le premier des ouvrages imprimés sur la botanique, il est écrit *gamandré*. *Herbier de Mayence*, SCHŒFFER, 1485.

T. POLIUM (πολιος, blanc, chenu). De son feuillage chargé de poils blanchâtres.

THALIA. Jean Thalius, allemand, a donné, en 1588, le *Catalogue des plantes de la forêt Hircinienne*.

THALICTRUM. Selon Miller et autres, ce nom est dérivé de θαλλω, je verdoie; de la belle couleur verte de ses jeunes pousses. Voy. aussi Bœhmer, p. 197. La description du *thalictrum* des anciens convient au nôtre. PLINE. liv. 27, ch. 13.

THAMNIUM (θαμνος, arbuste). Série de lichen ramifiés. VENTENAT, *Règne végétal*, 2, page 35.

THAPSIA. Le *thapsia*, dit Dioscorides, liv. 4, chap. 151, tire son nom de l'île de *Thapsos*, où on le découvrit pour la première fois.

Théophraste, liv. 9, chap. 22, et Pline, liv. 13, ch. 22, s'étendent sur les vertus attribuées au *thapsia*.

THEA. Altéré de son nom chinois *tcha*. MACARTNEY.

Au Japon, *tsjaa*. KÆMPFER, *Jap.* 606.

T. BOHEA. En chinois *vouï-tcha*. De la montagne de *Vouï*, dans la province de *Fou-kieng*, dans la Chine méridionale.

De *vouï* nous avons fait, par corruption, *bohe*, thé-bohe.

THEKA. *Tekka*, nom de cet arbre en malabare. RHEED, 4,

t. 27, page 57. Linné fils, l'a altéré en *tectona*. Voyez ce genre.

THELA (θηλη, pupille, petit mammelon). Des protubérances qui couvrent son calice. LOUREIRO, page 147.

THELIGONUM. Nom sous lequel Pline, liv. 26, chap. 15, décrit une plante qui paroît être la *mercuriale*. Elle étoit appelée ainsi de ses articulations renflées comparées au genou d'un femme; θηλυς, femme; γονυ, genou. La plante à laquelle les modernes ont appliqué cet ancien synonyme, ressemble à la mercuriale par le feuillage et par le port. Voyez plus bas.

T. CYNO-CRAMBE. Nom grec de la *mercuriale vivace*. C'est une plante dangereuse et c'est ce qu'exprime son nom (1); κυων, κυνος, chien; κραμβη, chou; chou de chien.

THELYMITRA (θηλυς, femme; μιτρα, coiffure : bonnet de femme, voile). Forster lui a donné ce nom, parce que les parties de la fructification sont arrangées comme dans un voile, sous le nectaire.

THEMEDA. De son nom arabe *thamed*. FORSKAHL, pag. 178.

THEOBROMA (θεος, dieu; βρωμα, nourriture : aliment céleste). On connoît le goût exquis du chocolat.

En 1684, Bachot, président aux Ecoles de faculté, soutint dans un thèse, que le chocolat devoit être la nourriture des Dieux plutôt que le nectar et l'ambroisie.

T. CACAO. Nom que donnent à ce fruit les Garipons et les Galibis, peuples de la Guyane. AUBLET, pag. 685.

Les Mexicains appellent le cacaotier, *cacaoquahuitl*, EUSÈB. NIEREMBERG, liv. 15, ch. 22, et ils donnoient le nom de *chocolatl*, dont nous avons fait *chocolat*, à un breuvage qui avoit pour base le *cacao*.

T. GUAZUMA. Nom méxicain. PLUMIER, gen. 36. Il s'est étendu jusqu'aux grandes Antilles où l'on retrouve cet arbre.

THEOPHRASTEA. Théophraste, né à Erèse, en Lesbos, 310 ans avant J. C., mort à 85 ans. Il fut disciple de Platon et

---

(1) Les Grecs ajoutoient souvent le mot κυων, de chien, au nom d'une plante, pour en indiquer les qualité nuisibles : κυν-απιον, κυνο-ροδον, κυνος-βατος, κυνο-κραμβη, etc.; ache de chien, rose de chien, mûre de chien, etc.

d'Aristote. On a de lui une *Histoire des plantes* où il en décrit environ 500, qu'il divise en sept classes.

Linné le nomme, à juste titre, le prince de la botanique.

THESIUM (θησιον). Athénée, citant l'auteur Timachide, dit
que cette plante tire ce nom de ce qu'elle faisoit partie de
la couronne que Thésée donna à Ariane.

D'après ce que dit Pline, liv. 21, chap. 17, et liv. 22,
chap. 22, le *thesion* des anciens n'a nul rapport avec le
nôtre.

THILACHIUM (θυλακος, sac, follicule). De son calice en forme
de bourse. LOUREIRO, page 418. Ce genre se rapproche des
margravia.

THLASPI (θλαω, je comprime). Le *thlaspi*, dit Pline, liv. 17,
ch. 13, porte des semences semblables à la lentille et com-
primées, dont il tire son nom.

T. BURSA-PASTORIS (bourse à pasteur). Sa silicule est échancrée
profondément à son sommet; apparemment que cette forme
lui aura donné quelque ressemblance avec la bourse dont
se servoient autrefois les gens de campagne.

T. CERATOCARPON (κερας, κερατος; corne; καρπος, fruit). Ses
silicules sont encore plus échancrées que celles des autres
espèces, ce qui la fait paroître ayant deux cornes.

THOA. Nom que les Galibis donnent à cet arbre. AUBLET,
page 876.

THOUINIA. André Thouin, jardinier en chef au Jardin des
plantes de Paris, membre de l'Institut national. Il est auteur
d'une partie de l'*Agriculture de l'Encyclopédie méthodique*.
POITEAU. *Annales du musée, fasc.* 13. Les *thouinia* de Swartz,
Thunberg et Smith, rentrant dans d'autres genres, on n'a
fait mention que de celui-ci.

THRINAX (θριναξ, éventail). Les feuilles de ce petit palmier
sont en forme d'éventail. SWARTZ, *Prodrom.* 57.

THRINCIA (θριγκος, plume). Des aigrettes plumeuses de sa
semence. ROTH, *Catal. bot.* 1, pag. 97.

THRIXSPERMUM (θριξ, cheveux; σπερμα, semence). De ses
graines en forme de poils. LOUREIRO, page 635.

THRYALLIS. Nom que donnoient les Grecs à une sorte de
verbascum, dont la feuille épaisse et laineuse servoit à faire
des mèches aux lampes. PLINE, liv. 25, chap. 10. On la dé-

coupoit par lanières, et c'est de là que vient son nom θραύω, je coupe, je divise.

L'arbuste auquel la botanique moderne a appliqué ce synonyme, n'a de rapport avec le *verbascum* que par ses fleurs jaunâtres.

THRYOCEPHALUM (θρύον, jonc, roseau ; κεφαλη, tête). Plante dont les fleurs sont ramassées en tête, garnies d'un involucre triphylle, et portées sur un chaume triquètre, comme dans les *scirpus*. Forster.

THUNBERGIA. Charles-Pierre Thunberg, suédois, professeur de botanique en l'Université d'Upsal, voyageur au cap de Bonne-Espérance et au Japon, de 1770 à 1779. On a eu de lui la relation de son voyage, des *Dissertations botaniques* et une *Flore du Japon*, en 1784, etc.

THUYA. Altéré de *thya*, son véritable nom ; il vient de θύω, je sacrifie. Son bois qui exhale en brûlant, une odeur agréable, servoit dans les sacrifices. Dans l'*Odyssée*, liv. 5, Mercure va chez Calypso....... *à l'entrée de sa grotte étoient des brasiers superbes d'où s'exhaloit un parfum de cèdre et de thya qui embaumoit l'air.*

De ce même mot θύω, je sacrifie, les Grecs avoient fait *thyades*, troupe de femmes qui parcouroient en désordre les provinces de la Grèce, pour assister à différens sacrifices qui s'y faisoient à certaines époques. C'est encore de θύω, que vient θεῖον, soufre. On l'employoit dans les sacrifices pour purifier l'intérieur des temples infectés par les victimes que l'on y immoloit.

Le *thuya* est appelé en françois, *arbre de vie*, par allusion à sa verdure perpétuelle.

THYMBRA. Les anciens donnoient ce nom à une plante analogue au *thym*, de nom et de fait. La *satureia*, dit Columelle, *a le goût du thym ou de la thymbrée.*

Il est possible que ce soit simplement un nom de lieu ; c'est à Thymbræa, en Lydie, que se donna, entre Cyrus et Crésus, la célèbre bataille qui décida du sort de ce dernier.

THYMUS (θυμός, force, courage). De son odeur balsamique qui réveille et fortifie les esprits animaux.

T. serpillum. Altéré du nom grec ἕρπυλλος, qui vient de ἕρπω, le rampe. On en connoît la tige traînante. En françois, *un pollet*, dérivé de *serpillum*.

T. ZIGIS. Nom que donne Diosdorides, liv. 3, chap. 39, à une sorte de thym sauvage dont la tige s'élève au lieu de ramper. Il vient de ζύγγος, mot grec qui exprime le bourdonnement des abeilles : on l'a appliqué à une sorte de thym, parce que ces plantes attirent singulièrement les abeilles, qui bourdonnent et voltigent sans cesse à l'entour.

T. ACINOS. Nom grec d'une plante balsamique. Plusieurs auteurs l'ont fait venir de *a* privatif, *κιω*, engendrer ; se fondant sur ce que Pline dit, liv. 21, ch. 15, que cette plante ne fleurit jamais. Notre *acinus* fleurit très-bien, et on ne l'a appelé ainsi, que pour employer un nom ancien.

T. PIPERELLA (*piper*, poivre). Il en a une forte odeur.

T. CEPHALOTUS (κεφαλη, tête). De ses fleurs en pelottes arrondies.

T. MASTICHINA. Dont l'odeur est analogue à celle du mastic. Voy. *Pistacia lentiscus*.

T. TRAGORIGANUM (τραγος, bouc : origan de bouc). Il croît sur les lieux élevés où il est recherché des boucs. Voyez *Origanum*.

THYSANUS (θυσανος, frange). De sa semence garnie d'une enveloppe frangée. LOUREIRO, page 348.

TIARELLA (τιαρα, tiare, coiffure pontificale). De sa capsule ovale comparée à une tiare ou plutôt à une mitre. Voyez *Mitella*.

TIBOUCHINA. Nom de cet arbuste à la Guyane. AUBLET, page 446.

TICOREA. Nom de cet arbuste à la Guyane. AUBLET, p. 691.

TIGAREA. Nom de cet arbuste à la Guyane. AUBLET, p. 919.

TIGRIDIA. Dont la fleur est mouchetée comme une peau de tigre, ou plutôt de panthère. Ce genre rentre dans les *ferraria* de Linné fils, page 407.

TILIA. Nom tout-à-fait obscur et auquel il vaut mieux laisser son obscurité que de lui attribuer des étymologies dont la multitude prouve assez la foiblesse. Voy. Boëhmer, p. 199.

En anglois, allemand, suédois, etc. *linden*, de l'anglo-saxon, *lind*. On assure que Linné tire son nom d'un gros tilleul, *linden*, placé devant la porte de ses pères. Cet usage de donner de tels surnoms, est, dit-on, ordinaire en Suède.

TILLÆA. Michel-Ange Tilli, italien, né en 1683, mort en 1740, membre de la Société royale de Londres. On a de lui, le *Catalogue des plantes du Jardin médicinal de Pise*, 1723, etc.

TILLANDSIA. Elie Till-Land, suédois, professeur de médecine en l'Université d'Abo. On a eu de lui, en 1673, le *Catalogue des plantes des environs d'Abo*, etc.

TIMMIA. J. C. Timm, allemand, a publié une *Flore de Mecklenbourg*. HEDWIG, 176.

TINUS. Analogue par les feuilles, la fleur et le fruit au *viburnum tinus*. Voyez cet article.

TITHONIA. Nom donné à cette plante, par allusion à la couleur *aurore* de sa fleur. On sait que Tithon étoit l'époux d'Aurore. DESFONTAINES, *Annales du musée*, vol. 1, p. 49.

TOCOYENA. Nom de cette plante à la Guyane. AUBLET, page 132.

TODDALIA *Kaka-toddali*, nom que porte cet arbuste ou Malabar. RHEED. *Mal.* 5, t. 41.

    Commerson l'avoit appelé *vepris* de *vepres*, épine : ce petit arbre est épineux. Ce genre est extrait des *paullinia* de Linné.

TOLUIFERA (*fero*, je porte). Qui porte le baume tolu, originaire du pays de Tolu, dont le chef-lieu est une ville de ce nom à douze lieues de Carthagène, en Amérique.

TOMEX. Mot latin qui signifie bourre, laine. Cet arbre est tellement velu qu'il semble couvert d'étoffe.

TONABEA. Altéré de *taonabo*, son nom à la Guyane. AUBLET, pag. 571.

TONINA. Nom de cette plante à la Guyane. AUBLET, p. 857.

TONTANEA ou TONTALEA. Son nom à la Guyane. AUBLET, page 109.

TONTELEA. *Ravoua-tontelle*, nom que donnent les Galibis à cet arbuste. Willdenow l'a changé en *tonsella*. AUBLET, page 52.

TOPOBEA. Nom de cette plante à la Guyane. AUBLET, p. 477.

TORDYLIUM. Selon Linné, d'après Bodée, liv. 9, ch. 15, ce nom vient de τορνος, tour; ιλλω, je tourne; c'est-à-dire

plante dont la semence arrondie semble être travaillée au
tour. Cette origine est au moins douteuse.

T. ANTHRISCUS (*avθos*, fleur; *ρυχος*, haie). C'est auprès des haies
que l'on trouve le plus souvent cette plante.

TORENIA. Olof Toreen, suédois, chapelain sur un vaisseau
de la compagnie suédoise, des Indes. Il a publié un *Voyage
en Chine*, qui a eu lieu de 1750 à 1752.

TORILIS. Nom employé par Adanson, vol. 2, pag. 99. et
maintenu par Gærtner, vol. 1, page 82.

TORMENTILLA (*tormina*, tranchées, dyssenterie). Cette plante
passoit pour en guérir, par sa qualité astringente.

TORRESIA. Jérome de la Torre, sous-intendant du Jardin
botanique de Madrid. *Flore du Pérou*, page 114.

TORTULA (*tortus*, tortillé). Mousse dont les cils du péri-
tome sont roulés en spirale. HEDWIG, page 122.

TORTULA. Même sens que ci-dessus. Roxburgh s'est servi de
ce nom pour désigner une plante des Indes, dont la fleur a
un tube contourné en spirale.

TOULICIA. *Toulici*, nom que les Galibis donnent à cet arbre.
AUBLET, page 361.

TOUNATEA. Altéré de *tounou*, nom que lui donnent les
Galibis. AUBLET, page 551.

TOVARIA. Simon Tovario, médecin espagnol. *Flore du Pérou*,
page 39.

TOVOMITA. *Tovomité*, nom que les Galibis donnent à cet
arbre. AUBLET, page 958.

TOURNEFORTIA. Joseph Pitton de Tournefort, né à Aix en
Provence, en 1656, mort en 1708, professeur de botanique
au Jardin du roi, membre de l'Académie des sciences.
Voyez son éloge par Fontenelle; il est digne de l'un et de
l'autre.

On a de lui, *Elémens de botanique*; le même ouvrage mis
par lui en latin et étendu; *Histoire des plantes des environs
de Paris*; *Voyage au Levant* (1); *Traité de matière médicale*, etc.

---

(1) L'abbé Dominique Sestini, auteur d'un *Voyage au Levant* qui
parut en Italie, en 1774, et fut traduit en françois, en 1789, reproche à
Tournefort d'avoir fait et écrit son voyage avec la *Furia francese*; malgré

Le nombre des plantes dont parle Tournefort excède dix mille, dont 1350 qu'il a rapportées du Levant.

TOUROULIA. Nom que les Galibis donnent à cet arbre. Aublet, page 494.

TOURRETIA. En l'honneur de Marc-Antoine-Louis Claret la Tourrete, dont on a eu une *Chloris lyonaise* ou *Botanique à l'usage de l'école vétérinaire de Lyon*. On a eu de lui aussi un *Voyage au mont Pila*. J. J. Rousseau lui a adressé plusieurs lettres sur la botanique. Ce genre avoit été désigné sous le nom de *dombeya*, par l'Héritier.

TOZZIA. Bruno Tozzi, botaniste italien, mentionné par Micheli, qui lui dédia ce genre. Il a donné, en 1702, un *Catalogue des plantes de Toscane*.

Un autre Tozzi (Luc), né en 1640, mort en 1717, a été premier médecin du roi de Naples.

TRACHELIUM (τραχυς, rude, âpre). Sa feuille l'est beaucoup.

TRACHYNOTIA (τραχυς, rude ; νωτος, dos, revers). Les balles de cette graminée sont rudes à leur revers. MICHAUX, *Flor. bor. Amér.* 1 — 63.

TRADESCANTIA. Jean Tradescant, anglois, amateur d'histoire naturelle, renommé par ses riches et nombreuses collections, dont le catalogue a été publié, en 1656, sous le titre de *Musée de Tradescant*. On en a extrait la partie botanique, et on l'a intitulée, *Catalogue des plantes du Jardin de Tradescant*.

T. PAPILLIONACEA (papillonacée). Nom impropre appliqué à cette fleur, parce que la disposition de son spathe, lui donne une légère ressemblance avec les fleurs papillonacées.

TRAGIA. En mémoire d'un botaniste allemand nommé Hieronyme Le Bouc (1), Bock, en allemand, né en 1498, mort

---

l'opinion de cet écrivain, l'ouvrage de Tournefort sera toujours regardé comme un modèle de clarté, d'élégance et d'érudition, que l'abbé Sestini lui-même eût bien fait d'imiter.

(2) On a dit plus haut que ceux qui se livrent aux sciences en Allemagne sont dans l'usage de donner à leur nom une désinence en *us*. Le nom de *Lebock* ne se prêtant pas à cette terminaison, il imagina de le travestir en *Tragus*, de τραγος, qui signifie *bouc*, en grec. Voy. la note à la suite du genre *Linnæa*.

en 1554. On a de lui une *Histoire des plantes*, et plusieurs autres ouvrages.

TRAGOPOGON (τραγος, bouc ; πωγων, barbe). De ses aigrettes longues et soyeuses, comparées à la barbe d'un bouc.

T. DANDELION. Analogue au *leontodon*, qui signifie *dent de lion*, en grec. Voy. *Leontodon*.

Ce nom a été mal à propos dénaturé par des hommes très-savans, qui ne savoient pas le françois.

TRALLIANA. En l'honneur d'Alexandre Trallien, célèbre médecin du VI.ᵉ siècle, dont les œuvres ont été publiées à Paris en 1548. Haller en a donné une édition, en 1748.

Loureiro a dédié ce genre à sa mémoire, page 194.

TRAPA. Abrégé de *calci-trapa*, chausse-trape, machine de guerre à quatre pointes, propre à arrêter la cavalerie. Le fruit du *trapa commun* est armé de quatre fortes épines.

Chausse-trape vient de *calx*, pied ; et *trap*, piége, en celtique, dont *attrape*, *trape*, etc., en françois.

Vulgairement ce fruit est appelé *macre*, qui est composé de *ac*, pointe, en celtique, toujours en raison de ses épines. En anglois, *caltrops*, corrompu de *calci-trapa*.

TRATTINNICKIA. Genre dédié par Willdenow, tom. 4, page 975, à la mémoire d'un botaniste de Vienne appelé Trattinnick.

TREMA (τρημα, trou). Son noyau est percé de trous. LOUREIRO, page 688.

TREMELLA (*tremere*, trembler). Cette plante qui semble à peine en être une, forme une masse gélatineuse et tremblante.

T. NOSTOCH. Voyez Paracelse, qui le premier se servit de ce nom sans l'expliquer. Voyez aussi Réaumur, *Mémoire acad. des scienc.*, année 1722, sur cette singulière végétation.

T. MESENTERIFORMIS (en forme de *mésentère*). On a comparé cette tremelle à ce viscère, à cause de ses replis. Voy. *Lichen mesenteriformis*.

T. DIFFORMIS (difforme). Cette épithète convient également aux plantes de ce genre qui sont toutes bisarres.

TREWIA. Christophe-Jacques Trew, allemand, né à Lauffen, en 1695. On a eu de lui, une *Anatomie des végétaux*, et beaucoup de mémoires académiques.

TRIADICA (τριαδικος, par trois, dérivé de τρεις; trois). Son calice est trifide, son style a trois stigmates et son fruit trois loges. LOUREIRO, page 749.

TRIANTHEMA (τρεις, trois; ανθεμον, dérivé d'ανθος, fleur). Ses fleurs sont ordinairement disposées par trois, dans les aisselles des feuilles. Ce caractère n'est pas constant.

TRIBULUS (τριβολος, en grec; de τρεις, trois; βολος, jet, pointe, en ce sens). De son fruit armé de trois et quelquefois quatre épines.

Le *tribulus*, dont parle Pline, liv. 21, chap. 16, est notre *trapa*.

TRICARIUM (τρεις, trois; καρυον, noix). Dont le péricarpe contient trois noix ou noyaux. LOUREIRO, page 681.

TRICERA (τρεις, trois; κερας, corne). De sa capsule à trois cornes. SWARTZ. Ind. occid. 1, p. 333.

TRICEROS (τρεις, trois; κερας, corne). De sa baie à trois cornes. LOUREIRO, pag. 530.

TRICHIA (θριξ, τριχος, cheveux). Espèce de moisissure capillaire. BULLIARD, 447.

TRICHILIA (τριχα, par trois, dérivé de τρεις, trois). Ses feuilles sont d'ordinaire par trois, son stigmate a trois dents, et sa capsule à trois valves et trois loges, contient trois semences.

TRICHOCARPUS (θριξ, τριχος, cheveux; καρπος, fruit : capsule velue). Nom donné par Schreber, genr. 923, à l'*ablania* d'Aublet.

TRICHODIUM (θριξ, τριχος, cheveux). De sa florescence capillaire. MICHAUX, *Fl. bor. Am.* 1—41.

TRICHOMANES (θριξ, τριχος, cheveux; μανια, excès, surabondance). Les Grecs donnoient ce nom à la plante que nous nommons *asplenium trichomanoïdes*, à cause de ses tiges luisantes et fines comme des cheveux. Le *trichomane* des modernes en est l'analogue.

TRICHOPUS (θριξ, τριχος, cheveux; πους, pied). Dont la capsule finit à sa base par un pédicule très-long et délié, comparé à un cheveux. GÆRTNER, vol. 1, page 44.

TRICHOSANTHES (θριξ, τριχος, cheveux; ανθος; fleur). Le limbe de sa fleur est découpé en dix parties, dont cinq extérieures renversées et aiguës, et cinq intérieures et ciliées.

T. ANGUINA (*anguis*, serpent). De son fruit long, cylindrique et recourbé comme un reptile.

TRICHOSTEMA (θριξ, τριχος, cheveux; στημα, étamine). De ses étamines longues et déliées comme des cheveux.

TRICOSTOMUM (θριξ, τριχος, cheveux; στομα, bouche). Mousse dont les dents du péristome, sont capillaires. HEDWIG, 107. Voyez la signification de *péristome* à la Table des termes.

TRICUSPIDARIA (*tris ou tres*, trois; *cuspis*, pointe). Dont les pétales sont divisés en trois parties aiguës. *Flore du Pérou*, page 54.

TRIDAX (τριδαξις, déchiré en trois; τρις, trois; δαιω, je déchire). Les rayons de sa fleur sont divisés en trois parties.

TRIDESMIS (τρις, trois; δεσμη, faisceau). Dont les styles sont divisés en trois paquets. LOUREIRO, page 706.

TRIENTALIS (*triens*, le tiers). C'est-à-dire plante qui a environ le tiers d'un pied de haut ou quatre pouces. Elle a le port du *mouron*, et c'est de là que les Anglois l'ont appelée *chick-weed-winter-green*, mouron toujours vert, littéralement *herbe des poulets, verte l'hyver*.

TRIFOLIUM (qui a trois feuilles). Τριφυλλον, en grec; *trèfle*, en françois; *trefoil*, en anglois: toujours le même sens et la même origine.

T. SUBTERRANEUM (*souterrain*). Lorsque sa fleur est passée, ses gousses s'enfoncent d'elles-même en terre où elles se trouvent ainsi toutes semées. De là le nom vulgaire *trèfle semeur*, qu'on donne à cette espèce. Voy. *Arachis hypogea*, c'est le même sens, en grec.

T. OCHROLEUCUM (ωχρος, jaune; λευκος, blanc). Dont la fleur est d'un blanc jaunâtre.

T. CLYPEATUM (κλυπη, bouclier). Son calice présente un segment très-grand, qui est comme le bouclier de la fleur.

T. RESUPINATUM (retourné). Les corolles sont comme renversées, de sorte que l'étendart forme une partie de la circonférence de sa fleur, et la carène en occupe le centre.

T. FRAGIFERUM (porte-fraise). Ses têtes globuleuses, dont les gousses sont renflées et rouges, ressemblent à des fraises.

T. SUFFOCATUM (suffoqué, terme figuré). Cette plante est basse et comme aplatie contre la terre.

TRIGLOCHIN (τρεις, trois; γλωχις, pointe). Des trois angles

de sa capsule. *Gloehis* a pour radical *oc*, synonyme d'*ac*, pointe, en celtique. Voy. *Oxallis.*

TRIGONELLA (τρεις, trois; γωνια, angle). Les ailes et l'étendart sont égaux et la carène est très-petite, ce qui donne à cette fleur un aspect triangulaire.

T. PLATYCARPOS (πλατυς, large, καρπος, fruit). Ses légumes sont ovales et comprimés.

T. POLYCERATA (πολυ, beaucoup; κερας, corne). De ses légumes en grappes, qui ont l'aspect d'un faisceau de petites cornes.

T. FŒNUM-GRÆCUM (foin grec). Selon Linné, *Critica bot.*, la plante que les Latins nommoient ainsi, est notre *medicago sativa* ou *luzerne.* Voy. ce genre. Les Romains l'avoient tirée de la Grèce, et par une suite naturelle, ils l'avoient appelée *foin-grec.*

Le *fœnum grecum* ou *fenu-grec* des modernes, ressemble à la luzerne par le port et le feuillage.

TRIGONIA (τρεις, trois; γωνια, angle). De sa capsule à trois angles, trois valves et trois loges. VAUL. *Eclog.* 2, page 63.

TRIGONIS (τρεις, trois; γωνια, angle). Chacun de ses pétales forme un triangle. JACQ. *Amér.* 102.

TRIGUERA. Candide-Martin de Trigueros, botaniste espagnol. CAVANILLES, *Monadelphie*, page 107.

TRILIX (triple). Son calice persistant est à trois parties, et sa fleur à trois pétales.

TRILLIUM (*trilix*, triple). Son calice a trois découpures, sa fleur présente trois styles, et sa tige a trois feuilles.

TRIOPTERIS (τρεις, trois; πτερυξ, aile). Son fruit est composé de trois capsules distinctes, garnies chacune de deux ailes membraneuses.

TRIOSTEUM (τρεις, trois; οστεον, os, noyau). De sa baie à trois noyaux.

TRIPHACA (τρεις, trois; φακη, littéralement le *phaca* ou *lentille*, en ce sens *gousse*, en général). Sa fructification est composée de trois gousses. LOUREIRO, page 708.

TRIPHASIA (τριφασιος, triple). De son périanthe à trois dents, de sa corolle à trois pétales, et de ses feuilles trois à trois. LOUREIRO, page 189.

TRIPINNA (*pinna* ou *penna*, plume : à trois plumes). De ses feuilles trois fois pinnées. LOUREIRO, page 476.

TRIPLARIS (*triplex*, triple). Cette fleur a tout par trois, un calice dont le sommet se divise en trois pointes, trois étamines, trois styles, une noix à trois côtés, etc.

TRIPSACUM (τριψις, dérivé de τριβω, je broie, j'écrase). Nom donné par Linné à une sorte de graminée, et qui fait une allusion générale à l'usage que l'on fait des grains de cette série.

TRIPTERELLA (τρις, trois ; πτερον, aile). De sa capsule garnie de trois ailes membraneuses. MICHAUX, *Flor. bor. Amér.* 1 — 19.

TRIPTILION (τρις, trois ; πτιλον, plume). Dont l'aigrette est composée de trois plumes. *Fl. du Pérou*, p. 109, *dd. de Madrid.*

TRISANTHUS (τρις, trois ; ανθος, fleur). De son calice commun contenant trois fleurs. LOUREIRO, pag. 218. Ce genre se rapproche du *bolax.*

TRISTEMMA (τρις, trois ; στεμμα, couronne). De son fruit surmonté d'une triple couronne persistante.

TRITICUM. Selon M. T. Varron, ce mot est dérivé de *tritum*, battu, participe de *tero* ; de l'usage de le battre pour tirer le grain de l'épi.

Blé, du celtique *blead*, moisson, dont les Latins ont fait *bladum*, *blat*, en Provence. *Blad* ou *blead* dans un sens analogue, signifie *fruit*, en anglo-saxon.

Froment, de *ffurment*, en celtique, dérivé de *ffeur*, gerbe, en la même langue. Voy. plus bas *fourage.*

Touzelle, sorte de froment dont l'épi est sans barbe ; il est très-connu dans le midi de la France. Ce nom lui vient de *touzé*, tondu, en vieux françois. Voy. le roman de la *Rose. La touzelle est un froment raz*, dit Olivier de Serres, liv. 2, chap. 4.

Moisson, du latin *messis*, dérivé de *messus*, participe de *meto*, je cueille, je récolte. De là le mot *métive*, des Poitevins, pour dire *moisson.*

Amidon, altéré de *amylon*, son nom en grec ; *a* privatif, μυλος, meule, moulin : farine faite sans meule. C'est, en un seul mot, la juste définition de l'amidon.

Disette. Dis, sans ; *eit*, blé ; manque de blé, en celtique. De *eit*, les Anglois ont fait *wheat*, blé, en leur langue.

Farine. Dérivé de *far*, nom que les Latins donnoient à

l'épautre ou *blé barbu*. Ce mot a pour radical *bara* (1), pain, en celtique. Pline dit, liv. 18, chap. 8, que les anciens Romains ne mangeoient que du pain de *far*. Selon D. le Pelletier, c'est encore de *bara*, que viennent *bread*, en anglois, et *brod*, en allemand.

Fourrage. Du latin *farrago*, paille de blé ou de *far*. De là aussi *furfur*, son, en latin; *feur*, *fouerre*, *feare*, etc. en françois. La rue du Fouare est à Paris, celle où l'on vendoit le fourrage.

Gruau. *Grudum*, en basse latinité, a signifié orge, d'où *gruellum* et *gruau*. Tous ces noms sont dérivés de *grut*, orge ou blé, en anglo-saxon. On appelle encore en picard, le son, du *gru*. Voy. *Hordeum*.

T. MONOCOCCUM (μονος, seul, unique; κοκκος, fruit, grain). Ses balles sont uniflores.

T. REPENS (rampant). La tige en est droite, mais la racine est traçante. On le nomme en françois, *chiendent*, de ses ergots blancs, aigus et fermes qui ressemblent exactement à une dent de chien; et non, comme on le dit souvent, du goût des chiens pour cette plante; ils mangent également l'orge, l'avoine, le blé, etc.

T. SPELTA (*spelt*, en anglo-saxon, d'où *spelt*, en anglois; *spellz*, en theuton; *épeautre*, en françois, etc.). Ces noms ont pour radical, *spitze*, pointe, en tudesque. Les barbes en sont longues et fortes.

TRIUMFETTA. Jean-Baptiste Triumfetti, italien, mort en 1707. On a de lui, des *Observations sur la naissance et la végétation des plantes*, 1685, et plusieurs autres ouvrages.

Lælius Triumfetti, son frère, a été professeur de botanique à Rome.

TRIXIS (τρεις, trois). De sa capsule à trois angles et à trois loges. GÆRTNER, vol. 1, page 115. Voyez aussi Swartz, *Prod.* 115.

TROLLIUS. Nom donné à cette plante par C. Gesner. Il est dérivé de *trol* ou *trolen*, vieux mot allemand, qui exprime

---

(1) C'est une chose très-remarquable que le blé porte, en arabe, le même nom *bar*. GOLIUS, pag. 243.

quelque chose d'arrondi, de globuleux. Cette fleur forme un globe de couleur dorée. De là les noms, en françois, *boule d'or*; en anglois, *glob-flower*.

TROPÆOLUM (τροπαιον, dont les Latins ont fait *tropæum* et nous *trophée*, qui tous expriment la même chose). La feuille de cette plante est en forme de bouclier et sa fleur ressemble parfaitement à ces casques vuides qui ornent les trophées d'armoiries.

En françois, *capucine*, de son éperon en forme de capuce ou capuchon; les Anglois l'ont appelée cresson d'Inde occidentale, *Indian cress*. Elle a exactement le goût et l'effet du *cresson*.

TROPHIS (τρηφω, je nourris). Cette plante sert, à la Jamaïque, à nourrir les bestiaux. BROWN, 358.

TULBAGIA. En l'honneur de Tulbagh, hollandois, gouverneur du cap de Bonne-Espérance, mort en 1771. Il se distingua par son goût pour l'histoire naturelle, et son zéle à seconder les entreprises des voyageurs.

TULIPA. Nom que Linné, *Ph. bot.* range dans la série des noms barbares. Selon Dodonée, *Pempt.* 2, liv. 2, chap. 27, il vient de *dolbend*, en persan, qui signifie un *turban*. RICHARDSON, 2076. On a comparé la forme de sa fleur à celle d'un turban. La passion qu'ont les Orientaux pour la tulipe aura donné lieu à cette étymologie; mais comme elle est appelée en persan *toliban* (thoùlybàn), JEAN DE SOUZA, page 151, c'est là qu'il faut chercher l'origine du mot *tulipe*. L'on disoit même *tulipan*, en vieux françois. OLIVIER DE SERRES.

T. CELSIANA. Cels, cultivateur renommé, membre de l'Institut national, mort en 1806. On a de lui des mémoires académiques. Il a inséré un grand nombre d'articles dans l'*Encyclopédie méthodique; le Dictionnaire d'histoire naturelle*, etc.

C'est lui qui le premier fit connoître cette espéce, en France.

TURNERA Williams Turner, médecin anglois, a donné, en 1551, un ouvrage intitulé : *Nouvel herbier.* On a encore de lui une *Histoire des plantes d'Angleterre.*

TURPINIA. Turpin, habile dessinateur de plantes, et naturaliste distingué; il est auteur de plusieurs articles des *Annales du musée d'histoire naturelle.* Humbolt et Bonpland lui ont dédié ce genre. *Fasc.* 5.

TURRÆA. Georges Turra, Italien, professeur de botanique en l'Université de Padoue, né en 1607, mort en 1688. On a de lui, *Catalogue des plantes du jardin de Padoue,* 1660; *Triomphe des Dryades, Hamadryades et de Chloris,* 1685; et divers autres ouvrages.

Un autre Turra, professeur de botanique au jardin de Vicence, a donné, en 1781, le *Prodrome de la Flore d'Italie.*

TURRITIS (*turris,* une tour). De la disposition de ses feuilles, qui donne à la tige une forme pyramidale. Clusius, 3—25. Il la nomme *turrita.*

TUSSILAGO (*tussis,* la toux; *tussire,* tousser). Sa fleur est un bon béchique; elle fait partie des fleurs pectorales.

T. FARFARA. *Farfarus,* nom sous lequel les Latins désignoient souvent le peuplier blanc. Plaute, *Pœnul.* Cette plante porte des feuilles larges, anguleuses et blanches à leur revers, comme celles du peuplier blanc.

En grec, *chamæleuce;* χαμαι, par terre; λευκη, le peuplier blanc, de λευκος, blanc. Le *chamæleuce,* que parmi nous l'on nomme *farranum, farfugium,* naît le long des rivières: il a la feuille du peuplier; mais elle est plus grande, dit Pline, liv. 24, chap. 15.

Le *tussilage* est vulgairement appelé *pas-d'âne.* De la forme de sa feuille. De même en anglois, *colt's-foot; foot,* pied; *colt,* mot anglo-saxon, conservé en anglois, qui exprime le petit d'un cheval, âne, etc.

T. ANANDRIA. Qui n'a pas d'organes mâles. Voy. *Anandrine* à la liste des Termes.

Cette plante n'est pas *anandrine* lorsqu'elle croît dans un climat qui lui est favorable, ainsi que l'avoit avancé Siegesbeck, d'après celle de Sibérie.

T. PETASITES (πετασος, grand bonnet, parasol, de πεταω, j'étends). Ses feuilles, d'une largeur excessive, peuvent facilement couvrir la tête d'un homme et lui servir d'abri.

T. FRIGIDA (froide). C'est-à-dire qui croît dans la zone Glaciale, en Laponie, Sibérie, etc.

TYPHA (τιφος, marais). Ces plantes croissent dans les marais profonds. *Masse*, en françois, de son épi entassé et
qui placé sur une tige forte et longue, ressemble à une
masse.

En anglais, *cat's tail*, queue de chat; de son épi cylindrique semblable, pour la forme et le velouté, à une queue
de chat.

U

UBIUM. *Ubi* et *uvi*, nom malais de l'igname (*dioscorea*): ce genre en est l'analogue. RUMPHIUS, liv. 9, chap. 7.

UCRIANA. Bernard de Ucria, botaniste italien. WILLDENOW, 1—961.

UGENA. Emmanuel Mugnes de Ugena, espagnol, peintre en botanique. CAVANILLES, tom. 6, pag. 73.

ULEX. Ce mot a pour radical *ec*, synonyme d'*ac*, pointe, en celtique. Les feuilles de cet arbuste sont pointues et fermes comme des épingles. Voy. *Rumex*, *Ilex*, *Echinops*, etc.

L'ulex, dit Pline, liv. 33, chap. 4, *est un arbuste rude et semblable au romarin.*

En françois, *ajono*, anciennement *acjono*; c'est-à-dire jonc pointu, jonc épineux. On le nomme aussi *jonc* ou *genest marin*: il croît principalement dans les pays voisins de la mer.

ULMUS. *Elm*, en anglo-saxon; de même en theuton, gothique, et presque tous les dialectes de la langue celtique. *Ulmus* semble être le même mot avec une désinence latine.

En françois, *orme.* Selon Bullet, ce nom lui vient de l'usage que l'on avoit d'en faire des piques, appelées *onn*, en celtique. Ce qui peut donner quelque crédit à cette opinion, c'est que les anciens se servoient particulièrement du bois de l'orme pour faire des javelots. Voy. Strabon, liv. 4, et Diodore de Sicile, liv. 5g.

ULVA. Nom que les Latins donnoient, dans une acception générale, à toutes les plantes aquatiques. Dans l'*Enéide*, Sinon dit qu'il a échappé à la mort, et qu'il s'est caché dans les *ulvæ*, au bord d'un lac. Les stériles *ulvæ*, dit Ovide, pour exprimer de mauvaises plantes marécageuses. Caton l'emploie dans le même sens, etc. Il est à remarquer que Pline n'en parle pas.

Les modernes ont spécialement appliqué ce nom à un genre de plantes que l'on ne trouve que dans les lieux humides.

Ulva a pour primitif *ul*, eau, en celtique, d'où *uliginosus*, *uligo*, etc. Il est synonyme de *lu*, d'où *lutum*, *lutra*, *lugere*, *palus*, *palustris*, etc. On le retrouve encore dans *pluo*, *fluo*, *pluvier*, etc.

U. UMBILICALIS (*umbilicus*, nombril). Cette plante n'est qu'une expansion membraneuse qui est fixée sur le lieu où elle croît par le centre, comme par un nombril. Voyez *Feuille ombiliquée*.

U. PAVONIA (*pavo*, *pavonis*, paon). Expansion membraneuse panachée de diverses couleurs, comme le plumage d'un paon.

U. INTESTINALIS. Membrane allongée en tube et tortillée comme un intestin.

U. LUMBRICALIS. Qui ressemble, par sa forme étroite et tubulée, à un ver de terre, appelé en latin *lumbricus*.

U. LACTUCA. Membrane verte, épaisse et ondulée comme une feuille de laitue.

U. LABYRINTHIFORMIS. En forme de labyrinthe; c'est-à-dire dont les cellules communiquent toutes entre elles, comme les chambres du célèbre labyrinthe de l'antiquité.

U. PRUNIFORMIS (en forme de prune). Ses expansions globuleuses et succulentes ressemblent à des prunes.

UMBILICARIA. Série de lichen dont la frondescence est attachée sur le corps qui la porte, par un point central semblable à un ombilic. ACHAR, 2.

UNIOLA (*unus*, un, seul). De la réunion des bales du calice.

UNONA. Nom altéré d'*anona*. Il a été donné à cet arbre, pour en exprimer l'analogie avec l'*anona*. Leurs fleurs se ressemblent, mais leurs fruits sont différens. Voy. *Anona*.

UNXIA (*unxi*, prétérit d'*ungo*, je parfume). Cette plante exhale une forte odeur de camphre.

URANIA (Uranie). Nom de muse donné par Schreber, n.° 539, au *ravenala*, pour en exprimer la beauté et l'élégance.

URCEOLA (*urceolus*, diminutif d'*urceus*, vase). De la forme évasée du tube de sa corolle. VANDELLI, page 8.

URCEOLARIA (*urceolus*, petit vase). Série de lichen dont la fructification est en forme de coupe. ACHAR, 2.

URENA. Latinisé de *uren*, son nom en malabare. ADANSON, *Fam. des pl.* vol. 2, page 616.

URTICA. Composé de *urere*, brûler; *tactus*, le toucher: c'est-à-dire plante qui brûle quand on y touche.

Ortie, francisé de *urtica*. En anglois, *nettle*, de l'anglo-saxon *netel*, dérivé de *nœdl*, aiguille, en la même langue; de ce qu'elle semble percer la peau. Il est à remarquer que dans toutes les langues, le nom de cette plante en exprime l'effet. En arabe elle est appelée *choraik* (khorayk), dérivé de *choraga* (khoraqa), il a brûlé. BOCHART, *Hiérozoïc.* vol. 1, page 607.

U. PILULIFERA (*pilula*, diminutif de *pila*, boule). De ses fruits réunis en une tête arrondie. De là le nom vulgaire, *ortie à boulettes*.

U. ALIENATA (aliénée; *alienus*, étranger, différent). C'est-à-dire qui s'écarte des autres plantes de ce genre. Les fleurs mâles ressemblent à celles des orties, les fleurs femelles à celles de la pariétaire, de sorte qu'en se rapprochant de cette dernière plante, elle s'éloigne d'autant du genre où elle est placée.

U. CYLINDRICA (cylindrique). C'est-à-dire dont les chatons sont cylindriques et non divisés.

U. STIMULANS (qui pique, qui aiguillone). Les rameaux de cette plante arborée sont parsemés d'aiguillons beaucoup plus forts que ceux des autres orties. Les habitans de Java s'en servent pour fouetter et *stimuler* leurs bœufs.

Les Hollandois de Batavia nomment, dans le même sens, cette plante *buffel-blad*, aiguille de bœuf.

Stimulus étoit, chez les Latins, le nom propre de l'aiguillon qui servoit à exciter les bœufs.

U. RHOMBEA. A feuille rhomboïde. Voy. ce terme.

U. ÆSTUANS (brûlante). Cette épithète convient également à plusieurs espèces de ce genre qui piquent au même dégré.

USTERIA. Paul Usteri, suisse, professeur de botanique à

Turin. Il a donné des *Annales de botanique*, en 1792, etc. CAVANILLES, tom. 2, pag. 15.

UTRICULARIA (*uter*, outre; *uterculus*, petite outre). Des appendices renflés de sa racine. Voy. *Utricule* à la liste des Termes.

UVARIA (*uva*, grappe de raisin). Son fruit est composé d'une quantité de baies distinctes et disposées en grappe.

UVULARIA (*uvula*, diminutif d'*uva*, grappe). De la forme de son inflorescence, qui imite de petites grappes.

V

Vaccinium. Les commentateurs ont en vain cherché ce que c'étoit que le *vaccinium* des Latins, ils sont seulement convenus que c'est la même plante appelée *υακινθος*, par les Grecs, dont le nom n'est qu'altéré par la prononciation latine. Voy. la note à la suite du genre *Hedysarum vespertilionis*. En effet, Virgile dans deux vers traduits mot pour mot de Théocrite, rend *μελαι υακινθος*, par *vaccinia nigra*.

Les modernes, sans décider quelle étoit cette plante, en ont appliqué le nom à un petit arbuste dont le fruit est noir, selon l'épithète que lui donne Virgile. Voy. Miller, sur le *Ligustrum* des anciens.

V. galezans. Analogue au *gale* par le port. Michaux, *Flor. bor. Amér.* 1, page 232.

V. myrtillus. Diminutif de *myrtus*. Cet arbuste ressemble, en petit, au myrte, par le port et le feuillage.

En anglois, *whortle berry*, altéré de l'anglo-saxon *heorotberg*, baie de cerf; c'est-à-dire qui croît dans les hautes forêts, séjour des cerfs.

Dans les Vosges et le Jura, où l'on fait de ce fruit un grand usage alimentaire, on le nomme *brimbelle*, mot purement anglo-saxon; *brambel*, qui signifie *mûre, ronce*. Il exprimoit aussi tous les buissons nains, et c'est dans ce sens que les Anglois en ont fait leur mot *bramble*, ronces, arbustes, buissons. Les Poitevins nomment aussi le genêt *bramble*.

V. stamineum. C'est-à-dire dont les étamines sont plus longues que la corolle.

V. arctostaphylos (*αρκτος*, ours; *σταφυλη*, grappe de raisin). Son fruit ressemble à des grains de raisin, et il croît sur les hautes montagnes où il passe pour être recherché des ours.

V. oxycoccos (οξυς, acide; κοκκος, fruit). Il est d'une acidité très-âpre, ce qui n'empêche pas les habitans du Nord d'en faire un grand usage alimentaire. C'est le *kloukwa* des Russes. Ils mangent également les baies de plusieurs autres espèces de *vaccinium* sous les nom de *golubitsa*, *brousnitsa*, *pianitsa*, etc. Voy. Steller et Kracheninnikow.

En françois, *canneberge*. *Can*, aquatique, *berg*, baie; baie qui croît dans les marais fangeux. Voy. *Canna*, pour l'origine celtique.

VAHLIA. Martin Vahl, professeur de botanique à Copenhague, mort en 1804, continuateur de la *Flore Danoise*. Sa mort a laissé imparfait un *Species plantarum* auquel il travailloit et dont le premier volume a paru en 1805. On a de lui, des *Eglogues améric.*, 1790; *Symbol. bot.* etc.

VALANTIA. Sébastien Vaillant, françois, né en 1669, mort en 1722, membre de l'Académie des sciences. On a de lui, *Botanicon parisiense* ou *Plantes des environs de Paris*; un *Discours sur la structure des fleurs*, *différences*, *usages*, etc., et un grand nombre de mémoires académiques. Il a particulièrement travaillé sur les fleurs composées ou syngénésiques.

La *valantia* est vulgairement appelée *croisette*, de ses feuilles en verticilles de quatre, qui forment une croix parfaite.

V. hypocarpia (υπο; sous; καρπος, fruit). Dont la fleur est infère ou sous le fruit.

VALDESIA. D. Antoine Valdez, espagnol, administrateur de la marine d'Espagne, fondateur d'un Jardin de botanique. *Flore du Pérou*, page 57.

VALENTINIA. L'Allemagne a produit plusieurs botanistes du nom de Valentinus, parmi lesquels on distingue Michel-Bernard Valentinus, qui donna, en 1707, un *Essai sur l'histoire naturelle de la Hesse*. SWARTZ, 63.

VALERIANA. Selon Linné, *Phil. bot.*, d'un roi nommé Valère, qui s'en servit le premier. Comme cette assertion n'est appuyée sur aucune autorité, il est plus naturel de croire que *valere*, signifiant, en latin, se bien porter, on aura donné ce nom à une plante très-renommée en médecine.

V. tripterix (τρεις, trois; πτερυξ, aile). Ses feuilles caulinaires sont ternées.

V. PHU. Nom arabe, *foû.* GOLIUS, page 1830. Il étoit connu des Latins. Pline désigne sous ce titre, liv. 12, chap. 12, une plante dont la racine est aromatique comme celle à laquelle nous l'appliquons.

V. CELTICA *Nard celtique* de Dioscorides, liv. 1, chap. 7. Cette plante croît vers les Alpes méridionales, pays long-temps appelé la Celtique.

Dioscorides de Sicile dit : *les peuples qui habitent vers les Alpes et les Pyrénées, sont appelés* Celtes (1).

V. LOCUSTA (sauterelle) On a cru trouver à ses rameaux quelque ressemblance avec les cuisses d'une sauterelle volante.

En françois, *doucette, mâche,* etc., noms qui expriment la douceur de son goût, et l'usage alimentaire qu'on en fait, quoique Laquintinie dise en propres termes : *c'est une salade rustique et sauvage qu'on fait rarement paroître en bonne compagnie.*

VALLEA. Robert Valle, de Rouen, a donné, en 1500, des *Commentaires sur Pline.*

VALLESIA. Fr. Vallesio, premier médecin du roi d'Espagne Philippe II. Il a travaillé sur les plantes de l'Écriture Sainte. *Flore du Pérou,* page 23.

VALLISNERIA. Antoine Vallisneri, italien, né en 1661, mort en 1730, professeur de médecine en l'Université de Padoue, membre de la Société royale de Londres. On a de lui, un *Recueil d'observations et d'expériences,* et quantité d'opuscules de botanique.

V. SPIRALIS (en spirale). Son pédicule est en forme de tire-bouchon, il s'allonge ou se resserre selon que la rivière où croît cette plante hausse ou baisse, de sorte que la fleur se trouve constamment à la surface de l'eau et jamais submergée, ce qui la feroit avorter.

VANDELLIA. Louis Vandelli, portugais, professeur de bo-

---

(1) L'ancienne Celtique étoit l'Europe entière ; à mesure que plusieurs contrées se civilisoient, elles perdoient ce nom, qui, du temps d'Aristote, n'étoit plus donné qu'à une partie de la Gaule. *Les Celtes,* dit-il, *habitent au-dessus de la Gaule.* Pausanias, en parlant des Gaulois, dit que ce nom ne leur fut donné que très-tard, et qu'on les appeloit *Celtes* auparavant. Voy. *Pelloutier.*

tanique au Jardin public de Coïmbre. On a eu de lui, en 1788, un *Essai sur les plantes du Portugal et du Brésil.*

VANGUERIA. Abrégé de *voa-vanguier*, nom de cet arbuste en l'île de Madagascar. FLACCOURT. Il a été constaté par Commerson. JUSSIEU, 206.

VANIERIA. Genre dédié par Loureiro, page 690, à la mémoire du père Vanière, jésuite françois, né en 1664, mort en 1739. On a de lui un poëme très-estimé, sur les champs.

VANTANEA. Altéré de *jouantan*, nom que les Noiragues, peuple de la Guyane, donnent à cet arbre. AUBLET, p. 675.

VARIOLARIA. Série de lichen dont la fructification ressemble aux boutons de la petite vérole. ACHAR, 2. Bulliard, pl. 491, désigne par ce nom un genre de *fungus.*

VARRONIA. Marcus Terentius Varro, l'un des plus savans hommes que Rome ait produits. Il naquit 116 ans avant J. C., et vécut un siècle. Il a laissé un ouvrage précieux sur l'agriculture des anciens. Il a été imprimé à Venise, en 1472. Saboureux de la Bonetrie en a donné une traduction françoise, en 1771.

Ce genre est appelé *monjoli*, en françois, par allusion à la beauté du *varronia bullata.*

VATERIA. Abraham Vater, né en 1684, mort en 1751, professeur de botanique à Vittemberg. Il a donné, en 1721, le *Catalogue des plantes exotiques du Jardin académique de Vittemberg*; il y a joint un supplément, en 1724. Il a encore laissé d'autres ouvrages sur la botanique.

VATICA (*Vaticanus*, Dieu des prophéties, dérivé de *vates*, devin). Cet arbuste passe pour être employé par le peuple, à la Chine, dans quelques cérémonies religieuses. Voyez Boëhmer, page 208.

VAUCHERIA. Vaucher, naturaliste génevois, a travaillé sur les *conferves.* Il intitua ce genre sans y donner de nom, et Decandolle y appliqua le sien. *Rapport sur les conferves, Société phil.* pag. 15.

VAUQUELINIA. Genre dédié à M. Vauquelin, professeur de chimie au Muséum d'histoire naturelle de Paris, et dont les importantes découvertes se sont étendues jusque sur le règne végétal. HUMBOLDT et BONPLAND, *fasc.* 6, d'après Correa de Serra.

VELEZIA. François Velez de Arciniega, espagnol, auteur d'un opuscule sur les Cubèbes.

Un autre espagnol du même nom, Christ. Velez, est auteur d'une *Flore des environs de Madrid.*

VELLA. Latinisé de *veler*, nom du *cresson*, en langue celtique. Voyez *Erysimum*. Gallen est le premier qui s'en soit servi.

Le *vella* est analogue au *cresson*; on le nomme vulgairement *cresson d'Espagne.*

V. pseudo-cytisus (faux cytise). Une plante crucifère ne sauroit être semblable à une papillonacée. Celle-ci n'a reçu ce nom qu'en raison de ses fleurs ramassées en gros bouquets jaunes, comme celles du cytise des Alpes, *cytisus laburnum.*

VELTHEIMIA. Fr.-Aug. de Veltheim, allemand, amateur de botanique. Gleditsch, *Act. Berl.* 1771.

VELLEIA. Thomas Velley a travaillé sur les plantes qui croissent dans le voisinage des mers. Smith, *Act. Soc. linn.* vol. 4.

VELLOZIA. Velloz, naturaliste portugais, envoya du Brésil les plantes décrites par Vandelli, qui lui dédia celle-ci, page 32.

VENTENATIA. En l'honneur de E. P. Ventenat, botaniste françois, membre de l'Institut national. On a de lui, *Tableau du règne végétal*, an VII; *Choix de plantes cultivées par Cels*, 1803; *Le jardin de la Malmaison*, 1803, etc. Palisot Beauvois lui a dédié ce genre dans son second fascicule.

VENTILAGO (*ventilare*, être exposé au vent). De ses fruits munis d'ailes qui les font voltiger. Gærtner, vol. 1, p. 223.

VERATRUM (*vere-atrum*, tout-à-fait noir). De la couleur de sa racine. Miller, Lemeri, etc.

VERBASCUM. Altéré de *barbascum*; de la barbe dont ses feuilles sont couvertes. On l'appeloit, dans le même sens, *thapsus barbatus*. Fuchs, *Hist. pl.* ch. 327.

Vulgairement *mollène*, de la mollesse de ses feuilles; *mullein*, de même, en anglois.

V. thapsus. Originaire de l'île de Thapsos, dans la mer de Sicile. Voy. *Thapsia.*

V. LYCHNITIS (λυχνος, lampe). De l'usage économique qu'en faisoient les anciens. *Le verbascum lychnitis, dit Pline, liv. 25, chap. 10, sert à faire des mèches aux lampes.* Voyez aussi Dioscorides, liv. 4, chap. 99.

V. PHŒNICEUM (φοινικεου, rouge). De la couleur de sa fleur.

V. BLATTARIA (*blatta*, mitte : insecte qui détruit les vêtemens). On lui attribue la vertu de les chasser.

VERBENA. Altéré de *ferfaen*, son nom en celtique. *Fer*, charrier, *faen*, pierre. Elle passoit, parmi les Celtes, pour guérir de la pierre. BULLET. Elle étoit en grande réputation parmi ces peuples, et elle l'avoit conservée chez les Latins qui la regardoient même comme sacrée. Voy. Pline, liv. 25, chap. 9.

VERBESINA (*verbena*, la verveine). *La verbesina alata* y ressemble par ses feuilles ondulées et obtuses.

V. LAVENIA.

V. BOSVALLEA.

VERMIFUGA (vermifuge). Qui chasse les vers des blessures. *Flore du Pérou*, page 103. Dans l'Amérique méridionale où cette plante croit, les vers s'engendrent promptement dans les blessures, par la chaleur et l'humidité du climat.

VERMICIA. On tire de ses noyaux une espèce d'huile ou de vernis. LOUREIRO, page 720.

VERONICA. Altéré de *betonica*. Voy. ce genre. Tous les vieux auteurs réunissent ces deux plantes, à cause de l'analogie de leurs noms.

V. TRIPHYLLOS (τρεις, trois; φυλλον, feuille). Sa feuille est divisée en trois et plus souvent encore en cinq digitations.

V. APHYLLA (*a* privatif; φυλλον, feuille : sans feuilles). La partie est prise ici pour le tout, ce qui arrive trop souvent en botanique. La tige seule de cette plante est nue.

V. BECCABUNGA. Latinisé de *bach-punghen*, son nom en allemand. *Bach*, ruisseau, en est le radical. Cette plante croit au bord des ruisseaux.

VERTICILLARIA. Nom donné à cet arbre, par les Auteurs de la *Flore du Pérou*, page 69, parce que ses rameaux disposés en étages réguliers, forment autour du tronc de véritables verticilles.

VIBURNUM. Selon Séb. Vaillant, *Mém. de l'Acad. des scienc.*

an. 1722. Ce nom vient de *viere*, lier : plusieurs espèces de ce genre portent des rameaux longs et souples.

De *viburnum* nous avons fait *viorne*, en françois.

V. TINUS. Selon Vaillant, de *tinur*, petit, nain : de la tige peu élevée de cet arbuste.

Pline désigne sous ce nom, liv. 15, chap. 30, un arbre que les uns, dit-il, regardent comme un laurier sauvage, et que d'autres croient être d'un genre différent.

Vulgairement *laurier-thym*, de sa feuille permanente et ferme comme celle des lauriers.

V. LANTANA. Altéré de *lento*, je ploie. En françois, *hardeau*, dans le même sens. Les bûcherons sont dans l'usage d'en faire des hards ou liens de fagots, à cause de la flexibilité de ses branches.

V. LENTAGO (*lento*, je ploie). Dans le même sens que ci-dessus.

V. OPULUS. Altéré de *populus*, le peuplier. Leurs feuilles se ressemblent. *Les Latins disoient quelquefois opulus pour populus.* Columelle, au chapitre des arbres dit : *l'opulus soutient la vigne.* Ceci ne peut s'entendre de l'*opulus* qui n'est qu'un arbuste; mais bien du *populus* que, dans toute l'Italie, on est encore dans l'usage d'unir à la vigne.

VICIA. *Gwig*, en celtique, de là Ϭιϗιον, en grec; *vicia*, en latin; *vesce*, en françois; *vetch*, en anglois, etc., en retranchant, suivant l'usage, le *g* dans la prononciation

V. CRACCA. Nom employé par Pline, liv. 18, chap. 16, pour désigner une sorte de *vesce* aimée des pigeons. On ne connoît pas précisément la plante dont il parle; mais elle ne peut qu'être analogue à celle-ci.

VIEUSSEXIA. Vieussex, médecin de Genève, mentionné par son compatriote De la Roche. *Dissert. Leyd.* 1766.

VILLARESIA. Mathieu Villarès, botaniste espagnol. *Flore du Pérou*, page 28.

VILLARIA ou VILLARSIA. Villars, botaniste françois, a donné, en 1786, une *Flore du Dauphiné*. SCHREBER, genre 1514.

VINCA ou PERVINCA. Ancien nom latin de cette plante; on n'en connoît pas la juste origine. Plusieurs botanistes l'ont fait venir de *vincire*, lier, de ses tiges longues et fortes; d'autres de *vincere*, vaincre, de ce qu'elle semble vaincre le froid, en conservant ses feuilles pendant l'hiver. Voyez

Boëhmer, page 209. De semblables étymologies ne montrent que l'impossibilité d'en trouver de justes. Ce qu'on peut dire de plus positif sur ce nom, c'est qu'il est passé en différentes langues, et que les Anglo-Saxons en ont fait peruince, et par suite les Anglois *periwinkle*; en françois, *pervenche*, etc.

Les Grecs la nommaient χαμαι δαφνη, *laurier de terre;* de ses feuilles permanentes et semblables, en petit, à celles du laurier.

VIOLA. En grec, ιον. Les mythologues ont supposé qu'elle tire ce nom de la vache ιω, dont elle fut la première pâture. Les Latins ont remplacé par le V, l'esprit doux dont ce mot est affecté, et de ιον ils ont fait *viola*, d'où *violette*, en françois.

La *violette* étoit la fleur chérie des Athéniens (1). Sa réputation est d'une grande antiquité et en même temps très-étendue. Elle étoit renommée chez les Calédoniens, comme un rare cosmétique. Il existe encore parmi ce peuple, cette phrase singulière : *frotte-toi la figure de lait de chèvre dans lequel des violettes auront infusé, et nul prince sur la terre ne pourra résister à ta beauté.* Voyez l'original en langue crie, dans la *Flore écossoise de Lightfoot.*

V. CANINA (de chien). C'est-à-dire bonne pour les chiens, parce qu'elle n'a pas d'odeur. Voyez la note à la suite du genre *Theligonum.*

V. ADMIRABILIS (admirable). Par la grandeur de sa fleur, qui cependant est sans parfum.

V. TRICOLOR (à trois couleurs). Ses fleurs sont nuées de jaune, de blanc et de pourpre. Ces couleurs changent entre elles, par la culture, et d'ordinaire le jaune et le pourpre absorbent totalement le blanc, qui domine, au contraire, dans la plante sauvage.

On la nomme vulgairement *herbe* ou *fleur de la Trinité,* par allusion à ses trois couleurs.

V. ENNEASPERMA (εννεα, neuf; σπερμα, semence). Sa capsule

____

(1) La viole tte s'appelle ιον, en grec; et, comme les Athéniens descendoient des *Ioniens,* ils trouvoient dans le nom de cette fleur une allusion à leur origine.

contient neuf et souvent huit semences blanches et brillantes.

V. IPECACUANHA. Dont la racine donne le faux *ipecacuanha* ou le blanc.

V. HYDANTHUS (*ὕδωρ*, bossu; *ἄνθος*, fleur). Le calice de cette fleur est persistant et composé de cinq folioles dont deux sont redressées, et les trois autres sont gonflées en bosse à leur base; d'où vient le nom de *fleur bossue*.

VIRECTA. (*virectus*, verdoyant). De l'agréable verdure de son feuillage, il ressemble à celui de la mercuriale.

VIRGILIA. Genre dédié par Lamarck, à Virgile, *Publius Virgilius Maro*, né 70 ans avant J. C., mort à 51 ans. Entre les ouvrages de ce grand homme, la botanique réclame le poème parfait des *Géorgiques*.

VIRGULARIA (*virgula*, rameau, tige droite). De ses branches effilées. *Flore du Pérou*. pag. 81.

VIROLA. Nom de cet arbre en la langue des Galibis. AUBLET, page 907.

VISCUM (*gui*, en gaulois, dont le primitif est *gwid*, arbuste). C'est-à-dire l'*arbuste par excellence*. On sait que le *gui* de chêne étoit en vénération parmi les Celtes. De *gui*, les Grecs ont fait *ἰξος*, et les Latins, *viscum*. par la transmutation si fréquente du G en V. Comme le suc de cette plante est extrêmement gluant, d'*ἰξος*, les Grecs firent *ἰξία*, de la glu, et de *viscum*, les Latins firent *viscus*, *viscatus*; les François, *visqueux*, *viscosité*, etc.

Quant aux motifs qui avoient dirigé vers le *gui-de-chêne* le culte de nos ancêtres, on ne sauroit les découvrir. La superstition ne peut être expliquée : il est aussi difficile d'en trouver les causes, que d'en arrêter les effets.

VISMIA. Genre dédié par Vandelli, page 51, à M. de Visme, négociant à Lisbonne.

VISNEA. Altéré de *Vismea*. De Visme, même origine que *vismia*. Voy. plus haut. Linné fils, *Suppl.* page 37, a dénaturé ce nom en prenant M pour N.

V. MOCANERA. Nom de cet arbuste aux îles Canaries, d'où il est originaire. A. L. de Jussieu le lui a conservé comme nom générique.

VITEX (*vitex*, en latin, et *λύγος*, en grec; deux noms qui expriment la même chose en chacune de ces langues : λυγος, vient de λυγιω, je ploie). Ses branches sont longues et souples, dit Dioscorides, liv. 1, chap. 116. *Vitex* signifie analogue au *vitilia*, sorte de saule qui tire son nom de l'usage qu'on en faisoit pour lier la vigne, *vitis*; c'est notre osier. Le vitex, dit Pline, liv. 24, chap. 9, *ressemble au vitilia.*

V. AGNUS-CASTUS (αγνος, en grec, et *castus*, en latin, deux mots synonymes qui signifient *chaste*). Cet arbuste fut ainsi nommé, parce qu'aux fêtes de Cérès, les Athéniens avoient coutume de coucher sur des sacs remplis de ses menues branches, pour se mortifier et chasser les idées impures. DIOSCORIDES, même livre et même chapitre. Le motif pouvoit être bon, mais le résultat ne devoit pas y répondre; une nuit passée sur un mauvais lit, allumant le sang au lieu de le calmer.

V. NEGUNDO. Nom que lui donnent les Bramines; en malabare, *bemnosi*, RHEED. *Mal.* 2, page 15. Aux Molluques, *logondo.* RUMPH. *Amb.* 4, page 60.

V. LEUCOXYLUM (λευκος, blanc; ξυλον, bois). Dont le bois est blanchâtre.

VITIS. Du celtique *gwid*, arbre, arbuste : c'est-à-dire le meilleur des arbres. On supprime le G dans la prononciation, selon l'usage celtique. De ce mot, les Latins ont fait *vitis*; en espagnols, *vid*; en françois, *vigne*; en anglois, *vine*, etc.

Vin. De *gwin*, en la même langue, qui est dérivé de *gwid.* De ce mot *gwin*, les Grecs ont fait οινος; les Latins, *vinum*; les Anglo-Saxons, *vin*; les François, *vin*; les Allemands, *wein*; les Espagnols et les Italiens, *vino*; toujours en supprimant le G initial.

Nous ajouterons à cet article le nom de quelques espèces de raisin.

Muscat. Non de son goût musqué, comme on le pourroit croire, mais de ce qu'il attire singuliérement les abeilles et les mouches, en général. Les Latins le nommoient de même *vitis apiana* : apis, abeille, vigne des abeilles.

Morillon. Raisin noir. Ce nom est dérivé de *mor*, noir, en langue celtique. Voy. *Morus* et *Solanum.*

Pineau ou *pinot.* Sorte de raisin très-délicat et bien connu dans les vignobles. Ce nom vient du grec πινω, je bois.

En langage trivial, le vin se nomme aussi *pinot*. Ce mot est du petit nombre de ceux qui se sont introduits du grec en notre langue, sans passer par le latin. Il est à croire qu'il se sera transmis de proche en proche, et de siècle en siècle.

V. LABRUSCA. Dérivé de l'hébreu, *busca*, qui signifie la même chose. HUNN, *Dictionn. de l'Écriture sainte*, 1715.

V. VULPINA (*vulpes*, renard). C'est-à-dire, raisin qui n'est bon que pour des renards : le grain en est petit et mauvais.

VITMANNIA. En l'honneur de l'abbé Ful. Vitmanni, professeur au Lycée de Milan. Il a publié, de 1789 à 1792, un ouvrage élémentaire sur la botanique. VAHL. *Symb. bot.* page 52.

VITTARIA (*vitta*, ruban, bandelette). Sa feuille est en forme de bandelette. SMITH, *Mém. acad. de Turin*, vol. 5, p. 413. Ce genre est extrait des *pteris*.

VOCHISIA. *Vochy*, nom que les Galibis donnent à cet arbre. AUBLET, pag. 20.

VOHIRIA. *Voyria*, nom que les Garipons donnent à cette plante. AUBLET, page 210.

VOLKAMERIA. Jean-Christophe Volckamer, botaniste allemand, mort en 1720. On a eu de lui, *les Hespérides de Nuremberg ou Dissertation sur les oranges, citrons*, etc. en 1708; *Dissertation sur le café*, etc.

Jean Georges Volckamer, son frère, né en 1616, mort en 1693, a donné une *Flore de Nuremberg*, qui n'a paru qu'après sa mort, et un grand nombre de mémoires académiques.

VOTAMITA. *Votomit*, nom que les Galibis donnent à cet arbre. AUBLET, page 92.

VOUAPA. Nom de cet arbre en la langue des Galibis. AUBLET, page 27.

W

WACHENDORFIA. Evrard-Jacques Wachendorf, hollandois, professeur de médecine et de botanique à Utrecht. On a eu de lui, un *Discours botanico-médical sur les plantes*, etc. en 1743; et le *Catalogue des plantes du jardin d'Utrecht*, en 1747.

WALBOMIA. Walbom, *Act. Holm.* 1790.

WALDSTEINIA. Franz de Waldstein, allemand, botaniste distingué, auquel Willdenow a dédié ce genre. *Act. soc. nov. Berl.* 2, pag. 105.

WALKERIA. Richard Walker, anglois; fondateur du jardin de Cambridge. Schreber, gen. 378.

WALLENIA. Mat. Wallen, botaniste allemand. Swartz. 31.

WALTHERIA. Auguste-Frédéric Walther, allemand, professeur en l'Université de Leipsick, a donné, en 1735, la description des plantes de son propre jardin.

Un anglois de même nom, Thomas Walther, a donné, en 1788, la *Flore de la Caroline*; et Richard Walther a voyagé avec l'amiral Anson, de 1740 à 1744.

WATSONIA. Williams Watson, anglois, professeur de botanique à Chelsea, a donné des *Observations de botanique*.

WEBERA. Geo. Henr. Weber, allemand. On a de lui, la *Flore de Gottingue*, 1778; *Décades de plantes rares*, 1784, etc. Hedwig, 168.

WEIGELA. C. E. Weigel, allemand, professeur de botanique en l'Université de *Gripswald*, a donné une *Flore Pomerano-Rugica* ou de l'Ile de Rugen et de la Poméranie.

WEINMANNIA. Jean-Jacques-Guillaume Weinmann, allemand, mort en 1734, a publié de magnifiques dessins de plantes, fleurs, fruits, etc. dont le catalogue a paru, en

1755, sous le titre d'*index phytanthoza*, etc. ; φυτον, plante ;
ανθος, fleur.

WEISSIA. J. W. Weiss, allemand, a travaillé sur les plantes
cryptogames. Hedwig, 64.

Un autre Weiss (Jean-Christophe), a donné, en 1711,
une *Dissertation sur la grenade*.

WENDLANDIA J. C. Wendland, allemand, constata le premier cette plante qu'il avoit appelée *androphilax*, et à laquelle Willdenow a donné son nom. Il a publié, en 1795
et 1798, divers ouvrages sur les plantes d'Hanovre.

WHEELERA. Georges Wheeler, anglois, dont on a eu un
Voyage de Dalmatie, Grèce, Levant, etc. en 1689. Il a été
réuni avec celui de Spon, en 1724. Schreber, gen. 1579.

WILLDENOWA. Charles-Louis Willdenow, botaniste prussien, a publié un *Species* dont le premier volume a paru
en 1797 ; le *Jardin de Berlin*, 1803, etc. Cavanilles, vol. 1,
page 61.

WILLICHIA. Jodoch. Willich, commentateur de Virgile, a
donné, en 1535, la synonymie de ses plantes avec les
nôtres.

WILLUGBEIA. Voyez le *pacouria* d'Aublet. Schreber l'a
nommé ainsi, gen. 417, en l'honneur de Franc. Willugby,
naturaliste anglois, du 17.º siècle. On a de lui des expériences sur les mouvemens de la séve. *Trans. phil. n.º* 48
et 57.

WITHERINGIA. Williams Withering, anglois, dont on a
eu, en 1787, un ouvrage intitulé : *Classement des plantes
d'Angleterre*. L'Hérit. *Sert. Ang.* tom. 1.

WITSENIA. Witsen, consul hollandois aux Indes, amateur
de botanique. Thunberg.

WOLFIA. L'Allemagne a produit plusieurs botanistes de ce
nom.

Chrétien Wolff, professeur en l'Université de Marpurg,
membre de la Société royale de Londres, a donné une
Dissertation sur un phénomène de botanique, en 1727.

Jean Philippe Wolff, a donné un ouvrage sur les truffes,
inséré dans les *Act. phys. med.* vol. 8, pag. 12, etc.

Enfin, Jean Wolff, a donné un opuscule de botanique
en 1675. Schreber, genr. 1742.

WOODWARDIA. Thom. Jenk. Woodward, anglais, a donné des *Observations sur les plantes d'Angleterre.* SMITH, *Mém. acad. de Turin*, vol. 5, pag. 411.

WULFENIA. F. X. Wulfen, allemand, a travaillé sur les plantes de la Carinthie.

Ce genre a été replacé dans les *pæderota* par A. L. de Jussieu.

WURMBEA. En l'honneur de Wurmb, hollandais, négociant à Batavia, amateur d'histoire naturelle. Il servit Thunberg dans ses voyages.

A. L. de Jussieu a placé ce genre dans les *melanthium.*

X

XANTHIUM (ξανθος, jaune, blond). Dioscorides rapporte, liv. 4, chap. 133, que l'infusion de cette plante teint les cheveux en jaune.

X. STRUMARIUM (*strumæ, strumarum*, tumeur, écrouelles). Il sert à les résoudre, dit encore Dioscorides, mêmes livre et chapitre.

XANTHORHŒA (ξανθος, jaune; ῥεω, je coule). Il découle du tronc de cet arbre une résine jaunâtre. SMITH, *Act. soc. linn.* vol. 4.

XERANTHEMUM (ξηρος, sec, aride; ανθεμον, dérivé d'ανθος, fleur). Elle semble desséchée, à cause des paillettes scarieuses de son calice. *Immortelle*, en françois; de la durée de sa fleur qui se conserve à l'infini, ou plutôt de celle de son calice coloré comme une fleur.

X. VESTITUM (vêtu). Toute la plante est garnie et comme revêtue d'un coton très-épais.

XEROPHYTA (ξηρος, sec; φυτον, plante). Cet arbuste de l'île de Madagascar, est aride et comme desséché. COMMERSON.

XEROPHYLLUM (ξηρος, sec, aride; φυλλον, feuille). Ses feuilles semblent desséchées. MICHAUX, *Flor. bor. Amér.* 1 — 210.

XIMENIA. François Ximenès, naturaliste espagnol, dont on a eu, en 1615, quatre livres des plantes et animaux qui servent en médecine, à la Nouvelle Espagne.

XIMENEZIA. Joseph Ximenez, apothicaire espagnol, a travaillé sur les plantes. CAVANILLES, tom 2, pag. 61.

XIPHIDIUM (ξιφος, épée). De ses feuilles nerveuses, sessiles et en forme de lames d'épée. SWARTZ, 17. Cette plante est appelée dans le même sens *glaivane*, en françois, dérivé de glaive. Voy. *Gladiolus*.

XUAREZIA. Gaspard Xuarez, botaniste espagnol, a travaillé sur les plantes d'Italie. *Flore du Pérou*, page 20.

XYLOCARPUS (ξυλον, bois; καρπος, fruit). Dont le fruit est ligneux. KœNIG.

XYLOMELUM (ξυλον, bois; μηλον, pomme, fruit). Sa capsule est ligneuse. SMITH, *Act. soc. Linn.* vol. 4.

XYLOSMA (ξυλον, bois; οσμη, parfum). Arbre dont le bois est odorant. FORSTER, *Prodr.* n.° 380.

XYLOPHYLLA (ξυλον, bois; φυλλον, feuille). Dont la feuille est ligneuse. SCHREBER, genr. 511. C'est le *phyllanthus* de Brown.

XYLOPHYLLUM (ξυλον, bois; φυλλον, feuille). Dont les feuilles sont coriaces et comme ligneuses. SWARTZ, 28.

XYLOPIA (ξυλον, bois; πικρος, amer). De l'extrême amertume de son bois. Ce nom est abrégé de *xylopicrum*, sous lequel Brown, *Jam.* 250, avoit décrit cet arbre.

XYRIS (ξυρος, aigu). Sa feuille se termine en pointe. Pline, liv. 21, chap. 20, désigne sous ce nom une espèce d'iris sauvage. Notre *xyris*, est analogue aux iris.

Y

Yucca. Nom que donnent à cette plante les naturels de l'île d'Haïti (Saint-Domingue). Eusébe Nieremberg, liv. 15, chap. 91, l'écrit *yuca*.

Y. GLORIOSA (glorieuse). Par allusion à sa magnifique fleur.

Z

ZALA (ζαλος, eau agitée et courante; de ζαλη, tourbillon, tout ce qui est agité). Cette plante croît et flotte dans les eaux. LOUREIRO, page 490. Ce genre rentre dans les *pistia*.

ZAMIA (ζημια, perte, dommage). Pline donne ce nom, liv. 16, chap. 26, aux pommes de pin gâtées sur l'arbre, et qui nuisent aux autres. On l'a appliqué à un arbuste analogue aux *cycas*, dout les fleurs mâles et femelles sont rassemblées en un chaton qui a la forme d'une pomme de pin.

ZANNICHELLIA. Jean-Jérome Zannichelli, apothicaire vénitien, né en 1662, mort en 1729. On a eu de lui, *Histoire des plantes qui naissent dans les environs de Venise*; publiée et augmentée par Jean-Jacques Zannichelli, son fils, en 1735; *Catalogue des plantes de terre et de mer employées à la célébration de la Fête-Dieu*, 1711 et 1712, etc.

ZANONIA. Jacques Zanoni, italien, directeur du Jardin des plantes de Bologne, mort en 1682. On a de lui, *Histoire des plantes des anciens et des modernes*, etc. 1675; *Index des plantes trouvées aux environs de Bologne*, 1652; *Description de quelques plantes trouvées par J. Zanoni*, etc.

ZANTHORHIZA (ξανθος, jaune; ριζα, racine). La racine de cet arbuste est jaunâtre. L'HÉRITIER, *Stirp. nov.* p. 79.

ZANTHOXYLUM (ξανθος, jaune; ξυλον, bois). Dont le bois est de couleur jaune.

Z. CLAVA-HERCULI (massue d'Hercule). Son tronc est couvert de protubérances épineuses, qui lui donnent l'aspect de la massue noueuse d'Hercule.

Vulgairement *fresne épineux*. Ses feuilles sont pinnées et les folioles lancéolées comme celle du frêne.

Les Anglois le nomment *tooth-ach-tree*, arbre du mal de dents : il passe pour en guérir (1).

ZEA. Nom grec d'une graine céréale que l'on croit être l'*épeautre*. Il vient de ζαω, je vis.

Ce nom a justement été appliqué au *maïs* dont le grain est très-nourrissant.

Z. MAYS. Nom que donnent à cette plante les naturels de l'Amérique méridionale. Eusèbe Nieremberg, chap. 75, livr. 14, l'écrit *maïz*.

ZIERIA. Jean Zier, membre de la Société linnéenne. SMITH, *Act. Soc. linn.* vol. 4.

ZINNIA. Jean-Godefroi Zinn, allemand ; a donné, en 1757, le *Catalogue des plantes du jardin de Gottingue et de ses environs.*

ZIZANIA (ζιζανιον). L'un des noms grecs de l'ivraie, *lolium*. On l'a fait venir de σιτος, ιζανιν, croître parmi les blés. *Zoùàn*, GOLIUS, étant le nom arabe de l'ivraie, il se pourroit que *zizania* en fût dérivé.

Le *zizania* n'a que de foibles rapports avec l'*ivraie*, et on ne l'a nommé ainsi, que pour employer un synonyme ancien.

ZIZIPHORA (φερω, je porte). Qui porte le *zizi* des Indiens.

ZŒGEA. Cette plante a été communiquée du Jardin de Co-

---

(1) John Carver, anglois, voyageur au nord-ouest du Canada, en 1766, lui attribue une propriété bien plus importante. Voici ce qu'il en dit, pag. 393, édit. de Londres, 1768 :

« Un des voyageurs que j'accompagnois fut attaqué d'une violente go-
« norrhée, accompagnée des symptômes les plus alarmans. La maladie
« s'accrut à un tel degré, qu'il devint incapable d'aller plus loin. Un
« des chefs de la peuplade ayant eu connoissance de son mal, lui dit
« de ne se point inquiéter, qu'il le mettroit, en peu de jours, en état
« de suivre sa route, et même qu'il le guériroit entièrement, s'il vou-
« loit suivre ses avis. Il n'eut pas plutôt dit cela, qu'il lui prépara une
« décoction de *frêne épineux* (prickly ash), arbre peu connu en Angle-
« terre, mais abondant dans ces contrées. Ce remède le soulagea d'abord
« considérablement ; et, s'étant laissé diriger de la sorte pendant quinze
« jours, il partit de ce lieu parfaitement et radicalement guéri ».

L'espèce mentionnée par Carver est voisine de celle-ci ; c'est le *xan-thoxylum fraxinifolium* de Marshall.

penhague, dit Philippe Miller, par le docteur J. Zoega, dont on a eu la *Flore d'Islande*, en 1775.

Z. LEPTAURRA. Syncopé de *lepto-centaurea*, petite centaurée, nom que donnoient les anciens à une espèce de centaurée à feuilles menues. PLINE, liv. 25, chap. 6.

Le *zœgea leptaurea* a beaucoup d'affinité avec les centaurées; mais il en diffère principalement par ses rayons planes.

ZOSTERA (ζωστηρ, ceinture, ruban). Les feuilles du *zoster* de l'Océan sont longues d'un pied, larges d'un pouce, et tout à fait semblables à un ruban.

ZUCCAGNIA. Attili Zuccagni, intendant du Jardin de Florence. CAVANILLES, tom. 5, page 2.

ZWINGERA. Schreber, gen. 1752, a nommé ainsi le *simaba* d'Aublet, en mémoire de Théodore Zwinger, médecin suisse, professeur de physique et de médecine à Bâle, né en 1658, mort en 1724. On distingue entre ses ouvrages le *Théâtre botanique*, 1690.

Jean-Jacques Zwinger, son fils, né en 1685, mort en 1708, a donné une *Dissertation botanique*, en 1708.

ZYGIA. Nom employé par Théophraste, pour désigner un arbre que l'on croit être le charme. Il vient de ζυγος, joug, de l'usage que l'on en faisoit. Voy. *Carpinus*.

Selon Pline, liv. 16, chap. 15, le *zygia* étoit une espèce d'*acer*, érable. Brown s'est servi de ce nom pour désigner un arbuste d'Amérique qui n'a que peu ou point de rapports avec le *carpinus* ou l'*acer*.

ZYGOPHYLLUM (ζυγος, paire; φυλλον, feuille). De ses feuilles conjuguées.

Z. MORGSANA. *Morgsani*, nom de cet arbuste en Syrie. PLUKENET, *Almagest*, page 253.

ZYMUM (ζυμη, ferment). Nom donné par Norôna, botaniste espagnol, à cette production de l'Ile de France. Cet auteur ne donne pas l'explication de cette dénomination, conservée cependant par Aubert du Petit-Thouars. *Plant. des iles d'Afr.* fasc. 4.

FIN.

LISTE

DES

TERMES DE BOTANIQUE,

ET DE CEUX

DE MÉDECINE ET D'AGRICULTURE

QUI ONT RAPPORT AUX PLANTES.

LISTE

DES TERMES DE BOTANIQUE,

Et de ceux de Médecine et d'Agriculture qui ont rapport aux plantes.

A

ACRE. Mesure de terre en usage en Angleterre et dans la ci-devant Normandie. Il vient de l'anglo-saxon *acer* ou *acera* (1), qui exprime un champ, une pièce de terre, et qui lui-même est altéré du latin *ager*, dont la signification est la même.

ADOMBRATIONS (*adumbratio*, dont le primitif est *umbra*, ombre; c'est-à-dire dessin fait sur l'ombre, dans le sens littéral). On a donné beaucoup d'extension à la signification de ce mot; il exprime, en botanique, tout ce qui a rapport à l'histoire d'une plante : nom, description, etc.

Adombration exprime, en latin, la même chose que *scia graphie* en grec. Voy. ce mot.

ÆTHÉOGAMIE. Nom employé par Palisot Beauvois, pour désigner les plantes appelées *cryptogames* par Linné. Il vient de α privatif, ηθος, habitude; γαμος, noce; et il exprime la manière particulière et inusitée dont s'opère la génération dans ces plantes.

---

(1) Les caractères anglo-saxons pouvant se rendre lettre pour lettre par les caractères latins, on ne s'est servi que de ceux-ci dans le cours de cet ouvrage. On donnera seulement l'alphabet de cette langue pour faciliter les recherches de ceux qui voudroient consulter les originaux.

AGGLOMÉRÉ (*glomus*, pelotte). Fleurs ou fruits réunis en pelotte ou tête.

AGGRÉGÉ (*grex*, *gregis*, société, réunion). Même sens et même application que ci-dessus.

AIGUILLON. Francisé du latin *aculeus*, qui a pour racine *ac*, pointe, en celtique. *Ac* est en grec, latin, françois, etc., le radical de quantité de noms qui tous désignent des choses pointues, au propre ou au figuré : comm., en grec, ακη, pointe; ακονη, pierre à aiguiser; ακανθα, arbre épineux; ακων, ακωθα, ακαινα, tout ce qui pique, etc.; en latin, *aculeus*, *acus*, *acumen*, *acor*, *acidus*, *acer*, *aquilo*, vent qui pique, etc. Ce même mot *ac*, s'est adouci en françois, et d'ordinaire, il s'est transformé en *aig* ou *ag* : aigu, aiguille, aiguillon, aigre, agacer : on le retrouve encore dans *dague*.

AISSELE. Jonction des feuilles ou des branches avec la tige). Ce mot vient de *ascella*, terme de basse latinité, altéré de *axilla*, lequel est dérivé de *ala*, aile. *Maxilla* a de même été formé de *mala*.

ALPINES. Epithète que l'on donne à toutes les plantes qui croissent sur les montagnes de première grandeur. On retrouve ordinairement une grande analogie entre elles, quelquefois même elles sont semblables, à quelque latitude que soient ces montagnes. C'est pour cette raison qu'en botanique, on a donné une acception générale à ce mot, en appelant *Alpes* toutes les chaînes de montagnes primitives, et l'on dit les *Alpes de Suisse*, de *Norvége*, de *Suède*, etc., tandis qu'en géographie, on donne exclusivement ce nom à cette vaste masse qui sépare la France de l'Allemagne et de l'Italie. Alpe vient du celtique *albe*, montagne. Voyez *Pelloutier*.

ALVÉOLE (*alveolus*, diminutif d'*alveus*, qui signifie une chose creuse, une niche). Les alvéoles sont les niches où sont logées les graines.

AMENTACÉES (*amentum*, lien, corde, toute chose allongée). Les amentacées sont des plantes dont les fleurs sont réunies sur un axe très-allongé, ce qui lui a fait donner, en françois, le nom de *chaton*; c'est-à-dire semblable à la queue d'un chat.

AMPHIBIE. Nom spécifique donné à quelques plantes qui croissent dans l'eau, comme sur la terre.

Amphibie est proprement un terme de zoologie étendu à la botanique, et qui désigne les animaux vivant également dans l'eau ou sur la terre. Il vient d'αμφι, de part et d'autre; βιος, la vie : qui vit des deux côtés, dans deux élémens.

ANALYSE (αναλυω, je dissous). C'est l'art de connoître ce qui compose un corps, en le ramenant à ses parties élémentaires. En botanique, l'analyse est l'action de disséquer une plante pour en connoître les organes, et lui assigner un rang et un nom.

ANATOMIE. Science qui mène à la connoissance du corps humain, par la dissection que l'on en fait. Ce mot vient de ανα, à travers; τεμνω, je coupe. Il est passé à la botanique, où il a la même signification qu'analyse.

ANANDRINE (a privatif, ανηρ, ανδρος, homme, mâle). Fleur qui est dépourvue d'organe mâle.

ANDROGYNE (ανηρ, ανδρος, mâle; γονη, femelle). Plante ou fleur qui réunit les deux sexes. Voy. *Hermaphrodite*.

ANOMALE (a privatif, αν, devant une voyelle; ομαλος, régulier). Irrégulier; *anomalie*, irrégularité.

ANTHERE. Organe mâle de la fleur; du grec ανθηρος, fleuri, qui est dérivé d'ανθος, fleur. Ce terme est pris au figuré, pour exprimer une partie essentielle de sa fleur.

ANTHOLOGIE (ανθος, fleur; λογος, discours). Discours sur les fleurs; c'est le titre d'un des ouvrages de Pontédera. Anthologie est souvent pris dans un autre sens, surtout en littérature; il exprime alors un choix, une collection de fleurs, et vient d'ανθος, fleur; λεγω, je cueille. C'est, en grec, le même sens que *florilège*, en latin.

APHYLLE (a privatif, φυλλον, feuille). Qui n'a pas de feuilles.

APOGONES. Section de mousses qui se distingue par une urne privée de dents et de cils, ou de péristomes interne et externe : a privatif, πωγων, barbe.

ARBRE (ar, article, en langue celtique; bos, arbre, d'où arbor, en latin). Du même mot bos vient le françois bois. BULLET.

ARPENT. Ce mot a pour racine ar, terre, en celtique, d'où

une foule de dérivés en plusieurs langues : en grec *αροτρον*, charrue; *αρόω*, labourer; *αρτος*, pain qui en résulte, etc.; *αρ*, champ, en étrusque; en latin, *arare*, *arvum*, *arvalis*, *arvensis*, *arula*, *arena*, *area*, etc.; *ar* ou *arar*, charrue, en breton; *arer*, labourer, en vieux françois, (*Roman de la rose*); *harvest*, moisson, en anglois; en françois, *arpent*, *arure*, et récemment *are*, mesure de terre, etc.

ASPÉRITÉ (des feuilles, tiges, etc.) Du celtique *sper*, pointe; d'où *asper*, en latin, *asperitas*. Voy. *Eperon*.

AUBIER. Bois tendre et blanchâtre qui se trouve entre l'écorce et le vrai bois de la plupart des arbres. Ce mot est francisé d'*alburnum*, nom par lequel Pline désigne ce bois, liv. 16, ch. 38. Il a pour primitif *albus*, blanc.

AVORTÉ, AVORTON. Fruit ou fleur. Du latin *aborior*, verbe composé de *ab*, qui exprime la privation; *orior*, naître; paroître au jour : c'est-à-dire naître avant le terme prescrit par la nature.

AXILLAIRE. Voy. *Aisselle*.

B

BACCIFÈRE (*bacca*, baie; *fero*, je porte). Qui porte des baies (1).

BAIE. Selon le père Thomassin, ce mot vient du grec *βαιος*, petit, les baies, étant en général, de petits fruits. Cette étymologie peut paroître plus recommandable par le nom de son inventeur que par sa justesse.

BALE. Enveloppe de la fleur et de la semence des graminées. Ce nom vient de *bal*, enveloppe, en celtique. De là *balle*, *ballot*.

BALIVEAU. Terme forestier, de *bal*, arbre; *lizen*, laissé; en celtique : arbre qu'on laisse, qu'on n'abat pas. De ce mot *bal* vient le diminutif *balai*, menues branches d'arbre.

---

(1) On remarquera que presque toutes les plantes baccifères herbacées sont vénéneuses dans nos climats, telles que, *solanum*, *atropa*, *physalis*, *paris*, *actœa*, *arum*, etc.

De là encore *balise*; *bal*, arbre; *lis*, eau. Une *balise*, est un signal que l'on place dans une rivière pour en assurer la navigation. Ordinairement c'est un mât ou un tonneau flottant; dans le principe c'étoit simplement un arbre fiché dans l'eau, comme l'exprime le mot *balise*.

BARBE. Se dit particulièrement de la pointe qui termine le calice des graminées. Ce mot vient du celtique *bard*, dont les Latins ont fait *barba*; les Anglois, *barb*.

BÊCHE. Altéré de *bach*, grand hameçon; harpon, en celtique : la bêche en a la forme.

BIFIDE. Du latin *bifidus*, qui est adouci de *bis-fissus*, fendu en deux.

BINÉ (*binus*, double, dérivé de *bis*, deux). Feuilles ou péduncules binés, c'est-à-dire deux à deux.

BIVALVE (*bis*, par deux; *valvœ*, battans). Péricarpe à deux battans. Voy. *Valve* ou *Valvule*.

BOTANIQUE (βοτανη, plante, en grec). Ce mot vient de βοτος, pâture, dérivé de βαω, je pais, lequel a pour primitif βους, βοος, bœuf. On remarquera que ces mots : βους, en grec; *bos*, en latin; *bœuf*, en françois, *beuglement*, etc. sont imitatifs du cri de l'animal et qu'ils en tirent leur origine. De là leur analogie, soit entre eux, soit avec d'autres noms désignant des animaux qui ont rapport au bœuf, tels que *zebu*, *bubale*, *buffle*, etc.

BOTANOGRAPHIE (βοτανη, plante; γραφω, je décris). Description de plantes. Plusieurs auteurs, entre autres Lestiboudois, ont donné ce titre à leurs ouvrages.

BOULINGRIN. Nom purement anglois, *bowling-green*, et qui cependant est d'origine françoise. Anciennement on jouoit à la boule sur le gazon qui bordoit les villes; cela s'appeloit *bouler sur le vert* et le lieu en retint le nom de *boulevert* ou *boulevard*, comme on disoit alors. Cet usage passa chez les Anglois; ils traduisirent littéralement boulevert, par *bowling-green*, et ils l'étendirent à toutes les pièces de gazon qui ornent leurs jardins. Ce goût s'étant introduit en France, nous avons repris le nom de *boulingrin* en oubliant celui de boulevert.

Le mot boulevard s'est cependant conservé en françois

où il désigne, au propre, l'enceinte d'une ville; au figuré, tout ce qui sert à la défendre.

BOURGEON. Selon Ménage, ce mot vient de *burria*, bourre, en latin; de la bourre qui recouvre la plupart des bourgeons: c'est une origine très-hazardée.

BOURSE. Enveloppe de plusieurs espèces de champignons; de *bursa*, terme de basse latinité.

BRACTÉE. Feuille qui est immédiatement sous la fleur: du latin *bractea*, lame, corps mince. Les bractées sont les plus fines et les plus délicates des feuilles.

BRANCHE. La plupart des étymologistes ont fait venir ce mot de βραχιων, bras, en grec; les branches étant à l'arbre, ce que les bras sont au corps humain. Virgile dit d'un arbre, *brachia tendens*, (*Géorgiq.* 2), étendant ses bras ou branches; cela doit toutefois n'être pris que comme figure poétique. La véritable origine de branche est celtique; *braxi*, rameau, d'où *brandon*, littéralement une branche enflammée.

BREUIL. Terme forestier. Lieu d'un bois où se retirent les bêtes fauves. Ce mot est francisé du latin *brogilus*, qui signifie *bois clos*, *parc*: *brog*, fermé; *gil*, forêt, en langue celtique.

De là vient qu'on trouve presque toujours dans le voisinage des grandes forêts, des villages ou cantons appelés *Le Breuil*.

BULBE. Du grec βολβος, dont le primitif est *bol* ou *bal*, tout corps rond, en celtique : d'où quantité de dérivés qui tous expriment des choses rondes en plusieurs langues : *bol*, *boule*, *balle*, en françois, etc.; *bell*, *bowl*, en anglois; *bolla*, en anglo-saxon. Voy. *Boletus*, dans le cours de l'ouvrage.

C

CADUC (*caducus*, qui tombe, de *cadere*, tomber). Calice qui tombe à l'épanouissement de la fleur.

CALICE. Du celtique *cal*, vase, bassin, dont les Grecs ont fait κυλιξ; les Latins, *calix*, les Francois, *calice*, *calotte*, etc.

CAPILLAIRE. Tiges, racines ou feuilles menues comme des cheveux, appelés en latin *capilli*. Ce mot a pour radical *cap*, tête, en celtique, et il exprime une chose appartenante à la tête.

Capillaire est dérivé de *capillus*, comme *chevelure* l'est de *chef*.

CAPSULE (καψα, boîte). Petite boîte contenant les semences.

CARÈNE (*carina*, quille d'un vaisseau, en latin). En botanique la carène est une partie de la corolle des légumineuses qui ressemble très-bien, par sa forme arquée, à la carène ou quille d'un vaisseau. Carène a pour primitif *car*, pièce de bois, en celtique.

CELLULE. Diminutif de *cella*, loge. Les cellules sont les petites loges où sont placées les graines.

CEP. De *cip* ou *cippil*, souche en celtique. De là *récéper*, couper sur souche.

CÉRÉALES. Les plantes ou graines céréales sont celles qui fournissent à l'homme sa principale nourriture, et qui composent le domaine de Cérès (1), divinité des moissons chez les Latins.

CHAPEAU. Partie supérieure des champignons : elle ressemble, pour l'ordinaire, à un chapeau rabattu.

Chapeau a pour radical *cap*, tête, en celtique, d'où une multitude de dérivés en grec, latin et françois. Voy. *Allium cepa* dans le cours de l'ouvrage.

CHARPENTE (*scearp*, tout ce qui coupe, en anglo-saxon). De ce mot nous avons fait *charpente*, *charpie*, *écharper*, etc. Les anglois, *sharp-scythe*, une faux ; *to charpen*, aigui-

---

(1) La Cérès des Latins, la Demeter des Grecs et l'Isis des Egyptiens, étoient la même divinité. Hérodote dit : *Isis, que les Grecs nomment Demeter*. Diodore de Sicile : *La terre que les Égyptiens nomment mère, dont les Grecs ont fait leur Demeter.*

Ces trois divinités avoient le même culte, les mêmes attributs, et il est très-remarquable que leur nom exprime la même idée dans la langue de chacun de ces peuples. Cérès vient du latin, *cerro*, je crée, je produis.

Demeter a pour racine μητηρ, mère, c'est-à-dire la mère commune. Isis vient de *i-si*, qui selon Fréret, signifie, en ancien égyptien, réceptacle commun. *Mém. Acad. des inscrip.* vol. 31.

ser, etc. *Scearp*, en anglo-saxon est lui-même altéré de *serp*, instrument tranchant, en celtique, d'où *serpe*, en françois; *sarp*, faux, en esclavon; *serpi*, faux, en finlandois, etc.

CHATON. Qui ressemble à une queue de chat. Voy. *Amentacée*.

COIFFE. Enveloppe de la fructification des mousses. Il vient de *coph*, l'un des synonymes de *cap*, tête, en celtique.

COLLERETTE. Calice des ombellifères. Ce mot signifie qui tient au col de la fleur. Voy. *Involucre*.

CONE. Nom affecté à la fructification des sapins et arbres qui y sont analogues. Il vient de κωνος, corps rond et allongé.

COQUE. De *cucc*, chose creuse, en celtique; d'où *cuculla*, *cochlea*, *cochlear*, *coquille*, *cocon*, *conque*, etc. Voy. *Cucumis* et *Cucurbita* dans le cours de l'ouvrage.

CORIACE (*coriaceus*, dérivé de *corium*, cuir). Coriace, tout ce qui est d'une consistance semblable à celle du cuir. Voy. *Ecorce*.

COROLLE. Nom altéré de *corona*. La corolle d'un très-grand nombre de fleurs représente une couronne. *Corolla* est même employé pour *petite couronne*. *Corona* a pour racine *cor*, tête, en celtique, d'où κορυς, casque; κορυφη, sommet; κορδυλη, tête d'une massue; καρα, tête, en grec, etc.; en françois, *corne*, *cornette*, etc.

CORYMBE. Fleurs réunies en tête. Ce nom est francisé du grec κορυμβος, qui signifie tête, et dont le primitif est toujours *cor*, tête, en celtique. Voy. ci-dessus *Corolle*.

COSSE. *Coss*, légume, en celtique.

COTYLEDON. Nom que l'on donne aux feuilles séminales; il est derivé de κοτυλη, écuelle, chose creuse, en grec. Les cotylédons sont souvent charnus, arrondis et creusés en cuiller.

COUTRE. Instrument d'agriculture. On a dit *coultre* dans le principe, francisé du latin *culter*, qui est dérivé de *cultus*, travail de la terre, labour.

COURTIL. Vieux mot françois qui signifie un petit jardin. *Courtille* est encore le nom d'un jardin renommé, près de Paris. *Courtillier*, jardinier, en vieux françois; *courtil*, enclos en plusieurs provinces de France; *courtillière*, insecte nuisible aux jardins, etc. Tous ces noms sont dérivés du celtique *cort*, lieu clos, dont, dans le moyen âge, on a fait *curtis*, lieu où s'assembloit le parlement qui suivoit les rois. C'est de là que l'on dit la *cour* d'un roi; les Anglois, plus près que nous de l'étymologie, disent la *court*.

De ce même mot *cort*, les Grecs ont fait χορτος, enclos, et c'est de là que viennent les mots latins *hortus*, *hortensis*, pour désigner un jardin et tout ce qui y a rapport. *Cort*, enclos, est encore l'origine de la terminaison en *court*, si fréquente dans les noms de village de l'ancienne Picardie.

CUPULE. Diminutif de *cupa*, coupe, vase. Terme affecté à la fructification des *lichen*, qui d'ordinaire est en godet.

D

DENDROIDES (δενδρον, arbre; ειδος, forme, ressemblance). Plante qui ressemble à un arbre.

DENDROLOGIE (δενδρον, arbre; λογος, discours). Discours sur les arbres, traité des arbres. Quelques auteurs, Aldrovande entre autres, ont donné ce titre à leurs ouvrages.

DICHOTOME (tige; διχα, dérivé de δις, deux fois; τεμνω, je coupe, je divise). C'est-à-dire tige partagée en deux, tige fourchue.

DIDYME (διδυμος, double, par deux). Ce mot signifie, en grec, la même chose que *conjugatus*, en latin; mais *didyme* est ordinairement appliqué aux fruits, tandis que *conjugué* ne se dit que des feuilles.

DIPLOPOGONES (διπλος, double; πωγων, barbe). Section de mousses dont l'urne est garnie à son orifice de dents à l'extérieur et de cils à l'intérieur, ou de péristomes interne et externe.

DORSIFÈRE (plantes, *dorsum*, dos; *fero*, je porte). C'est-à-dire plante qui porte ses semences sur le revers ou dos des feuilles, comme la plupart des fougères.

DUVET. Francisé de *tufetum*, qui vient de *tufa* ou *typha*, plante dont les anciens employoient la bourre à faire des matelats, coussins, etc.

Selon Ducange, *duvet* vient de *duvæ*, terme de basse latinité qui signifie petites plumes. Il est employé par Frédéric II, en son *Traité de la Vénerie*.

E

ECAILLE. Ménage fait venir ce mot de l'italien *squaglia*, et tous deux de *squammula*, diminutif de *squamma*, écaille, en latin.

ECOBUER. Terme d'agriculture très-usité à l'ouest de la France. C'est l'action de couper le gazon par quartier pour le brûler et féconder la terre. Ce mot vient du celtique *cobhuain*, couper par morceaux. Il est employé dans Ossian.

ECONOMIE (des végétaux). Système ou arrangement systématique des parties entre elles. Ce terme est passé de la médecine à la botanique. On dit l'*économie animale* en parlant des ressorts connus ou secrets de la vie. Dans l'un et l'autre cas, ce mot est pris au figuré. Dans le sens littéral *économie* signifie l'ordre, l'administration d'une maison : οἶκος, maison ; νόμος, loi, ordre. On écrivoit autrefois *œconomie*, et l'on avoit raison, cette orthographe présentant l'origine du mot.

ECORCE. Francisé du latin, *cortex*, qui a pour primitif *cor*, peau, en celtique, d'où *corium*, cuir ; *cortex*, écorce, écorcher. Voy. *Coriace*.

L'écorce étoit aussi nommée *plusken*, en celtique, et c'est de là que vient notre mot *éplucher*.

ECTOPOGONES (ἐκτός, dehors ; πώγων, barbe). Mousses dont l'urne est garnie à son orifice d'un seul péristome externe ou de dents.

ECUSSON. Sorte de greffe qui se fait avec un morceau d'écorce ovale avec un bourgeon à son centre, ce qui lui donne quelque ressemblance avec l'*écu* ou bouclier des anciens.

Ecu vient du latin *scutum*, bouclier, qui lui-même est dérivé de σκῦτος, cuir. Le bouclier étoit fait d'un bois léger recouvert de cuir. L'histoire ancienne nous montre souvent des assiégés réduits à manger le cuir de leurs boucliers.

C'est de cet usage d'employer le cuir aux armes défensives que vient le mot *cuirasse*. Voy. *Euphorbia loricata*, dans le cours de l'ouvrage.

EDULE. Bon à manger; du latin *edulis*, qui vient de *edo*, je mange. *Edo* a pour radical *ed*, manger, en celtique, d'où le mot anglois *eat*, manger; *aet*, aliment, en anglo-saxon.

EMBRIQUÉ (calice). Qui est à recouvremens comme les tuiles d'un toit. *Imbrex*, tuile, qui vient d'*imber*, pluie; c'est-à-dire qui sert contre la pluie.

EMBRYON. Terme passé de la médecine à la botanique, où il signifie également un corps non développé. Il vient du grec *ν*, dans; *βρυω*, je germe : c'est-à-dire qui est encore dans le germe.

ENTOPOGONES. Section des mousses dont l'urne est seulement garnie de cils ou péristome interne. Il vient de *εντος*, interne; *πωγων*, barbe.

EPERON. Du celtique *sper*, pointe, dont les François ont fait éperon, épervier, de sa serre; les Latins, *sparus*, dard; les Anglois, *spur*, *spire*; les Allemands, *speer*, *sporn*. Voy. *Asparagus*.

EPI. Du celtique *pic*, pointe : l'épi se termine en pointe. De *pic*, nous avons fait *pique*, *piquer*, *pic*, partie aiguë d'une montagne; *aspic*, *épice*, *porc-épic*, etc.; les Latins, *spica*, *spiculum*, *spiculator*, etc.; les Allemands, *spitz*, *spiel*, etc. Voy. *Spinacia*.

EPINE. Même étymologie que ci-dessus.

EPIDERME (*επι*, sur; *δερμα*, peau). Première peau, surpeau.

EPHÉMÈRE. Dans le sens usité, ce mot signifie, *de peu de durée*. C'est ainsi que l'on dit, *une plante éphémère*; mais en botanique, il est pris dans le sens littéral, et il exprime une fleur qui dure un seul jour. Il vient du grec *επι*, pour; *ημερα*, jour : pour un seul jour.

ESPALIER. Terme de jardinage; il est synonyme de *palissade* et il a la même origine, *pal*, pieu. Les espaliers, dans le principe, étoient soutenus par des pieux, et non adossés à des murs, comme aujourd'hui. Voy. Olivier de Serres.

ETAMINE. Du latin *stamen*, qui vient du grec *στημων*, dérivé de *ιστημι*, je crée, je produis. C'est-à-dire partie génératrice de la fleur.

ÉTENDARD. Pétale supérieur des fleurs légumineuses, nommé ainsi parce qu'il est déployé comme un étendart. Ce mot est

de pure origine françoise ; il exprime une chose qu'on dé-
ploie, qu'on étend : on en connoît l'usage. En latin, il est
appelé *vexillum*, dérivé de *velum*, voile.

ETEUIL. Paille qui reste dans les champs après la moisson ;
d'ordinaire on la brûle pour féconder la terre et c'est de là
que vient ce nom. *Etew*, chose qu'on brûle, en celtique,
d'où *heat*, chaleur, en anglois. D. LEPELLETIER.

ÉTYMOLOGIE (ετυμος, véritable ; λογος, discours, parole).
C'est-à-dire, véritable sens des mots.

EXOTIQUE (plante). Εξω, dehors en grec, dont les Latins ont
fait *exoticus*, qui est né hors du pays que l'on habite : c'est
l'opposé d'*indigène*.

EXTIRPER. Terme d'agriculture. C'est l'action de détruire les
plantes nuisibles. Ce mot vient de *ex*, préposition latine qui
exprime l'action de mettre dehors : *stirps*, plante, souche.

Cette expression est souvent prise au figuré, dans la langue
françoise.

F

FALLTRANCKS. Mélange de plantes chaudes et vulnéraires
cueillies sur les Alpes et que les Suisses vendent par toute
l'Europe. On donne les Falltrancks en infusion contre les
chûtes et c'est de là qu'ils tirent leur nom : *fall*; chûte,
trank, boisson.

FASCICULE (*fasciculus*, petit faisceau). Terme de médecine
ou plutôt de pharmacie, par lequel on entend tout ce qu'un
seul bras peut embrasser de plantes.

Fascicule est encore un terme dont plusieurs auteurs de
botanique se sont servis pour exprimer, dans leurs ouvrages,
la réunion d'un certain nombre de plantes.

FÉCULE. Francisé du latin *fecula*, dérivé de *fex, fecis*, lie,
marc. On disoit même des *fées*, en vieux françois, pour
exprimer la lie. Quoique les fécules soient d'une substance
différente de la lie, qu'elles en soient même le contraire,
on leur en a donné l'ancien nom, parce qu'elles occupent
comme la lie, le fond des vases où l'on en fait l'extraction.

FERME. De l'anglo-saxon *feorm* ou *feorme*, qui littéralement signifie un repas, et par suite un magasin d'alimens. De *feorm*, les Anglois ont fait *farm*, *farmer*; les François, *ferme*, *fermier*, *fermage*.

FEUILLE. En grec, φυλλον, en latin, *fol*; en anglo-saxon, *leaf*; en anglois, de même; *loff*, en cimbre, etc.: c'est toujours le même mot, mais qui est retourné dans les langues du nord.

Selon Henri Etienne, φυλλον a pour primitif φυω, je crois, je pousse.

F. ABRUPTE (*abruptus*, participe d'*abrumpo*, je coupe). Feuille pinnée, qui manquant à son extrémité de la foliole impaire, semble être tronquée.

F. AMPLEXICAULE (*amplexus*, embrassé; *caulis*, tige). Feuilles opposées et sans queue, qui environnent et semblent embrasser la tige.

F. CANALICULÉE. Qui est creusée comme une gouttière, appelée en latin *canaliculus*, diminutif de *canalis*, canal. Voy. au genre *Canna*, l'origine du mot *canalis*.

F. CAULINAIRE (*caulis*, tige : feuille qui tient à la tige). C'est l'opposé de feuille radicale. *Caulis* vient du grec καυλος, qui signifie la même chose.

F. CONJUGUÉE (*cumjugatus*, accouplé). Ce mot est composé de *cum*, avec, ensemble; *jugo*, joindre. Voy. *Didyme*.

F. CONNÉES. Abrégé de *connexus*, lié, attaché. Feuilles opposées et tellement unies, qu'elles n'en font plus qu'une à travers de laquelle passe la tige.

F. CORDIFORME (*cor*, *cordis*, cœur). Feuille en forme de cœur.

F. CUNÉIFORME (*cuneus*, coin). Feuille en forme de coin.

F. DÉCURRENTE (*decurro*, je cours). Feuille qui semble courir tout le long de la tige par ses prolongemens.

F. DELTOÏDE (*delta*, la lettre D des Grecs; il a la forme d'un triangle Δ; ειδος, forme). Feuille dont la forme est triangulaire.

F. DIGITÉE (*digitus*, doigt). Feuille divisée comme les doigts de la main.

F. DISTICHÉES (δις, par deux; στιξ, στιχος, ordre, mesure, rang). Feuille rangée sur deux rangs.

F. FISTULEUSE. Tige ou feuille arrondie et creuse comme un tube appelé en latin *fistula*.

F. GÉMINÉES (*geminus*, par deux, d'où *gemeaux*). Feuille digitée, à deux folioles seulement.

F. HASTÉE (*hasta*, pique). Feuille qui ressemble à un fer de pique avec ses oreillettes.

F. LANCÉOLÉE (*lancea*, lance). Feuille qui ressemble à un fer de lance. Selon Varron, la lance venoit des Espagnols, et son nom étoit un mot de leur langue. Il existoit en Espagne une ville appelée *Lancea*, où il est à croire que cette arme fut inventée. De même, dans des temps plus modernes, les *baïonnettes* et les *pistolets* furent nommés ainsi de Baïonne et de Pistoie où l'on fabriqua les premiers.

F. LINÉAIRE (*linea*, ligne; *linearis*, semblable à une ligne, à un fil, par sa forme longue et étroite). Voy. le genre *Linum*.

F. LUNULÉE (*luna*, lune). Feuille dont la base présente deux échancrures en forme de faux ou de croissant.

F. OMBILIQUÉE. Dont la queue est placée au centre, comme le nombril au milieu du ventre. Ce mot vient d'*umbilicus*, nombril, et il a pour primitif *umbo*, le bouton ou la bosse qui est au milieu du bouclier des anciens.

F. PALMÉE (*palma*, la paume de la main). Feuille qui, par ses divisions, a la forme de la paume de la main. Ce nom présente le même sens que *digité*, avec cette différence que les parties qui composent la feuille digitée sont tout à fait séparées, tandis que la feuille palmée n'a que de profondes échancrures.

F. PERFOLIÉE (*per*, par, à travers; *fol* feuille). Feuille à travers de laquelle passe la tige.

F. PENNÉE. Altéré de *penna*, plume. Feuille garnie des deux côtés de folioles rangées comme les barbes d'une plume.

F. RADICALE (*radix*, racine). Feuille qui est implantée sur la racine même.

F. RHOMBOÏDE. Rhomboïde, figure de géométrie, appelée vulgairement *losange*. Ce mot vient de ρομϐος, un turbot, en grec. Ce poisson présente quatre angles, deux aigus, la tête et la queue; deux obtus, les deux nageoires.

F. SESSILE (*sessus*, assis, participe de *sedeo*, asseoir). Feuille sans queue, appuyée ou assise sur la tige même.

F. SUBULÉE (*subula*, alêne). Feuille qui se termine en pointe comme une alêne.

FILET (*filum*, fil). Partie déliée de l'étamine qui ressemble à un fil.

FLEUR. *Fflur*, beauté, en langue celtique, dont les Latins ont fait *flos floris*, *flora*; les Anglois, *flower*; les François, *fleur*, etc.

FLEURON. Diminutif de fleur, comme le latin *flosculus* l'est de *flos*.

FLORILÉGE. Nom que plusieurs botanistes ont donné à leurs ouvrages. Il signifie un choix, une collection de fleurs, et il vient de *flos floris*, fleur; *lego*, je cueille, je choisis. Voy. *Anthologie*.

FOIN. Du celtique *fœnn*, dont les Latins ont fait *fœnum*. Il a pour primitif *fo*, feu, chaleur; c'est-à-dire herbe séchée au soleil. De *fo*, les Grecs ont fait φῦς, feu; φαω, je brille; φαισμει, éclat, etc.; les Latins, *focus*, *fomes*, *fovere*, etc.; les François, *foyer*, *faude*, *four*, *fouace*, *fougue*, *affouage*, droit de chauffage, etc.

FOLIOLE. Petite feuille qui fait partie de la feuille composée ou d'un calice. Il vient de *foliola*, diminutif de *fol*, feuille.

FRUIT. Du *celtique* *frwyth* dont les Latins ont fait *fructus*; les Anglois et les François, *fruit*; les Allemands, *frucht*, etc.

FUTAIE. Dérivé de *fusta*, pièce de bois, en celtique, dont nous avons fait *fût*, *affût*, *futaille*, *fusto*, poutre en provençal; *fust*, bois, dans le roman de la Rose; *fustiger*, etc.; en latin, *fustis*, *fusterna*, etc.

G

GAINE. Ce nom vient de *gaina*, que l'on a dit, en basse latinité, pour *vagina*. La transmutation du V en G est une des plus fréquentes.

GAZON. Dérivé de *gas*, vert, en celtique.

GÉNÉRATION. Francisé de *generatio*, qui est dérivé de *gigno*, j'engendre, en latin. Tous ces mots sont passés du grec dans le latin, γινσις, réproduction; γινομαι, engendrer.

GENOU (*genu*, qui vient de γυυ, genou, d'où γωνια, angle; à cause de l'angle que fait la jambe avec la cuisse). Comme le genou est renflé, on a donné ce nom, en botanique, aux renflemens de la tige.

GEORGIQUE. Ouvrage sur l'agriculture. Ce nom vient de γη, la terre; εργον, travail; c'est-à-dire qui concerne les ouvrages ruraux. De là aussi le nom propre George, laboureur, paysan.

GLANDE. Terme passé de la médecine à la botanique. Il vient de *glans*, *glandis*, le gland du chêne. Les glandes du corps humain sont ordinairement arrondies comme des glands.

GLOSSAIRE. Ouvrage sur les langues. Ce mot vient du grec γλωσσα, la langue, l'organe de la parole, et par suite le langage.

Glossaire, dans l'acception usitée, exprime un recueil de termes, de locutions difficiles ou étrangères, et par extension, l'explication de ces mêmes difficultés.

GOUSSE. Voy. *Cosse*; c'est le même sens et la même origine.

GRAIN. Voy. ci-dessus *graminées*.

GRAMEN (graminées, du grec γραω ou γραινω, je mange). Ce mot est le primitif de *granum*, *gramen*. en latin; *grass*, en anglois; *grain*, *graminées*, en françois, etc.; c'est-à-dire famille de plantes qui fournit le plus à la nourriture de l'homme.

GRAPPE. Du celtique *crap*, prise, saisie; d'où en françois *grapin*, *agraffe*; en anglois, *to grasp*, empoigner, etc.

GRUERIE. Terme forestier. Il vient du celtique *gru*, arbre; *grue*, arbuste, bruyère, en la même langue; d'où *grou*, en vieux françois : tous les fruits forestiers. *Grume*, bois en grume, charpente non équarrie, encore en arbre.

H

HACHÉ. De *hach*, qui signifie la même chose en celtique, d'où *axt*, en allemand; *hacco*, en theuton; *haccan*, couper, en vieux saxon, etc.

HAIE. De l'anglo-saxon *haeg*, qui vient de *hagen*, clôture en la même langue. De ce mot les Anglois ont fait *hedge*, *hai*, synonyme de *hedge*; *haw*, petit champ enclos; les Allemands, *hagen*, garantir; *hag*, hale. Ce terme est passé dans la basse latinité, et *haia* est employé, dans le même sens, dans les capitulaires de Charles-le-Chauve.

HAMPE. Queue des fleurs sans tige, du celtique *amp*, qui exprime tout ce qui sert à prendre, à saisir. De là *hameçon*, *hamus*.

HERMAPHRODITE. Qui réunit les deux sexes. Ce nom vient de Ημης, Mercure; Αφιεδιτη, Vénus; c'est-à-dire réunion du mâle et de la femelle. Ce sens est le même que celui d'*androgyne*, mais il est exprimé poétiquement.

HETEROPHYLLE (ετρις, différent; φυλλον, feuille). Qui porte des feuilles de différentes formes. Cette épithète est fréquente en botanique.

HOMONYMIE (ομος, semblable; ονομα, nom). Concordance des noms. L'homonymie est très-importante en botanique, et des anciens aux modernes, elle a toujours été un cahos. Saumaise a intitulé : *Homonymes des plantes*, un ouvrage rare aujourd'hui, où il montre plus d'érudition que de clarté.

HYBERNACLE. Littéralement *appartement d'hiver* : d'*hybernus*, hiver. L'hybernacle est une partie de plante, comme une bulbe, un bourgeon qui contient l'embryon d'une plante qui doit paroître après l'hiver.

HYBRIDE. Bâtard. Les Latins nommoient *imbri, umbri* ou *ibri*, tous les animaux métis. Ce mot vient du grec νοριs, tache, injure.

Ce terme a été trop légèrement employé par les botanistes; les plantes vraiment *hybrides*, sont très-rares et cette épithète est très-fréquente.

HYDROSTATIQUE (υδωρ, υδρος, eau; στας, être en équilibre). Science de l'équilibre des liqueurs. Hales a démontré dans sa *Statique des végétaux*, que cette science tient à la culture des plantes.

HYMENODES (υμεν, membrane; ιδος, forme, ressemblance). Mousses dont les dents qui garnissent l'urne, supportent une membrane horizontale qui tient lieu de péristome interne.

HYPERBOLE. La botanique, dans sa nomenclature, emploie souvent l'hyperbole; c'est une expression outrée. Ce mot vient de ὑπερ, par delà; βαλλω, je jette : c'est-à-dire qui va trop loin, qui dépasse le but.

Polypode horrible, pour dire épineuse; *renoncule scélérate,* au lieu de nuisible, sont des expressions hyperboliques. Voy. *Métaphore.*

HYPOCRATÉRIFORME. En forme de soucoupe; ὑπο, sous; κρατηρ, coupe, vase. Ce mot *cratere* ne s'est conservé en françois, que pour exprimer la bouche d'un volcan.

On remarquera que *hypocrater* étant grec, la désinence latine *forma* s'y joint d'une manière désagréable et qui blesse le principe établi, de ne point composer un mot de plusieurs langues. Voy. *Amyris toxifera.*

I

ICHNOGRAPHIE. Beaucoup d'auteurs ont publié sous ce titre, des collections de plantes dessinées. Il vient de ἰχνος, vestige, trace; γραφω, je décris, je trace.

Ce terme qui a une signification précise en géométrie (1), n'en a qu'une très-vague en botanique où il exprime seulement un dessin de plantes.

ICONOGRAPHIE. Ce mot a, en botanique, la même signification que *ichnographie.* Il vient de εικων, image; γραφω, j'écris : c'est-à-dire dessin de plantes.

IDIOGYNE (ιδιος, séparé, privé; γυνη, femelle). Fleur ou plante qui n'a pas d'organe femelle; comme *anandrine* exprime celle qui manque de l'organe mâle..

INDIGÈNE (*inde,* d'ici; *genitum,* né, participe de *gigno*). Voy. *Génération.* Les plantes indigènes sont celles qui appartiennent au pays où l'on est. C'est l'opposé d'exotique.

INOCULATION (*inoculare,* greffer ou plutôt écussonner; *in,* dans; *oculus,* œil). C'est-à-dire insertion de l'œil ou bourgeon dans l'écorce d'un arbre.

Ce terme est passé de l'agriculture à la médecine où il a perdu sa précision.

---

(1) En géométrie, l'ichnographie est le relevé du plan d'un bâtiment d'après la section horizontale qu'on en auroit faite, et que l'on suppose,

INVOLUCRE. Calice des plantes en ombelle. *Involucrum* signifie en latin une enveloppe, une couverture, et il vient
d'*involvo*, j'enveloppe.

J

JACHÈRE. Terme d'agriculture. *Jacens*, participe de *jaceo*,
j'abandonne : terre qu'on abandonne, qu'on laisse reposer
pour un an.

JARDIN. De *gard*, clôture, conservation, en celtique. On dit
encore *gardin*, en picard ; *garden*, en anglois ; *garten*, en
allemand, etc. De *gard*, les Anglo-Saxons ont fait *gerd* ou
geard, et par suite les Anglois, *yard*, pour exprimer un
lieu clos, une enceinte. *Gerdel*, en anglo-saxon , d'où *girdle*,
ceinture, en anglois, sont dérivés du même mot.

L

LAME (*lamina*, corps mince et aplati). Tel est le corps du
pétale, appelé *lame*, en botanique.

LAYER. Layeur, laye, termes forestiers. De *laia*, employé
dans les plus anciens manuscrits pour signifier *bois*, *taillis*.
De là Saint-Germain *en Laye*. *Layet*, forêt, en vieux françois ; *laye*, femelle du sanglier, qui habite les bois. *Layette*,
coffre de bois, en vieux françois (1), *layetier*, ouvrier en
bois, etc.

LÉGUME. En latin *legumen*. Selon Terentius Varro, ce mot
vient de *lego*, je cueille ; les Latins appelant *légumes* tous
les grains que l'on cueille à la main, et *seges*, ceux que l'on
fauche. *Seges* vient de *segal*, faux, en celtique. Voy. le genre
Secale, qui en tire son nom.

LEPTOPHYLLE (λεπτος, petit, φυλλον, feuille). Epithète fré-

---

(1) Anciennement les femmes réunissoient dans un coffre ou layette,
l'assortiment des choses nécessaires à leur enfant, et c'est de là qu'est
venu le mot *layette*, pour exprimer le trousseau d'un nouveau né.

quente, en botanique, pour distinguer les plantes à petites feuilles. C'est le même sens que le *tenuifolium* des Latins.

LIGNEUX. Qui tient de la nature du bois appelé *lignum* en latin.

LIMBE (*limbus*, bord du pétale).

LITHOPHYTE. Littéralement pierre-plante ; λιθος, pierre; φυτον, plante. Productions marines qui ont la forme ramifiée des végétaux. Le corail, les madrépores sont des litho-phytes.

LOBE (λοβος, qui littéralement exprime la portion inférieure de l'oreille). De ce mot les Latins ont fait *lobus*, pour ex-primer une portion, une partie. On dit, en botanique, les lobes d'une feuille, d'un cotylédon, etc.

LOMENTACÉES. Famille de plantes légumineuses; de *lomen-tum*, nom employé par Pline, liv. 22, chap. 25, pour ex-primer la farine de fèves.

LURIDES (*luridus*, pâle, livide). Classe qui comprend des plantes dont l'aspect triste semble indiquer la qualité véné-neuse, comme les jusquiames, morelles, etc.

LUXURIANTES (fleurs). *Luxurians*, qui pousse avec excès, dérivé de *luxuria*, surabondance. La fleur luxuriante est celle dans laquelle les sucs nourriciers sont trop abondans; d'où il résulte une augmentation de la corolle, aux dépens des parties de la génération.

Toute fleur double, pleine ou multiple est *luxuriante*.

LYMPHE. Humeur qu'on trouve dans la plante, qui la nour-rit et qui est différente du suc propre ou sang. Les pleurs de la vigne sont de la lymphe, le suc rouge de la chéli-doine est le suc propre ou sang.

Ce mot signifie proprement une eau courante, et il vient de λουω ou λοω, je mouille, je lave.

M.

MACROPHYLLE (μακρος, grand; φυλλον, feuille : à grandes feuilles). Epithète fréquente en botanique. C'est le même sens, en grec, que *latifolium* en latin.

-MÉTAPHORE. Les noms métaphoriques sont très-fréquens

en botanique. Ce sont ceux qui présentent un sens figuré, tels que *geranium triste*, *amaranthe mélancolique*, *yucca glorieuse*, etc. Ce mot vient de μετα, qui, en composition, exprime une translation, un passage d'une chose à une autre, et φερω, je porte.

La métaphore soutenue est l'allégorie; forcée, elle devient hyperbole.

MÉTÉORIQUES (fleurs). Sont celles qui suivent avec plus ou moins d'exactitude les mouvemens du soleil dans leur épanouissement, ou dont le développement est en raison des changemens de l'atmosphère. Météore vient du grec μετεωρος, élevé; c'est-à-dire chose qui se passe dans les régions supérieures.

MÉTHODE. Marche régulière et systématique par laquelle on parvient à la connoissance d'une science.

Ce mot vient de μετα, par delà, supérieur; οδος, chemin; c'est-à-dire la meilleure voie, la bonne route. *La méthode est le fil d'Ariane*, dit Linné.

MICROPHYLLE (μικρος, petit; φυλλον, feuille, à petites feuilles). Synonyme de *leptophylle*. Voy. ce mot.

MOELLE (*medulla*, dérivé de *medius*, qui est au milieu). La moelle, soit en anatomie, soit en botanique, occupe toujours le milieu des corps qui la contiennent.

MONOGRAPHIE (μονος, seul, unique; γραφω, j'écris ou je décris). Ouvrage qui n'a pour objet qu'un seul genre de plantes, tel que celui de l'Héritier sur les *geranium*, la quinologie de Mutis, etc. Lorsqu'un genre est par trop étendu, ou que les espèces n'en sont pas bien connues, une monographie devient un ouvrage très-utile.

MONOPÉTALE, MONOSPERME, MONOPHYLLE (μονος, seul, unique) Qui n'a qu'un pétale, qu'une graine, qu'une feuille.

MULTIFLORE (*multum*, beaucoup; *flos*, *floris*, fleur). Calice ou péduncule qui porte plusieurs fleurs.

MYTHOLOGIQUES (noms). Sont fréquens en botanique. Ils nous rappellent les Divinités de la Grèce avec lesquelles les plantes qu'ils désignent ont toujours un rapport direct ou indirect. Voy. *Circæa*, *Tagetes*, *Atropa*.

Mythologie exprime un récit fabuleux, et il a été appliqué à la religion des anciens : il vient de μῦθος, fable ; λόγος, discours ; c'est-à-dire qui traite de la fable.

N

NAUSÉABONDE (odeur). C'est-à-dire qui excite des nausées. Ce mot vient du grec ναῦς, vaisseau, navire. Il désignoit dans le principe, le mal de cœur dont sont affectés ceux qui montent un vaisseau pour la première fois.

NECTAIRE (nectar, breuvage des Dieux, en mythologie, de ν, particule négative ; κτω, je fais mourir ; c'est-à-dire breuvage qui rend immortel). En botanique, on a appliqué le nom de nectaire, à la partie de la fleur qui contient le miel, que l'on a poétiquement comparé au nectar.

NERF, NERVURE. En botanique, une feuille est nerveuse quand elle présente à sa surface des vaisseaux qui s'étendent sans ramification du sommet à la base.

Νεῦρον, en grec, signifie littéralement force, vigueur. De ce mot les Latins ont fait nervus, et nous nerf.

NOYAU (nucleus ou nucellus, en latin, qui ont pour primitif cnaou, prononcez naou, noix, en celtique : singulier, cnaouen. De là hnut, en anglo-saxon ; nut, en anglois ; nux, en latin ; noix, en françois ; nüsse, en allemand, etc.

NUTATION (nutare, pencher). En botanique, c'est l'action par laquelle une plante ou une fleur s'incline vers le soleil. Ce mouvement est attribué à la dilatation que la chaleur du soleil produit sur la partie qui le regarde.

O

OIDE. Terminaison très-fréquente en botanique, anatomie, géométrie, etc. Elle vient du grec εἶδος (1) forme, ressem-

---

(1) Il est à remarquer que ce même mot εἶδος, qui se retrouve si souvent dans les termes de sciences, ne se rencontre dans la langue françoise proprement dite, que dans le mot idole, image de Dieu, de la Divinité.

blance; et elle exprime la ressemblance avec la chose désignée par le mot qui la précède. *Sphéroïde*, qui ressemble
à une sphère; *cycloïde*, qui approche de la figure d'un cercle,
en grec *κυκλος*, etc.

OLÉAGINEUX (grain; *oleum gigno*, je produis de l'huile). Voy.
l'étymologie d'*oleum* au genre *Olea*.

OLÉRACÉES (plantes). Dérivé du latin, *olus*, *oleris*, herbage, plante alimentaire. *Olus* a pour primitif *lus*, herbe,
en celtique, d'où *luserne*. Voy. *Medicago*.

OMBELLE. Synonyme de parasol, qui se nommoit *umbrelle* en
vieux françois. Ce mot a pour racine *umbra*, ombre : de
l'ombre qu'il produit. *En route*, dit Montaigne, *les ombrelles
chargent plus le bras qu'ils ne déchargent la tête*. *Umbrello*,
signifie encore aujourd'hui un parasol, en italien.

OMBILIC. Voy. au mot *Feuille ombiliquée*.

ONGLET. Dérivé d'ongle. L'onglet est la partie inférieure du
pétale, par laquelle se fait son insertion. Elle ressemble très-
bien à un petit ongle. Ongle est altéré du latin *unguis*,
qui vient du grec *ονυξ*.

OPERCULE (*operculum*, couvercle; d'*operire*, fermer). Les
capsules de plusieurs plantes sont à opercules ou couver-
cles.

ORGANE (*organum*, machine, instrument). Il vient du grec,
οργανον, qui a pour racine *εργον*, travail; c'est-à-dire chose
travaillée. On dit, en botanique, *les organes de la génération*.

OVAIRE. Terme passé de la médecine à la botanique. En
médecine, les ovaires sont de petits corps ovales qui ressemblent à une petite grappe d'œufs, et on leur en a donné
le nom : *ovum*, œuf. En botanique, l'ovaire est la partie de
l'organe femelle où les embryons sont renfermés précisément de la même manière.

P

PANACÉE. Epithète que les herboristes donnent souvent aux
plantes officinales. Il vient du grec *παν*, tout; *ακος*, remède;
c'est-à-dire *remède à tous maux*. On sent assez quelle est la
juste valeur de ce titre.

PANNICULE (*panniculus*, étoffe mince et déliée, diminutif
de *pannus*). Ce mot, dérivé de son sens primitif, est employé
par Pline, liv. 52, chap. 10, pour désigner l'épi lâche et
rameux des arundo. Les modernes s'en sont servis dans le
même sens, pour distinguer les fleurs éparses sur des péduncules ramifiés.

PARASITE (παρασιτος, nom que donnoient les Grecs aux
gens qui en flattent d'autres pour vivre à leurs dépens : il
vient de παρα, pour; σιτος, pain). En botanique, on a
donné ce nom, par allusion, aux plantes qui vivent de la substance des autres, telles que la *cusente*, l'*orobanche*, le
gui, etc.

PARENCHYME. Substance propre contenue entre les fibres
d'une feuille ou d'un fruit. Ce mot vient du grec παριγχυω,
je verse à côté, j'épanche.

PÉDUNCULE. Queue de la fleur ou du fruit, en latin *pedun-*
culus, diminutif de *pes*, *pedis*, pied. Le péduncule sert, en
quelque sorte, de pied ou de support à la fleur.

PELLICULE. Petite peau, diminutif de *pellis*, peau, en
latin.

PENTAGONE, PENTAPÉTALE, PENTAPHYLLE (πεντε, cinq). Qui
a cinq angles, cinq pétales, cinq feuilles, etc.

PERIANTHE (περι, proche, autour; ανθος, fleur). Calice qui
touche la fleur, qui l'environne. C'est celui qui se rencontre
le plus souvent en botanique.

PÉRICARPE (περι, proche, autour, καρπος, fruit). Vaisseau
ou enveloppe quelconque qui contient et enveloppe les
semences. Tous les fruits sont des péricarpes.

PÉRISTOME (περι, autour; στομα, bouche). On donne ce
nom aux dents ou cils qui bordent l'ouverture ou la bouche
de l'urne de plusieurs mousses.

PERSISTANT. Qui persiste, qui dure; du latin *perstare*, dont
le primitif est *stare*, être debout. On donne ce nom aux
pétales ou au calice qui se maintiennent après que la fleur
est passée, tels sont le *zinnia*, pour les pétales; la *grenade*,
pour le calice.

PÉTALE. Nom que l'on donne à chacune des parties dont la
réunion compose la corolle, ou la totalité de la fleur. Il
vient du celtique *pe*, article; *dalen*, feuille; *deile*, en cel-

tique d'Armorique; dont les Grecs ont fait πιταλον, feuille, en leur langue.

Fabius Columna est le premier qui a donné ce nom exclusivement à la feuille de la fleur.

De ce même mot celtique *dalen*, vient le françois *dale*, tranche de pierre unie et plate comme une feuille : *dalle*, tranche de poisson.

PHYTOGRAPHIE (φυτον, plante; γραφω, je décris). Description de plantes. Plusieurs auteurs, Willemet entre autres, ont donné ce titre à leurs ouvrages.

PHYTOLOGIE (φυτον, plante; λογος, discours). Discours sur les plantes.

PISTIL. Organe femelle de la fleur; du latin *pistillum* ou *pistillus*, le pilon d'un mortier. Le pistil en a très-souvent la forme.

PLACENTA. Mot purement latin qui signifie *gâteau*. En anatomie, le placenta est une masse charnue et spongieuse qui transmet la nourriture au fœtus; on lui a trouvé quelque ressemblance avec un gâteau, et on lui en a donné le nom latin. En botanique, on l'a transmis à une partie également spongieuse et charnue qui soutient les embryons et dont ils tirent leur substance.

PLANCHE, altéré de *plange*, singulier, *planken*, ais, table, en langue celtique.

PLANÇON. Branche que l'on plante en terre sans racine. C'est une bouture en grand. Ce mot vient du celtique d'Armorique; *plançon*; singulier, *plançonen*, qui signifie un jeune arbre.

PLANTE. *Planda*, en celtique, dont les Latins et Espagnols ont fait *planta*; les Anglois, *plant*; les Allemands, *pflanze*; les Italiens, *pianta*; les François, *plante*, etc.

Les Anglois ont le synonyme *woort*, qui vient de l'anglo-saxon, *wyrt*.

En grec φυτον, dérivé de φυω, je croîs, je pousse.

Propriétés des plantes.

PLANTE ACERBE, ACIDE, ACRE. Tous ces mots ont pour primitif *ac*, pointe en celtique, au propre comme au figuré. Voy. *Aiguillon.*

P. ALEXIPHARMAQUE. Dans le sens littéral, *contre-poison*, qui chasse le poison. Αλιξω, je chasse; Φαρμακον, poison. Alexipharmaque a reçu parmi les modernes une autre signification : il désigne aujourd'hui les plantes ou remèdes qui relèvent les forces, raniment la circulation, etc. C'est le même sens modifié.

On remarquera que ce mot αλιξω, est le radical de plusieurs noms propres grecs : *Alexis, Alexio*, chasseur; *Alexandre*, homme chasseur, etc.

P. ALEXITHÈRE. Même sens que ci-dessus, αλιξω, je chasse; θηρ, animal féroce ou vénimeux : qui chasse le poison.

P. ALEXIPYRETIQUE (αλιξω, je chasse; πυριτος, la fièvre, nommée ainsi de πυρ, feu, à cause de la chaleur qui l'accompagne).

Remède ou plante qui chasse la fièvre : même sens en grec, que fébrifuge en latin.

P. ALTÉRANTE (*alterare*, changer). Plantes ou remèdes qui, par gradations insensibles, produisent un changement avantageux dans la masse des humeurs.

P. ANODYNE (α privatif, qui fait αν devant une voyelle; οδυνη, douleur). Qui adoucit, qui calme les douleurs.

P. ANTHELMINTIQUE (αντι, contre; ιλμινς, ιλμινθος, ver). Plante ou remède qui chasse les vers. Même sens en grec, que *vermifuge* en latin.

P. ANTHYSTÉRIQUE (αντι, contre; υστερα, littéralement les régions inférieures, en ce sens, la matrice). Qui guérit des maux ou affections attribuées à la matrice.

P. ANTISEPTIQUE (αντι, contre; σηπω, je pourris). Plante qui arrête la gangrène.

P. ANTISPASMODIQUE (αντι, contre; σπασμος, convulsion, dérivé de σπαω, je serre, je contracte). Qui calme les mouvemens convulsifs.

P. ANTISIPHILITIQUE (αντι, contre; *siphilis*, la maladie vénérienne). On fait dériver ce mot du grec σιπαλος, impur, honteux.

P. APOPHLEGMATISANTE (απο, proposition qui exprime séparation; Φλεγμα, phlegme, pituite en ce sens (1)). Qui éloigne, qui purge la pituite, par une salivation salutaire.

P. APÉRITIVE. (aperire, ouvrir). Remède qui ouvre les canaux par lesquels doivent se filtrer les liqueurs et principalement les urines.

P. AROMATIQUE (αρωμα, parfum). Qui a pour racine ar, parfum, odeur en langue celtique, d'où arogle, parfum, en gallois. Voy. *Nardus.*

P. ASSOUPISSANTE. Plante qui fait dormir, du latin *sopire*, endormir. De là vient aussi notre mot *souper*, c'est-à-dire repas qui précède le sommeil.

P. ASTRINGENTE (*stringere*, resserer) Plante qui reserre. *Stringere*, d'où *étreindre*, est un de ces mots imitatifs qui portent leur étymologie avec eux.

P. ATTENUANTE (*attenuare*, amoindrir, dérivé de *tenuis*, petit). Remède ou plante qui divise et atténue les humeurs épaisses qui causent les maladies.

P. BALSAMIQUE (βαλζαμον, baume, parfum, en grec). Il a pour primitif βαλλω, je répands, j'exhale.

P. BECHIQUE (βηξ, βηχος, la toux). Plante bonne contre la toux.

P. CARDIAQUE (καρδια, cœur). Plante qui ranime, qui fortifie le cœur.

P. CARMINATIVE (*carminare*, épurer, nettoyer). Plante qui nettoie les intestins en en chassant les vents.

P. CAROTIQUE (καρος, assoupissement). Même sens, en grec, qu'*assoupissant* en latin.

P. CATHARTIQUE. Plante qui purge, qui évacue les humeurs. De καθαιρω, je purge, dont le primitif est ρεω, je coule.

---

(1) On remarquera que ce mot de φλεγμα, dont nous avons fait *phlegme* et *phlegmatique*, exprime d'ordinaire une qualité froide et humide, tandis que, dans le sens littéral, il signifie le contraire. Il vient de φλεγω, je brûle, j'enflamme. Mais comme l'inflammation de poitrine amène à sa suite le crachement; le mot *phlegme* n'a plus exprimé que ce résultat.

P. CAUSTIQUE, francisé de *causticus*, qui vient du grec *καίω*, je brûle. De ce même mot vient aussi *cautère*.

P. CÉPHALIQUE (*κεφαλη*, tête). Plante ou remède qui soulage dans les maux de tête.

P. CHIRURGICALE. Les plantes chirurgicales sont celles dont l'application guérit ou soulage les maux qui sont du ressort de la chirurgie.

Ce mot vient du grec *χειρ*, main; *εργω*, travail; c'est-à-dire partie de l'art de guérir qui tient aux opérations.

Les plantes *détersives*, *vulnéraires*, *maturatives*, appartiennent à la chirurgie. Voy. *Chironia*.

P. CORROBORATIVE (*corroborare*, fortifier qui vient de *robur*, force, d'où *robuste*; et *cor*, cœur). Plante qui fortifie le cœur. C'est un très-ancien usage que de faire du cœur le centre de toutes les affections morales et physiques.

P. COSMÉTIQUE (*κοσμος*, beauté, parure). Plante dont les sucs passent pour entretenir la fraîcheur du teint.

P. DÉSOPILATIVE. Qui débouche les canaux des viscères obstrués. *De*, particule négative en latin; *oppilare*, boucher: qui débouche.

P. DÉTERSIVE (*detergere*, nettoyer). Plante dont les sucs actifs pénètrent et dissolvent, soit les humeurs épaisses à l'intérieur du corps, soit les chairs fongueuses dans les maux extérieurs.

P. EMMÉNAGOGUE (*εμμηνα*, les écoulemens périodiques des femmes; *αγω*, je conduis). Plante qui provoque l'écoulement des règles.

Εμμηνα est dérivé de *μην*, mois : qui revient tous les mois. On disoit même anciennement les mois des femmes.

P. EMOLLIENTE (*mollis*, mou, doux). Plante qui adoucit, qui amollit les tumeurs.

P. EMULSIVE. Qui rend du lait; du latin *emulgere*, tirer du lait. *Emulgere* a pour racine *mulk* ou *milk*, lait, en celtique; d'où *αμελγω*, rendre du lait; *meolc*, lait, en anglo-saxon; *milch*, en teuton, et à peu près de même dans toutes les langues du Nord.

P. ERRHINE. Dérivé de *ριν*, nez. Remède qu'on introduit dans le nez, pour irriter la membrane pituitaire et purger la tête.

P. ÉMÉTIQUE (εμεω, je vomis). Plante qui excite le vomissement.

P. FÉBRIFUGE (*febris*, la fièvre; *fugo*, je chasse). Qui guérit de la fièvre.

P. HÉPATIQUE. Plante bonne contre les affections du foie, appelé en grec ηπαρ.

P. HYDRAGOGUE (υδωρ, υδρος, eau; αγω, je conduis). Plante ou remède qui purge les sérosités, qui évacue les eaux.

P. INCARNATIVE (*incarnatio*, qui a pour primitif *caro*, *carnis*, chair). Plante ou remède qui échauffe une partie malade et y favorise la régénération des chairs.

P. IATRIQUE. Plante qui appartient à la médecine. Ce nom vient de ιατρος, médecin; ιαομαι, je guéris. Même sens, en grec, que plante médicinale en latin.

P. INCRASSANTE. (*crassus*, épais). Qui épaissit, qui donne plus de consistance au sang trop fluide. Le riz est un aliment incrassant.

P. LAXATIVE (*laxare*, relâcher). Qui purge doucement.

P. MATURATIVE (*maturare*, mûrir). Plante qui augmente ou entretient la chaleur qui fait mûrir les tumeurs.

P. MÉDICINALE. Qui sert en médecine, en latin *medicina*, de *medicari*, guérir, qui vient lui même de μεδω, je prends soin, en grec.

P. NARCOTIQUE (ναρκη, engourdissement; ναρκειν, engourdir). Plante qui jette dans un sommeil léthargique.

P. ODONTALGIQUE (οδους, οδοντος, dent; αλγος, douleur, mal). Plante qui guérit du mal de dent, ou plutôt qui le soulage en excitant la salivation.

P. OFFICINALE (*officina*, boutique, atelier). Plante dont on se sert dans les boutiques d'apothicaires.

P. OPHTHALMIQUE (οφθαλμος, œil). Plante bonne contre les maladies des yeux.

P. OTALGIQUE (ους, ωτος, oreille; αλγος, douleur). Qui ôte le mal d'oreille.

P. PTARMIQUE. Plante qui provoque l'éternuement, appelé en grec πταρμος. Nom imitatif de l'action qu'il désigne.

P. PECTORALE (*pectus*, *pectoris*, poitrine). Plante bonne contre les maladies de la poitrine. Voy. *Plante béchique*.

P. RÉSOLUTIVE (*resolvere*, dissoudre). Plante qui atténue les humeurs engorgées.

P. SOPORATIVE. Voy. *Plante assoupissante.* C'est le même sens
et la même origine.

 Soporative et *assoupissante*, sont en latin synonymes de
carotique et *hypnotique*, en grec.

P. STERNUTATOIRE (*sternutare*, éternuer fréquemment). Sternutatoire est synonyme du mot grec *ptarmique.*

P. TRAUMATIQUE (τραυμα, blessure, dérivé de τιτρωσκω, je blesse).
Plante bonne pour les blessures. Même sens, en grec, que
vulnéraire en latin.

P. VERMIFUGE (*vermis*, ver; *fugo*, je chasse). Plante bonne
contre les vers. Synonyme latin du grec *anthelmintique.*

P. VULNÉRAIRE (*vulnus*, *vulneris*, blessure). Bonne pour les
blessures. Voy. *Traumatique.*

PLUMULE. Diminutif de *plume.* Première feuille d'une plante,
après les cotylédons. Elle tire son nom de sa délicatesse.

POÉTIQUES (noms). La poésie a fourni beaucoup de noms à
la botanique; ils tiennent de très-près aux noms *mythologiques*, avec cette différence, que ceux-ci rappellent les Divinités anciennes, tandis que les noms poétiques sont ceux
des héros de l'antiquité célébrés par les poètes. Voy. *Achillæ,
Chironia, Amaryllis,* etc.

 Poétique vient du grec ποιητης, poëte, et il a pour primitif ποιεω, je crée, je compose.

POIL. En botanique, les poils sont des tuyaux déliés qui servent aux sécrétions des plantes. Ce mot vient du latin *pilus.*

 Voltaire remarque que les Gaulois aimoient fort les *oi*,
et qu'ils ont donné cette désinence à beaucoup de mots
latins; comme roi, de *rex*; croix, de *crux*; loi, de *lex*, etc.

POLLEN. Poussière fécondante émanée de l'organe mâle : du
latin *pollen* ou *pollis*, fleur de farine.

 La poussière fécondante en a la légèreté.

POLYPÉTALE, POLYSPERME (πολυ, beaucoup, plusieurs). Qui
a plusieurs pétales, plusieurs semences, etc.

POLYMORPHÉES. *Nom* que l'on donne aux plantes dont la
forme varie, comme plusieurs *marchantia medicago*, etc. Il
vient de πολυ, beaucoup; μορφη, forme. On donne ici l'explication de ce mot, pour éviter de la répéter dans le cours
de l'ouvrage.

POMME. En botanique, on a donné ce nom à tout péricarpe charnu renfermant une capsule en son milieu. Il vient du celtique *pwm*, d'où *pomum*, en latin; *pomme*, en françois; *Pomone*, la Déesse des fruits, etc.

PORE (*πορος*, en grec; *porus* ou *porum*, en latin). Petite ouverture par où se fait la transpiration, dans les animaux et les plantes.

Ce mot a pour racine *por*, qui signifie un passage, une ouverture, en langue celtique. De là *port*, *porte*, *portique*. *Port*, nom que l'on donne, dans les Pyrénées, aux ouvertures entre les rochers; *portillo*, ouverture, brèche, en Espagnol, etc. Voy. le *Voyage de Raymond aux Pyrénées*.

PRODROME. Plusieurs auteurs de botanique ont donné ce nom à leurs ouvrages. Il signifie une introduction et vient de *προ*, avant; *δρομος*, course; c'est-à-dire *qui prépare à la connoissance d'une science, qui ouvre la carrière*.

PSEUDO. Epithète employée quelquefois dans la botanique moderne, et très-souvent dans l'ancienne. Elle indique une ressemblance trompeuse avec le nom qui la suit, et vient de *ψευδω*, je trompe, je mens.

R

RACINE. Du latin *radix*, *radicis*, par syncope, *racine*: *ραδιξ*, branche en grec, paroît en être l'origine, la racine pouvant être considérée comme une branche descendante.

RADICULE. Diminutif de *radix*, racine. Partie fibreuse et la plus déliée de la racine par laquelle le végétal pompe sa nourriture.

On nomme aussi radicule la racine naissante que l'on aperçoit lors de la germination d'une semence.

RÉCEPTACLE. Base sur laquelle sont appuyées les parties de la fructification, c'est la même chose que le *placenta*. On le nomme en latin *receptaculum*, dérivé de *receptus*, retraite, asyle de la semence.

RENIFORME. Qui a la forme d'un *rein*, appelé *ren*, *renis*, en latin. Beaucoup de semences affectent cette figure.

S

SCIAGRAPHIE. Titre que portent plusieurs ouvrages de botanique. Dans le sens littéral, ce mot signifie un dessin fait d'après l'ombre : σκια, ombre; γραφω, je trace. Dans le sens usité, il exprime un dessin fait sur la plante même.

SÉCRÉTION. Terme de médecine qui exprime la séparation d'une liqueur quelconque d'avec le sang. Ce mot s'est étendu à la botanique où il exprime de même la séparation des divers fluides que renferme une plante. Il vient du latin *secerno, secretum*, au participe; je mets à part, je sépare.

SEMENCE. Du latin *semen*. Selon M. T. Varron, ce mot vient de *semis*, moitié, parce que plusieurs graines, notamment celle du blé, paroissent partagées. Cette origine très-peu sûre n'est rappelée ici qu'en mémoire de son auteur, l'un des pères de l'agriculture. Voy. *Varronia*.

SEMINALES (feuilles). Nom que l'on donne souvent aux cotylédons, comme appartenant directement à la semence.

SÉVE. Nom général sous lequel on comprend vulgairement les différentes liqueurs qui circulent dans les végétaux. Séve est altéré du latin *sapa*, qui vient de *sapere*, avoir du goût, être succulent, d'où *saveur, savoureux*, etc. Les Latins appeloient *sapa*, le vin cuit. Tous ces mots ont pour radical *sew*, suc, en celtique. Voy. *Sapindus*.

SILIQUE (*siliqua*, cosse, gousse). Les Latins avoient beaucoup étendu l'acception de ce mot. Voy. Pline, liv. 15, chap. 24, 28; liv. 18, chap. 7, etc. Les modernes l'ont restreint à la fructification des crucifères.

SILICULE. Diminutif de silique. Nom que l'on donne à la silique, quand sa largeur égale ou surpasse la longueur.

SPADICE. Réceptacle du fruit du palmier enfermé dans le spathe qu'il déchire au moment de paroître. De là son nom σπαω, je déchire.

SPATHE (σπαθη, nom sous lequel les Grecs désignoient la membrane qui enveloppe les fruits du palmier dattier; il vient de σπατος, peau, membrane). Les modernes l'ont justement appliqué à la pellicule qui enveloppe précisément de la même manière, les fleurs de plusieurs liliacées.

SPHÆROCEPHALE. Epithète qui revient souvent dans la botanique ; elle signifie *tête ronde* (σφαιρα, globe, corps rond ; κεφαλη, tête) et se donne aux plantes dont les fleurs sont réunies en boule.

SPONTANÉ (*sponte*, de soi-même, en latin). Les plant s ou fruits spontanés sont ceux qui croissent en un lieu sans le secours de l'homme.

STIGMATE. En botanique, on donne ce nom au sommet de l'organe femelle. Στιγμα, στιγματος, signifie, en grec, un trou, une marque, une dépression : il vient de στιζω, je pique, je perce.

On a donné ce nom à l'extrémité supérieure du pistil, parce qu'on l'a regardée comme criblée d'une multitude de trous imperceptibles par lesquels s'opère la fécondation.

STIPE. On donne particulièrement ce nom à la tige des champignons et des fougères. *Stipes* signifie, en latin, une souche, un pied ; et il est dérivé de *sto*, je suis debout, je me tiens droit.

STIPULE. Diminutif de *stipes*, tige, pied. Les Latins donnoient souvent ce nom à la tige des graminées. Voy. Pline, liv. 17, ch. 4. Virgile, dans la description d'un orage qui ravage les moissons, dit : *On voit dans les airs les stipules volantes.*

Les modernes ont restreint la valeur de ce mot, en l'appliquant seulement aux folioles que l'on remarque à la base de quelques feuilles.

STOLONS. Filets que jettent certaines plantes et par lesquels elles se propagent, comme la fraise, la violette, etc.

Stolo est employé dans ce sens par Varron, et dans Pline, liv. 17, chap. 1, pour exprimer les rejettons qui croissent au pied des arbres.

Il ajoute qu'une famille de Rome trouva le moyen d'en tirer parti et que le nom de *Stolons* lui en resta.

Ce mot vient du grec στηλλω, j'envoie, je jette.

STOLONIFÈRE (*fero*, je porte). Qui porte, qui jette des filets.

STYLE (στυλος, poinçon, aiguille). Toute chose, droite en grec ; de σταω, être debout.

En botanique, le *style* est cette espèce d'aiguille qui est placée entre le germe et le stigmate, et qui est ordinairement verticale.

SURGEON (*surgere*, croître, pousser). Le surgeon est une plante qu'une autre produit par ses côtés.

SYNONYMIE (*συν*, avec, ensemble; *ονομα*, nom, en grec). C'est-à-dire réunion, concordance des *noms*. Un grand nombre d'auteurs anciens et modernes ayant donné des noms différens aux mêmes plantes, la synonymie est devenue une étude aussi difficile qu'importante.

SYSTÈME (*συστημα*, constitution, établissement; qui vient de la préposition *συν*, et du verbe *ιστημι*, j'arrange ensemble, je coordonne). C'est-à-dire exposition de principes et de raisonnemens qui se lient les uns aux autres, et dont les derniers se prouvent et s'expliquent par les premiers.

En ce sens, le nombre des systèmes seroit très-borné, et chaque science n'en reconnoîtroit qu'un seul. C'est ainsi que l'astronomie n'admet qu'un système; mais l'histoire naturelle présentant une immense quantité d'objets à classer, chacun a pu les saisir d'une manière particulière, établir des principes différens, quoique justes, et en former des systèmes plus ou moins ingénieux.

La botanique en compte un grand nombre, parmi lesquels on en distingue particulièrement trois, ceux de Tournefort, Linné et Jussieu.

T

TECHNIQUE Terme affecté à un art ou à une science quelconque; il vient de *τεχνη*, art.

La botanique comprend un grand nombre de mots techniques; c'est la langue de la science, et il est impossible de la parler sans s'en servir.

TÉTRAGONE, TÉTRAPÉTALE, TÉTRAPHYLLE, TÉTRASPERME; (*τετρας*, assemblage de quatre). Qui a quatre angles, quatre pétales, quatre feuilles ou quatre semences.

THYRSE, Du grec *θυρσος*, baguette ornée de feuillage que porfoient les Grecs aux fêtes de Bacchus ou Dionysiaques. Il vient de θυω, je sacrifie.

En botanique, on a donné le nom de *thyrse* à un panicule de fleurs resserré et ovale.

TRACHÉES. Terme passé de l'anatomie à la botanique. Dans l'homme la trachée est le canal cartilagineux par lequel l'air passe pour aller aux poumons. Ce nom vient de τραχυς, rude, raboteux, en grec. Les anneaux qui la composent la rendent inégale. En botanique, les trachées sont de même les vaisseaux par lesquels monte la séve.

TRANSPIRATION. Encore un de ces termes passés de la médecine à la botanique. Celui-ci vient de *trans*, par delà; *spiro*, j'exhale, je rejette; c'est-à-dire exhalaison émanée d'un corps vivant, animal ou végétal.

Hales a démontré qu'un pied de soleil (*helianthus annuus*), à masses égales et dans des interval.es égaux, transpire dix-sept fois plus que l'homme.

TRICUSPIDE (capsule; *tres*, trois; *cuspis*, pointe). Même sens, en latin, que *triglochin*, en grec. Voyez le genre *Triglochin*.

TRICHOTOME (τριχα, divisé en trois, dérivé de τρις, trois; τεμνω, je coupe, je divise). Tige qui se partage en trois branches.

TRONC. Tige d'une plante arborée. Ce nom vient du celtique *dron*, droit, d'où *tronc* et *truncus*.

TURBINÉ (fruit, capsule). Qui a, à peu près, la forme d'une toupie, appelée en latin *turbo*. Littéralement *turbo* exprime un *tourbillon*, tout ce qui va en tournant, et il a été appliqué à la toupie à cause de son mouvement de rotation.

V

VAGINALES. Famille naturelle de plantes qui comprend les polygonum, rheum, etc. Elle tire son nom du latin *vagina*, qui signifie une gaine.

Les polygones qui sont les principales plantes de cette

série ont à chaque circulation une enveloppe ou gaîne membraneuse.

VAISSEAU. Ce mot est dérivé du latin *vas*, qui signifie une
chose creuse.

De *vas* nous avons fait *vase*, *vaisselle*, *vasculeux*, *vaisseau* (navire), qui, dans le principe, n'étoit qu'une pièce
de bois creusée, et enfin, en médecine, *vaisseau*, pour désigner toutes les parties des corps qui sont creuses et qui
charrient ou contiennent un fluide quelconque. Ce terme
est passé de la médecine à la botanique où il a la même
signification.

VALVE. Les valves ou valvules sont les différentes pièces
dont est composée une silique, silicule, capsule, etc. Un
péricarpe est *bivalve*, *trivalve*, *quadrivalve*, *multivalve*, selon
qu'il est formé de deux, trois, quatre, ou un nombre indéterminé de parois.

Ce mot est francisé du latin *valvæ*, battans, d'où *valvus*,
une cosse. Tous ces mots ont pour racine *bal*, enveloppe,
en celtique. Voy. *Bale*. Rien n'est plus fréquent, dans les
langues, que la transmutation du B en V.

VÉNÉNEUSE (plante, graine). Ce mot n'a pas besoin d'explication, on ne parlera ici que de son origine.

Belen est le nom que donnoient les Gaulois à la *jusquiame*,
plante dangereuse, dans le suc de laquelle ils trempoient
leurs flèches. STRABON. Elle est encore appelée *beleno*, en
espagnol; *belend*, en hongrois, etc. De cet usage vient βέλος,
βέλεμνον, flèche, en grec. Quoique les Latins lui aient donné
un autre nom tiré du grec, ce mot se conserva dans leur
langue pour exprimer l'effet mortel de cette plante, et par
extension on l'appliqua à tous les poisons; mais le mot
belen s'altéra, il prit une désinence latine, et fut changé en
venenum, dont nous avons fait *vénéneux* et *vénimeux*.

Le nom de *belen*, *belene*, en anglo-saxon, avoit été donné à
la *jusquiame*, parce qu'elle étoit consacrée à *Belenus*, dieu de
la médecine chez les Gaulois (1). Voy. le genre *Hyoscyamus*.

---

(1) Belenus n'est pas Apollon, comme on l'a si souvent écrit. César et

VERTICILLÉ (*verticillus*). Les Latins nommoient ainsi une espèce de bouton placé à l'extrémité du fuseau pour lui donner plus de poids. Il est dérivé de *vertex*, sommet, tête. Les botanistes ont donné ce nom à des têtes ou pelottes de fleurs que traverse la tige et qui se succèdent par étages.

VERTICILLÉES (feuilles). On les appelle ainsi quand elles sont disposées en anneau et étagées autour de la tige. Ce nom appliqué aux feuilles s'écarte de sa vraie signification. Voy. *Verticille*. Des fleurs peuvent être disposées en tête; mais des feuilles ne peuvent être qu'en anneaux.

VIVIPARE. Nom figuré que l'on donne à quelques plantes dont les embryons germent et commencent à se développer sur la plante avant d'avoir touché la terre.

Vivipare, signifie j'engendre vivant, *vivum pario*. On donne ce nom aux animaux qui mettent au monde leurs petits tout vivans, pour les distinguer de ceux qui produisent des œufs, que l'on nomme *ovipare*, *ovum pario*. Les quadrupèdes sont vivipares, les oiseaux sont ovipares.

Il est encore une troisième classe nommée *ovivipare*, *ovum vivum pario*, j'engendre un œuf vivant; c'est-à-dire animal qui met au monde ses petits vivans; mais provenus

---

les anciens auteurs ont tous fait la même faute en désignant les Divinités étrangères ou barbares par le nom de leurs propres *Dieux*, quand leurs attributs étoient analogues.

César donne le nom de Jupiter à *Taranis*, Divinité du tonnerre chez les Gaulois, dont le nom vient de *taran*, tonnerre, en celtique. Il prend pour Mercure le Dieu *Teutatès*, patron du peuple; *teut*, peuple; *tad*, père, en celtique. Il en est de même de Mars, qu'il retrouve dans *Hesus*; Apollon, dans *Belenus*, etc.

Les hommes ont toujours eu beaucoup de penchant à donner aux choses qu'ils voient pour la première fois, le nom de celles qu'ils connoissent, pour peu qu'ils y trouvent de ressemblance. Cette erreur s'est étendue jusque dans ces derniers temps, et dans le voyage en Chine de lord Macartney, on nous parle de statues représentant un *Jupiter chinois*, un *Neptune chinois*, etc., au lieu de dire *Divinités du tonnerre et de la mer chez les Chinois*; de semblables dénominations jettent de la confusion dans l'histoire des peuples, en supposant entre eux des rapprochemens qui n'ont jamais existé. Voy. sur *Belenus*, les *Mémoires de l'Acad. des Inscript.* tom. 24.

d'un œuf éclos dans l'intérieur du corps de la mère. Telles
sont les anguilles, vipères, etc.

VOLUBLE ou VOLUBILE (*volubilis*, qu'on tourne, dérivé de
volvo, je roule, je tourne). C'est-à-dire plante qui s'entortille autour des autres.

U

URCEOLÉE (corolle). Renflée comme un pot, appelé en latin
urceus. Voy. *Urne*.

URNE. Nom que donne Vaillant à cette espèce de capsule
que portent la plupart des mousses en fleur. Plusieurs botanistes l'appellent *anthère*. Ce nom vient du latin *urna*.
Tous ces mots *urna*, *urceus*, ont pour primitif *ur*, eau, en
celtique, d'où *urach*, vaisseau, en langue erse ou la langue
d'Ossian. *Ouraque*, terme d'anatomie, ουρον, en grec; *urine*,
en françois, etc.

UTRICULE (*utriculus*, diminutif d'*uter*, outre, peau de bouc).
Ce mot est dérivé d'*uterus*, le ventre. De la ressemblance
d'une outre enflée avec le ventre. En botanique, les utricules
sont de petits vaisseaux remplis de liqueur provenant de
la sécrétion.

Z

ZOOPHYTE. Corps qui semble participer de la nature de la
plante et de celle de l'animal. Ce nom vient de ζωον, animal, dérivé de ζαω, je vis; φυτον, plante. Les polypes sont
des zoophytes.

ÉTYMOLOGIES

*Des noms employés dans les trois principaux
systèmes de botanique.*

SYSTÈME DE TOURNEFORT.

Ce système a pour base essentielle la corolle des fleurs,
dont les différentes formes ou la privation, partagent toutes
les plantes en vingt deux classes.

1 CAMPANULÉES (*campana*, cloche). Monopétale régulière évasée en forme de cloche.

2 INFUNDIBULIFORME. En forme d'entonnoir appelé en
latin *infundibulum*. Ce mot est composé d'*in*, privatif;
fundum, fond : qui est sans fond.

Cette classe comprend toutes les monopétales régulières
qui ne sont pas en cloche.

3 PERSONÉES (*persona*, masque). Fleur en masque ou en
gueule.

Cette série comprend les monopétales irrégulières à
semences enveloppées.

4 LABIÉES (*labia*, lèvre). Dont la fleur imite les lèvres
d'une bouche.

Ce sont les monopétales irrégulières à semences nues.

5 CRUCIFORME. En forme de croix.

Cette classe comprend les polypétales régulières disposées en croix.

6 ROSACÉES (*rosa*, la rose). Polypétales régulières dont les
pétales sont disposés dans la même forme que ceux de la
rose.

7 OMBELLIFÈRES (*fero*, je porte). Portant ombelles. Voy. ce terme

8 CARYOPHYLLÉES. Polypétales régulières dont les pétales sont disposés de la même façon que ceux de l'œillet, appelé *caryophyllus*, en ancienne botanique, parce qu'il a l'odeur du girofle (*caryophyllus*).

9 LILIACÉES. Polypétales régulières dont les fleurs sont disposées comme celles du lys, *lilium*.

10 PAPILLONACÉES. Polypétales irrégulières dont la fleur, par la disposition de ses pétales, ressemble très-bien à un papillon, en latin *papilio*.

11 ANOMALES (α privatif, ομαλος, régulier, irrégulier). Polypétales irrégulières.

12 FLEURONNÉES ou FLOSCULEUSES. Fleurs composées en entier de fleurons, en latin *flosculi*.

13 DEMI-FLEURONNÉES ou SEMI-FLOSCULEUSES. Fleurs composées en entier de demi-fleurons, *semi-flosculi*.

14 RADIÉES (*radius*, rayon). Fleurs composées, ayant des fleurons au centre et des demi-fleurons à la circonférence, ce qui leur donne l'aspect d'un disque entouré de rayons.

15 APÉTALES (α privatif, qui n'a point de pétales). Fleurs sans corolle; mais pourvues de calices, etc.

16 APÉTALES sans fleurs. Celles-ci n'ont ni corolle, ni calice, ni fleurs apparentes.

17 APÉTALES sans fleurs ni fruits. Cette classe comprend les plantes qui n'ont ni fleurs, ni fruits apparens.

Arbres et arbustes.

18 APÉTALES, ou à fleurs sans corolle.

19 A CHATONS. Voy. ce terme. Fleurs sans corolle et sans calice. mais garnies d'écailles.

20 MONOPÉTALES. A un seul pétale.

21 ROSACÉES. }
22 PAPILLONACÉES. } Comme pour les plantes herbacées.

SYSTÈME DE LINNÉ.

Ce système qui a pour base les organes de la génération, divise les plantes en vingt-quatre classes. Les treize premières considèrent simplement le nombre des étamines.

1 MONANDRIE (μονος, seul, unique; ανηρ, génitif ανδρος, mari, mâle). Qui n'a qu'une étamine ou organe mâle.

2 DIANDRIE (δις, double, dérivé de δυω, deux). A deux étamines.

3 TRIANDRIE (τρεις, trois). A trois étamines.

4 TÉTRANDRIE (τετρας, assemblage de quatre). A quatre étamines.

5 PENTANDRIE (πεντε, cinq). A cinq étamines.

6 HEXANDRIE (ιξ, six). A six étamines.

7 HEPTANDRIE (επτα, sept). A sept étamines.

8 OCTANDRIE (οκτω, huit). A huit étamines.

9 ENNÉANDRIE (εννεα, neuf). A neuf étamines.

10 DÉCANDRIE (δεκα, dix). A dix étamines.

11 DODÉCANDRIE (δωδεκα, douze). A douze étamines.

12 ICOSANDRIE (εικοσι, vingt). Environ vingt étamines attachées au calice.

13 POLYANDRIE (πολυ, beaucoup). Un nombre indéterminé d'étamines.

Les étamines considérées selon leur grandeur respective donnent deux classes.

14 DIDYNAMIE (δις, double; δυναμις, puissance). C'est-à-dire qui a deux grandes étamines et deux petites.

15 TÉTRADYNAMIE (τετρας, assemblage de quatre; δυναμις, puissance). C'est-à-dire qui a quatre grandes étamines et deux petites.

L'union des étamines, soit entre elles par quelqu'une de leurs parties, soit avec le pistil, donnent cinq classes.

16 MONADELPHIE (μονος, seul, unique; αδελφος, frère). C'est-à-dire étamines réunies par les filets en un seul corps.

17 DIADELPHIE (δις, double; αδελφος, frère). Étamines réunies en deux corps par les filets.

18 POLYADELPHIE (πολυ, beaucoup; αδελφος, frère). Étamines réunies en trois ou plusieurs corps par les filets.

19 SYNGENESIE (συν, avec, ensemble; γενεσις, génération). étamines réunies en un seul corps par les anthéres ou parties essentielles de la génération.

20 GYNANDRIE (γυνη, femelle, femme; ανηρ, ανδρος, mari, mâle). Étamine ou organe mâle, porté sur le pistil ou organe femelle.

L'éloignement des étamines d'avec les pistils donne encore trois classes.

21 MONŒCIE (μονος, seul; οικος, logis). C'est-à-dire, sur une même plante, les fleurs mâles ou portant étamines, séparées des fleurs femelles ou à pistils.

22 DIŒCIE (δις, double; οικος, logis). C'est-à-dire fleur mâle sur un pied, et fleur femelle sur un autre.

23 POLYGAMIE (πολυ, beaucoup; γαμος, noce). C'est-à-dire fleur hermaphrodite sur une plante, et de plus des fleurs d'un seul sexe sur le même individu, ou une autre de la même espèce; ce qui fait en effet plusieurs mariages.

La dernière classe comprend les plantes dont les parties de la génération sont invisibles.

24 CRYPTOGAMIE (κρυπτος, caché; γαμος, mariage).

Ces vingt-quatre classes se subdivisent en un certain nombre de sections nommées *ordres*.

Dans les treize premières familles, ces ordres sont fondés sur le nombre des pistils et ils portent les noms suivans :

MONOGYNIE, DIGYNIE, TRIGYNIE, TÉTRAGYNIE, PENTAGYNIE, HEXAGYNIE, POLYGYNIE (γυνη, femme, femelle). C'est-à-dire organe femelle ou pistil, avec le nombre en grec, comme aux familles.

La *didynamie* ou quatorzième classe a deux ordres.

1 GYMNOSPERMIE (γυμνος, nu ; σπερμα, graine). Dont les graines sont à nu dans le fond du calice.

2 ANGIOSPERMIE (αγγειον, vaisseau; σπερμα, graine). Dont les graines sont enveloppées d'un péricarpe.

La quinzième classe ou *tetradynamie* se subdivise en deux ordres : SILIQUOSE, à longues siliques; SILICULE, à petites siliques. Voy. *Silicule*.

Les seizième, dix-septième et dix-huitième, c'est-à-dire *monadelphie*, *diadelphie* et *polyadelphie*, se subdivisent d'après le nombre des étamines ; et les mêmes termes qui ont servi à former les treize premières classes, servent ici à distinguer les ordres : il seroit superflu de les répéter.

La dix-neuvième classe ou *syngénésie*, est divisée en six sections ou ordres qui demandent une explication détaillée. Les cinq premières portent le titre de *polygamie*, avec une épithète particulière qui les distingue. Ce nom vient de πολυ, beaucoup; γαμος, mariage; parce que cette série comprend des fleurs composées d'une multitude de fleurons ou demi-fleurons.

1 POLYGAMIE ÉGALE. C'est-à-dire dont tous les fleurons ou demi-fleurons sont également hermaphrodites.

2 P. SUPERFLUE. Fleurons hermaphrodites au centre et demi-fleurons femelles à la circonférence. Ces demi-fleurons semblent, en effet, porter des pistils superflus.

3 P. NÉCESSAIRE. Fleurons mâles au centre et demi-fleurons femelles à la circonférence.

4 P. FAUSSE. Fleurons hermaphrodites au centre, et fleurons ou demi-fleurons sans sexe ou neutres à la circonférence.

5 P. SÉPARÉE. Chaque fleuron ayant séparément son petit calice, outre le calice commun qui les réunit tous.

6 MONOGAMIE (μονος, seul, unique; γαμος, mariage). C'est-à-dire étamines réunies par les anthères dans une fleur non composée et qui n'offre, par conséquent, qu'un mariage.

Les vingt-unième et vingt-deuxième, *monœcie* et *diœcie*, ayant pour caractère principal la séparation des étamines d'avec les pistils, tous les autres caractères deviennent accessoires. Le nombre des étamines ou leurs différens aspects entre eux, ne servent plus qu'à former les ordres qui, par suite, portent dans ces deux familles, le titre de celles qui les précèdent.

La vingt-troisième classe ou *polygamie*, est partagée en trois ordres.

1 POLYGAMIE MONŒCIE. Sur une même plante, des fleurs hermaphrodites, et de plus des fleurs d'un seul sexe.

2 P. DIŒCIE. Des fleurs hermaphrodites sur une plante, et sur une autre individu des fleurs d'un seul sexe.

3 P. TRIŒCIE (τρεις, trois; οικος, logis). Sur une plante des fleurs hermaphrodites, sur un autre individu des fleurs mâles, et sur un troisième des fleurs femelles.

La dernière classe ou *cryptogamie* se divise en quatre sections auxquelles on a donné le nom des plantes qui les composent; on y a joint les palmiers par supplément.

1 LES FOUGÈRES (*filices*).
2 LES MOUSSES (*musci*).
3 LES ALGUES (*algæ*).
4 LES CHAMPIGNONS (*fungi*).
5 LES PALMIERS, par appendice (*palmæ*).

SYSTÈME DE JUSSIEU.

Ce système a pour base les cotylédons, voy. ce terme, dont le nombre combiné avec la situation des étamines, la forme de la corolle, la séparation ou la réunion des anthères, donne quinze classes distinctes.

1 ACOTYLÉDONES (*a* privatif, qui n'a pas de cotylédons). Cette division ne donne qu'une classe qui en porte le nom.

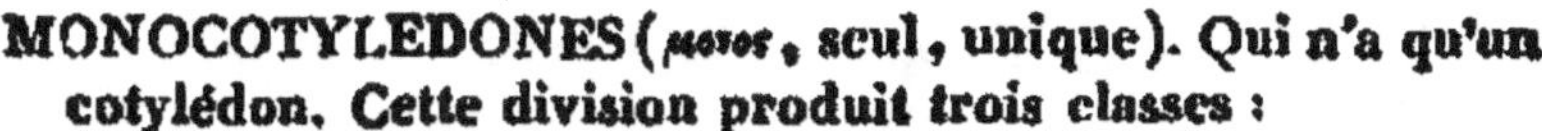

MONOCOTYLEDONES (μονος, seul, unique). Qui n'a qu'un cotylédon. Cette division produit trois classes :

2 ÉTAMINES HYPOGYNES (υπο, sous; γυνη, femelle : pistil en ce sens). Dont les étamines sont placées sous le pistil.

3 ÉTAMINES PÉRIGYNES (περι, autour; γυνη, pistil ou organe femelle). Dont les étamines environnent le pistil.

4 ÉTAMINES ÉPIGYNES (επι, sur; γυνη, femelle). Dont les étamines sont situées sur le pistil même.

DICOTYLEDONES. Cette division la plus étendue donne à elle seule onze classes :

5 APÉTALES, étamines épigynes.
6 APÉTALES, étamines périgynes.
7 APÉTALES, étamines hypogynes.
8 MONOPÉTALES, corolle hypogyne.
9 MONOPÉTALES, corolle périgyne.
10 MONOPÉTALES, corolle épigyne (anthères réunies).
11 MONOPÉTALES corolle épigyne (anthères distinctes).
12 POLYPÉTALES, étamines épigynes.
13 POLYPÉTALES, étamines hypogynes.
14 POLYPÉTALES, étamines périgynes.
15 DICLINES IRRÉGULIÈRES (δις, double; κλινη, lit). C'est-à-dire plantes dont les organes sexuels sont en deux endroits différens.

Ces quinze classes se subdivisent, en totalité, en cent ordres, dont chacun porte le nom de la plus remarquable, ou de la plus connue des plantes qui le composent.

A la suite de ces cent ordres, il est un certain nombre de genres dont les caractères n'ont point paru assez positifs à M. de Jussieu, pour qu'il les y plaçât. Il a mieux aimé les traiter à part, que de les faire entrer de force dans son système.

FIN.